포인트
토목구조기술사
과년도 문제해설

예문사

PREFACE 머리말

최근 급속한 토목기술의 발달과 함께 구조설계나 시공상의 안전성은 공학자들로 하여금 많은 경각심과 연구의 필요성을 자아내고 있습니다. 이에 따라 국내에서 많은 건설인들이 전문 기술사 자격시험에 대비하고 있으며, 특히 폭넓은 구조공학 분야의 설계와 감리 시공을 책임지는 토목구조기술사의 비중이 점차 커져가는 추세입니다.

본서는 토목구조기술사를 준비하는 수험생들이 접근하기 쉽게 114회부터 134회까지 약 20회분의 과년도 문제풀이를 하여 초보 수험자들도 쉽게 준비할 수 있도록 하였습니다.

그동안 토목구조기술사를 준비하는 수험생들은 참고로 할 만한 책이 없어 아쉬운 점이 있었을 것으로 사료되는 바, 본서의 출간으로 수험 준비에 많은 도움이 되리라 판단됩니다.

1교시형 문제부터 2~4교시형 문제까지 가급적 답안에 근접되게 일목요연하게 정리하였으며 본서를 참고하여 답안을 정리하고 또 유사문제를 풀어보면서 수험 준비에 상당한 시간을 절약할 수 있을 것입니다.

계산형 문제는 순서대로 풀이하여 답까지 정리하였으며, 서술형 문제는 가급적 문제의 질문 취지에 맞추어 목차를 정리하여 답안을 작성하였으나 일부 답안 방향이 다를 수도 있을 수 있다는 점도 참고해 주시기 바랍니다.

본서의 출판을 위해 격려해 주신 ㈜서울기술사학원의 신경수 원장님과 조준호 부원장님께 감사드리며, 본서의 출판을 위해 물심양면으로 애써주신 예문사 정용수 사장님과 편집부 직원 여러분께 진심으로 감사드립니다.

무엇보다도 사랑하는 가족들에게 제일 감사드립니다.

2025. 1
김 경 호

CHAPTER 01	제114회 토목구조기술사	2
CHAPTER 02	제115회 토목구조기술사	46
CHAPTER 03	제116회 토목구조기술사	82
CHAPTER 04	제117회 토목구조기술사	114
CHAPTER 05	제118회 토목구조기술사	138
CHAPTER 06	제119회 토목구조기술사	176
CHAPTER 07	제120회 토목구조기술사	214
CHAPTER 08	제121회 토목구조기술사	262
CHAPTER 09	제122회 토목구조기술사	292
CHAPTER 10	제123회 토목구조기술사	330
CHAPTER 11	제124회 토목구조기술사	368
CHAPTER 12	제125회 토목구조기술사	402
CHAPTER 13	제126회 토목구조기술사	428
CHAPTER 14	제127회 토목구조기술사	472
CHAPTER 15	제128회 토목구조기술사	506
CHAPTER 16	제129회 토목구조기술사	538
CHAPTER 17	제130회 토목구조기술사	588

CHAPTER 18	제131회 토목구조기술사	640
CHAPTER 19	제132회 토목구조기술사	676
CHAPTER 20	제133회 토목구조기술사	720
CHAPTER 21	제134회 토목구조기술사	754

CHAPTER 01

제114회
토목구조기술사

CHAPTER 01 114회 토목구조기술사

▪▪ 1교시 다음 문제 중 10문제를 선택하여 설명하시오.(각 10점)

1. 성능기반 설계기준
2. 교량에서 교축직각방향 부재에 의해 지지되는 콘크리트 바닥판의 경험적 설계
3. 교량의 내풍 대책
4. 강상형(Steel Box Girder) 단면의 비틀림상수비(α)
5. 구조물의 정적 해석과 동적 해석의 차이점
6. 구조용 강재의 응력이력곡선(應力履歷曲線)
7. 감쇠자유진동
8. 1방향슬래브의 경간 결정
9. 콘크리트의 피로(Fatigue)
10. 특별한 기준이 없을 경우 도로교설계기준(한계상태설계법, 2016년)에서 처짐 기준
11. 콘크리트 구조물의 내구수명 결정요인과 목표내구수명
12. 도로교설계기준(한계상태설계법, 2016년)에서 보도하중
13. 콘크리트 촉진내후성시험

▪▪ 2교시 다음 문제 중 4문제를 선택하여 설명하시오.(각 25점)

1. 역량스펙트럼법(Capacity Spectrum Method)에 의한 기존 구조물의 내진성능평가 방법을 단계별로 구분하여 설명하시오.
2. 프리스트레스트 콘크리트(PSC) 거더에서 강연선강도를 1,870MPa에서 2,400MPa의 고강도로 상향할 때 장단점 및 검토할 사항을 설명하시오.
3. 다음과 같은 외팔보에서 연직방향 자유진동에 대한 운동방정식을 유도하고, 고유진동수를 구하시오. (여기서 보의 강성은 EI로 가정하고, 보의 자중은 무시한다. 이때 외팔보의 $E=210,000$MPa, $I=1.2\times10^{-4}$m^{4}이며, 스프링의 $K_s=10$kN/m이다. 외팔보의 길이 $L=10$m, 스프링에 달린 구의 무게 $W=10$kN이다.)

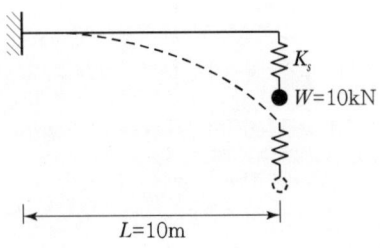

4. 구조물의 고유치 해석에 의한 질량참여율 해석방법에 대하여 설명하시오.
5. 매트릭스(Matrix) 구조해석 방법 중 응력법(應力法)과 변위법(變位法)을 비교하고 해석절차를 각각 설명하시오.
6. 다음 그림과 같은 단면에서 1) 보의 파괴상태, 2) 단면의 휨공칭강도를 구하고 적정 여부를 판단하시오.(단, 콘크리트의 설계기준강도 $f_{ck}=21$MPa, 철근의 항복강도 $f_y=350$MPa, 사용철근량 $A_s=2,570$mm^2, 철근의 탄성계수 $E_s=200,000$MPa, $n=7$, 극한모멘트 $M_u=350$kN·m, 콘크리트의 극한변형률 $\varepsilon_c=0.003$으로 가정한다.)

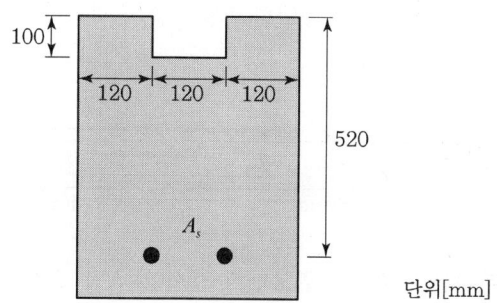

3교시 다음 문제 중 4문제를 선택하여 설명하시오.(각 25점)

1. 휨을 받는 콘크리트 보에서 보의 급작스런 파괴, 즉 취성파괴를 방지하고 연성파괴를 유도하기 위해 두고 있는 규정을 철근콘크리트(RC) 보와 프리스트레스트 콘크리트(PSC) 보로 나누어 설명하시오.
2. 일체식 교대와 반일체식 교대의 특징을 비교하고 적용성을 설명하시오.
3. 프리텐션 부재 정착구역의 균열 제어 설계방안을 설명하시오.
4. 주행차량이 적재높이 위반으로 가설된 강박스거더(Steel Box Girder)에 충돌하여, 복부 강판에 아래 그림과 같은 찢어짐과 변형이 발생하였다. 구조물의 주요 안전점검 부위별 점검범위 및 보수보강 방안을 설명하시오.

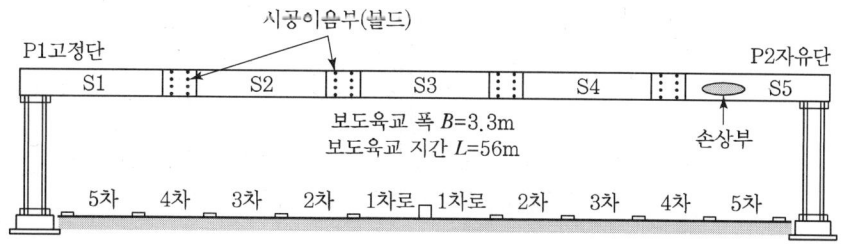

5. 교량의 내하력 평가 시 동적재하시험 데이터(Data)를 얻는 방법을 설명하고, 그 결과를 내하력, 보수보강 효과 및 구조물의 노후화 평가에 활용하는 방안을 설명하시오.
6. 교량에서 액상화 평가를 위한 평가기준 및 방법을 설명하고, 평가흐름도를 작성하시오.

4교시 다음 문제 중 4문제를 선택하여 설명하시오. (각 25점)

1. 변폭 비대칭 FCM 교량의 불균형 모멘트 발생요인과 그 제어방안을 설명하시오.
2. 강교량에서 공용중 차량하중에 의한 변동응력으로 잔존피로수명을 평가하는 방법을 설명하시오.
3. 압출공법(ILM)에 의한 세그멘탈 교량의 설계 및 시공 시 고려할 사항에 대해 설명하시오.
4. 아래 2경간 연속보 중앙지점 B의 모멘트에 대한 영향선을 작성하여 경간의 4등분점인 1~3의 영향선 종거값을 구하고, KL-510 표준차로하중이 지날 때 지점 B에 발생하는 최대휨모멘트를 구하시오. (단, 보의 EI값은 동일하고 활하중의 재하차로는 1차로이며, 충격은 고려하지 않는다.)

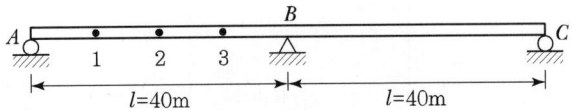

5. 다음 그림에서 1) 탄성한도 내에서 휨모멘트 작성 2) A점, C점이 소성힌지가 될 때의 하중과 탄성하중의 비를 구하시오.

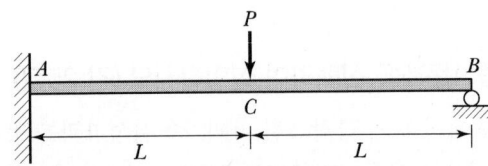

6. 지간 10m의 보에서 그림과 같이 3m의 보 중심 간 간격을 가지는 완전 강합성보의 소성중립축과 공칭휨모멘트를 하중저항계수설계법에 의해 구하시오. (단, 콘크리트의 슬래브 두께 t_s = 20mm, 설계기준강도 f_{ck} = 24MPa, 항복강도 F_y = 325MPa이며, 강재의 규격은 H-1100×300×18×32 이다.)

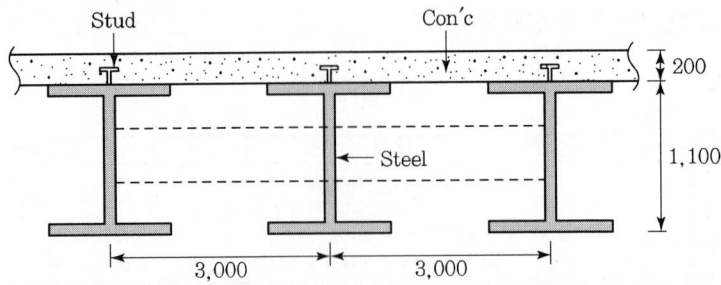

1교시
02 교량에서 교축직각방향 부재에 의해 지지되는 콘크리트 바닥판의 경험적 설계

1. 정의
윤하중을 지지하는 교량바닥판의 주요한 구조적 거동이 휨이 아닌 아치작용이라는 사실에 근거한 설계법을 바닥판의 경험적 설계방법이라 한다.

2. 적용조건
① 3개 이상의 콘크리트 지지보와 합성으로 거동하고 바닥판의 경간방향이 차량진행방향에 직각인 경우의 콘크리트 바닥판에 적용한다.
② 바닥판의 설계 두께는 바닥판의 흠집, 마모면, 그리고 보호피복 두께를 제외한 수치로 하며 다음 조건을 만족시킬 경우에만 적용할 수 있다.
- 지지부재가 강재 혹은 콘크리트일 것
- 콘크리트는 현장타설과 습윤양생일 것
- 바닥판의 전체 두께가 일정할 것
- 바닥판 두께에 대한 유효경간의 비가 6 이상 15 이하일 것
- 바닥판 상하부에 배근된 철근의 외측면 간격이 150mm 이상일 것
- 바닥판의 유효경간이 표준차선폭 3.6m 이하일 것
- 흠집, 마모, 보호피복 두께를 제외한 최소 두께가 240mm 이하일 것
- 캔틸레버 길이가 내측바닥판 두께의 5배 이상이거나 3배 이상이고 구조적으로 연속적인 콘크리트 방호책과 합성될 것
- 콘크리트의 28일 압축강도는 27MPa 이상일 것
- 콘크리트 바닥판은 바닥판 지지 구조부재와 완전 합성거동을 할 것

③ 거더교인 경우 상기 조항을 만족시키기 위하여 바닥판과 콘크리트 주 거더를 합성시키는 전단연결재가 충분히 배치되어야 한다.
④ 경험적 설계방법을 적용할 수 없는 바닥판
- 캔틸레버 바닥판
- 연속구조물의 내부받침 점

3. 철근 배근

(1) 배근방법

① 현장타설되는 콘크리트 바닥판에는 4층의 철근을 배근한다.
② 철근은 피복 두께 조건을 만족하는 범위에서 최대한 바깥으로 배근한다.
③ 유효경간방향으로 배근되는 철근을 가장 바깥쪽 층에 배근한다.

(2) 최소철근량

① 경간방향
- 하부철근 : 콘크리트 바닥판 단면의 0.4% 이상
- 상부철근 : 콘크리트 바닥판 단면의 0.3% 이상

② 경간방향에 직각방향
- 하부철근 : 콘크리트 바닥판 단면의 0.3% 이상
- 상부철근 : 콘크리트 바닥판 단면의 0.3% 이상

(3) 철근의 종류 및 배치

① 배근되는 철근은 SD40 이상이어야 한다.
② 모든 철근은 직선으로 배치하고 겹침이음만 사용할 수 있다.
③ 철근의 중심간격은 100mm 이상 또는 300mm 이하로 한다. 다만 바닥판 주철근의 중심간격은 바닥판의 두께를 넘어서면 안 된다.
④ 사교의 경사각이 20도를 넘는 경우 단부 바닥판의 철근은 단부 끝단에서 바닥판의 유효경간에 해당하는 위치까지 최소철근량의 2배를 배근한다.

1교시
03 교량의 내풍 대책

1. 내풍 대책의 개요

(1) 구조 역학적 방법

① 감쇠의 증가 : TMD, 기계적인 댐퍼 등의 설치
② 강성의 증가 : 비틀림 강성의 향상
③ 질량의 증가 : 콘크리트 충진 등에 의한 질량의 부가

(2) 공기 역학적 방법

① 단면 형상의 변경 : 거더의 개상 구조화
② 공기력적 보조 부재의 설치 : Spoiler, Flap, Fairing, Baffle 등의 설치

2. 구조 역학 대책

① 감쇠 증가 : TMD, Active Damper, Oil Damper 등은 와려진동이나 거스트 응답 진폭의 감소 등에 유효하고 구조 형상을 변경하지 않고 확실히 제진 가능한 점에서 현수교의 주탑의 내풍 대책 등에 자주 이용되고 있다. 다만 발산 진동에 대해서는 효과를 발휘하지 않는 가능성이 있기 때문에 주의를 요한다.
② 강성의 증가 : 고유진동수를 높여 발산한계 풍속을 향상시킨다. 특히 비틀림 플러터형 와려진동의 경우에는 비틀림 고유진동수의 증가에 비례하여 한계 풍속이 상승한다.
③ 질량의 증가 : 와려진동 등의 진폭을 감소시켜 플래터의 한계 풍속을 향상시키는 효과가 있다

3. 공기 역학적 대책

① 그레이팅을 적당히 배치한 개상 구조로 하면 한계 풍속이 향상된다.
② 유선형 상형 단면이라면 공기 저항이 적고 굽힘 강성에 비해 비틀림 강성이 크기 때문에 한계 풍속의 값을 높일 수 있다
③ 공기력적 보조 부재 설치 : Fairing, Flap, Spoiler, Baffle

1교시
05 구조물의 정적 해석과 동적 해석의 차이점

1. 정의

구조 동력학이란 시간에 따라 변하는 동적하중을 받는 구조물의 동적응답(변위, 속도, 가속도 등)을 구하는 학문이며 동적 응답으로 유발되는 탄성력, 관성력, 감쇠력을 산정하여 동적 하중에 견디는 구조물을 설계하기 위함이다.

2. 정적 해석과 동적 해석의 비교

구조물에 작용하는 하중은 정하중과 동하중으로 분류할 수 있다. 정하중과 동하중에 의한 구조물의 정적 해석과 동적 해석의 차이점은 아래와 같다.

항목	정적 해석	동적 해석
외적 하중	정하중(시간 독립)	동하중(시간 종속)
내부 저항력	탄성력(f_E)	탄성력(f_E) 관성력(f_I) 감쇠력(f_D)
특이사항	없음	공진 발생, 동적 증폭
힘의 평형관계	$f_E = kx$	$f_I(t) = m\ddot{x}(t)$ $f_D(t) = c\dot{x}(t)$ $f_E(t) = kx(t)$
동적 증폭계수	없음	$DAF = \dfrac{\max\|x_{dyn}\|}{\max\|x_{sta}\|}$

1교시
07 감쇠자유진동

1. 정의

에너지를 소실시키는 능력을 감쇠(Damping)라 하며 감쇠자유진동의 운동 방정식은 아래와 같다.

$$m\ddot{x} + c\dot{x} + kx = 0$$

2. 임계감쇠

감쇠값이 $c_{cr} = 2\sqrt{mk}$ 와 같은 경우로 구조물이 고유하게 에너지를 소실시키려는 감쇠 크기를 말하며 감쇠자유진동인 방정식과 해는 아래와 같다.

$$m\ddot{x} + c\dot{x} + kx = 0$$

$$x(t) = \{x_0(1 + \omega_n t) + v_0 t\}e^{-\omega_n t}$$

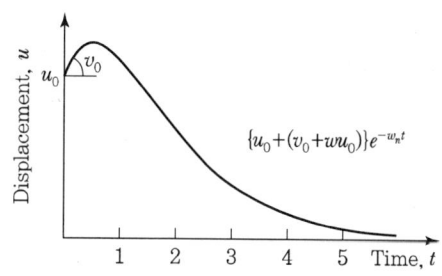

3. 과감쇠

감쇠값이 $c > c_{cr} = 2\sqrt{mk}$ 보다 큰 경우로 구조물의 감쇠값이 임계감쇠값보다 큰 경우이며 감쇠자유진동인 운동방정식의 해는 아래와 같다.

$$m\ddot{x} + c\dot{x} + kx = 0$$

$$x(t) = \{A\cos hw_n\sqrt{\xi^2-1}\,t + B\sin hw_n\sqrt{\xi^2-1}\,t\}e^{-\xi\omega_n t}$$

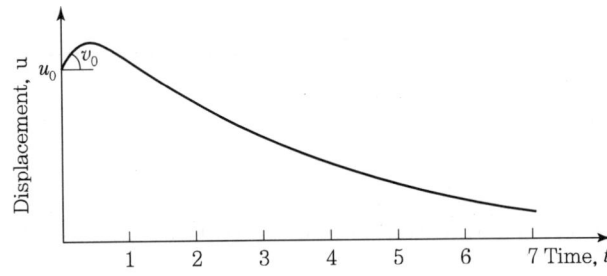

4. 저감쇠

감쇠값이 $c < c_{cr} = 2\sqrt{mk}$ 보다 작은 경우로 구조물의 감쇠값이 임계감쇠값보다 작은 경우이며 감쇠자유진동인 운동방정식의 해는 아래와 같다.

$$m\ddot{x} + c\dot{x} + kx = 0$$

$$x(t) = e^{-\xi w_n t}\left(x_o\cos\omega_D t + \frac{v_0 + x_o\xi\omega_n}{\omega_D}\sin\omega_D t\right)$$
$$= \rho e^{-\xi\omega_n t}\cos(\omega_D t - \theta)$$

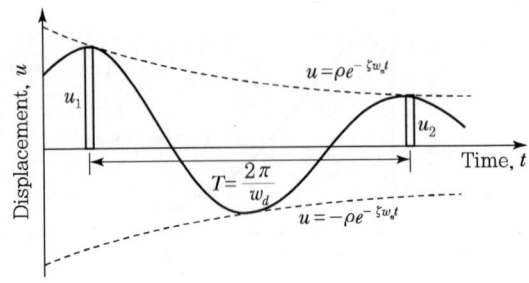

5. 감쇠자유진동의 일반해 비교

감쇠값에 따라 임계감쇠, 과감쇠, 저감쇠를 구분된 감쇠자유진동의 일반해의 거동을 나타낸 결과는 아래 그림과 같다.

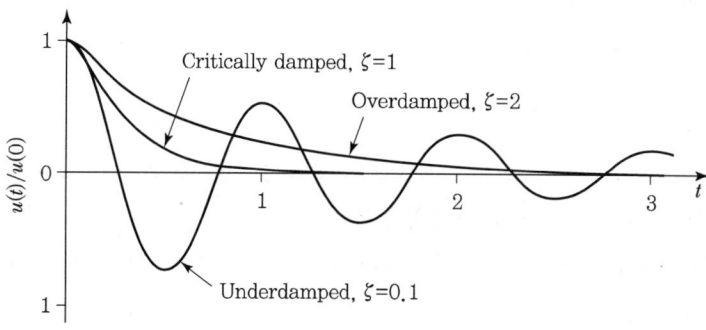

1교시
09 | 콘크리트의 피로(Fatigue)

1. 일반

교량은 공용기간 중 수백만 회의 반복하중을 받을 것으로 예상되며, 이런 경우 과재하중으로 인한 파괴위험보다는 계속되는 반복하중으로 인한 구조재료의 누가손상으로 급격한 취성 파괴 양상을 보이는 피로파괴 위험이 유발되므로 이러한 구조물에 대하여는 피로에 대한 안전성을 검토하여야 한다.

2. 부재의 종류에 따른 피로 검토

① 보와 슬래브의 피로 : 휨과 전단에 대해 검토
② 기둥 : 피로에 대해 검토하지 않아도 됨
③ 휨부재 : 저보강보로 설계되는 것이 일반적이므로 반복 인장응력을 받는 철근의 피로에 대하여 검토

3. 피로의 검토

$$|f_{s,\max} - f_{s,\min}| < f_a$$

4. 피로를 고려하지 않아도 되는 철근의 응력범위

철근의 종류	인장응력 및 압축응력의 범위
SD300(f_y=300MPa)	130MPa
SD350(f_y=350MPa)	140MPa
SD400(f_y=450MPa)	150Mpa

1교시

10 특별한 기준이 없을 경우 도로교설계기준(한계상태설계법, 2016년)에서 처짐 기준

1. 일반 사항

처짐으로 인한 바람직하지 못한 구조적 또는 심리적 영향을 배제할 수 있도록 교량을 설계한다. 직교이방성 강바닥판을 제외하고 처짐과 높이의 제한이 선택적이라 하더라도 세장성과 처짐에 관한 기존의 성공적 실례와 많은 차이가 있을 경우에는 설계를 검토하여 교량의 적절한 기능 수행 여부를 결정한다.

2. 처짐기준

(1) 아래 사항을 제외하고 이 장의 기준은 선택적인 것으로 간주해야 한다.

① 직교이방성 강바닥판에 대한 규정은 필수적인 것으로 간주해야 한다.
② 격자 강바닥판, 기타 경량 강바닥판 및 경량 콘크리트 바닥판은 도로교설계기준 6.14.3.2의 사용성 규정을 준수해야 한다.

(2) 이 기준을 적용하는 경우 차량 활하중에는 충격하중 효과를 포함해야 한다. 발주자가 처짐의 제한을 요구하는 경우 다음 원칙을 적용할 수 있다.

① 최대처짐을 조사하는 경우 모든 재하차로에 하중을 재하하며 모든 지점은 동일한 처짐을 갖는 것으로 가정한다.
② 합성설계의 경우 설계단면은 도로의 전폭과 구조적으로 연속적인 난간, 보도, 중앙분리대를 포함한다.
③ 부재 간 상대처짐을 조사하는 경우 상대처짐이 가장 크게 발생할 수 있는 재하차로의 개수와 위치를 선정한다.
④ 도로교설계기준 표 3.4.1에 제시된 사용하중조합 I 의 활하중 비율은 충격하중계수 IM을 포함하여 사용한다.
⑤ 활하중은 도로교설계기준 3.6.1.7에 의거한다.
⑥ 도로교설계기준 3.6.1.2의 활하중 동시재하에 대한 규정을 적용한다.
⑦ 사교의 경우 교축직각단면을 사용할 수 있고, 곡교나 곡사교의 경우 방사방향 단면을 사용할 수 있다.

(3) 기타 기준이 없는 경우, 아래의 처짐 제한을 강, 알루미늄 또는 콘크리트 구조물에 적용할 수 있다.

① 차량하중, 일반 지간/800
② 차량하중 또는 보행자하중 지간/1,000
③ 내민보의 차량하중 지간/300
④ 내민보의 차량하중 또는 보행자하중 지간/375

(4) I형 강재 보와 거더 그리고 강박스 및 튜브형 거더에서 플랜지응력 조정으로 영구처짐을 제한하는 경우 도로교설계기준 6.10.5.2와 6.11.7의 규정을 적용해야 한다. 기타 기준이 없는 경우, 아래의 처짐 제한을 목재 구조물에 적용할 수 있다.

① 차량하중과 보행자하중 지간/425
② 목재 바닥판 위의 차량하중(인접판 간의 극대상대처짐) 2.5mm

(5) 직교이방성 강바닥판에는 다음 규정을 적용해야 한다.

① 강바닥판 위의 차량하중 지간/300
② 직교이방성 강바닥판 가로보 위의 차량하중 지간/1,000
③ 직교이방성 강바닥판 가로보 위의 차량하중(인접 가로보 간의 극대상대처짐) 2.5mm

1교시
12. 도로교설계기준(한계상태설계법, 2016년)에서 보도하중

1. 바닥판과 바닥틀을 설계하는 경우에 보도 등에는 5×10^{-8}MPa의 보도하중이 설계차량활하중과 동시에 적용된다.
2. 주 거더를 설계하는 경우에 보도 등에는 아래 표의 등분포하중을 재하한다.
3. 보도나 보행자 또는 자전거용 교량에서 유지관리용 또는 이에 부수되는 차량통행이 예상되는 경우 이 하중은 설계에 고려되어야 한다. 이 차량에 대해 충격하중은 고려하지 않는다.

[보도 등에 재하하는 등분포하중]

지간장 L(m)	$L \leq 80$	$80 < L \leq 130$	$L > 130$
등분포하중의 크기(MPa)	3.5×10^{-3}	$(4.3 - 0.01L) \times 10^{-3}$	3.0×10^{-3}

2교시

01. 역량스펙트럼법(Capacity Spectrum Method)에 의한 기존 구조물의 내진성능평가 방법을 단계별로 구분하여 설명하시오.

1. 정의

역량스펙트럼(Acceleration Displacement Respose Spectrum : Capacity Spectrum)은 교각의 비선형거동 특성을 고려한 공급역량곡선(Capacity Curve)과 설계지진 시 교량에 요구되는 소요역량곡선(Demand Spectrum)을 동일한 그래프 위에 함께 도시하여 비교함으로써 교각의 내진성능을 시각적으로 평가하는 방법을 말한다.

2. 소요역량스펙트럼

응답가속도-주기의 관계식으로 표현되는 설계응답 스펙트럼을 응답가속도-응답변위의 관계로 변환한 스펙트럼을 말한다.

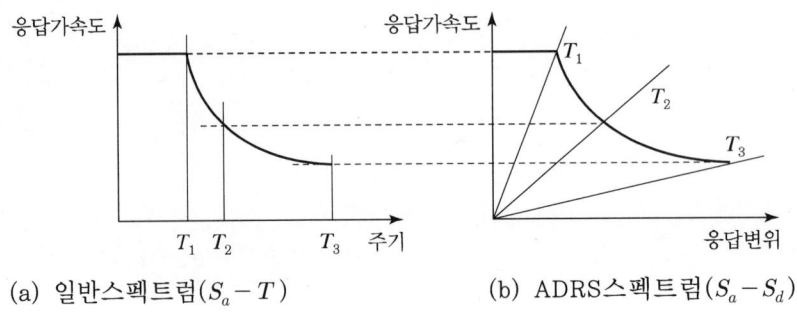

(a) 일반스펙트럼($S_a - T$)　　(b) ADRS스펙트럼($S_a - S_d$)

[일반적인 응답변위 스펙트럼과 ADRS]

3. 내진성능 평가방법

(1) 소요역량곡선과 공급역량곡선을 함께 도시하여 다음과 같이 내진성능을 평가한다.
　① **기능수행수준** : 공급역량곡선의 항복점의 위치가 기능수행수준 스펙트럼의 외부에 놓이면 내진성능을 만족하는 것으로 한다.
　② **붕괴방지수준** : 공급역량곡선의 극한점의 위치가 붕괴방지수준 스펙트럼의 외부에 놓이면 내진성능을 만족하는 것으로 한다.

(2) 붕괴방지수준의 소요스펙트럼과 공급역량곡선의 교차점이 성능점이 되고 이는 붕괴방지수준의 설계지진 하중 시 교각의 응답변위 크기를 나타낸다. 소요역량곡선과 공급역량곡선을 변환하여 그림과 같이 함께 도시한다(Capacity Spectrum). 이때 공급역량곡선의 변위소성도의 증가에 따른 이력감쇠비의 증가로 "붕괴방지수준"의 스펙트럼은 감소시켜 사용하는 것이 경제적인 평가방법이 된다.

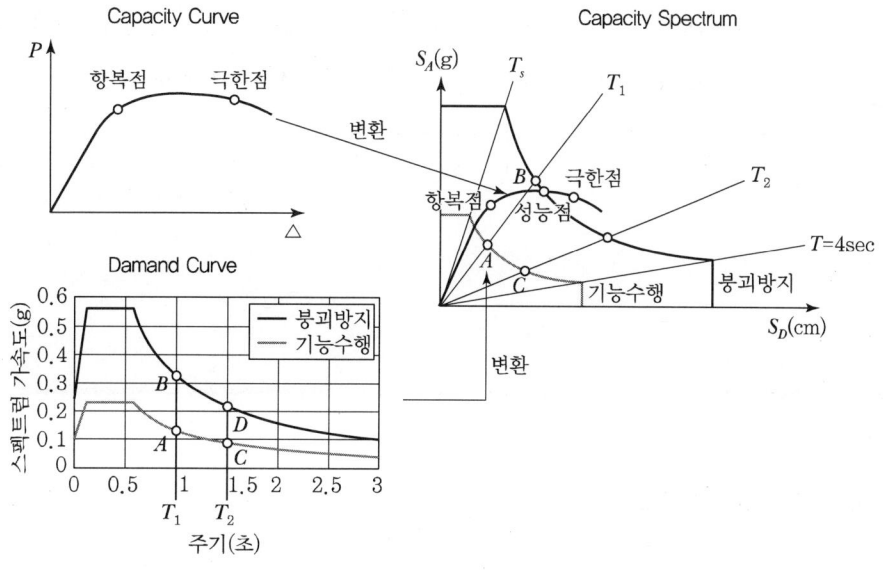

[역량스펙트럼]

2교시

03 다음과 같은 외팔보에서 연직방향 자유진동에 대한 운동방정식을 유도하고, 고유진동수를 구하시오.(여기서 보의 강성은 티로 가정하고, 보의 자중은 무시한다. 이때 외팔보의 $E=210,000\text{MPa}$, $I=1.2\times10^{-4}\text{m}^4$이며, 스프링의 $K_s=10\text{kN/m}$이다. 외팔보의 길이 $L=10\text{m}$, 스프링에 달린 구의 무게 $W=10\text{kN}$이다.)

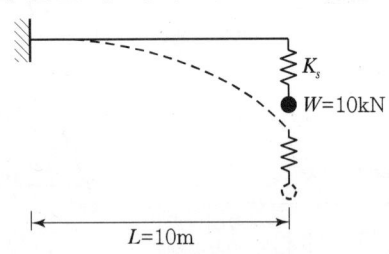

1. 등가 스프링 산정

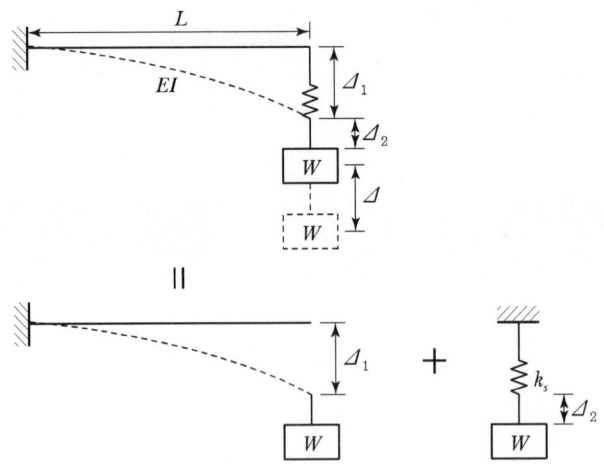

2. 캔틸레버 스프링 상수 산정

(1) 자유단 처짐

$$\Delta_1 = \frac{PL^3}{3EI}$$

(2) 스프링 방정식

$$P = \left(\frac{3EI}{L^3}\right)\Delta_1$$

(3) 스프링 상수

$$k_1 = \frac{3EI}{L^3}$$

3. 등가 스프링 상수 산정 : 직렬 스프링 연결

$$\frac{1}{k_e} = \frac{1}{k_1} + \frac{1}{k_s} = \frac{L^3}{3EI} + \frac{1}{k_s}$$

$$k_e = \frac{3EI\,k_s}{3EI + k_s L^3}$$

4. 운동방정식 유도(자유진동)

$\Delta = x$ 라 하면,

$$\frac{W}{g}\ddot{x} + k_e\,x = 0$$

여기서, g는 중력가속도(9.8m/s^2)

$$\frac{W}{g}\ddot{x} + \frac{3EI\,k_s}{3EI + k_s L^3}\,x = 0$$

5. 고유진동수(f_n)

$$f_n = \frac{1}{2}\pi\sqrt{\frac{k_e}{m}} = \frac{1}{2}\pi\sqrt{\left(\frac{3EIk_s}{3EI+k_sL^3}\right)\frac{g}{W}}$$

$$= \frac{1}{2}\pi\sqrt{\frac{3EIk_s\,g}{W(3EI+k_sL^3)}}$$

$$= \frac{1}{2}\pi\sqrt{\frac{3\times 210{,}000\times 10^6\times 1.2\times 10^{-4}\times 10\times 10^3\times 9.8}{10\times 10^3\times(3\times 210{,}000\times 10^6\times 1.2\times 10^{-4}+10\times 10^3\times 10^3)}}$$

$$= 0.468\text{Hz}$$

2교시

04. 구조물의 고유치 해석에 의한 질량참여율 해석방법에 대하여 설명하시오.

1. 다자유도(Multi-degree of Freedom)계의 운동방정식(자유진동)

$$[M]\{\ddot{u}\}+[C]\{\dot{u}\}+[K]\{u\}=0$$

감쇠가 없다고 하면,

$$[M]\{\ddot{u}\}+[K]\{u\}=0$$

적절히 분산된 초기 변위를 주었다가 없애면, 조화진동을 한다. 여기서, 적절히 분산된 초기 변위를 고유 진동모드라고 한다.

2. 고유 진동모드(Mode Shape)

시간 t에서의 변위 $\{u\}=\sum_{n=1}^{N}\phi_n q_n(t)$로 각 고유 진동모드 $\phi_n=1$ 중첩으로 표현 가능

$$q_n(t)=A_n\cos\omega_n t+B_n\sin\omega_n t, \ \omega_n=\frac{2\pi}{T_n}$$

여기서, ω_n : 고유진동수(각 진동수)
T_n : 고유 진동주기

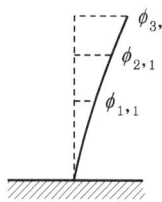
Mode 1

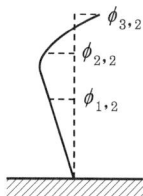
Mode 2

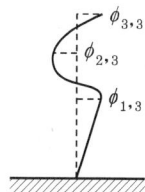
Mode 3

3. 고유 진동모드의 산정

$$[M]\{\ddot{u}\}+[K]\{u\}=0$$

$\{u\}=\{\phi\}e^{i\omega t}$ 로 표시되는 조화 진동으로 가정하면,

$$[[K]-\omega^2[M]]\{\phi\}=0$$

$\{\phi\}$가 0이 아닌 해를 가지려면, 아래의 행렬식(Determinant)이 0이 되어야 한다.

$$|[K]-\omega^2[M]|=0$$

따라서, 고유진동수 ω_i, 고유 진동주기 T_i, 고유 진동모드 ϕ_i를 구할 수 있다.
여기서, i는 모드의 순서번호이다.

4. 모드 방정식

$[M]\{\ddot{u}\}+[C]\{\dot{u}\}+[K]\{u\}=\{P\}$에서

$$[M]\sum_{r=1}^{N}\phi_r\ddot{q}_r+[C]\sum_{r=1}^{N}\phi_r\dot{q}_r+[K]\sum_{r=1}^{N}\phi_r q_r=\{P\}$$

ϕ_n^T를 양변에 곱하면,

$$M_n\ddot{q}_n+\sum_{r=1}^{N}C_{nr}\dot{q}_r+K_n q_n=P_n(t)$$

여기서, M_n, q_r : Orthogonal Matrix
C_{nr} : Non−orthogonal Matrix

Classical Damping이라고 하면 Orthogonal Matrix가 된다.
따라서

$$M_n\ddot{q}_n+C_n\dot{q}_n+K_n q_n=P_n(t)$$

$$\ddot{q}_n+2\xi_n\omega_n\dot{q}_n+\omega_n^2 q_n=\frac{P_n(t)}{M_n}\ (n=1\sim N) \quad\cdots\cdots\cdots\cdots (1)$$

여기서, $M_n=\phi_n^T[M]\phi_n$, $P_n=\phi_n^T\{P\}$

5. Modal Contributions

하중벡터 $\{P\}$는 진폭과 공간분포에 따라 변화하는 값이다.
그러나, 본 내용에서는 공간분포는 시간에 따라 변화하지 않고, 진폭만 시간에 따라 변화한다고 가정한다.
따라서, 하중벡터 $\{P\}$는 다음과 같이 표현된다.

$$\{P\} = \{R\} f(t) \quad \cdots\cdots\cdots\cdots\cdots (2)$$

여기서, $\{R\}$은 하중분포 벡터이다.
이러한 표현은 지진 등 실제 상황에서 적용된다.
유효 지진하중은 일반적으로 아래와 같이 가장 편리하게 표현된다.

$$\{P\}_{eff} = [M]\{r\} \ddot{u}_g(t) \quad \cdots\cdots\cdots\cdots\cdots (3)$$

여기서, $\{r\}$은 단위 지점 변위에 의해 발생하는 각 구조물의 자유도의 변위를 표시하는 변위 변환 벡터이다.
따라서, 식(2), (3)을 식(1)에 각각 대입하면

$$\ddot{q}_n + 2\xi_n \omega_n \dot{q}_n + \omega_n^2 q_n = \frac{\phi_n^T \{R\}}{\phi_n^T [M] \phi_n} f(t)$$

$$\ddot{q}_n + 2\xi_n \omega_n \dot{q}_n + \omega_n^2 q_n = \frac{\phi_n^T [M] \{r\}}{\phi_n^T [M] \phi_n} \ddot{u}_{g(t)}$$

가 된다.

$\dfrac{\phi_n^T \{R\}}{\phi_n^T [M] \phi_n}$ or $\dfrac{\phi_n^T [M] \{r\}}{\phi_n^T [M] \phi_n}$ 을 Modal Participant Factor라고 한다.

2교시

06 다음 그림과 같은 단면에서 1) 보의 파괴상태, 2) 단면의 휨공칭강도를 구하고 적정 여부를 판단하시오.(단, 콘크리트의 설계기준강도 $f_{ck}=21\text{Mpa}$, 철근의 항복강도 $f_y=350\text{MPa}$, 사용 철근량 $A_s=2{,}570\text{mm}^2$, 철근의 탄성계수 $E_s=200{,}000\text{MPa}$, $n=7$, 극한모멘트 $M_u=350\text{kN}\cdot\text{m}$, 콘크리트의 극한변형률 $\varepsilon_c=0.003$으로 가정한다.)

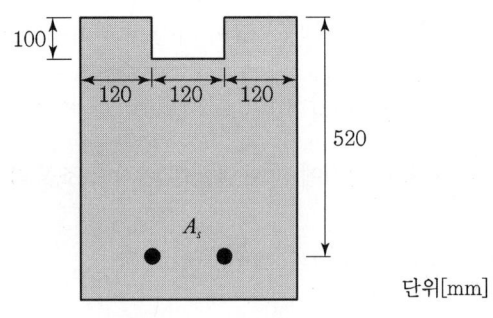

*아래 문제 참고

1. $M_u = 433.5\text{kN}\cdot\text{m}$

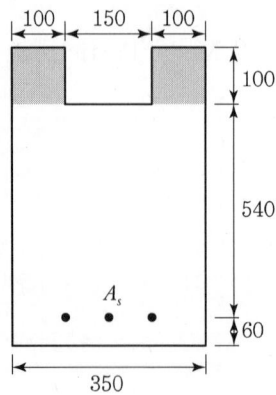

2. 소요 철근량 산정 : A_s

(1) 요철부가 받는 공칭 모멘트 M_{n1}

$$M_{n1} = 0.85 f_{ck} ab \left(d - \frac{a}{2} \right) \times 2 = 0.85 \times 21 \times 100 \times 100 \left(640 - \frac{100}{2} \right) \times 2$$
$$= 210.63 \text{kN} \cdot \text{m}$$

(2) 요철부에 대응하는 철근량 A_{sf}

$$A_{sf} f_y = 0.85 f_{ck} ab \times 2$$
$$A_{sf} = 0.85 \frac{f_{ck}}{f_y} ab \times 2 = 0.85 \times \frac{21}{400} \times 100 \times 100 \times 2$$
$$= 892.5 \text{mm}^2$$

(3) 요철하부가 받는 Moment

$\phi = 0.85$로 가정

$$M_{n,w} = \frac{M_{u,\max}}{\phi} - M_{n1} = \frac{433.5}{0.85} - 210.63 = 299.37 \text{kN} \cdot \text{m}$$
$$M_{u,w} = \phi M_{n,w} = 0.85 \times 299.37 = 254.5 \text{kN} \cdot \text{m}$$

(4) 요철하부의 철근량 A_{sw}

$$a_w = \frac{A_{sw} f_y}{0.85 f_{ck} b_w} = \frac{A_{sw} \times 400}{0.85 \times 21 \times 350} = 0.064 A_{sw}$$

$$M_{u,w} = \phi A_{sw} f_y \left(d_w - \frac{a_w}{2} \right)$$

$$254.5 \times 10^6 = 0.85 A_{sw} \times 400 \left(540 - \frac{1}{2} \times 0.064 A_{sw} \right)$$

$$10.88 A_{sw}^2 - 183,600 A_{sw} + 254.5 \times 10^6 = 0$$

$$\therefore A_{sw} = \frac{183,600 - \sqrt{183,600^2 - 4 \times 10.88 \times 254.5 \times 10^6}}{2 \times 10.88} = 1,523.8 \text{mm}^2$$

(5) $\phi = 0.85$의 검증

$$a_w = 0.064 A_{sw} = 0.064 \times 1{,}523.8 = 97.5\text{mm}$$

$$c = \frac{a_w}{\beta_1} = \frac{97.5}{0.85} = 114.7\text{mm}$$

$$\frac{c}{d_w} = \frac{114.7}{540} = 0.212 < 0.375 \quad \therefore \text{인장지배 단면}$$

$$\therefore \phi = 0.85$$

(6) 소요철근량 A_s

$$A_s = A_{sf} + A_{sw} = 892.5 + 1{,}523.8 = 2{,}416.3\text{mm}^2$$

3. 휨강도 검토

$$\begin{aligned}\phi M_{n1} &= \phi \left\{ A_{sf} f_y \left(d - \frac{a}{2}\right) + A_{sw} f_y \left(d_w - \frac{a_w}{2}\right) \right\} \\ &= 0.85 \left\{ 892.5 \times 400 \times \left(640 - \frac{100}{2}\right) + 1{,}523.8 \times 400 \times \left(540 - \frac{97.5}{2}\right) \right\} \times 10^{-6} \\ &= 433.5 \text{kN} \cdot \text{m}\end{aligned}$$

3교시

01 휨을 받는 콘크리트 보에서 보의 급작스런 파괴, 즉 취성파괴를 방지하고 연성파괴를 유도하기 위해 두고 있는 규정을 철근콘크리트(RC) 보와 프리스트레스트 콘크리트(PSC) 보로 나누어 설명하시오.

1. RC보

(1) 최소허용 인장변형률

① RC 휨부재와 $0.1 f_{ck} A_g$보다 작은 계수축하중을 받는 RC 휨부재의 순인장변형률(ε_t)은 최소허용 인장변형률($\varepsilon_{t,\min}$) 이상이라야 한다 : 연성파괴 확보

② $\varepsilon_{t,\min}$

$$f_y \leq 400 MPa : \varepsilon_{t,\min} = 0.004$$
$$f_y > 400 MPa : \varepsilon_{t,\min} = 2\varepsilon_y$$

(2) 단철근 직사각형보에서의 최대철근비(철근비의 상한)

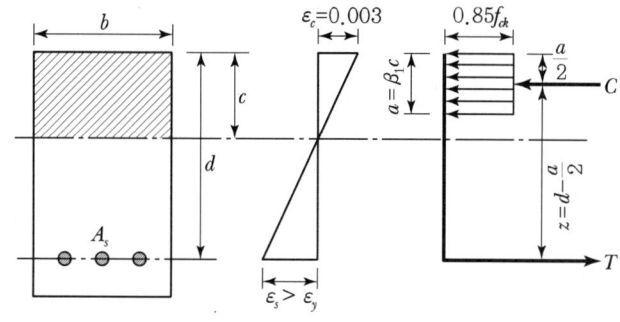

① 변형률도

$$\varepsilon_s = \varepsilon_y$$

$$\varepsilon_s = \varepsilon_c \frac{d-c}{c}$$

$$\therefore \frac{c}{d} = \frac{\varepsilon_c}{\varepsilon_c + \varepsilon_y} \quad \cdots\cdots\cdots\cdots\cdots\cdots\cdots\cdots\cdots\cdots\cdots\cdots\cdots\cdots\cdots\cdots\cdots\cdots\cdots\cdots \text{(1)}$$

$$d = d_t , \; \varepsilon_y = \varepsilon_t$$

$$\frac{c}{d_t} = \frac{\varepsilon_c}{\varepsilon_c + \varepsilon_t}$$

② 단면력

$$T = A_s f_y = \rho\, f_y\, b\, d_t$$
$$C = 0.85\, \beta_1\, f_{ck}\, b\, c$$
$$C = T$$

$$\rho = 0.85\, \beta_1\, \frac{f_{ck}}{f_y}\, \frac{\varepsilon_c}{\varepsilon_c + \varepsilon_t} \quad \cdots\cdots (2)$$

$\varepsilon_{t,\min} = 0.004$ (최소 허용 인장변형률)

$$\rho_{\max} = 0.85\, \beta_1\, \frac{f_{ck}}{f_y}\, \frac{\varepsilon_c}{\varepsilon_c + 0.004} \quad \cdots\cdots (3)$$

$$\frac{\rho_{\max}}{\rho_b} = \frac{\dfrac{\varepsilon_c}{\varepsilon_c + 0.004}}{\dfrac{\varepsilon_c}{\varepsilon_c + \varepsilon_y}} = \frac{\dfrac{0.003}{0.007}}{\dfrac{0.003}{0.003 + \varepsilon_y}} = \frac{0.003 + \varepsilon_y}{0.007}$$

$$\therefore \rho_{\max} = \frac{0.003 + \varepsilon_y}{0.007}\, \rho_b \quad \cdots\cdots (4)$$

$f_y = 400\,\mathrm{MPa}$인 철근

$$\varepsilon_y = \frac{f_y}{E_s} = \frac{400}{2.0 \times 10^5} = 0.002$$

$$\rho_{\max} = \frac{0.003 + 0.002}{0.007}\, \rho_b = 0.714\, \rho_b \quad \cdots\cdots (5)$$

(3) 최소 철근비

$$\rho_{\min} = \mathrm{Max}\left(\frac{0.25\lambda\sqrt{f_{ck}}}{f_y},\; \frac{1.4}{f_y} \right)$$

(4) 연성파괴 확보 조건

$$\rho_{\min} < \rho < \rho_{\max}$$

2. PSC보

(1) 정의

강재지수(Reinforcement Index)란 PSC보에 설치하는 철근비를 말하며, 연성파괴를 유도하기 위한 저보강보 설계를 위해 과보강보와 저보강보의 판단기준으로 사용되고 있다.

(2) PSC보 강재지수 산정

PSC보 강재지수는 긴장재와 철근의 사용 유무에 따라 다르게 산정된다.

구분	강재지수	비고
긴장재만 설치된 경우	$q_p = p_p\left(\dfrac{f_{ps}}{f_{ck}}\right)$, $p_p = \dfrac{A_p}{b\,d_p}$	
긴장재와 인장철근이 설치된 경우	$q_p + \dfrac{d}{d_p}(q-q')$	

여기서, 인장철근 강재비 $q = p\dfrac{f_y}{f_{ck}}$, $p = \dfrac{A_s}{b\,d}$

압축철근 강재비 $q' = p'\dfrac{f_y}{f_{ck}}$, $p' = \dfrac{A_s{'}}{bd}$

(3) 강재지수 제한

PSC보의 연성파괴를 유도하기 위해 강재지수를 제한하고 있다.

① 긴장재만 갖는 경우

구분	강재지수	비고
사각형보	$q_p \leq 0.32\beta_1$	
T형보	$q_p = \dfrac{A_{pw}f_{ps}}{bd_p f_{ck}} \leq 0.32\beta_1$	

② 긴장재와 철근이 같이 있는 경우

구분	강재지수	비고
사각형보	$q_p + \dfrac{d}{d_p}(q-q') \leq 0.36\beta_1$	
T형보	$q_p + \dfrac{d}{d_p}(q-q') \leq 0.36\beta_1$	$q_p = \dfrac{A_{pw}f_{ps}}{bd_p f_{ck}}$

3교시

02 일체식 교대와 반일체식 교대의 특징을 비교하고 적용성을 설명하시오.

1. 일체식 교대

(1) 정의

일체식 교량은 상부구조와 교대의 일체화 방법에 따라 완전일체식 교대 교량과 반일체식 교대 교량으로 분류된다. 완전일체식 교대 교량은 상부구조와 하부구조가 모두 교대와 일체화되는 형식이고, 반일체식 교대 교량은 상부구조와 일체로 시공되는 낮은 높이의 벽체 교대를 가지며 독립된 하부구조를 가지는 형식이다.

(2) 장점

① 싸다.
② 지진에 강하다.
③ 구조물 설계가 간단하다(기계적인 요소를 사용하지 않는다).
④ 신축이음과 받침이 없는 구조이므로 유지관리 비용이 감소한다.

(3) 문제점

① 교대 배면토를 동일하게 성토해야 토압이 일정해져 말뚝에 문제가 없다.
② 교축 직각방향 거동에 대한 안전성 검토가 필요하다.

(4) 구조 특징 및 거동 특성

① 교대 배면토 다짐을 하지 않고 그냥 큰 자갈과 흙을 섞어서 시공한다.
② 완충슬래브와 접속슬래브 연결부에 Cyclic Control Joint(아스콘)를 설치한다. 그 밑에 받침슬래브를 시공한다.
③ 접속슬래브 하부 기층재와의 사이에 비닐을 깔아서 마찰력을 감소시킨다.

(5) 적용범위

① 교량연장
 - 강교 : 90m 이하
 - 콘크리트교 : 120m 이하

② 기타 제한사항
- 사각 : 60도 이하(변위 방향문제 때문)
- 곡선교 적용 제한
- 연약지반 제한
- 침수가 예상되는 지역에는 적용 제한(부력문제)
- 교대의 과다한 침하가 우려되는 지반에서의 적용 제한

2. 반일체식 교대

(1) 정의

반일체식 교대 교량은 교량 구간 내에 신축이음장치를 설치하지 않아 초기 공사비가 저렴하고 유지관리 측면에서 경제적인 교량형식이지만 아직까지 반일체식 교대 교량에 대한 이해와 연구가 부족하고 적용사례가 많지 않은 실정이다.

(2) 특징 및 적용성

반일체식 교대 교량의 경우는 일반 조인트 교량의 교대와 동일한 설계를 적용하고 신축이음장치는 신축조절장치로 대체되지만 교량받침은 설치하는 교량형식이다.

일반 조인트 교량형식의 교대에 비해 $\frac{1}{3} \sim \frac{1}{2}$ 정도의 교대단면이 축소돼 비교적 시공이 용이하지만, 조인트 교량에 없는 교대, 날개벽과 상부구조 접합면 처리에 주의가 필요하다. 교대부 교량받침 설치로 일체식 교대 교량에 비해 경제성 측면에서 다소 불리한 점은 있지만 구조계의 비대칭성으로 인해 발생하는 부정정력에 대한 고려만 있으면 적용이 가능하다.

3. 결론

일체식 교대는 무조인트 교량이라고도 하는데 지간 교대 연결하여 신축 조인트 없이 차량 주행성이 높고, 시공이 간편해 공기 단축, 공사비 절감 등 유지관리비를 줄여주는 등 경제적 효과가 높아 향후 고속도로 교량에 많이 적용될 것으로 사료된다.

3교시

06 교량에서 액상화 평가를 위한 평가기준 및 방법을 설명하고, 평가흐름도를 작성하시오.

1. 액상화 현상 정의

지진 등 진동하중에 의해 간극수압 상승과 유효응력 감소로 전단하중에 대한 전단 저항을 상실하는 현상

2. 표준관입시험에 의한 액상화 평가방법

(1) 수정 Seed & Idriss 방법에 의한 액상화 가능성 검토

수정 Seed & Idriss 방법은 많은 지진 기록 및 피해 사례에 대한 분석을 통하여 현장에서 획득이 용이한 N치와 액상화 저항응력비의 관계를 도시하여 간편하게 액상화 가능성을 검토하는 방법으로 본 과업에서는 다음과 같은 흐름으로 평가하였다.

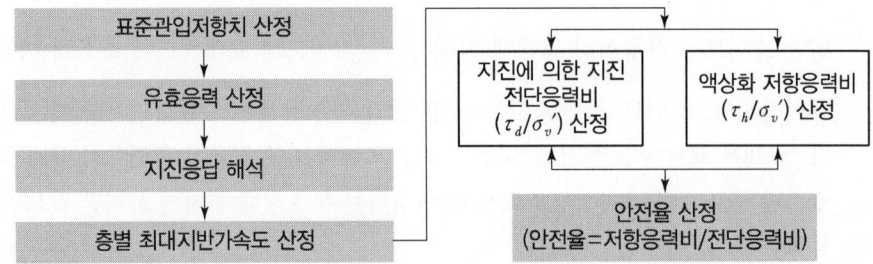

[액상화 평가방법 흐름도]

(2) 지진 시 발생하는 지진전단응력비

발생 가능한 지진규모에 대한 지진응답해석을 실시하여 층별 최대가속도(α_{max})를 결정하고 다음 관계식에 의해 지진전단응력비(Cyclic Stress Ratio, CSR)를 산정한다.

$$CSR = \frac{\tau_d}{\sigma_v'} = 0.65 \frac{\alpha_{max}}{g} \cdot \frac{\sigma_v}{\sigma_v'}$$

여기서, α_{max} : 액상화 평가지층의 최대가속도
  g : 중력가속도
  σ_v : 액상화를 평가하고자 하는 깊이의 총상재압(Kpa)
  σ_v' : 액상화를 평가하고자 하는 깊이의 유효 상재압(Kpa)

(3) 지반의 액상화 전단저항응력비

액상화 전단저항응력비(Cyclic Resistance Ratio, CRR)는 표준관입시험에 의한 저항치 $(N_1)_{60}$와 설계지진규모에서 액상화 전단저항응력비 관계로부터 구하고, 액상화 전단저항응력비 값은 지진규모 6.5를 기준으로 하고 세립질 함유량을 고려하여 구한다.

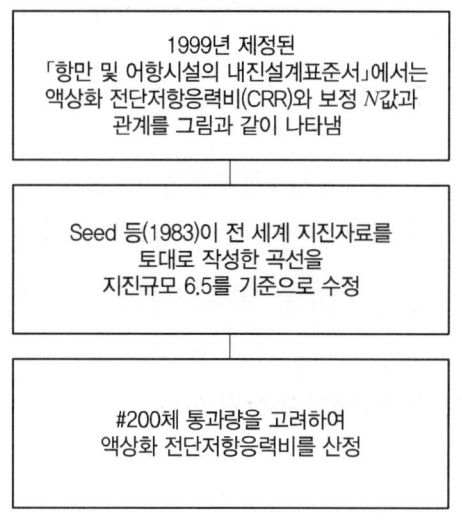
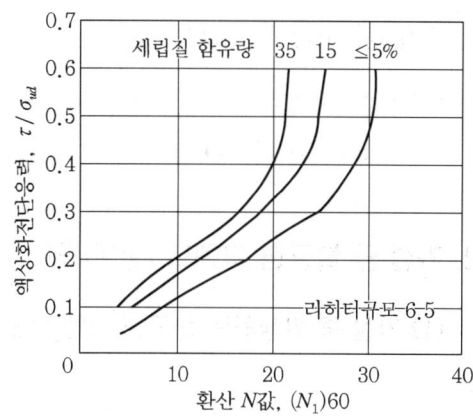

[액상화 전단저항응력비와 $(N_1)_{60}$ 관계]

(4) 액상화 안전율

액상화 발생에 대한 안전율은 지진에 의한 지진전단응력비와 지반의 액상화에 대한 전단저항응력비의 비로 산정하였다.

$$F(액상화\ 안전율) = \frac{액상화\ 전단저항응력비}{지진(진동)전단응력비} = \frac{\tau_l/\sigma_v'}{\tau_d/\sigma_v'}$$

여기서, $F \geq 1.5$: 액상화에 대해 안전
$F < 1.5$: 액상화 상세 예측 필요

4교시

01. 변폭 비대칭 FCM 교량의 불균형 모멘트 발생요인과 그 제어방안을 설명하시오.

1. 가설 중 불균형 모멘트 발생원인

FCM 가설 방법에서 주두부 시공 후 양쪽의 Balance를 맞추어 시공하지만 한쪽에 Segment 가 더 쳤을 경우 양쪽의 자중의 차이로 인한 불균형 모멘트(Unbalance Moment)가 발생한다.

2. 가설 중 불균형 모멘트 제어방안

(1) 가설 중 발생하는 불균형 모멘트에 저항하기 위한 가설고정장치 설치

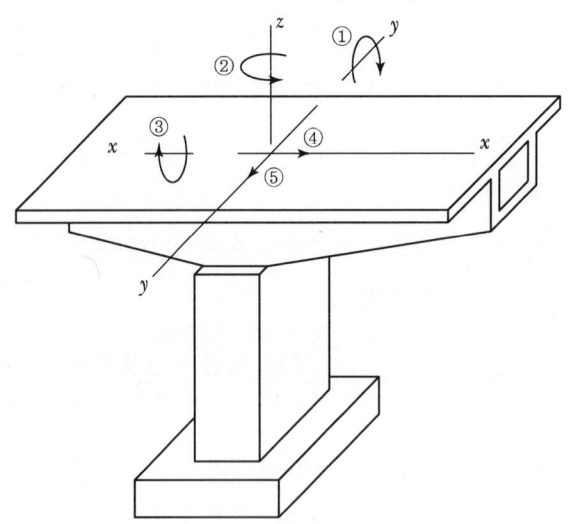

(2) 가설고정장치 종류

① 교각 강성이 충분한 경우
  주두부와 교각 사이의 가설 고정 장치를 설치하여 주두부와 교각을 일체화시킴으로써 모든 불균형 및 변형을 교각의 강성으로 저항
  ㉠ 가받침 : 본받침의 양측에 콘크리트 또는 유압잭 등으로 가받침을 설치하여 불균형 모멘트(M_{yy})에 의한 압축력과 박스거더자중에 의한 압축력에 저항한다.
  ㉡ PS강봉 : 교각 가설 시 미리 매입된 PS강봉을 주두부 상단에서 긴장하여 정착시킴으로써 불균형 모멘트(M_{yy}, M_{zz})에 의한 인장력에 저항한다.

ⓒ H형강 : 지진하중, 온도하중에 의한 교축방향변위(Dx), 교축직각방향의 변위(Dy) 및 교각축방향에 대한 비틂모멘트(Mzz)에 저항한다.
ⓓ X형 철근 : 지진하중이 큰 경우에는 위 ⓒ의 방법이 효과적이나 풍하중이 지배적인 경우에는 X형 철근을 설치하여 교축직각방향의 변위(Dy) 및 교각축방향에 대한 비틂모멘트(Mzz)에 저항한다.
ⓔ 콘크리트 가받침의 전단마찰력과 H형강 또는 X형 철근의 전단력은 교축방향, 교축 직각방향의 변위에 저항한다.

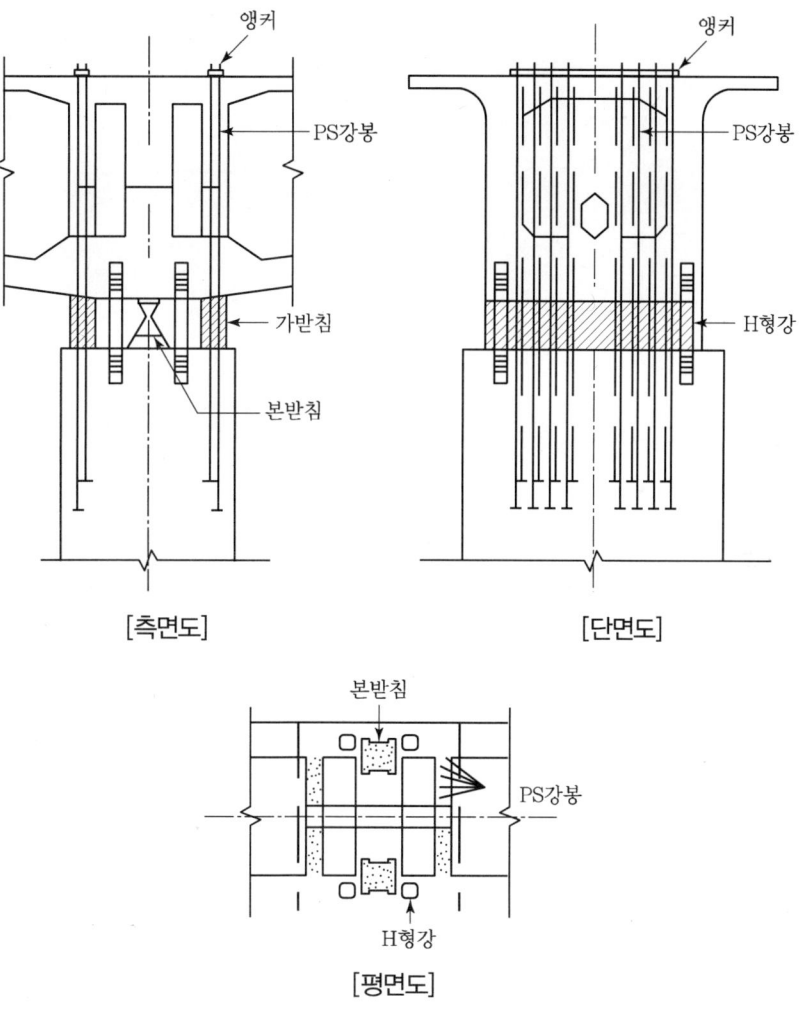

② 교각의 강성이 불충분한 경우

교각의 강성 또는 교각의 크기가 불충분한 경우에 주두부와 교각 사이에 가설고정장치를 설치하여 주두부와 교각을 일체화시키면, 교각의 안전성이 문제가 되어 구조물이 붕괴될 수 있다. 따라서 이런 경우에는 가교각 또는 가고정 강봉을 별도로 설치해서 시공 중의 불균형 모멘트에 저항하도록 해야 한다. 가교각을 설치할 때는 가교각의 응력 검토를 반드시 행해야 하고, 좌굴에 대한 충분한 안전성을 확보해야 한다. 가교각 및 가고정 강봉의 설치 예는 각각 아래 그림과 같다.

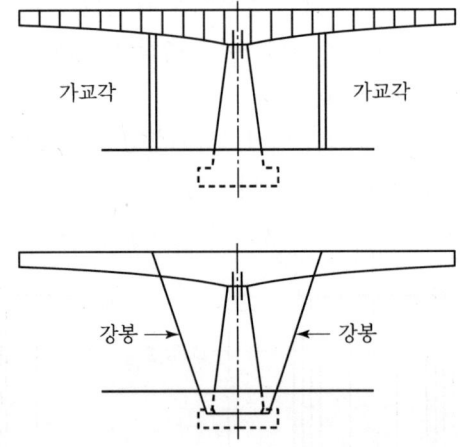

4교시
03 압출공법(ILM)에 의한 세그멘탈교량의 설계 및 시공 시 고려할 사항에 대해 설명하시오.

1. 개요

ILM 공법은 PC Box Girder 교대 뒤에 있는 제작장에서 1세그멘트(Segment : 15~30m)씩 콘크리트를 타설한 뒤 추진노즈로 상판, 하판과 PC 강선을 긴장 압출하여 가설하는 방법이다.

2. ILM 압출방법 종류(압출력 가하는 방식에 따라 분류)

(1) 분산 압출방식

압축시공 시에 지점이 되는 위치에 수직잭과 압출잭을 설치하여 각 지점에서 압출력을 분산하여 가하는 방식이다.

(2) 집중 압출방식

한 장소에서 압출력을 가하는 방식으로 압출력에 대한 반력이 필요하다.
① Lifting and Pushing 방식
② Pulling 방식
③ Pushing 방식 및 RS공법(일본)

3. 압출 시 발생단면력 대처방안

① 압출노즈를 사용하는 방안
② 가교각을 사용하는 방안
③ 중앙경간이 깊은 데도 불구하고 가교각 설치가 불가능한 경우 양측에서 압출하여 중간에서 접합하는 방안
④ 탑과 케이블을 이용하는 방안 등

4. 세그먼트 분할

① 공법 초기에는 세그먼트 1개의 길이가 6~10m 정도였으나 최근에는 20~25m 정도의 길이 → 공기 단축
② 교장, 경간장, 시공 시 박스거더의 최대 캔틸레버부 길이, 제작장의 크기, 공기, 이음부의 위치, 거푸집의 전용 횟수 등을 고려하여 결정
③ 세그먼트의 이음부는 지점위치나 완성 구조계에 있어서 단면력이 크게 발생되는 위치는 피하여야 함
④ 세그먼트 분할 시 1Cycle의 공정은 공기, 공사비에 미치는 영향이 크므로 반드시 고려

5. 압출 시 안전성 검토

(1) 전도에 대한 검토

압출노즈의 선단이 제2지점 교각 1에 도달하기 직전의 상태에서 제1지점에 관한 안전성을 검토하여 전방으로 전도되지 않도록 확인하여야 한다.

$$\frac{M_R}{M_o} > 1.3$$

① 전도모멘트 : $M_o = D_2 \cdot l_2 + D_3 \cdot l_3 + EM \cdot l_M + EQ_{D1} \cdot h_1 + EQ_{D2} \cdot h_2 + EQ_{D3} \cdot h_3 + EQ_{D4} \cdot h_4$

② 저항모멘트 : $M_R = D_1 \cdot l_1$

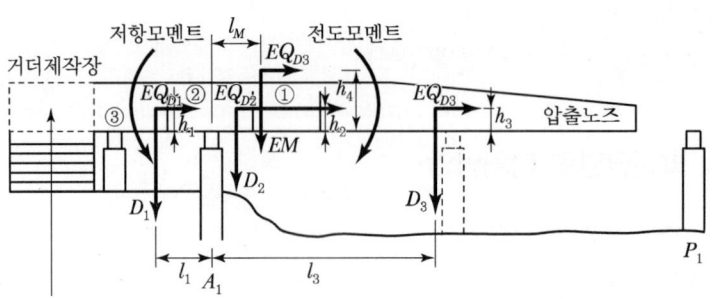

④ 콘크리트 타설이 되어 있지 않은 상태

여기서, D_1 : A_1 후방 거더의 중량
D_2 : A_1 전방 거더의 중량
D_3 : 압출노즈의 중량
EM : 가설하중
EQ_{D1}, EQ_{D2}, EQ_{D3}, EQ_{D4} : D_1, D_2, D_3, EM에 대한 지진 시 수평력

(2) 활동에 대한 검토

압출 작업의 초기 단계에서 박스 거더가 활동하게 되면 전도할 염려도 있으므로 충분히 안전성을 검토

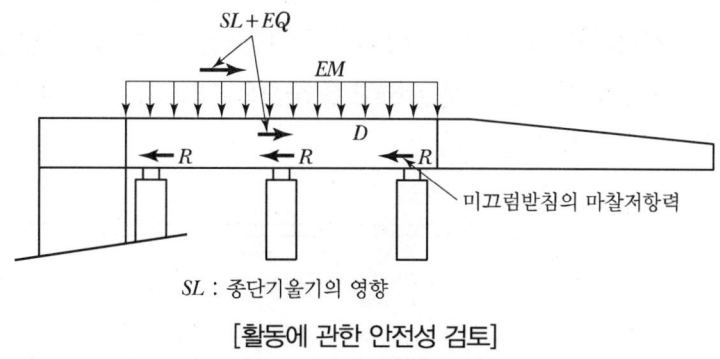

[활동에 관한 안전성 검토]

4교시

04 아래 2경간 연속보 중앙지점 B의 모멘트에 대한 영향선을 작성하여 경간의 4등분점인 1~3의 영향선 종거값을 구하고, KL-510 표준 차로하중이 지날 때 지점 B에 발생하는 최대휨모멘트를 구하시오. (단, 보의 EI값은 동일하고 활하중의 재하차로는 1차로이며, 충격은 고려하지 않는다.)

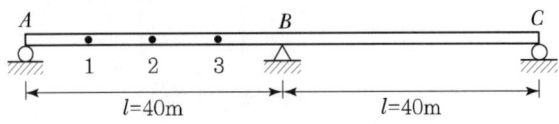

1. 지점 B의 모멘트 영향선(ILM_B)

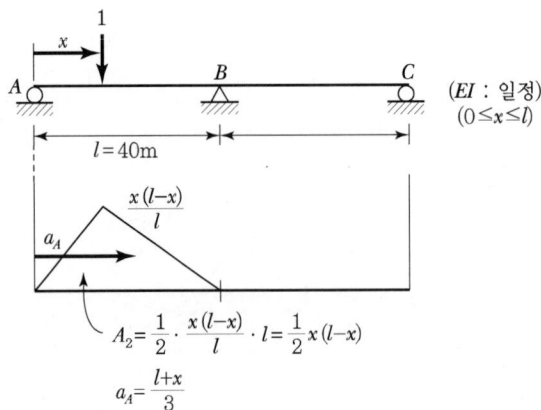

$(A-B-C)$

$$M_A\left(\frac{l}{I}\right)+2M_B\left(\frac{l}{I}+\frac{l}{I}\right)+M_C\left(\frac{l}{I}\right)=-\frac{6A_L a_A}{I\cdot l}-0$$

$$4M_B\frac{l}{I}=-\frac{6}{Il}\left[\frac{1}{2}x(l-x)\right]\left(\frac{l+x}{3}\right)$$

$$M_B=\frac{1}{4l^2}x(x^2-l^2)\quad(AB구간의\ ILM_B)$$

(BC구간의 ILM_B은 AB구간에 대하여 대칭)

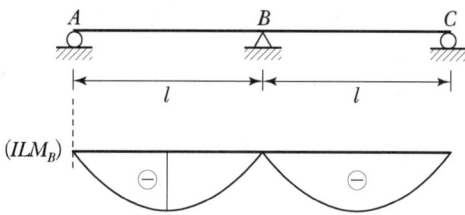

2. 경간의 4등분점인 1~3의 영향선 종거값

$$x = \frac{l}{4} = \frac{40}{4} = 10\text{m}$$

$$M_{B(1)} = \frac{1}{4l^2}\left(\frac{l}{4}\right)\left\{\left(\frac{l}{4}\right)^2 - l^2\right\} = -\frac{15l}{256} = -\frac{15(40)}{256} = -2.34375$$

$$x = \frac{2l}{4} = \frac{2 \times 40}{4} = 20\text{m}$$

$$M_{B(2)} = \frac{1}{4l^2}\left(\frac{2l}{4}\right)\left\{\left(\frac{2l}{4}\right)^2 - l^2\right\} = -\frac{24l}{256} = -\frac{24(40)}{256} = -3.75$$

$$x = \frac{3l}{4} = \frac{3 \times 40}{4} = 30\text{m}$$

$$M_{B(3)} = \frac{1}{4l^2}\left(\frac{3l}{4}\right)\left\{\left(\frac{3l}{4}\right)^2 - l^2\right\} = -\frac{21l}{256} = -\frac{24(40)}{256} = -3.28125$$

$M_{B(1)} = -2.34375$
$M_{B(2)} = -3.75$
$M_{B(3)} = -3.28125$

3. KL-510 표준차로하중이 지날 때 $M_{B \cdot \max}$

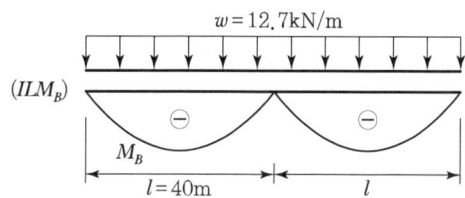

KL-510 표준차로 하중, $l \leq 60\text{m} \rightarrow w = 12.7\text{kN/m}$

$M_B = \dfrac{1}{4l^2} x(x^2 - l^2)$

$\begin{aligned}
M_{B \cdot \max} &= w \cdot 2\int_o^l M_B dx = w \cdot 2\int_o^l \dfrac{1}{4l^2}(x^3 - l^2 x)dx \\
&= w \cdot \dfrac{1}{2l^2}\left[\dfrac{1}{4}x^4 - l^2 \cdot \dfrac{1}{2}x^2\right]_o^l = \dfrac{w}{2l^2}\left[\dfrac{1}{4}(l)^4 - \dfrac{l^2}{2}(l)^2\right] \\
&= -\dfrac{wl^2}{8} = -\dfrac{12.7 \times 40^2}{8} = -2{,}540\text{kN} \cdot \text{m}
\end{aligned}$

4교시

05 다음 그림에서 1) 탄성한도 내에서 휨모멘트 작성, 2) A점, C점이 소성힌지가 될 때의 하중과 탄성하중의 비를 구하시오.

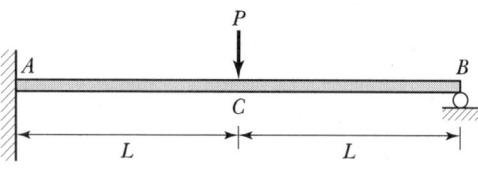

1. BMD와 항복하중(P_y)

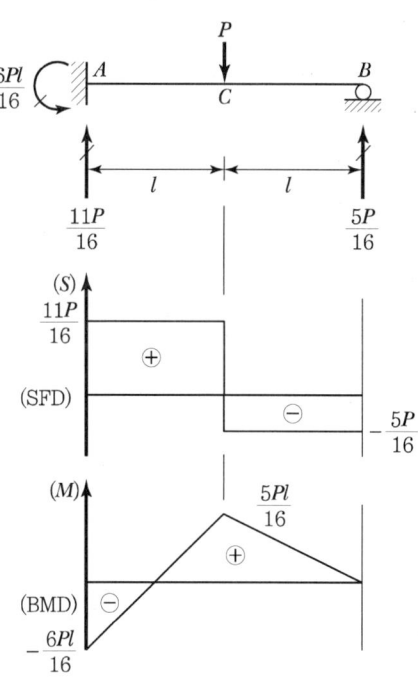

$$M_{\max} = \frac{6Pl}{16}$$

$$(M_{\max} = M_y \rightarrow P = P_y)$$

$$P_y = \frac{8}{3}\frac{M_y}{l}$$

2. 소성하중(P_u)

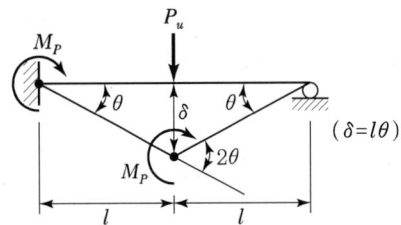

$$\sum W_E = \sum W_I$$
$$P_u \delta = M_P(\theta) + M_P(2\theta)$$
$$P_u(l\theta) = 3M_P\theta$$
$$P_u = \frac{3M_P}{l}$$

3. P_u/P_y

$$\frac{P_u}{P_y} = \frac{\left(\dfrac{3M_P}{l}\right)}{\left(\dfrac{8M_y}{3l}\right)} = \frac{9}{8} \cdot \frac{M_P}{M_y} = \frac{9}{8}f$$

if)

$$\frac{M_P}{M_y} = \frac{\sigma_y Z_P}{\sigma_y Z} = \frac{\left(\dfrac{bh^2}{4}\right)}{\left(\dfrac{bh^2}{6}\right)} = \frac{3}{2}$$

$$\frac{P_u}{P_y} = \frac{9}{8} \cdot \frac{3}{2} = \frac{27}{16}$$

CHAPTER 02

제115회 토목구조기술사

CHAPTER 02 115회 토목구조기술사

1교시 다음 문제 중 10문제를 선택하여 설명하시오.(각 10점)

1. 고장력볼트 F10T와 F13T의 차이점에 대하여 설명하시오.
2. 도로교설계기준(한계상태설계법)의 하이브리드 강합성 거더에 대하여 설명하시오.
3. 닐센아치교의 구조적 장점에 대하여 설명하시오.
4. 콘크리트 유효탄성계수에 대하여 설명하시오.
5. 탄소섬유케이블에 대하여 설명하시오.
6. 최대비틀림에너지에 대하여 설명하시오.
7. 프리스트레스트 콘크리트 구조에서 고강도 강재를 사용한 이유에 대하여 설명하시오.
8. 콘크리트의 크리프(Creep)에 대하여 설명하시오.
9. 설계기준강도(f_{ck})와 배합강도(f_{cr})에 대하여 설명하시오.
10. 기둥의 Secant 공식에 대하여 설명하시오.
11. 프리스트레스트 콘크리트 구조물에서 재료가 갖추어야 할 최소 조건에 대하여 설명하시오.
12. 압축인성(Compressive Toughness)에 대하여 설명하시오.
13. 용접이음의 안전율에 영향을 미치는 인자에 대하여 설명하시오.

2교시 다음 문제 중 4문제를 선택하여 설명하시오.(각 25점)

1. 그림과 같이 지름 $h=420\text{mm}$인 원형 나선철근 기둥에 축방향 철근 $6-D25(d_b=25.4\text{mm})$으로 보강되어 있다. 기둥의 설계강도 ϕP_n 및 소요 나선철근간격 s를 구하시오.[단, 나선철근 $D13$ ($d_b=12.7\text{mm}$), $f_{ck}=30\text{MPa}$, $f_{yt}=400\text{MPa}$ 및 나선철근 심부의 지름 $d_c=340\text{mm}$, $\phi=0.7$]

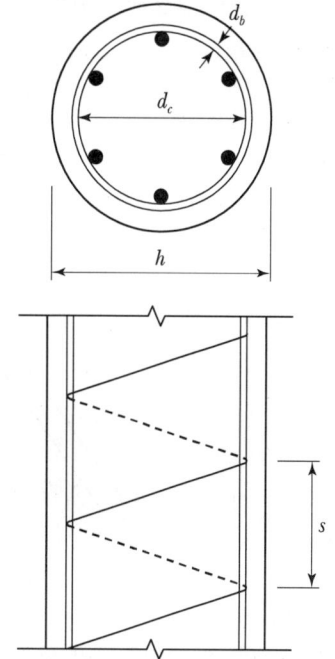

2. 교량용 콘크리트의 포켓기초에 대하여 설명하시오.
3. 콘크리트 구조물의 가동이음 형태를 열거하고, 그 이음의 기능적 고려사항에 대하여 설명하시오.
4. 강교에서 일반적으로 사용되고 있는 일반구조용 압연강재, 용접구조용 압연강재, 용접구조용 내후성 열간 압연강재 및 교량구조용 압연강재의 재료적 특성에 대하여 설명하시오.
5. 프리스트레스트 콘크리트 교량 가설공법 중 PSM(Precast Segment Method)의 특징과 설계 시 유의사항에 대하여 설명하시오.
6. 다음 그림과 같은 구조에 $100\text{mm}\times100\text{mm}\times100\text{mm}$ 크기의 콘크리트 구조체가 고정되어 있을 때 체적변화량 ΔV와 변형에너지 U를 결정하시오.(단, 탄성계수 $E=20,000\text{MPa}$, 푸아송비 $\nu=0.1$ 및 $F=90\text{kN}$)

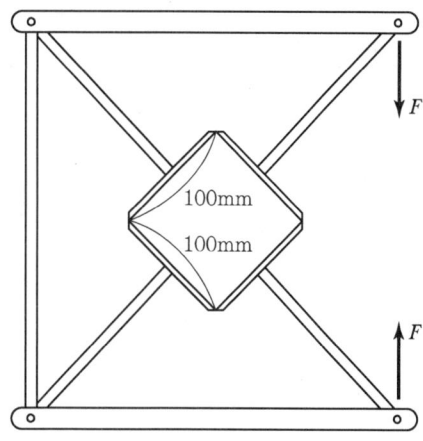

3교시 다음 문제 중 4문제를 선택하여 설명하시오.(각 25점)

1. 그림과 같은 구조에서 기둥 BC의 길이 $l=3.7$m일 때, 좌굴에 의해 B점에 횡변위가 발생하지 않도록 하기 위한 허용 가능 최대수평하중 H_{max}를 결정하시오.[단, 허용응력은 다음 근사공식을 사용한다. $\sigma_{allow} = \dfrac{\sigma_Y}{2}\left(1-0.5\times\left(\dfrac{\lambda}{\lambda_c}\right)^2\right)$, $E=200,000$MPa, $\sigma_Y=350$MPa]

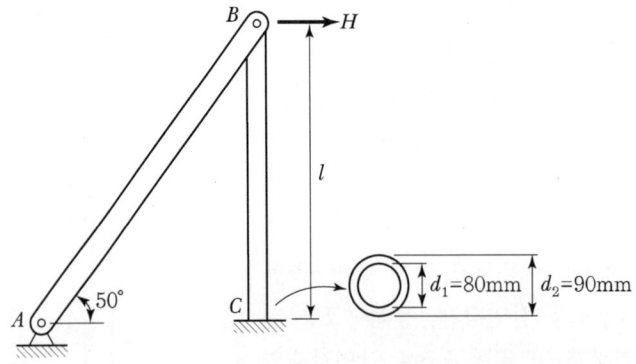

2. 염해환경하에 있는 콘크리트 구조물의 내구수명을 산정하기 위한 염화물이온 확산계수, 표면 염화물량, 임계염화물량 및 내구수명평가에 대하여 설명하시오.
3. 소성힌지 보강철근이 없는 철근콘크리트 기둥과 충전식 강관기둥에서 압축하중 재하 시와 휨모멘트 재하 시의 파괴거동에 대하여 설명하시오.
4. 그림과 같은 교각의 교축직각방향 해석모형에 대하여 기둥의 설계지진력을 구하시오.(단, 교량 가설지역 조건 : 내진Ⅰ등급, 지진구역Ⅰ, 지반종류Ⅱ이며, 콘크리트의 탄성계수 $E_c=2.35\times10^4$MPa이다.)

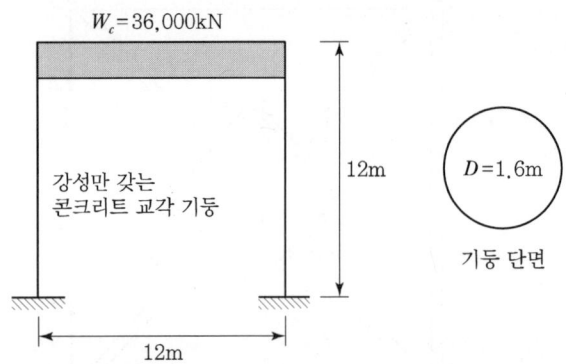

5. 교량용 말뚝기초의 내진설계를 위한 구조해석방법에 대하여 설명하시오.
6. 그림과 같이 동일한 등분포하중을 받는 3힌지 포물선아치와 원호아치에서 D점의 단면력을 각각 구하고, 두 구조형식의 구조적 특성을 비교하여 설명하시오.

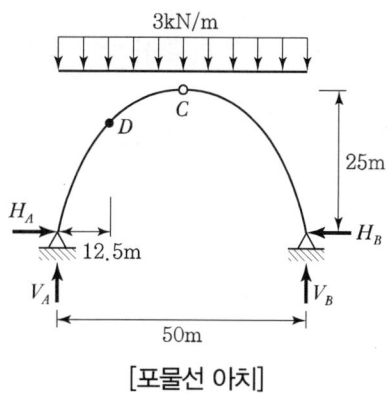

[포물선 아치]

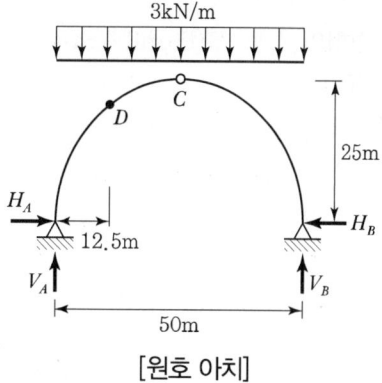

[원호 아치]

■■ 4교시   다음 문제 중 4문제를 선택하여 설명하시오.(각 25점)

1. 그림과 같이 폭 $b=300\text{mm}$, 유효깊이 $d=450\text{mm}$를 가진 보에 $3-D29(d_b=28.6\text{mm})$ 인장철근으로 보강되어 있을 때 단철근 직사각형 단면보의 설계 휨강도를 도로교설계기준(한계상태설계법, 2016)에 의해 구하시오.(단, $f_{ck}=30\text{MPa}$, $f_y=400\text{MPa}$, $\phi_c=0.65$, $\phi_s=0.95$, 압축합력의 크기를 나타내는 계수 $\alpha=0.80$ 및 작용점 위치를 나타내는 계수 $\beta=0.41$이다.)

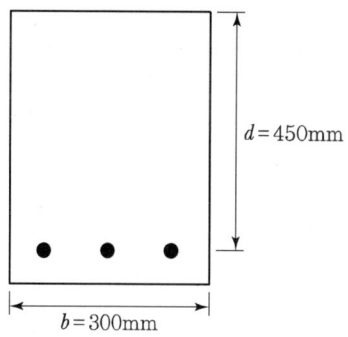

2. 콘크리트 구조물에서 내구성 저하에 따른 철근 부식 발생 메커니즘과 방지대책에 대하여 설명하시오.

3. 그림과 같은 하중을 받는 1단힌지 타단고정보의 소성붕괴하중 q_c와 소성힌지위치 $\bar{x}$를 구하시오.

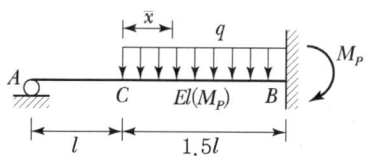

4. 사장교의 주케이블 및 닐센아치교 케이블로 사용되는 평행소선케이블(Parallel Wire Cable)과 평행연선케이블(Parallel Strand Cable)의 구조 개요, 특성 및 부식 방지 방법에 대하여 설명하시오.
5. 휨 부재의 횡 좌굴현상을 설명하고, 조밀단면으로 강축 휨을 받는 2축대칭 H 형강 부재의 횡 지지길이 변화에 따른 영역별 휨강도 산정방법에 대하여 설명하시오.
6. 그림과 같이 단경간 40m인 강합성 박스거더교의 콘크리트 방호벽 상단에 방음벽을 추가로 설치할 경우 다음 물음에 답하시오.(단, 그림에 표기된 치수는 mm 단위이며, 극한한계상태 하중계수는 아래 표와 같다.)

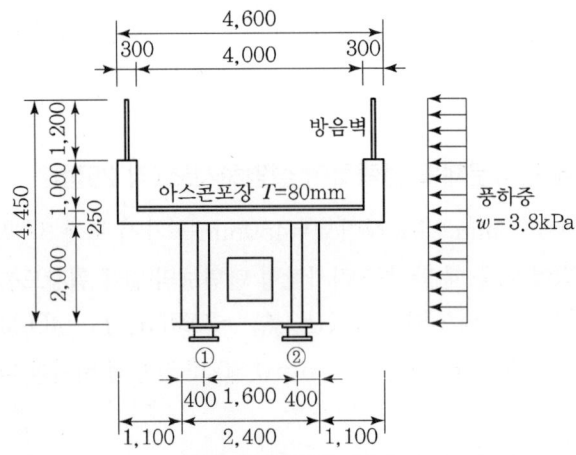

하중의 종류	극한한계상태 하중계수	
	최대	최소
DC : 구조부재와 비구조적 부착물	1.25	0.9
DW : 포장과 시설물	1.5	0.65
WS : 구조물에 작용하는 풍하중	1.4	1.4

1) 상부 고정하중과 풍하중에 의해 받침 ①, ②에 발생하는 연직반력을 도로교설계기준(한계상태설계법, 2016)에 의해 구하시오.(단, 강재거더 중량 15kN/m, 콘크리트 단위중량 24.5kN/m³, 방음벽 중량 1.5kN/m 및 아스콘포장 단위중량 23kN/m³이다.)
2) 받침 ①, ②의 연직반력 비대칭성을 줄이기 위해 받침을 강박스 복부재 하단으로 이동하여 받침 ①, ②의 간격을 당초 1.6m에서 2.4m로 넓혔을 때 연직반력 변화 및 강박스 보강방안에 대하여 설명하시오.

1교시

01 고장력볼트 F10T와 F13T의 차이점에 대하여 설명하시오.

1. F10T 각 항목의 의미

- F : for Friction Grip(마찰용)
- 10 : 인장강도 $100 kgf/mm^2 = 10 tonf/cm^2$
- T : Tensile Strength

2. F10T와 F13T의 차이

F10T와 F13T는 마찰용 고장력 볼트를 의미하는데 인장강도가 $10 tonf/cm^2$과 $13 tonf/cm^2$으로 서로 다르다. 인장강도 외에도 항복강도, 연신율에서도 차이가 있다.

1교시

03. 닐센아치교의 구조적 장점에 대하여 설명하시오.

1. 정의

Nilsen Arch교는 로제형교의 수직재 대신에 사재를 사용하여 Arch Rib와 보강형의 휨모멘트를 대폭 감소시킴으로써 축방향력을 지배적으로 한 경제적 단면의 교량이다.

2. 적용 경간

120~250m의 중규모 교량

3. 특징

① 강재의 휨모멘트는 일반적인 Arch교와 비교할 때 크게 감소한다. 따라서, 축방향력이 지배적으로 되어 경제적인 단면이 얻어진다.
② 사재의 간격, 경사각을 적당히 선정함으로써 사재를 인장력에 대해서만 계산할 수 있다.
③ 휨모멘트처럼 Nilsen계 교량의 최대처짐은 일반적인 Arch교의 처짐보다 매우 적다.
④ 일반적인 Arch교의 휨 진동의 1차 진동 모드가 역대칭으로 되는 데 비해 Nilsen계 교량의 휨 진동의 1차 진동 mode가 대칭형으로 되어 진동면에서도 유리한 교량이다.
⑤ 장대교에서 Arch의 단면이 보강형의 단면과 거의 같으므로 강성이 좋고 위안감을 준다.
⑥ 장지 간의 교량에 유리하며 데크 및 아치리브가 조화를 이루어 경관미가 있을 뿐만 아니라 케이블의 트러스 작용에 의해 휨모멘트가 감소되고 풍하중과 좌굴에 대해 더욱 안전하게 된다.
⑦ 사재가 Arch교의 전단 변형에 크게 기여하기 때문에 이동하중에 의한 처짐 변동이 작은 구조물이다.
⑧ **국내시공실적** : 서강대교, 압해대교, 저도 연육교, 백야대교, 남도대교, 공단교 등

1교시

07 프리스트레스트 콘크리트 구조에서 고강도 강재를 사용한 이유에 대하여 설명하시오.

1. 개요

PSC 강재로서 갖추어야 할 성질 가운데 가장 중요한 것은 인장강도이다. 각종 손실에 의하여 소멸되고도 상당히 큰 프리스트레스 힘이 남을 수 있도록 긴장할 수 있는 고장력 강재가 필요하다.

2. 고강도 강재의 필요성

① 일반적인 강재를 사용하여 인장을 하면 초기 변형률이 작으며($\varepsilon = f_i/E_s$), 이를 크리프나 건조 수축에 의한 변형률과 비교하면 거의 비슷한 값이 된다. 두 값이 비슷하면 초기 긴장력에 의한 변형률이 거의 0에 가까워져 유효 프리스트레스가 남지 않게 되면서, 손실률이 커지게 된다.
② PSC 강재의 경우에는 초기 인장강도가 커서 초기 변형률이 크며, 크리프와 건조 수축에 의한 손실 변형률을 고려해도 상당한 변형률을 유지하게 된다. 즉, 손실률이 작다는 것을 의미한다. 그러므로, PSC 강재는 고강도 강재가 필요하게 된다.

3. 프리스트레스 유효율 및 응력-변형률도

(1) 프리스트레스의 유효율

$$R = \frac{f_{se}}{f_\pi} = 1 - \frac{\Delta f_p}{f_\pi}$$

여기서, R은 프리스트레스 유효율(Effective Prestress Ratio)
또는 잔류 프리스트레스 계수(Residual Prestress Factor)라고 함

(2) 응력 – 변형률도

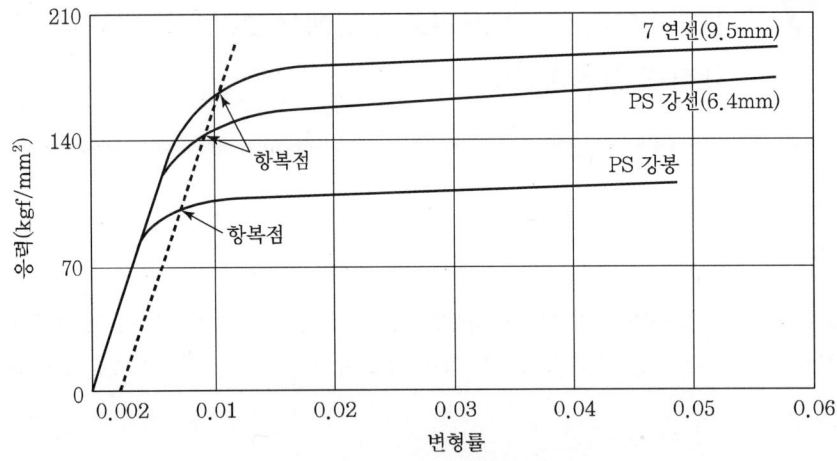

[프리스트레스용 강재의 응력변형률도]

위 그림에서 알 수 있듯이, 초기 긴장 후 동일한 변형률 손실이 발생할 시에 손실량은 고강도 강재가 다소 많을지라도 프리스트레스 유효율에서는 높음을 알 수 있다.

1교시
08 콘크리트의 크리프(Creep)에 대하여 설명하시오.

1. 정의

Creep란 일정한 응력이 장시간 계속하여 작용하고 있을 때 변형이 계속되는 현상이다. 하중이 재하되자마자 일어나는 변형률을 탄성변형률(=순간변형률)이라고 하며 Creep로 인하여 일어난 변형률을 Creep 변형률이라 한다. 보통의 콘크리트 구조물에서는 주로 자중에 의하여 Creep 현상이 일어나지만, PSC 구조물에서는 Prestress에 의하여 Creep 현상이 일어난다. Creep 현상은 대부분의 재료가 갖고 있는 성질이지만 특히 콘크리트는 다른 재료에 비하여 그 값이 크다.

2. 요인(원인)

① w/c(물-시멘트비)가 클수록 Creep가 크다.
② 온도가 높을수록, 습도가 낮을수록 Creep가 크다.
③ 하중이 실릴 때 재령이 클수록 Creep가 작다. 즉, 고강도 Con'c가 저강도 Con'c보다 Creep가 작다.

3. Creep 변형률

(1) Davis – Granville 법칙

Creep 변형률은 탄성변형률에 비례한다.
이 법칙은 Con'c에 작용하는 응력이 그 압축강도의 60% 이하인 경우에만 성립한다.

$$\varepsilon_c = \phi\, \varepsilon_e = \phi\, \frac{f_c}{E_c}$$

여기서, ε_c : Creep 변형률 ϕ : 크리프계수(Creep coefficient)
        ε_e : 탄성변형률 E_c : Con'c 탄성계수
        f_c : 콘크리트응력
        ϕ : 옥외구조물($\phi=2.0$)
            수중구조물($\phi=1.0$)
            옥내구조물($\phi=3.0$)

(2) Whitney 법칙

동일한 Con'c에서 단위응력에 대한 Creep 변형의 진행은 일정불변이다.

4. Creep가 구조물에 미치는 영향 및 대책

① 구조물의 변형이나 처짐이 시간의 경과와 더불어 증대한다.
② 부정정 구조물에서는 부정정 반력이 변화하여 추가 응력이 발생한다.
③ Creep로 인한 과대처짐이 문제될 때는 압축측에 철근을 배치하여 보강하면 유효하다.

1교시
09. 설계기준강도(f_{ck})와 배합강도(f_{cr})에 대하여 설명하시오.

1. 정의
① 설계기준강도 : 콘크리트 부재를 설계할 때 기준이 되는 강도(일반적으로 28일 양생강도를 사용)
② 배합강도 : 배합을 정할 때 목표로 하는 강도(일반적으로 28일 양생강도를 사용)

2. 콘크리트 압축강도 요구조건
① 콘크리트의 배합강도는 설계기준강도 및 현장에서의 콘크리트 품질의 변화를 고려하여 결정한다.
② 배합강도는 다음 값 중 큰 값으로 한다.
   ㉠ $f_{ck} \leq 35\text{MPa}$인 경우
   $$f_{cr} = f_{ck} + 1.34s(\text{MPa})$$
   $$f_{cr} = (f_{ck} - 3.5) + 2.33s(\text{MPa})$$
   ㉡ $f_{ck} > 35\text{MPa}$인 경우
   $$f_{cr} = f_{ck} + 1.34s(\text{MPa})$$
   $$f_{cr} = 0.9f_{ck} + 2.33s(\text{MPa})$$
   여기서, f_{cr} : 콘크리트 배합강도(MPa)
   　　　　f_{ck} : 콘크리트 설계기준강도(MPa)
   　　　　s : 표준편차(MPa)

③ 표준편차(S) 결정방법
- 30회 이상의 시험에서 얻어진 값이어야 하고 30개 이하의 결과를 이용하는 경우 보정계수를 적용해야 한다.
- 설계기준강도 f_{ck}와의 차이가 7MPa 이내의 강도를 갖는 콘크리트에 의해 구해진 값이어야 한다.

3. 배합강도를 설계기준강도보다 크게 정하는 이유

① 설계기준강도를 확보하기 위하여 미리 압축강도의 변동을 고려해서 설계기준강도를 적절한 수준으로 웃도는 강도를 얻도록 배합을 정하여 콘크리트를 제조하여야 함
② 현장에서 재료 저장 및 계량 시 W/C, 소요 단위수량의 변화를 유발하는 영향 고려
③ 콘크리트의 원료 특성 및 배합비 변동의 영향 고려
④ 콘크리트의 운반, 타설, 다짐 변동의 영향 고려
⑤ 콘크리트 타설 시 온도 및 양생 변동의 영향 고려
⑥ 시험과정의 모순(시료 채취, 시료 제작, 양생상태, 시험과정)

1교시

11 프리스트레스트 콘크리트 구조물에서 재료가 갖추어야 할 최소 조건에 대하여 설명하시오.

1. PSC 강재에 요구되는 일반적 성질

① PSC 강재는 인장강도가 높아야 한다.
② 릴랙세이션이 작아야 한다. 릴랙세이션이 크면 응력 손실이 크다.
③ PSC 강재는 응력 부식에 대한 저항성이 커야 한다.
④ 콘크리트와 부착이 좋아야 한다.

2. 강재 규정

① PSC에 사용되는 강선은 KSD 7002[PC 강선 및 PC 강연선 규정]에 따라야 한다.
② 강봉에 대한 것은 KSD 3505[PC 강봉 규정]에 따라야 한다.

3. PSC 강재 응력변형률 특성

(1) PSC 강재의 특성

① PSC 강재 인장강도는 고강도 철근의 약 4배이다.
② PSC 강재 인장강도 크기는 강연선, 강선, 강봉 순서이다.
③ PSC 강재는 뚜렷한 항복점이 없다.

(2) PSC 강재의 탄성계수

$$E_p = 2.0 \times 10^5 \text{MPa}$$

(3) PSC 강재의 릴랙세이션

① PSC 강재 릴랙세이션은 프리스트레스 힘이 도입된 시간부터 발생하므로 크리프보다 릴랙세이션으로 취급하는 것이 타당하다.
② 순 릴랙세이션이란 일정변형률하에서 일어나는 인장응력의 감소량을 말한다. 초기 인장응력과 현재 인장응력의 차를 초기 인장응력으로 나눈 값을 백분율로 표시한 것이다.
③ 겉보기 릴랙세이션이란 콘크리트 크리프, 건조 수축 등으로 초기 PSC 강재의 인장변형률이 시간 경과에 따라 감소하는 것을 말한다.

2교시

02 교량용 콘크리트의 포켓기초에 대하여 설명하시오.

① 콘크리트 포켓기초는 기둥의 수직력, 휨모멘트와 수평 전단력을 지반에 전달할 수 있어야 한다. 포켓은 기둥 아래와 주위에 콘크리트를 제대로 채울 수 있게 충분히 커야 한다.

② 표면에 요철을 갖는 포켓
  ㉠ 요철 또는 전단키가 있는 포켓은 기둥과 일체로 작용하는 것으로 간주할 수 있다.
  ㉡ 휨모멘트 전달에 의해 수직 인장력이 발생하는 곳에서는 겹침이음된 철근의 분리를 고려한다면, 기둥과 기초의 겹침철근에 대해 세심한 상세가 필요하다. 도로교설계기준 5.11.5.3에 의한 겹침이음 길이는 적어도 기둥과 기초의 철근 사이의 수평 간격만큼 증가시켜야 한다[아래 그림 (a) 참조]. 겹침이음에 대해 적절한 수평 철근을 배치하여야 한다.
  ㉢ 기둥과 기초 사이의 전단력의 전달이 충분하다면 뚫림전단 설계는 도로교설계기준 5.7.4에 따라 아래 그림 (a)와 같이 일체로 된 기둥/기초에서와 같이 하여야 한다. 그렇지 않으면 뚫림전단은 요철면이 없는 포켓에서와 같이 검토한다.

③ 요철면이 없는 포켓
  ㉠ 기둥에서 기초로 힘과 모멘트의 전달은 아래 그림 (b)에서와 같이 채움 콘크리트와 이에 따른 마찰력을 통한 압축력 F_1, F_2, F_3로 이루어진다고 가정해도 좋다. 이 모델에서 $l \geq 1.2h$이어야 한다.
  ㉡ 마찰계수 μ는 0.3보다 크게 취해서는 안 된다.
  ㉢ 다음에 대해 특별히 고려하여야 한다.
    • 포켓 벽 상부에서 F_1에 대한 배근 상세
    • 측벽을 따라 기초에 F_1의 전달
    • 기둥과 포켓 벽에서의 주철근의 정착
    • 포켓 내에서의 기둥의 전단 저항력
    • 기둥에 작용하는 힘에 의한 기초 슬래브의 뚫림 강도, 그 계산은 프리캐스트 요소 아래에 현장 타설 콘크리트가 있는 경우를 고려하여야 한다.

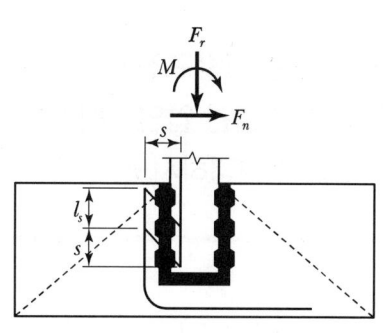 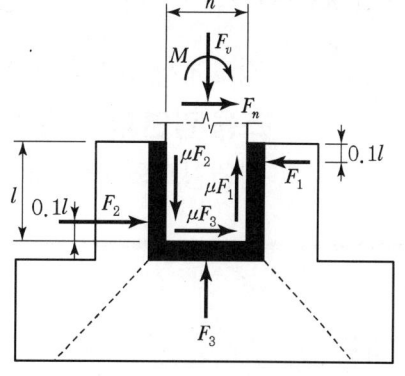

(a) 요철면이 있는 경우   (b) 요철면이 없는 경우

[포켓기초]

2교시

04 강교에서 일반적으로 사용되고 있는 일반구조용 압연강재, 용접구조용 압연강재, 용접구조용 내후성 열간 압연강재 및 교량구조용 압연강재의 재료적 특성에 대하여 설명하시오.

1. 개요

강재는 타 재료에 비해 고강도로서 우수한 연성으로 극한 내하력이 높고 인성이 커 충격에 강하며 조립이 용이한 우수한 특성을 지닌 재료이다. 구조용으로 사용되는 탄소강에는
① 일반구조용 압연강재
② 용접구조용 압연강재
③ 용접구조용 내후성 열간 압연강재
④ 교량구조용 압연강재
가 있다. 각 특성에 대해 비교 설명하고자 한다.

2. 강재의 종류

구분		규격	강재기호
구조용 강재	KSD 3503	일반구조용 압연강재	SS400
	KSD 3515	용접구조용 압연강재	SM400, SM490, SM490Y, SM520, SM570
	KSD 3529	용접구조용 내후성 열간 압연강재	SMA400, SMA490, SMA570
	KSD 3868	교량구조용 열간 압연강재	HSB500, HSB600, HSB800

3. 강재의 특성

(1) 일반구조용 압연강재(KSD 3503)

① 토목 · 건축 · 선박 · 차량 등의 구조물에 일반적으로 가장 넓다.
② S · P의 제한값이 높으나(0.05 이하), C, Si, Mn 등의 규정은 없다.
③ 휨시험에서 휨반지름도 크게 규정한다.
④ 강도조건만 요구되는 곳에는 SS재의 적용이 가장 적절하며 강도에 따라 강종을 선택한다.

(2) 용접구조용 압연강재(KSD 3515)

① SS재와 같이 널리 사용되는 구조용 강재로서 특히 우수한 용접성이 요구될 때 사용되는 강재이다.
② 화학성분은 S · P 값이 0.04 이하로 규정, C, Si, Mn에 대한 규정치는 강재의 종류별로 정해지며 용접구조용 강재의 특성을 좌우한다. 강도를 높이는 데는 C 양을 증가시키는 것이 경제적이며, 용접성을 높이는 데는 Mn을 많이 사용한다.
③ 기계적 성질은 SS재와 달리 강도에 의한 분류뿐 아니라 인성치를 A, B, C의 범위로 분류한다.

(3) 용접구조용 내후성 열간 압연강재(KSD 3529)

① 철골, 교량 등 대형 구조물의 구조용 강재로서 내부식성이 요구되는 경우 사용한다.
② Cu, Cr을 기본으로 Ni, Mn, V, Ti 등을 첨가한 것으로 기계적 성질은 SWS재와 동등하다.
③ 강도는 410N, 500N, 580N급 3종류이다.

(4) 교량구조용 열간 압연강재

① 교량에 요구되는 특정한 성능인 강도, 인성, 용접성, 내후성 등을 한 강종에 종합적으로 발현시킨 통합 성능 개선형 고성능 강재이다.
② 기존 강재와 비교해서 강도뿐만 아니라 인성, 용접성 등을 종합적으로 개선하였다.
③ 높은 허용응력을 가지므로 교량구조물의 합리화, 경량화가 가능하다.
④ 구조의 합리화, 경량화를 통해 장대지간 교량의 경제적인 건설이 가능하다.
⑤ 보통강을 사용할 때보다 판 두께를 얇게 할 수 있기 때문에 절단이나 천공 등 기계가공과 용접 작업이 용이해지고 비파괴 검사의 정밀도도 높일 수 있어 안정된 제작품질을 얻을 수 있다.

4. 결론

강재를 적재적소에 선정하여 설계하기 위해서는 각종 강재의 특성을 충분히 파악하고 제작상의 경제적인 배려를 포함한 종합적인 판단이 요구된다.

2교시

05. 프리스트레스트 콘크리트 교량 가설공법 중 PSM(Precast Segment Method)의 특징과 설계 시 유의사항에 대하여 설명하시오.

1. 개요

제작장에서 제작된 Segment를 이용하여 프리스트레스에 의해 가설하는 공법이다.

2. 특징

(1) 적용성

① 대형 구조물에 적합하다.
② 복잡한 구조물에 적합하다.

(2) 구조적 특성

① 크리프, 건조 수축에 의한 처짐이 작다.
② 탄성변형이 감소한다.
③ 결합부에 결함이 발생할 가능성이 크므로 강재량을 추가 배치하여야 한다.

(3) 시공성

① 공기 단축이 가능하다(Segment 제작과 하부공을 동시에 시공 가능하다).
② 기계화 시공이 가능하다.
③ 제작장 제작으로 인해 콘크리트의 품질관리가 양호하다.
④ 인력관리가 용이하다.
⑤ 거푸집 활용이 용이하다.
⑥ 별도의 제작장이 필요하다.
⑦ Segment 운반에 대한 계획을 별도로 수립하여야 한다.
⑧ 별도의 가설장비가 필요하다.
⑨ 접합부 처리가 곤란하다.

3. Segment 제작방법

(1) 거푸집 이동방식

① Segment를 수평으로 이동하면서 연속제작하는 방법이다(반경간 혹은 1경간을 제작).
② Camber 조정 및 형상관리가 용이하다(주형형상과 동일한 형상으로 제작).
③ 넓은 제작장이 필요하다.

(2) 거푸집 고정식

① 수평방식
  • Segment 제작 후 Matching 위치로 이동하고 완성된 Segment에 경화면에 접촉하여 다음 Segement를 제작하는 방법이다.
  • 제작장 소요부지면적이 적고 형상관리가 어렵다.
② 수직방식 : 1 Segment를 제작한 후 2 Segment를 1 Segment 위에 제작하는 방법
③ 조립식 Segment : 대형 Segment를 독립된 여러 개의 Pannel로 나누어 제작한 후 1개의 Segment로 조립

4. Segment 가설방법

(1) FCM 방식

① 교각 좌우에 균형을 유지하면서 조립하는 방법으로 각 Segment마다 PC 강재를 긴장함
② 적용경간 30~150m, 곡률반경=150m
③ 가설오차 조절 가능(kEY-segment, 현장 타설 콘크리트)
④ 단면변화에도 적용 가능

(2) Span-by-span 방식

① MSS 공법의 가설거더를 이용하여 조립하는 공법
② 경간 전체를 한 번에 긴장하여 완성
③ 동일경간, 동일단면크기에 적용
④ 적용경간은 30~60m
⑤ 기조립된 상판 위로 Segment로 운반 가능
⑥ 시공속도가 빠름

(3) 전진가설법

① 한쪽에서 시작하여 반대쪽으로 전진하면서 가설하는 방법
② 시소현상 및 하부공간을 이용하는 FCM의 단점을 보완한 방법
③ 일시적 지지를 위해 가벤트나 케이블 크레인이 필요
④ 경간 1/3까지는 FCM 방식, 2/3까지는 가설 사장교 방식
⑤ 연속작업으로 기시공된 상판 위로 Segment를 운반 가능

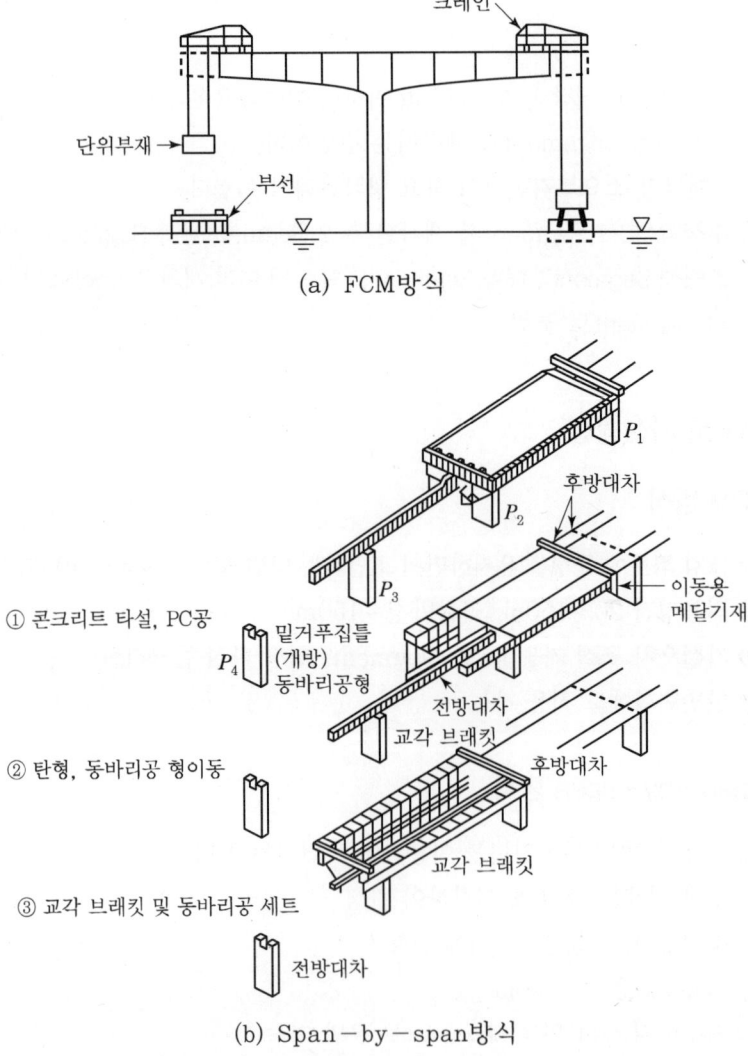

(a) FCM방식

(b) Span-by-span방식

프리캐스트 블록의 가설

트러스의 전진

교각 위의 지점의 이동

단면 A-A

(c) 전진가설법

[Pre-cast segment를 이용한 교량 가설 공법]

5. Segement 연결방법(선형조정방법)

(1) Wide Joint 방식

① 각 Segement를 개별로 제작
② 연결부에 콘크리트를 타설, Dry pack mortar, Grouting 등으로 타설 주입하는 방법
③ 연결폭=0.15~1.0m
④ 이음부가 경화된 후 프리스트레스 도입
⑤ 시공속도가 느림

(2) Match cast Joint 방식

① 제작할 Segment를 완성된 Sgement에 접촉하여 제작
② 경화 후 2개의 Segment로 분리하여 운반한 후 접합 일체화시킴
③ 접합방법
  - Wet Joint : Epoxy Resin 등의 접착제 이용
  - Dry Joint : 접착제를 사용하지 않음

(3) 현장 타설에 의한 방법

① Wide 방식과 Match 방식의 장점을 합한 방식
② 각 Segment를 제작한 후
③ Segment의 연결부에 대해 지상에서 접합 콘크리트를 타설
④ 양생 후 Match 방식에 의해 접합 조립하는 방식

6. 결론

PSM공법은 공기 단축 및 품질관리면에서는 매우 유리한 공법이나 Segment 접합부의 처리는 아직까지 신뢰성 있는 방법이 제안되어 있지 않은 실정이다. 따라서 접합부의 처리방안에 대한 지속적인 연구가 진행되어야 한다.

3교시

04 그림과 같은 교각의 교축직각방향 해석모형에 대하여 기둥의 설계 지진력을 구하시오.(단, 교량 가설지역 조건 : 내진 I 등급, 지진구역 I, 지반종류 II이며, 콘크리트의 탄성계수 $E_c = 2.35 \times 10^4$MPa 이다.)

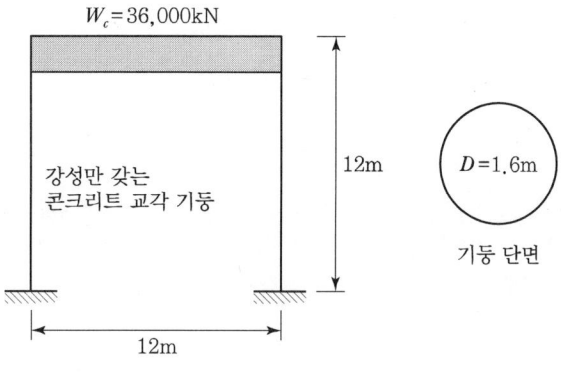

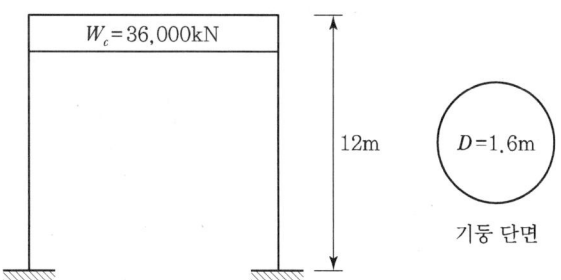

① $I = \dfrac{\pi d^4}{32} = \dfrac{\pi}{32} \times 1.6^4 = 0.643398176 \text{m}^4 = 643,398,176 \text{mm}^4$

② 기둥의 강성(Stiffness)

$$K = 2K_1 = 2 \times \dfrac{12EI}{L^3} = \dfrac{24 \times 2.35 \times 10^4 \times 643,398,176}{(12 \times 1000)^3} = 209.998 \text{N/mm}$$

③ $T = \dfrac{2\pi}{w} = 2\pi\sqrt{\dfrac{m}{K}} = 2\pi\sqrt{\dfrac{36000 \times 10^3 \div 9.8}{209.998 \times 10^3}} = 0.831(\sec)$

④ 가속도계수(A)

가속도계수 = 지진구역계수 × 위험도계수 = $0.11 \times 1.4 = 0.154$

⑤ 지반계수(S) = 1.2

⑥ 탄성지진응답계수(C_s)

$$C_s = \frac{1.2AS}{T^{2/3}} = \frac{1.2 \times 0.154 \times 1.2}{0.831^{2/3}} = 0.251$$

⑦ 설계지진력 F

$$F = C_s \cdot W = 0.251 \times 36,000 \text{kN} = 9,036 \text{kN}$$

3교시
05. 교량용 말뚝기초의 내진설계를 위한 구조해석방법에 대하여 설명하시오.

1. 개요

기초는 등가정적 또는 동적해석을 수행하여 기초 구조체의 최대 응력 또는 단면력, 상부구조의 최대 변위 그리고 기초의 전도, 활동, 침하 및 지지력을 검토한다.

2. 말뚝기초에 대한 등가정적해석

① 말뚝기초 등가정적해석에서는 기초 지반과 상부구조물의 특성을 고려하여 지진하중을 말뚝머리에 작용하는 등가정적하중으로 환산한 후 정적해석을 수행한다.
② 등가정적하중을 말뚝머리에 작용시키고 군말뚝 해석을 수행하여 각 말뚝에 작용하는 하중을 산정한다. 이때, 가장 큰 하중을 받는 말뚝을 내진성능평가를 위한 말뚝으로 선정하고, 등가정적해석을 수행한다.
③ 내진성능평가 대상 말뚝에 대해서는 말뚝 본체 및 두부의 응력 또는 단면력, 말뚝의 변위량 및 모멘트를 검토한다.

3. 동적해석

① 말뚝기초에 대한 동적해석이 필요한 경우에는 기초와 지반, 구조물의 상호작용을 고려하는 동적해석방법을 사용할 수 있다.
② 현장시험과 실내시험으로부터 얻은 지반의 물성치와 기초의 제반사항을 고려하여 기초를 스프링으로 모델링한 후, 설계지진하중으로 전체 구조물에 대한 응답해석을 실시하여 기초에 작용하는 하중을 결정하고 이를 사용하여 기초의 안정성을 검토한다.

4교시

01 그림과 같이 폭 $b=300$mm, 유효깊이 $d=450$mm를 가진 보에 $3-D29(d_b=28.6$mm$)$ 인장철근으로 보강되어 있을 때 단철근 직사각형 단면 보의 설계 휨강도를 도로교설계기준(한계상태설계법, 2016)에 의해 구하시오.(단, $f_{ck}=30$MPa, $f_y=400$ MPa, $\phi_c=0.65$, $\phi_s=0.95$, 압축합력의 크기를 나타내는 계수 $\alpha=0.80$ 및 작용점 위치를 나타내는 계수 $\beta=0.41$이다.)

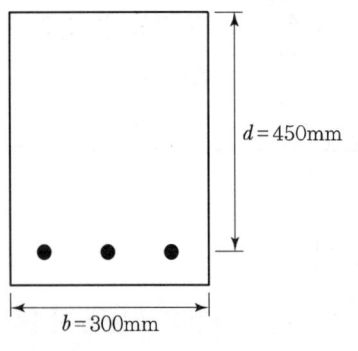

1. 재료의 성질

$f_{ck}=30$MPa, $f_y=400$MPa
$b=300$mm, $d=450$mm, $\phi_c=0.65$, $\phi_s=0.95$
$\alpha=0.8$, $\beta=0.41$, $A_s=3-D29=1927.3\text{mm}^2$
$\varepsilon_{cn}=0.0033$, $\eta=0.97$

2. 허용 최대 중립축 깊이($\max c$) 결정

$$\max c = \left(\frac{\delta\,\varepsilon_{cn}}{0.0033}-0.6\right)d = \left(\frac{1\times 0.0033}{0.0033}-0.6\right)\times 450 = 180.0\text{mm}$$

3. 압축철근 필요 유무 결정

$$c=\frac{A_s\,\phi_s\,f_y}{\alpha\,\phi_c\,0.85\,f_{ck}\,b}=\frac{1927.3\times 0.95\times 400}{0.8\times 0.65\times 0.85\times 30\times 300}=184.1\text{mm} > \max c$$

$c_{bal}=\max c = 180.0$mm
$a=\beta\,c_{bal}=0.41\times 180 = 73.8$mm

4. 휨강도 산정

$$M_r = A_s\,\phi_s\,f_y\left(d - \frac{A_s\phi_s f_y}{2\eta\phi_c 0.85 f_{ck} b}\right)$$

$$= 1{,}927.3 \times 0.95 \times 400\left(450 - \frac{1{,}927.3 \times 0.95 \times 400}{2 \times 0.97 \times 0.65 \times 0.85 \times 30 \times 300}\right)$$

$$= 274 \times 10^6\,\text{N}\cdot\text{mm} = 274.0\,\text{kN}\cdot\text{m}$$

4교시

02. 콘크리트 구조물에서 내구성 저하에 따른 철근 부식 발생 메커니즘과 방지대책에 대하여 설명하시오.

1. 철근의 부식 기구

(1) 철근 부식 기구

$$Fe + 2Cl^- \rightarrow FeCl_2 + 2e^-$$
(수산화 제1철 생성과정)

$$FeCl_2 + 2H_2O \rightarrow Fe(OH)_2 + 2H^+ + 2Cl^-$$
(수산화 제2철 생성과정)

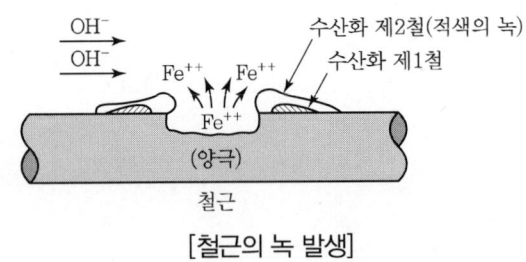

[철근의 녹 발생]

2. 철근 부식 원인

(1) 염분에 의한 철근 부식

콘크리트 내의 염분은 콘크리트 강도에는 큰 영향을 주지 않으나 철근을 부식시키는 결과를 초래하여 내구성을 저하시킨다.

(2) 중성화에 의한 철근 부식

콘크리트 중성화가 진행되면 철근 표면에 형성되어 있는 부동태의 피막이 파손되어 철근이 부식되기 쉬운 환경이 된다. 철근의 부식은 철근의 체적팽창을 발생시켜 콘크리트의 균열과 탈락을 유발한다.

(3) 기타 화학적 원인

기타 여러 가지 화학적 원인 등에 의한 콘크리트의 열화 현상으로 철근의 부식 메커니즘을 발생시킨다.

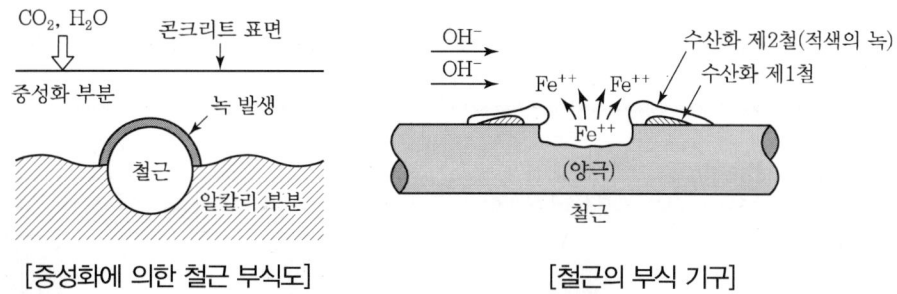

[중성화에 의한 철근 부식도]   [철근의 부식 기구]

3. 철근 부식 대책

① 재료 선정 시
- 에폭시 철근 사용
- 해사 사용할 때 제염대책 강구
- 해수 사용 금지

② 콘크리트 타설 시
- W/C를 55% 이하로 줄인다.
- 단위수량을 줄이고 단위시멘트량을 증가한다.
- 슬럼프를 8cm 이하로 한다.
- 잔골재비(S/a)를 키운다.
- 굵은 골재 최대치수를 줄인다.
- 양질의 감수제와 AE제를 사용한다.
- 충분한 부재 두께 및 피복 두께를 확보한다.
- 시공이음이 생기지 않도록 시공계획을 세운다.
- 시공이음 시 레이탄스나 재료분리 부분을 제거하고 지수판을 설치한다.
- 양생 시 습윤양생을 실시한다.

③ 피복 두께를 충분히 취해 균열폭을 작게 한다.
④ 콘크리트 표면에 라이닝한다.

4교시

04 사장교의 주케이블 및 닐센아치교 케이블로 사용되는 평행소선케이블(Parallel Wire Cable)과 평행연선케이블(Parallel Strand Cable)의 구조 개요, 특성 및 부식 방지 방법에 대하여 설명하시오.

구분		Locked Coil Rope	Parallel Strands Cable	Parallel Wire Cable
구성형태		케이블이 여러 겹의 Z자형 또는 S자형 강선이 형태(Keyston Shape)로 제작됨	• 직경 7mm의 강선 7가닥이 꼬인 상태 • PC 구조물에서 사용되는 고강도 스트랜드	직경 5~7mm의 강선을 소요수량만큼 평행하게 묶고 양끝에 Anchor를 설치한 케이블
물리적·기계적 특성	탄성계수	$1.7 \times 10^5 N/mm^2$	$2.0 \times 10^5 N/mm^2$	$2.0 \times 10^5 N/mm^2$
	인장강도	• LCR 케이블의 조밀도(Density)가 90% 이상으로 스트랜드의 약 70%보다 높아 조밀한 단면을 이루므로 단위면적당 강성이 다소 높다. • 극한강도 : $1,270 \sim 1,510 N/mm^2$	• 직경 7mm의 강선 7가닥이 꼬인 상태로 제작되어 강성이 다소 떨어짐 • 극한강도 : $1,860 N/mm^2$	• 강선이 평행하고 공장 제작으로 길이가 균일하므로 케이블의 강성이 매우 높음 • 극한강도 $-1,700 N/mm^2$(Plain Wire) $-1,600 N/mm^2$(Galv. Wire)
피복	방법	현장 페인팅	케이블 형성 간결재 설치 후 HDPE PILE 설치	공장에서 폴리에틸렌 코팅
	부식 방지 System	• 케이블의 외부가 Z자형 강선이 조밀하게 맞물린 형상이므로 부식 방지 용이 • 피복이 1겹이므로 페인팅 박리 시 부식에 불리	• 고밀도 폴리에틸렌 2중 피복(그라우팅 시 3중 피복)으로 부식 방지 효과가 높음 • 폴리에틸렌 코팅과 Wire 사이에 현장 그라우팅으로 부식 방지	• 폴리에틸렌 코팅과 Wire 사이에 현장 그라우팅으로 2중 피복 • 강선만 아연 코팅한 경우 부식 유발 가능
	Color 가능 여부	Color Tape 이용 Wrapping 가능	• HDPE PILE에 착색 가능 • Color PE Tube 사용 가능	• Color Tape 이용 Wrapping 가능 • Color PE Tube 사용 가능

구분		Locked Coil Rope	Parallel Strands Cable	Parallel Wire Cable
시공성	현장시공	공장 제작 후 현장에서 일괄 시공(현장 조립공종 없음)	현장 조립 필요	공장 제작 후 현장에서 일괄 시공(현장 조립공종 없음)
	운송방식	Reeling이 좋아 운송 거치가 용이	운송거치가 어려움	운송을 위한 Reeling이 용이
	국내생산		Strand 생산(고려제강)	소선생산(고려제강)
사용실적		기존 진도대교, 돌산대교	• 삼천포대교, 서해대교, 올림픽대교 • Normandie Bridge	• Meiko-Nishi Bridge (일본) • Highway Bridge over the Straits Faro Falster (덴마크)
경제성		특수 제작 설비가 필요하므로 제작비가 높음	대량생산으로 가격 저렴	제작에 많은 가설장치와 넓은 면적이 필요
공용 중 교체 가능 여부		• 일괄교체 가능 • 케이블 내의 소선별 교체 불가능	우수 : 소선별 교체 가능	불량 : 초기 설치 시 사용한 전체 장비를 사용해야 함

인장 및 정착		일괄인장(Shim 및 Nut)	• Wedge 방식
			• Iso Tension 및 Multi Tension
				• DINA 정착방식
				  (원추형 Button 방식)
				• HiAm 정착방식
				  (원추형 Socket 방식)
				• 일괄인장(Shim 및 Nut)

4교시

05 휨 부재의 횡좌굴현상을 설명하고, 조밀단면으로 강축 휨을 받는 2축대칭 H 형강 부재의 횡지지길이 변화에 따른 영역별 휨강도 산정 방법에 대하여 설명하시오.

조밀단면인 휨재인 경우 L_p, L_b, L_r의 관계로부터, 횡좌굴영역(Zone 1, Zone 2, Zone 3)을 다음과 같이 세 가지로 구분하여 횡비틀림좌굴강도를 구한다.

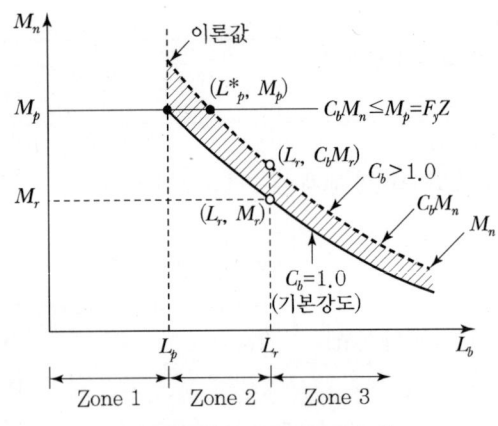

[횡좌굴영역별 횡좌굴강도]

1. $L_b \leq L_p$인 경우(Zone 1)

보의 압축플랜지가 횡방향으로 매우 좁은 간격으로 지지되어 보가 소성모멘트를 발휘할 수 있는 경우이다. 따라서 횡비틀림좌굴강도는 소성모멘트로 된다. 이 구간은 횡비틀림좌굴이 발생하지 않는 구간이며, 이때 소성모멘트는 식 (1)과 같다.

$$M_n = M_p = F_y Z_x \quad \cdots\cdots\cdots\cdots\cdots\cdots\cdots\cdots\cdots\cdots\cdots\cdots\cdots\cdots (1)$$

2. $L_p < L_b \leq L_r$인 경우(Zone 2)

보의 압축플랜지가 횡지지 간격이 충분치 않아서 비탄성거동을 보이면서 횡비틀림좌굴이 발생하는 경우로서 위 그림의 비탄성 횡좌굴구간에 해당된다.

$$M_n = C_b \left[M_p - (M_p - 0.7 F_y S_x) \left\{ \frac{L_b - L_p}{L_r - l_p} \right\} \right] \leq M_p \quad \cdots\cdots (2)$$

여기서, $L_p = 1.76 r_y \sqrt{\dfrac{E}{F_{yf}}}$

3. $L_b > L_r$인 경우(Zone 3)

보의 압축플랜지의 횡지지 간격이 너무 길어서 단면의 어느 부분도 항복하지 않고 조기에 횡좌굴이 발생하는 경우이다. 이때의 횡비틀림좌굴강도는 탄성횡비틀림좌굴모멘트와 같으며, 강축에 휨을 받는 탄성횡비틀림좌굴모멘트 M_{cr}은 식 (3)과 같다.

$$M_n = M_{cr} = F_{cr} S_x \leq M_P \quad \cdots\cdots (3)$$

$$F_{cr} = \frac{C_b \pi^2 E}{\left(\dfrac{L_b}{r_{ts}}\right)^2} \sqrt{1 + 0.078 \frac{Jc}{S_x h_0} \left(\frac{L_b}{r_{ts}}\right)^2} \quad \cdots\cdots (4)$$

$$L_r = 1.95 r_{st} \frac{E}{0.7 F_y} \sqrt{\frac{Jc}{S_x h_0}} \sqrt{1 + \sqrt{1 + 6.76 \left(\frac{0.7 F_y}{E} \frac{S_x h_0}{Jc}\right)^2}} \quad \cdots\cdots (5)$$

$$r_{ts} = \sqrt{\frac{I_y h_0}{2 S_x}} \text{ (H형강) : 뒤틀림회전반경} \quad \cdots\cdots (6)$$

여기서, E : 강재의 탄성계수(N/mm²)
 J : 비틀림 상수(mm⁴)
 L_r : 비탄성한계 비지지길이
 h_0 : 상하부플랜지 간 중심거리(mm)
 c : 1.0(2축 대칭인 H형강)

$$L_r = \pi r_{ts} \sqrt{\frac{E}{0.7 F_y}} \quad \cdots\cdots (7)$$

제116회 토목구조기술사

CHAPTER 03 116회 토목구조기술사

1교시 다음 문제 중 10문제를 선택하여 설명하시오.(각 10점)

1. 토목구조물의 최적설계(Optimum Design)에서 문제의 정식화에 대하여 설명하시오.
2. 도로교설계기준(한계상태설계법, 2016)에 따라 강교에서 부재 연결 시 적용되는 필릿(Fillet)용접의 최대, 최소치수 및 최소 유효길이 규정에 대하여 설명하시오.
3. 교량구조용 압연강재인 HSB(High Performance Steel for Bridge)에 대하여 설명하시오.
4. 도로교설계기준(한계상태설계법, 2016)에 따라 구조해석 시 대변위이론에 대하여 설명하시오.
5. 고장력강의 설계 및 제작 시 유의사항에 대하여 설명하시오.
6. 가상일의 방법에 대하여 설명하시오.
7. 강교 비파괴 검사의 종류와 특징에 대하여 설명하시오.
8. 도로교설계기준(한계상태설계법, 2016)에서 콘크리트교의 피로한계상태를 검증할 필요가 없는 구조물과 구조요소에 대하여 설명하시오.
9. 도로교설계기준(한계상태설계법, 2016)에서 가동받침의 이동량 산정에 대하여 설명하시오.
10. 철근콘크리트 벽체형 구조물 시공 시 균열유발줄눈(Control Joint)의 역할과 설치방법에 대하여 설명하시오.
11. 강관 가지 연결에 대하여 설명하시오.
12. 고무 와셔(Rubber Washer)가 달려 있는 강봉에서 질량 4kg의 물체가 1m의 높이에서 자유낙하할 때 직경 15mm 강봉에 발생하는 최대응력을 구하시오.(단, 강봉의 탄성계수 $E=200\text{GPa}$, 고무 와셔의 스프링계수 $k=4.5\,\text{N/mm}$, 강봉막대와 물체의 마찰효과는 무시)

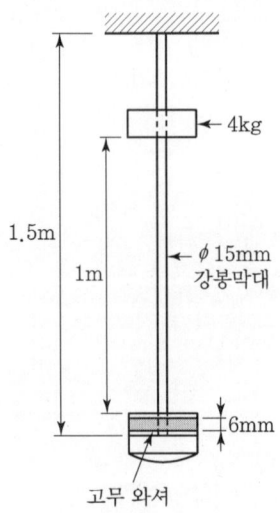

13. 지간 10m 단순보에 고정하중으로 등분포하중($w=1\text{kN/m}$)이 작용하고 활하중으로 집중하중($P=10\text{kN}$)이 작용하고 있다. 보의 중앙부(B)에서 고정하중모멘트(D), 활하중모멘트(L)가 발생할 때 목표신뢰성지수 3.0($\beta_T=3.0$)을 만족하는 최소 저항모멘트(R)를 구하시오.(단, 파괴모드는 보의 중앙에서 발생하는 최대모멘트가 저항모멘트를 초과하면 파괴된다고 가정한다.)

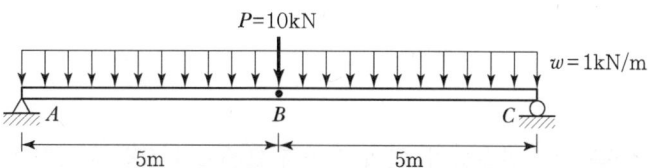

확률변수	고정하중모멘트(D)	활하중모멘트(L)	저항모멘트(R)
분포특성	표준정규분포	표준정규분포	표준정규분포
불확실량(C.O.V)	0.1	0.25	0.15
평균공칭비	1.0	1.0	1.0

2교시 다음 문제 중 4문제를 선택하여 설명하시오.(각 25점)

1. 강구조물 균열의 발생, 진전, 파괴과정에 대하여 설명하시오.
2. 프리텐션방식(Pre-tensioning System)의 부재에서 전달길이와 정착길이에 대하여 설명하시오.
3. 유한요소해석 시 메시(Mesh)의 개수, 조밀도, 형상, 차수에 대하여 설명하시오.
4. 아래와 같은 가정조건에서 경간 8m의 직사각형($300\times600\text{mm}$) 단순보의 단기처짐과 재령 3개월과 재령 5년에 대한 장기처짐을 콘크리트 구조기준(2012)에 따라 계산하시오.(가정조건)
    1) 콘크리트 $f_{ck}=21\text{MPa}$, 철근 $f_y=300\text{ MPa}$, 탄성계수 $E_s=200,000\text{ MPa}$, $E_c=24,900\text{ MPa}$
    2) 직사각형보에 사용된 철근의 인장철근비 $\rho=0.0072$, 압축철근비 $\rho'=0.0023$
    3) 전체 단면의 단면2차모멘트 $I_g=5.4\times10^9\text{mm}^4$, 균열단면의 단면2차모멘트 $I_{cr}=1.77\times10^9\text{mm}^4$
    4) 고정하중(자중 포함)=6.16 kN/m, 활하중=4.35kN/m(50%가 지속하중으로 작용)
    5) 장기추가처짐계수 $\lambda_\Delta=\dfrac{\xi}{(1+50\rho')}$, 시간경과계수 ξ(3개월=1.0, 5년=2.0)
5. 온도 20℃에서 두 봉의 끝 간격이 0.4 mm이다. 온도가 150℃에 도달했을 때, (1) 알루미늄 봉의 수직응력, (2) 알루미늄 봉의 길이 변화를 구하시오.

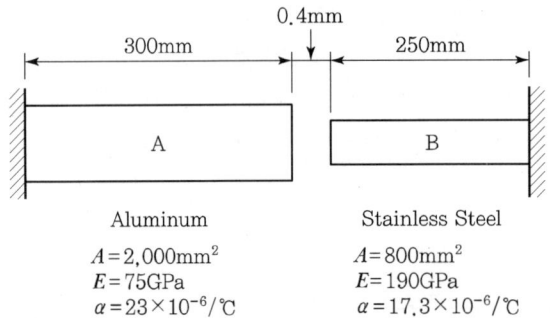

6. 내부 힌지(D점)를 갖는 연속보의 A, B점의 휨모멘트와 D점의 처짐을 구하시오.

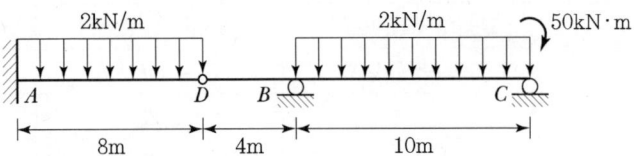

∙∙ 3교시 다음 문제 중 4문제를 선택하여 설명하시오.(각 25점)

1. 도로교설계기준(한계상태설계법, 2016)에서 철근콘크리트 구조의 철근피복두께 규정에 대하여 설명하시오.
2. 장대교량의 신축이음 최소화를 위한 무조인트 시스템에 대하여 설명하시오.
3. 그림은 PSC보의 단부를 나타낸 것이다. PS 강연선에 의해 포스트텐션 도입 시 균열이 발생하였다. A~E까지의 균열을 발생원인별로 분류하고 대책을 설명하시오.

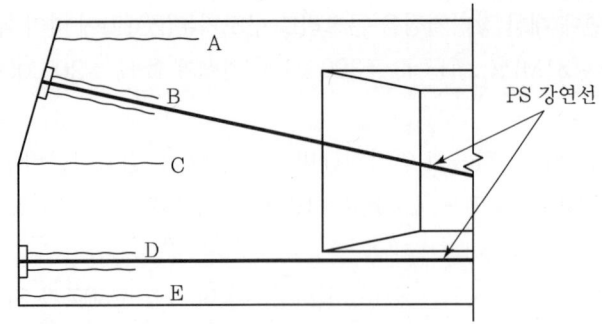

4. 총무게가 2kN인 케이블 AC에 무게가 수평방향으로 일정하게 분포된다고 할 때, 케이블의 Sag h와 A점 및 C점의 처짐각을 구하시오.(단, BC부재는 강체 거동을 하는 것으로 가정한다.)

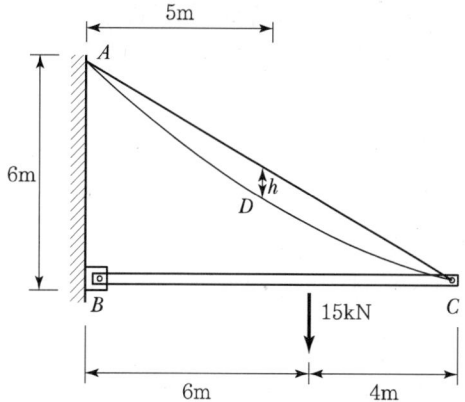

5. 강구조물의 정밀진단 시 임의 지점에 45° 스트레인 로제트를 사용하여 변형률을 측정한 결과 $\varepsilon_a = 680 \times 10^{-6}$, $\varepsilon_b = 410 \times 10^{-6}$ 그리고 $\varepsilon_c = -220 \times 10^{-6}$로 계측되었다. 강재의 탄성계수 $E = 200\text{GPa}$, 푸아송비 $\mu = 0.3$일 때 스트레인 로제트를 설치한 계측지점의 최대 주변형률 및 주응력을 구하시오.

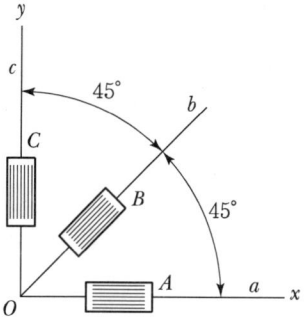

6. 외팔보 AB에 균일분포하중이 작용하기 전에 외팔보 AB 끝단과 외팔보 CD 끝단 사이에 $\delta_0 = 1.5\,\text{mm}$의 간격이 있다. 하중작용 후의 (1) A점의 반력, (2) D점의 반력을 구하시오. (단, $E = 105\text{GPa}$, $w = 35\text{kN/m}$이다.)

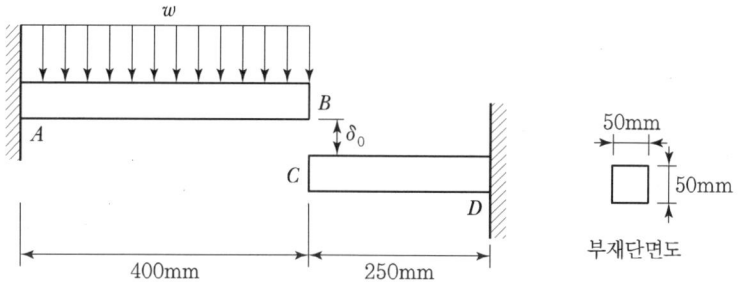

■ 4교시 다음 문제 중 4문제를 선택하여 설명하시오.(각 25점)

1. 온도균열지수에 의한 매스콘크리트의 온도균열 발생 가능성 평가 및 균열제어 대책에 대하여 설명하시오.
2. PSC 박스거더의 손상유형과 원인 및 대책에 대하여 설명하시오.
3. 기존의 지중박스구조물에 대한 내진성능평가를 수행하였다. 다음 사항을 설명하시오.
   1) 응답변위법에 의한 내진성능평가 절차
   2) A, B지점에서 부모멘트와 전단력에 대해 성능이 부족할 때 이에 대한 보강방안

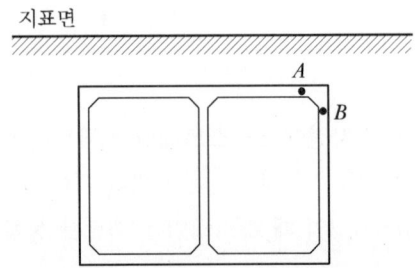

4. 3개의 강재기둥으로 지지하고 있는 강체슬래브 위에 모터가 회전하고 있다. 기둥의 지점 B 경계조건은 힌지단, 지점 A와 지점 C는 고정단이고, 강체슬래브와는 강결로 이루어져 있다. 모터의 편심질량은 200kg이고 편심이 50mm이며 강체슬래브의 무게(W)는 25kN이다. 기둥의 허용휨응력(f_a)이 200MPa일 때, 모터의 허용 회전속도의 구간을 결정하시오.[단, 기둥의 질량은 무시하고 감쇠는 없는 것으로 가정하며, 각각의 기둥간격은 2m이고, 모든 기둥의 단면2차모멘트(I)는 $25.8 \times 10^6 \text{mm}^4$, 단면계수($S$)는 $249 \times 10^3 \text{mm}^3$, 탄성계수($E$)는 200GPa로 한다.]

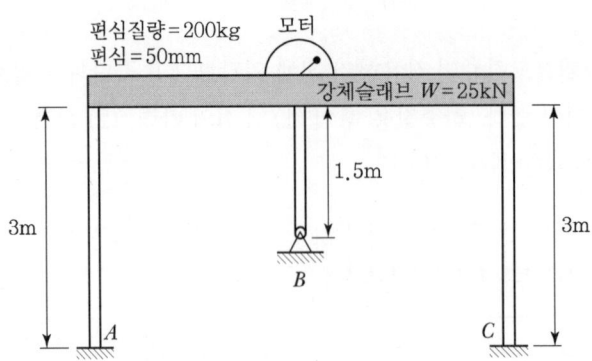

5. 그림의 철근콘크리트 기둥단면에서 작용하중이 편심($e = 250\,mm$)을 가지고 있을 때 주어진 단면의 균형단면력을 산정하고 공칭압축강도 P_n을 강도설계법에 따라 구하시오.(단, $f_{ck} = $ 28MPa, $f_y = $ 420MPa이다.)

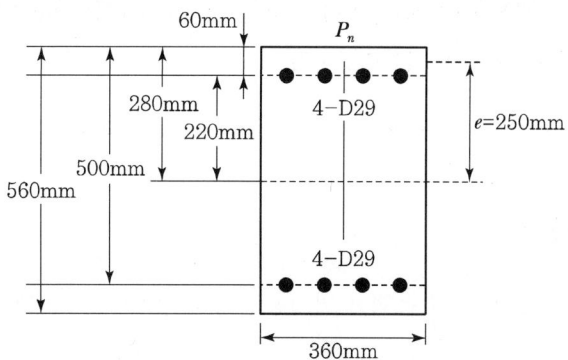

6. 지름 $d = 6mm$인 고강도 강연선이 반지름 $R = 600mm$의 새들에 걸쳐 있으며 이 강연선 1개에는 장력 $T = 10kN$이 작용하고 있다. 이 강연선의 탄성계수 $E = 200GPa$, 항복강도 $f_y = $ 1,600MPa일 때, 강연선의 굽힘모멘트를 고려한 최대 발생응력을 구하시오.

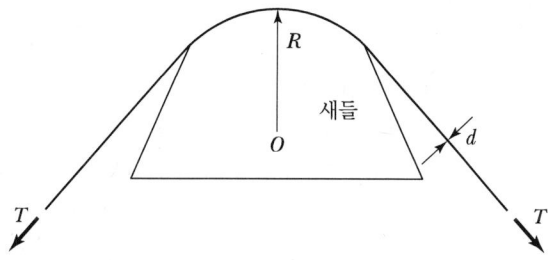

> **1교시**
> **02** 도로교설계기준(한계상태설계법, 2016)에 따라 강교에서 부재 연결 시 적용되는 필릿(Fillet)용접의 최대, 최소치수 및 최소 유효길이 규정에 대하여 설명하시오.

1. 필릿용접 최대치수

연결되는 부재의 연단을 따라 용접한 필릿용접의 최대치수는 다음과 같다.

① 두께가 6mm 미만인 부재 : 그 부재의 두께
② 두께가 6mm 이상인 부재 : 계약서에 용접을 전체 목두께만큼 육성하도록 명시되지 않는 한 그 부재두께보다 2mm 작은 값

2. 필릿용접 최소치수

① 필릿용접의 최소치수는 아래 표와 같다.
② 용접 크기는 연결부의 얇은 부재의 두께를 초과할 필요가 없다. 작용응력의 크기와 적절한 예열이 함께 사용될 경우 더 작은 필릿용접 치수의 사용을 감독으로부터 승인받을 수 있다.

연결부의 두꺼운 부재의 두께(T)(mm)	필릿용접의 최소치수(mm)
$T \leq 20$	6
$20 < T$	8

3. 필릿용접의 최소 유효길이

필릿용접의 최소 유효길이는 용접치수의 4배 그리고 어떤 경우에도 40mm보다 길어야 한다.

1교시

03. 교량구조용 압연강재인 HSB(High Performance Steel for Bridge)에 대하여 설명하시오.

1. 정의

① 교량에 요구되는 특정한 성능인 강도, 인성, 용접성, 내후성 등을 한 강종에 종합적으로 발현시킨 통합 성능 개선형 고성능 강재
② 500MPa 이상의 인장강도를 갖는 강재

2. 특징

① 기존 강재와 비교해서 강도뿐만 아니라 인성, 용접성 등을 종합적으로 개선
② 높은 허용응력을 가지므로 교량구조물의 합리화, 경량화 가능
③ 구조의 합리화, 경량화를 통해 장대지간 교량의 경제적인 건설 가능
④ 보통강을 사용할 때보다 판 두께를 얇게 할 수 있기 때문에 절단이나 천공 등 기계가공과 용접작업이 용이해지고 비파괴 검사의 정밀도도 높일 수 있어 안정된 제작품질을 얻을 수 있음

3. 활용방안

(1) 하이브리드 설계법 적용

강도가 다른 2개의 강재를 한 단면 내에서 최적의 경제성을 확보할 수 있도록 혼용하는 것으로서 주로 응력이 큰 지점부에 고강도강을 적용한다.

(2) 구조의 단순화

강교량의 경제성을 개선하기 위하여 고성능 강재와 후판을 적용하고 용접이 많은 보강재는 최소화하는 구조를 적용한다.

(3) 기존 강교량의 합리화

강박스 거더교는 휨 강성과 비틀림 강성이 뛰어나 장경간이나 곡선을 갖는 교량 형식으로서 적합한 구조인데, 최근에는 고성능 강재를 적용한 개구제형교, 소수거더교와 유사한 세폭의 박스거더교 등에 대한 검토도 활발히 수행되고 있다.

(4) 이중 합성 구조의 도입

이중 합성교는 강거더의 상부 플랜지와 상판을 전단 연결재로 결합한 통상의 연속합성 거더교에 대해, 압축력이 크게 작용하는 중간지점 영역의 강거더 하부 플랜지 및 복부판의 일부를 RC판을 결합해 합성시킨 교량이다. 이러한 합성방식을 채용하는 것에 의해 중간지점 영역의 거더의 강성을 경제적으로 증가시킬 수 있어 형고를 낮출 수 있고, 중간지점 부근의 강형 하부 플랜지의 극후판화를 제한할 수 있으며, 교량 전체의 강성이 증가하므로 연속합성 박스 거더교 등의 지간의 장대화 가능 등의 장점이 있다.

4. 설계기준의 도입

2016년 도로교 설계기준 개정(KS D 3868) : 교량구조용 압연강재(HSB) 도입

① HSB 500
② HSB 600
③ HSB 800

1교시

04. 도로교설계기준(한계상태설계법, 2016)에 따라 구조해석 시 대변위이론에 대하여 설명하시오.

① 만약 구조물의 변형으로 인하여 하중 영향이 크게 변한다면, 평형방정식에 변형효과를 고려하여야 한다.
② 안정성해석과 대변위해석 시 변형효과와 부재의 초기처짐 문제도 고려하여야 한다. 콘크리트 장주 해석 시 구조 형상을 크게 변화시킬 수 있는 이력 의존적 재료 특성을 고려하여야 한다.
③ 뼈대구조나 트러스를 해석하는 경우, 인접한 부재에 발생하는 인장 및 압축력의 상호작용 효과를 고려하여야 한다.
④ 비선형 영역에서는 설계하중만 사용하며 하중 영향의 중첩은 허용되지 않는다. 비선형해석 시 하중을 가하는 순서에 따라 해석결과가 달라지므로, 실제 교량의 하중조건에 부합하도록 하중을 재하시켜야 한다.

1교시
07 강교 비파괴검사의 종류와 특징에 대하여 설명하시오.

1. 비파괴검사방법

용접부에 대한 비파괴검사방법은 다음과 같으며 특징은 아래 표와 같다.

① 육안검사법(VT : Visual Test)
② 방사선검사법(RT : Radiation Test)
③ 자분탐상검사법(MT : Magnetic Test)
④ 약액침투검사법(PT : Penetration Test)
⑤ 초음파검사법(UT : Ultrasonic Test)

검사방법	적용부분	검사내용	장단점	비고
육안검사	전용접부	• 균열 • 오버랩 • 언더컷 • 용접 부족 • 비드 불량 • 뒤틀림 • 용접 누락	• 비용이 적게 듦 • 즉시 수정 가능 • 표면 결함에 한정 • 기록이 어려움	• 확대경 • 각장게이지 • 휴대용 자
방사선검사	• V용접 • X용접 • 홈용접	• 내부균열 • 기포 • 슬래그 용입 • 용입 부족 • 언더컷	• 증거 보존 가능 • 즉석 결과 파악 가능 • 결과분석에 많은 경험 필요 • 취급상 위험	검사비가 비쌈
자분탐상검사	• 홈용접 • 필릿용접	• 표면의 갈라짐 • 용입 부족 • 표면 가까이에 있는 균열	• 표면 결함 조사 가능 • 신속 • 즉석판단 가능 • 자성물체만 적용 가능 • 현장, 해석경험 필요	전원 필요
약액침투검사	• 홈용접 • 필릿용접	눈으로 판별할 수 없는 미세 표면 균열	• 사용 간편 • 비용 저렴 • 표면 결함만 조사 가능	• 세척액 • 침투액 • 현상액
초음파검사	• 홈용접 • 필릿용접	• 표면 및 깊은 곳의 결함 탐사 • 미세한 내부결함 및 부식상태 검사	• 정밀검사 가능 • 신속한 결과 도출 • 현장 파악 가능 • 고도의 기술과 숙련 필요	초음파 탐사기

1교시

08 도로교설계기준(한계상태설계법, 2016)에서 콘크리트교의 피로 한계상태를 검증할 필요가 없는 구조물과 구조요소에 대하여 설명하시오.

① 피로는 다중 거더 구조를 가지는 상부구조의 콘크리트 바닥판에서는 검증할 필요가 없다.
② 사용하중조합-III에 의한 인장 연단의 인장응력이 아래 ③, ④에 명시된 인장응력 한계를 만족하는 프리스트레스트 부재는 피로한계상태를 검증하지 않아도 된다.
③ 고응력영역에 있는 직선 철근과 가로방향 용접이 없는 직선 용접 철선에 도로교설계기준 표 3.4.1 하중조합과 하중계수에 명시된 피로하중조합에 의해 유발된 응력 f_{fat}는 식 (1)을 만족하여야 한다.

$$f_{fat} = 166 - 0.33 f_{\min} \quad \cdots\cdots\cdots\cdots\cdots\cdots\cdots\cdots\cdots\cdots\cdots (1)$$

④ 고응력영역에 있는 가로방향 용접이 있는 직선 용접 철선에 도로교설계기준 표 3.4.1 하중조합과 하중계수에 명시된 피로하중조합에 의해 유발된 응력 f_{fat}는 식 (2)를 만족하여야 한다.

$$f_{fat} = 110 - 0.33 f_{\min} \quad \cdots\cdots\cdots\cdots\cdots\cdots\cdots\cdots\cdots\cdots\cdots (2)$$

여기서, f_{fat} : 피로응력범위
$f_{\min}$: 도로교설계기준 표 3.4.1에 명시된 피로하중조합에 의한 최소 활하중 응력 (인장일 때 +)

1교시

09. 도로교설계기준(한계상태설계법, 2016)에서 가동받침의 이동량 산정에 대하여 설명하시오.

① 가동받침은 온도변화, 처짐, 콘크리트의 크리프 및 건조 수축, 프리스트레싱 등으로 발생되는 상부구조의 이동량에 여유 있는 구조이어야 한다.

② **가동받침의 이동량 산정**
이동량은 일반적으로 다음 식을 따른다.

$$\Delta l = \Delta l_t + \Delta l_r + \Delta l_{sd} + \Delta l_c \quad \cdots\cdots\cdots\cdots (1)$$

여기서, Δl_t : 온도변화에 의한 이동량 $(\Delta T \cdot \alpha \cdot l)$(mm)

Δl_r : 활하중으로 거더의 처짐에 의한 이동량 $\sum(h_i \cdot \theta_i)$(mm)

Δl_s : 콘크리트의 건조 수축에 의한 이동량 $(\Delta T \cdot \alpha \cdot l \cdot \beta)$(mm)

Δl_c : 콘크리트의 크리프에 의한 이동량 $\left(\dfrac{P_i}{E_c A_c} \phi \cdot l \cdot \beta\right)$(mm)

α : 열팽창계수

l : 신축거더 길이(mm)

β : 건조 수축, 크리프의 저감계수

P_i : 프리스트레싱 직후의 PS 강재에 작용하는 인장력(N)

A_c : 콘크리트 단면적(mm²)

E_c : 콘크리트 탄성계수(MPa)

ϕ : 콘크리트의 크리프계수

ΔT : 건조 수축에 해당하는 온도변화(℃)

h_i : 거더의 중립축으로부터 받침의 회전중심까지의 거리(mm)

θ_i : 받침 상부의 거더의 회전각(rad)

③ **여유 이동량**
가동받침의 이동량은 계산이동량 외에 설치할 때의 오차와 하부구조의 예상 밖의 변위 등에 대처할 수 있도록 여유량을 고려하여야 한다. 이 여유량은 교량의 규모에 따라서 달라지므로 ±50℃의 온도변화에 상당하는 이동량으로 하고, 최대 ±50mm 이내로 하는 것이 바람직하다. 다만, 해당 받침 기준에서 더 엄격한 조건을 제시할 경우에는 이를 따른다.

1교시

10. 철근콘크리트 벽체형 구조물 시공 시 균열유발줄눈(Control Joint)의 역할과 설치방법에 대하여 설명하시오.

1. 개요

수화열, 외기온도변화, 건조 수축, 외력에 의한 변형들이 구속됨으로 인하여 발생되는 균열을 미리 정해진 장소에 균열을 집중시킬 목적으로 소정의 간격에 단면결손부를 설치하여 균열이 강제적으로 생기게 하는 줄눈을 균열줄눈이라 한다.

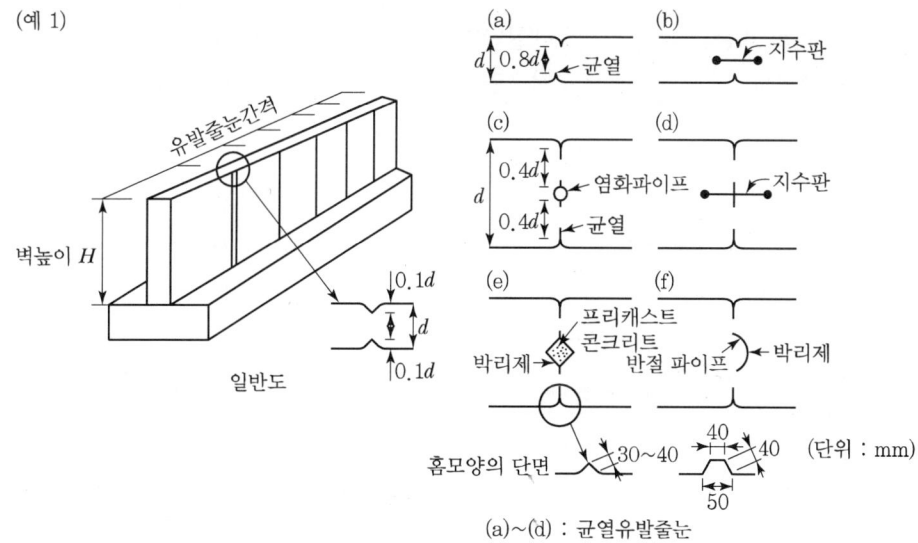

(a)~(d) : 균열유발줄눈
(e)~(f) : 전단유발줄눈

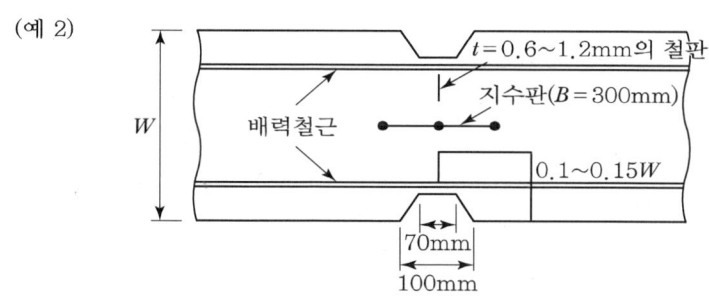

[균열유발줄눈]

2. 균열유발줄눈 설치목적

① 콘크리트 물성 및 온도에 의한 균열 집중
② 건조 수축, 경화열, 온도에 의해 불규칙하게 균열 발생 방지
③ 내구성 향상

3. 설치 규정

(1) 단면결손 깊이 : $0.1d$ 이하(여기서, d : 구조물의 두께)

(2) 지수가 요구되는 곳은 지수판 설치

(3) 설치 간격 결정 시 고려사항

① 4~5m 표준　　② 타설단면　　③ 타설량
④ 타설속도　　　⑤ 철근량　　　⑥ 치기 시의 온도

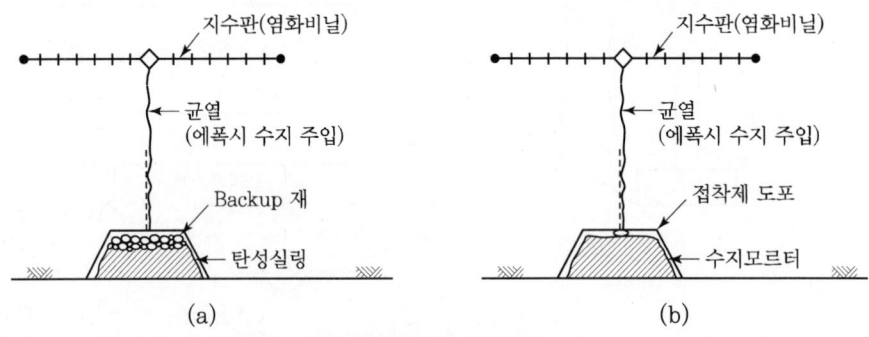

[균열유발줄눈의 보수]

4. 설치방법

① 콘크리트 타설 전 가삽입물을 삽입한다.
② 경화 후 컷터로 절단한다.

5. 시공 시 주의사항

① 콘크리트 경화 후 되도록 빨리 만든다.
② 설치 간격은 타설 시의 조건을 고려한다.
③ 단면 감소는 약 20% 정도이다.
④ 수밀이 요구되는 경우 지수판을 설치한다.
⑤ 내구성 문제 시 보수를 실시한다.

03 유한요소해석 시 메시(Mesh)의 개수, 조밀도, 형상, 차수에 대하여 설명하시오.

1. 개요

메시 생성의 포인트는 크게 ① 메시 개수, ② 메시 조밀도, ③ 메시 형상(품질), ④ 메시 차수가 중요하다.

2. Mesh의 개수

메시 개수가 증가하면 그만큼 계산시간도 증가하므로 현실적인 요소크기를 선택해야 한다. 해석대상물을 메시로 분할하는 것은 사용자가 설정한 자유도로 계산하고 싶기 때문이다. 조밀하게 메시를 분할하면 할수록 구조물의 강성을 정확히 계산할 수 있지만 어느 정도까지 조밀하게 하는가는 사용자가 어느 정도의 정확도를 요구하는가에 달려 있다. 실제로 필요한 메시 수는 해석대상의 크기, 재질, 형상 등에 의존하므로 한마디로 말할 수는 없다. 길이방향에 1/10 ~1/100, 1/1,000와 같은 요소크기로 분할하여 계산한 후 어느 정도의 조밀도로 결과가 수렴되는지를 확인한다. 그러나 수렴하지 않는다고 해서 무턱대고 요소수를 증가시키면 계산시간이 너무 길어지므로 실용적이지 못하다. 사용하는 컴퓨터의 성능과 CAE S/W의 성능 및 허용가능한 계산시간도 고려하여 메시 수의 한계를 반드시 파악해 두어야 한다. 또한 변형량이나 고유값의 경우는 앞서 기술한 바로 충분하지만 응력값을 정확히 파악하고자 하는 경우에는 메시분할에 더욱 신경쓸 필요가 있다. 변위량을 좌우하는 것은 주로 해석대상 전체의 강성인 것에 반하여 응력의 경우는 응력이 집중되는 부분의 국소적인 조건이 지배적이기 때문이다. 따라서, 응력집중부를 집중적으로 세분화한 메시분할이 필요하다.

3. 조밀도

대부분의 CAE S/W는 응력집중부 등 특별한 부분에 평균적인 요소크기와는 다른 국소적인 요소크기를 설정할 수 있다. 임의의 영역에 메시를 조밀하게 또는 드문드문 배치하는 것이다. 예를 들어 필릿부 등에 응력이 집중된다고 예상되는 경우 그 부분만 조밀하게 메시를 설정한다. 이상적으로는 필릿부를 6등분 정도 분할하는 것이 바람직하다. 앞서 언급한 국소적인 요소분할 설정은 이러한 경우에 사용하지만 이 분할의 정도도 경우에 따라 다르다. 4등분, 6등분, 8등분 등 몇 종류로 계산한 다음 역시 응력값이 수렴하는 조건을 확인해 두는 것이 바람직하다. 이러한 전체 평균적 요소크기와 국소적 요소크기는 해석의 정확도에 크게 영향을 미치는 인자이므로 반드시 이해해 두어야 한다. 특히 앞서 언급한 바와 같이 응력값은 메시의 영향을 받기 쉽기 때문에 이 두 종류의 값의 조정이 반드시 필요하다.

4. 형상

CAE S/W 등 메시를 생성하는 프로그램에서는 일반적으로 메시의 품질을 판정하는 기능이 갖추어져 있다. 메시의 품질이라면 결국 그 요소형상의 좋고 나쁨을 의미하는데, 이것을 판정하기 위한 정량적 지표가 몇 가지 있지만 대표적인 것이 뒤틀림 정도이다. 이것은 솔리드라면 정사면체 혹은 정육면체에 어느 정도 근접한가, 쉘이라면 정방형 혹은 정삼각형에 어느 정도 근접한가를 나타내는 값이다. 이 값이 크면 클수록 해석에서 좋은 결과를 얻기 쉽다. 특히 응력을 계산하는 경우에는 평가하고자 하는 부분의 메시품질을 반드시 확인해 두어야 한다. 메시의 품질이 나쁘면 최악의 경우 해석기가 계산 불가라고 판정해 버리기 때문에 계산할 수 없게 될 수도 있다. 이러한 문제는 이어서 설명할 솔리드의 2차 요소를 사용해도 발생하는 경우가 있다. 품질이 낮은 경우는 요소크기를 작게 함으로써 메시 개수를 증가시켜서 정확도를 개선할 수 있는 경우도 있다. 그러나 앞서 언급한 바와 같이 계산시간과의 상관관계를 고려하지 않으면 안 된다. 메시의 품질을 높이는 것은 원래 CAD데이터의 서피스를 분할하여 메시를 재생성하거나 국소적인 요소형상을 수정하는 등 번거로운 작업이 필요하게 되므로 CAE전문가와 상담하는 편이 좋다.

5. 차수

차수라는 것은 요소형상의 근사표현의 정확도를 의미하며, 일반적으로 메시에는 1차 요소와 2차 요소가 있다. 1차 요소는 꼭지점의 절점만으로 요소의 변형을 표현하는 것에 비하여 2차 요소는 꼭지점과 꼭지점 사이에 존재하는 절점도 이용하여 요소의 변형을 계산한다. 예를 들어 아래 그림과 같이 솔리드 사면체요소의 경우 1차 요소의 절점은 4개이지만 2차 요소는 10개의 절점을 갖고 있다.

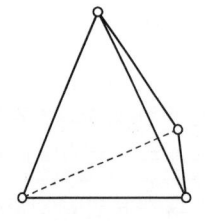 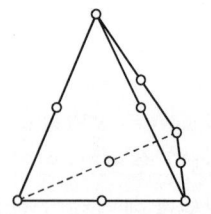

(a) 사면체 1차 요소　　　　(b) 사면체 2차 요소　　○ 절점

[1차 요소와 2차 요소]

따라서 2차 요소가 변형을 보다 잘 표현하고 정확도가 높은 결과를 얻을 수 있다. 쉘요소의 경우는 1차 요소로 계산하는 것이 일반적이고 주의해야 할 것은 솔리드의 사면체요소의 경우이다. 솔리드의 경우 육면체요소는 자동생성이 어렵기 때문에 현재 솔리드요소라고 하면 사면체요소가 가장 널리 사용되고 있다. 다양한 해석대상물의 형상에 폭넓게 대응할 수 있는 것은 자동생성하기 쉬운 사면체요소밖에 없는 것이 실정이기도 하다. 자동메시 생성 S/W가 보급되기 이전에는 솔리드요소로 고전적인 육면체요소가 많이 사용되었고 실제로 육면체요소가 정확도가 높은 계산결과를 얻을 수 있다. 예를 들어 육면체 1차 요소, 사면체 1차 요소, 사면체 2차 요소로 단순지지 보에 작용하는 변형량을 해석하면 육면체 1차 요소의 경우 지배방정식을 이산화하지 않고 구한 해석해와 거의 동일한 값을 얻을 수 있는 반면에 사면체 1차 요소는 40% 정도 변형량이 적게 계산된다. 그러나 같은 사면체라도 2차 요소로 계산하면 2~3% 적게 계산되는 정도로 끝난다. 따라서 사면체요소를 사용하는 경우는 기본적으로 2차 요소를 사용하는 편이 좋다. 실제로 많은 CAE S/W에서는 처음부터 2차 요소로 생성하고 있으나 2차 요소가 몇 가지 문제도 있다. 이것은 절점수의 차이에 기인하고 있다. 예를 들어 2차 요소가 1차 요소에 비해 절점수가 많기 때문에 요소크기를 작게 할수록 해석모델 전체의 절점수가 급격히 증가하여 계산시간이 길어진다. 따라서 차수에 따른 요소크기의 설정에 주의가 필요하다. 또한 중간절점에서 요소 모서리가 접히기 때문에 요소형상이 왜곡되어 메시품질을 악화시켜 계산이 불가능하게 되거나 2차 요소로 구성된 여러 개의 부품이 접촉된 해석이 어렵게 되는 등 문제도 발생할 수 있다. 현재 CAE S/W는 2차 사면체요소의 사용이 일반적이므로 이러한 문제에 직면할 일은 거의 없지만 적어도 차수에 따라 어떻게 다른지는 알아둘 필요는 있다.

2교시

04 아래와 같은 가정조건에서 경간 8m의 직사각형(300×600mm) 단순보의 단기처짐과 재령 3개월과 재령 5년에 대한 장기처짐을 콘크리트 구조기준(2012)에 따라 계산하시오. (가정조건)

1) 콘크리트 f_{ck} = 21MPa, 철근 f_y = 300MPa, 탄성계수 E_s = 200,000MPa, E_c = 24,900MPa
2) 직사각형보에 사용된 철근의 인장철근비 ρ = 0.0072, 압축철근비 ρ' = 0.0023
3) 전체 단면의 단면2차모멘트 I_g = 5.4×10⁹mm⁴, 균열단면의 단면2차모멘트 I_{cr} = 1.77×10⁹mm⁴
4) 고정하중(자중 포함) = 6.16kN/m, 활하중 = 4.35kN/m(50%가 지속하중으로 작용)
5) 장기추가처짐계수 $\lambda_\Delta = \xi/(1+50\rho')$, 시간경과계수 ξ(3개월 = 1.0, 5년 = 2.0)

1. 재료의 성질 및 제원

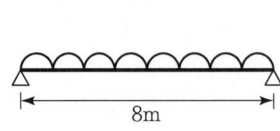
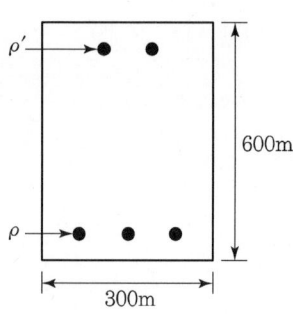

$\rho = 0.0072$, $\rho' = 0.0023$

$f_{ck} = 21\text{MPa}$, $f_y = 300\text{MPa}$

$E_s = 200,000\text{MPa}$, $E_c = 24,900\text{MPa}$

$I_g = 5.4 \times 10^9 \text{mm}^4$, $I_{cr} = 1.77 \times 10^9 \text{mm}^4$

$w_d = 6.16\text{kN/m}$, $w_l = 4.35\text{kN/m}$ (50% 지속하중)

$\lambda_\Delta = \dfrac{\xi}{1+50\rho'}$, $\xi = 1.0$(3개월), $\xi = 2.0$(5년)

2. 작용 Moment 계산

$$M_d = \frac{w_d l^2}{8} = \frac{6.16 \times (8,000)^2}{8} \times 10^{-3} = 4.93 \times 10^4 \text{kN} \cdot \text{mm}$$

$$M_l = \frac{w_l l^2}{8} = \frac{4.35 \times (8,000)^2}{8} \times 10^{-3} = 3.84 \times 10^4 \text{kN} \cdot \text{mm}$$

$$M_{d+l} = (4.93 + 3.84) \times 10^4 = 8.77 \times 10^4 \text{kN} \cdot \text{mm}$$

$$M_{sus} = M_d + 0.5 M_l = 4.93 \times 10^4 + 0.5 \times 3.84 \times 10^4 = 6.85 \times 10^4 \text{kN} \cdot \text{mm}$$

3. 파괴계수 f_r, n

$$f_r = 0.63 \lambda \sqrt{f_{ck}} = 0.63 \sqrt{21} = 2.887 \text{MPa}$$

$$E_c = 24,900 \text{MPa}, \ E_s = 2 \times 10^5 \text{MPa}$$

$$n = \frac{E_s}{E_c} = \frac{2 \times 10^5}{24,900} = 8$$

4. 유효단면2차 Moment 계산

$$M_{cr} = \frac{f_r I_g}{y_t} = \frac{2.887 \times 5.4 \times 10^9}{300} \times 10^{-3} = 5.2 \times 10^4 \text{kN} \cdot \text{mm}$$

(1) 고정하중만 작용할 때

$$\frac{M_{cr}}{M_d} = \frac{5.2 \times 10^4}{4.93 \times 10^4} = 1.06 > 1.0$$

$$(I_e)_d = I_g = 5.4 \times 10^9 \text{mm}^4$$

(2) 지속하중이 작용할 때

$$\frac{M_{cr}}{M_{sus}} = \frac{5.2 \times 10^4}{6.85 \times 10^4} = 0.759$$

$$(I_e)_{sus} = \left(\frac{M_{cr}}{M_{sus}}\right)^3 I_g + \left[1 - \left(\frac{M_{cr}}{M_{sus}}\right)^3\right] I_{cr}$$

$$= 0.759^3 \times 5.4 \times 10^9 + [1 - 0.759^3] \times 1.77 \times 10$$

$$= 3.36 \times 10^9 \text{mm}^4 < I_g = 5.4 \times 10^9 \text{mm}^4$$

(3) 사용하중이 작용할 때

$$\frac{M_{cr}}{M_{d+l}} = \frac{5.2 \times 10^4}{8.77 \times 10^4} = 0.593$$

$$(I_e)_{d+l} = \left(\frac{M_{cr}}{M_{d+l}}\right)^3 I_g + \left[1 - \left(\frac{M_{cr}}{M_{sus}}\right)^3\right] I_{cr}$$

$$= 0.593^3 \times 5.4 \times 10^9 + [1 - 0.593^3] \times 1.77 \times 10$$

$$= 2.53 \times 10^9 \text{mm}^4 < I_g = 5.4 \times 10^9 \text{mm}^4$$

5. 단기처짐

$$(\Delta_i)_d = \frac{5M_d \, l^2}{48 E_c (I_e)_d} = \frac{5 \times 4.93 \times 10^4 \times 10^3 \times (8{,}000)^2}{48 \times 24{,}900 \times 5.4 \times 10^9} = 2.44\text{mm}$$

$$(\Delta_i)_{sus} = \frac{5M_{sus} \, l^2}{48 E_c (I_e)_{sus}} = \frac{5 \times 6.85 \times 10^4 \times 10^3 \times (8{,}000)^2}{48 \times 24{,}900 \times 3.36 \times 10^9} = 5.46\text{mm}$$

$$(\Delta_i)_{d+l} = \frac{5M_{d+l} \, l^2}{48 E_c (I_e)_{d+l}} = \frac{5 \times 8.77 \times 10^4 \times 10^3 \times (8{,}000)^2}{48 \times 24{,}900 \times 2.53 \times 10^9} = 9.28\text{mm}$$

$$(\Delta_i)_l = (\Delta_i)_{d+l} - (\Delta_i)_d = 9.28 - 2.44 = 6.84\text{mm}$$

6. 재령 3개월과 5년의 장기처짐

재령	ξ	$\lambda_\Delta = \dfrac{\xi}{1+50\rho'}$	$(\Delta_i)_{sus}$ (mm)	$\Delta_{cp+sh} = \lambda(\Delta_i)_{sus}$
3개월	1.0	0.897	5.46	4.898
5년	2.0	1.794	5.46	9.533

3교시

01. 도로교설계기준(한계상태설계법, 2016)에서 철근콘크리트 구조의 철근피복두께 규정에 대하여 설명하시오.

1. 일반 사항

① 콘크리트 피복두께는 철근(횡방향 철근, 표피철근 포함)의 표면과 그와 가장 가까운 콘크리트 표면 사이의 거리이다.
② 공칭피복두께, $t_{c,nom}$는 도면에 명시하여야 하며, 최소피복두께 $t_{c,\min}$ (도로교설계기준 5.10.4.2 참조)와 설계 편차 허용량 $\Delta t_{c,dev}$ (도로교설계기준 5.10.4.3 참조)의 합으로 구한다.

$$t_{c,nom} = t_{c,\min} + \Delta t_{c,dev} \quad \cdots\cdots (1)$$

2. 최소피복두께

① 콘크리트 최소피복두께 $t_{c,\min}$는 아래 사항을 고려하여 규정하여야 한다.
  - 부착력의 안전한 전달
  - 철근의 부식 방지(내구성)
  - 내화성
② 부착과 환경조건에 대한 요구사항을 만족하는 $t_{c,\min}$ 중 큰 값을 설계에 사용하여야 한다.

$$t_{c,\min} = \max\{t_{c,\min,b}\,;\,t_{c,\min,dur} + \Delta t_{c,dur,\gamma} - \Delta t_{c,dur,st} - \Delta t_{c,dur,add}\,;10\mathrm{mm}\} \quad \cdots\cdots (2)$$

여기서, $t_{c,\min,b}$: 부착에 대한 요구사항을 만족하는 최소피복두께(mm)
$t_{c,\min,dur}$: 환경조건에 대한 요구사항을 만족하는 최소피복두께(mm)
$\Delta t_{c,dur,\gamma}$: 고부식성 노출환경에서 ⑤에 의한 피복두께 증가값(mm)
$\Delta t_{c,dur,st}$: 스테인리스 철근을 사용할 때 ⑦에 의한 피복두께 감소값(mm)
$\Delta t_{c,dur,add}$: 코팅과 같은 추가 보호 조치를 취한 경우 ⑧에 의한 피복두께 감소값(mm)

③ 부착력을 안전하게 전달하고 충분한 다짐을 위하여 최소피복두께는 [표 1]에 주어진 $t_{c,\min b}$ 값보다 더 큰 값을 사용하여야 한다.
④ 철근과 프리스트레싱 강재의 내구성을 고려한 최소피복두께 $t_{c,\min,dur}$는 환경노출등급에 따라 [표 2]에 제시되어 있다.

⑤ 염화물 또는 해수에 노출되는 고부식성 환경에 대한 추가적인 안전을 확보하기 위하여 최소피복두께를 $\Delta t_{c,dur,\gamma}$ 만큼 증가시켜야 한다. $\Delta t_{c,dur,\gamma}$는 아래 값을 적용하되, 실험 데이터와 신뢰할 수 있는 내구성 예측을 통해 타당한 근거를 제시할 경우 이보다 작은 값을 적용할 수 있다.

$$\Delta t_{c,dur,\gamma} = 5\text{mm}(\text{ED1}/\text{ES1}),\ 10\text{mm}(\text{ED2}/\text{ES2}),\ 15\text{mm}(\text{ED3}/\text{ES3})$$

⑥ 도로교설계기준 표 5.10.1에서 요구하는 최소 강도보다 아래에서 정하는 값 이상 큰 강도를 사용하는 경우, 시공과정에서 철근 위치의 변동이 없는 슬래브 형상의 부재인 경우, 콘크리트를 제조할 때 특별한 품질관리방안이 확보되었다고 승인받은 경우에는 최소피복두께를 각각 5mm 감소시킬 수 있다.
- E0 등급이나 탄산화에 노출된 경우(EC 등급) : 5MPa
- 염화물이나 해수에 노출된 경우(ED, ES 등급) : 10MPa

⑦ 스테인리스 철근을 사용하거나 다른 특별한 조치를 취한 경우에는 $\Delta t_{c,dur,st}$ 만큼 최소피복두께를 감소시킬 수 있다. 다만 이러한 경우 부착강도를 비롯한 모든 관련된 재료적 특성에 의한 영향을 고려하여야 한다. $\Delta t_{c,dur,st}$는 일반적으로 0mm을 적용하되, 실험 데이터와 신뢰할 수 있는 내구성 예측 기법에 따른 타당한 근거를 제시한 경우에는 0mm보다 큰 값을 적용할 수 있다.

⑧ 코팅과 같은 추가 표면처리를 한 콘크리트의 경우 $\Delta t_{c,dur,add}$ 만큼 최소피복두께를 감소시킬 수 있다. $\Delta t_{c,dur,add}$는 일반적으로 0mm을 적용하되, 실험 데이터와 신뢰할 수 있는 내구성 예측 기법에 따른 타당한 근거를 제시한 경우에는 0mm보다 큰 값을 적용할 수 있다.

⑨ 프리캐스트나 현장 타설 콘크리트와 같은 다른 콘크리트 부재에 접하여 콘크리트를 타설할 경우 철근에서 표면까지의 최소피복두께는 다음 요구조건을 만족하면 [표 1]의 부착에 대한 최소피복두께 값으로 감소시킬 수 있다.
- 콘크리트 강도가 25MPa 이상이다.
- 콘크리트 표면이 외기에 노출된 시간이 짧다(28일 미만).
- 접촉면이 거칠게 처리되어 있다.

⑩ 노출 골재 등과 같은 요철 표면의 경우 최소피복두께는 적어도 5mm를 증가시켜야 한다.

⑪ 일반적으로 EF와 EA 등급에 대하여서는 도로교설계기준 5.10.4절의 규정에 따라 정한 피복두께로 충분하다. 동결융해 작용(EF 등급)에 대해서는 연행 공기량의 확보가 중요하며, 제빙화학제를 사용하는 경우에는 혼화재료의 사용에 주의할 필요가 있다. 또한, 화학적 침식(EA 등급)의 경우는 시멘트의 화학 조성이 큰 영향을 미치므로 결합재의 선정에 주의를 기울여야 한다.

⑫ 방수처리나 표면처리를 하지 않은 노출 콘크리트 바닥판의 피복두께는 마모에 대비하여 최소 10mm만큼 증가시켜야 한다.

⑬ 내화를 필요로 하는 구조물의 피복두께는 화열의 온도, 지속시간, 사용골재의 성질 등을 고려하여 정하여야 한다.

[표 1] [부착에 대한 요구사항을 고려한 최소피복두께 $t_{c,\min,b}$]

강재의 종류	최소피복두께*($t_{c,\min,b}$)
일반	철근 지름
다발	등가 지름
포스트텐션부재	• 원형 덕트 경우 : 덕트의 지름 • 직사각형 덕트 경우 : 작은 치수 혹은 큰 치수의 1/2배 중 큰 값으로서 50mm 이상인 값. 단, 두 종류의 덕트에 대하여 피복두께가 80mm보다 큰 경우는 없음
프리텐션부재	• 강연선 및 원형 강선 경우 : 지름의 2배 • 이형 강선 경우 : 지름의 3배

*공칭 최대 골재 치수가 32mm보다 크다면 $t_{c,\min,b}$은 다짐을 위하여 5mm 증가시켜야 한다.

[표 2] [철근 및 프리스트레싱 강재의 내구성을 고려한 최소피복두께, $t_{c,\min,dur}$(mm)]

강재의 종류	노출등급						
	E0	EC1	EC2/EC3	EC4	ED1/ES1	ED2/ES2	ED3/ES3
철근	20	25	35	40	45	50	55
프리스트레싱 강재	20	35	45	50	55	60	65

4교시

04 3개의 강재기둥으로 지지하고 있는 강체슬래브 위에 모터가 회전하고 있다. 기둥의 지점 B 경계조건은 힌지단, 지점 A와 지점 C는 고정단이고, 강체슬래브와는 강결로 이루어져 있다. 모터의 편심질량은 200kg이고 편심이 50mm이며 강체슬래브의 무게(W)는 25 kN이다. 기둥의 허용휨응력(f_a)이 200MPa일 때, 모터의 허용 회전속도의 구간을 결정하시오.[단, 기둥의 질량은 무시하고 감쇠는 없는 것으로 가정하며, 각각의 기둥간격은 2m이고, 모든 기둥의 단면2차모멘트(I)는 25.8×10^6 mm^4, 단면계수(S)는 249×10^3 mm^3, 탄성계수(E)는 200GPa로 한다.]

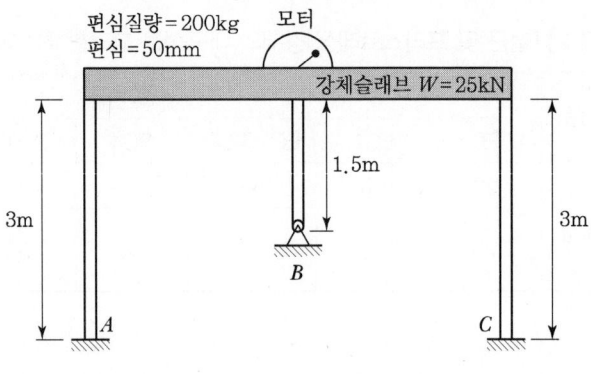

1. 3개 기둥의 수평강성 계산

$$k = 2 \times \frac{12EI}{L_1^3} + \frac{3EI}{L_2^3}$$

$$= 2 \times \frac{12 \times 200 \times 10^9 \times 25.8 \times 10^6 \times 10^{-12}}{3^3} + \frac{3 \times 200 \times 10^9 \times 25.8 \times 10^{-6}}{1.5^3}$$

$$= 9,173.333 \times 10^3 \text{N/m}$$

2. 구조물의 수평진동의 고유진동수 계산

$$\omega_n = \sqrt{\frac{k}{m}} = \sqrt{\frac{917.333 \times 10^3}{25 \times 10^3/9.8}} = 59.997 \text{rad/s}$$

$$f_n = 9.549 Hz$$

3. 휨응력(σ)과 수평변위(Δ) 사이의 관계

(1) 고정지지

$$M = \frac{6EI}{L^2}\Delta \qquad \sigma = \frac{M}{S} \qquad \sigma = \frac{6EI}{L^2 S}\Delta$$

(2) 힌지지지

$$M = \frac{3EI}{L^2}\Delta \qquad \sigma = \frac{M}{S} \qquad \sigma = \frac{3EI}{L^2 S}\Delta$$

4. 허용휨응력(σ_{allow})에 대응되는 허용수평변위 계산

(1) 고정지지

$$\Delta_{allow} = \frac{L^2 S}{6EI}\sigma_{allow} = \frac{3^2 \times 249 \times 10^{-6}}{6 \times 200 \times 25.8 \times 10^3} \times 200 \times 10^6$$

$$= 0.014477 \text{m} = 14.477 \text{mm}$$

(2) 힌지지지

$$\Delta_{allow} = \frac{L^2 S}{3EI}\sigma_{allow} = \frac{1.5^2 \times 249 \times 10^{-6}}{3 \times 200 \times 25.8 \times 10^3} \times 200 \times 10^6$$

$$= 0.007238 \text{m} = 7.238 \text{mm}$$

$$\therefore \Delta_{allow} = 7.238 \text{mm}$$

5. 허용수평변위($\Delta\sigma_{allow}$)에 대응되는 한계주파수(β_c) 계산

$$\rho = \frac{e\, m_0}{m} \times \frac{\beta^2}{\sqrt{(1-\beta^2)^2}} \text{에서 } (\because \xi = 0)$$

(1) $\beta < 1$인 경우

$$\rho = \frac{e\, m_0}{m} \times \frac{\beta^2}{(1-\beta^2)} = 7.238$$

$$\frac{50 \times 200}{25 \times 10^3 \div 9.8} \times \frac{\beta^2}{1-\beta^2} = 7.238$$

$$\frac{\beta^2}{1-\beta^2} = 1.846$$

$$\beta^2 = 1.846 - 1.846\beta^2$$

$$\therefore \beta_1 = 0.805$$

(2) $\beta > 1$인 경우

$$\frac{50 \times 200}{25 \times 10^3 \div 9.8} \times \frac{\beta^2}{\beta^2 - 1} = 7.238$$

$$\frac{\beta^2}{\beta^2 - 1} = 1.846$$

$$\beta^2 = 1.846\beta^2 - 1.846$$

$$\therefore \beta_2 = 1.477$$

6. 허용운전속도 결정

① $\beta_1 = 0.805$일 때

$\beta_1 \omega_n = 0.805 \times 9.549 \text{Hz} = 7.687 \text{Hz} = 461 \text{rpm}$

② $\beta_2 = 1.477$일 때

$\beta_2 \omega_n = 1.477 \times 9.549 \text{Hz} = 14.104 \text{Hz} = 846 \text{rpm}$

7. 결론

기계의 운전속도는 461rpm보다 작게 하거나, 846rpm보다 크게 하여야 기둥의 허용휨응력을 초과하지 않는다.

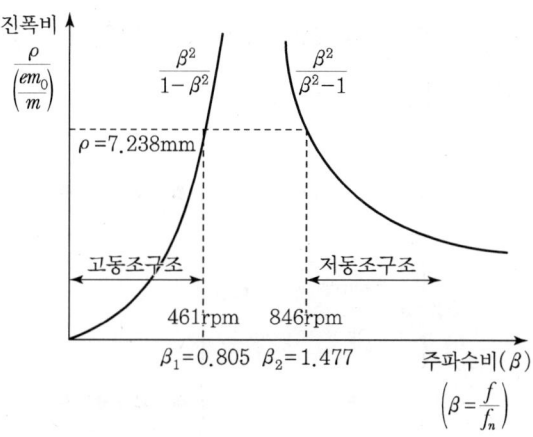

4교시

05 그림의 철근콘크리트 기둥단면에서 작용하중이 편심($e = 250$mm)을 가지고 있을 때 주어진 단면의 균형단면력을 산정하고 공칭압축강도 P_n을 강도설계법에 따라 구하시오.(단, $f_{ck} = 284$MPa, $f_y = 420$MPa이다.)

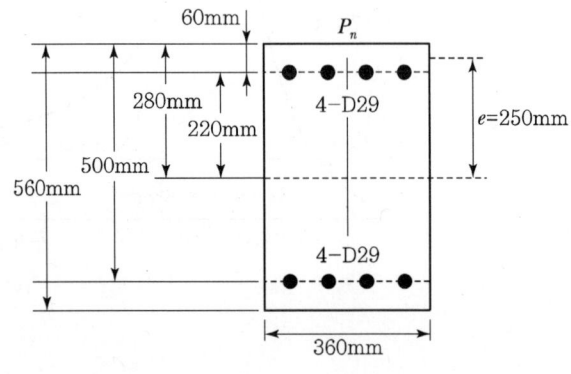

1. 균형상태

$A_s = 4 - D29 = 4 \times 642.5 = 2{,}570 \text{mm}^2$

$A_s' = 4 - D29 = 4 \times 642.5 = 2{,}570 \text{mm}^2$

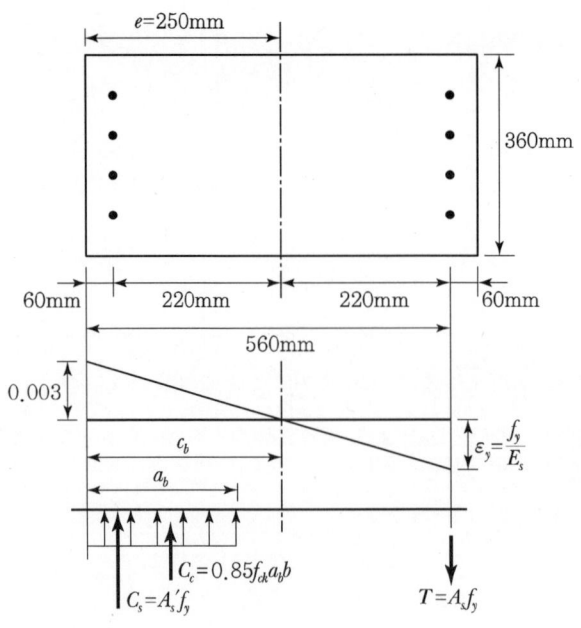

2. 중립축 위치 c_b의 산정

$$c_b = \frac{0.003}{0.003 + f_g/E_s}d = \frac{600}{600+f_y}d = \frac{600}{600+420} \times 500 = 294.1\text{mm}$$

$$a_b = \beta_1 c_b = 0.85 \times 294.1 = 250.0\text{mm}$$

3. 균형단면력

소성중심에서 $\sum M = 0$ 적용

$$P_b\, e = 0.85 f_{ck}\, a_b\, b\left(\frac{h}{2} - \frac{a_b}{2}\right) + A_s{'} f_y\left(\frac{h}{2} - d'\right) + A_s f_y\left(\frac{h}{2} - d'\right)$$

$$P_b \times 250 = 0.85 \times 28 \times 250 \times 360\left(\frac{560}{2} - \frac{250}{2}\right) + 2,570 \times 420\left(\frac{560}{2} - 60\right)$$

$$+ 2,570 \times 420\left(\frac{560}{2} - 60\right)$$

$$= 8.07 \times 10^8 \text{N} \cdot \text{mm}$$

$$\therefore\ P_b = \frac{8.07 \times 10^8}{250} = 3.228 \times 10^6 N = 3,228 kN$$

4. P_n

$$P_n = 0.85 f_{ck}\, a_b\, b + A_s{'} f_y - A_s f_y = 0.85 f_{ck}\, a\, b = 0.85 \times 28 \times 250 \times 360$$

$$= 2,142 \times 10^3 \text{N} = 2,142 \text{kN}$$

CHAPTER 04

제117회 토목구조기술사

CHAPTER 04 117회 토목구조기술사

1교시 다음 문제 중 10문제를 선택하여 설명하시오.(각 10점)

1. 보의 전단경간비(Shear Span Ratio)
2. 확장 앵커(Expansion Anchor)
3. 최대 도입 프리스트레스(Maximum Induced Prestress)
4. 타이드 아치교(Tied Arch Bridge)
5. 복합재료(Fiber Reinforced Composite Materials)의 특징
6. 기초 구조물의 내진설계 거동한계(기능수행수준/붕괴방지수준)
7. 설계VE에 있어 단계별(준비단계, 분석단계, 실행단계) 과업수행 중 분석단계
8. 부정정보 해석방법 중 변형일치법(변위일치법)
9. 휨강성(EI)과 보의 처짐의 상관관계
10. 도로교설계기준(한계상태설계법)에서 규정하고 있는 설계압축강도
11. 교명판(설명판 포함)에 기재할 내용
12. 말뚝기초의 등가정적해석 시 만족하여야 하는 기본사항
13. '시설물의 안전 및 유지관리에 관한 특별법' 및 시행령에서는 1종 시설물 및 2종 시설물에 대하여 규정하고 있다. 다음 도로 교량은 몇 종 시설물에 해당되는지 설명하시오.
    (1) 지간 L=2@50m=100m인 강합성형 교량
    (2) 지간 L=2@45+3@40+2@45=300m인 개량형 PSC 교량

2교시 다음 문제 중 4문제를 선택하여 설명하시오.(각 25점)

1. 성능평가와 안전점검·진단의 차별성과 연계성에 대하여 설명하시오.
2. FCM(Free Cantilever Method) 교량에 사용되는 교각의 종류와 특징에 대하여 설명하시오.
3. 다음 그림과 같은 단주기둥에서 (1) 중립축 위치를 도시하고, (2) 최대압축/인장응력을 구하시오.(단, $e_x = 9\text{cm}$, $e_y = 5\text{cm}$)

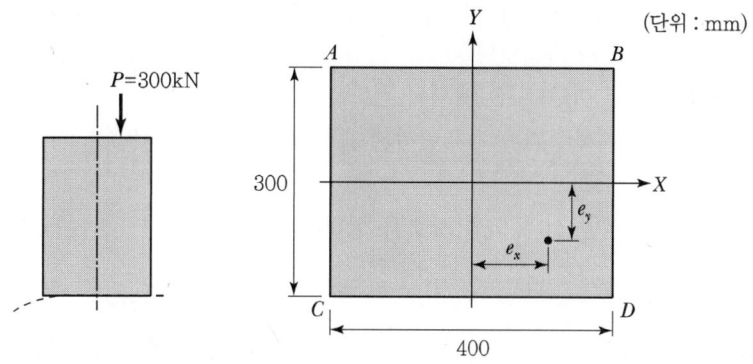

4. 그림과 같은 단면의 철근콘크리트 띠철근기둥(단주)에 축하중 P_u가 편심거리 $e_x=360\text{mm}$인 위치에 작용할 경우, 이 기둥의 설계축강도 P_d 및 설계휨강도 M_d를 도로교설계기준(한계상태설계법, 2012)에 의해 구하시오.(단, $f_{ck}=30\text{MPa}$, $f_y=400\text{MPa}$, D29의 철근 1개의 단면적 $A_s=642.4\text{mm}^2$, $E_s=2.0\times10^5\text{MPa}$, $\phi_c=0.65$, $\phi_s=0.95$, $\alpha=0.8$, $\beta=0.40$이다.)

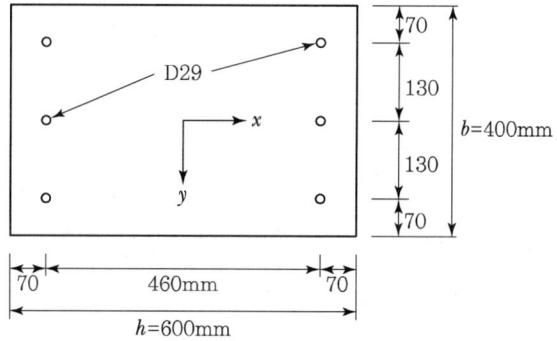

5. 다음 그림과 같은 등분포하중을 받는 보에서 A, B, C점에서 같은 반력을 받도록 스프링계수(k)를 구하시오.(단, EI 일정)

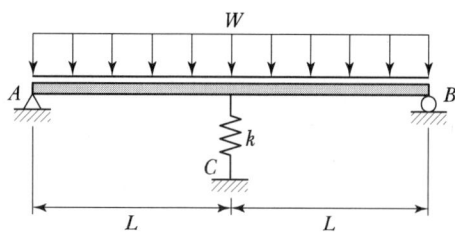

6. 최근 여름철 집중호우로 인해 옹벽이 전도되면서 무너지는 사고가 발생하고 있다. 다음 물음에 답하시오.
   (1) (그림 1)에서 옹벽 하단(A점)에서의 전도모멘트를 구하시오.
   (2) (그림 2)와 같이 지하수위가 지표면까지 올라왔을 때 옹벽 하단(A점)에서의 전도모멘트를 구하시오.
   (3) 옹벽의 설계 및 시공 시 유의할 사항을 설명하시오.

   〈조건〉
   - 흙의 내부마찰각 $\phi = 30°$
   - 흙의 단위중량 $\gamma = 18\text{kN/m}^3$
   - 흙의 포화단위중량 $\gamma_{sat} = 20\text{kN/m}^3$
   - 물의 단위중량 $\gamma_w = 10\text{kN/m}^3$

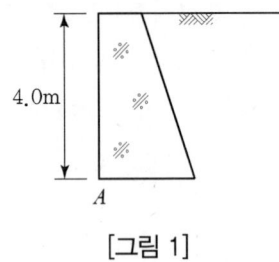
[그림 1]

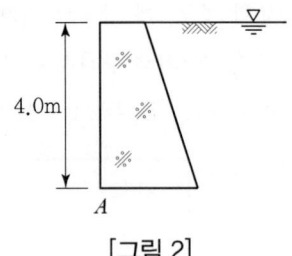
[그림 2]

3교시 다음 문제 중 4문제를 선택하여 설명하시오.(각 25점)

1. 교량의 상부구조 형식 중 박스거더(Box Girder)가 곡선교 적용에 유리한 이유에 대하여 설명하시오.
2. 하천을 횡단하는 지간 $L = 2@45 + 4@40 + 2@45 = 340\text{m}$인 개량형 PSC 거더교가 설계되어 교량시공을 하려고 한다.(단, 하천의 유심부에는 교량공사용 가교가 있으며 교각마다 축도가 있다.)
   (1) 개량형 PSC 거더교 시공 순서
   (2) 귀하가 설계책임기술자로서 교량의 안전한 시공을 위해 검토해야 할 사항
3. 다음 그림과 같이 트러스 구조물의 DF부재력을 구하시오.

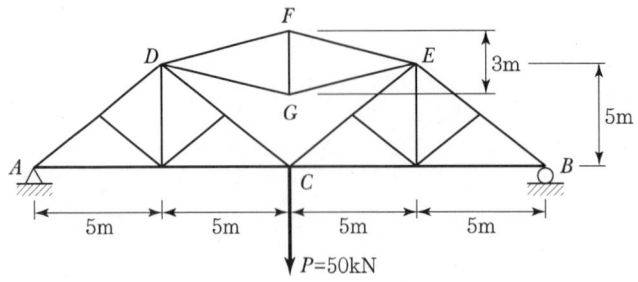

4. 다음 그림과 같은 구조물에서 AB부재가 수평이 될 때 (1) C, D, E점의 반력, (2) P하중의 작용위치 x를 구하시오. (단, $k_C = 50\text{N/cm}$, $k_D = 30\text{N/cm}$, $k_E = 20\text{N/cm}$, CD와 DE의 거리는 각각 1m이다.)

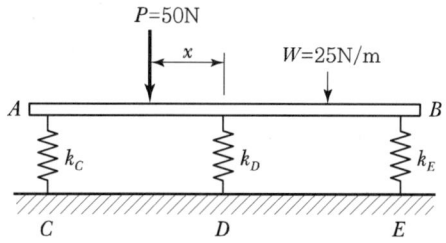

5. 그림과 같은 단면을 가진 양단 Pin 기둥(장주)의 오일러 좌굴하중과 좌굴응력을 구하시오. (단, H$-200\times200\times8\times12$의 $A=6,353\text{mm}^2$, $I_x=4.72\times10^7\text{mm}^4$, $I_y=1.60\times10^7\text{mm}^4$, H$-150\times100\times6\times9$의 $A=2,684\text{mm}^2$, $I_x=1.02\times10^7\text{mm}^4$, $I_y=0.151\times10^7\text{mm}^4$, 기둥의 길이 $l=10$m, 강재의 탄성계수는 $E=210$GPa이다.)

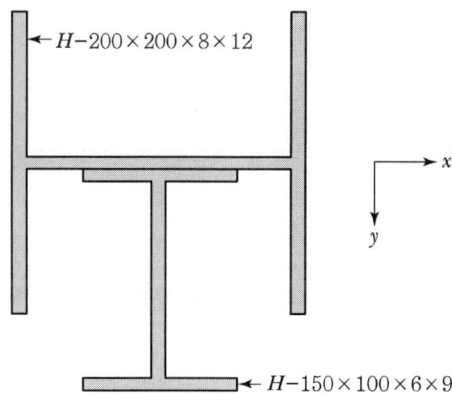

6. 도로가 서로 교차하는 구간에 평면교차로 대신에 지하차도를 계획하였다. 도로의 교차부에는 BOX구조물로 설계하고 접속부에는 U-Type구조물로 설계하였다. 그림과 같이 U-Type 구조물 주변에 지하수가 있을 경우 다음 물음에 답하시오.
   (1) 지하수위가 GL-1m일 때, 부력에 대한 안전성을 검토하시오.
   (2) 안전성이 확보되지 않을 경우 이에 대한 대책공법을 설명하시오.

   〈조건〉
   • 구조물 단위중량 $W_c = 25\text{kN/m}^3$
   • 물의 단위중량 $\gamma_w = 10\text{kN/m}^3$
   • 흙의 단위중량 $\gamma_t = 18\text{kN/m}^3$
   • 흙의 포화단위중량 $\gamma_{sat} = 20\text{kN/m}^3$
   • 흙의 강도정수 : 점착력 $C = 0\text{kN/m}^2$, 내부마찰각 $\phi = 30°$

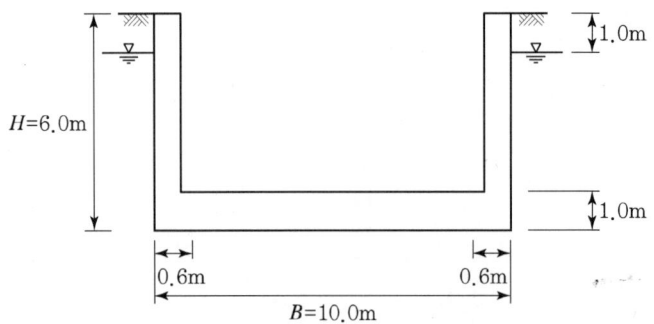

4교시 다음 문제 중 4문제를 선택하여 설명하시오. (각 25점)

1. 건설사업관리(Construction Management, CM제도) 운영방식 중 순수형 CM계약방식(CM for Free)과 위험형 CM계약방식(CM at Risk)에 대하여 설명하시오.

2. 아래와 같은 1차 부정정보에 대하여 A, B, C점에서의 휨모멘트를 구하고 BMD(휨모멘트도)를 그리시오. (단, EI는 일정하고 지점침하는 없음)

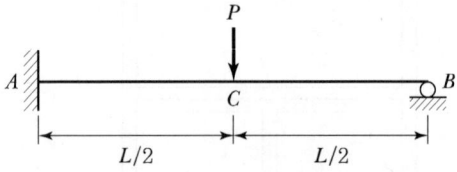

3. 다음 그림과 같은 연속보에서 A, B점에서의 모멘트와 D점에서의 처짐을 구하시오. (단, EI는 일정하다.)

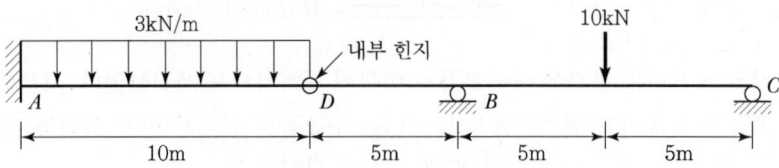

4. 다음 그림과 같은 단면에서 (1) RC보의 파괴상태, (2) 강도감소계수 ϕ_f, (3) 설계모멘트의 적정 여부를 검토하시오. (강도설계법)(단, $f_{ck}=21$MPa, $f_y=350$MPa, $A_s=31.5$cm², $E_s=200,000$MPa, $n=7$, $M_u=370$kN·m, $\varepsilon_e=0.003$으로 가정)

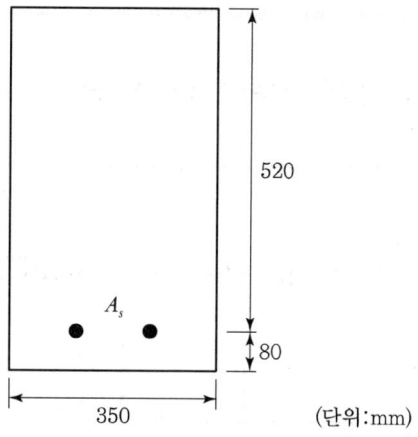

5. 그림과 같은 트러스에서 D점에 하중 P가 작용할 때 항복하중 P_y를 구하시오.(단, 탄성계수 E는 일정, 부재 AD 및 CD의 단면적은 A, 부재 BD의 단면적은 $2A$, 항복응력은 f_y이다.)

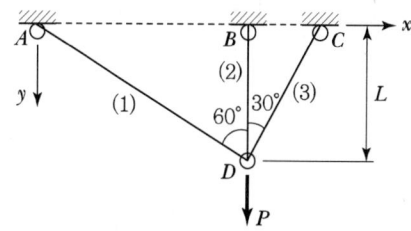 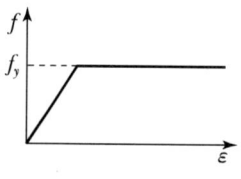

6. 그림과 같이 헌치가 있는 RC라멘교를 시공하기 위하여 동바리설계를 할 때, 콘크리트 타설 시 거푸집 및 동바리에는 콘크리트 압력이 작용하는데 다음 물음에 답하시오.(단, $W_c = 24\text{kN/m}^3$)
   (1) 헌치거푸집($A - B$)에 작용하는 수평력을 구하시오.
   (2) 동바리 설계 및 시공 시 유의할 사항을 설명하시오.

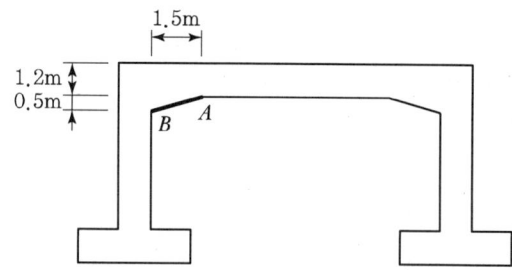

1교시
01 보의 전단경간비(Shear Span Ratio)

1. 전단보의 전단경간비(Shear Span Ratio)력과 휨모멘트의 영향

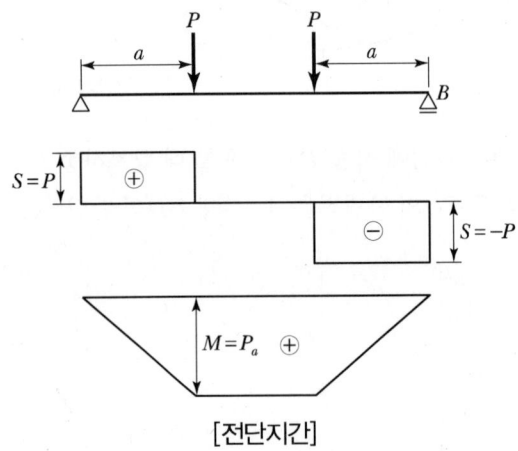

[전단지간]

전단경간(Shear Span) a에 의해 휨과 전단의 영향이 결정된다.

전단응력 $v = K_1 \dfrac{V}{bd}$, 휨응력 $f = K_2 \dfrac{M}{bd^2}$ (여기서, K_1, K_2 = 시험상수)

그러므로 $\dfrac{v}{f} = \dfrac{K_1}{K_2} \dfrac{Vd}{M}$

위 그림에서 전단경간 $a = \dfrac{M}{V}$ 이므로 $\dfrac{f}{v} = \dfrac{K_2}{K_1} \dfrac{a}{d}$

휨균열이 휨전단균열로 발전하는 데 있어서 $\dfrac{a}{d}$가 $\dfrac{f}{v}$에 영향을 미친다.

2. a/d에 따른 보의 파괴 메커니즘

(1) 정의

a/d의 변화에 따라 보의 파괴모드는 변화하게 된다.

(2) 전단지간 a

$$a = \frac{M}{V}$$

여기서, M : 모멘트
V : 전단력

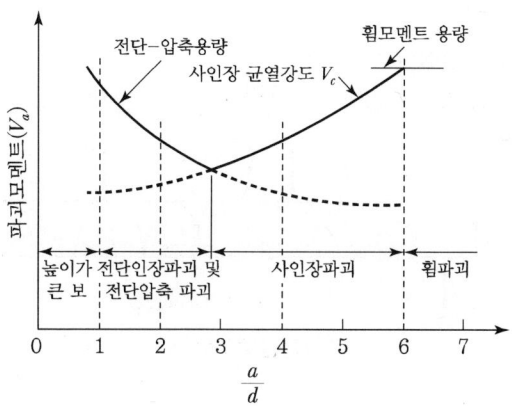

[$\frac{a}{d}$에 따른 전단강도의 변화]

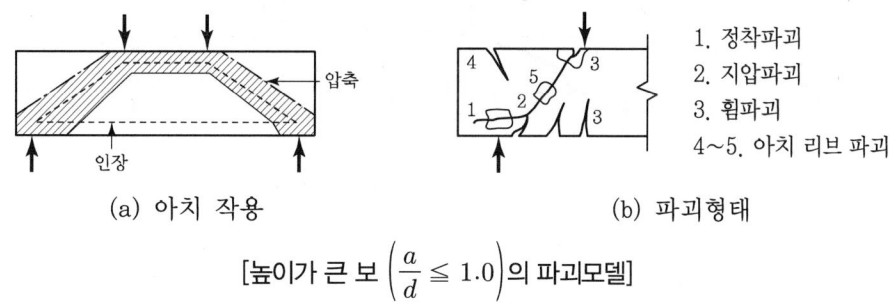

(a) 아치 작용   (b) 파괴형태

[높이가 큰 보 $\left(\frac{a}{d} \leq 1.0\right)$의 파괴모델]

(3) a/d에 의한 파괴 구분

① $a/d < 1 =$ Deep Beam
- 높이가 큰 보
- 보의 강도가 전단력에 의해 지배되어 수직에 가까운 균열이 발생
- 사인장 균열이 발생한 후 타이드 아치(Tied arch)와 같이 거동(위 그림)

② $a/d = 1 \sim 2.5 =$ Short Beam
- 전단강도가 사인장 균열강도보다 크다.
- 콘크리트가 분쇄되거나 찢어짐에 의하여 파괴된다.

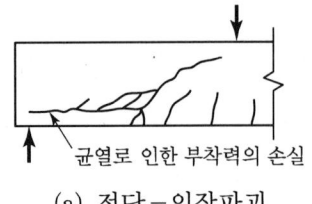
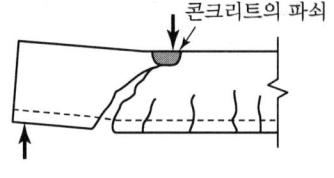

(a) 전단-인장파괴   (b) 전단-압축파괴

③ $a/d = 2.5 \sim 6 =$ Usual Beam
- 전단강도와 사인장균열강도가 같다.
- 수직휨균열이 먼저 발생한 후 사인장균열이 발생하여 파괴에 이른다.

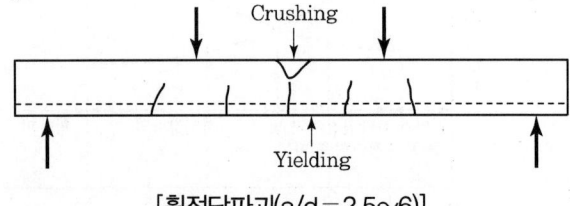

[휨전단파괴(a/d=2.5~6)]

④ $a/d = 6$ 이상 $=$ Long Beam
- 주로 휨파괴가 발생된다.

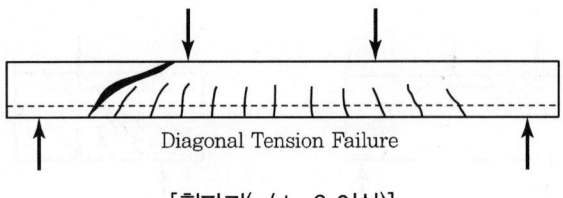

[휨파괴(a/d=6 이상)]

02 확장 앵커(Expansion Anchor)

확장 앵커는 슬리브를 확장시켜 천공 홀 표면과의 마찰력에 의해 하중을 모재에 전달한다. 슬리브의 확장이 어떻게 유도되는지에 따라 확장 앵커는 다음 두 가지 유형으로 다시 분류될 수 있다.

1. 비틀림제어 확장 앵커

이 앵커 유형은 토크 적용을 통해 슬리브의 확장을 유도한다. 토크가 너트에 가해지면 콘이 너트로 당겨지며, 슬리브가 팽창하여 천공 홀 표면을 누르게 되고 마찰력이 발생한다. 비틀림제어 확장 앵커의 적용범위는 단순한 파이프 지지에서 빔-기둥 부착에 이르기까지 다양하다.

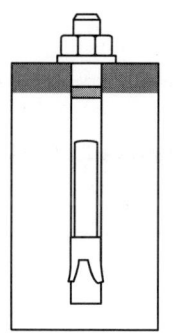 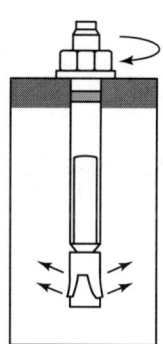

2. 변위제어 확장 앵커

이 앵커 유형은 내장된 플러그의 변위를 통해 슬리브의 확장을 유도한다. 설치도구에 의해 타격하면 플러그가 아래쪽으로 밀리면서 확장된다. 토크를 가하는 방식에 비해 타격력의 정도를 정확하게 통제하기 어려워 주로 경량 파이프 고정에 사용된다.

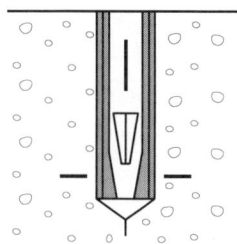

1교시
04 타이드 아치교(Tied Arch Bridge)

타이드 아치교(Tied Arch교, 외적 정정, 내적 1차 부정정)란 아치의 양단을 Tie로 연결하여 1단 고정단 타단 가동단으로 지지하여 수평반력을 Tie로 받게 한 형식이다. 아치 Rib에는 모멘트 및 축력 작용, Tie에는 축력만 작용한다. 이 구조물은 외적으로는 정정이고 내적으로는 부정정 구조이므로 정역학적 평형방정식만으로는 풀 수 없는 구조물이다.

① 지점에서 일어나는 수평반력을 Tie가 받으므로 지점 수평반력이 생기지 않음
② 외적으로 정정구조이므로 반력은 단순보로 해석
③ 지반상태가 양호하지 않은 곳에서 채택 가능
④ 가설 시 어려움으로 비경제적

1교시
10 도로교설계기준(한계상태설계법)에서 규정하고 있는 설계압축강도

(1) 설계압축강도

콘크리트의 설계압축강도는 다음 식 (1)과 같이 기준압축강도에 재료계수와 유효계수를 곱하여 구한다.

$$f_{cd} = \phi_c \, \alpha_{ce} \, f_{ck} \quad \cdots\cdots\cdots\cdots\cdots\cdots\cdots\cdots\cdots\cdots\cdots\cdots \,(1)$$

여기서, f_{cd}는 설계압축강도이고, ϕ_c는 콘크리트의 재료계수이며, 극한하중조합-Ⅰ, -Ⅱ, -Ⅲ, -Ⅳ, -Ⅴ는 0.65, 그 외의 하중 조합은 1.0이다. α_{ce}는 유효계수로 0.85이다.

1교시 11 | 교명판(설명판 포함)에 기재할 내용

교량에는 교명판을 부착시킴을 원칙으로 한다.
교명판의 치수와 기재사항은 아래 그림에 따르는 것을 표준으로 한다.

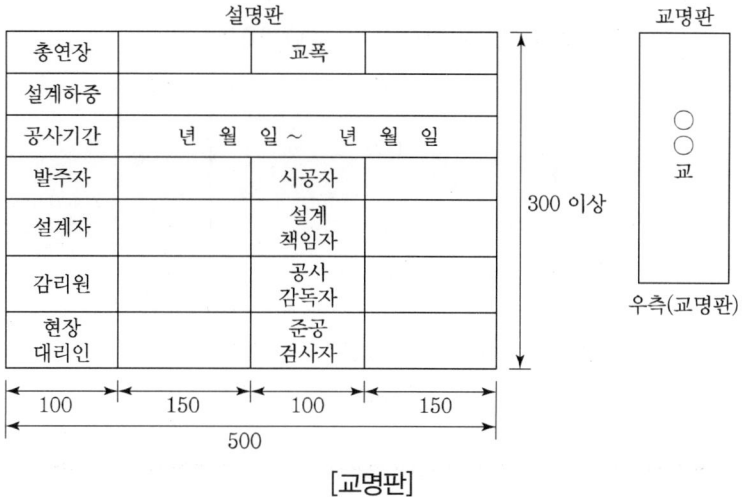

[교명판]

1교시 12 | 말뚝기초의 등가정적해석 시 만족하여야 하는 기본사항

말뚝기초에 대한 등가정적해석

① 말뚝기초 등가정적해석에서는 기초 지반과 상부구조물의 특성을 고려하여 지진하중을 말뚝머리에 작용하는 등가정적하중으로 환산한 후 정적해석을 수행한다.
② 등가정적하중을 말뚝머리에 작용시키고 군말뚝 해석을 수행하여 각 말뚝에 작용하는 하중을 산정한다. 이때 가장 큰 하중을 받는 말뚝을 내진성능평가를 위한 말뚝으로 선정하고, 등가정적해석을 수행한다.
③ 내진성능평가 대상 말뚝에 대해서는 말뚝 본체 및 두부의 응력 또는 단면력, 말뚝의 변위량 및 모멘트를 검토한다.

2교시

04 그림과 같은 단면의 철근콘크리트 띠철근기둥(단주)에 축하중 P_u가 편심거리 $e_x = 360$mm인 위치에 작용할 경우, 이 기둥의 설계축강도 P_d 및 설계휨강도 M_d를 도로교설계기준(한계상태설계법, 2012)에 의해 구하시오. (단, $f_{ck} = 30$MPa, $f_y = 400$MPa, D29의 철근 1개의 단면적 $A_s = 642.4$mm², $E_s = 2.0 \times 10^5$MPa, $\phi_c = 0.65$, $\phi_s = 0.95$, $\alpha = 0.8$, $\beta = 0.4$이다.)

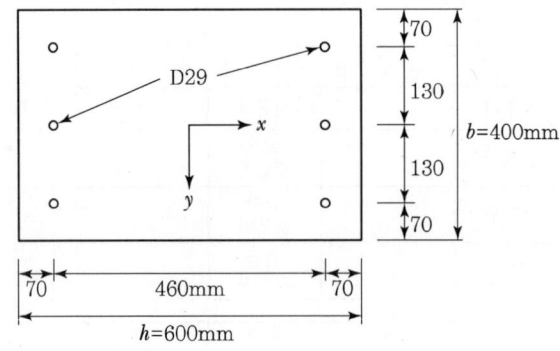

1. 균형상태일 때

$f_{cd} = \phi_c(0.85)f_{ck} = 0.65 \times 0.85 \times 30 = 16.6$MPa,

$A_s = 3 \times 642.4 = 1,927.2\text{mm}^2 = A_s'$

$f_{yd} = \phi_s f_y = 0.95 \times 400 = 380$MPa

(1) 중립축 c_b

$\varepsilon_{cu} = 0.0033, \ \varepsilon_{yd} = \dfrac{380}{2 \times 10^5} = 0.0019, \ d = 530$mm

$c_b = d \times \dfrac{\varepsilon_{cu}}{\varepsilon_{cu} + \varepsilon_{yd}} = 530 \times \dfrac{0.0033}{0.0033 + 0.0019} = 336.4$mm

$\varepsilon_s = 0.0033 \times \dfrac{530 - 336.4}{336.4} = 0.0019$

$\varepsilon_s' = 0.0033 \times \dfrac{336.4 - 70}{336.4} = 0.00261 > \varepsilon_{yd}$

압축철근도 항복상태

$f_s' = \phi_s f_y = 0.95 \times 400 = 380\text{MPa}$

(2) C, C_s, T

$C = \alpha f_{cd} b c_b = 0.8 \times 16.6 \times 400 \times 336.4 \times 10^{-3} = 1,787\text{kN}$

$C_s = f_s' A_s' = 380 \times 1927.2 \times 10^{-3} = 732\text{kN}$

$T = f_s A_s = 380 \times 1927.2 \times 10^{-3} = 732\text{kN}$

(3) P_d, M_d

$P_d = C + C_s - T = 1,787 + 732 - 732 = 1,787$

$M_d = C\left(\dfrac{h}{2} - \dfrac{\beta_1 c_b}{2}\right) + C_s\left(\dfrac{h}{2} - d'\right) + T\left(\dfrac{h}{2} - d'\right)$

$= \left\{1,787 \times \left(\dfrac{600}{2} - \dfrac{0.8 \times 336.4}{2}\right) + 732\left(\dfrac{600}{2} - 70\right) + 732\left(\dfrac{600}{2} - 70\right)\right\} \times 10^{-3}$

$= 632.4\text{kN} \cdot \text{m}$

$e_b = \dfrac{M_b}{N_b} = \dfrac{632.4 \times 10^3}{1,787} = 354\text{mm} \approx e_x$

$\therefore P_d = 1,787\text{kN},\ M_d = 632.4\text{kN} \cdot \text{m}$

2교시

06

최근 여름철 집중호우로 인해 옹벽이 전도되면서 무너지는 사고가 발생하고 있다. 다음 물음에 답하시오.

(1) [그림 1]에서 옹벽 하단(A점)에서의 전도모멘트를 구하시오.
(2) [그림 2]와 같이 지하수위가 지표면까지 올라왔을 때 옹벽 하단(A점)에서의 전도모멘트를 구하시오.
(3) 옹벽의 설계 및 시공 시 유의할 사항을 설명하시오.

> **설계조건**
> - 흙의 내부마찰각 $\phi = 30°$
> - 흙의 단위중량 $\gamma = 18 \text{kN/m}^3$
> - 흙의 포화단위중량 $\gamma_{sat} = 20 \text{kN/m}^3$
> - 물의 단위중량 $\gamma_w = 10 \text{kN/m}^3$

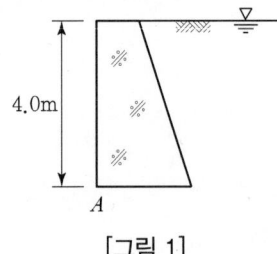
[그림 1]

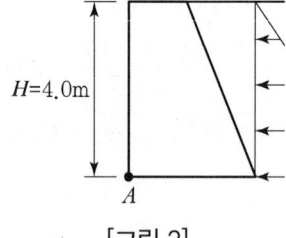
[그림 2]

1.

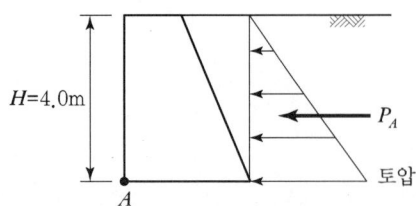

$\phi = 30°$
$\gamma = 18 \text{kN/m}^3$
$\gamma_{sat} = 20 \text{kN/m}^3$
$\gamma_w = 10 \text{kN/m}^3$

주동토압계수 $K_A = \dfrac{1 - \sin\phi}{1 + \sin\phi} = \dfrac{1 - \sin 30°}{1 + \sin 30°} = \dfrac{1}{3}$

$P_A = \dfrac{1}{2} K_A \gamma H^2 = \dfrac{1}{2} \times \dfrac{1}{3} \times 18 \times 4^2 = 48 \text{kN/m}$

$M_A = P_A \times \dfrac{H}{3} = 48 \times \dfrac{4}{3} = 64 \text{kN} \cdot \text{m/m}$

2.

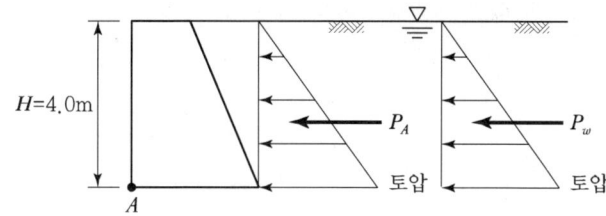

$$K_A = \frac{1}{3}$$

$$\gamma' = \gamma_{sat} - \gamma_w = 20 - 10 = 10 \text{kN/m}^3$$

$$P_A = \frac{1}{2} K_A' \gamma' H^2 = \frac{1}{2} \times \frac{1}{3} \times 10 \times 4^2 = 26.7 \text{kN/m}$$

$$P_w = \frac{1}{2} K_A \gamma_w H^2 = \frac{1}{2} \times \frac{1}{3} \times 10 \times 4^2 = 26.7 \text{kN/m}$$

$$\therefore M_A = P_A \times \frac{H}{3} + P_w \times \frac{H}{3} = 26.7 \times \frac{4}{3} + 26.7 \times \frac{4}{3} = 71.2 \text{kN} \cdot \text{m/m}$$

3. 설계 및 시공 시 유의사항

(1) 설계 시 유의사항

① 수압의 고려 : 여름철 집중호우 시 지하수위가 지표면까지 올라올 경우를 대비하여 토압 및 수압을 설계 시에 고려
② 철근 배근
- 인장철근과 압축철근의 위치 준수
- 철근의 간격 유지
- 피복두께 준수

③ 뒷굽길이 연장 : 뒷굽길이를 연장하여 자중 또는 토압에 의한 지반반력 증대 → 전도모멘트에 저항

(2) 시공 시 유의사항

① 뒷채움 재료를 양호한 재료 사용하여 시공 : 투수성, 다짐 철저, 지하수위 저하 고려
② 배수
　㉠ 배수 불량 시 문제점
　　- 단위중량 증가에 따른 토압 증가
　　- 내부마찰각 감소

- 체적 팽창 : 점성토(Swelling), 모래(Bulking)
- 수압 증가

ⓒ 대책

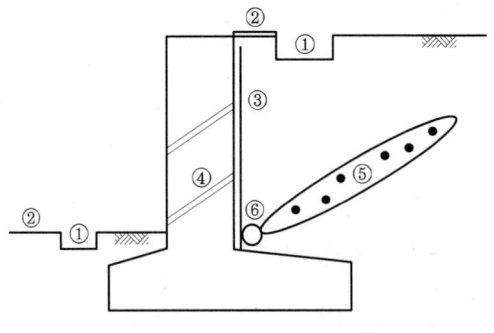

① 측구
② 불투수층
③ Filter재
④ Weep Hole
⑤ 경사 배수층
⑥ 유공관

[옹벽배수 대책]

③ 이음

㉠ 신축이음
- 역T형, L형 – 30m 이내
- 중력식 옹벽 – 10m 이내

㉡ 수축이음 : 9m 이하

㉢ 시공이음 : 1일 타설량, 거푸집 준비량 고려

3교시

05 그림과 같은 단면을 가진 양단 Pin 기둥(장주)의 오일러 좌굴하중과 좌굴응력을 구하시오.(단, H-200×200×8×12의 $A=6,353$ mm², $I_x=4.72\times10^7$mm⁴, $I_y=1.60\times10^7$mm⁴, H-150×100 ×6×9의 $A=2,684$mm², $I_x=1.02\times10^7$mm⁴, $I_y=0.151\times10^7$ mm⁴, 기둥의 길이 $l=10$m, 강재의 탄성계수는 $E=210$GPa이다.)

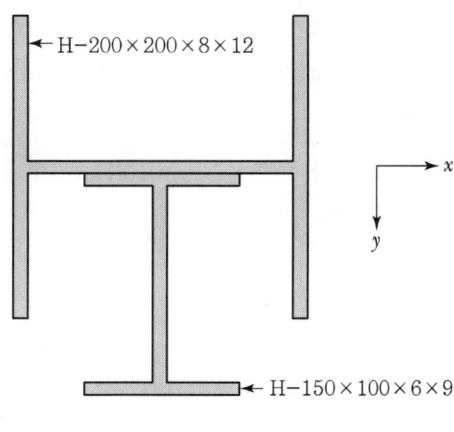

1. x축에 대한 중립축

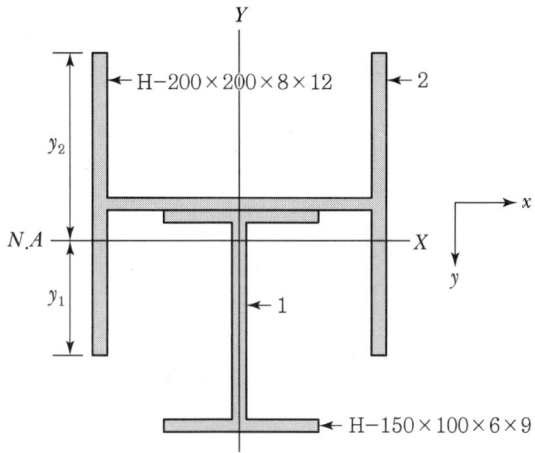

$$y_1 = \frac{A_1 \times \frac{150}{2} + A_2 \times (150 + \frac{8}{2})}{A_1 + A_2} = \frac{2,684 \times \frac{150}{2} + 6,353 \times 154}{2,684 + 6,353} = 130.537 \text{mm}$$

$$y_2 = (150 + \frac{8}{2} + 100) - 130.537 = 123.463 \text{mm}$$

2. I_X, I_Y

$$I_X = I_{x1} + A_1 \times (130.537 - \frac{150}{2})^2 + I_{y2} + A_2 \times (150 + \frac{8}{2} - 130.537)^2$$

$$= 1.02 \times 10^7 + 2,684 \times (130.537 - 75)^2 + 1.6 \times 10^7 + 6,353 \times (154 - 130.537)^2$$

$$= 3.798 \times 10^7 \text{mm}^4$$

$$I_Y = I_{y1} + I_{x2} = 0.151 \times 10^7 + 4.72 \times 10^7 = 4.871 \times 10^7 \text{mm}^4$$

$I_X < I_Y$ 이므로 x축이 약축

3. Euler의 좌굴하중 & 좌굴응력

$$P_{cr} = \frac{\pi^2 E I_X}{(KL)^2} = \frac{\pi^2 \times 2.1 \times 10^5 \times 3.798 \times 10^7}{(1.0 \times 10 \times 1,000)^2} = 787,180 \text{N} = 787.18 \text{kN}$$

$$F_{cr} = \frac{P_{cr}}{A} = \frac{P_{cr}}{A_1 + A_2} = \frac{787,180}{2,684 + 6,353} = 87.1 \text{MPa}$$

3교시

06 도로가 서로 교차하는 구간에 평면교차로 대신에 지하차도를 계획하였다. 도로의 교차부에는 BOX구조물로 설계하고 접속부에는 U-Type구조물로 설계하였다. 그림과 같이 U-Type구조물 주변에 지하수가 있을 경우 다음 물음에 답하시오.
(1) 지하수위가 GL-1m일 때, 부력에 대한 안전성을 검토하시오.
(2) 안전성이 확보되지 않을 경우 이에 대한 대책공법을 설명하시오.

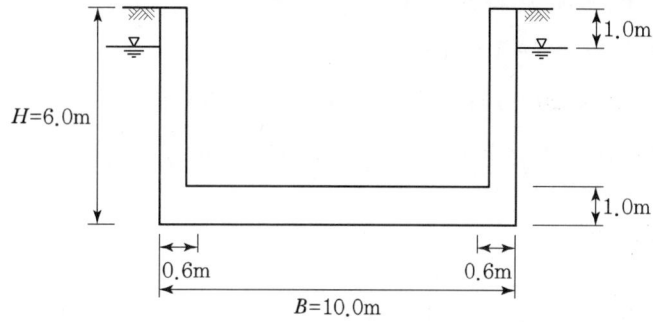

[설계조건]
- 구조물 단위중량 $W_c = 25\text{kN}/\text{m}^3$
- 물의 단위중량 $\gamma_w = 10\text{kN}/\text{m}^3$
- 흙의 단위중량 $\gamma_t = 18\text{kN}/\text{m}^3$
- 흙의 포화단위중량 $\gamma_{sat} = 20\text{kN}/\text{m}^3$
- 흙의 강도정수 : 점착력 $C = 0\text{kN}/\text{m}^2$, 내부마찰각 $\phi = 30°$

1. 부력에 대한 안전성 검토

(1) 설계조건

$W_c = 25\text{kN}/\text{m}^3$
$\gamma_w = 10\text{kN}/\text{m}^3$
$\gamma_t = 18\text{kN}/\text{m}^3$
$\gamma_{sat} = 20\text{kN}/\text{m}^3$
$C = 0, \phi = 30°$

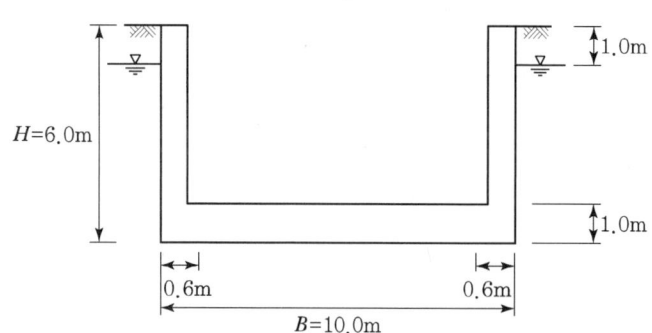

(2) 부력

$$u = \gamma_w h = 10 \times 5 = 50 \text{kN/m}^2$$
$$U = \gamma_w h B = 50 \text{kN/m}^2 \times 10 = 500 \text{kN/m}$$

(3) 저항력

$$R = W + P_s$$
$$P_s = 2(CH + \frac{1}{2}K_0 \gamma' H^2 \tan\delta), \quad \delta = \frac{2}{3}\phi = \frac{2}{3} \times 3 = \frac{40}{3} = 20°$$
$$W = W_c \times A_c = 25(0.6 \times 6 \times 2^{ea} + 8.8 \times 1.0) = 400 \text{kN/m}$$
$$K_0 = 1 - \sin\phi = 1 - \sin 30° = 0.5$$
$$P_s = 0.5 \times (20-10) \times 6^2 \times \tan 20° = 65.52 \text{kN/m}$$
$$\therefore R = W + P_s = 400 + 65.52 = 465.52 \text{kN/m}$$

(4) 안전성 검토

$$F_s = \frac{R}{U} = \frac{465.52}{500} = 0.93 < 1.2 \quad \therefore \text{N.G}$$

구분	부력 방지 Anchor 사용	무근콘크리트 사용	구조물에 부력방지 Key 설치
단면도	부력 방지 Anchor	무근콘크리트 자중 증가	부력 방지 Key
공법 개요	인장부재를 써서 부력을 흙지반 또는 암지반에 전달하는 부력 방지공법	무근콘크리트를 채움으로써 자중을 증가시켜 부력에 저항하는 공법	구조물 외측 하부에 Shear Key를 설치하여 측면마찰력으로 부력에 저항하는 공법
특징	• 저항효과가 큼 • 공사비 저렴 • 지지층이 필요함 • 유지보수가 어려움 • 시공성 보통	• 시공성 양호 • 공사비 다소 고가 • 하중과 발생응력의 흐름이 단순 • 부력 저항구조에 대한 유지보수 필요	• 시공성 양호 • 공사비 고가 • 유지관리 측면에서 유리 • 지하수위가 높은 경우 Key 길이 증가효과 감소

4교시

04 다음 그림과 같은 단면에서 (1) RC보의 파괴상태, (2) 강도감소계수 ϕ_f, (3) 설계모멘트의 적정 여부를 검토하시오.(강도설계법)(단, f_{ck} = 21MPa, f_y = 350MPa, A_s = 31.5cm², E_s = 200,000MPa, n = 7, M_u = 370kN · m, ε_c = 0.003으로 가정)

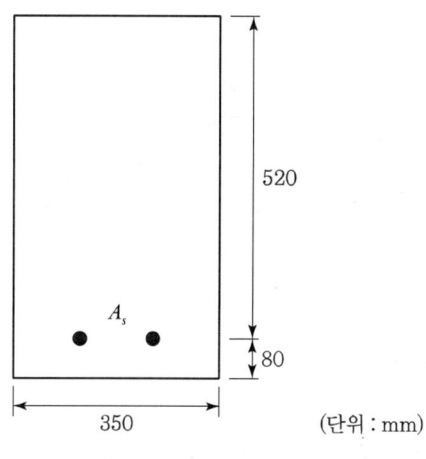

1. RC보의 파괴상태

(1) 재료의 성질

$f_{ck} = 21\text{MPa}, \ f_y = 350\text{MPa},$
$A_s = 31.5\text{cm}^2 = 3,150\text{mm}^2,$
$E_s = 2.0 \times 10^5 \text{MPa}, \ n = 7, \ M_u = 370\text{kN} \cdot \text{m},$
$\varepsilon_c = 0.003$

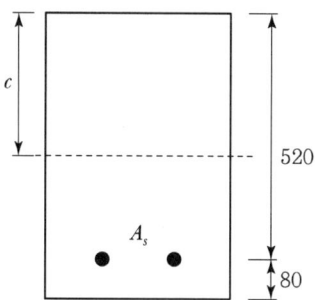

(2) 중립축 c

$0.85 f_{ck} ab = A_s f_y$

$a = \dfrac{A_s f_y}{0.85 f_{ck} b} = \dfrac{3,150 \times 350}{0.85 \times 21 \times 350} = 176.5\text{mm}$

$a = \beta_1 c, \ c = \dfrac{a}{\beta_1} = \dfrac{176.5}{0.85} = 207.65\text{mm}$

(3) 순인장 변형률 ε_t

$$\varepsilon_t = \frac{d_t - c}{c}\varepsilon_c = \frac{520 - 207.65}{207.65} \times 0.003 = 0.004513$$

∴ $0.004 < \varepsilon_t < 0.005$ 이므로 변화구간에 해당

2. ϕ_f

$$y - y_1 = \frac{y_2 - y_1}{x_2 - x_1}(x - x_1)$$

$$\phi - 0.65 = \frac{0.85 - 0.65}{0.005 - 0.002}(\varepsilon_t - 0.002)$$

∴ $\phi_f = 0.65 + \frac{200}{3}(0.004513 - 0.002)$

$= 0.818$

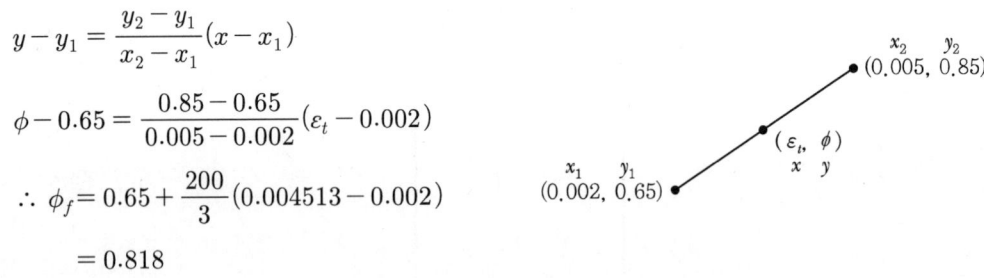

3. 설계 모멘트의 적정 여부

$$M_d = \phi_f M_n = \phi_f A_s f_y \left(d - \frac{a}{2}\right) = 0.818 \times 3{,}150 \times 350\left(520 - \frac{176.5}{2}\right) \times 10^{-6}$$

$= 389.4 \text{kN} \cdot \text{m}$

∴ $M_d = 389.4 \text{kN} \cdot \text{m} > M_u = 370 \text{kN} \cdot \text{m}$ ∴ O.K

CHAPTER 05

제118회 토목구조기술사

CHAPTER 05 118회 토목구조기술사

▶▶ 1교시 다음 문제 중 10문제를 선택하여 설명하시오.(각 10점)

1. 교량의 단면 최적설계(Optimum Design)에서 설계변수, 목적함수, 제약조건에 대하여 설명하시오.
2. 전단하중을 받는 앵커의 파괴모드 중 프라이아웃(Pryout)의 개념도를 그리고 설명하시오.
3. 철도교 설계에서 차량 횡하중의 발생원인과 적용방법을 설명하시오.
4. I형 단면을 갖는 구조용 압연강재의 잔류응력 분포에 대하여 설명하시오.
5. 교량구조용 압연강재(HSB재)에 대하여 설명하시오.
6. 도로교설계기준(한계상태설계법, 2016)에 제시된 교량의 위치 선정에 대한 규정에 근거하여 도로상 교량의 다리 밑 공간에 대하여 설명하시오.
7. PS 강연선의 주요 부식 중 매크로셀 부식(Macro-cell Corrosion)에 대하여 설명하시오.
8. 특수교 케이블 점검을 위한 비파괴검사(Non-destructive Test) 방법 중 음향방출기법(Acoustic Emission, AE)에 대하여 설명하시오.
9. 철근콘크리트 부재의 거동과 관련하여 압축지배단면, 변화구간단면, 인장지배단면에 대한 강도감소계수에 대하여 설명하시오.
10. 도로교설계기준(한계상태설계법, 2016)에 근거하여, 온도에 의한 변형효과를 고려하기 위하여 설계 시 기준으로 사용하는 온도를 기후 및 교량별로 설명하시오.(단, 온도에 관한 정확한 자료가 없을 경우)
11. 단변의 길이 S, 장변의 길이 L, 두께 t인 2방향 철근콘크리트 슬래브가 4변 모두 단순지지되어 있다. 이 슬래브의 중앙에 집중하중 P가 작용할 때, 장변 및 단변으로의 하중분담 비를 설명하시오.(단, 장변 : 단변=1.5 : 1)
12. 교량에 사용하는 프리캐스트 바닥판의 장점 및 단점에 대하여 설명하시오.
13. 국내의 한국산업표준(KS)에서 규정하는 프리스트레스트 강재의 표준규격에서 다음 기호의 의미를 ①의 예시와 같이 ②~④를 설명하시오.
    예시) ① : 프리스트레스트 원형 강연선

    ① SWPC ② 7 ③ $\begin{Bmatrix} A \\ B \\ C \\ D \end{Bmatrix}$ ④ $\begin{pmatrix} N \\ L \end{pmatrix}$

2교시 다음 문제 중 4문제를 선택하여 설명하시오.(각 25점)

1. 연속압출공법(ILM)을 이용한 교량 설계 시 고려사항에 대하여 설명하시오.
2. 포스트텐션 공법이 적용된 프리스트레스트 콘크리트 부재의 정착구역 중 국소구역에 대하여 설명하고, 지압응력에 대한 안전검토 방법에 대하여 설명하시오.
3. 강재의 취성파괴 원인과 대책에 대하여 설명하시오.
4. 그림과 같이 등분포하중($w=30\text{kN/m}$)을 받고 있는 3경간 연속보에 지점침하가 A에서 10mm, B에서 50mm, C에서 20mm, 그리고 D에서 40mm가 발생하였다. 각 지점의 반력을 구하시오.(단, EI는 일정, $E=200\text{GPa}$, $I=700\times10^6\text{mm}^4$)

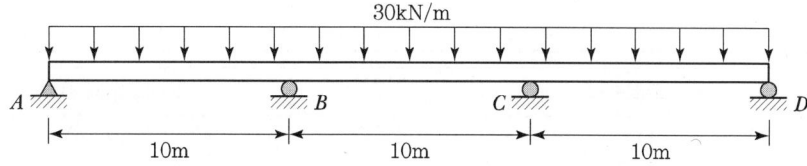

5. 등가직사각형 응력분포와 강연선의 항복 후 직선관계식을 이용한 변형률 적합조건을 이용하여, 폭이 400mm, 높이가 600mm인 직사각형단면 보의 공칭휨강도 M_n을 구하시오.(단, 긴장재 위치의 콘크리트 변형률이 0인 상태에서 추가로 프리스트레싱 강재에 발생될 것으로 예상되는 최초 변형률 $\varepsilon_3=0.01634$로 가정한다.)

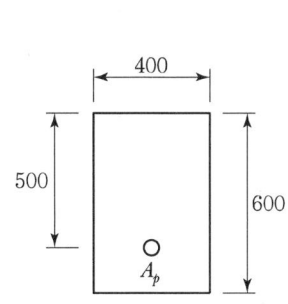

⟨콘크리트⟩
- $f_{ck}=35\text{MPa}$, $E_c=28,800\text{MPa}$, $\varepsilon_{cu}=0.003$, $\beta_1=0.8$
- $A_c=240,000\text{mm}^2$, $I_c=7.2\times10^9\text{mm}^4$, $r^2=30,000\text{mm}^2$

⟨강연선⟩
- SWPC7BL 15.2mm − 3가닥
  ($A_p=138.7\text{mm}^2\times3=416.1\text{mm}^2$)
- $E_p=200,000\text{MPa}$, $e_p=200\text{mm}$, $d_p=500\text{mm}$
- 유효 긴장력 $P_e=500\text{kN}$

강연선 기호	항복강도	인장강도	항복변형률	극한변형률	항복 후 직선관계식
SWPC7BL	1,680MPa	1,860MPa	0.0084	0.035	$f_{ps}=6,767\varepsilon_{ps}+1,623$

6. 그림과 같은 지간 10m 단순보에서 고정하중은 등분포하중($w_1=1\text{kN/m}$)으로 작용하고 있고 활하중은 집중하중($P=10\text{kN}$)으로 작용하고 있다. 보의 중앙부(B)에서 고정하중모멘트(D), 활하중모멘트(L)가 발생할 때 다음 물음에 답하시오.(단, 보의 중앙에서 발생하는 최대모멘트가 저항모멘트를 초과하면 파괴된다고 가정한다.)

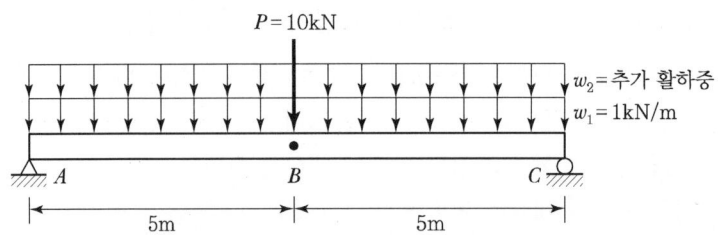

확률변수	고정하중모멘트(D)	활하중모멘트(L)	저항모멘트(R)
분포특성	표준정규분포	표준정규분포	표준정규분포
불확실량(C.O.V)	0.11	0.25	0.15
평균공칭비	1.05	1.15	1.05

파괴확률(P_f)	신뢰성지수(β)
1/100	2.33
1/1,000	3.10
1/10,000	3.75
1/100,000	4.25

(1) 보 중앙에서 고정하중모멘트의 평균값과 활하중모멘트의 평균값을 각각 구하시오.
(2) 고정하중모멘트와 활하중모멘트의 표준편차를 각각 구하시오.
(3) 저항모멘트1(R_1)이 80kN·m일 때 신뢰성지수(β)를 구하시오.(단, $w_2=0$)
(4) 구조물의 파괴확률(P_f)이 10^{-4}이 되기 위한 저항모멘트2(R_2)를 구하시오.(단, $w_2=0$)
(5) 저항모멘트2(R_2)로 설계된 보에서 파괴확률(P_f)이 10^{-3}을 만족하는 추가활하중(w_2)을 구하시오.

3교시 다음 문제 중 4문제를 선택하여 설명하시오.(각 25점)

1. 기존 교각의 내진성능 향상방법을 나열하고 각각에 대하여 설명하시오.
2. 사장교 측경간 교각부에 부반력이 발생할 경우, 설계 시 고려사항에 대하여 설명하시오.
3. 도로교설계기준(한계상태설계법, 2016)에 제시된 도로배수에 대하여 설명하시오.
4. 구조물을 그림과 같이 무게가 없는 탄성기둥과 무게가 있는 강체거더로 모델링하였다. 이 구조물의 동특성을 산정하기 위하여 강체거더에 유압잭을 이용하여 수평방향으로 변위를 가한 후 놓아서 자유진동이 발생하도록 하였다. 이때 유압잭으로 발생시킨 변위(u_1)는 20mm이고 3cycle 후 최대변위(u_4)는 16mm였다. 다음을 구하시오.[단, 지점 B는 힌지단, 지점 A 및 C는 고정단이며, 내부 힌지는 마찰이 없고, 강체거더와 기둥은 강결로 이루어져 있고, 강체거더의 무게(W)는 500kN, 모든 기둥의 단면2차모멘트(I)는 $25.8 \times 10^6 \text{mm}^4$, 탄성계수($E$)는 200GPa로 한다.]

(1) 구조물의 강성
(2) 감쇠비
(3) 고유진동수 및 감쇠고유진동수
(4) 임계감쇠 및 감쇠계수
(5) 10cycle 후 최대변위(u_{11})

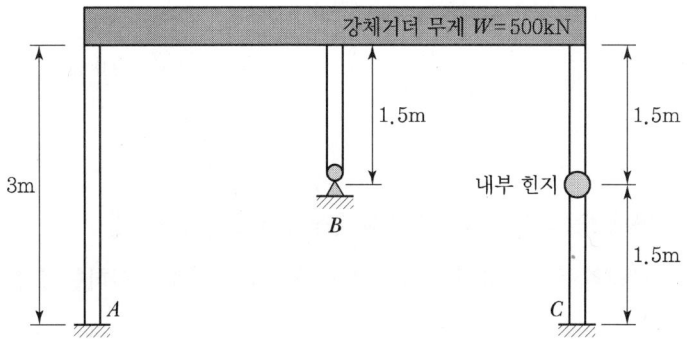

5. 다음 그림과 같이 경간장 30m의 포스트텐션 보에서 곡선으로 배치된 긴장재를 왼쪽 지점(A)의 단부에서 인장력을 도입할 때 다음을 구하시오.(단, 텐던의 배치는 원호 형상으로 가정한다.)
   (1) 쐐기 정착 전 긴장재의 신장량
   (2) 쐐기 정착 후 중앙부(B점)의 즉시손실량
   (3) 쐐기 정착 후 긴장력 분포도(A점, B점, C점)

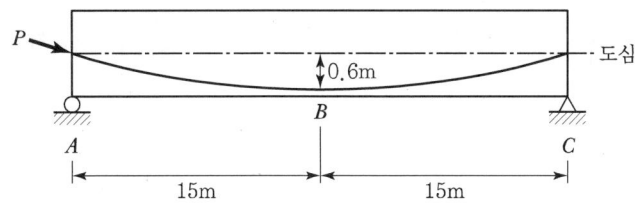

- 연장 : $L = 30.0\text{m}$, 편심거리 : 0.6m
- 사용텐던 : SWPC7BL 15.2mm($A_{ps} = 138.7\text{mm}^2$, $f_{pu} = 1,860\text{MPa}$) – 22가닥 강연선
- 도입긴장력 : 4,250kN
- 탄성계수 : $E_p = 200\text{GPa}$
- 곡률마찰계수 $\mu = 0.2/\text{radian}$, 파상마찰계수 $K = 0.002/\text{m}$
- 쐐기 정착장치의 활동량 : 6mm

6. 다음과 같은 사각기둥(단주)이 균형상태일 때, P_b, M_b 및 e_b를 강도설계법으로 구하시오.

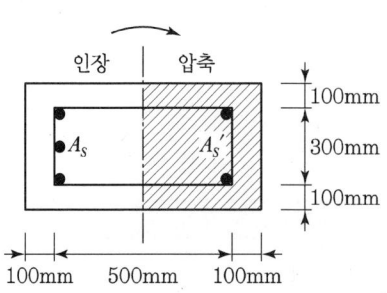

- $f_{ck} = 24\text{MPa}$
- $f_y = 300\text{MPa}$
- $A_s = 3,000\text{mm}^2$
- $A_s' = 1000\text{mm}^2$
- $E_s = 2.0 \times 10^5 \text{MPa}$
- $\varepsilon_c = 0.003$

4교시 다음 문제 중 4문제를 선택하여 설명하시오.(각 25점)

1. 철근콘크리트 교량의 유지관리에서 철근 위치와 부식상태를 조사하는 방법과 그 특징을 설명하시오.
2. 평면응력상태에서 Tresca와 von Mises 항복기준을 도식적으로 비교하고 각각의 배경 이론을 설명하시오.
3. 철근콘크리트 연속보 구조의 휨모멘트 재분배에 대하여 설명하고, 콘크리트구조기준(2012)과 도로교설계기준(한계상태설계법, 2016)을 비교 설명하시오.
4. 강교량의 설계에 적용되는 BIM(Building Information Modeling)에 대하여 설명하시오.
5. 다음의 복철근 직사각형보의 설계휨모멘트(ϕM_n)를 강도설계법으로 구하시오.

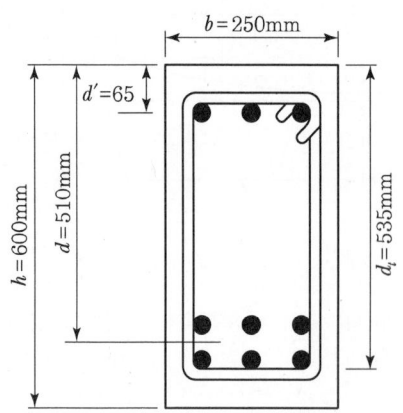

- $f_{ck} = 21\text{MPa}$
- $f_y = 300\text{MPa}$
- $A_s = 6-D25(3,040\text{mm}^2)$
- $A_s' = 3-D19(860\text{mm}^2)$
- $d' = 65\text{mm}$

6. 다음 그림과 같이 지간이 12.0m인 단순보이고, 자중 외에 8,180N/m가 작용하는 프리텐션 보가 있다. PS 강재는 7연선을 사용하였으며 편심거리(e_p)는 130mm이다. 프리스트레스 도입 직후의 프리스트레스 힘 P_i는 766kN이다. 콘크리트의 건조 수축, 크리프 및 PS 강재의 릴랙세이션에 의한 프리스트레스의 시간적 손실이 15%일 때, 보의 중앙 단면에서 상, 하연의 휨응력을 구하시오.

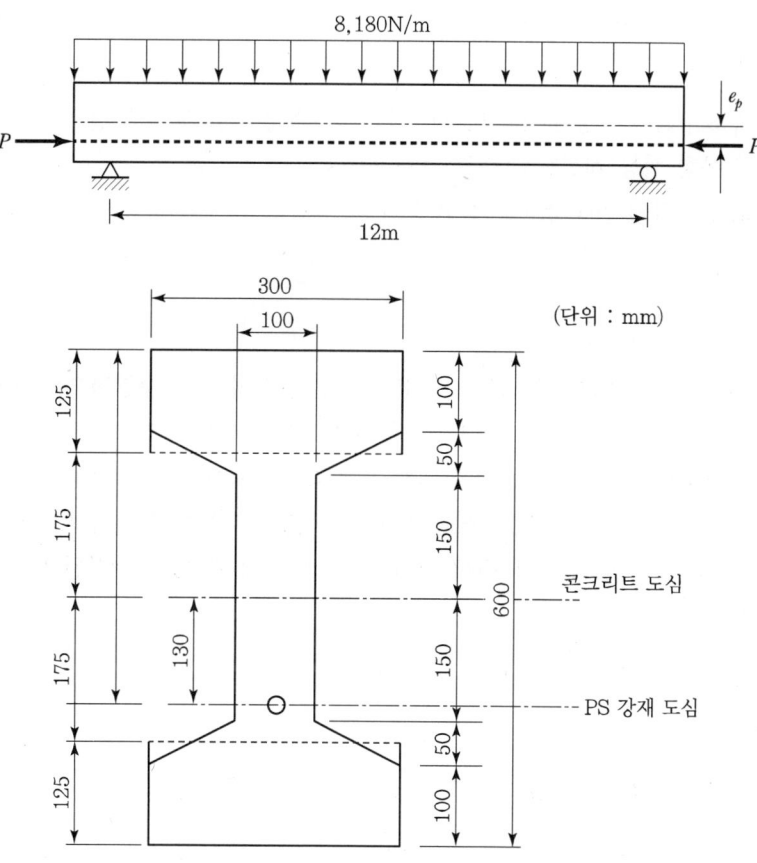

1교시
05. 교량구조용 압연강재(HSB재)에 대하여 설명하시오.

1. 정의
① 교량에 요구되는 특정한 성능인 강도, 인성, 용접성, 내후성 등을 한 강종에 종합적으로 발현시킨 통합 성능 개선형 고성능 강재
② 500MPa 이상의 인장강도를 갖는 강재

2. 특징
① 기존 강재와 비교해서 강도뿐만 아니라 인성, 용접성 등을 종합적으로 개선
② 높은 허용응력을 가지므로 교량 구조물의 합리화, 경량화 가능
③ 구조의 합리화, 경량화를 통해 장대지간 교량의 경제적인 건설 가능
④ 보통강을 사용할 때보다 판 두께를 얇게 할 수 있기 때문에 절단이나 천공 등 기계가공과 용접 작업이 용이해지고 비파괴검사의 정밀도도 높일 수 있어 안정된 제작품질을 얻을 수 있음

3. 활용방안

(1) 하이브리드 설계법 적용
강도가 다른 2개의 강재를 한 단면 내에서 최적의 경제성을 확보할 수 있도록 혼용하는 것으로서 주로 응력이 큰 지점부에 고강도강을 적용

(2) 구조의 단순화
강교량의 경제성을 개선하기 위하여 고성능 강재와 후판을 적용하고 용접이 많은 보강재는 최소화하는 구조를 적용

(3) 기존 강교량의 합리화
강박스 거더교는 휨 강성과 비틀림 강성이 뛰어나 장경간이나 곡선을 갖는 교량 형식으로서 적합한 구조인데, 최근에는 고성능 강재를 적용한 개구제형교, 소수거더교와 유사한 세폭의 박스거더교 등에 대한 검토도 활발히 수행되고 있음

(4) 이중 합성 구조의 도입

이중 합성교는 강거더의 상부 플랜지와 상판을 전단 연결재로 결합한 통상의 연속합성 거더교에 대해, 압축력이 크게 작용하는 중간지점 영역의 강거더 하부 플랜지 및 복부판의 일부를 RC판을 결합해 합성시킨 교량이다.

이러한 합성방식을 채용하는 것에 의해 중간지점 영역의 거더의 강성을 경제적으로 증가시킬 수 있어 형고를 낮출 수 있고, 중간지점 부근의 강형 하부 플랜지의 극후판화를 제한할 수 있으며, 교량 전체의 강성이 증가하므로 연속합성 박스 거더교 등의 지간의 장대화가 가능한 등의 장점이 있다.

4. 설계기준의 도입

2010년 도로교 설계기준 개정 : 교량구조용 압연강재(HSB) 도입

① HSB 500
② HSB 600
③ HSB 800

1교시

06. 도로교설계기준(한계상태설계법, 2016)에 제시된 교량의 위치 선정에 대한 규정에 근거하여 도로상 교량의 다리밑 공간에 대하여 설명하시오.

(1) 하천 혹은 항로상 교량

하천 혹은 항로상에 건설되는 교량의 수평, 수직 다리 밑 공간은 유관기관과 협의하여 설정해야 한다.

(2) 도로상 교량

도로구조물의 수직 다리 밑 공간은 도로의 구조·시설기준에 관한 규칙(국토교통부)을 만족하여야 하며 예외사항에 대해서는 그 사유가 정당화되어야 한다. 고가도로의 침하에 의한 수직 다리밑 공간의 감소 가능성에 대한 조사가 시행되어야 한다. 침하량이 25mm 이상으로 예측되는 경우는 규정된 다리 밑 공간에 그 값을 추가해야 한다.

도로 표지판과 육교의 수직 다리 밑 공간은 도로 구조물의 여유공간보다 300mm 이상 커야 하며, 트러스 구조물에서 도로와 상부횡브레이싱 간의 수직여유공간은 5,000mm 이상 확보해야 한다. 교량 아래의 수평 여유공간은 도로교설계기준 2.3.2의 요구조건을 만족하도록 한다. 교량의 위나 아래에 분리대를 제외한 어떠한 물체도 주행차로 경계로부터 1,200mm 이내에 위치하지 않도록 한다. 분리대의 내측면은 물체면 또는 주행차로 경계로부터 최소 600mm의 이격거리를 갖도록 한다.

(3) 철로상 교량

철로 위를 통과하도록 설계한 구조물은 그 철도의 통상적 사용을 위한 기준에 부합하도록 설계해야 한다. 이러한 구조물에는 관련법규(국가 및 지방)를 적용해야 한다.

법규, 시방서, 기준은 최소한 도로교설계기준(국토해양부)과 철도설계기준(국토교통부), 철도건설규칙(국토교통부)을 만족하도록 한다.

1교시

09. 철근콘크리트 부재의 거동과 관련하여 압축지배단면, 변화구간단면, 인장지배단면에 대한 강도감소계수에 대하여 설명하시오.

1. 압축지배단면

① $\varepsilon_c = 0.003$에 도달할 때, 최외단 인장철근의 순인장 변형률 ε_t가 압축지배 변형률 한계 이하인 단면

② $f_y = 400$MPa일 때

$$\varepsilon_y = \frac{f_y}{E_s} = \frac{400}{2.0 \times 10^5} = 0.002$$

$$\varepsilon_t \leq \varepsilon_y \text{ 즉 } \varepsilon_t \leq 0.002$$

③ 파괴의 징후 없이 취성파괴 발생 가능성

2. 인장지배단면

① $\varepsilon_c = 0.003$에 도달할 때, 최외단 인장철근의 순인장 변형률 ε_t가 인장지배 변형률 한계 이상인 단면

② $\varepsilon_t \geq 0.005$

③ $f_y > 400$MPa인 경우 : $\varepsilon_t = 2.5\,\varepsilon_y$

④ 과도한 처짐이나 균열이 발생하여 파괴의 징후를 쉽게 알 수 있다.

3. 변화구간(전이구간)

(1) 정의

① ε_t가 압축지배 변형률 한계(0.002)와 인장지배 변형률 한계(0.005) 사이에 있을 때 이 구간을 변화구간(전이구간, Transition Region)이라고 한다.

② $0.002 < \varepsilon_t < 0.005$

③ 철근의 최소 허용인장 변형률 : $\varepsilon_{t,\min} = 0.004$

④ 변화구간에서의 강도감소계수 ϕ : 직선보간법

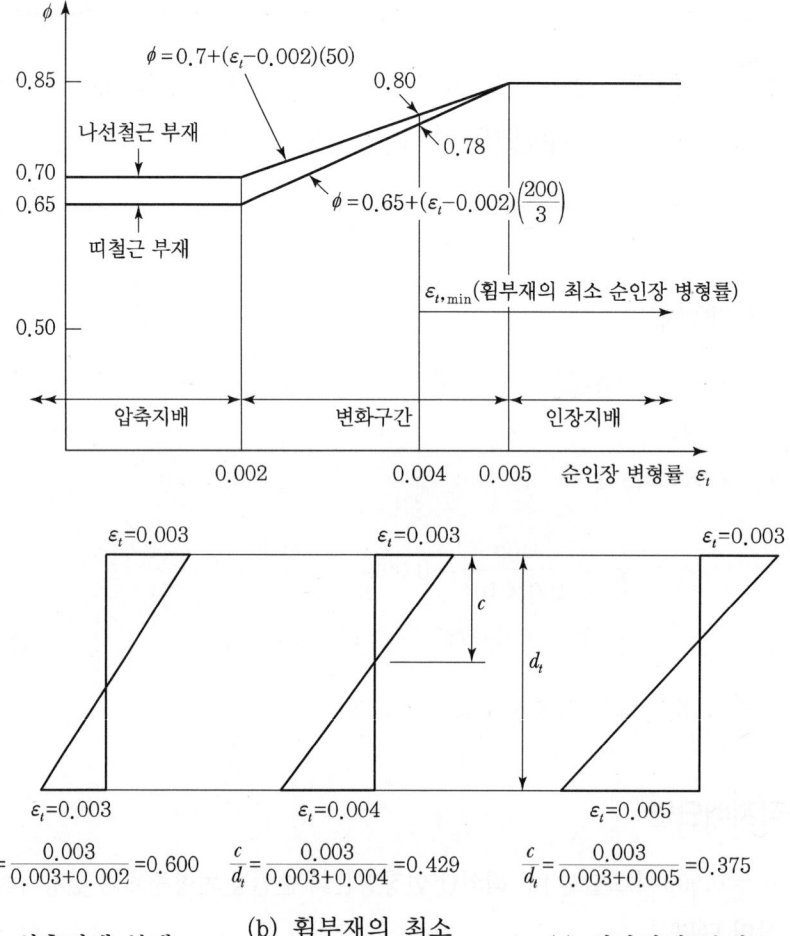

변화구간

- 나선철근 부재 : $\phi = 0.70 + 0.15\left(\dfrac{1}{c/d_t} - \dfrac{5}{3}\right)$
- 띠철근 부재 : $\phi = 0.65 + 0.20\left(\dfrac{1}{c/d_t} - \dfrac{5}{3}\right)$

> **1교시**
> **10** 도로교설계기준(한계상태설계법, 2016)에 근거하여, 온도에 의한 변형효과를 고려하기 위하여 설계 시 기준으로 사용하는 온도를 기후 및 교량별로 설명하시오.(단, 온도에 관한 정확한 자료가 없을 경우)

1. 온도의 범위

온도에 관한 정확한 자료가 없을 때, 온도의 범위는 아래 표에 나타낸 값을 사용한다. 온도에 의한 변형효과를 고려하기 위하여 설계 시 기준으로 택했던 온도와 최저 혹은 최고온도와의 차이 값이 사용되어야 한다.

기후	강교(강바닥판)	합성교(강거더와 콘크리트바닥판)	콘크리트교
보통	−10°에서 50℃	−10°에서 40℃	−5°에서 35℃
한랭	−30°에서 50℃	−20°에서 40℃	−15°에서 35℃

2. 가설 기준온도

교량이나 교량부재의 가설 기준온도는 가설 직전 24시간 평균값을 사용하여야 한다.

3. 계절별 온도 변화

계절별 온도 변화는 가설지점이나 가장 가까운 기상청의 자료를 사용할 수 있다.

2교시

01 연속압출공법(ILM)을 이용한 교량 설계 시 고려사항에 대하여 설명하시오.

1. 개요

ILM 공법은 PC Box Girder 교대 뒤에 있는 제작장에서 1 세그먼트(Segment : 15~30m)씩 콘크리트를 타설한 뒤 추진 Nose로 상판, 하판과 PC 강선을 긴장 압출하여 가설하는 방법이다.

2. ILM 압출방법 종류(압출력을 가하는 방식에 따른 분류)

① 분산 압출방식 : 압축시공 시에 지점이 되는 위치에 수직잭과 압출잭을 설치하여 각 지점에서 압출력을 분산하여 가하는 방식
② 집중 압출방식 : 한 장소에서 압출력을 가하는 방식으로 압출력에 대한 반력이 필요
  • Lifting and Pushing 방식
  • Pulling 방식
  • Pushing 방식 및 RS공법(일본)

3. 압출 시 발생단면력 대처방안

① 압출 Nose를 사용하는 방안
② 가교각을 사용하는 방안
③ 중앙경간이 깊은데도 불구하고 가교각 설치가 불가능한 경우 양측에서 압출하여 중간에서 접합하는 방안
④ 탑과 케이블을 이용하는 방안 등

4. 세그먼트 분할

① 공법 초기에는 세그먼트 1개의 길이가 6~10m 정도이었으나 최근에는 20~25m 정도의 길이 → 공기 단축
② 교장, 경간장, 시공 시 박스거더의 최대 캔틸레버부 길이, 제작장의 크기, 공기, 이음부의 위치, 거푸집의 전용 횟수 등을 고려하여 결정

③ 세그먼트의 이음부는 지점위치나 완성 구조계에 있어서 단면력이 크게 발생되는 위치는 피하여야 함
④ 세그먼트 분할 시 1Cycle의 공정은 공기, 공사비에 미치는 영향이 크므로 반드시 고려

5. 압출 시 안전성 검토

(1) 전도에 대한 검토

압출노즈의 선단이 제2지점 교각 1에 도달하기 직전의 상태에서 제1지점에 관한 안전성을 검토하여 전방으로 전도되지 않도록 확인하여야 한다.

$$\frac{M_R}{M_o} > 1.3$$

$M_o = D_2 \cdot l_2 + D_3 \cdot l_3 + EM \cdot l_M + EQ_{D1} \cdot h_1 + EQ_{D2} \cdot h_2 + EQ_{D3} \cdot h_3 + EQ_{D4} \cdot h_4$: 전도모멘트

$M_R = D_1 \cdot l_1$: 저항모멘트

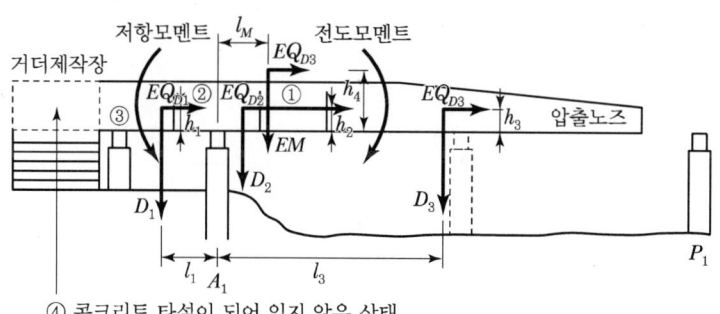

④ 콘크리트 타설이 되어 있지 않은 상태

여기서, D_1 : A_1 후방 거더의 중량
D_2 : A_1 전방 거더의 중량
D_3 : 압출노즈의 중량
EM : 가설하중
EQ_{D1}, EQ_{D2}, EQ_{D3}, EQ_{D4} : D_1, D_2, D_3, EM에 대한 지진 시 수평력

(2) 활동에 대한 검토

압출작업의 초기 단계에서 박스 거더가 활동하게 되면 전도할 염려도 있으므로 충분히 안정성을 검토하여야 한다.

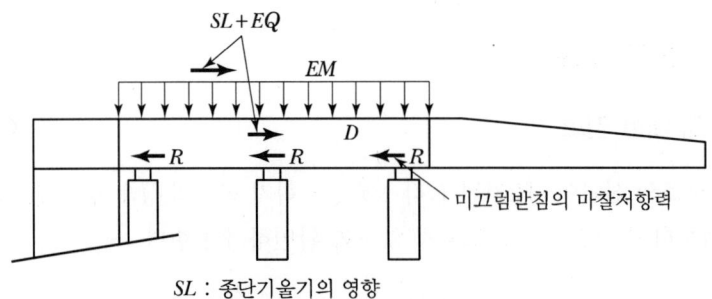

[활동에 관한 안정성 검토]

2교시
03 강재의 취성파괴 원인과 대책에 대하여 설명하시오.

1. 정의

Notch, 볼트 구멍 및 용접부와 같이 응력집중부가 많은 강재나, 저온으로 강재가 냉각되거나, 급작스런 충격하중 등의 여러 가지 요인이 강재에 중복되어 작용할 때 강재의 인장강도나 항복강도 이하에서 소성변형을 일으키지 않고 갑작스럽게 파괴되는 현상을 취성파괴라 한다.

2. 피해사례

① 파괴의 진행속도가 빠르다.
② 비교적 저온에서 발생한다.
③ 강재의 절취부나 용접결함부에 유발되기 쉽다.
④ 낮은 평균응력에서 파괴된다.

3. 발생원인

(1) 강재의 인성 부족

① 재료의 화학성분 불량으로 금속조직에 결함이 있을 때
② 과도한 잔류응력이 있을 때
③ 설계응력 이상의 인장응력이 발생할 때
④ 취성파괴에 저항이 낮은 강재를 사용했을 때
⑤ 온도 저하로 인한 인성이 감소됐을 때
⑥ 경도가 너무 큰 고강도 강재를 사용했을 때

(2) 강재 결함에 따른 응력집중

① 용접열 영향으로 재료의 이상경화 시
② 용접 결함으로 응력이 집중될 때
③ 응력 부식이 진행될 때
④ 강재 단면의 급격한 변화가 있을 때
⑤ 볼트 및 리벳 구멍, Notch와 같은 응력집중부가 있을 때

(3) 반복하중에 의한 피로현상

4. 취성 감소 대책

① 부재설계 시 응력집중계수 최소화
② 고강도 강재선택 시 충격흡수에너지 점검
③ 동절기 강재용접 시 예열 등의 열처리 실시
④ 구조물 설치 시 과도한 외력작용 방지

5. 결론

강재의 취성파괴는 소성변형을 동반하지 않고 갑자기 파괴되는 매우 불안정한 파괴형태이므로 파괴원인이 되는 재료의 인성 부족과 강재 결함에 의한 응력집중 및 반복하중에 의한 피로현상 등이 발생하지 않도록 설계하고, 부재제작 및 설치에 기술자의 보다 세심한 배려가 필요하다.

2교시 05

등가직사각형 응력분포와 강연선의 항복 후 직선관계식을 이용한 변형률 적합조건을 이용하여, 폭이 400mm, 높이가 600mm인 직사각형단면 보의 공칭휨강도 M_n을 구하시오.(단, 긴장재 위치의 콘크리트 변형률이 0인 상태에서 추가로 프리스트레싱 강재에 발생될 것으로 예상되는 최초 변형률 $\varepsilon_3 = 0.01634$로 가정한다.)

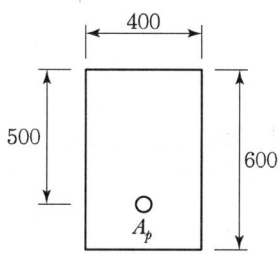

〈콘크리트〉
- $f_{ck} = 35\text{MPa}$, $E_c = 28,800\text{MPa}$, $\varepsilon_{cu} = 0.003$, $\beta_1 = 0.8$
- $A_c = 240,000\text{mm}^2$, $I_c = 7.2 \times 10^9 \text{mm}^4$, $r^2 = 30,000\text{mm}^2$

〈강연선〉
- SWPC7BL 15.2mm – 3가닥
 ($A_p = 138.7\text{mm}^2 \times 3 = 416.1\text{mm}^2$)
- $E_p = 200,000\text{MPa}$, $e_p = 200\text{mm}$, $d_p = 500\text{mm}$
- 유효 긴장력 $P_e = 500\text{kN}$

강연선 기호	항복강도	인장강도	항복 변형률	극한 변형률	항복 후 직선관계식
SWPC7BL	1,680MPa	1,860MPa	0.0084	0.035	$f_{ps} = 6,767\varepsilon_{ps} + 1,623$

1. ε_1

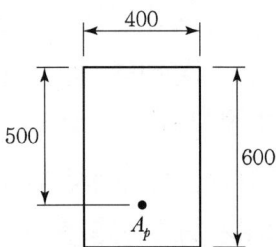

$A_p = 416.1 \text{mm}^2$

$P_e = 500 \text{kN}$

$\varepsilon_1 = \varepsilon_{p_e} = \dfrac{P_e}{E_p A_p} = \dfrac{500 \times 10^3}{2 \times 10^5 \times 416.1} = 0.006$

2. 긴장재 도심 위치에서 콘크리트 응력이 0으로 감소되는 하중단계 변형률

$\varepsilon_2 = \dfrac{P_e}{A_c E_c}\left(1 + \dfrac{e_p^2}{r^2}\right) = \dfrac{500 \times 10^3}{240{,}000 \times 28{,}800}\left(1 + \dfrac{200^2}{30{,}000}\right) = 0.000169$

3. 부재가 파괴단계 시

$\varepsilon_3 = \varepsilon_{cu} \dfrac{d_p - c}{c} = 0.01634$

4. 파괴 시 PS 강재의 총 변형률

$\varepsilon_{ps} = \varepsilon_1 + \varepsilon_2 + \varepsilon_3 = 0.006 + 0.000169 + 0.01634 = 0.02251$

5. f_{ps}

$f_{ps} = 6{,}767\epsilon_{ps} + 1{,}623 = 6{,}767 \times 0.002251 + 1{,}623 = 1{,}638.2 \text{MPa}$

6. a

$$0.85 f_{ck} a b = A_p f_{ps}$$

$$a = \frac{A_p f_{ps}}{0.85 f_{ck} b} = \frac{416.1 \times 1{,}638.2}{0.85 \times 35 \times 400} = 57.3 \text{mm}$$

7. M_n

$$M_n = A_p f_{ps} \left(d - \frac{a}{2}\right) = 416.1 \times 1{,}638.2 \times \left(500 - \frac{57.3}{2}\right) = 3.213 \times 10^8 \text{N} \cdot \text{mm}$$
$$= 321.3 \text{kN} \cdot \text{m}$$

3교시

01. 기존 교각의 내진성능 향상방법을 나열하고 각각에 대하여 설명하시오.

분류	보강공법	보강공법의 개요
부재 단면 증가	콘크리트 피복공법	기존 부재에 철근을 배근하고 콘크리트를 보완 타설하여, 단면을 증가시켜 보강하는 공법이다. 비교적 큰 단면의 교각을 보강하는 데 적용되고 있다. 철근 대신에 PC 강봉을 이용하는 경우도 있다.
	모르타르 피복공법	기존 부재에 띠철근이나 나선철근을 배근하고 모르타르를 뿜어 붙여 일체화하는 공법이다. 일반적으로 콘크리트 피복공법보다 부재단면의 증가를 줄일 수 있어 라멘교 등에 적용하기 쉽다. PC 강선을 이용하는 경우도 있다.
	프리캐스트 패널조립공법	내부에 띠철근을 배근한 프리캐스트 패널을 기둥 주위에 배치시켜 접합 키로 배합한다. 기둥과 패널의 공극에 그라우드를 주입하여 일체화시키는 공법이다.
보강재 피복	강판 피복공법	가설부재에 강관을 씌워 강판과 교각 사이에 무수축 모르타르나 에폭시를 충전하여 전단 및 연성도를 보강한다. 휨보강도를 기대하는 경우에는 부재 접합부나 기초부에 강관을 정착한다.
	FRP(탄소섬유, 아라미드 섬유) 시트 접착공법	탄소 섬유 시트 또는 아라미드 섬유 시트 등의 신소재를 이용하여 부재 표면에 접착시켜 보강하는 공법이다. 크레인과 같은 중기가 필요하지 않고 보강 두께도 얇아 건축한계 등의 지장이 적다.
	FRP 부착공법	유리섬유와 수지를 스프레이 건(Spray Gun)으로 직접 부재 표면에 뿜어 붙여 보강하는 공법이다. 보강두께가 얇아 건축한계에 지장이 없다. 스틸 크로스 등을 병용하여 보강효과를 높일 수 있다.
보강재 삽입	철근 삽입 공법	가설 교각에 천공한다. 철근을 삽입하고 모르타르 등을 충전하여 구체 단면 내에 소요철근량을 증가시켜 전단강도 및 연성도를 보강한다.
	PC 강봉 삽입 공법	상기의 철근 대신에 PC 강봉을 삽입한다. 필요에 따라 프리스트레스를 도입한다.
부재 증설	벽 증설	라멘교 등의 교각 사이에 벽을 증설하여 휨 및 전단강도를 대폭적으로 증가시키는 공법이다.
	브레이스 증설	라멘교 등의 교각 사이에 브레이싱을 증설하여 기존 교각 부재에 작용하는 대지진 시의 수평력을 줄이는 공법이다.

분류	보강공법	보강공법의 개요
병용 공법	콘크리트 피복 + 강판 피복	대단면의 교각에 있어서 휨 보강은 주로 철근콘크리트 피복에 의해, 전단 및 연성도는 강판 피복에 의해 보강한다.
	철근 삽입 + 콘크리트 피복	대단면의 교각에 있어서 콘크리트의 구속효과를 향상시키기 위해 철근콘크리트 증설공법에 철근삽입공법을 병용한다.
	PC 강봉 삽입 + 강판 피복	대단면의 교각에 있어서 강판피복공법에 의한 콘크리트의 구속효과를 높이기 위해 PC 강봉을 삽입하여 강판을 연결한다.

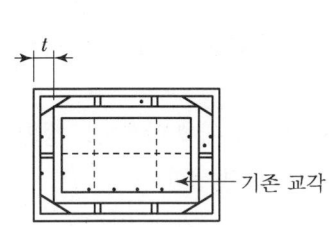

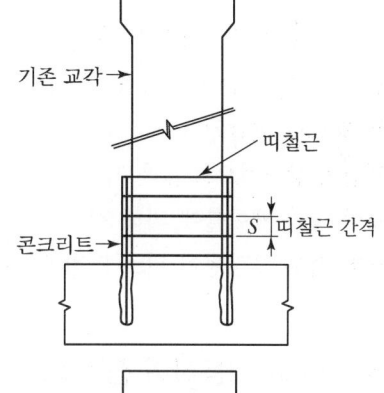

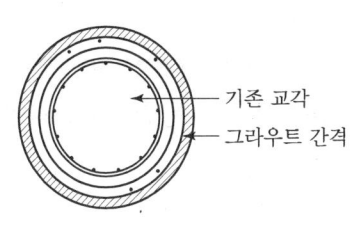

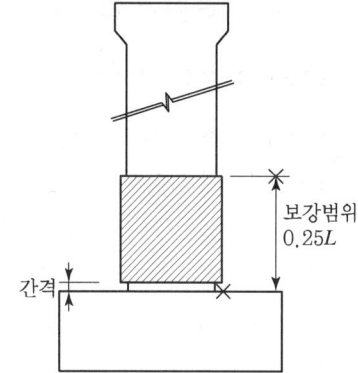

(a) 원형교각

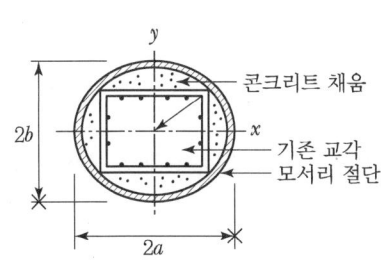

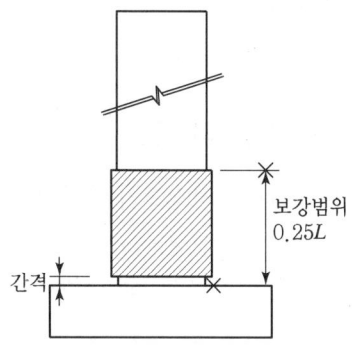

(b) 구형교각

3교시
02. 사장교 측경간 교각부에 부반력이 발생할 경우, 설계 시 고려사항에 대하여 설명하시오.

1. 개요

사장교는 보강형과 케이블, 그리고 주탑으로 구성된 교량 형식이다. 하중의 주된 전달경로는 보강형에 작용하는 하중들을 케이블로 전달하고, 케이블로 전달된 하중은 다시 주탑을 통하여 하부 기초로 전달된다.

측경간이 상대적으로 짧은 지간구성비에서는 단부 교각 혹은 교대에 작용하는 정반력의 수직력보다 앵커 케이블에 의해 전달되는 부반력이 더 큰 경우가 발생한다.

이러한 경우 보강형이 위로 뜨지 않도록 하부에 고정시키는 장치가 필요하다.

2. 상부 자중을 이용하여 정반력을 증가시키는 방법

(1) Counterweight의 재하

① 박스교의 경우에는 측경간의 보강형 내부에 구조적인 혹은 비구조적인 중량물을 설치하여 단부에 작용하는 수직력을 증가시키는 방법을 사용할 수 있다. 구조적인 경우는 콘크리트 등을 보강형의 일부로 사용하는 방법이다.

② 수직력이 크지 않은 경우에는 효과적일 수 있지만, 큰 중량이 필요한 경우에는 설치를 위한 공간적인 제약 및 중량물이 측경간 보강형에 하중으로 재하되므로 하중의 증가로 인한 보강형 단면의 증대, 측경간 케이블의 단면증대 등 비경제적인 단면설계가 될 수 있는 단점이 있다. 지진 시에도 질량이 증대되어 변위나 단면력 측면에서 불리할 수 있다.

③ 유지관리 측면에서 콘크리트 등이 타설된 내측은 유지관리가 힘들 수도 있으므로 이를 충분히 검토한 후 적용하여야 한다.

(2) 복합 사장교의 적용

① 장지간의 사장교가 아닌 경우에는 보강형은 콘크리트와 강재를 모두 사용할 수 있다. 이때 지간이 긴 주경간은 가벼운 강재를 사용하고, 측경간은 무거운 콘크리트 단면을 사용하여 측경간의 정반력을 증가시키는 방법이다.

② 하중의 균형이라는 측면에서는 우수한 방법이나 콘크리트와 강재의 접합부가 보강형의 취약구가 될 수 있으므로 상세부의 설계에 특히 유의하여야 한다.

(3) 접속교의 자중을 재하

① 사장교의 보강형을 다소 길게 하여 접속교의 받침을 사장교 보강형 위쪽에 설치하여 접속교의 단부 자중을 이용하는 방법이다.
② 구조적으로 휨이 거의 걸리지 않고 전단에 의해 지배되는 구조체로, 가설 시에 큰 중량물을 어떻게 교각 위에 설치하는지에 대한 검토가 이루어져야 한다. 서해대교의 경우에는 F/C와 가설 브래킷을 이용하여 시공하였다.

3. 하부 자중을 이용한 부반력의 제어

(1) Tie-Down Cable의 사용

① 일반적으로 사용되는 방법으로 부반력이 작용하는 지점에 교각과 보강형을 케이블로 연결함으로써 부반력을 케이블로 전달하고, 케이블의 긴장력은 POT 받침의 강성을 이용하여 교각으로 전달하는 방법이다.
② 보강형과 교각에 케이블을 정착시키기 위한 장치가 필요하며, 보강형의 이동량이 큰 경우 케이블의 꺾임에 의한 2차 응력 등을 검토하여야 한다. 이런 점에서 교각의 높이가 낮은 교각에서는 케이블의 길이가 짧아 2차 응력이 과도하게 발생하여 비경제적인 케이블의 설계가 되는 경우도 있으므로 이를 고려하여야 한다.
③ 유지관리 측면에서 설계단계에서부터 교체가 가능하도록 계획할 수 있다.

(2) Link의 사용

① 보강형과 교대에 현수교 등에 사용하는 형태의 Link Shoe를 설치하여 교대의 자중으로 부반력에 저항하는 시스템이다.
② 교대부쪽의 이동량이 크거나 회전각이 큰 경우 적합한 방법이라 할 수 있다.
③ 유지관리 측면에서는 단일부재로 저항하므로 교체가 곤란한 점이 있어 설계 시 충분한 안전율을 두고 검토하여야 한다.

(3) Anchor Cable의 사용

① 교대부에 작용하는 부반력은 교대 밑으로 설치된 지중 앵커와 보강형을 케이블 등으로 연결하여 하부 지반과 교대의 자중으로 저항하는 방법을 사용할 수 있다.
② 지반조건에 따라서는 지중 앵커의 설치가 불가능할 수도 있으므로 적용성을 검토할 때 이를 고려하여야 한다.

4. 결론

사장교는 보강형, 주탑 그리고 케이블로 구성된 교량으로, 계획단계에서 불가피하게 측경간 비가 짧은 경우도 많이 발생하게 된다.

이러한 경우 단부 교각이나 교대에 부반력이 작용하는 경우가 많으며, 위에서 제시한 방법들의 장단점을 분석하여 설계 현장에 가장 적합한 부반력 제어방법을 적용하여야 한다.

3교시
03. 도로교설계기준(한계상태설계법, 2016)에 제시된 도로배수에 대하여 설명하시오.

1. 일반사항

통과차량의 안전을 최대화하고 교량의 파손을 최소화하기 위하여 교량바닥판과 진입로는 통행로로부터의 노면수를 효과적이고 안전하게 배수할 수 있도록 설계해야 한다. 차도, 자전거이용도, 보도를 포함한 바닥판의 횡단배수는 충분히 자연배수가 되도록 횡단경사 또는 편경사를 제공하여야 한다. 각 방향 3차선 이상의 광폭교량은 바닥판배수의 특별설계 또는 특별한 거친 노면처리로 수막현상의 발생 가능성을 감소시켜야 할 필요가 있는 경우도 있다. 측구로 배수되는 물은 교량 위로 흘러들지 않도록 차단해야 한다. 교량 양단에서의 배수는 모든 유출량을 충분히 감당할 수 있는 용량이 되어야 한다. 교량 아래의 수로로 배출할 수 없는 특수한 환경 민감조건의 경우, 교량 하부에 부착한 종방향 배수로를 사용하여 교량 단부의 지상에 위치한 적절한 시설로 배수하거나 불가피한 경우 환경을 저감시킬 수 있는 별도의 방안을 수립하여야 한다.

2. 설계강우강도

교량바닥판 배수에 적용하는 설계강우강도는 발주자가 규정하지 않는 한 인접도로의 포장 배수설계에 적용하는 설계강우강도보다 작지 않아야 한다.

3. 배수시설의 형식, 규격 및 개수

바닥판 배수시설의 개수는 수리조건을 만족시키는 범위에서 최소로 한다.
편경사가 변하는 곳에서는 배수흐름을 고려한 등고선을 작성하여 신속하게 교면수를 유도할 수 있도록 교면배수시설을 설치하여야 한다.
바닥판 배수시설의 집수구는 수리학적으로 효과적이고 청소를 위한 접근이 가능해야 한다.

4. 바닥판 배수시설로부터의 유출

바닥판 배수시설은 바닥판이나 노면의 지표수가 교량 상부구조부재와 하부구조로부터 원활히 제거될 수 있도록 설계하고 위치해야 한다.

발주자가 배수시설 및 배수관으로부터의 유출에 대한 통제에 특별한 요구조건을 제시하지 않을 경우, 아래 사항들을 고려한다.
① 인접한 상부구조요소의 최저부 아래로 최소 100mm의 돌출부
② 45° 경사의 원추형 분사가 구조요소에 접촉하지 않는 관로 유출구의 위치
③ 실제적으로 허용되는 경우 난간의 개구부 또는 자유낙하 이용
④ 45°를 초과하지 않는 굴곡부 사용
⑤ **청소** : 바닥판과 배수시설로부터의 유출은 환경 및 안전요구조건에 부합하도록 처리해야 한다.

5. 구조물의 배수

구조물에 물이 고일 수 있는 공간이 있는 경우는 가장 낮은 위치에서 배수시키도록 조치하여야 한다. 바닥판과 포장면 특히 바닥판 이음부는 물이 고이지 않도록 설계해야 한다. 포장면이 일체로 시공되지 않거나 현장거치 거푸집을 사용하는 교량바닥판의 경우 접합부에 고이는 물의 제거를 고려해야 한다.

3교시

04 구조물을 그림과 같이 무게가 없는 탄성기둥과 무게가 있는 강체거더로 모델링하였다. 이 구조물의 동특성을 산정하기 위하여 강체거더에 유압잭을 이용하여 수평방향으로 변위를 가한 후 놓아서 자유진동이 발생하도록 하였다. 이때 유압잭으로 발생시킨 변위(u_1)는 20mm이고 3cycle 후 최대변위(u_4)는 16mm였다. 다음을 구하시오.(단, 지점 B는 힌지단, 지점 A 및 C는 고정단이며, 내부 힌지는 마찰이 없고, 강체거더와 기둥은 강결로 이루어져 있고, 강체거더의 무게(W)는 500kN, 모든 기둥의 단면2차모멘트(I)는 25.8×10^6 mm^4, 탄성계수(E)는 200GPa로 한다.)

(1) 구조물의 강성
(2) 감쇠비
(3) 고유진동수 및 감쇠고유진동수
(4) 임계감쇠 및 감쇠계수
(5) 10Cycle 후 최대변위(u_{11})

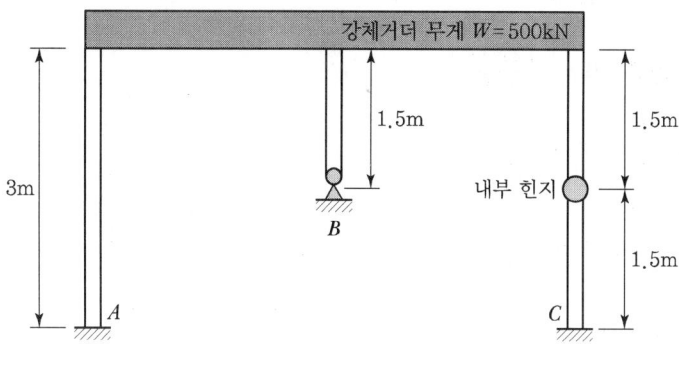

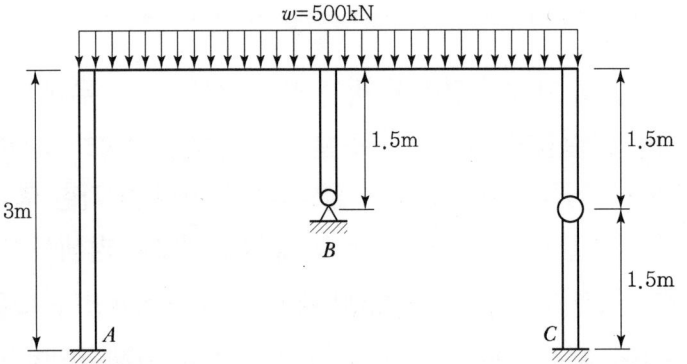

$u_1 = 20\text{mm}$, $u_4 = 16\text{mm}$, $I = 25.8 \times 10^6 \text{mm}^4$, $E = 200\text{GPa} = 200 \times 10^3 \text{MPa}$

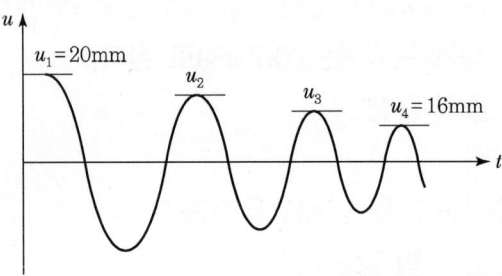

(1) 구조물의 강성

① 왼쪽 기둥 : $\dfrac{12EI}{(2l)^3}$

② 중앙 기둥 : $\dfrac{3EI}{l^3}$

③ 오른쪽 기둥 : $\dfrac{1}{k'} = \dfrac{1}{k_1} + \dfrac{1}{k_2}$, $k' = \dfrac{k_1 k_2}{k_1 + k_2} = \dfrac{\dfrac{3EI}{l^3} \times \dfrac{3EI}{l^3}}{\dfrac{3EI}{l^3} \times 2} = \dfrac{3EI}{2l^3}$

④ 등가의 구조물

$m = \dfrac{500 \times 10^3}{9.81} = 50,968\text{kg}$

$$K = \frac{12EI}{8l^3} + \frac{3EI}{l^3} + \frac{3EI}{2l^3} = \frac{6EI}{l^3} = 9{,}173\text{N}/\text{mm} = 9{,}173 \times 10^3 \text{N}/\text{m}$$

(2) 감쇠비

$$\delta = \ln\left(\frac{u_1}{u_2}\right) = \ln\left(\frac{u_2}{u_3}\right) = \ln\left(\frac{u_2}{u_3}\right) = \xi \times 2\pi$$

$$\ln u_1 - \ln u_2 = 2\xi\pi$$
$$\ln u_2 - \ln u_3 = 2\xi\pi$$
$$+\underline{)\ \ln u_3 - \ln u_4 = 2\xi\pi}$$
$$\ln u_1 - \ln u_4 = 6\xi\pi$$

$$\therefore \xi = \frac{1}{6\pi} \ln\left(\frac{u_1}{u_4}\right) = 0.011838$$

(3)
$$\omega = \sqrt{\frac{k}{m}} = \sqrt{\frac{9{,}173 \times 10^3}{50{,}968}} = 13.416 \text{rad/sec}$$

$$f = \frac{\omega}{2\pi} = 2.135 \text{Hz}$$

$$\omega_d = \omega\sqrt{1 - \xi^2} = 13.415 \text{rad/sec}$$

(4)
$$c_{cr} = 2\sqrt{mk} = 1.36752 \times 10^6 \text{N} \cdot \text{sec/m}$$

$$c = \xi c_{cr} = 16188 \text{N} \cdot \text{sec/m}$$

(5) 10Cycle 후 최대변위(u_{11})

$$\xi = \frac{1}{10 \times 2\pi} \ln\left(\frac{u_1}{u_{11}}\right)$$

$$20\pi\xi = \ln\left(\frac{u_1}{u_{11}}\right)$$

$$\ln u_{11} = \ln u_1 - 20\pi\xi$$

$$u_{11} = e^{(\ln u_1 - 20\pi\xi)} = 9.506 \text{mm}$$

3교시

06 다음과 같은 사각기둥(단주)이 균형상태일 때, P_b, M_b 및 e_b를 강도설계법으로 구하시오.

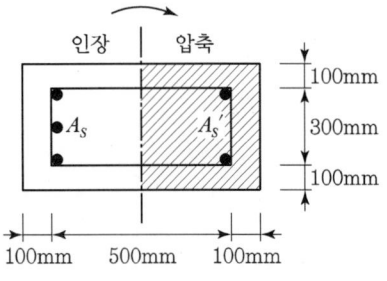

$f_{ck} = 24\text{MPa}$
$f_y = 300\text{MPa}$
$A_s = 3,000\text{mm}^2$
$A_s' = 1,000\text{mm}^2$
$E_s = 2.0 \times 10^5 \text{MPa}$
$\varepsilon_c = 0.003$

1. 소성중심

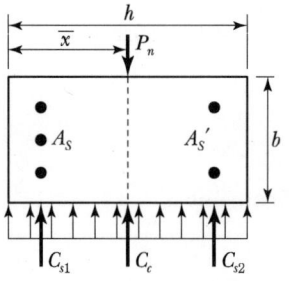

$A_s = 3,000\text{mm}^2$, $A_s' = 1,000\text{mm}^2$

$C_c = 0.85 f_{ck} b h = 0.85 \times 24 \times 500 \times 700 = 7,140,000\text{N}$

$C_{s1} = A_{s1} f_y - 0.85 f_{ck} A_{s1} = A_s(f_y - 0.85 f_{ck}) = 3,000 \times (300 - 0.85 \times 24)$
$\qquad = 838,800\text{N}$

$C_{s2} = A_{s2} f_y - 0.85 f_{ck} A_{s2} = A_s'(f_y - 0.85 f_{ck}) = 1,000 \times (300 - 0.85 \times 24)$
$\qquad = 279,600N$

$\Sigma F_y = 0$

$P_n = C_c + C_{s1} + C_{s2} = 7,140,000 + 838,800 + 279,600 = 8,258,400\text{N}$

$\overline{x} = \dfrac{C_{s1} x_1 + C_c x_2 + C_{s2} x_3}{C_c + C_{s1} + C_{s2}} = \dfrac{838,800 \times 100 + 7,140,000 \times 350 + 279,600 \times 600}{8,258,400}$

$\quad = 333.0\text{mm}$

2. P_b, M_b, e_b

① $c_b : 0.003 = (d-c_b) : \dfrac{f_y}{E_s}$

$c_b\left(0.003 + \dfrac{f_y}{E_s}\right) = 0.003d$

$c_b = \dfrac{0.003}{0.003 + \dfrac{f_y}{E_s}}d = \dfrac{600}{600+f_y}d$

$= \dfrac{600}{600+300} \times 600$

$= 400\text{mm}$

$a_b = \beta_1 c_b = 0.85 \times 400 = 340\text{mm}$

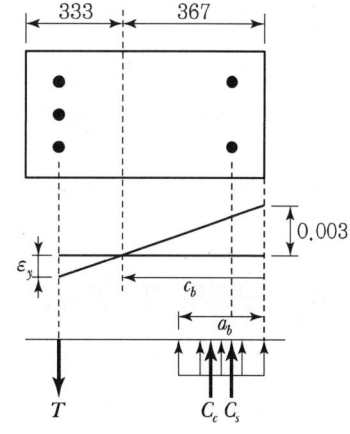

② 평형하중 P_b

$C_c = 0.85 f_{ck} a_b b = 0.85 \times 24 \times 340 \times 500 = 3,468,000N$

$C_s = A_s' f_y - 0.85 f_{ck} A_s' = 1,000 \times 300 - 0.85 \times 24 \times 1,000$
$\qquad\qquad = 279,600\text{N}$

$T = A_s f_y = 3,000 \times 300 = 900,000N$

∴ $P_b = C_c + C_s - T = 3,468,000 + 279,600 - 900,000$
$\qquad\qquad = 2,847,600\text{N} = 2,847.6\text{kN}$

③ 평형모멘트 M_b

소성중심에서 $\Sigma M = 0$

$M_b = C_c\left(367 - \dfrac{a_b}{2}\right) + C_s(367-100) + T(333-100)$

$= 3,468,000\left(367 - \dfrac{340}{2}\right) + 279,600 \times 267 + 900,000 \times 233$

$= 967,549,200\text{N} \cdot \text{mm}$

$= 967.6\text{kN} \cdot \text{m}$

④ 평형편심 e_b

$e_b = \dfrac{M_b}{P_b} = \dfrac{967.6 \times 10^3}{2,847.6} = 340\text{mm} = 0.34\text{m}$

4교시

03 철근콘크리트 연속보 구조의 휨모멘트 재분배에 대하여 설명하고, 콘크리트구조기준(2012)과 도로교설계기준(한계상태설계법, 2016)을 비교 설명하시오.

1. 콘크리트 구조의 연속보 구조의 휨모멘트 분배 규정

① 근사해법에 의해 휨모멘트를 계산한 경우를 제외하고, 어떠한 가정의 하중을 적용하여 탄성이론에 의하여 산정한 연속 휨부재 받침부의 부모멘트는 20 % 이내에서 $1,000\,\varepsilon_t$ % 만큼 증가 또는 감소시킬 수 있다.
② 경간 내의 단면에 대한 휨모멘트의 계산은 수정된 부모멘트를 사용하여야 하며, 휨모멘트 재분배 이후에도 정적 평형은 유지되어야 한다.
③ 휨모멘트의 재분배는 휨모멘트를 감소시킬 단면에서 최외단 인장철근의 순인장 변형률 ε_t가 0.0075 이상인 경우에만 가능하다.

2. 도로교 한계상태설계법의 연속보 구조의 휨모멘트 분배 규정

(1) 일반사항

연속 거더교에서는 비탄성 휨 거동에 의하여 발생하는 하중 영향의 재분배를 고려할 수 있다. 보와 거더의 휨에 대한 비탄성 거동만을 고려할 수 있으며, 전단 및 좌굴 거동에 대한 비탄성해석은 허용되지 않는다. 하중 영향의 횡방향 재분배를 고려하지 않는다.

(2) 정밀해석법

단면의 모멘트－회전각 관계에 기초한 모멘트 재분배법을 사용하여 선형 탄성해석에서 계산된 지점부의 부모멘트를 감소시킬 수 있다. 모멘트－회전각 관계는 이 설계기준의 규정이나 실험에 의하여 규명된 관계식을 따른다.

(3) 근사해석법

(2)에서 기술한 정밀해석법 대신에 도로교설계기준 5장과 6장에서 콘크리트 보와 강재 보에 대하여 각각 기술된 단순 재분배 절차를 사용할 수 있다.

(4) 휨모멘트 재분배

① 극한한계상태의 검증에서 한정된 재분배를 하는 선형 해석을 구조물의 부재 해석에 적용할 수 있다.
② 휨모멘트 재분배의 영향은 설계의 모든 관점에서 고려하여야 한다.
③ 연속보 또는 슬래브에 대하여 회전능력에 대한 명확한 검토가 없어도 다음의 조건을 만족할 경우에는 식 (1)의 비율로 휨모멘트를 재분배할 수 있다.
- 휨이 지배적이며
- 인접한 슬래브의 지간의 비가 0.5와 2의 범위 안에 있을 때

$$\eta = 1 - \frac{0.0033}{\varepsilon_{cu}}\left(0.6 + \frac{c}{d}\right) \leq 0.15 \quad \cdots\cdots\cdots (1)$$

여기서, η : 탄성해석으로 구한 휨모멘트에 대한 재분배할 수 있는 휨모멘트의 비
c : 극한한계상태에서의 중립축의 깊이
d : 단면의 유효깊이
ε_{cu} : 단면의 극한한계 변형률

4교시

05 다음의 복철근 직사각형보의 설계휨모멘트(ϕM_n)를 강도설계법으로 구하시오.

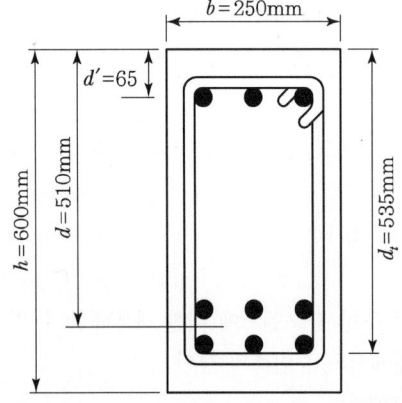

$f_{ck} = 21\text{MPa}$
$f_y = 300\text{MPa}$
$A_s = 6 - D25(3{,}040\text{mm}^2)$
$A_s' = 3 - D19(860\text{mm}^2)$
$d' = 65\text{mm}$

1. 압축철근 및 인장철근의 항복 유무

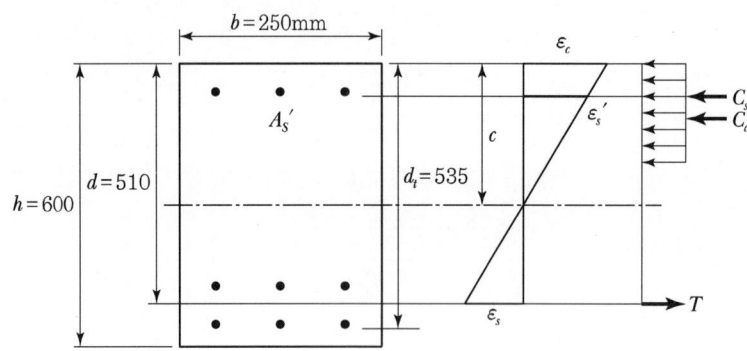

(1) 철근보의 평형조건

인장 및 압축철근이 모두 항복한다고 가정

$T = C_c + C_s$

$A_s f_y = 0.85 f_{ck} ab + A_s' f_y$

$3{,}040 \times 300 = 0.85 \times 21 \times a \times 250 + 860 \times 300$

$a = 146.6\text{mm}$

$c = \dfrac{a}{\beta_1} = \dfrac{146.6}{0.85} = 172.5\text{mm}$

$$\varepsilon_y = \frac{f_y}{E_s} = \frac{300}{2 \times 10^5} = 0.0015$$

① 압축철근

$$c : \varepsilon_c = (c - d') : \varepsilon_s'$$

$$\varepsilon_s' = \varepsilon_c\left(\frac{c-d'}{c}\right) = 0.003\left(\frac{172.5 - 65}{172.5}\right) = 0.00187 > \varepsilon_y = 0.0015 \quad \therefore \text{항복}$$

② 인장철근

$$c : \varepsilon_c = (d - c) : \varepsilon_s$$

$$\varepsilon_s' = \varepsilon_c\left(\frac{d-c}{c}\right) = 0.003\left(\frac{510 - 172.5}{172.5}\right) = 0.00587 > \varepsilon_y = 0.0015 \quad \therefore \text{항복}$$

(2) a

단면의 평형조건

$$A_s f_y = 0.85 f_{ck} a b + A_s' f_y$$

$$a = \frac{(A_s - A_s')f_y}{0.85 f_{ck} b} = \frac{(3{,}040 - 860) \times 300}{0.85 \times 21 \times 250} = 146.6 \text{mm}$$

$$c = \frac{a}{\beta_1} = \frac{146.6}{0.85} = 172.5 \text{mm}$$

2. 철근의 순인장 변형률

$$\varepsilon_t = \varepsilon_c\left(\frac{d_t - c}{c}\right) = 0.003 \times \frac{535 - 172.5}{172.5} = 0.0063 > 0.005$$

$$\therefore \phi = 0.85$$

3. ϕM_n

$$M_d = \phi M_n = \phi\left[A_s' f_y (d - d') + (A_s - A_s') f_y \left(d - \frac{a}{2}\right)\right]$$

$$= 0.85 \times \left[860 \times 300 \times (510 - 65) + (3{,}040 - 860) \times 300 \times \left(510 - \frac{146.6}{2}\right)\right]$$

$$= 3.404 \times 10^8 \text{N} \cdot \text{mm} = 340.4 \text{kN} \cdot \text{m}$$

CHAPTER 06

제119회 토목구조기술사

CHAPTER 06 119회 토목구조기술사

1교시 다음 문제 중 10문제를 선택하여 설명하시오.(각 10점)

1. 구조물의 내진, 제진, 면진에 대하여 설명하시오.
2. 완전프리스트레싱과 부분프리스트레싱에 대하여 설명하시오.
3. 현재 설계평가기준인 PQ(Pre-Qualification), SOQ(Statement Of Qualification), TP(Technical Proposal)에 대하여 설명하시오.
4. 강재의 인성에 대하여 설명하시오.
5. 내진성능평가 시 소요역량과 공급역량에 대하여 설명하시오.
6. 콘크리트 배합 시 물-시멘트 비(W/C)가 콘크리트 압축강도에 미치는 영향에 대하여 설명하시오.
7. 철근콘크리트의 성립이유에 대하여 설명하시오.
8. 프리스트레싱 도입방법에 대하여 설명하시오.
9. 철근의 응력-변형률 곡선에 대하여 설명하시오.
10. 프리스트레스트 콘크리트의 하중 평형의 개념에 대하여 설명하시오.
11. 한계상태설계법에 대하여 설명하시오.
12. 도로구조물 설계에 적용되는 지진 가속도계수와 관성력의 관계에 대하여 설명하시오.
13. 도로교설계기준의 설계기준풍속에 대하여 설명하시오.

2교시 다음 문제 중 4문제를 선택하여 설명하시오.(각 25점)

1. 철근콘크리트 T형보에서 플랜지의 유효폭 $b=1{,}400\text{mm}$, 복부폭 $b_w=400\text{mm}$, 플랜지 두께 $t_f=100\text{mm}$, 유효깊이 $d=640\text{mm}$, $h=750\text{mm}$인 단면에 $M=1{,}460\text{kN}\cdot\text{m}$가 작용할 때, T형보를 설계하시오.(단, $f_{ck}=21\text{MPa}$, $f_y=420\text{MPa}$)
2. 양단이 단순지지되어 있는 압축부재(H-400×400×13×21)의 중심축에 고정하중 900kN, 활하중 700kN이 작용할 때 압축부재의 안전성을 검토하시오.(단, LRFD 강구조설계기준을 적용하고 압축부재의 길이는 4,500mm이고 강재의 $A=21{,}870\text{mm}^2$, $F_y=235\text{N}/\text{mm}^2$)

3. 다음 설계조건을 갖는 단면의 전단강도를 한계상태설계법과 강도설계법으로 각각 구하고 두 설계방법의 차이점을 비교·설명하시오.

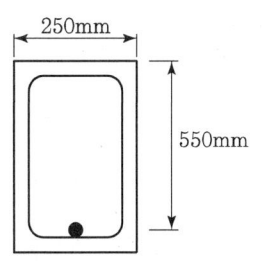

〈설계조건〉
$f_{ck} = 30\text{MPa}$, $f_y = 400\text{MPa}$
$b = 250\text{mm}$, $d = 550\text{mm}(z = 0.9d)$
전단철근 $A_v = 253\text{mm}^2$, 간격 125mm
전단에 의한 균열 발생 상태
축방향압축력은 없음($\alpha_{cw} = 1$)

4. Extradosed교와 콘크리트 사장교를 비교하여 설명하시오.
5. 하천교량의 여유고 및 경간장 결정기준을 하천설계기준에 준용하여 설명하시오.
6. 부정정 구조해석방법 중 응력법과 변위법에 대하여 해석순서를 고려하여 비교·설명하시오.

3교시 다음 문제 중 4문제를 선택하여 설명하시오.(각 25점)

1. 다음 그림과 같은 중력식옹벽의 벽면에 작용하는 토압에 저항할 수 있는 P_a를 쐐기법을 이용하여 구하시오.(단, 흙의 내부 마찰각은 ϕ, 벽면경사각은 α, 배면 흙 경사각은 β, 콘크리트와 흙의 벽면마찰각은 δ, 흙 쐐기의 활동각은 ω)

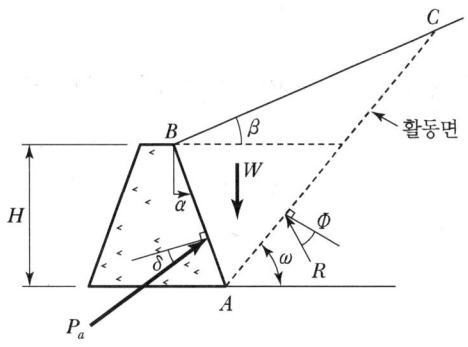

2. 교량확장 계획 시 기존 교량에 차량을 통행시키면서 신·구교량을 강결시켜 확장하는 경우 발생 가능한 문제점과 대책에 대하여 설명하시오.
3. 콘크리트 아치교의 설계 시 검토사항에 대하여 설명하시오.
4. 트러스 구조에서 2차 응력 발생원인과 2차 응력을 줄이기 위한 방안에 대해서 설명하시오.
5. 캔틸레버보의 자유단에 스프링 지점이 연결되어 있는 1차 부정정 구조물이다. 보의 휨강성이 EI이고 스프링 상수가 k_s일 때 Castigliano의 정리(최소 일의 방법)를 이용하여 B점의 반력을 구하고 스프링 지점 대신 가동지점일 경우의 반력을 구하시오.

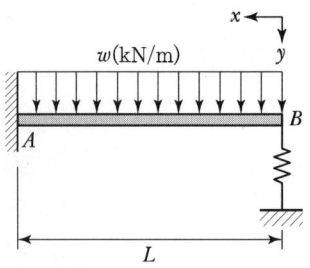

6. 다음 그림과 같은 L-150×150×12를 인장재로 하여 고장력볼트로 연결할 때 강구조 설계 기준에 의하여 블록전단강도를 구하시오.[단, 형강의 강도는 $F_y = 235\text{MPa}$, $F_u = 400\text{MPa}$ 이며 고장력볼트는 M24(F10T)]

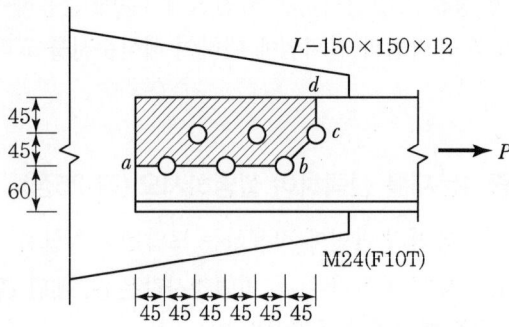

4교시 다음 문제 중 4문제를 선택하여 설명하시오.(각 25점)

1. 아래 그림과 같이 단순보의 양단에 모멘트가 작용할 때 모멘트-변위 간의 관계를 $\{M\}_{2\times1} = [K]_{2\times2}\{\theta\}_{2\times1}$ 형태로 유도하시오.

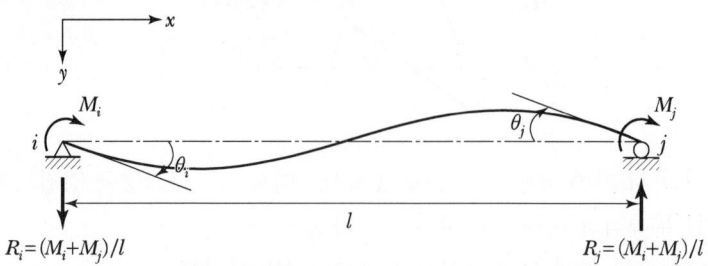

2. 공항진입교량 설계에 있어 적용할 파괴확률 P_f(Probability of Failure)와 안전지수 β (Safety Index)와의 상관관계를 설명하고, 아래 교량의 안전지수 β를 구하시오.

대표 거더의 휨모멘트 통계자료(지간 30m, 간격 2.4m의 단순 PSC거더)			
하중 영향(정규분포로 가정)		저항모멘트(대수정규분포로 가정)	
계수모멘트의 평균값 $\overline{S}$	5,000kN·m	공칭저항모멘트 R_n	8,000kN·m
계수모멘트의 표준편차 σ_S	400kN·m	저항모멘트에 대한 편심계수 λ_R	1.05
		저항모멘트의 변동계수 V_R	0.075

3. 지간이 20m이고 $b=400mm$, $h=900mm$인 프리스트레스트 콘크리트 보에 긴장재를 포물선 형상으로 배치한 경우 $P=3,300\ kN$이 작용할 때 보의 지간 중앙에서 콘크리트의 상연과 하연의 응력을 응력 개념으로 계산하시오. 또한 강도 개념으로 계산하고 그 결과를 비교 분석하여 설명하시오. (단, 보의 중앙에서 편심량은 250mm이고 보의 자중 이외에 등분포 활하중 $w_l=17.4kN/m$가 작용하고, 프리스트레스트 콘크리트의 단위질량은 $25kN/m^3$)

4. 강교량의 피로 균열 발생원인을 설명하고, S-N 곡선의 특성에 대하여 설명하시오.

5. 최근 시행 중인 건설기술용역 종합심사 낙찰제에 대하여 설명하시오.

6. 내진설계가 적용되지 않은 지중구조물(2련박스)의 중앙 기둥부에 적용하는 콘크리트구조기준의 특별고려사항에 대하여 설명하고 연성보강(띠철근) 적용범위를 설명하시오.

1교시

01 구조물의 내진, 제진, 면진에 대하여 설명하시오.

1. 개요

지진에 대한 구조물의 안전성 확보를 위한 내지진 구조방식으로는 면진구조방식, 제진구조방식, 내진구조방식이 있다.

2. 면진구조

면진구조는 지진 발생 시 구조물을 Isolation Bearing 등으로 기초지반과 분리시켜 구조물에 지진력이 가해지지 않도록 설계하는 구조방식을 말한다.

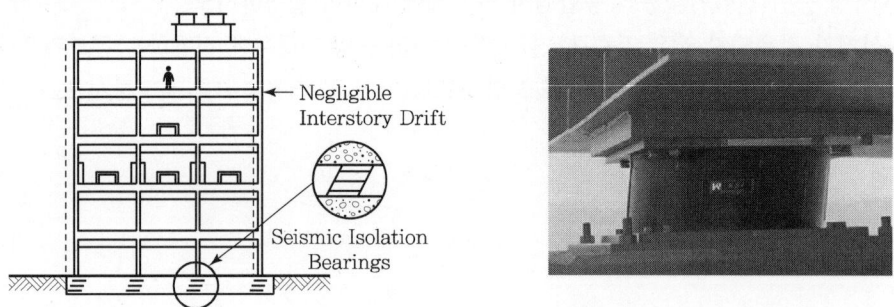

[면진구조 및 면진장치 거동]

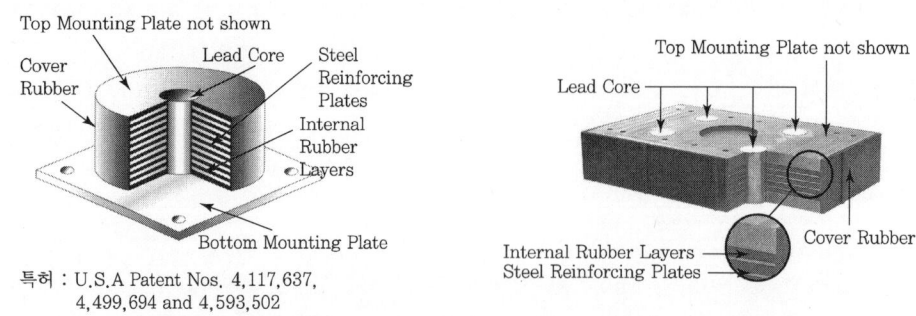

[적층 납면진 받침(Laminated Lead Rubber Bearing, LRB)]

3. 제진구조

제진구조는 구조물에 유압댐퍼와 같은 감쇠기구를 설치하여 지진에 의한 횡하중을 제어하는 구조방식을 말한다.

(1) 능동제진(Active Control)

외부에서 전기식 혹은 유압식 가력장치를 사용하여 구조물에 힘을 더하여 진동을 억제하는 방식이다.

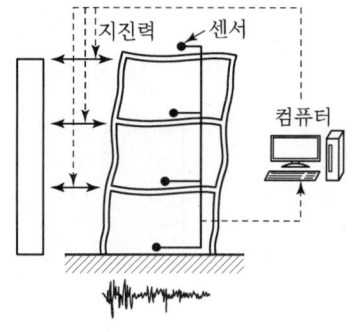

(a) 플액티브 제진방식

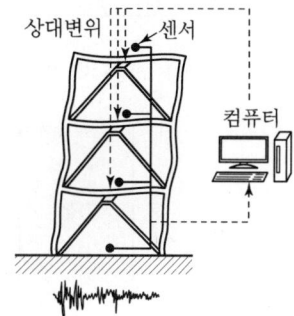

(b) 세미액티브 제진방식

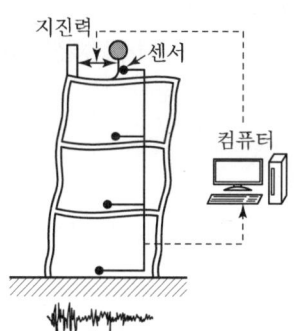

(c) 하이브리드 제진방식

[능동제진방식]

(2) 수동제진(Passive Control)

수동제진은 외부에서 힘을 더하지 않고 감쇠장치를 구조물에 설치하여 진동에너지를 흡수하여 구조물의 진동을 억제하는 방식을 말한다.

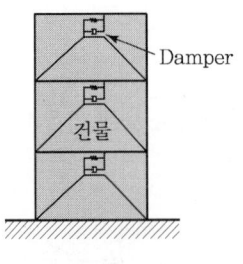
(a) 건물 각층에 설치

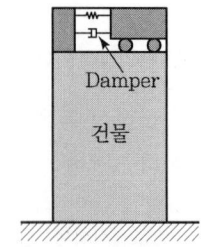
(b) 건물 상부에 설치

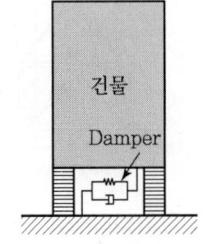
(c) 건물 하부에 설치

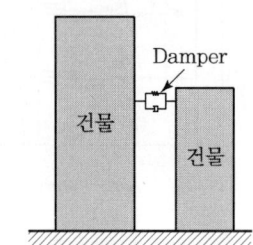
(d) 인접 건물 간에 설치

[수동제진방식]

4. 내진구조

내진구조는 지진에너지를 구조물의 강성과 탄성이 저항하도록 설계하는 방식을 말하며 가장 널리 쓰이는 설계방식이다.

① **철골구조** : 철골구조에서는 수직가새(Vertical Bracing)가 지진수평력을 저항하도록 설계한다.

[철골구조의 수직가새 전경]

② **콘크리트 구조** : 콘크리트 구조에서는 전단벽이 지진수평력을 저항하도록 설계한다. 전단벽은 철근콘크리트 구조물에서 내진벽을 말하는데, 건물의 하부에 작용하는 수평지진력에 저항하도록 설계된 콘크리트벽체이다.

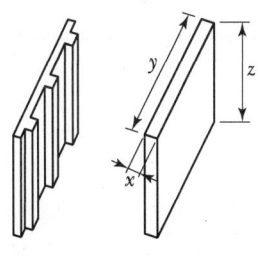

[전단벽의 해석모델]   [전단벽체 철근배근]

1교시
05 내진성능평가 시 소요역량과 공급역량에 대하여 설명하시오.

1. 정의

역량스펙트럼(Acceleration Displacement Respose Spectrum : Capacity Spectrum)은 교각의 비선형거동 특성을 고려한 공급역량곡선(Capacity Curve)과 설계지진 시 교량에 요구되는 소요역량곡선(Demand Spectrum)을 동일한 그래프 위에 함께 도시하여 비교함으로써 교각의 내진성능을 시각적으로 평가하는 방법을 말한다.

2. 소요역량스펙트럼

응답가속도-주기의 관계식으로 표현되는 설계응답 스펙트럼을 응답가속도-응답변위의 관계로 변환한 스펙트럼을 말한다.

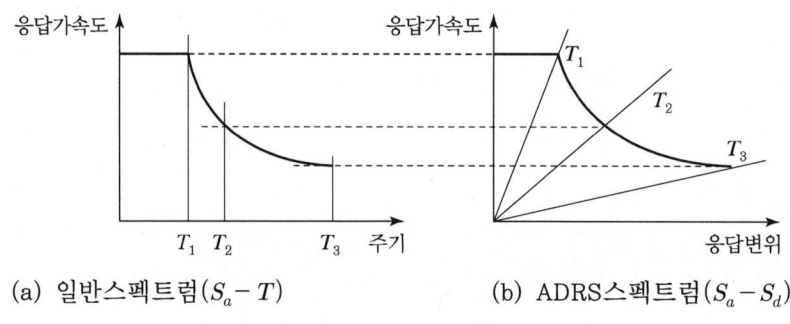

(a) 일반스펙트럼($S_a - T$)   (b) ADRS스펙트럼($S_a - S_d$)

[일반적인 응답변위 스펙트럼과 ADRS]

3. 내진성능 평가방법

① 소요역량곡선과 공급역량곡선을 함께 도시하여 다음과 같이 내진성능을 평가한다.
  - 기능수행수준 : 공급역량곡선의 항복점의 위치가 기능수행수준 스펙트럼의 외부에 놓이면 내진성능을 만족하는 것으로 한다.
  - 붕괴방지수준 : 공급역량곡선의 극한점의 위치가 붕괴방지수준 스펙트럼의 외부에 놓이면 내진성능을 만족하는 것으로 한다.

② 붕괴방지수준의 소요스펙트럼과 공급역량곡선의 교차점이 성능점이 되고 이는 붕괴방지 수준의 설계지진 하중 시 교각의 응답변위크기를 나타낸다. 소요역량곡선과 공급역량곡선을 변환하여 그림과 같이 함께 도시한다(Capacity Spectrum). 이때 공급역량곡선의 변위 소성도의 증가에 따른 이력감쇠비의 증가로 "붕괴방지수준"의 스펙트럼은 감소시켜 사용하는 것이 경제적인 평가방법이 된다.

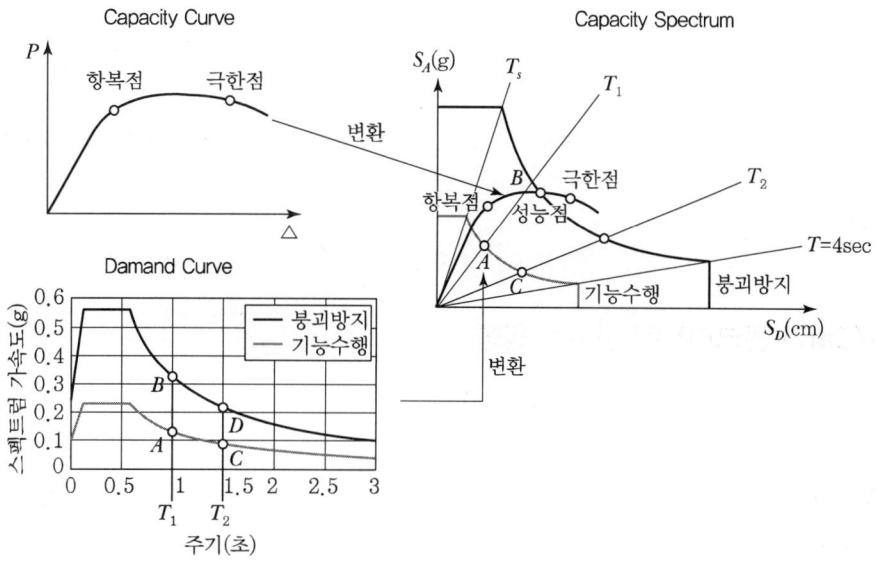

[역량스펙트럼]

1교시
06. 콘크리트 배합 시 물-시멘트 비(W/C)가 콘크리트 압축강도에 미치는 영향에 대하여 설명하시오.

1. 개요

물-시멘트 비는 콘크리트의 압축강도에 직접적인 영향을 미치며, 수밀성 내구성에도 직접적인 영향을 미치고 있다. 따라서 W/C비는 필요 범위 내에서 최소로 하는 것을 원칙으로 하고 있다.

2. W/C비가 콘크리트에 미치는 영향

① Workability
② 건조 수축량
③ 블리이딩량
④ 강도
⑤ 내구성
⑥ 수밀성

3. 물-시멘트 비 결정 시 고려사항

① 소요의 강도를 가져야 한다.
② 내구성을 확보한다.
③ 수밀성을 확보하도록 정한다.

4. 물-시멘트 비와 압축강도 관계

(1) 배합강도 기준

압축강도와 W/C비의 관계는 시험에 의하여 정하는 것이 원칙이다(2배치 이상의 콘크리트에서 만든 공시체의 평균값 이용).

(2) W/C비

W/C비는 가장 큰 영향을 미치며 거의 비례관계에 있다.

5. 결론

W/C비는 콘크리트의 품질에 직접적인 영향을 미치므로 필요범위 내에서 최소의 W/C비를 사용함이 원칙이며, W/C는 강도, 내구성, 수밀성을 기준으로 하여 결정하되 최종 W/C비는 실험을 통하여 결정하여야 한다.

1교시
08 프리스트레싱 도입방법에 대하여 설명하시오.

1. 개요

프리스트레스트 콘크리트(PSC)란 하중에 의하여 일어나는 응력을 소정의 한도까지 상쇄할 수 있도록 미리 인공적으로 그 응력의 분포와 크기를 정하여 반대로 내력을 준 콘크리트를 말한다. PSC 제작방법에 따라 Pre-Tension과 Post-Tension 방법으로 분류되는데 여기서는 그 차이점을 비교 설명해 보기로 한다.

2. PSC 종류

① Pre-Tension : PS 강선 긴장 후 콘크리트를 타설하는 PSC 보
② Post-Tension : 콘크리트 타설 후 PS 강선을 긴장하는 PSC 보

3. Pre-Tension 방식

(1) 제작방법

① 롱라인(Long Line) 방식 : 연속식
- 인장대에 여러 개 거푸집을 직렬 배치하여 긴장력 도입
- 1회에 여러 개 부재 생산 가능

② 단일몰드(Individual) 방식 : 단일식
- 거푸집 자체를 인장대로 사용하여 긴장력 도입
- 1회에 1개 부재만 생산 가능

(2) 제작순서

① PS 강재에 인장력을 주어 긴장시킨다.
② 콘크리트를 타설한다.
③ PS 강재를 천천히 풀어 콘크리트에 프리스트레스를 준다.

(3) 응력전달방법

PS 강선과 콘크리트 사이의 마찰력에 의하여 응력을 도입한다.

(4) 장점

① 공장제품으로 제품의 신뢰도가 높다.
② 동일 단면의 부재를 대량생산할 수 있다.
③ 쉬스(Sheath) 및 정착장치 등이 필요하지 않다.

(5) 단점

① 대형 부재의 생산과 수송이 어렵다.
② PS 강재의 곡선 배치가 쉽지 않다.

4. Post – Tension 방식

(1) 제작순서

① 거푸집을 설치하고 쉬스(Sheath)를 배치한다.
② 콘크리트를 타설하고 양생한다.
③ PS 강재를 긴장하여 콘크리트 양단에 정착한다.
④ 그라우팅을 한다.

(2) 응력전달방법

정착단을 통하여 응력을 콘크리트에 전달시킨다.

(3) 특징

① 대형 구조물에 적당하다.
② 현장에서 프리스트레스 도입이 가능하다.
③ 프리캐스트 PC 부재의 결합과 조립이 편리하다.
④ 부착시키지 않은 PC 부재는 PS 강재의 재긴장이 가능하다.
⑤ 부착시키지 않은 PC 부재는 부착시킨 PS 강재에 비하여 파괴강도가 낮고 균열폭이 커지는 등 역학적인 성질이 떨어진다.
⑥ PS 강재를 곡선 배치할 수 있어 프리텐션보다 역학적으로 경제적이다.

1교시
09 철근의 응력 – 변형률 곡선에 대하여 설명하시오.

1. 철근의 탄성계수

$$E = 2 \times 10^5 \text{N/mm}^2$$

2. 응력 – 변형률 곡선

(1) 항복고원(Yield Plateau)
일정한 응력에서 변형이 계속 진행되는 곡선의 수평부분

(2) 응력 – 변형률 곡선의 특징

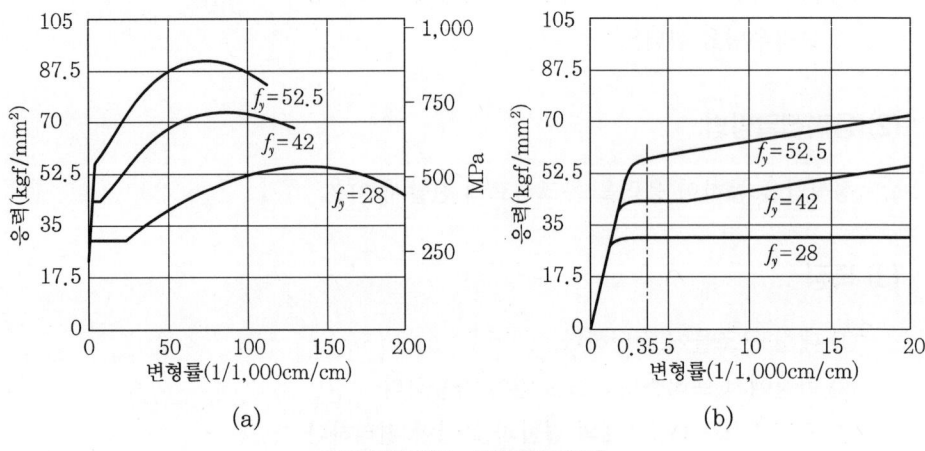

[철근의 응력 – 변형률 곡선]

① 저탄소강은 항복고원이 뚜렷이 나타나다가 변형률 경화(Strain Hardening)의 특성을 보임
② 고탄소강은 몹시 짧은 항복고원을 나타내거나, 항복고원이 없이 즉시 변형률 경화에 들림

3. 파괴 특성

① 저탄소강 : 연성파괴(Ductile Failure) 특성
② 고탄소강 : 취성파괴(Brittle Failure) 특성

1교시
10 프리스트레스트 콘크리트의 하중 평형의 개념에 대하여 설명하시오.

1. 개념

Prestressing에 의한 작용력과 부재에 작용하는 하중을 비기게 하자는 데 목적을 둔 개념이다.

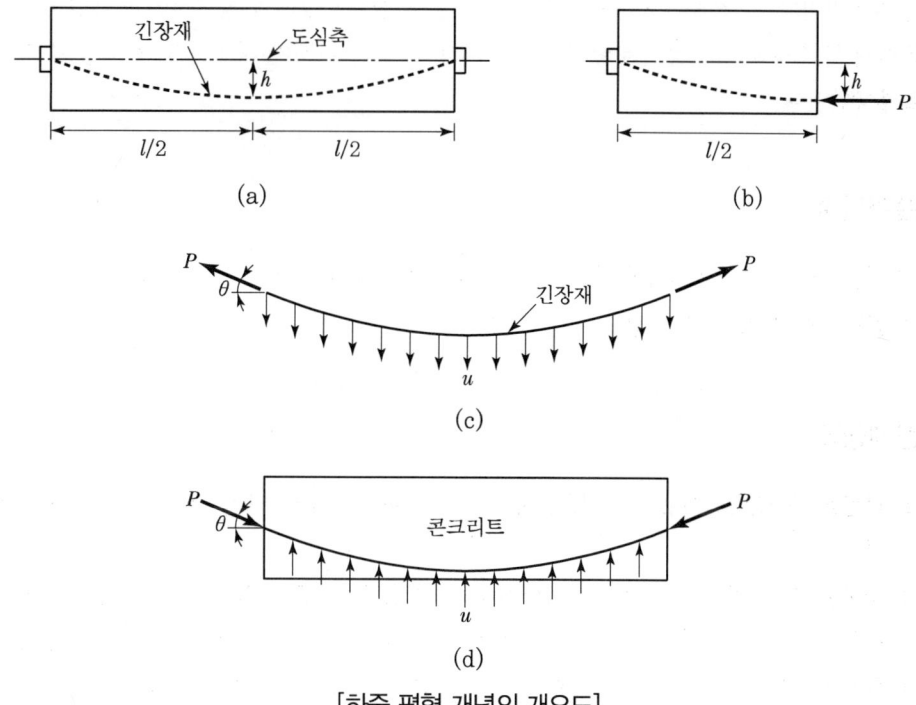

[하중 평형 개념의 개요도]

2. 상향력 및 단면의 응력

$$Ph = \frac{ul^2}{8}, \quad u = \frac{8Ph}{l^2}$$

$$M = \frac{(\omega - u)l^2}{8}$$

$$f = \frac{P\cos\theta}{A} \pm \frac{M}{I}y = \frac{P}{A} \pm \frac{M}{I}y (\because \cos\theta = 1)$$

여기서, ω : 부재에 작용하는 하중, u : 상향력

1교시

11. 한계상태설계법에 대하여 설명하시오.

1. 정의

신뢰성 이론에 근거한 것으로서 안전성과 사용성을 하나의 개념으로 보고 합리적으로 다루려는 설계법이다. 구조물이 기능을 상실하게 되는 극한한계상태와 정상적인 사용한계상태를 만족하지 못하게 되는 사용한계상태로 되는 확률을 모든 부재에 대해서 일정한 값이 되게 하는 설계방법이다.

2. 설계개념

① 하중 : 설계 하중=특성하중×부분 안전계수($\gamma_f > 1.0$)
② 강도 : 설계강도=특성강도/부분 안전계수($\gamma_m > 1.0$)

3. 한계상태

① **극한한계상태(Ultimate Limit State)** : 부재가 파괴상태로 되어 그 기능을 완전히 상실한 상태
② **사용한계상태(Serviceability Limit State)** : 처짐, 균열 또는 진동 등이 과대 발생되어 정상적인 사용조건을 만족시키지 못하는 상태
③ **피로한계상태(Fatigue Limit State)** : 반복하중에 의하여 철근이나 콘크리트가 파괴되는 피로파괴를 일으킨 상태

4. 결론

확률이론에 기초한 LSD 설계법은 안전성은 극한상태를 검토함으로써 확보하고, 사용성은 사용한계상태를 검토함으로써 확보함으로써 강도설계법의 결점을 개선한 일보 진전된 설계법인데 균일한 안전 수준을 확보할 수 있다.

1교시
13. 도로교설계기준의 설계기준풍속에 대하여 설명하시오.

1. V_D

   ① 일반 중소 지간 교량의 설계기준풍속 V_D : 40m/s
   ② 태풍이나 돌풍에 취약한 지역에 위치한 중대지간 교량의 설계기준풍속
   대상지역의 풍속기록과 구조물 주변의 지형 및 환경 그리고 교량상부구조의 지상 높이 등을 고려하여 합리적으로 결정한 10분 평균 풍속 그러나 대상지역의 풍속자료가 가용치 못한 경우에는 고도보정을 위하여 다음 식을 사용할 수 있다.

   $$V_D = 1.723 \left(\frac{Z_D}{Z_G}\right)^\alpha V_{10}$$

   여기서, α : 지표조도지수
   z : 지상 또는 수면으로부터 구조물의 대표높이(m)로 교량 주 거더와 같은 수평구조물의 경우에는 평균 높이를, 교각과 같은 수직구조물의 경우에는 총 높이의 65% 사용
   V_D : 설계고도 z에서의 10분 평균 설계기준풍속(m/s)
   Z_D : z와 z_b 중에서 큰 값
   Z_G : 지표상황(지표조도구분)에 따라 주어진 값

2교시

01 철근콘크리트 T형보에서 플랜지의 유효폭 $b = 1,400$mm, 복부폭 $b_w = 400$mm, 플랜지 두께 $t_f = 100$mm, 유효깊이 $d = 640$mm, $h = 750$mm인 단면에 $M = 1,460$kN·m가 작용할 때, T형보를 설계하시오.(단, $f_{ck} = 21$MPa, $f_y = 420$MPa)

1. 단면의 제원

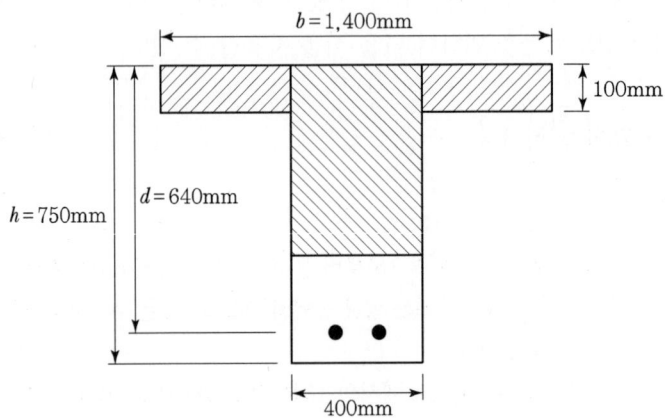

$M_u = 1,460$kN·m

$f_{ck} = 21$MPa, $f_y = 420$MPa

2. Flange부에 대응되는 인장철근량 A_{sf}

$$A_{sf}f_y = 0.85f_{ck}(b-b_w)t_f$$

$$A_{sf} = \frac{0.85f_{ck}(b-b_w)t_f}{f_y} = \frac{0.85 \times 21 \times (1,400-400) \times 100}{420} = 4,250 \text{mm}^2$$

$$M_{n1} = A_{sf}f_y\left(d-\frac{t_f}{2}\right) = 4,250 \times 420\left(640-\frac{100}{2}\right) \times 10^{-6} = 1,053.15 \text{kN·m}$$

3. Web부가 부담하는 Moment $M_{w.u}$

$\phi = 0.85$라고 가정

$M_{w.u} = M_u - \phi M_{n1} = 1,460 - 0.85 \times 1053.15 = 564.823 \text{kN} \cdot \text{m}$

4. Web부의 휨모멘트에 대응되는 철근량 A_w

$M_{w.u} = \phi A_w f_y \left(d - \dfrac{a}{2}\right)$

$a = \dfrac{A_w f_y}{0.85 f_{ck} b_w} = \dfrac{A_w \times 420}{0.85 \times 21 \times 400} = 0.059 A_w$

$564.823 \times 10^6 = 0.85 \times A_w \times 420 \left(640 - \dfrac{0.059 A_w}{2}\right)$

$10.53 A_w^2 - 228,480 A_w + 564.823 \times 10^6 = 0$

$A_w^2 - 21,698 A_w + 53,639,411 = 0$

$A_w = \dfrac{21,698 - \sqrt{21,698^2 - 4 \times 53,639,411}}{2} = 2,845 \text{mm}^2$

5. 총 인장철근량 A_s

$A_s = A_{sf} + A_w = 4,250 + 2,845 = 7,095 \text{mm}^2$

6. ϕ 검증

$a = 0.059 A_w = 0.059 \times 2,845 = 167.9 \text{mm}$

$a = \beta c \quad c = \dfrac{a}{\beta_1} = \dfrac{167.9}{0.85} = 197.5 \text{mm}$

$d_t = d = 640 \text{mm}$

$\dfrac{c}{d_t} = \dfrac{197.5}{640} = 0.309 < 0.375 \approx \varepsilon_t > 0.005$

$\therefore \phi = 0.85$

7. 설계 휨강도 검토

$M_{u1} = \phi A_{sf} f_y \left(d - \dfrac{t_f}{2}\right) = 0.85 \times 1053.15 = 895.2 \text{kN} \cdot \text{m}$

$M_{w.u} = \phi A_w f_y \left(d - \dfrac{a}{2}\right) = 0.85 \times 2,845 \times 420 \left(640 - \dfrac{167.9}{2}\right) \times 10^{-6} = 564.8 \text{kN} \cdot \text{m}$

$\therefore M_u = M_{u1} + M_{w.u} = 895.2 + 564.8 = 1,460 \text{kN} \cdot \text{m}$

2교시

02 양단이 단순지지되어 있는 압축부재(H−400×400×13×21)의 중심축에 고정하중 900kN, 활하중 700kN이 작용할 때 압축부재의 안전성을 검토하시오.(단, LRFD 강구조설계기준을 적용하고 압축부재의 길이는 4,500mm이고 강재의 $A=21,870\text{mm}^2$, $F_y=235\text{N/mm}^2$)

1. 단면 제원

H−400×400×13×21

$A = 21,870\text{mm}^2 \qquad I_x = 6.66 \times 10^8 \text{mm}^4 \qquad I_y = 2.24 \times 10^8 \text{mm}^4$

$r_x = 175\text{mm} \qquad r_y = 101\text{mm} \qquad F_y = 235\text{N/mm}^2$

$L = 4,500\text{mm} \qquad r = 22\text{mm}$

2. 작용하중

$P_D = 900\text{kN}, \ P_L = 700\text{kN}$

$P_u = 1.2P_D + 1.6P_L = 1.2 \times 900 + 1.6 \times 700 = 2,200\text{kN}$

3. 폭 두께비 검토

(1) Flange

$$\frac{b}{2t_f} = \frac{400}{2 \times 21} = 9.52$$

$$\lambda_r = 0.56\sqrt{\frac{E}{F_y}} = 0.56\sqrt{\frac{210,000}{235}} = 16.74$$

$$\therefore \ \frac{b}{2t_f} < \lambda_r$$

(2) Web

$$\frac{h}{t_w} = \frac{[400 - 2 \times (21 + 22)]}{13} = 24.15$$

$$\lambda_r = 1.49\sqrt{\frac{E}{F_y}} = 1.49\sqrt{\frac{210,000}{235}} = 44.54$$

$$\therefore \frac{h}{t_w} < \lambda_r$$

∴ 비조밀 단면

4. F_{cr}의 산정

(1) 강축 세장비

$$\left(\frac{KL}{r}\right)_x = \frac{1.0 \times 4,500}{175} = 25.7$$

(2) 약축 세장비

$$\left(\frac{KL}{r}\right)_y = \frac{1.0 \times 4,500}{101} = 44.55$$

$$\frac{KL}{r} = 44.55 < 4.71\sqrt{\frac{E}{F_y}} = 4.71\sqrt{\frac{210,000}{235}} = 140.8$$

$$F_e = \frac{\pi^2 E}{\left(\frac{KL}{r}\right)^2} = \frac{\pi^2 \times 210,000}{44.55^2} = 1,044.3 \text{N/mm}^2 \rightarrow \frac{F_y}{F_e} = 0.225 < 2.25$$

$$\therefore F_{cr} = (0.658^{\frac{F_y}{F_e}})F_y = (0.658^{0.225}) \times 235 = 213.88 \text{N/mm}^2$$

5. 설계 압축강도 산정

$\phi_c = 0.9$

$P_n = A_g F_{cr} = 21,870 \times 213.88 \times 10^{-3} = 4,677.56 \text{kN}$

$\phi_c P_n = 0.9 \times 4,677.56 = 4,209.8 \text{kN}$

6. 안전성 검토

$\phi_c P_n = 4,209.8 \text{kN} > P_u = 2,200 \text{kN}$

∴ 안전함

2교시

03 다음 설계조건을 갖는 단면의 전단강도를 한계상태설계법과 강도설계법으로 각각 구하고 두 설계방법의 차이점을 비교·설명하시오.

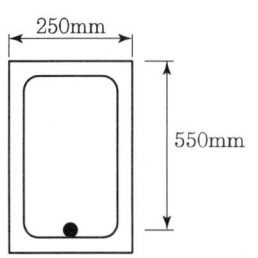

설계조건
$f_{ck} = 30\text{MPa}, \ f_y = 400\text{MPa}$
$b = 250\text{mm}, \ d = 550\text{mm}(z = 0.9d)$
전단철근 $A_v = 253\text{mm}^2$, 간격 125mm
전단에 의한 균열 발생 상태
축방향압축력은 없음($\alpha_{cw} = 1$)

1. 한계상태설계법

$V = V_{cd} + V_{sd}$

① $V_{cd} = \left[\, 0.85\,\phi_c k \sqrt[3]{\rho f_{ck}} \,\right] b_w d$

$b_w = 250, \ d = 550$

$A_s = 6 - D22$ 가정($A_s = 2{,}323\text{mm}^2$)

$\rho = \dfrac{2{,}323}{250 \times 550} = 0.0168 \leq 0.2$

$k = 1 + \sqrt{\dfrac{200}{d}} = 1 + \sqrt{\dfrac{200}{550}} = 1.602 \leq 2.0$

$\therefore V_{cd} = 0.85\,(0.65)(1.602)\sqrt[3]{0.0168 \times 30} \times 250 \times 550 \times 10^{-3} = 96.7\text{kN}$

② V_{sd}

$V_{sd} = \dfrac{\phi_s f_{vy} A_v z}{s} \cot\theta, \ z = 0.9d$

$\cot\theta = \sqrt{\dfrac{\phi_s \alpha_{cw} f_{c2,\max} b_w s}{\phi_s f_{vy} A_v} - 1}$

$\phi_c f_{c2,\max} = \phi_c \nu f_{ck} = \phi_c\, 0.6\left[1 - \dfrac{f_{ck}}{250}\right]f_{ck} = 0.65\,(0.6)\left[1 - \dfrac{30}{250}\right]30$

$\qquad\qquad = 10.3\text{N/mm}^2 \nu$

$\cot\theta = \sqrt{\dfrac{10.3\,(250)(125)}{0.9\,(400)(253)} - 1} = 1.59 < 2.5$

$$V_{sd} = \frac{0.9(400)(253)(495)}{125} \times 1.59 \times 10^{-3} = 573.5\text{kN}$$

③ $V = V_{cd} + V_{sd} = 96.7 + 573.5 = 670.2\text{kN}$

2. 강도설계법

① $V_c = \dfrac{1}{6}\sqrt{f_{ck}}\,b_w d = \dfrac{1}{6}\sqrt{30}\,(250)(550) \times 10^{-3} = 125.5\text{kN}$

② $V_s = A_v f_y \dfrac{d}{s} = 253(400)\dfrac{550}{125} \times 10^{-3} = 445.3\text{kN}$

③ $V_d = \phi(V_c + V_s) = 0.75(125.5 + 445.3) = 428.1\text{kN}$

3. 각 설계법의 차이

한계상태설계법의 전단강도가 더 크게 나오므로 전단철근을 훨씬 유효하게 평가하고 있다.

2교시

04 Extradosed교와 콘크리트 사장교를 비교하여 설명하시오.

1. Extradosed PSC교의 형상

Extradosed PSC교는 교상 위에 설치된 주탑 정점에서 편향제(Deviator)에 의하여 긴장재의 방향을 바꾸어 다음 경간으로 연속시키는 외부 대편심의 프리스트레싱을 도입한 방법으로 일반 거더교, 사장교와 그 형상 및 구조 특성을 구별할 수 있다.
① PSC 거더교 : 상징성 적음. 교면 아래가 무거운 느낌
② Extradosed교 : 적당한 상징성
③ 사장교 : 상징성 강조, 낮은 형교와 교면 위가 번잡

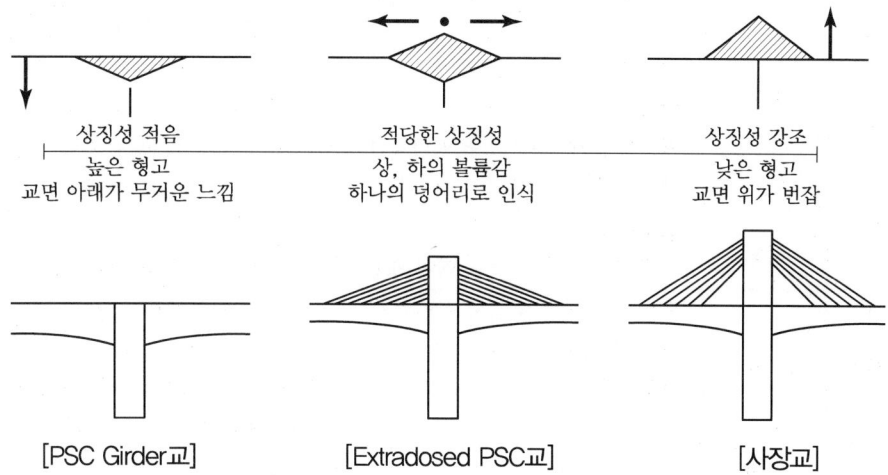

[PSC Girder교]   [Extradosed PSC교]   [사장교]

2. Extradosed PSC교의 개념

Extradosed PSC교는 긴장재의 편심량이 주형의 유효높이 이내로 제한되었던 기존의 PSC 거더교와는 달리 긴장재를 주형의 유효높이 이상으로 이동시킨 대편심 케이블 방식으로 사장교와 유사한 모양이나 케이블이 주 구조 부재인 사장교와 달리 주형이 주 구조 부재로 작용하고 외부 케이블에 의한 대편심 모멘트를 도입하여 그 거동을 개선한 대편심 외케이블 방식의 거더교라 할 수 있다.

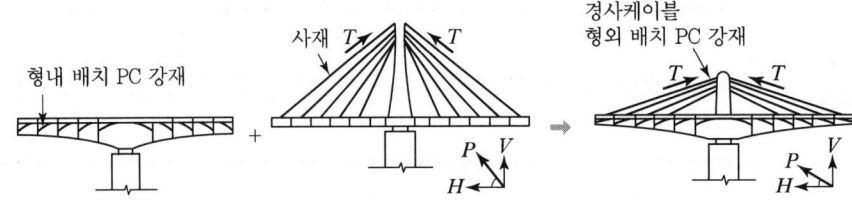

[Extradosed교의 구조적 개념도]

3. Extradosed PSC교와 콘크리트 사장교의 비교

구분		콘크리트 사장교	Extradosed PSC교
구조	적정경간장	130~400m	100~200m
	케이블	케이블이 보강형을 탄성 지지하여 연직분력을 발생	케이블의 편심을 크게 하여 프리스트레싱을 주형에 도입
	주형	• 케이블 지지점 간의 하중을 분담하는 보강형 역할 • 형고 2.0~2.5m로 지간에 비례하지 않음 • 형고를 낮게 할 수 있어 형하공간 확보에 유리함	• 상부 하중의 대부분을 분담하는 주형 • 형고 : $L/30~L/35$(지점부) $L/50~L/60$(지간부) • 사장교와 거더교의 중간 형태로 거더교에 비해 낮출 수 있음
	주탑	• 탑고비 : $L/3~L/5$ 주로 분리구조에 의한 앵커 정착	• 탑고비 : $L/8~L/15$ 주로 관통구조에 의한 앵커 정착
설계	케이블	• 활하중에 의한 응력변동이 커서 피로에 대한 고려 필요 • 응력변동폭 : 50~130MPa 정도 • 허용 응력도 : $fa=0.4fpu$ 정도	• 활하중에 의한 응력변동폭이 작아 피로가 문제 되지 않음 • 응력변동폭 : 15~38MPa • 허용응력도 : $fa=0.6fpu$
경제성	주탑	주탑이 높으므로 공사비 증대	주탑이 낮으므로 경제적
	주형	주형고가 작으므로 경제적	주형고가 크므로 공사비 증대
	케이블	케이블량이 많고 피로에 대하여 고려한 고가의 사재를 이용하므로 공사비 증대	케이블량이 적고 일반적인 정착부를 가진 PS 강재를 사용하므로 경제적
	기초	주탑이 높고 중심위치가 높으므로 내진 고려하여 기초공 규모가 큼	상부공의 중심위치가 낮아서 기초공 규모가 작고 경제적

4. 결론

Extradosed PSC교는 사장교에 비해 사재의 응력 변동이 적고 주탑높이를 현저히 낮출 수 있어 사장교의 경제성이 떨어지는 100~200m 경간에 적합한 신개념의 교량 형식으로 사료된다.

3교시

02 교량확장 계획 시 기존 교량에 차량을 통행시키면서 신·구교량을 강결시켜 확장하는 경우 발생 가능한 문제점과 대책에 대하여 설명하시오.

구분	제1안 분리시공	제2안 중간 콘크리트에 의한 접합 시공	제3안 직접접합 시공
개요	두 교량 사이에 종방향의 강 조인트를 설치하여 두 교량이 구조적으로 완전히 독립된 교량으로 작용	두 교량을 서로 띄워서 독립적으로 완료한 후 두 교량 사이의 상, 하부 접합부를 중간 콘크리트에 의해서 접합하는 것으로 차량의 고속주행, 안전성 및 공용 중의 유지관리에 유리하며 고속도로 교량의 확폭시공에 적합함	기설부와 신설부 교량을 직접 맞대어 시공하여 일체구조로 작용
구조성	• 콘크리트 타설 시 동바리의 처짐, 솟음량의 제작오차, 차량하중에 의한 부등처짐, 장기처짐의 영향으로 두 교량 사이에 필연적으로 단차 발생 • 제설작업에 의한 염화물 유입으로 조인트 부식 및 주형과 하부 구조에 손상 가중	• 상부 슬래브 시공 시 신설부 교량의 동바리를 제거하여도 신설부 교량의 사하중이 기설부 교량의 추가처짐 및 응력을 발생시키지 않음 • 신설부 교량의 상부구조가 완성된 뒤 두 교량의 상, 하부구조의 접합부를 중간 콘크리트로 접합 시공하면 신설부 교량의 상부하중은 기설부 교량의 하부구조에 추가처짐 및 응력을 발생시키지 않음 • 들보교의 경우 두 교량 사이에 발생한 처짐 단차는 중간 콘크리트로 쉽게 조정하여 급격한 단차를 완만한 경사가 되도록 해줌 • 신설부 교량의 방치기간 동안 신설부 콘크리트의 건조 수축 및 크리프 변형에 의해서 기설부 교량에는 추가처짐 및 응력을 발생시키지 않음	• 신설부의 상부구조를 시공하기 전에 두 교량의 하부구조를 접합 후 시공되는 상부 하중은 기설부의 하부구조에 추가하중으로 작용됨 • 기설 교량에 차량 통행 시 신설 교량과의 접합부가 차량 진동으로 인해 강도 저하 우려
시공성	신·기설교량이 분리시공되므로 시공성이 양호하다.	시공을 2차에 걸쳐 실시하므로 시공이 다소 번잡스럽다.	시공이 양호하다.

구분	제1안 분리시공	제2안 중간 콘크리트에 의한 접합 시공	제3안 직접접합 시공
사용성	• 조인트부 단차 발생으로 승차감 및 교통사고 유발 • 조인트 보수 시 사고 위험성과 교통지체 유발	• 구조물이 일체가 되어 주행성이 양호하다. • 유지관리에 대한 우려가 없다.	• 구조물이 일체가 되어 주행성이 양호하다. • 유지관리에 대한 우려가 없다.
경제성	조인트 시공 및 보수 유지 과다	시공은 2차로 나눠지므로 공사비 다소 증가	공사비 저렴
검토안	기설 교량에 붙여 신설 교량을 시공할 때 구조성, 경제성 및 사용성 측면에서 검토해 본 결과 중간 콘크리트에 의한 접합 시공이 유리하다고 판단됨. 특히 중간 콘크리트에 의한 접합 시공 시 철근의 이음 또는 용접 시 시방규정에 맞는 이음장 및 용접길이가 필요하리라 사료됨		

3교시

03. 콘크리트 아치교의 설계 시 검토사항에 대하여 설명하시오.

1. 아치 교량의 정의와 분류

먼저, 아치(Arch)가 되기 위해선 양 끝단이 고정된 지지점이 있어야 하고, 수평 반경 이상의 곡률을 가져야 하며, 하중이 아치의 양 끝단에 전달돼야 하는 등 다양한 조건을 만족해야 한다. 즉, 아치 교량은 수직 곡선 형태의 구조(아치 리브)를 가지며 축방향 압축을 받는 구조부재로, 교량 전체에 걸쳐 있는 개구부를 통해 이동 하중을 분담한다. 여기서 중요한 점은 이상적인 아치 구조의 경우 축력만 발생하는 점이다. 이러한 아치 교량들은 상부 슬래브가 아치 구조에 지지되거나 매달릴 수 있으며, 아치와 슬래브의 상대적인 위치에 따라 아래의 그림들과 같이 상로 아치교, 하로 아치교, 중로 아치교로 분류될 수 있다.

2. 아치교 설계 고려사항

아치교를 설계할 때 고려해야 하는 사항들은 다양하게 있으며 이러한 요인으로는 교량의 기능, 비용, 안전, 심미성, 교통수요량, 지반조건, 시공절차, 공간 제약사항 등이 있다. 일반적으로 아치교 설계 시에는 주로 아치의 높이와 아치 지간의 비(라이즈비), 아치와 슬래브의 종횡비(Slenderness), 그리고 아치 행거나 교각의 개수 등을 고려해야 한다.

(1) 라이즈비(Rise-to-Span Ratio)

아치교의 라이즈비(Rise to Span Ratio)는 아치의 높이와 아치 지간의 비율이며 라이즈비는 아치의 곡률에 따라 다양한다. 또한 대부분의 아치교는 1 : 4.5에서 1 : 6 범위 내의 라이즈비를 가진다. 아래는 아치교에 사용되는 재료에 따라 구분되는 지간의 특성 예시이다.

① 콘크리트 아치교의 지간은 주로 35m에서 200m까지 적합하며, 200m 이상의 지간을 갖는 교량도 있다.
② 강아치교 및 CFST(콘크리트 충전 강관) 아치교는 재료의 강도가 크기 때문에 위에 언급된 교량들보다 더 긴 지간의 아치교를 시공할 수 있다.

(2) 와류진동(Vortex Shedding)

아치 교량을 설계할 때, 와류진동(Vortex Shedding) 현상을 고려해야 한다. 이때, 와류진동이란 구조물에 바람이 작용하게 되면 공기의 흐름에 의해 박리가 일어나면서 후류역을 발생시킨다. 후류에 주기적으로 회오리가 발생되고 소멸되는 현상을 와류라 하며 이로부터 구조물에 발생하는 진동현상을 의미한다. 특히, I-형 행거를 가진 아치에서 행거 진동 문제가 발생하는 경우가 있다. 이러한 진동 문제는 아래 그림과 같이 행거를 연결하고, 행거 길이를 줄이며, 행거의 고유 주파수를 변경함으로써 해결할 수 있다.

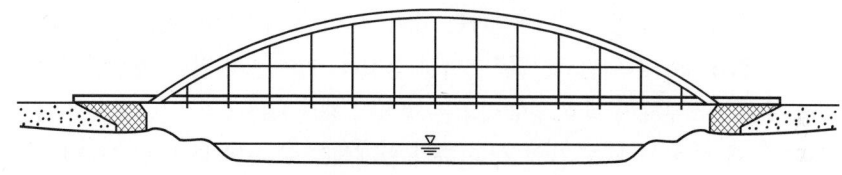

[행거를 연결하는 수평 케이블]
(Wai-Fah Chen, Lian Duan의 "Bridge Engineering Handbook" 참고)

(3) 아치 리브의 좌굴 현상(Buckling of Arch Rib)

아치 리브(Arch Rib)의 좌굴이란 아치 리브의 축력에 의한 좌굴현상을 말한다. 아치 리브는 곡선 형태로 휘어지는 특성 때문에 축력이 커질수록 좌굴에 민감해지는데, 이러한 이유로 아치 리브를 설계할 때는 응력 검토뿐만 아니라 면내 좌굴 및 면외 좌굴을 고려해야 한다.

3교시

04. 트러스 구조에서 2차 응력 발생원인과 2차 응력을 줄이기 위한 방안에 대해서 설명하시오.

1. 정의

트러스의 실제 구조물은 상기 가정과는 달리, 트러스 격점에서 이상적인 핀결합이 되었다고 하더라도 Eye Bar의 이완 및 결손, 마모 등으로 핀에는 마찰이 발생하고, 연결판(Gusset Plate) 사용으로 부재가 상호 강결합되는 형식이 채택되는 것이 일반화되고 있는 실정으로 이로 인해 부재 신축 시 부재 간의 각 변화가 발생하고 구속된 부재에는 축력 외에 휨모멘트가 발생하게 된다.

이와 같이 휨모멘트에 의한 수직응력인 트러스의 2차 응력이 유발된다. 트러스의 2차 응력이라 함은 외력에 의한 응력 외에 구조물의 변형에 의해 발생되는 응력을 말한다.

2. 원인

① 격점에서 거세트 플레이트에 의해 부재를 강결 접합
② 부재의 중심에 대해 축방향력이 편심하여 작용
③ 부재의 자중에 의한 영향
④ 횡연결재의 변형에 의한 영향

3. 최소화 방안

① 부재의 세장비 또는 높이, 길이의 비 h/L가 적당한 범위에 들어오도록 함(시방서 규정사항 : $h/L < 1/10$)
② 거세트 플레이트를 가능한 한 Compact하게 함
③ 부재의 폭을 작게 함
④ Prestress 도입 : 제작 및 가설단계에서 미리 전하중 작용 시 부재의 신축량을 조정하여 부재 길이를 증감하여 제작하는 방법으로 부재의 기하학적인 형상조건으로 2차 응력에 대비하여 Prestress를 도입하는 방법
⑤ 부재의 편심은 가급적 피할 것
⑥ 바닥틀, 수평 브레이싱을 설치하여 트러스 부재의 축방향 변형에 동반한 부가응력 발생을 억제

⑦ 바닥틀의 처짐을 방지
⑧ 자중에 의한 부재 처짐을 Camber로 사전 조절

4. 특징

일반 트러스에서는 부재 중심선이 격점에서 만나고, 부재가 가늘고 길기 때문에 2차 응력은 1차 응력에 비해 작은 것이 보통이다. 대부분의 트러스 설계는 1차 응력 결과로 충분하나 2차 응력이 무시할 수 없을 정도로 크다면 설계 및 제작, 시공 시 면밀히 고려하여 2차 응력 발생을 설계단계에서 고려하여야 한다.

3교시

06 다음 그림과 같은 L-150×150×12를 인장재로 하여 고장력볼트로 연결할 때 강구조 설계기준에 의하여 블록전단강도를 구하시오. [단, 형강의 강도는 F_y = 235MPa, F_u = 400MPa이며 고장력볼트는 M24(F10T)]

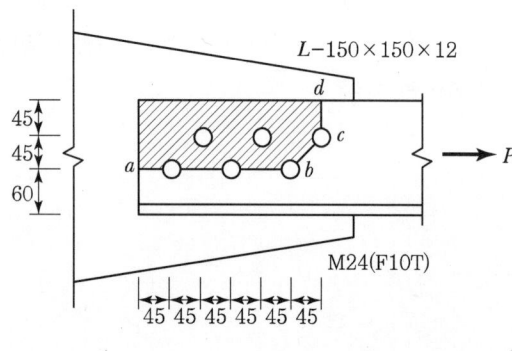

1. 전단영역(a~b)

$$A_{gv} = (45 \times 5) \times 12 = 2,700 \text{mm}^2$$
$$A_{nv} = \{(45 \times 5) - (27 \times 2.5)\} \times 12 = 1,890 \text{mm}^2$$

2. 인장영역(b~c~d)

$$A_{nt} = \left\{45 \times 2 + \frac{45^2}{4 \times 45} - (27 \times 1.5)\right\} \times 12 = 729 \text{mm}^2$$

인장응력이 균일하므로 $U_{bs} = 1.0$

3. 블록 전단 파단 강도

$$R_n = [0.6 F_u A_{nv} + U_{bs} F_u A_{nt}] \leq [0.6 F_y A_{gv} + U_{bs} F_u A_{nt}]$$
$$0.6 F_u A_{nv} + U_{bs} F_u A_{nt} = 0.6 \times 400 \times 1,890 + 1.0 \times 400 \times 729 = 745,200 \text{N}$$
$$0.6 F_y A_{gv} + U_{bs} F_u A_{nt} = 0.6 \times 235 \times 2,700 + 1.0 \times 400 \times 729 = 672,300 \text{N}$$

∴ 설계블록 전단 파단 강도

$$\phi R_n = 0.75 \times 672,300 = 504,225 N = 504.23 \text{kN}$$

4교시

04 강교량의 피로 균열 발생원인을 설명하고, S-N 곡선의 특성에 대하여 설명하시오.

1. 개요

강교량의 피로손상이란 차량하중이 반복적으로 작용하여 교량의 구성부가 파손되어 손상을 입는 경우를 말하며, 피로수명을 결정짓는 주요인자로는 응력범위, 반복 횟수, 구조상세 형식 등이다.

2. 피로손상 요인

강교량에서 피로손상이 발생하는 요인과 쉽게 발생하는 곳을 살펴본다.

피로손상 발생요인	피로손상 발생장소
단면손실	급격한 단면감소부
잔류응력	용접연결부
강재결함	강재표면 및 내부결함이 있는 곳
응력집중	국부적인 응력집중이 있는 곳

3. 피로손상 조사

피로손상을 자세히 조사하여야 보수 보강방법을 수립할 수가 있다.

조사항목	조사내용
도장 및 부식상태	오염, 물고임, 결빙, 페인트 변색, 부스러짐, 벗겨짐, 갈람짐, 녹 발생 여부, 단면 감소(위치, 길이측정), Bleeding
강재좌굴, 균열	흠집, 좌굴(위치, 방향 표시), 심한 변형, 시공 불량, 균열(위치, 깊이, 방향측정), 파열, 상대 처짐
볼트, 리벳 불량상태	풀림, 변형, 탈락, 부식, 파단, 설치 불량, 누락

4. S-N 선도

(1) 정의

정정 구조물에 반복하중이 작용할 경우 구조물의 응력집중부에 소성변형의 발생으로 균열이 발생하여, 진전, 파괴되는 현상을 피로파괴라 하며, S-N 선도는 재료의 피로에 대한 저항능력을 나타내기 위해 작용응력과 파괴 때까지의 하중의 반복 횟수의 관계를 직교좌표면에 표시한 곡선을 S-N 선도(Wohbor 곡선)라 한다.

(2) 조건

상대적으로 매우 작은 하중에서 파괴되며, 피로 발생에는 반복응력, 인장응력, 소성변형이 동시에 존재하는 것이 필요조건이 된다.

(3) 의미

① 종축은 재료에 가해진 최대응력(S) 표시
② 횡축은 파괴에 도달하는 하중의 반복 횟수(N) 표시
③ S-N을 대수의 눈금으로 표시하고 파괴확률까지 포함시켜 피로의 상·하한을 나타낸 곡선을 S-N 선도라 함

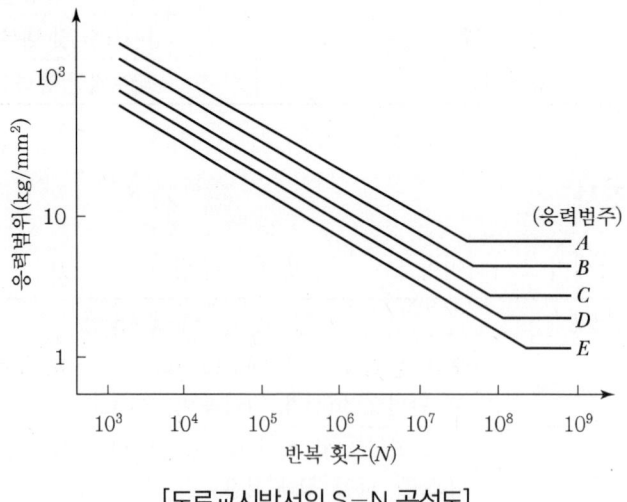

[도로교시방서의 S-N 곡선도]

CHAPTER 07

제120회 토목구조기술사

CHAPTER 07 120회 토목구조기술사

▪▪ 1교시 다음 문제 중 10문제를 선택하여 설명하시오.(각 10점)

1. 철근콘크리트 보의 응력 교란구역
2. PS 강재의 응력 부식과 지연 파괴
3. 철근콘크리트 슬래브의 균열률(Crack Ratio)
4. 후설치 앵커볼트의 종류 및 문제점
5. 강구조물에서 부재의 면외좌굴
6. 사장교의 주케이블에 적용되는 평행소선케이블(Parallel Wire Cable)과 평행연선케이블(Parallel Strand Cable)의 구조 특징
7. 프리스트레스트 콘크리트(PSC) 거더의 횡만곡
8. 도로교설계기준(한계상태설계법, 2016)에서 구조물의 여용성, 중요도, 교량의 등급
9. 도로교설계기준(한계상태설계법, 2016)의 활하중
10. 건설기술진흥법에 따른 설계안전성 검토 수행절차
11. 매입형 강합성 기둥과 충전형 강합성 기둥의 특징
12. 비틀림 하중을 받는 부재에서 발생하는 뒴(Warping)과 뒤틀림(Distortion)
13. 프리스트레스트 콘크리트(PSC) 구조에 사용되는 콘크리트와 PS 강재의 재료 특성

▪▪ 2교시 다음 문제 중 4문제를 선택하여 설명하시오.(각 25점)

1. 지속적으로 반복 및 충격하중을 받는 강재구조의 특성에 대해 설명하시오.
2. 기존 교량의 내진성능 평가절차와 내진성능 부족 시 내진성능 확보방안에 대하여 설명하시오.
3. 3경간 연속 사장교 계획 시 지형조건에 의해 중앙경간과 측경간의 비대칭 경간구성일 때, 비대칭성을 극복할 수 있는 구조계획 및 방안에 대하여 설명하시오.(단, 아래 그림은 경간계획만 참고하시오.)

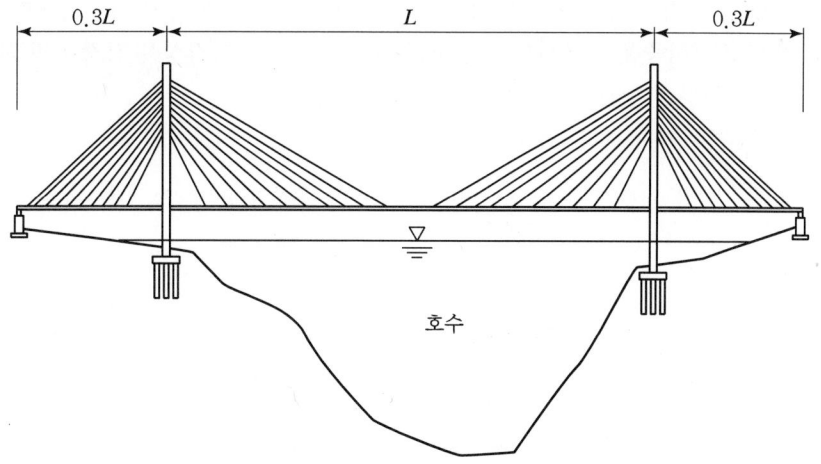

4. 다음 그림과 같이 길이 6m인 철근콘크리트 단순보에 고정하중 $W_D = 30\text{kN/m}$, 활하중 $W_L = 25\text{kN/m}$가 작용할 때 강도설계법을 적용하여 다음 사항을 구하시오.
   1) 계수모멘트(M_u)에 의한 단철근 직사각형 단면보의 휨 철근량과 사용철근
   2) 전단력 분포에 따른 최소 전단철근 배치구간을 구하고, 위험단면에서 수직 전단철근과 간격

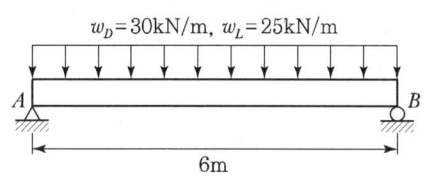

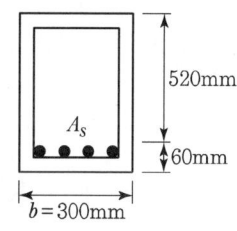

(단철근직사각형 단면보)

〈설계조건〉
- 보통콘크리트($f_{ck} = 27\text{MPa}$)
- 사용철근 SD400($f_y = 400\text{MPa}$)
- 철근의 개당 단면적 H29($A_s = 642.4\text{mm}^2$) · H13($A_s = 126.7\text{mm}^2$)
- 강도감소계수(ϕ)는 휨에 대하여 0.85와 전단에 대하여 0.75를 적용한다.
- 콘크리트 단위중량은 24kN/m³
- 하중계수는 1.2D와 1.6L

5. 아래 그림과 같이 기둥 하단부가 힌지로 지지된 뼈대구조가 횡방향 변위가 발생하면서 좌굴이 되는 경우의 좌굴하중을 구하시오.(단, 모든 부재의 길이와 휨강성은 각각 L과 EI로 일정하며, 부재의 축방향 변형과 전단 변형 효과는 무시한다.)

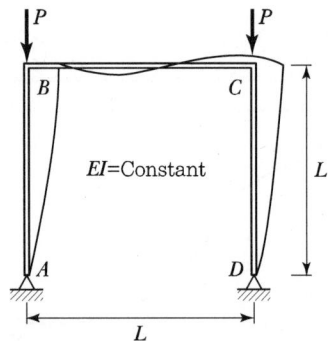

6. 강합성 박스거더의 지점부가 다음과 같이 보강재로 보강되어 있을 때, 도로교설계기준(한계상태설계법, 2016)에 의한 지압보강재의 축방향 압축강도를 구하시오. 단, 보강재는 복부판에 용접으로 접합되었으며 거더의 플랜지와 복부판, 그리고 보강재는 동일 강종이다.
(강종 : HSB500, $F_y = 380\text{MPa}$, $E = 205{,}000\text{MPa}$, 보강재 두께 $t_p = 36\text{mm}$, 보강재 돌출폭 $b_t = 200\text{mm}$, 보강재 설치간격 $d_e = 350\text{mm}$, 보강재 높이 H= 2,400mm, 다이아프램 두께 $t_w = 24\text{mm}$, 유효좌굴길이계수 K= 0.75, 저항계수= 0.9)

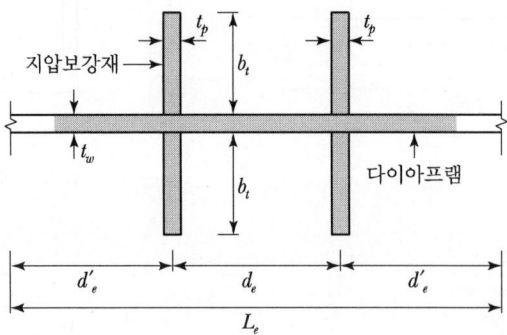

3교시 다음 문제 중 4문제를 선택하여 설명하시오.(각 25점)

1. 사장교의 케이블 교체 및 파단 시 해석방법에 대해 설명하시오.
2. 프리스트레스트 콘크리트 전단 특성과 전단파괴의 종류에 대하여 설명하시오.
3. 강박스 거더는 박판의 플레이트에 각종 보강재를 부착하여 장경간 거더로 활용되는 형식이다.
   1) 강박스 거더교를 구성하고 있는 부재(보강재 포함)를 열거하고, 구조적 역할을 설명하시오.
   2) 기존 박스 거더를 합리적으로 개선한 형식 3개를 제시하고, 구조 개요를 설명하시오.

4. 다음 구조계의 B에 집중하중 P가 작용 시 B의 수직 탄성변위를 구하시오.(단, 전체 부재의 탄성계수는 E, 부재 AB의 휨강성은 EI, 부재 BC, BD의 단면적은 A로 가정한다.)

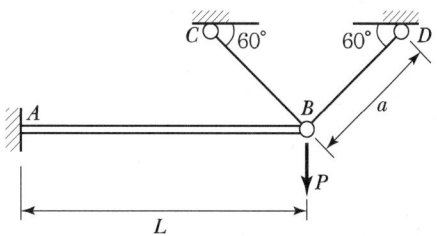

5. 아래 그림과 같은 플랜지의 폭이 B이고 복부판의 높이가 H이며 플랜지와 복부판의 두께 t가 일정한 ㄷ형강이 있다. 플랜지 중심선의 길이 b와 복부판 중심선의 길이 h를 이용하여, 복부판 중심선으로부터 전단 중심(o)까지의 거리 e를 구하시오.(단, $b=h$)

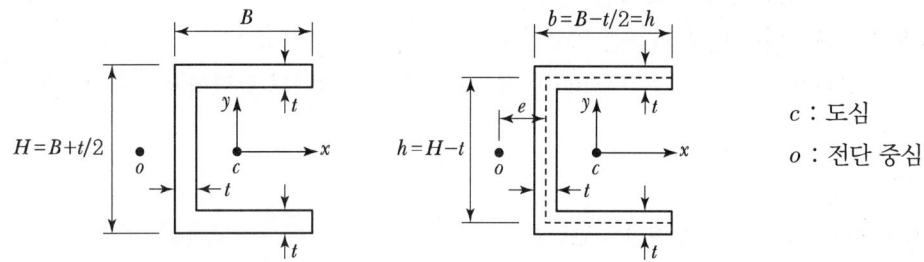

c : 도심
o : 전단 중심

6. 프리스트레스트 콘크리트 거더 교량($L=3@45=135m$) 설계 시, 첫 번째 교각을 고정단 위치로 설정하여 그에 따른 교대부 신축이음장치의 규모를 산정하시오.(단, 거더높이 $h=2.5m$, 콘크리트 탄성계수 $E_c=28,000N/mm^2$, 거더 단면적 $A_c=1.73\times10^6mm^2$, 프리스트레싱 직후의 PS 강재에 작용하는 인장력 $P_i=7.1\times10^6N$으로 가정하고, 온도 변화 $\triangle T=40℃$, 콘크리트 열팽창계수 $\alpha=1.0\times10^{-5}/℃$, 건조 수축 및 크리프 저감계수 $\beta=0.5$, 콘크리트의 크리프계수 $\phi=2.0$, 받침의 회전중심에서 거더의 중립축까지의 높이는 $\frac{2}{3}h$, 거더의 회전각 $\theta_i=\frac{1}{300}$, 설치여유량 $\pm30mm$를 적용한다.)

4교시 다음 문제 중 4문제를 선택하여 설명하시오.(각 25점)

1. 아래 그림과 같은 교통량이 많은 차도 상부로 신설 교량을 계획하려고 한다. 교량 연장 240m, 중앙 경간장은 100m 이상이 요구되는 설치환경이며, 신설 교량의 평면선형은 직선, 폭원은 20m이다. 다리 밑 공간과 도로계획고를 고려하여 적용 가능한 교량 형식을 열거하고 간략한 가설공법을 설명하시오.(단, 공사비와 경관성은 고려하지 않으며, 하부도로의 교통은 단시간 통제할 수 있으나 가설도로에 의한 우회처리는 할 수 없는 조건임)

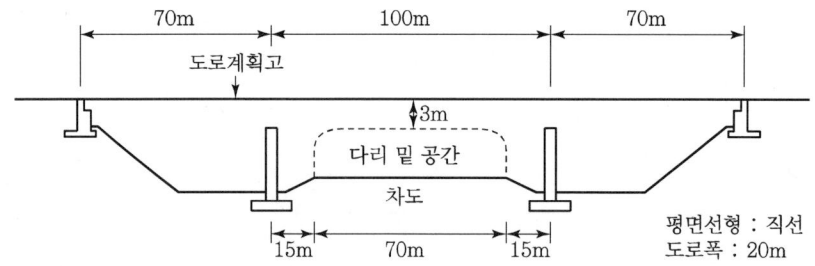

2. 도로교설계기준(한계상태설계법, 2016)에 따라 철근콘크리트 구조물의 철근피복두께를 결정하는 방법을 설명하시오.
3. 프리스트레스트 콘크리트 거더에서 포스트텐션 방식으로 강연선 긴장 시, 즉시손실과 장기손실에 대해 설명하시오.
4. 소수 주 거더교의 구조적 특성을 설명하시오.
5. 해상 장대교량에서 발생 가능한 와류진동에 대하여 설명하시오.
6. 폭 $b = 1,000$mm, 높이 $h = 700$mm인 직사각형 철근콘크리트 단면에서 극한한계상태의 휨강도를 계산하시오.

〈설계조건〉
1) 재료의 강도 및 극한한계상태 단면력
   - 콘크리트 설계기준강도 $f_{ck} = 30\text{N/mm}^2$
   - 철근의 항복강도 $f_y = 400\text{N/mm}^2$
   - 유효깊이 $d = 600.0$mm
   - 휨모멘트 $M_u = 5.0 \times 10^7 \text{N} \cdot \text{mm}$
2) 한계상태설계법에 의한 재료의 저항계수(극한한계상태)
   - 콘크리트 $\phi_c = 0.65$
   - 철근 $\phi_s = 0.95$
3) 콘크리트 강도에 따른 응력 - 변형률 곡선계수
   - 상승곡선부의 형상지수 $n = 2.0$
   - 최대응력에 처음 도달 시 변형률 $\varepsilon_{co} = 0.002$
   - 극한변형률 $\varepsilon_{cu} = 0.0033$
   - 압축합력 크기계수 $\alpha = 0.798$
   - 합력작용점 위치계수 $\beta = 0.412$
4) 모멘트 재분배 후 계수휨모멘트/탄성휨모멘트의 비율 $\delta = 1.0$
5) 단위 m당 철근간격에 따른 철근단면적(mm²)

철근 종류	철근 간격(mm)	
	200	250
H13	633.5	506.8
H16	993.0	794.4

1교시
01 철근콘크리트 보의 응력 교란구역

1. B구역

B구역은 일반적인 구간인 응력 불교란 구역으로 일반적으로 설계를 하는 구간을 말한다.

2. D구역

기하학적인 부재 형태나 급격한 하중 변화로 응력이 교란되는 구역(D영역)으로, 평면유지의 법칙이 적용되지 않고 변형률분포가 비선형인 구역을 말한다. 깊은 보, 브래킷, 앤드, 탭, 집중하중 작용점 등이 여기에 속한다.

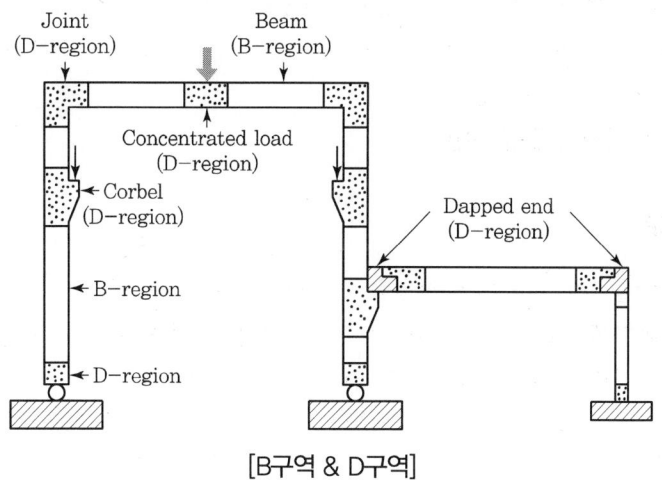

[B구역 & D구역]

3. D구역의 설계

D구역의 설계는 Strut Tie Model로 설계한다.

1교시
02 PS 강재의 응력 부식과 지연파괴

1. 응력 부식

(1) 정의

높은 응력에서는 무응력 상태보다 일반적으로 재료의 응력손실이 빨라지고 부재 표면에도 녹이 빨리 진행되는 현상을 말한다.

(2) 발생원인

① 고응력 상태에서는 강재의 조직이 취약해진다.
② 점식과 같은 녹이나 작은 홈이 응력집중을 유발시킨다.
③ 지름이 작은 원형 디스크에 강재를 감아 놓은 경우 휨응력이 작용된 상태로 방치되므로 응력 부식의 원인이 된다.
④ 오일 템퍼션이 주원인이다.

(3) 피해사례

① 재긴장을 위해 그라우팅 작업을 지연시키면 쉬스 내부의 PS 강선이 부식된다.
② 그라우팅이 충분하지 않으면 부식이 발생된다. 이때는 PS 강선을 교체해야 한다.
③ 지연파괴로 PS 강선이 갑자기 파단된다.

(4) 방지대책

① PS 강재를 방청한다.
② 긴장 후 즉시 그라우팅을 실시한다.
③ 쉬스관(Sheath Pipe)이 충분히 충진되도록 그라우팅을 실시한다.

2. 지연파괴

(1) 정의

허용응력 이하로 긴장해 놓은 PS 강재가 긴장 후 몇 시간 혹은 수십 시간 이내에 갑자기 끊어지는 현상을 지연파괴라고 한다.

(2) 원인

① 분명히 밝혀진 것은 없다.
② 취급 중 부식이 원인인 것으로 추정하고 있다.

(3) 대책

① 운반 중 부식 방지
② 저장 중 부식 방지
③ PS 강재 긴장 후 즉시 그라우팅 실시

1교시
03 철근콘크리트 슬래브의 균열률(Crack Ratio)

1. 슬래브 균열률 산정방법

(1) 1방향 균열인 경우

① 균열 발생 면적은 길이당 0.25m의 폭을 차지하는 것으로 하며, 균열의 개수가 2개 이상일 경우는 각 균열길이에 0.25m의 폭을 곱해서 합산하여 구한다.

② 균열 면적률은 아래 식으로 산정한다.

$$\frac{균열발생면적}{조사단위면적} \times 100 = \frac{균열길이(L) \times 0.25}{A(m) \times B(m)} \times 100 = \%$$

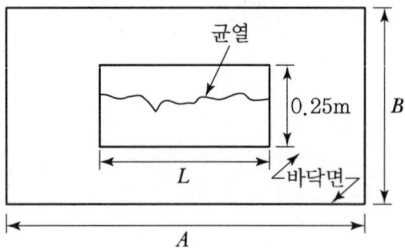

(2) 2방향 균열인 경우

① 균열 발생 면적은 균열 발생 부위를 가로, 세로의 최외측 균열을 경계로 하여 사각형 형태로 구획한 후, 점선내면면적인 (가로길이+0.25m)×(세로길이+0.25m)로 구한다.

② 균열 면적률은 아래 식으로 산정한다.

$$\frac{균열발생면적}{조사단위면적} \times 100 = \frac{균열발생면적(m^2)}{A(m) \times B(m)} \times 100 = \%$$

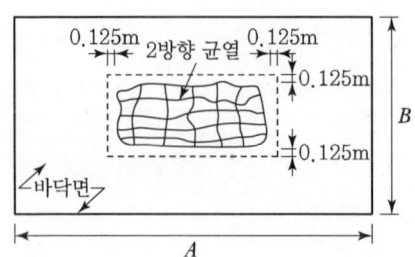

2. 슬래브 균열률 기준

[콘크리트 바닥판 상태평가기준]

기준	균열		열화 및 손상		
	1방향 균열	2방향 균열	누수 및 백태	표면 손상	철근 부식
a	균열폭 0.1mm 미만	망상균열폭 0.1mm 미만	없음	없음	없음
b	• 균열폭 0.1mm 이상 0.3mm 미만 • 균열률 2% 미만	망상균열폭 0.1mm 이상 0.3mm 미만	누수 및 백태 면적 10% 미만	표면 손상면적 2% 미만	없음
c	• 균열폭 0.3mm 이상 0.5mm 미만 • 균열률 2% 이상~10% 미만	망상균열폭 0.3mm 이상	누수 및 백태 면적 10% 이상	표면 손상면적 2% 이상 10% 미만	철근부식 손상면적 2% 미만
d	• 균열폭 0.5mm 이상 1.0mm 미만 • 균열률 10% 이상~20% 미만	망상균열의 진전으로 인한 콘크리트 박리 발생	–	표면 손상면적 10% 이상	철근부식 손상면적 2% 이상
e	• 균열폭 1.0mm 이상 • 균열률 20% 이상	망상균열에 의한 박리가 심하여 펀칭파괴 발생 가능성 있음	부식으로 인한 철근의 단면 감소가 심하여 바닥판의 안전성이 저하되는 경우		

1교시
04 후설치 앵커볼트의 종류 및 문제점

1. 앵커의 종류 및 용어정의

(1) 신설치 앵커(현장타설 앵커, Cast-in-Place Anchor)

콘크리트 치기 이전에 설치되는 헤드볼트, 헤드스터드 또는 갈고리볼트

(2) 후설치 앵커(후시공 앵커, Post-installed Anchor)

굳은 콘크리트에 설치하는 앵커, 확장 앵커 및 언더컷 앵커

① 확장 앵커(Expansion Anchor) : 굳은 콘크리트에 삽입되어 직접적인 지압 또는 마찰, 혹은 지압과 마찰에 의하여 콘크리트에 힘을 전달하거나 전달받는 후설치 앵커
② 언더컷 앵커(Undercut Anchor) : 앵커의 묻힌 단부부위 콘크리트를 도려내고(언더커팅) 기계적 맞물림으로 인장강도를 얻은 후설치 앵커

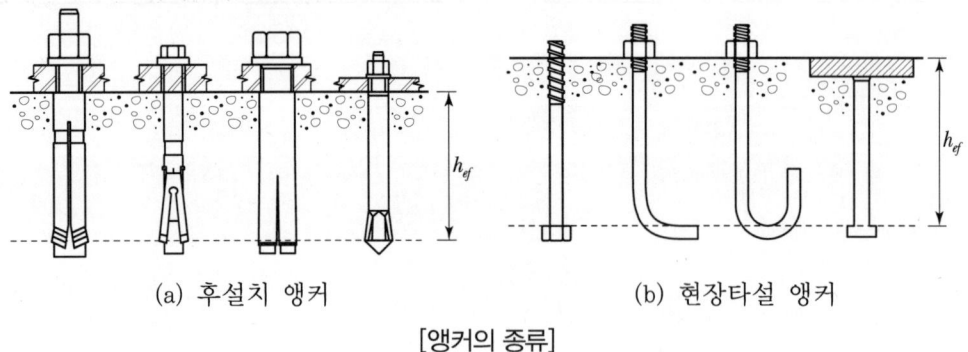

(a) 후설치 앵커 (b) 현장타설 앵커

[앵커의 종류]

2. 후시공 앵커의 분류

(1) 스터드 앵커 타입

앵커체 삽입 후 코트렌치로 조이면 앵커 끝부분이 확장되면서 고정됨

(2) 케미컬 앵커 타입

팽창성 약액(HY150 또는 RE500) 주입 후 철근이나 롯트를 삽입

3. 후시공 앵커의 특징(매립형 앵커와 비교)

(1) 개당 부담할 수 있는 내력은 비슷하나 훨씬 고가임

(2) 주요 파괴 메커니즘

① **매립형 앵커** : 앵커 볼트 자체의 항복이나 절단
② **후시공 앵커** : 콘크리트 콘(Cone) 파괴 → 설계 시 앵커 간 간격 및 모서리 거리 등 많은 제약조건이 따름. 기둥이나 보처럼 앵커가 설치될 콘크리트 단면이 협소할 경우 설계 자체가 불가능할 수도 있음
  - 케미컬 앵커 타입 : 지지력이 시공 정밀도에 크게 좌우됨
  - 콘크리트 타설 전 매립형 앵커로 시공하는 것이 경제적이고 구조적으로도 바람직함

1교시
06. 사장교의 주케이블에 적용되는 평행소선케이블(Parallel Wire Cable)과 평행연선케이블(Parallel Strand Cable)의 구조 특징

1. Wire 케이블

(1) 구성

원형단면의 강선($\phi 5 \sim 8mm$)을 육각형 혹은 원형에 가까운 다발로 평행하게 묶어서 PE Tube로 보호

(2) 특징

① 탄성계수($E = 2.05 \times 10^5 MPa$), 인장강도는 다른 케이블에 비해서 우수함
② 케이블 자체의 피로저항성이 우수하며 Locked Coil 케이블과 달리 Hi-Am Socket(Anchor Socket)을 사용하여 정착구에서의 우수한 피로저항성 확보
③ 가격이 고가이고, 현장 제작이 불가하므로 포장 및 운송비 증가

(3) 유지관리

유지관리 어려움, 케이블 교체 시 초기 사용한 전체 장비 사용

2. Strand 케이블

(1) 구성

7-Wire Strand($\phi 15mm$)를 평행하게 묶은 다발 형태를 이루고 있으며 이를 폴리에틸렌 Tube로 보호하고 있는 형태

(2) 특징

① 탄성계수($E = 2.04 \times 10^5$ MPa), 인장강도는 다른 케이블에 비해서 우수함
② 케이블 자체 및 케이블과 정착구 사이의 피로강도가 우수
③ 구조용 Prestressing Strand 정착과 같이 Wedge를 사용하여 정착구에 정착, 간혹 Hi-Am Anchor Socket을 사용

④ 케이블 제작은 일반적으로 현장에서 조립으로 이루어지며, 가설이 용이하고 가격이 저렴하여 가장 보편적으로 사용됨

(3) 유지관리

유지관리 용이, 각 소선별 교체 가능함

1교시
08 도로교설계기준(한계상태설계법, 2016)에서 구조물의 여용성, 중요도, 교량의 등급

1. 여용성계수 η_R

① 다재하 경로구조와 연속구조로 한다.
② 파괴 시 교량의 붕괴를 초래할 수 있는 주부재와 구성요소는 파괴임계부재/요소로 지정하며, 관련 구조계는 비 여용구조계로 지정해야 한다. 인장파괴 – 임계부재는 파쇄임계부재로 지정할 수 있다.
③ 파괴가 되더라도 교량의 붕괴를 초래하지 않는 부재와 구성요소는 비파괴임계부재/요소로 지정하며 관련 구조계는 여용구조계로 지정한다.
- 극한한계상태의 경우
  $\eta_R \geq 1.05$ 비여용부재
  $= 1.00$ 통상적 여용수준
  ≥ 0.95 특별한 여용수준
- 기타 다른 한계상태 경우
  $\eta_R = 1.00$

2. 중요도 계수 η_I

이 절은 극한한계상태와 극단상황한계상태에만 적용한다.
발주자는 특정교량 또는 그 교량의 구조요소 및 접합부를 중요한 구조로 지정할 수 있다.

① 극한한계상태
  $\eta_I \geq 1.05$: 중요 교량
  $= 1.00$: 일반 교량
  ≥ 0.95 : 상대적으로 중요도가 낮은 교량

② 기타 한계상태
  $\eta_I = 1.00$

3. 교량의 등급

설계 차량활하중 KL-510으로 설계하는 교량을 1등교로 한다.
2등교는 1등교 활하중효과의 75%를 적용하며, 3등교는 2등교 활하중효과의 75%를 적용한다. 교량의 등급은 원칙적으로 발주자가 정한다.

1교시
09 도로교설계기준(한계상태설계법, 2016)의 활하중

1. LRFD 설계법의 설계 활하중

교량이나 이에 부수되는 일반구조물의 노면에 작용하는 차량활하중('KL-510'으로 명명함)은 (1)에 규정된 표준트럭하중과 (2)에 규정된 표준차로하중으로 이루어져 있다. 이 하중들은 설계차로 내에서 횡방향으로 3,000mm의 폭을 점유하는 것으로 가정한다.

(1) 표준트럭하중
표준트럭의 중량과 축간거리는 그림과 같다.

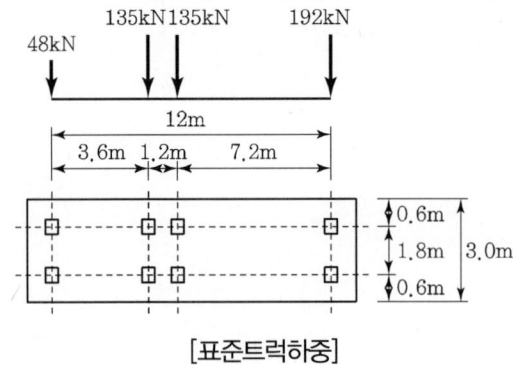

[표준트럭하중]

(2) 표준차로하중
표준차로하중은 종방향으로 균등하게 분포된 하중으로 아래 [표 1]의 값을 적용한다. 횡방향으로는 3,000mm의 폭으로 균등하게 분포되어 있다. 표준차로하중의 영향에는 충격하중을 적용하지 않는다.

[표 1] 표준차로하중

$L \leq 60\text{m}$	$w = 12.7(\text{kN/m})$
$L > 60\text{m}$	$w = 12.7 \times \left(\dfrac{60}{L}\right)^{0.1} (\text{kN/m})$

L : 표준차로하중이 재하되는 부분의 지간

[표 2] 보도 등에 재하하는 등분포하중

지간장 $L(\text{m})$	$L \leq 80$	$80 < L \leq 130$	$L > 130$
등분포하중의 크기	3.5×10^{-3}	$(4.3 - 0.01L) \times 10^{-3}$	3.0×10^{-3}

1교시
11. 매입형 강합성 기둥과 충전형 강합성 기둥의 특징

1. 합성 기둥

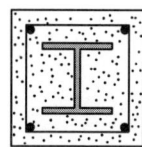
(a) 매입형

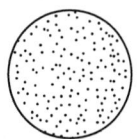
(b) 충전형

2. 매입형 합성 기둥

(1) 구조제한

① 강재 코어의 단면적은 총단면적의 1% 이상으로 한다.
② 횡방향 철근의 중심 간 간격은 직경 D10의 철근을 사용할 경우에는 300mm 이하, 직경 D13 이상의 철근을 사용할 경우에는 400mm 이하로 한다.
③ 최소한 4개의 연속된 모서리 길이방향 철근을 사용해야 하며 연속된 길이방향 철근의 최소철근비 ρ_{sr}는 0.004로 하며 다음 식으로 구한다.

$$\rho_{sr} = \frac{A_{sr}}{A_g}$$

여기서, A_{sr} : 연속길이방향 철근의 단면적(mm²)
A_g : 합성부재의 총단면적(mm²)

④ 강재 코어와 길이방향 철근의 최소순간격은 철근 직경의 1.5배 이상 또는 40mm 중 큰 값으로 한다. 또한, 플랜지에 대한 콘크리트의 순피복두께는 플랜지 폭의 1/6 이상으로 한다.

2. 매입형 합성 기둥의 압축강도 P_n

강도저항계수 : $\phi_c = 0.75$

① $\dfrac{P_{no}}{P_e} \leq 2.25$ 인 경우

$$P_n = P_{no}\left[0.658^{\left(\frac{P_{no}}{P_e}\right)}\right]$$

② $\dfrac{P_{no}}{P_e} > 2.25$ 인 경우

$$P_n = 0.877 P_e$$

여기서, $P_{no} = F_y A_s + F_{yr} A_{sr} + 0.85 f_{ck} A_c$
$P_e = \pi^2 (EI_{eff})/(KL)^2$
A_s : 강재단면적(mm^2)
A_c : 콘크리트단면적(mm^2)
  (단, 강재 코어의 설계기준 공칭항복강도가 450N/mm^2를 초과할 경우 는 $A_c = A_{ce}$로 산정)
A_{ce} : 매입 합성 기둥의 경우 피복 두께 외 띠철근 직경을 제외한 심부 콘크리트의 유효단면적(mm^2)
A_{sr} : 연속된 길이방향 철근의 단면적(mm^2)
E_c : 콘크리트의 탄성계수(N/mm^2)
E_s : 강재의 탄성계수(N/mm^2)
f_{ck} : 콘크리트의 설계기준압축강도(N/mm^2)
F_y : 강재의 설계기준항복강도(N/mm^2)
F_{yr} : 철근의 설계기준항복강도(N/mm^2)
I_c : 콘크리트단면의 단면2차모멘트(mm^4)
I_s : 강재단면의 단면2차모멘트(mm^4)
I_{sr} : 철근단면의 단면2차모멘트(mm^4)
K : 부재의 유효좌굴길이계수
L : 부재의 횡지지길이(mm)
EI_{eff} : 합성단면의 유효강성(N · mm^2)(단, 강재 코어의 설계기준 공칭항복 강도가 450N/mm^2를 초과하여도 합성단면의 유효강성 산정에는 콘크리트 전체단면적(A_c)을 사용한다)

$$EI_{eff} = E_s I_s + 0.5 E_s I_{sr} + C_1 E_c I_c$$

$$C_1 = 0.1 + 2\left(\frac{A_s}{A_c + A_s}\right) \leq 0.3$$

3. 충전형 합성 기둥

① 강관의 단면적은 총단면적의 1% 이상으로 한다.
② 폭두께비는 아래 표의 폭두께비 제한을 만족해야 한다.

(a) 비충전각형강관

(b) 충전각형강관

[각형강관의 국부좌굴]

[압축력을 받는 충전형 합성부재의 폭두께비 제한]

구분	폭두께비	λ_p 조밀/비조밀	λ_r 비조밀/세장	λ_{max} 최대허용
각형강관	b/t	$2.26\sqrt{\dfrac{E}{F_y}}$	$3.00\sqrt{\dfrac{E}{F_y}}$	$5.00\sqrt{\dfrac{E}{F_y}}$
원형강관	D/t	$\dfrac{0.15E}{F_y}$	$\dfrac{0.19E}{F_y}$	$\dfrac{0.31E}{F_y}$

※ 각형강관은 사각형강관 및 두께가 일정한 용접사각형강관

(1) 충전형 합성 기둥의 압축강도

강도저항계수는 $\phi_c = 0.75$

① 조밀단면

$$P_{no} = P_p$$

여기서, $P_p = F_y A_s + F_{yr} A_{sr} + C_2 f_{ck} A_c$

C_2 : 사각형 단면에서는 0.85, 원형 단면에서는 $0.85\left(1 + 1.56\dfrac{F_y t}{D_c f_{ck}}\right)$

D_c : $D - 2t$ (t : 강관의 두께)

② 비조밀단면

$$P_{no} = P_p - \frac{P_p - P_y}{(\lambda_r - \lambda_p)^2}(\lambda - \lambda_p)^2$$

여기서, λ, λ_p와 λ_r은 P.233 표의 폭(직경)두께비 제한값

$$P_y = F_y A_s + 0.7 f_{ck}\left(A_c + A_{sr}\frac{E_s}{E_c}\right)$$

③ 세장단면

$$P_{no} = F_{cr} A_s + 0.7 f_{ck}\left(A_c + A_{sr}\frac{E_s}{E_c}\right)$$

여기서, 각형 단면 : $F_{cr} = \dfrac{9E_s}{(b/t)^2}$

원형 단면 : $F_{cr} = \dfrac{0.72 F_y}{\left[(D/t)(F_y/E_s)\right]^{0.2}}$

합성단면의 유효강성 $EI_{eff} = E_s I_s + E_s I_{sr} + C_3 E_c I_c$

여기서, C_3는 충전형 합성압축부재의 유효강성을 구하기 위한 계수

$$C_3 = 0.6 + 2\left[\frac{A_s}{A_c + A_s}\right] \leq 0.9$$

1교시
13. 프리스트레스트 콘크리트(PSC) 구조에 사용되는 콘크리트와 PS 강재의 재료 특성

1. PSC 강재에 요구되는 일반적 성질
① PSC 강재는 인장강도가 높아야 한다.
② 릴랙세이션이 작아야 한다. 릴랙세이션이 크면 응력손실이 크다.
③ PSC 강재는 응력 부식에 대한 저항성이 커야 한다.
④ 콘크리트와 부착이 좋아야 한다.

2. 강재 규정
① PSC에 사용되는 강선은 KSD 7002[PC 강선 및 PC 강연선 규정]에 따라야 한다.
② 강봉에 대한 것은 KSD 3505[PC 강봉 규정]에 따라야 한다.

3. PSC 강재 응력변형률 특성

(1) PSC 강재의 특성
① PSC 강재 인장강도는 고강도철근의 약 4배이다.
② PSC 강재 인장강도 크기는 강연선, 강선, 강봉 순서이다.
③ PSC 강재는 뚜렷한 항복점이 없다.

(2) PSC 강재의 탄성계수

$$E_p = 2.0 \times 10^5 \mathrm{MPa}$$

(3) PSC 강재의 릴랙세이션
① PSC 강재 릴랙세이션은 프리스트레스 힘이 도입된 시간부터 발생하므로 크리프보다 릴랙세이션으로 취급하는 것이 타당하다.
② 순 릴랙세이션이란 일정변형률하에서 일어나는 인장응력의 감소량을 말한다. 초기 인장응력과 현재 인장응력의 차를 초기 인장응력으로 나눈 값을 백분율로 표시한 것이다.
③ 겉보기 릴랙세이션이란 콘크리트 크리프, 건조 수축 등으로 초기 PSC 강재의 인장변형률이 시간 경과에 따라 감소하는 것을 말한다.

2교시
02 기존 교량의 내진성능 평가절차와 내진성능 부족 시 내진성능 확보 방안에 대하여 설명하시오.

1. 내진보강 방향 설정

(1) 하중개념 : 내진구조 개념

① 작용 외력에 저항할 수 있는 개념
② 예상 수명 동안 1~2회 발생 가능성이 있는 지진규모에 대해 설계
③ 보강방향은 소요단면강도가 확보되도록 할 것

(2) 변위개념 : 면진구조개념

① 비탄성 거동을 허용하되 붕괴를 방지하는 개념
② 상당히 큰 규모의 지진에 대해서 설계
③ 보강방향 : 단면강도 및 변형성능의 확보 요망

2. 내진공법 선정 시 주의사항

(1) 지진 후의 보수성

① 약한 부재를 보강하면 다른 부재에 피해를 유발할 수 있다.
② 지진하중이 연성부재에서 비연성부재 및 취성부재로 전달되면 연성부재는 보강하지 않는다.

(2) 보강부재의 유지관리

지진 발생 시 효과를 기대하기 위해서는 유지관리가 가능해야 한다.

3. 내진보강 설계절차

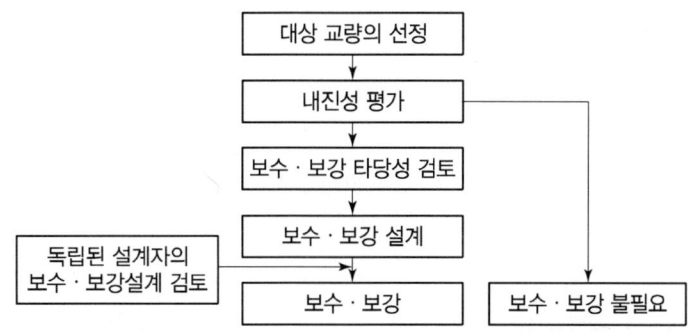

4. 대표적 내진보강공법

구분	보강방안	보강효과
작은 규모의 보강	• 받침장치의 보수, 보강 낙교 • 방지장치의 설치	• 받침수평저항력 증대 • 낙교 방지
중간 규모의 보강	• 받침장치의 교체 • RC 교각의 보강 • 지진저감장치의 설치	• 받침수평저하력 증대 • 교각의 강도 변형능력 증대 • 지진수평력 감소
큰 규모의 보강	• 기초보강 • 지반보강	• 기초강도 증대 • 액상화에 따른 지지력 • 수평저항력 증대

5. 받침보강공법

부위	상태	공법
받침 본체	• 롤러 탈락 • 받침판 균열	받침 및 파손 부재 교체
받침과 상하부 구조의 연결보	• 앵커볼트 파손 • 볼트, 너트 누락	교체
	받침 모르타르 파손	• 경미한 균열 시 균열 확대 방지 • 모르타르 재시공
	받침 콘크리트 파손	받침부 확대
이동제한장치 및 부상방지장치	기능 상실	교체

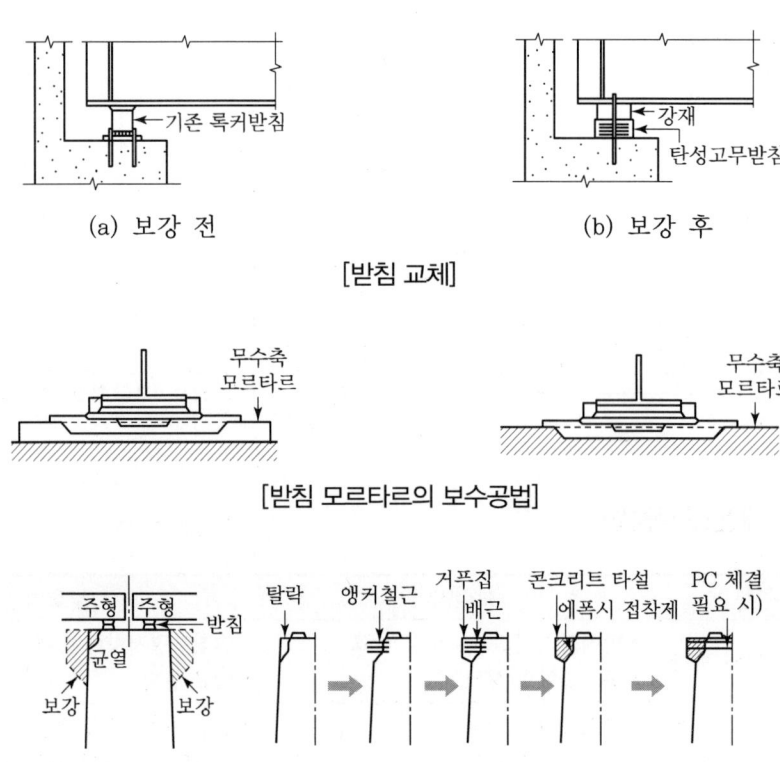

[받침 교체]

[받침 모르타르의 보수공법]

[받침 콘크리트 보강]

6. 낙교방지장치

보강공법	보강공법의 개요
케이블 구속장치	거더와 하부구조, 거더와 거더를 연결하여 과도한 수평변위를 제한하며 거더의 이탈을 억제함
이동제한장치	거더 또는 하부구조에 돌기를 설치하여 지진 발생 시 과도한 수평변위 및 영구 잔류변위를 제한하여 거도와 이탈을 억제함
단면받침지지길이 확대	노후화된 받침부 콘크리트가 파손된 경우와 받침 지지길이가 부족한 경우, 하부구조 연단의 콘크리트를 증가 타설하거나, 브래킷 등을 설치하여 받침지지길이를 확보함

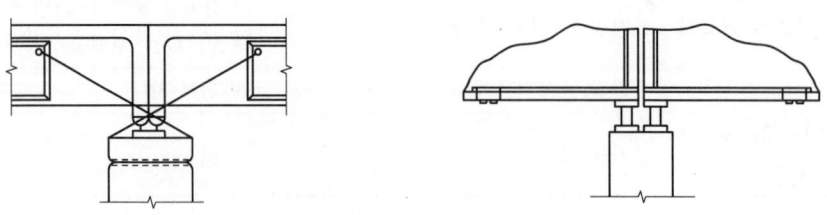

[케이블 구속장치]

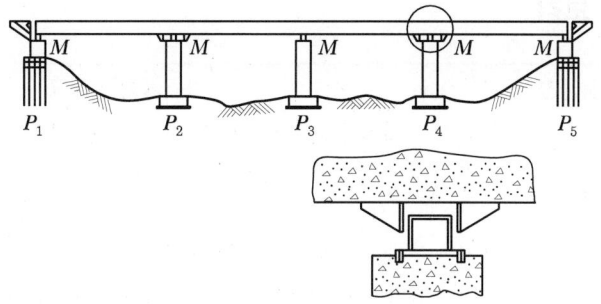

[이동제한장치(전단키)]

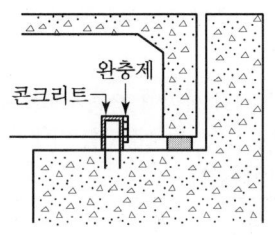
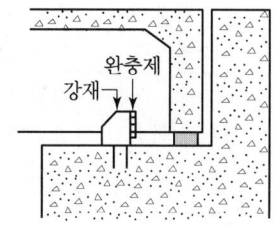

[이동제한장치(전단키)]

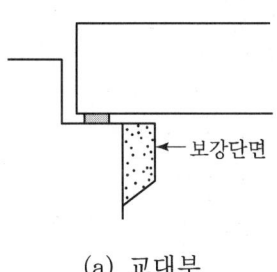
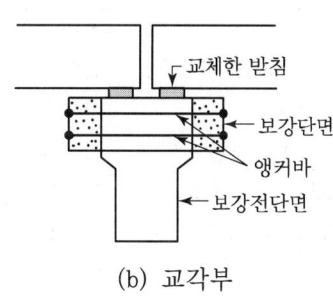

(a) 교대부   (b) 교각부

[받침지지길이 확대]

7. 교각 및 교대 보강

분류	보강공법	보강공법의 개요
부재 단면 증가	콘크리트 피복공법	기존 부재에 철근을 배근하고 콘크리트를 보완 타설하여, 단면을 증가시켜 보강하는 공법이다. 비교적 큰 단면의 교각을 보강하는 데 적용되고 있다. 철근 대신에 PC 강봉을 이용하는 경우도 있다.
	모르타르 피복공법	기존 부재에 띠철근이나 나선철근을 배근하고 모르타르를 뿜어 붙여 일체화하는 공법이다. 일반적으로 콘크리트 피복공법보다 부재단면의 증가를 줄일 수 있어 라멘교 등에 적용하기 쉽다. PC 강선을 이용하는 경우도 있다.
	프리캐스트 패널 조립공법	내부에 띠철근을 배근한 프리캐스트 패널을 기둥 주위에 배치시켜 접합키로 배합한다. 기둥과 패널의 공극에 그라우드를 주입하여 일체화시키는 공법이다.
보강재 피복	강판 피복공법	가설부재에 강관을 씌워 강판과 교각 사이에 무수축 모르타르나 에폭시를 충전하여 전단 및 연성도를 보강한다. 휨보강도를 기대하는 경우에는 부재접합부나 기초부에 강관을 정착한다.
	FRP(탄소섬유, 아라미드 섬유) 시트 접착공법	탄소 섬유 시트 또는 아라미드 섬유 시트 등의 신소재를 이용하여 부재 표면에 접착시켜 보강하는 공법이다. 크레인과 같은 중기가 필요하지 않고 보강두께도 얇아 건축한계 등의 지장이 적다.
	FRP 부착공법	유리섬유와 수지를 스프레이 건(Spray Gun)으로 직접 부재 표면에 뿜어 붙여 보강하는 공법이다. 보강두께가 얇아 건축한계에 지장이 없다. 스틸 크로스 등을 병용하여 보강효과를 높일 수 있다.
보강재 삽입	철근 삽입 공법	가설 교각에 천공한다. 철근을 삽입하고 모르타르 등을 충전하여 구체 단면 내에 소요철근량을 증가시켜 전단강도 및 연성도를 보강한다.
	PC 강봉 삽입 공법	상기의 철근 대신에 PC 강봉을 삽입한다. 필요에 따라 프리스트레스를 도입한다.
부재 증설	벽 증설	라멘교 등의 교각 사이에 벽을 증설하여 휨 및 전단강도를 대폭적으로 증가시키는 공법이다.
	브레이스 증설	라멘교 등의 교각 사이에 브레이싱을 증설하여 기존 교각 부재에 작용하는 대지진 시의 수평력을 줄이는 공법이다.
병용 공법	콘크리트 피복 + 강판 피복	대단면의 교각에 있어서 휨 보강은 주로 철근 콘크리트 피복에 의해, 전단 및 연성도는 강판 피복에 의해 보강한다.
	철근 삽입 + 콘크리트 피복	대단면의 교각에 있어서 콘크리트의 구속효과를 향상시키기 위해 철근콘크리트 증설공법에 철근삽입공법을 병용한다.
	PC 강봉 삽입 + 강판 피복	대단면의 교각에 있어서 강판피복공법에 의한 콘크리트의 구속효과를 높이기 위해 PC 강봉을 삽입하여 강판을 연결한다.

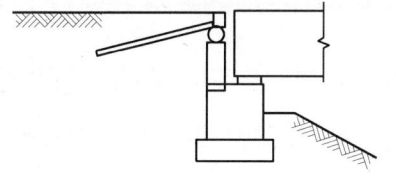 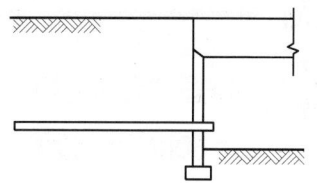

[교대보강]

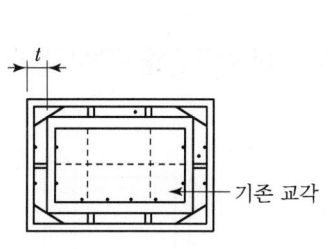 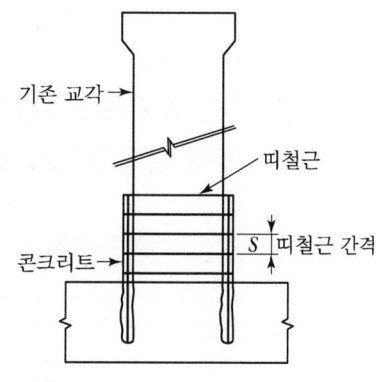

[콘크리트 증설공법]

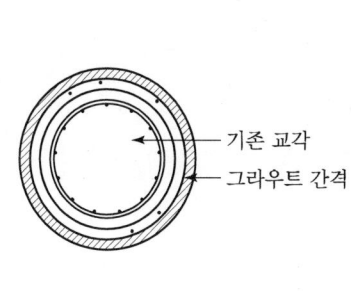 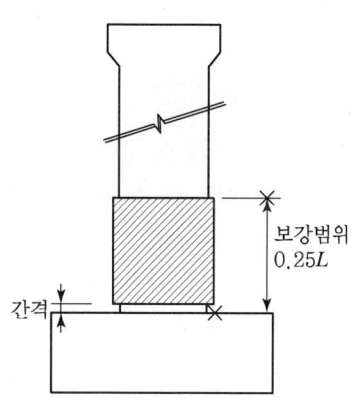

(a) 원형 교각

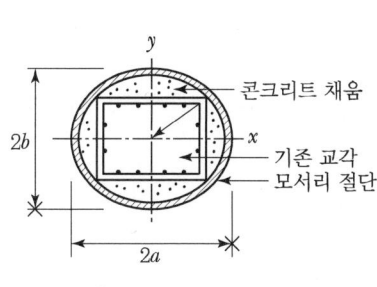 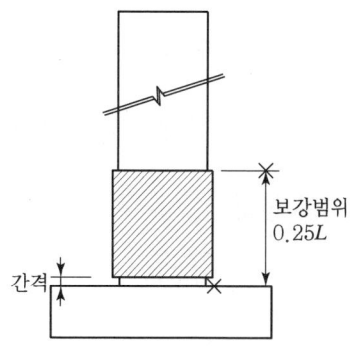

(b) 구형 교각

[강판보강]

2교시

04 다음 그림과 같이 길이 6m인 철근콘크리트 단순보에 고정하중 w_D =30kN/m, 활하중 w_L=25kN/m가 작용할 때 강도설계법을 적용하여 다음 사항을 구하시오.

1) 계수모멘트(M_u)에 의한 단철근 직사각형 단면보의 휨 철근량과 사용철근
2) 전단력 분포에 따른 최소 전단철근 배치구간을 구하고, 위험단면에서 수직 전단철근과 간격

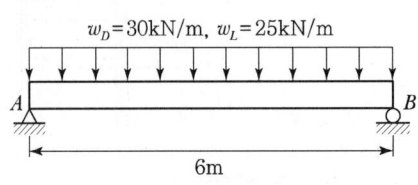
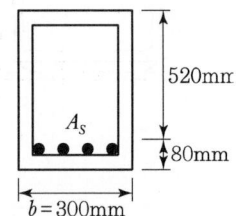

(단철근 직사각형 단면보)

> **설계조건**
> - 보통콘크리트(f_{ck} = 27MPa)
> - 콘크리트 단위중량은 24kN/m³
> - 사용철근 SD400(f_y = 400MPa)
> - 하중계수는 1.2D와 1.6L
> - 철근의 개당 단면적 H29(A_s = 642.4mm²), H13(A_s = 126.7mm²)
> - 강도감소계수(ϕ)는 휨에 대하여 0.85와 전단에 대하여 0.75를 적용한다.

1. 계수모멘트(M_u)에 의한 단철근 직사각형 단면보의 휨 철근량과 사용철근

(1) 자중 산정

$$w_s = 24 \times 0.3 \times 0.6 = 4.32 \text{kN/m}$$

(2) 계수하중

$$w_u = 1.2w_D + 1.6w_L = 1.2 \times (4.32 + 30) + 1.6 \times 25 = 81.18 \text{kN/m}$$

(3) 최대 Moment $M_{U.\max}$

$$M_{u,\max} = \frac{W_U L^2}{8} = \frac{81.18 \times 6^2}{8} = 365.31 \text{kN/m}$$

(4) A_s의 산정

$$a = \frac{A_s f_y}{0.85 f_{ck} b} = \frac{A_s \times 400}{0.85 \times 27 \times 300} = 0.0581 A_s$$

$$M_u = \phi A_s f_y (d - \frac{a}{2})$$

$$365.31 \times 10^6 = 0.85 \times A_s \times 400 \left(520 - \frac{1}{2} \times 0.0581 A_s\right)$$

$$365.31 \times 10^6 = 176,800 A_s - 9.877 A_s^2$$

$$A_s^2 - 17,900.2 A_s + 36,985,926.9 = 0$$

$$A_s = \frac{17,900.2 \pm \sqrt{17,900.2^2 - 4 \times 36,985,926.9}}{2} = 2,383.64 \text{mm}^2$$

(5) 배근

Use H29($A_s = 642.4 \text{mm}^2$)

$$n = \frac{2,383.64}{642.4} = 3.7 \approx 4\text{개}$$

∴ Use 4−H29 ($A_s = 2,569.6 \text{mm}^2$)

(6) ϕ 검증

$a = 0.0581 A_s = 0.0581 \times 2,383.64 = 138.5 \text{mm}$

$a = \beta_1 c$

$varc = \dfrac{a}{\beta_1} = \dfrac{138.5}{0.85} = 162.94 \text{mm}$

$\varepsilon_t = \varepsilon_c \dfrac{d-c}{c} = 0.003 \times \dfrac{520 - 162.94}{162.94} = 0.00657 > 0.005$

∴ $\phi = 0.85$

2. 전단력 분포에 따른 최소 전단철근 배치구간을 구하고, 위험단면에서 수직 전단 철근과 간격

   (1) 계수 전단력 산정

   ① 지지점 계수 전단력
   $$V_u = \frac{w_u l}{2} = \frac{81.18 \times 6}{2} = 245.04 \text{kN}$$

   ② 지지점으로부터 d 떨어진 점의 위험 단면계수 전단력
   $$V_{u,d} = 254.04 - 81.18(0.52) = 202.83 \text{kN}$$

   (2) 콘크리트 전단강도
   $$\phi V_c = \phi \frac{1}{6} \lambda \sqrt{f_{ck}} \, b_w d = 0.75 \times \frac{1}{6} \times \sqrt{27} \times 300 \times 520 \times 10^{-3} = 101.33 \text{kN}$$

   (3) 최소 전단철근 배치구간

   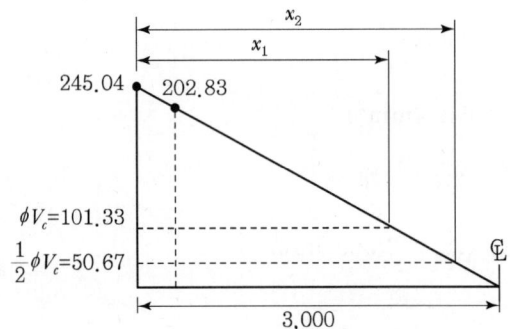

   ① x_1
   $(3 - x_1) : 101.33 = 3 : 245.04$
   $x_1 = 1.76 \text{m}$

   ② $(3 - x_2) : 50.67 = 3 : 245.04$
   $x_2 = 2.38 \text{m}$
   ∴ 최소 전단철근 배치구간 : $1.76 \text{m} \sim 2.38 \text{m}$

4. 위험단면에서 수직 전단철근과 간격

$$V_u = \phi(V_c + V_s)$$

$$V_u - \phi V_c = \phi V_s = \phi A_v f_y \frac{d}{s}$$

$$\therefore s = \frac{\phi A_v f_y d}{(V_u - \phi V_c)} = \frac{0.75 \times 2 \times 126.7 \times 400 \times 520}{(202.83 - 101.33) \times 10^3} = 389.5\text{mm}$$

5. 최대 전단철근 간격

$$\phi V_s = 101.5\text{kN} < \phi \frac{1}{3} \lambda \sqrt{f_{ck}} b_w d = 0.75 \times \frac{1}{3} \times \sqrt{27} \times 300 \times 520 \times 10^{-3}$$

$$= 202.65\text{kN}$$

$$s_{\max} \leq \frac{d}{2} = \frac{520}{2} = 260\text{mm or } 600\text{mm}$$

$$s_{\max} = \frac{A_v f_y}{0.35 b_w} = \frac{2 \times 126.7 \times 400}{0.35 \times 300} = 965.3\text{mm}$$

6. 전단철근 간격

$s = 260\text{mm} \approx \text{Use } 250\text{mm}$

$\therefore D13 @ 250$

3교시

01. 사장교의 케이블 교체 및 파단 시 해석방법에 대해 설명하시오.

1. 케이블 교체

(1) 개요

사장재 및 행어 교체 시 적용한다.

(2) 검토조건

해당 케이블 인접 최소 1개 설계차로 통제조건으로 검토
• 중앙 1면 케이블 배치 경우 : 한 편에서만 통제

(3) 검토방법

① 하중조합에 따른 케이블 장력을 구하고, 케이블을 제거하고 앞에서 구한 장력을 반대로 주탑 및 거더 등의 구조계에 작용시키는 등의 합리적 방법으로 그에 따른 영향 검토
② 케이블 교체 시 잔여 케이블의 장력 : 하중 조합에 따른 장력 + 교체되는 케이블이 제거되어 추가된 장력 = 최종 장력
③ 케이블 교체 시의 허용응력 : 25% 증가

2. 케이블 파단

(1) 개요

사장재 및 행어 파단 시 적용

(2) 검토조건

케이블 파단 검토는 전체 차로에 활하중을 재하

(3) 검토방법

① 케이블을 제거하고 고정하중과 활하중이 만재된 상태에서 구한 정적 장력의 2.0배를 반대로 구조계에 작용

② 동적 해석을 수행하여 그에 따른 영향 검토 : 정적 장력의 1.5배 이상의 동적 효과 적용

③ 선형해석에 의한 중첩 원리
- 고정하중과 활하중의 영향은 케이블이 제거되기 전의 원 구조계 ┐
- 파단에 의한 효과는 케이블이 제거된 상태의 변형구조계 ────┘ 중첩
- 동적해석 수행은 고정하중과 활하중이 만재된 상태에서 초기화된 동적 모델 사용

④ 케이블 파단 시의 허용응력 : 50% 증가

3교시

02 프리스트레스트 콘크리트 전단 특성과 전단파괴의 종류에 대하여 설명하시오.

1. Mohr원을 이용한 RC보와 PSC보의 지점부 부근의 응력 분포

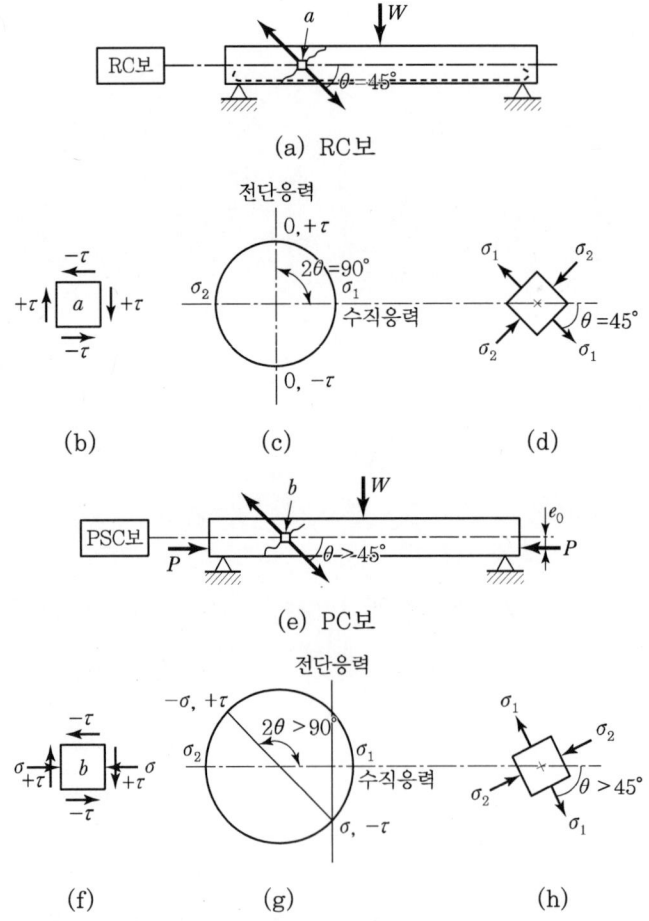

2. PSC보의 전단력

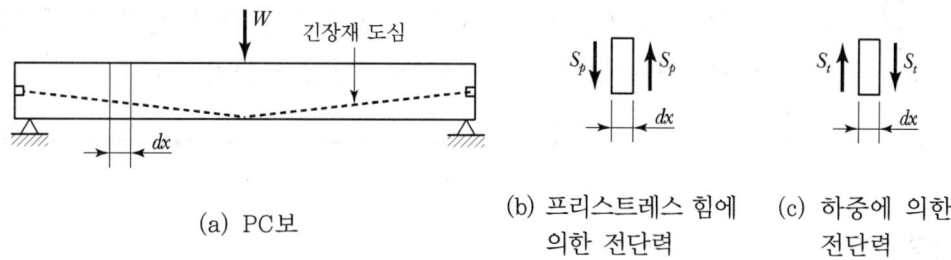

(a) PC보 (b) 프리스트레스 힘에 의한 전단력 (c) 하중에 의한 전단력

① 긴장재가 곡선 배치되는 경우 상향력 발생되며 이로 인해 $(-)V_p$ 전단력이 발생
② 하중의 한 하향력에 의해 $(+)V_l$ 전단력 발생
③ 전단력의 감소
   $V = $ 하향전단력$(V_l) - $ 상향전단력(V_p)

3. PSC보와 RC보의 비교

구분	PSC보	RC보
전단력 크기	$V_l - V_p$	V_l
응력 분포	$\tau = \dfrac{(V_l - V_p) \times Q}{I^* b}$, $f_t = -\dfrac{P_i}{A_c} \pm \dfrac{P_i e_p}{Z} \mp \dfrac{M_{d1}}{Z}$	$\tau = \dfrac{V_l \times Q}{I \times b}$
주응력	$f_{1,2} = \dfrac{-f_x}{2} + \sqrt{(\dfrac{f_x}{2})^2 + \tau^2}$	$f_{1,2} = \tau$
주응력 각도	$\tan 2\theta = 2 \times \dfrac{\tau}{f}$	$\tan 2\theta = 2 \times \dfrac{\tau}{f}$

① 전단력의 크기가 감소하여 복부의 두께가 감소할 수 있다.
② 주인장응력의 크기가 감소하여 전단균열 가능성이 작아진다.
③ PSC보의 사인장 균열 각도 2θ는 RC보의 각도보다 더 큰 각으로 발생된다. 따라서 수직스트럽을 배치하는 경우 사인장 균열이 더 많은 스트럽과 교차한다.

4교시
02. 도로교설계기준(한계상태설계법, 2016)에 따라 철근콘크리트 구조물의 철근피복두께를 결정하는 방법을 설명하시오.

1. 일반사항

① 콘크리트 피복두께는 철근(횡방향 철근, 표피철근 포함)의 표면과 그와 가장 가까운 콘크리트 표면 사이의 거리이다.

② 공칭피복두께, $t_{c,nom}$는 도면에 명시하여야 하며, 최소피복두께 $t_{c,\min}$(도로교설계기준 5.10.4.2 참조)와 설계 편차 허용량 $\Delta t_{c,dev}$(도로교설계기준 5.10.4.3 참조)의 합으로 구한다.

$$t_{c,nom} = t_{c,\min} + \Delta t_{c,dev} \quad \cdots\cdots (1)$$

2. 최소피복두께

① 콘크리트 최소피복두께 $t_{c,\min}$는 아래 사항을 고려하여 규정하여야 한다.
- 부착력의 안전한 전달
- 철근의 부식 방지(내구성)
- 내화성

② 부착과 환경조건에 대한 요구사항을 만족하는 $t_{c,\min}$ 중 큰 값을 설계에 사용하여야 한다.

$$t_{c,\min} = \max\{t_{c,\min,b} ; t_{c,\min,dur} + \Delta t_{c,dur,\gamma} - \Delta t_{c,dur,st} - \Delta t_{c,du,add} ; 10\text{mm}\} \cdots\cdots (2)$$

여기서, $t_{c,\min,b}$: 부착에 대한 요구사항을 만족하는 최소피복두께(mm)

$t_{c,\min,dur}$: 환경조건에 대한 요구사항을 만족하는 최소피복두께(mm)

$\Delta t_{c,dur,\gamma}$: 고부식성 노출환경에서 ⑤에 의한 피복두께 증가값(mm)

$\Delta t_{c,dur,st}$: 스테인리스 철근을 사용할 때 ⑦에 의한 피복두께 감소값(mm)

$\Delta t_{c,dur,add}$: 코팅과 같은 추가 보호조치를 취한 경우 ⑧에 의한 피복두께 감소값(mm)

③ 부착력을 안전하게 전달하고 충분한 다짐을 위하여 최소피복두께는 [표 2]에 주어진 $t_{c,\min b}$ 값보다 더 큰 값을 사용하여야 한다.

④ 철근과 프리스트레싱 강재의 내구성을 고려한 최소피복두께 $t_{c,\min,dur}$는 환경노출등급에 따라 다음 [표 2]에 제시되어 있다.

⑤ 염화물 또는 해수에 노출되는 고부식성 환경에 대한 추가적인 안전을 확보하기 위하여 최소피복두께를 $\Delta t_{c,dur,\gamma}$ 만큼 증가시켜야 한다. $\Delta t_{c,dur,\gamma}$ 는 아래 값을 적용하되, 실험 데이터와 신뢰할 수 있는 내구성 예측을 통해 타당한 근거를 제시할 경우 이보다 작은 값을 적용할 수 있다.

$$\Delta t_{c,dur,\gamma} = 5\mathrm{mm}(\mathrm{ED1/ES1}),\ 10\mathrm{mm}(\mathrm{ED2/ES2}),\ 15\mathrm{mm}(\mathrm{ED3/ES3})$$

⑥ 도로교설계기준 표 5.10.1에서 요구하는 최소 강도보다 아래에서 정하는 값 이상 큰 강도를 사용하는 경우, 시공과정에서 철근 위치의 변동이 없는 슬래브 형상의 부재인 경우, 콘크리트를 제조할 때 특별한 품질관리방안이 확보되었다고 승인받은 경우에는 최소피복두께를 각각 5mm 감소시킬 수 있다.
  • E0 등급이나 탄산화에 노출된 경우(EC 등급) : 5MPa
  • 염화물이나 해수에 노출된 경우(ED, ES 등급) : 10MPa

⑦ 스테인리스 철근을 사용하거나 다른 특별한 조치를 취한 경우에는 $\Delta t_{c,dur,st}$ 만큼 최소피복두께를 감소시킬 수 있다. 다만 이러한 경우 부착강도를 비롯한 모든 관련된 재료적 특성에 의한 영향을 고려하여야 한다. $\Delta_{c,dru,st}$ 는 일반적으로 0mm을 적용하되, 실험 데이터와 신뢰할 수 있는 내구성 예측 기법에 따른 타당한 근거를 제시한 경우에는 0mm보다 큰 값을 적용할 수 있다.

⑧ 코팅과 같은 추가 표면처리를 한 콘크리트의 경우 $\Delta t_{c,dur,add}$ 만큼 최소피복두께를 감소시킬 수 있다. $\Delta t_{c,dur,add}$ 는 일반적으로 0mm을 적용하되, 실험 데이터와 신뢰할 수 있는 내구성 예측 기법에 따른 타당한 근거를 제시한 경우에는 0mm보다 큰 값을 적용할 수 있다.

⑨ 프리캐스트나 현장 타설 콘크리트와 같은 다른 콘크리트 부재에 접하여 콘크리트를 타설할 경우 철근에서 표면까지의 최소피복두께는 다음 요구조건을 만족하면 [표 1]의 부착에 대한 최소피복두께 값으로 감소시킬 수 있다.
  • 콘크리트 강도가 25MPa 이상이다.
  • 콘크리트 표면이 외기에 노출된 시간이 짧다(28일 미만).
  • 접촉면이 거칠게 처리되어 있다.

⑩ 노출 골재 등과 같은 요철 표면의 경우 최소피복두께는 적어도 5mm를 증가시켜야 한다.

⑪ 일반적으로 EF와 EA 등급에 대하여서는 도로교설계기준 5.10.4절의 규정에 따라 정한 피복두께로 충분하다. 동결융해 작용(EF 등급)에 대해서는 연행 공기량의 확보가 중요하며, 제빙화학제를 사용하는 경우에는 혼화재료의 사용에 주의할 필요가 있다. 또한, 화학적 침식(EA 등급)의 경우는 시멘트의 화학 조성이 큰 영향을 미치므로 결합재의 선정에 주의를 기울여야 한다.

⑫ 방수처리나 표면처리를 하지 않은 노출 콘크리트 바닥판의 피복두께는 마모에 대비하여 최소 10mm만큼 증가시켜야 한다.

⑬ 내화를 필요로 하는 구조물의 피복두께는 화열의 온도, 지속시간, 사용골재의 성질 등을 고려하여 정하여야 한다.

[표 1] 부착에 대한 요구사항을 고려한 최소피복두께 $t_{c,\min,b}$

강재의 종류	최소피복두께 *($t_{c,\min,b}$)
일반	철근 지름
다발	등가 지름
포스트텐션 부재	• 원형 덕트 경우 : 덕트의 지름 • 직사각형 덕트 경우 : 작은 치수 혹은 큰 치수의 1/2배 중 큰 값으로서 50mm 이상인 값. 단, 두 종류의 덕트에 대하여 피복두께가 80mm보다 큰 경우는 없음
프리텐션 부재	• 강연선 및 원형 강선 경우 : 지름의 2배 • 이형 강선 경우 : 지름의 3배

*공칭 최대 골재 치수가 32mm보다 크다면 $t_{c,\min,b}$은 다짐을 위하여 5mm 증가시켜야 한다.

[표 2] 철근 및 프리스트레싱 강재의 내구성을 고려한 최소피복두께, $t_{c,\min,dur}$(mm)

강재의 종류	노출등급						
	E0	EC1	EC2/EC3	EC4	ED1/ES1	ED2/ES2	ED3/ES3
철근	20	25	35	40	45	50	55
프리스트레싱 강재	20	35	45	50	55	60	65

4교시

03. 프리스트레스트 콘크리트 거더에서 포스트텐션 방식으로 강연선 긴장 시, 즉시손실과 장기손실에 대해 설명하시오.

1. 개요

프리스트레스는 초기에 PC 강재를 긴장할 때 긴장장치에서 측정된 인장응력과 같지 않은데 이는 PC 강재의 긴장작업 중이나 긴장작업 후에도 여러 원인에 의해 인장응력이 손실되기 때문이다. 프리스트레스 손실을 살펴본다.

2. 프리스트레스 손실

(1) PC 강재 긴장 시 발생하는 단기손실

① 정착단활동
② 콘크리트 탄성 수축
③ 마찰

(2) PC 강재 긴장 후 발생하는 장기손실

① 크리프
② 건조 수축
③ 릴랙세이션

3. 정착단 활동에 의한 손실

$$\Delta f_{ps} = E_p \frac{\Delta l}{l} \text{ (긴장재와 쉬스 사이에 마찰이 없는 경우)}$$

여기서, E_p : PS 강선 탄성계수
Δl : 정착장치 활동량

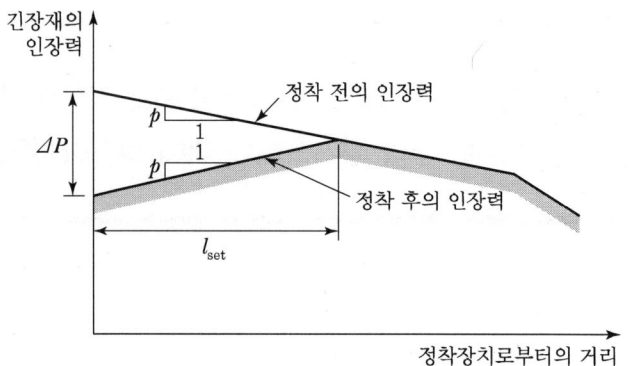

[정착단활동에 의한 손실곡선 분포도]

4. 탄성변형에 의한 손실

$$\Delta f_{pel} = \frac{E_p}{E_{ci}} f_{cir} \text{ (프리텐션 방식에서 발생)}$$

여기서, E_{ci} : 콘크리트 탄성계수

5. 마찰에 의한 손실

(1) 곡률마찰(긴장재의 각도 변화)에 의한 손실

$$P_x = P_o e^{-\mu\alpha}$$

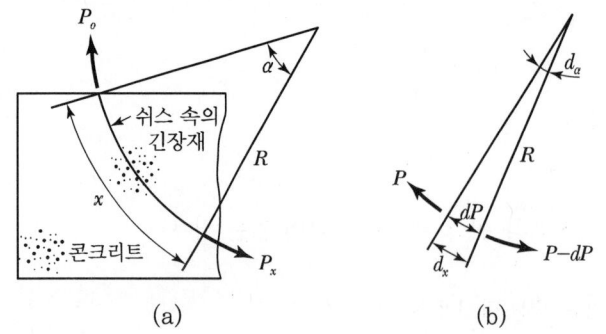
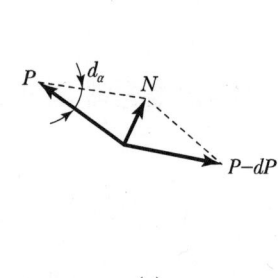

(2) 파상마찰(긴장재의 길이 영향)에 의한 손실)

$$P_x = P_o e^{-kx}$$

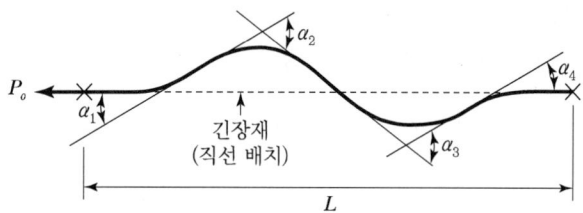

(3) 곡률마찰과 파상마찰을 동시작용하는 경우 손실량

① $(\mu\alpha + kx) > 0.3$인 경우 : $P_x = P_o e^{-(\mu\alpha + kx)}$

② $(\mu\alpha + kx) < 0.3$인 경우 : $P_x = P_o(1 - kx - \mu\alpha)$

여기서, P_o : 정착단에서 긴장력
μ : 마찰계수
α : 정착단에서 임의점까지의 총 각변화량(radian)
k : 파상마찰계수
x : 정착단에서 임의점까지의 강선 길이

6. 건조 수축에 의한 장기손실

건조 수축에 의한 장기손실은 프리텐션 방식이냐 포스트텐션 방식이냐에 따라 손실량이 다르며 연간 상대습도가 변수로 작용하며 산정은 다음과 같다.

① 프리텐션 방식 : $\Delta f_{ps} = 1.19 - 1.05H$
② 포스트텐션 방식 : $\Delta f_{ps} = 0.8(1.19 - 1.05H)$

여기서, H : 연간 상대습도 백분율

7. 크리프에 의한 장기손실

$$\Delta f_{pcr} = 12 f_{cir} - 7 f_{cds}$$

여기서, f_{cir} : 사하중을 제외한 모든 사하중으로 발생된 콘크리트 응력
f_{cds} : 보의 사하중과 긴장력에 의한 긴장재 도심에서 콘크리트 응력

8. 릴랙세이션에 의한 장기손실

① 순 릴랙세이션이란 일정변형률하에서 일어나는 인장응력의 감소량을 말한다. 초기 인장응력과 현재 인장응력의 차를 초기 인장응력으로 나눈 값을 백분율로 표시한 것이다.

② 겉보기 릴랙세이션이란 콘크리트 크리프, 건조 수축 등으로 초기 PSC 강재의 인장변형률이 시간 경과에 따라 감소하는 것을 말한다.

4교시

04 소수 주 거더교의 구조적 특성을 설명하시오.

1. 설계 일반

소수거더교는 강교의 경제성 도모 및 합리화를 위해 채용되는 형식으로, 횡방향으로 프리스트레싱력을 도입하여 바닥판의 내구성을 증진시키며, 주 거더 간격을 종래의 3m 정도에서 2배 정도인 6m 이상으로 크게 하여 주 거더의 개수를 최소화하는 교량 형식이다. 또한, 거더 단면의 단순화를 위하여 거더의 복부판에 부착되는 수평보강재와 수직보강재를 최대한 생략한다. 설계에 있어 소수거더교는 기본적으로 I형 단면으로 구성되는 플레이트 거더교와 동일한 설계과정을 거치게 된다. 다만 바닥판의 경우, I형 플레이트 거더교에는 없는 설계 항목인 횡방향 PS구조를 채택함으로써 설계법의 변경이 있었다.

(1) 소수거더교의 종류

① 가로보 또는 브레이싱 형식에 따른 분류
- I형 가로보 : 주 거더와 동일한 판형의 가로보가 설치된 소수거더교〈그림 (a)〉
- K형 브레이싱 : 작은 제원의 형강 등이 K형으로 설치된 소수거더교〈그림 (b)〉
- X형 브레이싱 1 : 작은 제원의 형강 등이 X형으로 설치된 소수거더교〈그림 (c)〉
- X형 브레이싱 2 : 작은 제원의 형강 등이 X형으로 설치되고, 추가로 하부 플랜지에 수평 브레이싱을 설치한 소수거더교〈그림 (d)〉

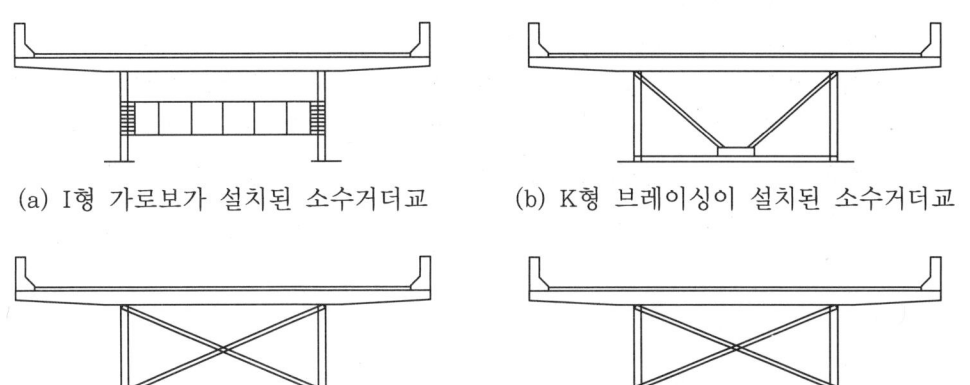

(a) I형 가로보가 설치된 소수거더교　(b) K형 브레이싱이 설치된 소수거더교

(c) X형 브레이싱이 설치된 소수거더교　(d) X형 및 수평 브레이싱이 설치된 소수거더교

[가로보 형식에 따른 소수거더교의 종류]

② 바닥판에 의한 분류
- RC 바닥판 : 횡방향으로 RC 구조를 적용한 바닥판
- PSC 바닥판 : 횡방향으로 PSC 구조를 도입한 바닥판〈그림 참조〉

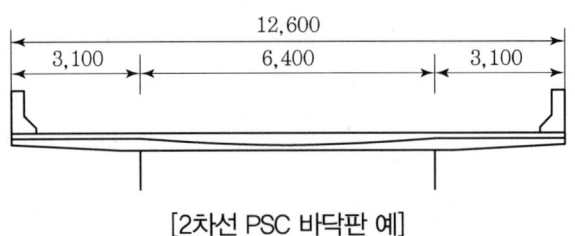

[2차선 PSC 바닥판 예]

(2) 소수거더교의 장단점

① 장점

소수거더교는 플레이트 거더교의 합리화 교량이므로 기본적인 플레이트 거더교의 장점은 그대로 유지된다. 추가적인 소수거더교의 장점은 다음과 같다.
- 2개의 주형만을 사용하므로, 미관상 유리하다.
- 다수의 거더교에 비해 상대적으로 거더 수가 줄어들게 되어 제작상 유리하다.
- 일반 플레이트 거더교에서 적용하는 판두께보다 두꺼운 부재들을 사용하여 국부좌굴에 대한 안전율이 높아 각종 보강재의 생략 혹은 절감이 가능하다. 이러한 보강재의 생략 혹은 절감은 제작에 직결되는 문제로, 공사비 절감에도 큰 효과를 발휘하게 된다.

② 단점
- 바닥판의 지간과 캔틸레버 길이가 길어지게 되어 장지간 바닥판의 성능을 확보하는 방안이 필요하다.
- 다주형교에 비해 형고가 커져야 한다.
- 피로 검토 시 단재하 경로를 적용하여야 하므로 허용피로응력의 범위가 줄어 다소 불리하게 된다. 그러나 실험적으로 바닥판이나 가로보의 구조적인 거동으로 인하여 다재하에 준하는 안전율을 확보하는 것으로 보고되는 바, 향후 단재하 경로로의 판단 여부는 좀 더 상세한 검토가 필요할 것으로 판단된다.

4교시
05. 해상 장대교량에서 발생 가능한 와류진동에 대하여 설명하시오.

1. 정의
낮은 풍속에서 발생하는 케이블 소용돌이와의 공진현상으로 고주기, 저진폭 진동으로 피로문제를 야기한다.

2. 기준 및 검토

① 개요 : Vortex Shedding은 낮은 풍속에서 발생하는 고진동수, 저진폭 진동으로 피로문제를 야기한다. 케이블의 Vortex Shedding 발생 가능 풍속은 아래의 식을 적용한다.

$$V = \frac{fD}{S_t}$$

여기서, S_t : Strouhal Number
f : 케이블 고유진동수(Hz)
D : 케이블 직경

② 사장교 케이블에서 Vortex Shedding이 발생하는 S_t 값의 범위는 대략 0.1에서 0.2 범위로 알려져 있다. 또한 고진동수 영역에서 발생하므로 케이블의 고유모드는 1차에서 5차 모드까지 고려한다. 따라서 검토내용은 하나의 케이블에 대해 1차 모드에서 5차 모드까지의 범위에 대해 최소 풍속과 최대 풍속의 범위를 구할 수 있다.

3. 대책

대수감쇠율 $\delta = 2 \sim 3\%$ 확보

CHAPTER 08

제121회
토목구조기술사

CHAPTER 08 121회 토목구조기술사

1교시 다음 문제 중 10문제를 선택하여 설명하시오.(각 10점)

1. 프리스트레스트 콘크리트에서 유효 프리스트레스 f_{pe}를 결정하기 위해서 고려해야 할 프리스트레스 손실원인을 설명하시오.
2. '시설물의 안전 및 유지관리 실시 세부지침' 교량편 정밀안전진단의 재료시험 항목을 설명하시오.
3. 노후 열화된 콘크리트의 보수용 모르타르 선정 시 고려사항에 대하여 설명하시오.
4. '건설기술 진흥법 시행령'에 규정된 설계용역에 대한 건설사업관리업무의 검토항목에 대하여 설명하시오.
5. 포스트텐션 방식의 프리스트레스트 콘크리트 구조물의 단구역(End Zone)에 대하여 설명하시오.
6. PSC 긴장재 정착구역의 응력교란영역에 대하여 설명하시오.
7. 완전 합성보에 대하여 설명하시오.
8. 용접과 고장력 볼트 병용 시 규정에 대하여 설명하시오.
9. 구조용 강재의 응력-변형률 선도를 설명하시오.
10. 강재의 장단점에 대하여 설명하시오.
11. 단순보의 지간($L=5.0$m) 중앙에 중량(W) 5kN이 2.0m의 높이(h)에서 떨어질 때 단순보의 지간 중앙에서의 처짐을 구하시오.(조건 : $E=200,000$MPa, $I=200,000,000$mm^4)

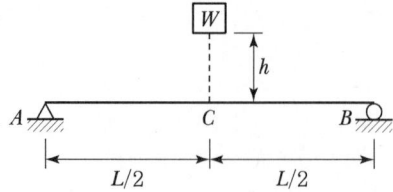

12. 아래와 같은 박스 단면의 비틀림상수 J값을 구하시오. (단, $h=3.0$m, $b=2.0$m, $t_1=0.25$m, $t_2=0.5$m, h 및 b는 부재 중심 간 거리이다.)

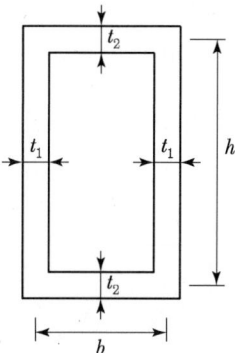

13. 그림과 같이 속도 V_0로 움직이고 있는 질량 m인 물체가 균일 단면의 휨부재 AB의 중앙점 C에 충격을 가할 때 C점에 작용하는 등가 정하중 P를 구하시오.

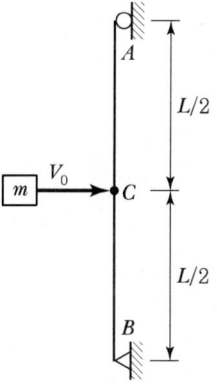

2교시 다음 문제 중 4문제를 선택하여 설명하시오.(각 25점)

1. '기존 시설물(교량) 내진성능 평가요령'(2019) 중 내진성능 예비평가에 대하여 설명하시오.
2. 강박스거더(Steel Box Girder)의 단면 형상 및 크기 결정방법에 대하여 설명하시오.
3. 지하구조물 내진설계 시 해석방법에 따라 적용하는 응답수정계수에 대하여 설명하시오.
4. 트러스 구조물에서 $\dfrac{EA}{k \cdot L} = \dfrac{9}{8}$ 일 때, B점의 수평변위를 $\dfrac{F \cdot L}{EA}$ 에 대한 식으로 나타내시오.
   (단, Truss 부재의 EA는 일정, k는 스프링강성이다.)

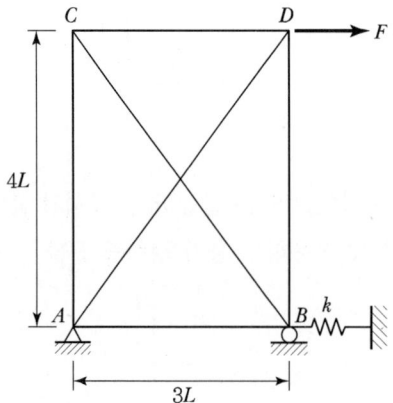

5. 합성보에서 1번 부재의 온도만 동일하게 50℃ 증가할 경우 B점의 반력을 구하시오.(단, 1, 2번 부재의 열팽창계수 $\alpha = 10 \times 10^{-5}/℃$, 1번 부재의 탄성계수 $E_1 = 20\text{MPa}$, 2번 부재의 탄성계수 $E_2 = 50\text{MPa}$이며, 1, 2번 부재는 완전부착되어 있어 미끄러짐(Slip)이 없고, 부재의 자중은 무시하는 것으로 가정한다.)

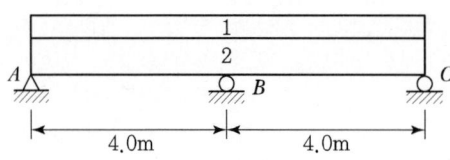 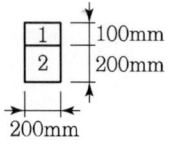

6. 그림과 같이 하중을 받을 때 볼트가 지지할 수 있는 최대하중 $P_{\max}$를 구하시오.(단, 각각의 볼트의 단면적은 400mm^2이고, 볼트의 허용 전단응력은 100MPa이다.)

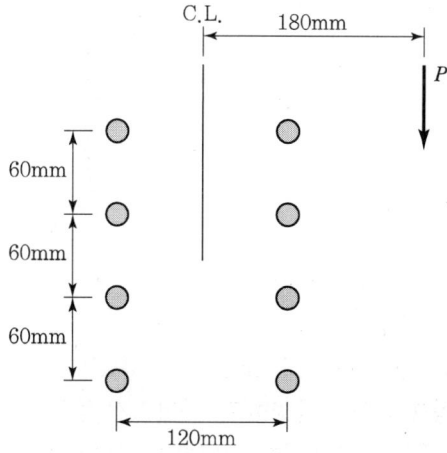

3교시 다음 문제 중 4문제를 선택하여 설명하시오.(각 25점)

1. 가설설계기준 중 '가설교량 및 노면복공 설계기준'에 따라 가설교량에 작용하는 설계차량하중에 대하여 설명하시오.
2. 고속도로(폭원 $B=40.0\text{m}$)를 직각으로 통과하는 연장 2.0km의 철도교량을 계획하려고 한다. 2개 이상의 교량 형식을 선정하여 경간장 위주로 계획하고 사유를 설명하시오.
3. 그림과 같은 리벳 또는 볼트이음에서 파괴 경로가 $A-B-F-C-D-E$로 되는 피치길이 p_1, p_2 조건을 구하고, 그래프를 그려서 설명하시오.(단, 리벳 또는 볼트 구멍의 직경은 20mm로 일정하다.)

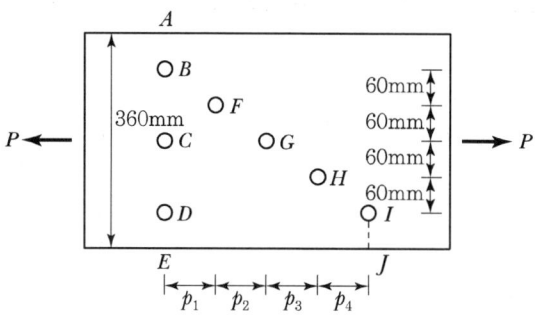

4. 그림과 같은 구조계의 고유진동수를 구하시오.(단, 보의 휨강성은 EI로 일정하다.)

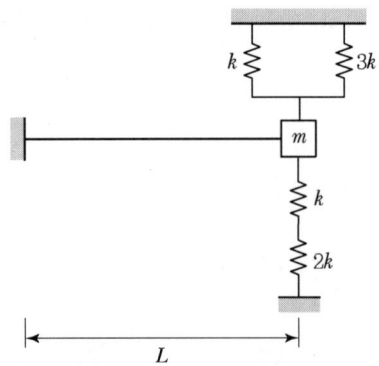

5. 복합소재 섬유인 탄소섬유(Carbon Fiber), 유리섬유(Glass Fiber)와 일반철근(Mild Steel)의 개략적인 응력－변형률 선도를 작성하고, 복합소재 섬유의 역학적 특성과 기존 철근 콘크리트 구조물 보강재로 사용 시 고려사항에 대하여 설명하시오.

6. A점의 수직처짐 δ_{AV}와 수평처짐 δ_{AH}의 크기가 같을 때, 각도 α값을 구하시오.(단, AB부재의 휨강성은 EI로 일정하다.)

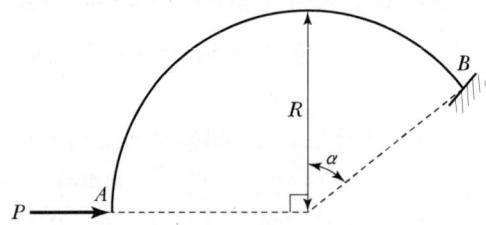

4교시 다음 문제 중 4문제를 선택하여 설명하시오.(각 25점)

1. 긴장재를 절곡배치한 프리스트레스트 콘크리트 부재가 그림과 같이 단순지지되어 있다. 부재의 단부에는 프리스트레싱에 의한 압축력 P가 작용하고 있다. 경간의 중앙에 집중하중(F)을 작용시켜서 경간 중앙의 콘크리트 최하단(A점) 응력이 영(0)이 되게 하는 집중하중(F)의 크기를 구하시오.

- 단면조건 : 500mm(폭)×1,000mm(높이), 길이 $L = 20\text{m}$
- 콘크리트 단위중량 : $\gamma_c = 25\text{kN/m}^3$
- 프리스트레스 힘 : $P = 3{,}000\text{kN}$
- 편심거리 : 경간 중앙에서의 긴장재의 편심거리 $e = 250\text{mm}$
- 단부에서의 편심거리 $e_1 = 50\text{mm}$

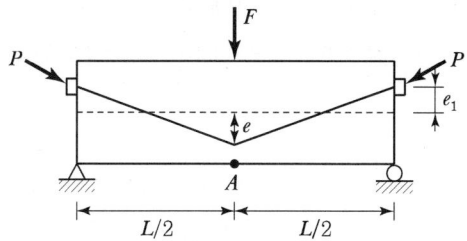

2. 그림과 같이 박스거더 상부 플랜지에 스터드가 설치되어 있다. 구조적으로 유리하게 스터드를 재배치하여 그림을 그리고 이유를 설명하시오.

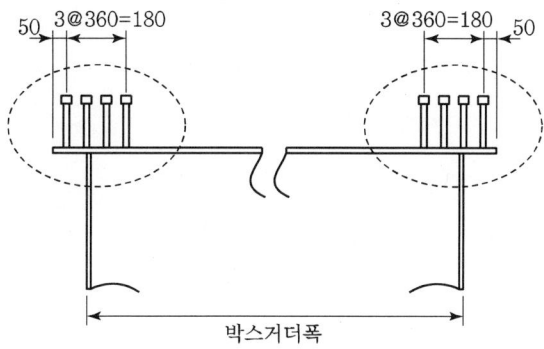

3. 내진설계 시 원형 기둥과 직사각형 기둥의 띠철근 구조 상세를 그리고, 적용기준을 설명하시오.
4. '설계공모, 기본설계 등의 시행 및 설계의 경제성 등 검토에 관한 지침'(2020)에 따른 설계 VE 실시대상과 설계VE 업무를 수행할 수 있는 자에 대하여 설명하시오.
5. 다음과 같은 조건의 복철근 보의 설계모멘트(ϕM_n)를 강도설계법으로 구하시오.

- 재료조건 : $f_{ck} = 30\text{MPa}$, $f_y = 500\text{MPa}$, $E_s = 200{,}000\text{MPa}$
- 단면조건 : $b = 300\text{mm}$, $h = 600\text{mm}$, $d = 512.5\text{mm}$, $d_1 = 537.5\text{mm}$, $d' = 62.5\text{mm}$
- 철근량 : $A_s' = 3 - D25 = 1{,}521\text{mm}^2$, $A_s = 6 - D25 = 3{,}042\text{mm}^2$

※ d : 유효 깊이, d_t : 콘크리트 압축연단에서 최외단 인장철근의 중심까지의 거리

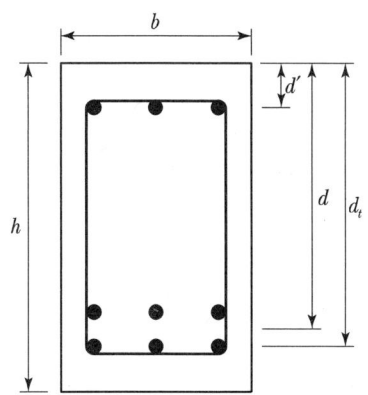

6. 그림과 같이 길이 $2L$인 캔틸레버 보의 중앙에 탄성지점을 설치한 결과 자유단 C에서의 처짐이 원래 처짐의 1/2로 감소되었을 때, 스프링력 및 스프링상수를 구하시오.(단, 휨강성 EI는 일정하다.)

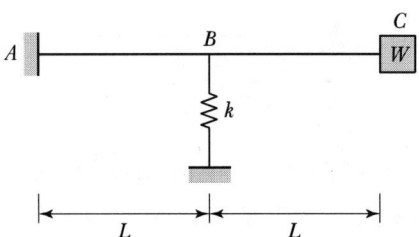

1교시

01. 프리스트레스트 콘크리트에서 유효 프리스트레스 f_{pe}를 결정하기 위해서 고려해야 할 프리스트레스 손실원인을 설명하시오.

1. 개요

프리스트레스는 초기에 PS 강재를 긴장할 때 긴장장치에서 측정된 인장응력과 같지 않은데 이는 PS 강재의 긴장작업 중이나 긴장작업 후에도 여러 원인에 의해 인장응력이 손실되기 때문이다. 프리스트레스 손실을 살펴본다.

2. 프리스트레스의 손실

(1) PS 강재 긴장 시 발생하는 단기손실

① 정착단활동에 의한 손실
② 콘크리트 탄성 수축에 의한 손실
③ 마찰에 의한 손실

(2) PS 강재 긴장 후 발생하는 장기손실

① 콘크리트 크리프에 의한 손실
② 콘크리트의 건조 수축에 의한 손실
③ PS 강재 릴랙세이션에 의한 손실

3. 손실저감대책

(1) 재료 측면 대책

① 쉬스는 마찰 손실을 줄이기 위해 파상마찰을 이용한다.
② PS 강재는 신축성이 좋고, 릴랙세이션이 작으며 항복비가 큰 것을 사용한다.
③ 콘크리트는 건조 수축이 작고 크리프가 작은 고강도 콘크리트를 사용한다.

(2) 시공 측면 대책

① 긴장 시 콘크리트 응력 확인
  • Pre-Tension : 도입 압축응력의 1.7배 또는 30MPa 이상

- Post-Tension : 도입 압축응력의 1.7배 이상

② 긴장력 도입순서 준수
- 도심에서 편심이 큰 순서로 중심에서 대칭으로 도입한다.
- 콘크리트에 균등한 응력이 작용하도록 시공한다.

4. 고찰

PS 강재의 손실량 추정은 시공조건, 재료 특성 및 PS 강재의 특징 등을 자세히 파악한 후 손실량을 산정하며 구조물의 내하력 손실이나 과대변위가 발생하지 않도록 설계와 시공을 해야 한다.

1교시
07 완전 합성보에 대하여 설명하시오.

1. 정의

강형과 철근콘크리트 바닥판이 일체로 거동하도록 강형 플렌지와 철근콘크리트 바닥판을 전단연결재로 합성시킨 거더로, 일체 거동의 정도에 따라 완전합성보와 부분합성보로 나뉜다.

2. 완전합성보와 부분합성보의 차이점

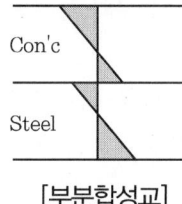

[부분합성교]

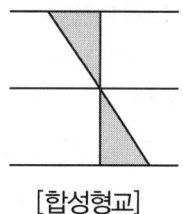

[합성형교]

3. 완전 합성보의 특징

(1) 콘크리트 슬라브는 압축상태이다.
(2) 강형의 단면은 인장상태이다.
(3) 강성이 크고 처짐이 작다.
(4) 단면의 두께가 감소한다.

4. 부분 합성보의 특징

(1) 콘크리트 단면 내에서 압축/인장이 발생한다.
(2) 강형 단면 압축/인장이 발생한다.
(3) 보의 두께가 완전 합성보다 증가한다.
(4) 부반력 발생부 및 부모멘트부가 적용된다.

1교시

08 용접과 고장력 볼트 병용 시 규정에 대하여 설명하시오.

1. 용접과 볼트의 병용

① 볼트는 용접과 조합해서 하중을 부담시킬 수 없다. 이러한 경우 용접에 전체 하중을 부담시키도록 한다.
② 다만 전단접합 시에는 용접과 볼트의 병용이 허용된다. 전단접합 시 표준구멍 또는 하중방향에 수직인 단슬롯구멍이 사용된 경우 볼트와 하중방향에 평행한 필릿용접이 하중을 각각 분담할 수 있다. 이때 볼트의 설계강도는 지압접합볼트 설계강도의 50%를 넘지 않도록 한다. 웨브는 볼트접합, 플랜지는 용접접합하는 기둥-보 접합부와 작은 보-큰 보 접합부의 경우는 이 제한조건을 적용하지 않는다.
③ 마찰볼트접합으로 기 시공된 구조물을 개축할 경우 고장력볼트는 기시공된 하중을 받는 것으로 가정하고 병용되는 용접은 추가된 소요강도를 받는 것으로 용접설계를 병용할 수 있다.

2. 볼트와 용접접합의 제한

접합부 미끄러짐이 구조물의 성능 저하를 일으키거나 반복하중에 의해 너트가 풀릴 가능성이 있는 다음의 접합에 대해서는 용접접합, 마찰접합 또는 전인장조임을 적용해야 한다.

① 높이가 38m 이상 되는 다층 구조물의 기둥이음부
② 높이가 38m 이상 되는 구조물에서 모든 보와 기둥의 접합부 그리고 기둥에 횡지지를 제공하는 기타의 모든 보의 접합부
③ 용량 50kN 이상의 크레인 구조물 중 지붕트러스이음, 기둥과 트러스접합, 기둥이음, 기둥 횡지지가새, 크레인지지부
④ 기계류 지지부 접합부 또는 충격이나 하중의 반전을 일으키는 활하중을 지지하는 접합부
여기서, 전인장조임은 마찰면의 별도 처리 없이 설계볼트장력을 도입한 접합을 말한다.

1교시
09 구조용 강재의 응력 – 변형률 선도를 설명하시오.

1. 강재의 기계적 성질

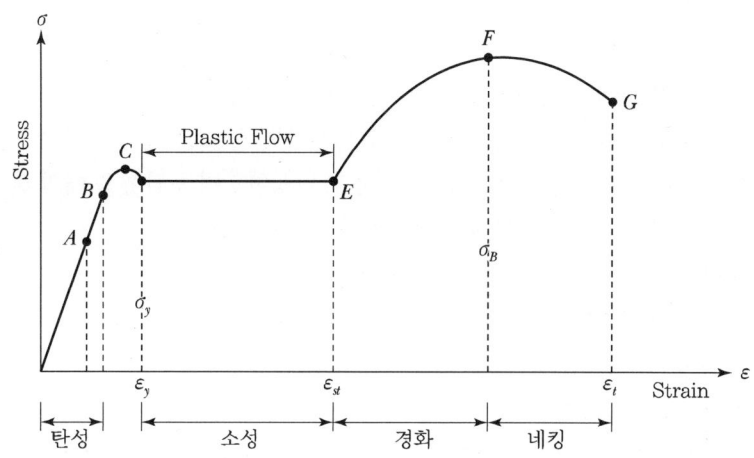

① A점 : 훅크(Hooke)의 법칙이 성립되는 점으로 비례한계(Proportion Limit)
② B점 : 탄성관계가 유지되는 한계로서 하중을 0으로 하면 변형도 0인 탄성한계(Elastic Limit)
③ C점 : 상위항복점(변형속도에 영향받기 쉽고, 보통 재하속도가 느리면 나타나지 않을 수도 있음)
④ D점 : 하위 항복점
⑤ D~E점 : 응력의 증가 없이 변형이 진행되는 구간으로서 소성흐름(Plastic Flow)이 시작되며, 이러한 현상을 항복(Yielding)이라 함
⑥ E점 : 인장에 대한 저항이 회복되며, E점에서의 접선기울기 E_{sh}를 변형도 경화계수(Strain Hardening Modulus)라 함
⑦ F점 : 인장강도(Tensile Strength)
⑧ F~G점 : Necking의 범위
⑨ ε_f : 신장 혹은 연신율(%)로서, 강재의 연성(Ductility)을 나타내는 지표
⑩ D~E 사이 : 하중을 감소시켜 $\sigma=0$이면, $\varepsilon \neq 0$으로 되는데 이러한 변형을 영구변형(Permanent Set)이라 하며 이러한 성질을 소성(Plasticity)이라 함

1교시
10. 강재의 장단점에 대하여 설명하시오.

1. 장점

① 단위면적당 강도가 크다.
   단위중량에 비해 고강도이므로 구조체의 경량화에 의해 고층구조 및 장스팬 구조에 적합하다.
② 인성이 커서 변형에 유리하고 소성변형능력이 우수하다.
   강재는 많은 양의 변형 에너지를 흡수할 수 있는 연성을 갖고 있다. 따라서 강구조는 부분적으로 항복응력에 도달하더라도 파괴되지 않고 탄성한도에 도달했을 때의 하중보다 큰 하중을 지지할 수 있으며, 소성설계가 가능하다.
③ 재료가 균질하다.
   강재는 공장 생산되어 재료의 균질성이 매우 좋으므로 정도(精度) 높은 해석이 가능하여 설계의 신뢰성이 높고, 공사 시 품질의 신뢰성도 높다.
④ 세장한 부재가 가능하다.
   인장응력과 압축응력이 거의 같아서 세장한 구조부재가 가능하며, 압축강도가 콘크리트의 약 10~20배로 커서 단면의 크기가 상대적으로 작아도 된다.
⑤ 공사기간이 빠르다.
   공장 제작 작업과 현장 조립 작업으로 시공효율이 매우 높으며, 건식공법이므로 RC 구조부분과 분리작업이 가능하여 공기를 단축시킨다.
⑥ 기존 건축물의 증축, 보수가 용이하다.
   강구조의 용도 변경, 구조체의 열화(劣化) 등에 따른 보수, 보강 및 증개축이 용이하다.
⑦ 환경친화적인 재료이다.
   강재는 건축자재로서 우수한 기능과 훌륭한 조형미를 제공할 뿐만 아니라 강구조물의 해체 후에는 재활용도가 매우 높아 환경친화적인 재료로 각광을 받고 있다.
⑧ 하이테크 건축재료이다.

2. 단점

① 내화성이 낮다.
   강재의 내력은 고온에 대하여 취약성을 갖고 있어 500~600℃에서는 상온 강도의 약 1/2, 800℃에서는 거의 0이 되어 내화설계에 의한 내화피복이 필요하다. 따라서 내화성능을 향상시키기 위하여 합금첨가에 의해 고강도를 유지하여 내화피복의 사용을 크게 감소시킬 수 있는 내화강(FR강)이 개발되었다.

② 좌굴의 영향이 크다.

　강재는 강도가 크기 때문에 부재가 세장하여 변형이나 좌굴의 우려가 있다. 따라서 압축재나 휨재의 설계 시 주의가 필요하지만 설계기준이 마련되어 있다.

③ 접합부의 신중한 설계와 용접부의 검사가 필요하다.

　강재는 강도가 충분해도 강성이 부족하면 변형이 커지고 접합부에 비틀림 모멘트가 생길 우려가 있다. 따라서 접합부의 설계 시 신중해야 한다.

④ 처짐 및 진동을 고려해야 한다.

　처짐이나 진동에 대한 고려를 충분히 하지 않으면, 거주자가 불안감을 느낄 수 있으므로, 강도뿐만 아니라 사용성을 고려한 설계를 해야 한다.

⑤ 유지관리가 필요하다.

　건축물 외관의 미적 요소로 사용된 강재 또는 교량의 경우에는 공기 중에 노출되어 유지관리가 필수적이다. 그러나 새로운 도장기술과 무도장 내후성강을 사용함으로써 유지관리비용을 절감할 수 있다.

⑥ 응력반복에 따른 피로에 의해 강도 저하가 심하다.

1교시

11 단순보의 지간($L=5.0$m) 중앙에 중량(W) 5kN이 2.0m의 높이(h)에서 떨어질 때 단순보의 지간 중앙에서의 처짐을 구하시오. (조건 : $E=200,000$MPa, $I=200,000$mm⁴)

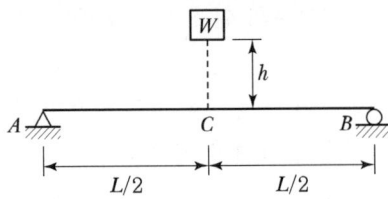

$$\delta_{st} = \frac{wl^3}{48EI} = \frac{(5 \times 10^3) \times (5 \times 10^3)^3}{48 \times (2 \times 10^5) \times (2 \times 10^8)} = 0.3255 \text{mm}$$

$$\delta_{\max} = \delta_{st}\left[1 + \sqrt{1 + \frac{2h}{\delta_{st}}}\right] = 0.3255\left[1 + \sqrt{1 + \frac{2 \times (2 \times 10^3)}{0.3255}}\right]$$
$$= 36.41 \text{mm}$$

2교시
03. 지하구조물 내진설계 시 해석방법에 따라 적용하는 응답수정계수에 대하여 설명하시오.

1. 응답수정계수

기능수행 수준의 지진은 대상구조물에 발생하는 변형을 탄성한도 내에서 거동하도록 규정하지만, 붕괴방지 수준의 지진은 구조물에서 발생하는 소성변형을 허용한다. 구조물이 비탄성 거동을 하게 되면 탄성거동을 하는 경우보다 부재력이 작아지므로 일반 구조물의 경우 이를 고려하기 위하여 부재 설계 시 탄성해석으로 구한 탄성부재력을 응답수정계수로 나눈 값이 지진에 대한 설계부재력이 되며 설계자는 이 설계부재력을 다른 하중에 의한 부재력과 조합하여 부재의 안전성을 검토해야 한다.

[붕괴방지 수준에서의 응답수정계수(R)]

구분	기둥	보	비고
철근콘크리트 부재	3	3	
강부재 또는 합성부재	5	5	

① 기능수행 수준의 내진 성능을 갖도록 설계하는 경우에는 탄성해석을 수행하게 되며, 응답수정계수(R)는 적용하지 않아야 한다.
② 붕괴방지 수준의 내진 성능을 갖도록 설계하는 경우에는 탄성해석과 탄소성해석을 필요에 따라 선택할 수 있다.
③ 탄성해석을 수행하는 경우에는 계산결과를 응답수정계수로 나눠줌으로써 탄성해석만으로 소성변형까지도 고려할 수 있다.
④ 탄소성해석을 수행하는 경우에는 계산결과를 그대로 사용하고 응답수정계수는 고려하지 않아야 한다.

2교시

05 합성보에서 1번 부재의 온도만 동일하게 50℃ 증가할 경우 B점의 반력을 구하시오.[단, 1, 2번 부재의 열팽창계수 $\alpha = 10 \times 10^{-5}$/℃, 1번 부재의 탄성계수 $E_1 = 20$MPa, 2번 부재의 탄성계수 $E_2 = 50$MPa이며, 1, 2번 부재는 완전부착되어 있어 미끄러짐(Slip)이 없고, 부재의 자중은 무시하는 것으로 가정한다.]

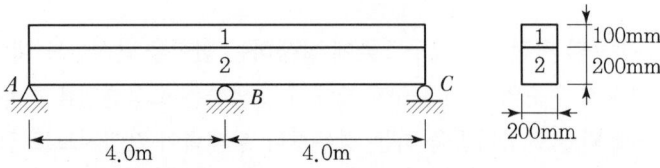

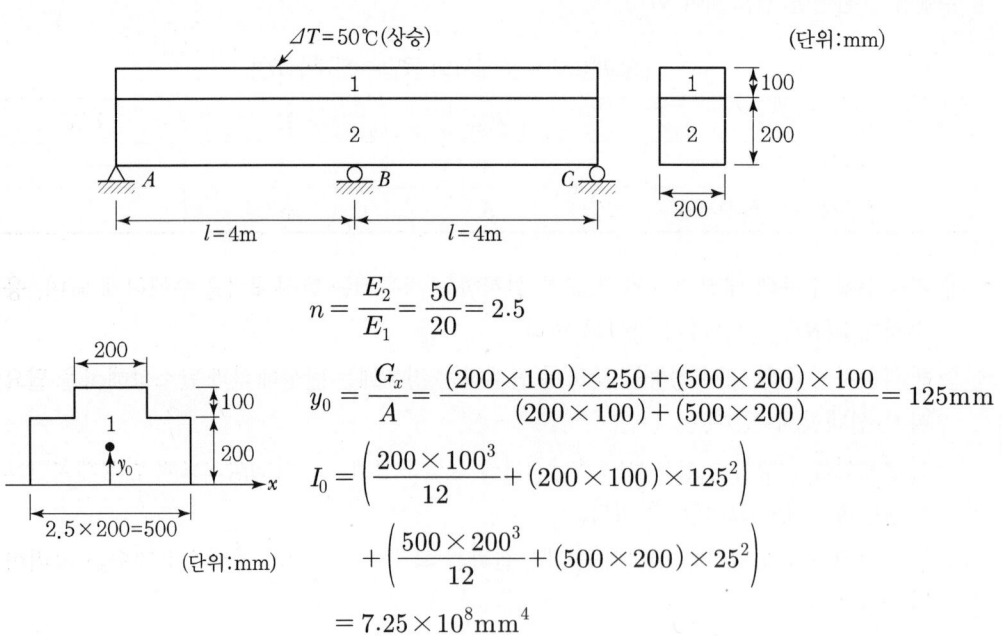

$$n = \frac{E_2}{E_1} = \frac{50}{20} = 2.5$$

$$y_0 = \frac{G_x}{A} = \frac{(200 \times 100) \times 250 + (500 \times 200) \times 100}{(200 \times 100) + (500 \times 200)} = 125 \text{mm}$$

$$I_0 = \left(\frac{200 \times 100^3}{12} + (200 \times 100) \times 125^2\right)$$
$$+ \left(\frac{500 \times 200^3}{12} + (500 \times 200) \times 25^2\right)$$
$$= 7.25 \times 10^8 \text{mm}^4$$

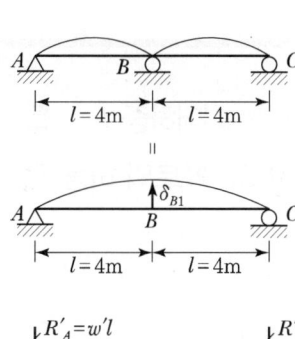

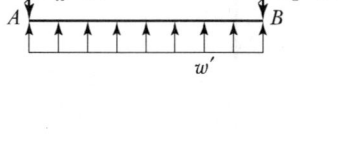

$$\sum M_B = 0(\downarrow \oplus)$$

$$(w'l)\frac{l}{2} - w'll - M_B' = 0$$

$$M_B' = -\frac{w'l^2}{2}$$

$$\delta_{B1} = M_B' = -\frac{w'l^2}{2} = -\frac{\alpha \Delta T l^2}{2h}$$

$$= -\frac{(10 \times 10^{-5}) \times 50 \times (4 \times 10^3)^2}{2 \times 300}$$

$$= -133.33 \text{mm}(\uparrow)$$

+

$$\delta_{B2} = \frac{R_B(2l)^3}{48EI} = \frac{R_B l^3}{6E_1 I_o}$$

$$= \frac{R_B \times (4 \times 10^3)^3}{6 \times 20 \times (7.25 \times 10^8)}$$

$$= 0.7356 R_B$$

$$\delta_B = \delta_{B1} + \delta_{B2} = -133.33 + 0.7356 R_B = 0$$

$$R_B = 181.25 \text{N}(\downarrow)$$

2교시

06

그림과 같이 하중을 받을 때 볼트가 지지할 수 있는 최대하중 P_{max}를 구하시오.(단, 각각의 볼트의 단면적은 40m²이고, 볼트의 허용 전단응력은 100MPa이다.)

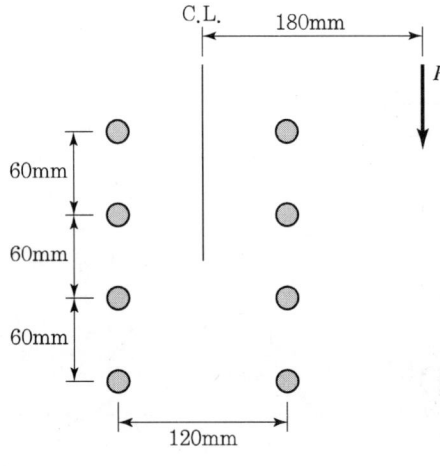

1. 단면 성질 산정

(1) 비틀림 상수 산정

$$I_x = \sum a y_i^2 = 2^{side} \times 2^{ea} \times (30^2 + 90^2) \times 400 = 14,400,000 \text{mm}^4$$
$$I_y = \sum a x_i^2 = 2^{side} \times 4^{ea} \times 60^2 \times 400 = 11,520,000 \text{mm}^4$$
$$J = I_x + I_y = 14,400,000 + 11,520,000 = 25,920,000 \text{mm}^4$$

2. 단면력 산정 및 해석 개념

(1) 작용하중

$P(N)$

(2) 비틀림 모멘트

$e = 180 \text{mm}$
$T = P e_x = P \times 180 = 180 P (\text{N} \cdot \text{mm})$

3. 전단응력

$$\tau_s = \frac{P}{na} = \frac{P}{8 \times 400} = \frac{P}{3,200}(\text{N/mm}^2) = 0.000313P$$

4. 비틀림 전단응력

비틀림 전단응력은 도심에서 가장 멀리 떨어진 볼트에서 발생

$$r_{\max} = \sqrt{60^2 + 90^2} = 108.17\text{mm}$$

$$\tau_t = \frac{T}{J}r_{\max} = \frac{180P}{25,920,000} \times 108.17 = 0.000751P$$

5. 최대 전단응력 산정

$$\cos\theta = \frac{60}{108.17}$$

$$\tau_R = \sqrt{\tau_s^2 + \tau_t^2 + 2\tau_s\tau_t\cos\theta}$$
$$= \sqrt{(0.000313P)^2 + (0.000751P)^2 + 2 \times 0.000313P \times 0.000751P \times \frac{60}{108.17}}$$
$$= 0.000961P$$

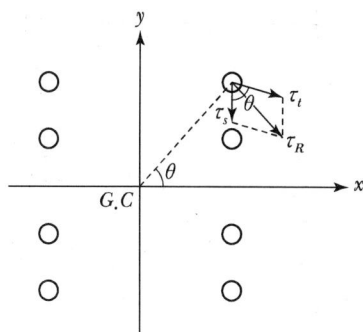

6. 최대 하중 산정 $P_{\max}$

$$\tau_R = 0.000961P \leq \tau_a = 100\text{MPa}$$

$$\therefore P_{\max} = \frac{100}{0.000961}N = 104,058.2N = 104.0582\text{kN}$$

3교시

04 그림과 같은 구조계의 고유진동수를 구하시오. (단, 보의 휨강성은 EI로 일정하다.)

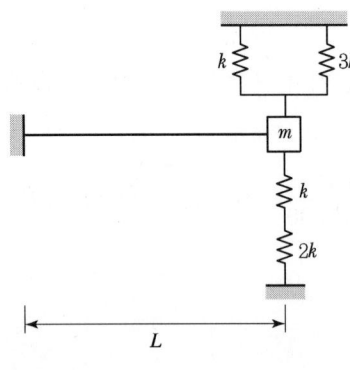

[1안]
1. 등가 스프링 상수

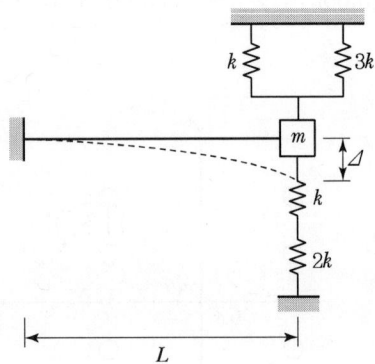

(1) 상부의 등가 스프링 : 병렬

$k + 3k = 4k$

(2) 하부의 등가 스프링 : 직렬

$$\frac{1}{k_l} = \frac{1}{k} + \frac{1}{2k} = \frac{3}{2k}$$

$$\therefore k_l = \frac{2k}{3}$$

(3) 구조물의 스프링 상수

$$k_s = \frac{3EI}{L^3}$$

2. 전체계의 등가 스프링 계수 k_e : 병렬 System

$$k_e = 4k + \frac{2}{3}k + \frac{3EI}{L^3} = \frac{14k}{3} + \frac{3EI}{L^3} = \frac{9EI + 14kL^3}{3L^3}$$

3. 고유진동수 산정

$$f_n = \frac{1}{2\pi}\sqrt{\frac{k_e}{m}} = \frac{1}{2\pi}\sqrt{\frac{1}{m}\left(\frac{9EI + 14kL^3}{3L^3}\right)} = \frac{1}{2\pi}\sqrt{\frac{9EI + 14kL^3}{3mL^3}}$$

[2안]

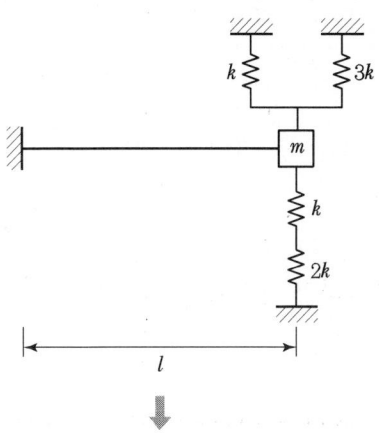

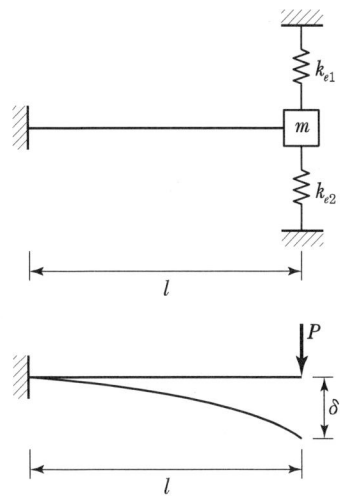

$k_{e1} = k + 3k = 4k$

$f_{e2} = \dfrac{1}{k} + \dfrac{1}{2k} = \dfrac{3}{2k}$

$k_{e2} = \dfrac{2k}{3}$

$\delta = \dfrac{Pl^2}{3EI}$

$k_c = \dfrac{P}{\delta} = \dfrac{3EI}{l^3}$

$k_e = k_{e1} + k_{e2} + k_c = 4k + \dfrac{2k}{3} + \dfrac{3EI}{l^3} = \dfrac{14kl^3}{3}$

$f_n = \dfrac{1}{2\pi}\sqrt{\dfrac{k_e}{m}} = \dfrac{1}{2\pi}\sqrt{\dfrac{14kl^3 + 9EI}{3ml^3}}$

4교시

01

긴장재를 절곡배치한 프리스트레스트 콘크리트 부재가 그림과 같이 단순지지되어 있다. 부재의 단부에는 프리스트레싱에 의한 압축력 P가 작용하고 있다. 경간의 중앙에 집중하중(F)을 작용시켜서 경간 중앙의 콘크리트 최하단(A점) 응력이 영(0)이 되게 하는 집중하중(F)의 크기를 구하시오.

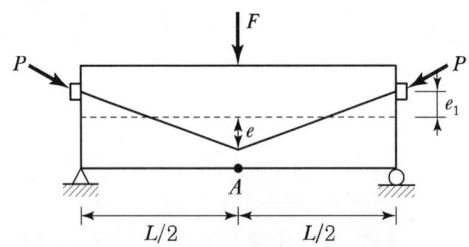

- 단면조건 : 500mm(폭)×1,000mm(높이), 길이 $L = 20\text{m}$
- 콘크리트 단위중량 : $\gamma_c = 25\text{kN/m}^3$
- 프리스트레스 힘 : $P = 3,000\text{kN}$
- 편심거리 : 경간 중앙에서의 긴장재의 편심거리 $e = 250\text{mm}$
- 단부에서의 편심거리 $e_1 = 50\text{mm}$

1. 재료 성질

단면크기 : $500 \times 1,000\text{mm}$

$L = 20\text{m}$

$\gamma_c = 25\text{kN/m}^3$

$P = 3,000\text{kN}$

$e = 250\text{mm}$

$I = \dfrac{bh^3}{12} = \dfrac{500 \times 1,000^3}{12} = 4,167 \times 10^{10}\text{mm}^4$

2. 자중 산정 및 휨모멘트 산정

$w_s = 25 \times 0.5 \times 1.0 = 12.5 \text{kN/m}$

$M_s = \dfrac{w_s L^2}{8} = \dfrac{12.5 \times 20^2}{8} = 625 \text{kN} \cdot \text{m}$

$M_p = \dfrac{FL}{4} = \dfrac{F \times 20}{4} = 5F (\text{kN} \cdot \text{m})$

3. 경간 중앙점의 최하단 응력

$f_b = \dfrac{P}{A} + \dfrac{Pe}{I} y_b - \dfrac{M}{I} y_b = 0$

$\dfrac{3{,}000 \times 10^3}{500 \times 1{,}000} + \dfrac{3{,}000 \times 10^3 \times 250}{4{,}167 \times 10^{10}} \times 500 - \dfrac{(625 \times 10^6 + 5F \times 10^6)}{4.167 \times 10^{10}} \times 500 = 0$

$15.0 = 7.5 + 0.06F$

$\therefore F = 125 \text{kN}$

4교시

05 다음과 같은 조건의 복철근 보의 설계모멘트(ϕM_n)를 강도설계법으로 구하시오.

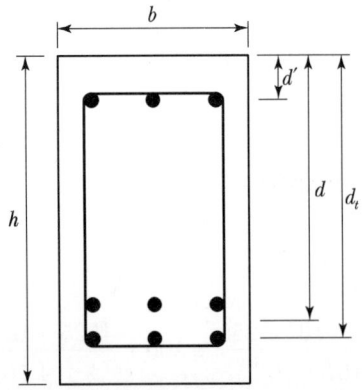

[재료조건]

$f_{ck} = 30\text{MPa}, \ f_y = 500\text{MPa}, \ E_s = 200,000\text{MPa}$

[단면조건]

$b = 300\text{mm}, \quad h = 600\text{mm}, \quad d = 512.5\text{mm}, \quad d_1 = 537.5\text{mm},$
$d' = 62.5\text{mm}$

[철근량]

$A_s' = 3 - D25 = 1,521\text{mm}^2, \ A_s = 6 - D25 = 3,042\text{mm}^2$

※ d : 유효 깊이
　　d_t : 콘크리트 압축연단에서 최외단 인장철근의 중심까지의 거리

---

1. $\varepsilon_s, \ \varepsilon_s'$

　인장 및 압축철근이 모두 항복한다고 가정

　$T = C_c + C_s$

　$A_s f_y = 0.85 f_{ck} ab + A_s' f_y$

　$a = \dfrac{(A_s - A_s')f_y}{0.85 f_{ck} b} = \dfrac{(3,042 - 1,521) \times 500}{0.85 \times 30 \times 300} = 99.41\text{mm}$

　$\beta_1 = 0.85 - 0.007(f_{ck} - 28) = 0.85 - 0.007(30 - 28) = 0.836$

$$c = \frac{a}{\beta_1} = \frac{99.41}{0.836} = 118.91 \mathrm{mm}$$

$$\varepsilon_y = \frac{f_y}{E_s} = \frac{500}{2 \times 10^5} = 0.0025$$

(1) 압축철근 ε_s'

$$c : \varepsilon_c = (c-d') : \varepsilon_s'$$

$$\varepsilon_s' = \epsilon_c \left(\frac{c-d'}{c}\right) = 0.003 \left(\frac{118.91 - 62.5}{118.91}\right) = 0.00142 < \varepsilon_y = 0.0025$$

∴ 압축철근은 항복하지 않았음

(2) 인장철근

$$c : \varepsilon_c = (d-c) : \varepsilon_s$$

$$\varepsilon_s = \varepsilon_c \left(\frac{d-c}{c}\right) = 0.003 \left(\frac{512.5 - 118.91}{118.91}\right) = 0.00993 > \varepsilon_y = 0.0025$$

∴ 인장철근은 항복

2. 압축철근의 f_s'

$$f_s' = E_s \varepsilon_s' = E_s \varepsilon_c \left(\frac{c-d'}{c}\right) = 600 \left(\frac{c-d'}{c}\right)$$

$$A_s f_y = 0.85 f_{ck} a b + A_s' f_s'$$

$$3{,}042 \times 500 = 0.85 \times 30 \times (0.836 c) \times 300 + 1{,}521 \times 600 \left(\frac{c - 62.5}{c}\right)$$

$$6395.4 c^2 - 608{,}400 c - 57{,}037{,}500 = 0$$

$$c^2 - 95.13 c - 8{,}918.5 = 0$$

$$\therefore c = \frac{95.13 + \sqrt{95.13^2 + 4 \times 8{,}918.5}}{2} = 153.3 \mathrm{mm}$$

$$a = \beta_1 c = 0.836 \times 153.3 = 128.16 \mathrm{mm}$$

$$f_s' = 600 \left(\frac{153.3 - 62.5}{153.3}\right) = 355.38 \mathrm{MPa} < f_y = 500 \mathrm{MPa}$$

3. ϕ의 검증

$$\frac{c}{d_t} = \frac{153.3}{537.5} = 0.285 < 0.375$$

$$\therefore \phi = 0.85$$

4. 설계 휨모멘트

$$\begin{aligned}
\phi M_n &= \phi \left\{ 0.85 f_{ck} a b \left(d - \frac{a}{2}\right) + A_s' f_s' (d - d') \right\} \\
&= 0.85 \left\{ 0.85 \times 30 \times 128.16 \times 300 \left(512.5 - \frac{128.16}{2}\right) \right. \\
&\quad \left. + 1,521 \times 355.38 \times (512.5 - 62.5) \right\} \times 10^{-6} \\
&= 580.45 \text{kN} \cdot \text{m}
\end{aligned}$$

4교시

06 그림과 같이 길이 $2L$인 캔틸레버 보의 중앙에 탄성지점을 설치한 결과 자유단 C에서의 처짐이 원래 처짐의 1/2로 감소되었을 때, 스프링력 및 스프링 상수를 구하시오.(단, 휨강성 EI는 일정하다.)

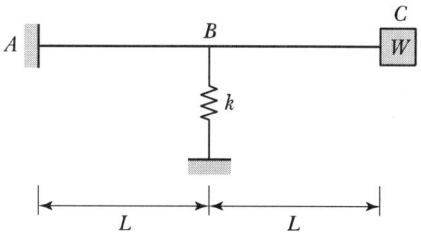

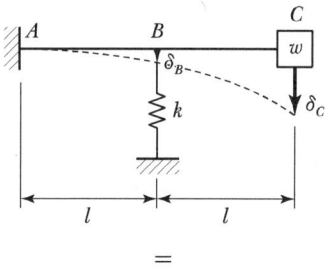

$$\delta_c = \delta_{c1} - \delta_{c2} = \frac{1}{2}\delta_{c1}$$

$$\delta_{c2} = \frac{1}{2}\delta_{c1}$$

$$\delta_B = \delta_{B1} - \delta_{B2}$$

=

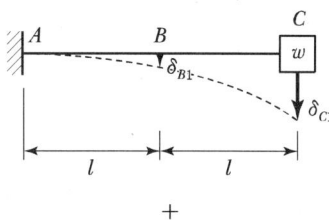

$$\delta_{c1} = \frac{w(2l)^3}{3EI} = \frac{8wl^3}{3EI}$$

$$\delta_{B1} = \frac{wl^3}{3EI} + \frac{2l^2}{2EI} \cdot l = \frac{5wl^3}{6EI}$$

+

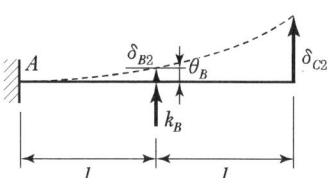

$$\delta_{c2} = \delta_{B2} + \theta_B \cdot l$$

$$= \frac{R_B l^3}{3EI} + \frac{R_B l^2}{2EI} \cdot l = \frac{5R_B l^3}{6EI}$$

$$\delta_{B2} = \frac{R_B l^3}{3EI}$$

$$\delta_{c2} = \frac{1}{2}\delta_{c1} \rightarrow \frac{5R_B l^3}{6EI} = \frac{1}{2} \cdot \frac{8wl^3}{3EI}$$

$$R_B = \frac{8w}{5}$$

$$\delta_B = \delta_{B1} - \delta_{B2} = \frac{5wl^3}{6EI} - \frac{l^3}{3EI}\left(\frac{8w}{5}\right) = \frac{3wl^3}{10EI}$$

$$k = \frac{R_B}{\delta_B} = \frac{\left(\dfrac{8w}{5}\right)}{\left(\dfrac{3wl^3}{10EI}\right)} = \frac{16EI}{3l^3}$$

제122회
토목구조기술사

CHAPTER 09 122회 토목구조기술사

1교시 다음 문제 중 10문제를 선택하여 설명하시오.(각 10점)

1. 도로교설계기준(한계상태설계법, 2016)에 제시된 부모멘트 구간의 최소 바닥판 철근 설치 규정에 대하여 설명하시오.
2. 프리텐션(Pre-tension) 방식의 프리스트레스트 콘크리트 부재에서 전달길이와 정착길이에 대하여 설명하시오.
3. 콘크리트의 연화효과(Softening Effect)에 대하여 설명하시오.
4. 철근콘크리트의 인장강화현상(Tension Stiffening Effect)에 대하여 설명하시오.
5. 강교량의 단면계획 시 조밀단면에 대하여 설명하시오.
6. 저형고 장지간 합성형 라멘교에 대하여 설명하시오.
7. 도로교설계기준(한계상태설계법, 2016)의 표준트럭하중(KL-510)에 대하여 설명하시오.
8. 구조물의 최적설계(Optimum Structural Design)를 수행하기 위한 개념, 설계변수 및 제약조건식 등에 대하여 설명하시오.
9. 철근콘크리트 구조물에서 사용성(Serviceability)을 확보하여야만 하는 사유와 사용하중에 의한 휨응력이 콘크리트와 철근의 허용응력을 초과하는 경우에 발생하는 현상을 설명하시오.
10. 아래 그림과 같이 폭이 120mm, 높이가 240mm, 탄성계수 $E_w = 9{,}000$MPa인 목재보에 폭이 100mm, 두께가 24mm, 탄성계수 $E_a = 72{,}000$MPa인 알루미늄판을 합성하였다. 이 보의 수평축(Y축)에 대하여 25kN·m인 휨모멘트가 작용하고 있다면, 이 합성부재를 이루는 두 부재의 최대응력과 최소응력을 구하시오.

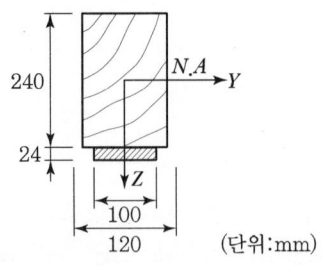

(단위:mm)

11. 강구조물의 설계에서 강종을 선정할 때 고려해야 할 사항에 대하여 설명하시오.
12. 기존 교량의 정밀안전진단을 위한 기본과업에 대하여 설명하시오.
13. 도로교설계기준(한계상태설계법, 2016)에 제시된 교량의 위치 선정에서 하천을 통과하는 경우 고려해야 할 사항에 대하여 설명하시오.

2교시 다음 문제 중 4문제를 선택하여 설명하시오.(각 25점)

1. 교량설계 시 부반력이 발생하는 원인과 부반력이 발생하는 원인별 대책에 대하여 설명하시오.
2. 강구조부재설계기준(KDS 14 31 10)에 제시된 압축력과 휨을 동시에 받는 강구조물의 설계에 대하여 설명하시오.
3. 하천이나 하부도로를 사각으로 횡단하는 교량을 설계하고자 한다. 이러한 사각 교량설계에 따른 상하행선 교폭 구성방법, 구조적 특성, 철근배근 방법, 신축이음장치 설계방법 등을 각각 구분하여 설명하시오.
4. 아래 그림과 같이 지중에 공동구를 건설하고자 흙막이공을 계획하였다. 흙막이공의 코너 버팀대를 45°, 3m 간격으로 배치하였다. 띠장에 100kN/m의 하중이 작용하고, 버팀대에 5kN/m(자중 포함) 작업하중이 작용할 때 온도하중에 의한 축력(120kN)을 고려하여 버팀대에 발생하는 응력과 안전 여부를 검토하시오.(단, 버팀대의 H형강은 H300×300×10×15의 고재를 사용하며, 강재의 허용응력은 아래 표를 참조하고, 단기하중에 의한 응력 할증은 1.3으로 한다.)

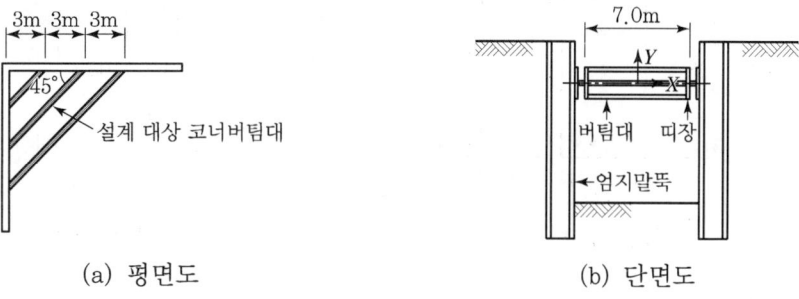

(a) 평면도 (b) 단면도

[강재의 허용응력]

허용 축방향 응력(MPa)	허용 휨압축 응력(MPa)
$\dfrac{l}{r} \leq 20$, $f_{ca} = 140$ $20 < \dfrac{l}{r} \leq 93$, $f_{ca} = 140 - 0.84\left(\dfrac{l}{r} - 20\right)$ $\dfrac{l}{r} > 93$, $f_{ca} = \dfrac{1,200,000}{6,700 + (l/r)^2}$	$\dfrac{l}{b} \leq 4.5$, $f_{ba} = 140$ $4.5 < \dfrac{l}{b} \leq 30$, $f_{ba} = 140 - 2.4\left(\dfrac{l}{b} - 4.5\right)$

5. 단면이 500×1,200mm인 직사각형 합성기둥(SRC)에 8개의 D25철근(4,053.6mm²)과 H500×250×10×20인 H형강이 그림과 같이 배치되어 있다. 이 직사각형 합성기둥(SRC)에 대한 균형 파괴 시의 N_b, M_b를 구하시오.(단, N_b, M_b 계산 시 H형강의 복부두께는 무시하되, 직사각형 콘크리트 단면에서 철근과 H형강의 단면적은 공제하지 않는다.)

〈조건〉
- 콘크리트 설계기준 압축강도 $f_{ck} = 30\text{MPa}$
- 철근과 H형강의 항복강도 $f_y = 400\text{MPa}$
- 재료계수 $\phi_c = 0.65$, $\phi_s = 0.90$
- 콘크리트의 극한변형률 $\epsilon_{cu} = 0.0033$
- 콘크리트 응력분포 계수 $\alpha = 0.8$, $\beta = 0.4$
- 철근과 H형강 탄성계수 $E_s = 200,000\text{MPa}$

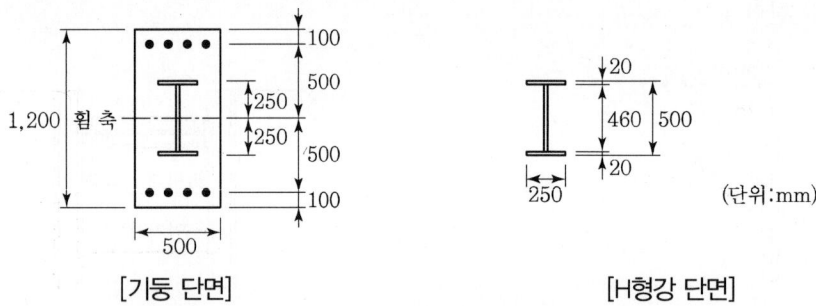

[기둥 단면]   [H형강 단면]

6. 아래 그림과 같은 단계별로 긴장력을 도입하는 FCM 구조물을 계획하고자 한다. seg.1에는 최초에 8m의 텐던 2개를 긴장하고, seg.2를 가설한 후 16m의 텐던 2개를 긴장한다. 각 텐던의 모든 위치는 도심으로부터 400mm로 동일하며 직선으로 배치할 때, 지점 A에서 초기손실 발생 직후 텐던의 긴장응력을 구하시오.(단, 1개의 텐던은 6개의 강연선으로 구성된다.)

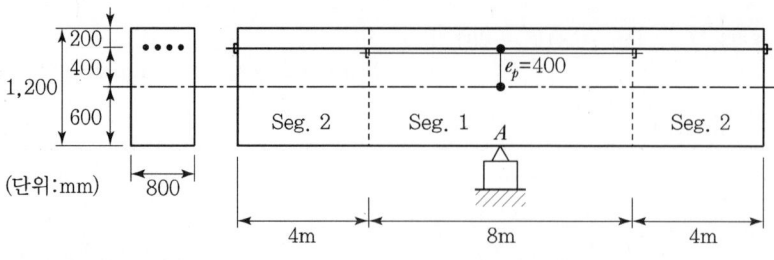

[A지점의 단면]

〈조건〉
- 프리스트레싱 강연선(개당) : $A_{ps} = 92.9\text{mm}^2$, $P_{pu} = 160\text{kN}$
- 양단긴장조건으로 잭에 의한 인장력은 인장강도의 75% 적용한다.
- 정착구의 활동량은 6mm이며, 곡률마찰계수와 파상마찰계수는 모두 0으로 가정한다.
- 긴장력 도입 시 콘크리트의 탄성계수 E_{ci} = 26,400MPa, 강재의 탄성계수 E_s = 200,000MPa, 탄성계수비 n_p = 7.6 적용한다.
- 콘크리트 자중은 25kN/m³이며, 쉬스에 의한 콘크리트 단면 공제는 없다.

3교시 다음 문제 중 4문제를 선택하여 설명하시오.(각 25점)

1. 아래 그림과 같이 봉의 축방향과 단순보 지간 중앙에 연직 방향 낙하물(질량 M, 낙하높이 h)이 각각 자유 낙하될 때, 봉의 최대처짐(δ_{max_1})과 단순보 지간 중앙에서의 최대처짐(δ_{max_2})을 각각 유도하고, 동일한 중량(W)이 정적으로 재하되었을 때의 봉의 처짐(δ_{st_1}) 및 단순보의 처짐(δ_{st_2})과 각각 비교하여 설명하시오.(단, 봉의 축강성 EA와 단순보의 휨강성 EI는 일정하다.)

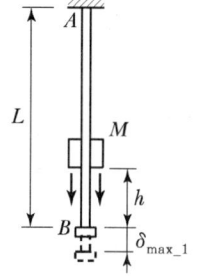
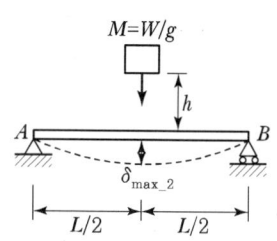

2. 단일현장타설말뚝의 장단점과 설계 시 고려사항을 설명하시오.
3. 도로교설계기준(한계상태설계법, 2016)에 제시된 내진설계기준의 기본개념에 대하여 설명하시오.
4. 그림과 같이 전단연결재로 연결된 합성거더의 단면이 부모멘트를 받고 있다. 이때 소성중립축 위치를 검토하고 소성모멘트를 구하시오.(단, 콘크리트의 설계기준 압축강도 f_{ck} = 30MPa, 강재의 항복강도 f_y = 340MPa이다. 상부철근 단면적은 1,800mm², 하부철근 단면적은 1,000mm²이며 철근의 최소항복강도 f_{yr} = 400MPa이다.)

[부모멘트 단면에 대한 소성중립축($\overline{Y}$)과 소성모멘트(M_p)]

경우	소성 중립축	조건	$\overline{Y}$와 M_p
I	복부판	$P_c + P_w \geq P_t + P_{rb} + P_{rt}$	$\overline{Y} = \left(\dfrac{D}{2}\right)\left[\dfrac{P_c - P_t - P_{rt} - P_{rb}}{P_w} + 1\right]$ $M_p = \dfrac{P_w}{2D}[\overline{Y}^2 + (D-\overline{Y})^2]$ $\quad + [P_{rt}d_{rt} + P_{rb}d_{rb} + P_t d_t + P_c d_c]$
II	상부 플랜지	$P_c + P_w + P_t \geq P_{rb} + P_{rt}$	$\overline{Y} = \left(\dfrac{t_t}{2}\right)\left[\dfrac{P_w + P_c - P_{rt} - P_{rb}}{P_t} + 1\right]$ $M_p = \dfrac{P_w}{2D}[\overline{Y}^2 + (D-\overline{Y})^2]$ $\quad + [P_{rt}d_{rt} + P_{rb}d_{rb} + P_w d_w + P_c d_c]$

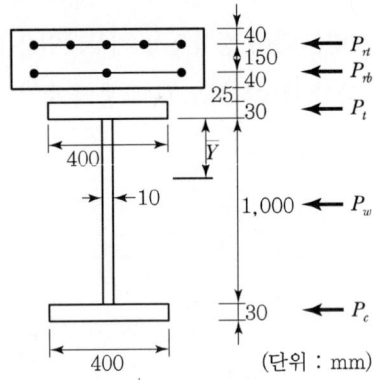

5. 아래 그림과 같은 2경간 PSC 연속보에 대하여 프리스트레스트 힘에 의한 1차모멘트와 2차모멘트를 구하고, 최종 전단력도와 휨모멘트도를 그리시오.(단, $P_e = 4,000\text{kN}$, 강선의 편심거리 $e_p = 400\text{mm}$이며, 보 자중의 영향은 무시한다.)

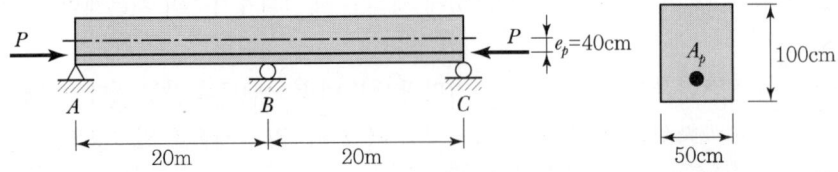

6. 아래 그림과 같이 연약지반과 지반지지력 확보 지반을 횡단하는 암거구조물을 설치하고, 그 암거구조물 상부에 성토를 하고자 할 때 다음 사항들에 대하여 설명하시오.
   1) 예상되는 문제점과 계획 설계 시 고려하여야 할 대책
   2) 작용하중

3) 구조해석 시 헌치 영향 여부를 검토하고, 헌치 영향을 무시하는 경우에 상부 슬래브의 단부 구간에 대한 슬래브와 벽체 단면 산정에 사용되는 휨모멘트

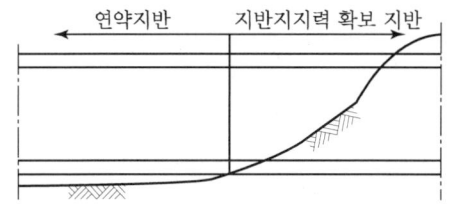
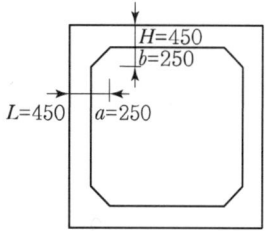

4교시 다음 문제 중 4문제를 선택하여 설명하시오.(각 25점)

1. 아래 그림과 같은 역T형 옹벽을 설계할 때 아래 사항에 대하여 설명하시오.(단, 토압은 Rankine식 적용)

   〈설계조건〉
   - 뒷채움흙 내부마찰각 $\phi = 30°$
   - 흙의 단위중량 $\gamma_t = 18kN/m^3$
   - 콘크리트의 단위중량 $\gamma_c = 25kN/m^3$
   - 콘크리트와 지반과 마찰계수 $\mu = 0.4$
   - 재료강도
     - 콘크리트 $f_{ck} = 24MPa$
     - 철근 $f_y = 300MPa$
   - 지반허용지지력 $q_a = 200kN/m^2$

   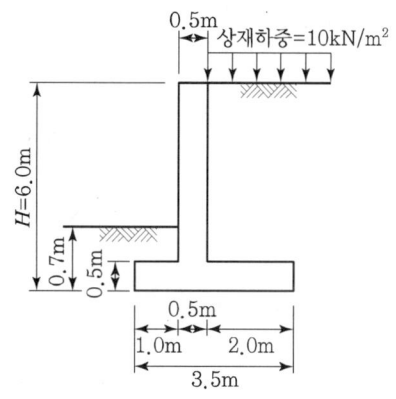

   1) 안정성을 검토하고, 안정성 검토항목 중 안정성을 만족하지 않은 경우에 대한 대책을 설명하시오.(단, 전면 수동토압 영향은 무시한다.)
   2) 뒷굽판에 대하여 휨강도 및 전단강도를 검토하시오.(단, 강도 설계법 적용, 모든 하중에 대한 하중계수는 1.5로 하며, 주철근 도심에서 콘크리트 최외측까지의 거리는 100mm, 주철근 D22 $A_s = 380mm^2$)
   3) 구성 부재별 주철근 배치도를 그리시오.

2. 콘크리트용 앵커의 종류, 작용하중에 의해 발생할 수 있는 파괴모드 및 작용하중(강도)별 설계원칙에 대하여 설명하시오.

3. 아래 그림과 같은 단면의 지간길이 $L = 25m$인 단지 간 플레이트 거더에 등분포하중($w = 60kN/m$)이 작용한다. 플랜지와 복부판을 필릿용접으로 연결할 때 용접치수를 설계하시오. (단, 필릿의 허용전단응력은 80MPa)

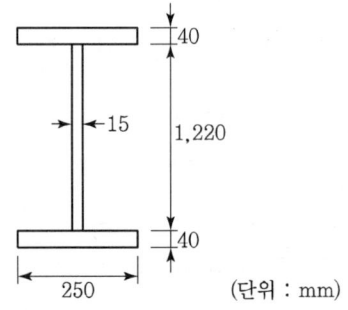

(단위 : mm)

4. PSC 박스 거더교를 FCM 공법으로 설계하는 경우, 경간 구성 및 형고를 계획하고 설계 시 고려해야 할 사항에 대하여 설명하시오.(단, 교량전체연장은 $L=260m$로 가정)
5. 도로교설계기준(한계상태설계법, 2016)에 제시된 콘크리트교에서의 한계상태를 정의하고, 각각의 한계상태에서 검토해야 할 사항에 대하여 설명하시오.
6. 아래 그림과 같은 보에서 지점 A에서의 수직반력에 대한 영향선의 식 $y(x)$를 유도하고, B점과 C점의 종거를 구하시오.

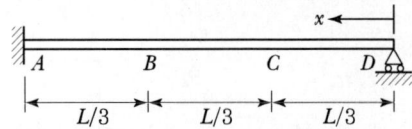

1교시

01 도로교설계기준(한계상태설계법, 2016)에 제시된 부모멘트 구간의 최소 바닥판 철근 설치 규정에 대하여 설명하시오.

계수시공하중 또는 도로교설계기준 표 3.4.1의 사용하중조합 II에 의한 바닥판의 교축방향 인장응력이 도로교설계기준 식(5.3.48)의 설계인장강도를 초과하는 경우, 교축방향 철근 단면적은 계산에 의해 결정하되 적어도 바닥판 총단면적의 1.5% 이상이어야 한다. 이때 적용하는 철근의 최소 항복강도는 400MPa 이상이어야 하며, D19 이하의 철근을 사용해야 한다.
철근을 바닥판 전폭에 걸쳐서 등간격 및 2단으로 배근한다. 또한 철근의 간격은 300mm를 넘지 않도록 배근해야 한다. 부모멘트 구간에 전단연결재를 사용하지 않은 경우, 모든 교축방향 철근은 도로교설계기준 6.10.7.4(3)에 규정된 추가 전단연결재 설치 구간을 지나 정모멘트 구간까지 연장해야 한다.

1교시

02. 프리텐션(Pre-tension) 방식의 프리스트레스트 콘크리트 부재에서 전달길이와 정착길이에 대하여 설명하시오.

1. 전달길이(Transfer Length)(=도입길이)

A단면의 PS 강재의 응력은 0이고, 어느 거리 l_t 만큼 안쪽으로 들어간 단면 B에 이르러 비로소 전량의 프리스트레스가 작용하게 된다. 이와 같이 부재단으로부터 소정의 프리스트레스가 도입된 단면까지의 거리

2. 정착길이(Development Length)

유효 프리스트레스 f_{pe}는 사용하중하에서는 일정하다. 그러나, 초과하중하에서는 PS 강재의 응력은 그 인장강도 f_{pu}에 가까운 파괴응력 f_{ps}까지 증가될 것이다.

이와 같이 PS 강재가 그 파괴응력 f_{ps}에 도달하는 데 필요로 하는 부착길이를 정착길이라고 한다.

$$l_t(mm) = 0.145\left(\frac{f_{pe}}{3}\right)d_b$$

$$l_d(mm) = 0.145\left(f_{ps} - \frac{2}{3}f_{pe}\right)d_b$$

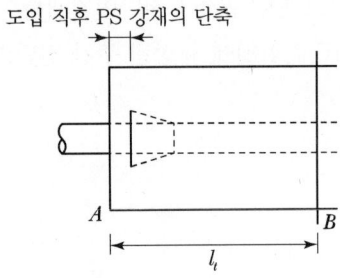

여기서, f_{pe} : MPa(유효 Prestress)
d_b : mm

1교시
04 | 철근콘크리트의 인장강화현상(Tension Stiffening Effect)에 대하여 설명하시오.

1. 인장강화효과 정의

철근으로 보강된 콘크리트 인장부재에 균열이 발생하면 두 재료의 강성 차이에 의해 균열 면에서 응력의 재분배가 이루어진다. 균열이 발생한 지점에서는 작용하중에 의한 모든 인장력을 철근이 부담하지만, 하중이 증가함에 따라 균열이 계속적으로 형성되면서 균열 단면 사이에서의 콘크리트는 부착에 의해 철근으로부터 전달되는 인장력의 일부를 부담하게 된다. 이와 같이 균열 단면 사이의 콘크리트에 의해 철근의 강성이 증가하거나 변형률 또는 응력이 감소하는 현상을 인장강화효과라 한다(CEB-FIP 1991).

2. 인장강화효과가 주는 영향

이는 강성 및 유효단면 2차모멘트 등에 영향을 주며, 균열폭 및 처짐과 같은 사용한계상태(Serviceability Limits States)에서의 사용 성능 요구 조건을 검토하는 등 균열 단면 사이에서 인장력을 부담하는 콘크리트의 성능을 평가하는 데 고려하여야 하는 중요한 요소라고 할 수 있다(Kim et al., 2001).

1교시
05. 강교량의 단면계획 시 조밀단면에 대하여 설명하시오.

1. 정의

국부좌굴이 발생되기 전에 완전 소성영역 상태에 도달하고, 소성힌지가 형성되어 회전이 가능한 단면

2. 단면의 분류

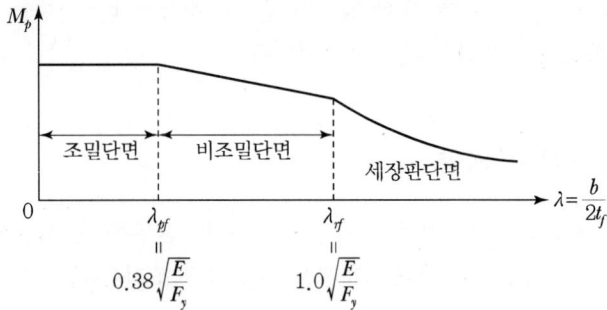

① Flange : $\lambda_{pf} \leq 0.38\sqrt{\dfrac{E}{F_y}}$

② Web : $\lambda_{pw} \leq 3.76\sqrt{\dfrac{E}{F_y}}$

3. 조밀단면 시 M_n

$M_n = M_p = F_y Z_x$ (소성 모멘트)

1교시

07. 도로교설계기준(한계상태설계법, 2016)의 표준트럭하중(KL-510)에 대하여 설명하시오.

1. LRFD 설계법의 설계 활하중

교량이나 이에 부수되는 일반구조물의 노면에 작용하는 차량활하중('KL-510'으로 명명함)은 (1)에 규정된 표준트럭하중과 (2)에 규정된 표준차로하중으로 이루어져 있다. 이 하중들은 설계차로 내에서 횡방향으로 3000mm의 폭을 점유하는 것으로 가정한다.

(1) 표준트럭하중

표준트럭의 중량과 축간거리는 그림과 같다. 충격하중은 도로교설계기준 3.7 충격하중에 규정된 대로 적용되어야 한다.

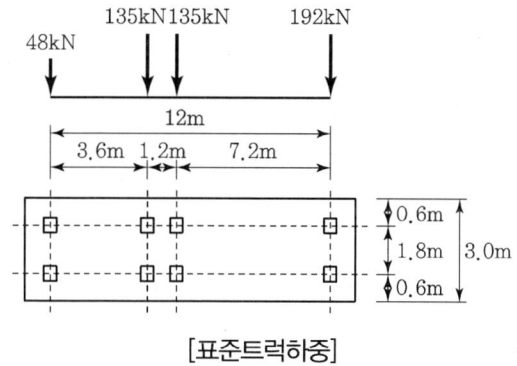

[표준트럭하중]

(2) 표준차로하중

표준차로하중은 종방향으로 균등하게 분포된 하중으로 [표 1]의 값을 적용한다. 횡방향으로는 3,000mm의 폭으로 균등하게 분포되어 있다. 표준차로하중의 영향에는 충격하중을 적용하지 않는다.

[표 1] 표준차로하중

$L \leq 60m$	$w = 12.7 \, (kN/m)$	$L > 60m$	$w = 12.7 \times \left(\dfrac{60}{L}\right)^{0.1} (kN/m)$

L : 표준차로하중이 재하되는 부분의 지간

[표 2] 보도 등에 재하하는 등분포하중

지간장 $L(m)$	$L \leq 80$	$80 < L \leq 130$	$L > 130$
등분포하중의 크기	3.5×10^{-3}	$(4.3 - 0.01L) \times 10^{-3}$	3.0×10^{-3}

1교시

10 아래 그림과 같이 폭이 120mm, 높이가 240mm, 탄성계수 E_w = 9,000MPa인 목재보에 폭이 100mm, 두께가 24mm, 탄성계수 E_a = 72,000MPa인 알루미늄판을 합성하였다. 이 보의 수평축(Y축)에 대하여 25kN·m인 휨모멘트가 작용하고 있다면, 이 합성부재를 이루는 두 부재의 최대응력과 최소응력을 구하시오.

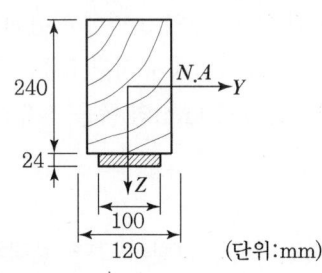

1. 환산 단면

(1) 탄성계수비(n)

$$n = \frac{E_A}{E_w} = \frac{72,000}{9,000} = 8$$

(2) 중립축 위치(y_c)

$$y_c = \frac{\left\{(120 \times 240) \times \frac{240}{2}\right\} + \left\{(800 \times 24) \times \left(240 + \frac{24}{2}\right)\right\}}{(120 \times 240) + (800 \times 24)} = 172.8\text{mm}$$

(3) 중립축에 대한 단면2차모멘트(I_e)

$$I_e = \left\{\frac{120 \times 240^3}{12} + (120 \times 240) \times (172.8 - 120)^2\right\}$$
$$+ \left\{\frac{800 \times 24^3}{12} + (800 \times 24) \times (67.2 + 12)^2\right\}$$
$$= 339.89 \times 10^6 \text{mm}^4$$

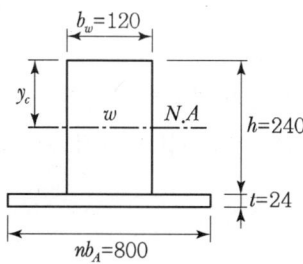

2. 단면응력

$$\sigma_{top} = \frac{M}{I_c} y_{top} = \frac{25 \times 10^6}{339.89 \times 10^6} \times 172.8 = 12.7 \text{MPa(C)}$$

$$\sigma_{bottom} = n\frac{M}{I_c} y_{bottom} = \frac{25 \times 10^6}{339.89 \times 10^6} \times 91.2 = 53.7 \text{MPa(T)}$$

1교시

13 도로교설계기준(한계상태설계법, 2016)에 제시된 교량의 위치 선정에서 하천을 통과하는 경우 고려해야 할 사항에 대하여 설명하시오.

1. 개요

하천을 통과하는 경우는 교량의 초기 건설비 및 수로 정리를 위한 하안 공사와 침식을 감소시키기 위한 유지관리 조치가 포함된 총비용의 최적화를 고려하여 위치를 선정해야 한다.

2. 고려사항

(1) 교량 위치에 대한 대안을 조사하는 경우 다음과 같은 사항들을 평가한다.

① 수로의 안전성, 홍수 기록, 그리고 하구의 경우는 조차 및 조석주기를 포함하는 하천과 범람원의 수리, 수문학적 특성
② 교량의 설치가 홍수 흐름 양상에 미치는 영향과 이에 의한 교량 기초에서의 세굴 가능성
③ 새로운 홍수위험의 발생 또는 기존 홍수위험의 심화 가능성
④ 하천과 범람원에 미치는 환경적 영향

(2) 범람원에 설치하는 교량과 진입로의 위치 선정 및 설계에는 범람원의 활용목적과 함께 다음 사항을 고려한다.

① 범람원이 비경제적으로, 위험하게 또는 적절치 못하게 활용·개발되는 것의 방지
② 가능한 한 심각한 종방향 및 횡방향 잠식의 방지
③ 가능한 한 도로가 미치는 악영향의 최소화 및 완화
④ 국가 또는 지역의 홍수방재계획에 부합
⑤ 장기 하상 상승 또는 저하
⑥ 환경영향 평가에 의한 인가를 받도록 한 사항

2교시

01. 교량설계 시 부반력이 발생하는 원인과 부반력이 발생하는 원인별 대책에 대하여 설명하시오.

1. 개요

일반적으로 단순 곡선교에서는 교량 받침 배치방법에 따라 곡선 내측 받침에 부반력(Up Lift Reaction)이 발생하는데, 부반력은 아주 특수한 상황이 아니면 발생하지 않도록 하는 것이 바람직하다. 폭이 좁은 교량에서는 이와 같은 부반력이 교량의 상부구조의 전도를 유발하므로 구조 해석 단계에서 확인이 필요하다.

2. 교량 상부구조 전도 검토

① 교량 상부구조의 전도에 대한 검토는 교량의 평면 곡선 외측에 설치한 교량 받침 중심선을 기준 축으로 하여 무게중심을 계산하여 전도에 대한 안전성을 확인한다.

② 안전율
- 고정하중 작용 시 : $F_s = 1.5$ 이상
- 활하중 작용 시 : $F_s = 1.2$ 이상

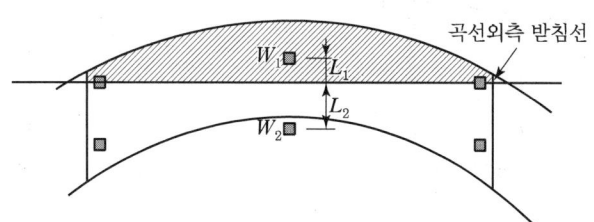

전도모멘트 : $M_t = W_1 \times L_1$

저항모멘트 : $M_c = W_2 \times L_2$

여기서, w : 중심선을 기준으로 한 중량
l : 단면의 무게중심까지 거리

전도에 대한 안전율 : $F_s = \dfrac{M_c}{M_t} \geq 1.2 \sim 1.5$

3. 전도 방지 대책

① 외측 캔틸레버 바닥판의 길이를 내측보다 작게 하는 방안

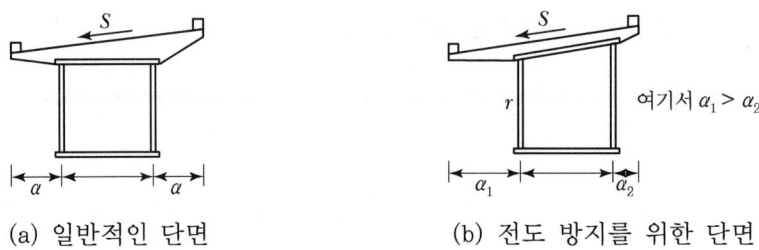

(a) 일반적인 단면　　　　(b) 전도 방지를 위한 단면

② 외측 캔틸레버 길이를 내측보다 작게 하고 내측 바닥판에 Counterweight를 설치하는 방안

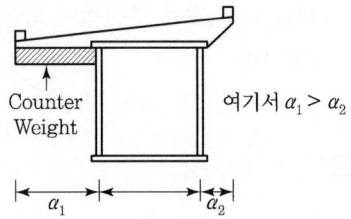

③ 2-Cell Box Girder로 계획 시 내측 Box 거더 내의 일부분을 콘크리트로 채움을 하여 Counterweight 역할을 하게 하는 방안

④ 평면곡선 외측에 Bracket를 설치하여 받침의 위치를 이동시켜 전도에 대한 저항모멘트를 크게 하여 안전성 확보(Out Rigger)

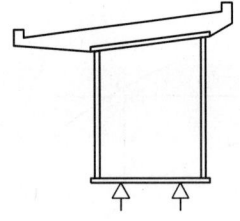 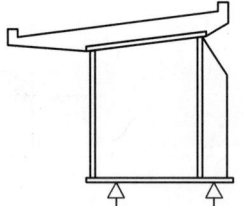

(a) 일반적인 받침설치 방법　　(b) 외측에 Bracket(Out Rigger) 설치 받침 이동 방법

4. 결론

위에서 설명한 전도 방지 방안 중 한 가지만을 적용해야 하는 것은 아니며 서로 복합적으로 검토하여 두 가지 방안을 적용하여 확실한 안전성을 확보할 수도 있다.

2교시

02. 강구조부재설계기준(KDS 14 31 10)에 제시된 압축력과 휨을 동시에 받는 강구조물의 설계에 대하여 설명하시오.

1. 압축력과 휨을 받는 1축 및 2축 대칭 단면부재의 설계

① $\dfrac{P_r}{P_c} \geq 0.2$

$$\dfrac{P_r}{P_c} + \dfrac{8}{9}\left(\dfrac{M_{rx}}{M_{cx}} + \dfrac{M_{ry}}{M_{cy}}\right) \leq 1.0$$

② $\dfrac{P_r}{P_c} < 0.2$

$$\dfrac{P_r}{2P_c} + \left(\dfrac{M_{rx}}{M_{cx}} + \dfrac{M_{ry}}{M_{cy}}\right) \leq 1.0$$

2. 각 항에 대한 설명

① $P_r = P_u = 1.2P_D + 1.6P_L$

② $P_c = F_c A_g$

- $\dfrac{kL}{r} \leq 4.71\sqrt{\dfrac{E}{F_y}}$ or $\dfrac{F_y}{F_e} \leq 2.25$

$$F_{cr} = \left[0.658^{\frac{F_y}{F_e}}\right] F_y$$

- $\dfrac{kL}{r} > 4.71\sqrt{\dfrac{E}{F_y}}$ or $\dfrac{F_y}{F_e} > 2.25$

$$F_{cr} = 0.877 F_e$$

여기서, $F_e = \dfrac{\pi^2 E}{\left(\dfrac{kL}{r}\right)^2}$

③ M_{rx}

$M_{rx} = B_1 M_{nt}$

$B_1 = \dfrac{C_m}{1 - \dfrac{P_r}{P_e}} \geq 1.0$

$$C_m = 0.6 - 0.4\left(\frac{M_1}{M_2}\right) \geq 0.4, \text{ 단곡률}\left(\frac{M_1}{M_2}\right) \text{은 } (-), \text{ 복곡률은 } (+)$$

$$P_r = P_u$$

$$P_e = \frac{\pi^2 EI}{(kL)^2}$$

④ $M_{cx} = \phi M_n$

M_n은 부재의 소성모멘트, 국부 좌굴, 횡비틀림 좌굴강도 중 최솟값을 택한다.

㉠ $M_n = M_p = F_y Z_x$

㉡ $\lambda \leq \lambda_{pf}$: $M_n = M_p = F_y Z_x$

$\lambda_{pf} < \lambda \leq \lambda_{rf}$: $M_n = M_p - (M_p - 0.7 F_y S_x)\left(\dfrac{\lambda - \lambda_{pf}}{\lambda_{rf} - \lambda_{pf}}\right)$

$\lambda > \lambda_{rf}$: $M_n = \dfrac{0.9 E\, k_c S_x}{\lambda^2}$

㉢ 횡비틀림 좌굴강도

- $L_b \leq L_p = 1.76 r_y \sqrt{\dfrac{E}{F_y}}$ 이면 (Zone Ⅰ)

    $M_n = M_p = F_y Z_x$

- $L_p < L_b \leq L_r = \pi r_{ts} \sqrt{\dfrac{E}{0.7 F_y}}$ 이면 (Zone Ⅱ)

    $M_n = C_b \left[M_p - (M_p - 0.7 F_y S_x)\left\{\dfrac{L_b - L_p}{L_r - L_p}\right\} \right] \leq M_p$

- $L_p > L_r$ 이면 (Zone Ⅲ)

    $M_n = M_{cr} = F_{cr} S_x \leq M_p$

    $F_{cr} = \dfrac{C_b \pi^2 E}{\left(\dfrac{L_b}{r_{ts}}\right)^2} \sqrt{1 + 0.078 \dfrac{JC}{S_x h_0}\left(\dfrac{L_b}{r_{ts}}\right)^2}$

3교시

01

아래 그림과 같이 봉의 축방향과 단순보 지간 중앙에 연직 방향 낙하물(질량 M, 낙하높이 h)이 각각 자유 낙하될 때, 봉의 최대처짐($\delta_{\max\_1}$)과 단순보 지간 중앙에서의 최대처짐($\delta_{\max\_2}$)을 각각 유도하고, 동일한 중량(W)이 정적으로 재하되었을 때의 봉의 처짐(δ_{st_1}) 및 단순보의 처짐(δ_{st_2})과 각각 비교하여 설명하시오.(단, 봉의 축강성 EA와 단순보의 휨강성 EI는 일정하다.)

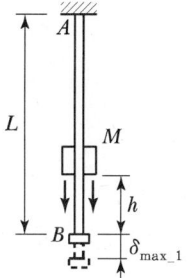
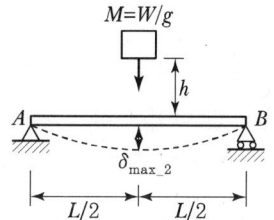

1. 축방향 하중

$$\delta_{st_1} = \frac{(mg)L}{EA} \quad (W = mg)$$

$$U_p = U_s$$

$$mg(h + \delta_{\max_1}) = \frac{P_{\max_1}^2 L}{2EA} = \frac{L}{2EA}\left(\frac{\delta_{\max_1} EA}{L}\right)^2$$

$$\delta_{\max_1}^2 - 2\delta_{st_1}\delta_{\max_1} - 2\delta_{st_1}h = 0$$

$$\delta_{\max_1} = \delta_{st_1}\left(1 + \sqrt{1 + \frac{2h}{\delta st_1}}\right)$$

2. 횡방향 하중

$$\delta_{st_2} = \frac{(mg)L^3}{48EI} \quad (W = mg)$$

1의 경우와 유사하게

$$\delta_{\max_2} = \delta_{st_2}\left(1 + \sqrt{1 + \frac{2h}{\delta_{st_2}}}\right)$$

3교시
02 단일현장타설말뚝의 장단점과 설계 시 고려사항을 설명하시오.

1. 개요

풍화암 이상의 지지층에 대구경 단일현장타설말뚝을 근입하여 기초의 안전성을 확보, 기초의 점유면적이 적어 복잡한 도심지 기초공법으로 적합하다.

2. 장점

① 운반비 및 야적에 따르는 비용이 들지 않는다.
② 지지층의 깊이에 따라 말뚝길이의 조절이 가능하다.
③ 말뚝 선단부에 구근을 만들어 지지력을 크게 할 수 있다.
④ 운반이나 취급 중에 손상을 받을 우려가 없다.
⑤ 말뚝의 양생기간이 필요치 않다.

3. 단점

① 케이싱 등의 타입에 의한 소음이 일어난다.
② 인접 말뚝의 타입작업 시에 진동, 수압, 토압 등을 받아 소정의 치수 및 품질이 되지 않는 경우가 있다.
③ 말뚝 몸체가 지반 내에서 형성되므로 품질관리가 어렵다.
④ 중간지층이 N>30의 굳은 지반이면 외관의 타입 및 회수가 곤란하다.
⑤ 케이싱이 없는 경우에 지하수에 함유된 화학성분에 의하여 시멘트가 잘 경화하지 않을 수가 있다.

4. 설계 시 고려사항

(1) 부마찰력

지반침하가 생기는 지역 및 그 가능성이 있는 지역으로 15m 이상에 걸쳐 압밀층 및 그 영향을 받는 층을 관통하여 타설된 말뚝설계에 있어서 일반하중에 대한 검토 외에 말뚝 주변에 하향으로 작용하는 부마찰력에 대하여 말뚝내력의 안전성을 검토하여야 한다.

$$\frac{(P_p + P_{FN})}{A_{pn}} \leq f_s$$

(2) 침하 검토

예상되는 하중에 따른 말뚝의 침하량 및 부등침하량과 말뚝의 침하에 따라 발생하는 기초 부재 또는 상부구조의 응답값이 설계용 한계값에 이르지 않도록 검토하여야 한다.

(3) 지진의 영향

지진 시 액상화 가능성이 있는 지반에 설치된 말뚝은 액상화 영향을 고려하여 침하량을 평가하여야 한다. 또 지진 시 말뚝에 인발력이 작용하는 경우에는 기초의 변형이 인발력에 따른 말뚝의 부상에 따라 발생하기 때문에 말뚝기초 전체에 대해 검토하여야 한다.

3교시

03 도로교설계기준(한계상태설계법, 2016)에 제시된 내진설계기준의 기본개념에 대하여 설명하시오.

1. 목적

이 설계기준의 목적은 지진에 의해 교량이 입는 피해의 정도를 최소화시킬 수 있는 내진성 확보를 위해 필요한 최소 설계요구조건을 규정하는 데 있다.

2. 내진설계기준의 기본개념

이 설계기준은 건설교통부의 연구과제 "내진설계기준연구(II)"(1997. 12.)에서 제시된 내진설계성능기준 및 기타 연구결과 중 현재 수준에서 인정할 수 있는 일부 규정을 기존 설계기준의 체계에 맞도록 채택하여 제정되었다. 따라서 현재의 설계기준은 다음의 기본개념에 기초를 두고 있다.

① 인명피해를 최소화한다.
② 지진 시 교량 부재들의 부분적인 피해는 허용하나 전체적인 붕괴는 방지한다.
③ 지진 시 가능한 한 교량의 기본기능은 발휘할 수 있게 한다.
④ 교량의 정상수명 기간 내에 설계지진력이 발생할 가능성은 희박하다.
⑤ 설계기준은 남한 전역에 적용될 수 있다.
⑥ 이 규정을 따르지 않더라도 창의력을 발휘하여 보다 발전된 설계를 할 경우에는 이를 인정한다.

이러한 기본개념을 구현하기 위해서는 낙교 방지가 확보되어야 하며, 낙교 방지는 가능하면 교각의 연성거동에 의한 연성파괴메커니즘을 유도하여 확보하고, 그렇지 않은 경우 낙교 방지대책(전단키, 변위구속장치 등)을 제시하여 확보하여야 한다. 또한, 필요한 경우 지진격리시스템을 설치할 수 있다.

3교시

05 아래 그림과 같은 2경간 PSC 연속보에 대하여 프리스트레스트 힘에 의한 1차모멘트와 2차모멘트를 구하고, 최종 전단력도와 휨모멘트도를 그리시오.(단, P_e = 4,000kN, 강선의 편심거리 e_p = 400mm이며, 보 자중의 영향은 무시한다.)

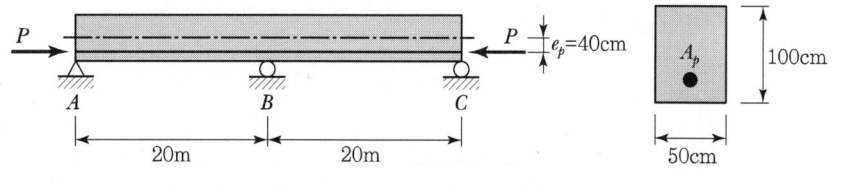

1. Prestress에 의한 1차모멘트

보의 전 구간에서 $M_1 = -P \cdot e = -4,000 \times 0.4 = -1,600 \text{kN} \cdot \text{m}$

2. B점의 반력에 의한 2차모멘트 산정

① B점의 구속이 없다면 1차모멘트에 의한 처짐량

$$d_{BO} = -\frac{1}{EI}\left[20 \times 1,600 \times \frac{1}{2} \times 20\right] = -\frac{320,000}{EI}$$

② B점의 반력 R_B 작용 시 처짐량

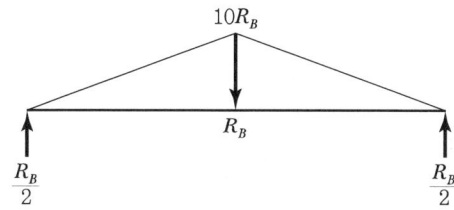

$$d_{BB} = \frac{1}{EI}\left[\frac{1}{2} \times 10R_B \times 20 \times \frac{2}{3} \times 20\right] = \frac{1,333.33 R_B}{EI}$$

③ B점은 구속되어 있으므로

$$d_{BO} + d_{BB} = 0$$

$$-\frac{320,000}{EI} + \frac{1,333.33 R_B}{EI} = 0$$

$$\therefore R_B = 240\text{kN} (\downarrow)$$

④ B점에서의 2차모멘트

$M_2 = 10 \times 240 = 2,400\text{kN} \cdot \text{m}$

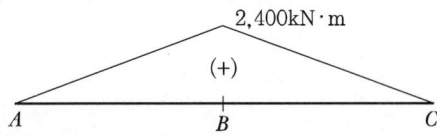

⑤ 최종 전단력도

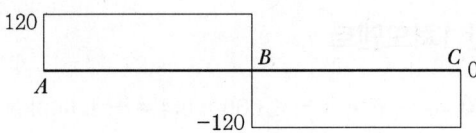

⑥ 휨모멘트도

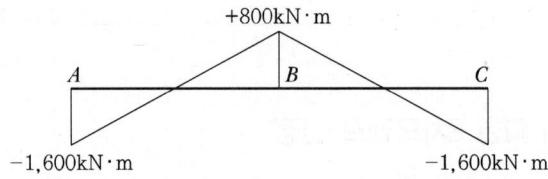

4교시

01
아래 그림과 같은 역T형 옹벽을 설계할 때 아래 사항에 대하여 설명하시오.(단, 토압은 Rankine식 적용)

> **설계조건**
> - 뒷채움흙 내부마찰각 $\phi = 30°$
> - 흙의 단위중량 $\gamma_t = 18\text{kN/m}^3$
> - 콘크리트의 단위중량 $\gamma_c = 25\text{kN/m}^3$
> - 콘크리트와 지반과 마찰계수 $\mu = 0.4$
> - 재료강도
>   - 콘크리트 $f_{ck} = 24\text{MPa}$
>   - 철근 $f_y = 300\text{MPa}$
> - 지반허용지지력 $q_a = 200\text{kN/m}^2$

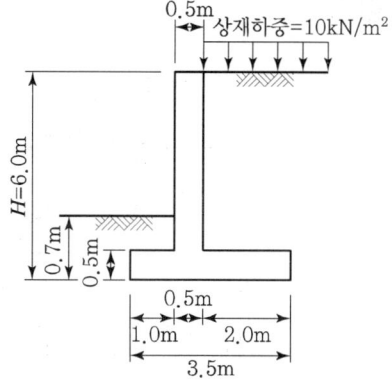

1) 안정성을 검토하고, 안정성 검토항목 중 안정성을 만족하지 않은 경우에 대한 대책을 설명하시오.(단, 전면 수동토압 영향은 무시한다.)
2) 뒷굽판에 대하여 휨강도 및 전단강도를 검토하시오.(단, 강도 설계법 적용, 모든 하중에 대한 하중계수는 1.5로 하며, 주철근 도심에서 콘크리트 최외측까지의 거리는 100mm, 주철근 D22 $A_s = 380\text{mm}^2$)
3) 구성 부재별 주철근 배치도를 그리시오.

1. 주동토압 산정

   (1) 흙의 토압

   $$C_a = \frac{1-\sin\phi}{1+\sin\phi} = \frac{1-\sin 30°}{1+\sin 30°} = \frac{1}{3}$$

   $$p = C_a \gamma_s h = \frac{1}{3} \times 18 \times 6 = 36 \text{kN/m}$$

   $$P_a = \frac{1}{2} p h = \frac{1}{2} \times 36 \times 6 = 108 \text{kN}$$

   (2) 상재하중

   $$p_s = C_a q = \frac{1}{3} \times 10 = 3.333 \text{kN/m}$$

   $$P_s = p_s h = 3.333 \times 6 = 20 \text{kN}$$

2. 전도에 대한 안정 검토

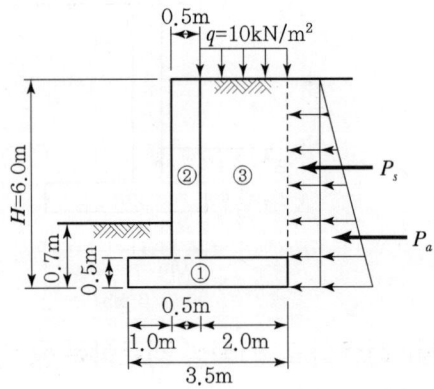

   (1) 전도모멘트

   $$\Sigma M_A = P_a \times \frac{h}{3} + P_s \times \frac{h}{2} = 108 \times \frac{6}{3} + 20 \times \frac{6}{2} = 276 \text{kN} \cdot \text{m/m}$$

(2) 저항모멘트

$M_r = m \times \Sigma W$

구분	면적		단위중량 (kN/m³)	중량(a) (kN/m)	팔길이(b) (m)	저항모멘트 (a)×(b)
	$b \times h$	(m²)				
1	3.5×0.5	1.75	25.0	43.75	1.75	76.563
2	0.5×5.5	2.75	25.0	68.75	1.25	85.938
3	2.0×5.5	11.0	18.0	198.0	2.5	495.0
상재하중	2.0×1.0	2.0	10.0	20.0	2.5	50.0
합계				$\Sigma W = 330.5$		$\Sigma M_r = 707.5$

(3) 전도에 대한 안전 검토

$S \cdot F = \dfrac{\Sigma M_r}{\Sigma M_A} = \dfrac{707.5}{276} = 2.56 > 2.0 \qquad \therefore \text{O.K.}$

3. 활동에 대한 안정 검토

(1) 활동 수평력

$H_a = \Sigma H = P_a + P_s = 108 + 20 = 208 \text{kN/m}$

(2) 활동 저항력

$H_r = \mu \times \Sigma W = 0.4 \times 330.5 = 132.2 \text{kN/m}$

(3) 활동에 대한 안전 검토

$S \cdot F = \dfrac{H_r}{H_a} = \dfrac{\mu \, \Sigma W}{\Sigma H} = \dfrac{132.2}{208} = 0.636 < 1.5 \qquad \therefore N.G.$

4. 지지력에 대한 안정 검토

(1) 편심 산정

$x = \dfrac{\Sigma M_r - \Sigma M_A}{\Sigma W} = \dfrac{707.5 - 276}{330.5} = 1.306 \text{m}$

$e = \dfrac{B}{2} - x = \dfrac{3.5}{2} - 1.306 = 0.444 < \dfrac{B}{6} = \dfrac{3.5}{6} = 0.583$

∴ 사다리꼴 분포

$$q_{1,2} = \frac{\Sigma W}{B}\left(1 \pm \frac{6e}{B}\right) = \frac{330.5}{3.5}\left(1 \pm \frac{6 \times 0.444}{3.5}\right)$$
$$= 166.3\text{kN/m}^2 \text{ or } 22.56\text{kN/m}^2 < q_a = 200\text{kN/m}^2$$

∴ O.K.

5. 활동에 대한 안정성

활동에 대한 안정성을 만족하지 않으므로 Shear Key를 설치한다.

6. 뒷굽판의 휨강도 및 전단강도

(1) 편심 산정

$$x = \frac{\Sigma M_r - \Sigma M_A}{\Sigma W} = \frac{707.5 - 276}{330.5} = 1.306\text{m}$$

$$e = \frac{B}{2} - x = \frac{3.5}{2} - 1.306 = 0.444$$

$$q_{1,2} = \frac{\Sigma W}{B}\left(1 \pm \frac{6e}{B}\right) = \frac{1.5 \times 330.5}{3.5}\left(1 \pm \frac{6 \times 0.444}{3.5}\right)$$
$$= 249.5\text{kN/m}^2 \text{ or } 33.84\text{kN/m}^2$$

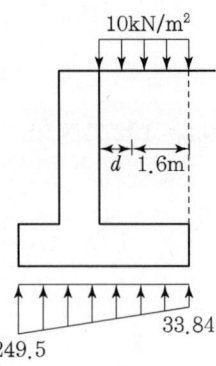

(2) 뒷굽판에 대한 전단강도 및 휨강도

① 전단 검토

$$V_u = 1.5 \times 18 \times 5.5 \times 1.0 + 1.5 \times 25 \times 1.6 \times 0.5 \times 1.0 + 1.5 \times 10 \times 1.6 \times 1.0$$
$$= 202.5\text{kN}$$

$$\phi V_c = \phi \frac{1}{6}\lambda\sqrt{f_{ck}}\,b_w d = 0.75 \times \frac{1}{6} \times \sqrt{24} \times 1{,}000 \times 400 \times 10^{-3} = 244.95\text{kN}$$

$$\therefore V_u < \phi V_c$$
∴ 전단에 의해 O.K.

② 휨 검토

$$M_u = 1.5 \times 18 \times 5.5 \times 2.0 \times 1.0 \times \frac{2.0}{2} + 1.5 \times 25 \times 2.0 \times 0.5 \times 1.0$$
$$\times \frac{2.0}{2} + 1.5 \times 10 \times 2.0 \times 1.0 \times \frac{2.0}{2}$$
$$= 364.5 \text{kN} \cdot \text{m/m}$$

$$a = \frac{A_s f_y}{0.85 f_{ck} b} = \frac{A_s \times 300}{0.85 \times 24 \times 1,000} = 0.0147 A_s$$

$$M_u = \phi A_s f_y (d - \frac{a}{2})$$

$$364.5 \times 10^6 = 0.85 \times A_s \times 300 (400 - \frac{1}{2} \times 0.0147 A_s)$$

$$1.874 A_s^2 - 102,000 A_s + 364.5 \times 10^6 = 0$$

$$A_s^2 - 54,429 A_s + 194,503,735 = 0$$

$$A_s = \frac{54,429 - \sqrt{54,429^2 - 4 \times 194,503,735}}{2} = 3,845.2 \text{mm}^2$$

$$n = \frac{3,845.2}{380} = 10$$

∴ Use D22@100

③ 벽체

$$M_u = 1.5 \times \left[P_s \times \frac{5.5}{2} + P_a \times \frac{5.5}{3} = 20 \times \frac{5.5}{2} + 108 \times \frac{5.5}{3} \right] = 379.5 \text{kN} \cdot \text{m/m}$$

$$a = \frac{A_s f_y}{0.85 f_{ck} b} = \frac{A_s \times 300}{0.85 \times 24 \times 1,000} = 0.0147 A_s$$

$$M_u = \phi A_s f_y (d - \frac{a}{2})$$

$$379.5 \times 10^6 = 0.85 A_s \times 300 (400 - \frac{1}{2} \times 0.0147 A_s)$$

$$1.874 A_s^2 - 102,000 A_s + 379.5 \times 10^6 = 0$$

$$A_s^2 - 54,429 A_s + 202,508,004 = 0$$

$$A_s = \frac{54,429 - \sqrt{54,429^2 - 4 \times 202,508,004}}{2} = 4017.1 \text{mm}^2$$

$$n = \frac{4017.1}{380} = 10.5 \approx 12개 \text{ 사용}$$

∴ Use D22@80

7. 구성 부재별 주철근 배치도

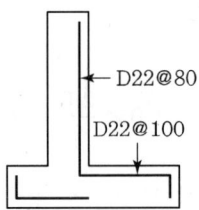

4교시
02 콘크리트용 앵커의 종류, 작용하중에 의해 발생할 수 있는 파괴모드 및 작용하중(강도)별 설계원칙에 대하여 설명하시오.

1. 앵커(Anchor)의 종류

(1) 부착식 앵커

경화된 콘크리트에 앵커 지름의 1.5배 이하로 구멍을 천공하고, 앵커와 접착제 그리고 접착제와 콘크리트 사이의 부착으로 하중을 전달하는 후설치 앵커

(2) 신설치 앵커

콘크리트 치기 이전에 설치되는 헤드볼트, 헤드스터드 또는 갈고리 볼트

(3) 수평 또는 상향으로 경사진 앵커

수평 또는 그 이상으로 천공된 구멍에 설치된 앵커

(4) 확장 앵커

굳은 콘크리트에 삽입되어 직접적인 지압 또는 마찰 혹은 지압과 마찰에 의하여 콘크리트에 힘을 전달하거나 전달받는 후설치 앵커

(5) 후설치 앵커

굳은 콘크리트에 설치하는 앵커, 부착식, 확장 앵커 및 언더컷 앵커가 후설치 앵커의 종류임

2. 파괴모드

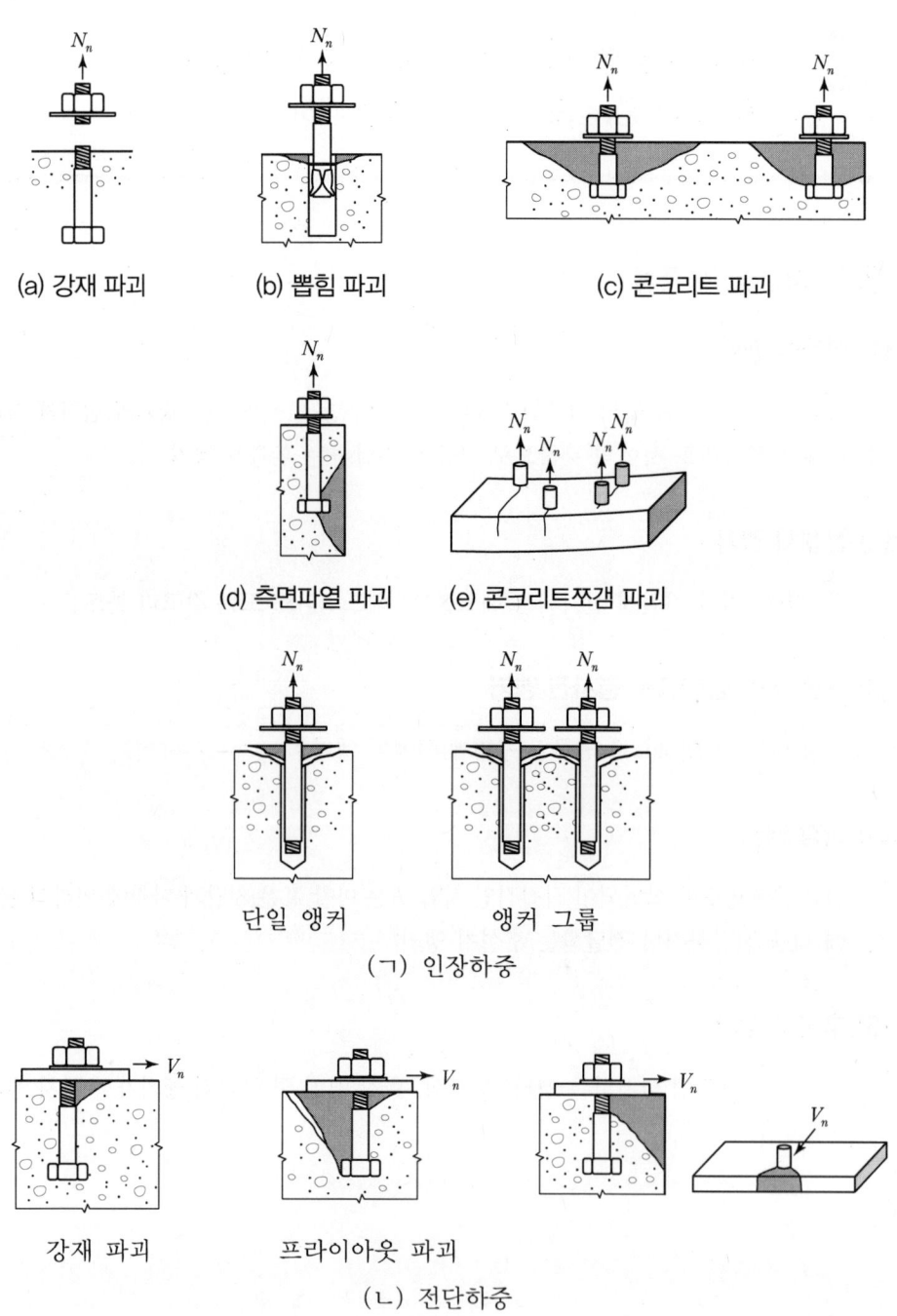

(a) 강재 파괴　(b) 뽑힘 파괴　(c) 콘크리트 파괴

(d) 측면파열 파괴　(e) 콘크리트쪼갬 파괴

단일 앵커　앵커 그룹

(ㄱ) 인장하중

강재 파괴　프라이아웃 파괴

(ㄴ) 전단하중
(f) 부착파괴

3. 작용하중별 설계원칙

파괴 유형	단일 앵커	앵커 그룹[1] 개별 앵커	앵커 그룹[1] 그룹 앵커
인장을 받는 앵커의 강재강도	$\phi N_{sa} \geq N_{ua}$	$\phi N_{sa} \geq N_{ua,i}$	
인장을 받는 앵커의 콘크리트 브레이크아웃강도	$\phi N_{cb} \geq N_{ua}$		$\phi N_{cbg} \geq N_{ua,g}$
인장을 받는 앵커의 뽑힘강도	$\phi N_{pn} \geq N_{ua}$	$\phi N_{pn} \geq N_{ua,i}$	
인장을 받는 앵커의 콘크리트 측면파열강도	$\phi N_{sb} \geq N_{ua}$		$\phi N_{sbg} \geq N_{ua,g}$
인장을 받는 앵커의 부착강도	$\phi N_a \geq N_{ua}$		$\phi N_{ag} \geq N_{ua,g}$
전단을 받는 앵커의 강재강도	$\phi V_{sa} \geq V_{ua}$	$\phi V_{sa} \geq V_{ua,i}$	
전단을 받는 앵커의 콘크리트 브레이크아웃강도	$\phi V_{cb} \geq V_{ua}$		$\phi V_{dg} \geq V_{ua,g}$
전단을 받는 앵커의 콘크리트 프라이아웃강도	$\phi V_{cp} \geq V_{ua}$		$\phi V_{cpg} \geq V_{ua,g}$

1) 강재파괴와 뽑힘파괴에 대한 요구강도는 앵커 그룹에서 가장 큰 하중이 작용하는 앵커에 대해 검토한다.

4. 설계기준

(1) 인장을 받는 앵커의 강재강도

$$N_{sa} = A_{se,N} f_{uta}$$

$A_{se,N}$는 인장에 대한 단일 앵커의 유효단면적이며, f_{uta}는 $1.9 f_{ya}$ 또는 860MPa 중 작은 값 이하

(2) 인장력을 받는 앵커의 콘크리트 브레이크아웃강도

① 단일 앵커

$$N_{cb} = \frac{A_{Nc}}{A_{Nco}} \psi_{ed,N} \psi_{c,N} \psi_{cp,N} N_b \quad \cdots\cdots (1)$$

② 앵커 그룹

$$N_{cbg} = \frac{A_{Nc}}{A_{Nco}} \psi_{ec,N} \psi_{ed,N} \psi_{c,N} \psi_{cp,N} N_b \quad \cdots\cdots (2)$$

여기서, A_{Nc} : 단일 앵커 또는 앵커 그룹 브레이크아웃 파괴면의 투영면적

$$A_{Nco} = 9 h_{ef}^2$$

$$N_b = k_c \lambda_a \sqrt{f_{ck}} h_{ef}^{1.5}$$

h_{ef} : 앵커의 유효묻힘깊이, mm

선설치 앵커에 대해서 $k_c = 10$이며, 후설치 앵커에 대한 $k_c = 7$

(3) 전단력을 받는 앵커의 강재강도

① 선설치 헤드스터드

$$V_{sa} = A_{se,V} f_{uta} \quad \cdots\cdots\cdots\cdots\cdots\cdots\cdots\cdots\cdots\cdots\cdots\cdots\cdots \quad (3)$$

여기서, $A_{se,V}$는 전단에 대한 단일 앵커의 유효단면적이며, f_{uta}는 $1.9 f_{ya}$와 860 MPa 중 작은 값 이하이어야 한다.

② 선설치 헤드볼트와 갈고리볼트 그리고 슬리브가 전단 파괴면까지 연장되어 있지 않은 후설치 앵커

$$V_{sa} = 0.6 A_{se,V} f_{uta} \quad \cdots\cdots\cdots\cdots\cdots\cdots\cdots\cdots\cdots\cdots\cdots \quad (4)$$

여기서, f_{uta}는 $1.9 f_{ya}$와 860 MPa 중 작은 값 이하이어야 한다.

(4) 전단력을 받는 앵커의 콘크리트 브레이크아웃강도

① 단일 앵커에서 가장자리에 직각방향으로 작용하는 전단력

$$V_{cb} = \frac{A_{Vc}}{A_{Vco}} \psi_{ed,V} \psi_{c,V} \psi_{h,V} V_b \quad \cdots\cdots\cdots\cdots\cdots\cdots\cdots\cdots \quad (5)$$

② 앵커 그룹에서 가장자리에 직각방향으로 작용하는 전단력

$$V_{cbg} = \frac{A_{Vc}}{A_{Vco}} \psi_{ec,V} \psi_{ed,V} \psi_{c,V} \psi_{h,V} V_b \quad \cdots\cdots\cdots\cdots\cdots \quad (6)$$

$$A_{Vco} = 4.5 (c_{a1})^2 \quad \cdots\cdots\cdots\cdots\cdots\cdots\cdots\cdots\cdots\cdots\cdots\cdots\cdots \quad (7)$$

$$V_b = \left(0.6 \left(\frac{l_e}{d_a} \right)^{0.2} \sqrt{d_a} \right) \lambda_a \sqrt{f_{ck}} (c_{a1})^{1.5} \quad \cdots\cdots\cdots\cdots \quad (8)$$

4교시

06 아래 그림과 같은 보에서 지점 A에서의 수직반력에 대한 영향선의 식 $y(x)$를 유도하고, B점과 C점의 종거를 구하시오.

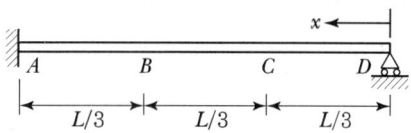

1. I.L.R_A

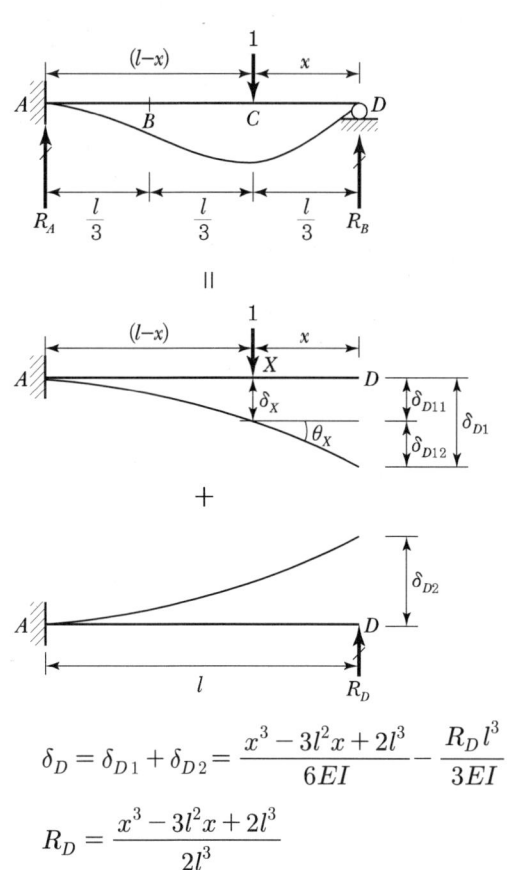

$\delta_D = 0$

$\delta_{D1} = \delta_{D11} + \delta_{D12}$
$= \delta_x + \theta_x \cdot x$
$= \dfrac{1 \cdot (l-x)^3}{3EI} + \dfrac{1 \cdot (l \cdot x)^2}{2EI} \cdot x$
$= \dfrac{(l-x)^2(2l+x)}{6EI}$
$= \dfrac{x^3 - 3l^2 x + 2l^3}{6EI}$

$\delta_{D2} = -\dfrac{R_D \cdot l^3}{3EI}$

$\delta_D = \delta_{D1} + \delta_{D2} = \dfrac{x^3 - 3l^2 x + 2l^3}{6EI} - \dfrac{R_D l^3}{3EI} = 0$

$R_D = \dfrac{x^3 - 3l^2 x + 2l^3}{2l^3}$

$\sum F_y = 0 \cdot (\uparrow \oplus)$

$R_A + R_D = 1$

$R_A = \dfrac{-x^3 + 3l^2 x}{2l^3}$

2. $y_B \cdot y_C$

① $y_B\left(x = \dfrac{2l}{3}\right)$

$$y_B = \dfrac{1}{2l^3}\left\{-\left(\dfrac{2l}{3}\right)^3 + 3l^2\left(\dfrac{2l}{3}\right)\right\} = \dfrac{23}{27}$$

② $y_C\left(x = \dfrac{l}{3}\right)$

$$y_C = \dfrac{1}{2l^3}\left\{-\left(\dfrac{l}{3}\right)^3 + 3l^2\left(\dfrac{l}{3}\right)\right\} = \dfrac{13}{27}$$

CHAPTER 10

제123회
토목구조기술사

CHAPTER 10 123회 토목구조기술사

1교시 다음 문제 중 10문제를 선택하여 설명하시오.(각 10점)

1. 방사능 차폐용 콘크리트(Radiation Shielding Concrete)
2. 설계 VE(Value Engineering)
3. 시설물 유지관리의 기본 접근방식
4. 철근콘크리트 보에서 압축철근의 역할
5. '건설공사 설계도서 작성기준(국토교통부, 2015.06)'에 따른 설계도서 작성 시 고려사항
6. 소성힌지(Plastic Hinge)
7. 평면변형 및 평면응력조건(Plane Strain and Plane Stress Condition)
8. 강재에서 발생하는 지연파괴(Delayed Fracture)
9. 공항에 설치된 토목구조물의 유지관리 계획
10. 아래 그림과 같이 수평봉 AB가 기둥 CD에 의해 지지되어 있고, 이 강재 기둥 단면의 제원은 45mm×45mm이다. 기둥의 안전계수를 3.0이라 가정할 때 허용하중 P_{ca}의 값을 구하시오.[단, 모든 부재의 탄성계수(E)는 200×10^3MPa이다.]

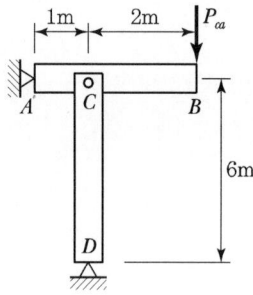

11. 아래 그림과 같은 구조물의 고유진동수를 구하시오.[단, 기둥의 탄성계수(E)는 200×10^3 MPa, 상부 강체 자중(W)은 100kN이며, 단면의 지름은 모두 100mm로 속이 꽉 찬 원형 단면이다.]

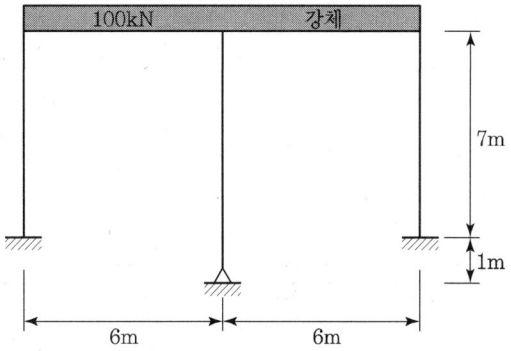

12. 아래 그림과 같은 구조계에 대한 소성모멘트(M_P)를 구하시오.

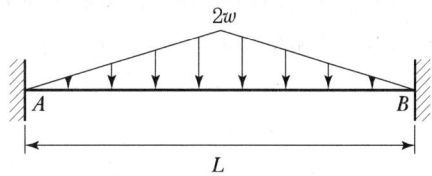

13. 아래 그림과 같은 라멘구조물에서 C점 반력을 구하시오.(단, EI = 일정)

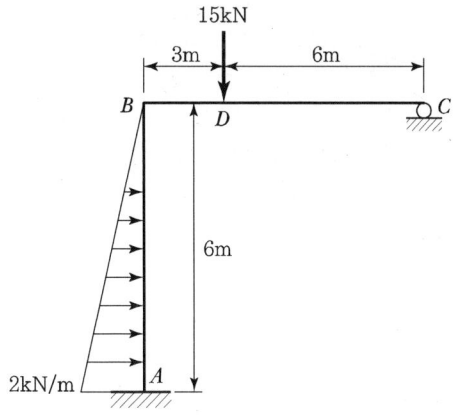

■ 2교시 다음 문제 중 4문제를 선택하여 설명하시오.(각 25점)

1. BIM(Building Information Modeling)의 활용 및 관리방안을 구조물의 계획단계, 설계단계, 성과품 검토단계별로 설명하시오.
2. 3주탑 이상 다경간 사장교의 구조적 특징, 문제점 및 개선방안에 대하여 설명하시오.
3. 아래 그림과 같이 한 경간의 길이가 20m인 3경간 PSC 연속보에서 보의 자중을 고려하여 각 지점의 반력을 구하고, PSC 연속보의 전단력도와 휨모멘트도를 작성하시오.[단, 콘크리트 단위중량(γ)은 25kN/m³, 도입긴장력(P)은 2,000kN, 편심거리(e)는 500mm이다.]

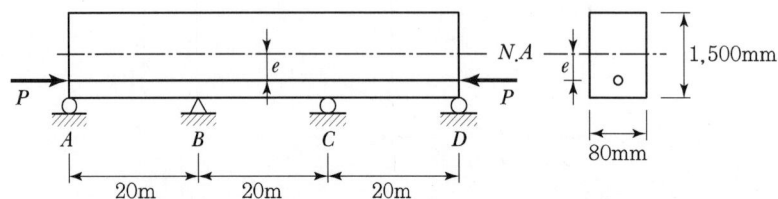

4. 콘크리트 구조물에 설치되는 강재 앵커의 종류와 파괴모드에 대하여 설명하시오.
5. 아래 그림과 같이 강종 SM355 강재의 L형강($L-150\times150\times12$) 부재가 M22(F10T) 고장력볼트로 연결된 경우, L형강의 파단한계상태와 설계강도를 검토하시오.[단, 유효 순단면적은 순단면적의 85%, 구멍의 지름은 25mm, SM355의 항복응력(F_y)은 355MPa, 인장응력(F_u)은 490MPa, L형강 단면적(A_g)은 3,477mm²이다.]

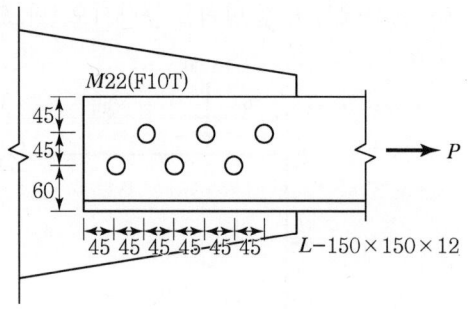

6. 아래 그림과 같은 PSC 거더 교량을 설계할 때 도로교설계기준에 의한 바닥판의 경험적 설계법을 설명하고, 단면 중앙부 바닥판의 철근배근을 계획하시오.[단, 교량폭은 11.9m, 상부 플랜지 폭은 0.7m, 철근(H16) 단면적은 198.6mm²으로 한다.]

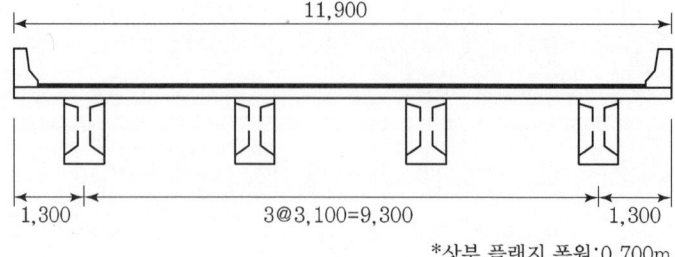

3교시 다음 문제 중 4문제를 선택하여 설명하시오. (각 25점)

1. 콘크리트 구조물의 염해 및 염화물이온 확산계수를 정의하고, 외관상의 열화상태 등급에 대하여 설명하시오.
2. 성능중심설계법(Performance-based Design)에 대하여 설명하시오.
3. 교량받침이 지점당 2개소인 2경간 연속 곡선 강상자형 거더 교량을 정밀점검한 결과 일부 교량받침에서 들뜸현상이 발견되었다. 이 들뜸현상의 발생원인 및 대책에 대하여 설명하시오.

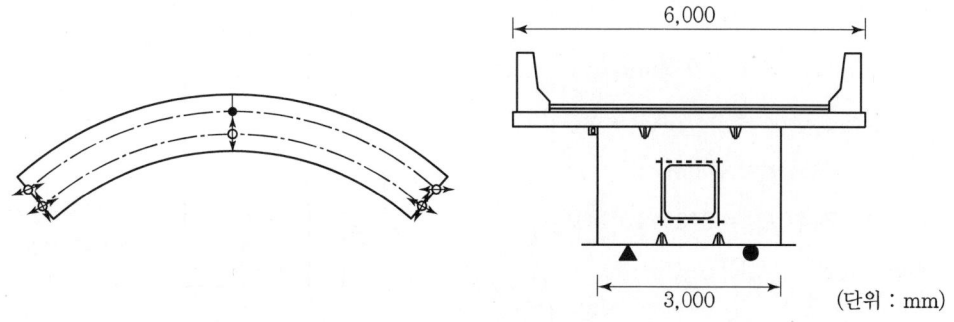

4. 아래 그림과 같이 포물선 등분포 하중을 받는 구조물의 A점과 B점에서의 반력을 구하시오. $\left(단, \ k = \dfrac{3EI}{L^3} \right)$

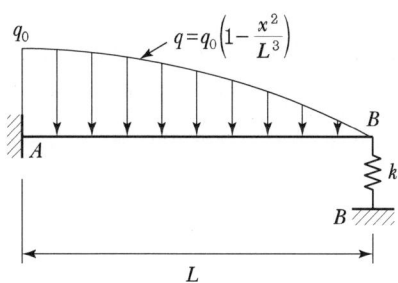

5. 아래 그림과 같은 철근콘크리트 보에서 800kN·m의 휨모멘트가 작용하는 경우 안전성을 검토하고, 필요시 설계조건에서 제시한 탄소섬유 시트를 사용하여 보강설계를 하시오.

〈설계조건〉
- 콘크리트
  - 설계기준강도 $f_{ck} = 24\text{MPa}$
  - 탄성계수 $E_c = 21 \times 10^3 \text{MPa}$
- 철근
  - 인장철근 $A_s = 3,042\text{mm}^2$
  - 압축철근량 $A_s' = 1,521\text{mm}^2$
  - 항복강도 $f_y = 400\text{MPa}$
  - 탄성계수 $E_S = 210 \times 10^3 \text{MPa}$
- 탄소섬유 시트(FTS-C5-30)
  (보강은 짝수 겹으로 설계 : 2겹, 4겹 등)
  - $t = 0.165\text{mm}$
  - $f_{y(cf)} = 1,000\text{MPa}$
  - $E_{ef} = 3.78 \times 10^5 \text{MPa}$

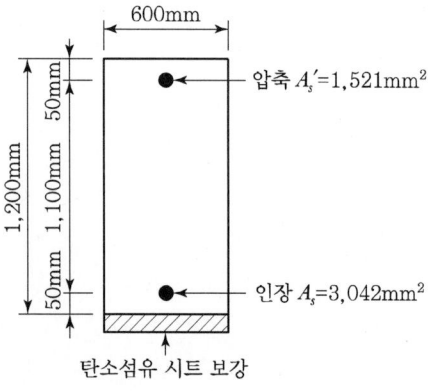

6. 아래 그림과 같이 케이블에 매달려 있는 보에 집중하중 6kN이 작용할 때, 이 케이블에 발생하는 인장력 T와 늘음량 Δ를 구하시오.[단, 케이블은 직경 12mm의 강봉이며, 길이는 12m, 탄성계수(E)는 $200 \times 10^3 \text{MPa}$, 보의 단면2차모멘트($I$)는 $160 \times 10^{-6} \text{m}^4$, 탄성계수($E$)는 $200 \times 10^3 \text{MPa}$이다.]

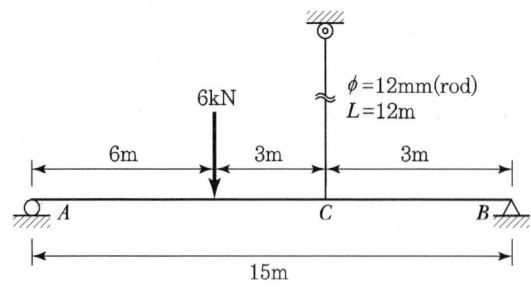

■ **4교시** 다음 문제 중 4문제를 선택하여 설명하시오.(각 25점)

1. 철근콘크리트 구조물의 내구성 저하 원인과 콘크리트 표준시방서상의 내구성 평가원칙에 대하여 설명하시오.
2. 큰 직경(직경 32mm 초과)의 철근과 다발철근에 대한 구조적 적용기준에 대하여 설명하시오.
3. 도로교설계기준(한계상태설계법, 2016)에서 규정하는 한계상태별 하중조합에 대하여 설명하시오.
4. 아래 그림과 같은 2경간 연속보의 중앙지점(B)에서 4.5mm의 침하가 발생한 경우, 각 지점에서의 반력을 구하시오.(단, $E = 200 \times 10^3 \text{MPa}$, $I = 160 \times 10^{-6} \text{m}^4$)

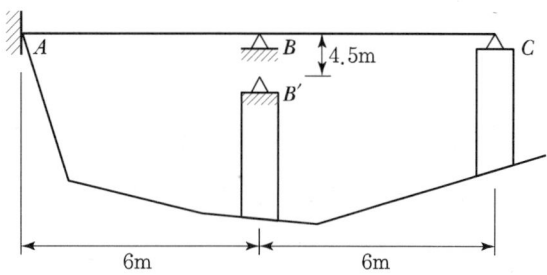

5. 아래 그림과 같은 철근콘크리트 직사각형 보에서 다음 사항들을 검토하시오.[단, 도로교설계 기준(한계상태설계법, 2016)을 적용한다.]

〈설계조건〉
- $f_{ck} = 24\text{MPa}$, $f_y = 300\text{MPa}$
- $b = 500\text{mm}$, $d = 900\text{mm}(z = 0.9d)$
- 철근 단면적
  : D13 126.7mm², D19 286.5mm²
- 극한한계상태 부재력
  : 휨모멘트 200kN·m, 전단력 250kN

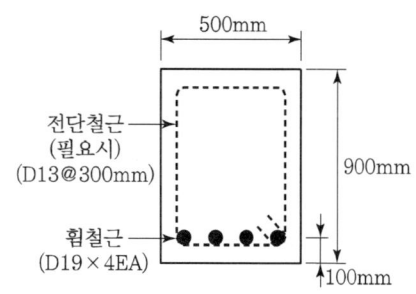

(1) 단면의 전단철근 필요 여부를 검토하고, 전단철근이 필요한 경우 전단강도와 전단철근 간격의 적정성을 검토하시오.(단, 복부 스트럿 경사각 $\theta = 30°$로 가정하며, 축력의 영향은 무시한다.)
(2) 단면의 설계휨강도 $M_r = 271\text{kN·m}$일 때, 전단력에 의한 추가 인장력의 영향을 고려하여 배치된 휨철근의 적정성을 검토하시오.

6. 아래 그림과 같이 배치된 브래킷의 볼트 직경을 결정하시오.[단, 작용하중(P)은 10kN이고, 허용전단응력(τ_a)은 200MPa이다.]

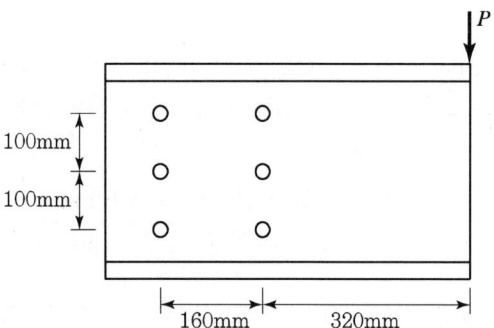

1교시
02 설계 AE(Value Engineering)

1. VE(Value Engineering)

(1) 정의

최저의 생애주기비용(LCC)으로서 필요한 기능을 달성하기 위하여 제품이나 서비스의 기능분석에 쏟는 조직적 노력을 말한다.

$$가치(Value) = \frac{기능(Function) + 품질(Quality)}{비용(Cost)}$$

(2) 목적

VE는 필수기능인 주기능과 2차 기능인 법적·제도적 필요 기능 그리고 고객이 필요한 기능은 유지하면서, 불필요한 기능을 제거하고 설계자 착상에 의한 기능을 대상으로 창조적 아이디어를 발상하여 대체안을 제시하는 데 목적이 있다.

(3) VE 실시시기

① 기본설계 VE

　기본설계 $\frac{2}{3}$ 정도 진행 시

② 실시설계 VE

　실시설계 $\frac{1}{2} \sim \frac{1}{3}$ 정도 진행된 시점

1교시
04 철근콘크리트 보에서 압축철근의 역할

① 압축철근의 배근으로 얻을 수 있는 구조기능과 시공에서의 장점은 설계강도를 크게 하는 것 외에 다음과 같은 역할을 함
- 장기처짐의 감소
- 연성의 증진
- 철근 조립의 편이

② 복배근된 보의 장기처짐이 단근보보다 감소하는 것은 구조기능 면에서 설계강도 다음으로 중요한 일

③ 실험결과에 의하면, 하중 작용 시 초기 탄성처짐은 단근보나 복근보가 거의 같은 변형을 보이나 시간에 따른 장기처짐은 압축철근비를 인장철근비와 같이 하였을 경우 단근보에 비하여 50% 이하의 변형량을 보인 것으로 조사됨

④ 장기처짐 = λ_Δ × 단기처짐

$$\lambda_\Delta = \frac{\xi}{1+50\rho'}$$

⑤ 인장철근에서 압축철근의 단면적을 뺀 나머지가 콘크리트의 압축응력과 평형을 이루므로 인장철근의 단면적을 A_s, 압축철근의 단면적을 A_s'라고 하면, 단근보에서의 A_s가 $(A_s - A_s')$로 대치되어, 콘크리트의 압축응력블록의 깊이 a가 줄어들고, 인장철근의 변형률이 증가하여 보의 연성이 증가하게 됨
- 이러한 연성의 증가는 내진구조나 모멘트의 재분배가 일어나는 경우 구조체의 안전성을 높이는 데 매우 중요한 기능을 함
- 보의 철근 조립에서 압축철근을 배근하면 스터럽 설치와 피복두께 유지에 편리함
- 압축철근은 인장철근과 함께 모서리 철근이 되고, 스터럽을 고정시키면서 스페이서 사용 시 거푸집과의 일정한 간격을 유지하기 때문에, 구조내력상 압축철근이 필요하지 않은 경우에도 압축측의 양 모서리에 압축철근을 배근하는 것이 일반적인 설계 관례

1교시

11 아래 그림과 같은 구조물의 고유진동수를 구하시오.[단, 기둥의 탄성계수(E)는 200×10^3MPa, 상부 강체 자중(W)은 100kN이며, 단면의 지름은 모두 100mm로 속이 꽉 찬 원형 단면이다.]

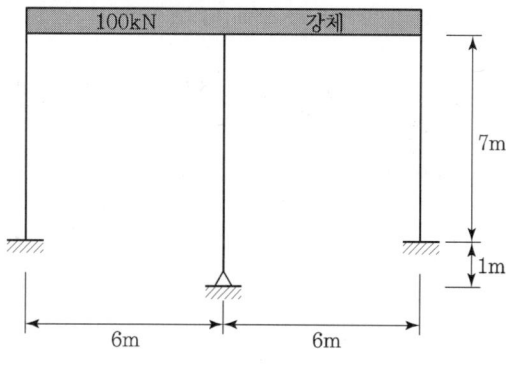

1. 스프링 상수 산정

(1) 양단고정 기둥의 스프링 상수

$$k_1 = k_3 = \frac{12EI}{l_1^3} = \frac{12 \times 200 \times 10^3 \times 4,908,738.5}{(7,000)^3} = 34.35 \text{N/mm}$$

$$I = \frac{\pi(100)^4}{64} = 4,908,738.5 \text{mm}^4$$

(2) 고정-힌지 기둥의 스프링 상수

$$k_2 = \frac{3EI}{l_2^3} = \frac{3 \times 200 \times 10^3 \times 4,908,738.5}{(8,000)^3} = 5.75 \text{N/mm}$$

2. 등가 스프링 상수

병렬 연결

$$k_e = \Sigma k_i = k_1 + k_2 + k_3 = 2 \times 34.35 + 5.75 = 74.45 \text{N/mm}$$

3. 고유진동수 산정

(1) 총 중량

$$W = 100\text{kN} = 100 \times 10^3 \text{N}$$

(2) 고유진동수

$$f = \frac{1}{2\pi}\sqrt{\frac{k_e}{m}} = \frac{1}{2\pi}\sqrt{\frac{k_e g}{W}} = \frac{1}{2\pi}\sqrt{\frac{74.45 \times 9.81 \times 10^3}{100 \times 10^3}}$$
$$= 0.43 \text{cycle/sec} = 0.43 \text{Hz}$$

2교시

01 BIM(Building Information Modeling)의 활용 및 관리방안을 구조물의 계획단계, 설계단계, 성과품 검토단계별로 설명하시오.

1. 서론

3차원 설계의 효용성 확대와 함께 BIM(Building Information Modeling)은 빠르게 보급되고 있으며, 국토교통부 등에서는 토목공사에서도 BIM를 적용하는 방안을 추진하고 있다.

2. BIM 적용

(1) 계획단계

토목분야 계획단계 BIM 활용 기능은 주로 타당성 검토, 주변 환경성 평가 및 교통 영향 분석 등의 업무를 지원하는 기능으로 구성된다.

3차원 지형정보 생성에 의한 지형 분석 기능, 3차원 형상 모델을 기반으로 하는 개략 일정 시뮬레이션 기능, 구조물 배치 계획 및 경관 계획 시뮬레이션 기능, 대안 검토 및 시뮬레이션 검토 기능과 주변 환경 평가 시뮬레이션 기능 등에 적용된다.

(2) 설계단계

설계단계 BIM 활용의 기본은 구조해석 정보와 공사비 정보 등을 설계 객체 부위별로 관리할 수 있는 기능이다. 이러한 기본적 활용 외에도 지하시설물 시각화 기능 검토, 지형의 표고, 경사 및 수계분석 및 토공 시각화 분석 기능 등을 구현할 수 있다. 또한 객체의 설계 오류, 간섭, 위치 등을 파악하기 위해 횡단면 검토 및 객체 간섭 검증 기능 등이 활용된다. 이와 같이 설계정보의 기하요소를 확인하기 위해 임의의 단면/경사/깊이/표고 분석과 도로/교량 등의 선형 및 타입 대안 검토, 유역 면적 등의 검토 등에 활용된다. 특히 토목공사는 토공과 직접 연관되므로, 토공의 성/절토 상태를 시각적으로 분석할 수 있는 기능과 완성된 3차원 모델의 설계 정합성 분석 기능이 적용될 수 있다. 이와 같이 주변 환경과의 적합성을 판단할 수 있으며, 3차원 모델로부터 요구 단면을 추출하여 상세한 2D 도면을 생성할 수 있는 기능을 구현할 수 있다. 이러한 설계 정보가 완성되면 각 공종을 구성하고 WBS코드와 연계하여 계획공정표를 생성하게 된다.

(3) 성과품 검토단계

BIM은 설계, 시공, 감리, 시설물 유지관리 등 건설 전 단계에 활용 가능하며 물량산출, 설계오류 검토, 도면생선, 공정/공사비 시뮬레이션, 대안 검토, 시공성 검토, 안전 검토, 유지보수 등 다양한 의사결정과정에 활용이 가능하다.

3. 결론

최근 토목분야의 대형 국책 사업에 3D, 4D 시뮬레이션 구성이 의무화되고 있는 사례 등은 BIM 환경 구축에 고무적인 사항이다. 이러한 사례들은 설계 및 시공의 고품질화와 함께 점차 증대될 것으로 기대된다. 특히 최근 프로젝트의 규모가 대형화 및 복잡화됨에 따라 토목분야 BIM의 적용은 더욱 활성화될 것으로 사료된다.

2교시

02. 3주탑 이상 다경간 사장교의 구조적 특징, 문제점 및 개선방안에 대하여 설명하시오.

1. 개요

사장교는 주탑, 보강형 그리고 케이블로 구성된 교량 형식이다. 보강형에 작용하는 하중은 케이블로 전달되고, 케이블로 전달된 하중은 주탑이나 다른 케이블에 전달되어 하부로 전달되는 하중 전달 경로를 가지고 있다.

일반적인 3경간 형식의 전형적인 사장교는 주경간에 작용하는 하중이 스테이 케이블과 앵커 케이블에 의하여 단부 교각과 주탑으로 하중이 전달되어 지지되며, 처짐은 주탑과 앵커 케이블의 강성에 의하여 적정 수준으로 유지하게 된다(아래 그림 참조).

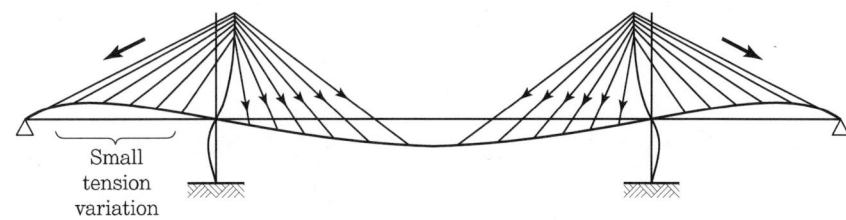

[전형적인 3경간 사장교의 주경간 하중 재하 시의 하중 전달 개요도]

2. 다경간 사장교의 특징

(1) 개요

3주탑 이상의 사장교는 아래 그림에서처럼 주탑의 개수가 많으며, 일반적인 2주탑 사장교와는 달리 내부 주탑의 경우 지지점과 연결되는 앵커 케이블을 가지지 못하게 된다.

[다주탑 사장교 개요도]

(2) 다경간 사장교의 문제점

내부 주탑의 앵커 케이블 부재는 주경간쪽의 과대한 처짐을 유발하게 되어 사장교의 안전성에도 영향을 끼치게 된다(아래 그림 참조). 이러한 문제점을 해결하고자 내부 주탑의 강성을 강화시키는 다양한 방법이 연구되었다.

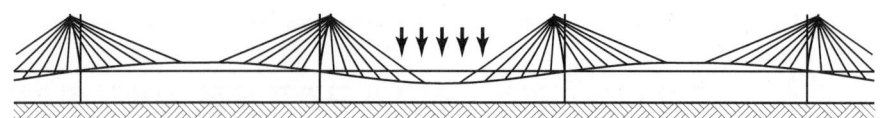

[다주탑 사장교의 주경간 하중 재하 시의 개요도]

3. 보조 케이블을 이용한 개선방안

(1) 내부 주탑의 변위를 제어할 수 있는 추가적인 케이블 설치안

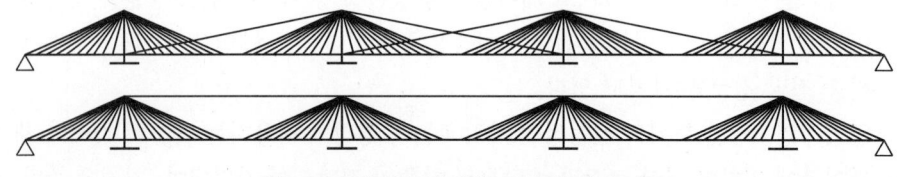

[추가 케이블을 설치한 다경간 사장교]

① 이 방법의 특징은 내부 주탑의 정부를 인근 주탑과 연결함으로써 내부 지간에 작용하는 하중으로 인하여 발생하는 주탑의 변위를 또 다른 케이블을 이용하여 제어하는 방법이다.

② 추가적인 케이블의 강성이 충분한 경우 내부 주탑의 강성 효과에는 도움이 되나, 단점으로는 추가적인 케이블로 인하여 시공성이 나빠지고, 특히 경관적인 측면에서 번잡함을 유도하게 된다.

③ 대표적인 교량으로는 홍콩의 Ting Kau교가 있다.

[홍콩의 Ting Kau교]

(2) 케이블 배치를 중첩시키는 방법

[케이블을 중첩시킨 다경간 사장교]

① 내부 케이블을 일부 중첩시키는 방법으로 내부에 작용하는 하중들이 양쪽 케이블에 동시에 작용하여 주경간의 변위를 줄여주는 시스템으로, 케이블이 중첩됨으로 해서 보강형의 축력이 줄어들어 단면을 다소 줄일 수 있는 효과도 있다.
② 문제점으로는 케이블 중첩 시 시공이 까다롭고, 케이블량이 추가적으로 많이 들어가는 등의 경제적인 문제점을 야기하기도 한다.

(3) 하부에 케이블을 추가하는 방법

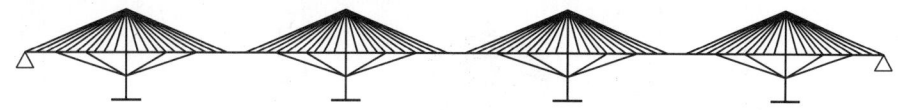

[하부 케이블을 추가하는 시스템의 개요도]

주경간에서 발생하는 처짐을 인근 경간의 보강형 하부에 설치된 케이블이 잡아주는 시스템이다. 현재까지 완성된 교량에 적용된 예는 없으나, Ting Kau교의 시공 시에 적용한 사례가 있다.

4. 주탑의 강성을 보강하는 개선방안

(1) 주탑과 보강형의 강성을 증대시키는 방법

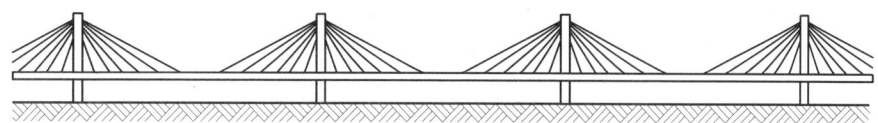

[주탑 및 보강형의 강성을 보강]

케이블의 강성에 의지하지 않고 주탑과 보강형의 강성을 증대시키고, 강결시킴으로써 처짐을 제어하는 방법으로, 처짐 제어에 어느 정도 효과는 있으나 강성 증대는 곧 단면 증대로 이어져 비경제적인 설계가 될 수 있다.

(2) 주탑의 강성을 극대화하고 보강형의 강성을 줄이는 방법

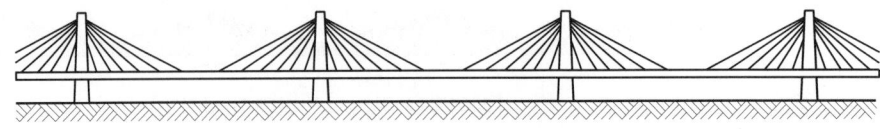

[주탑 강성 극대화 방안]

① 주탑의 강성을 극대화하는 방법으로 어느 정도 효과는 있으나, 지간이 길어지거나 폭이 넓어 하중이 큰 경우에는 강성 극대화에도 한계가 있다.
② 대표적인 사례로서 프랑스에 시공된 Millau교가 있다. Millau교의 경우에는 보강형 하단부와 상단부 모두에서 주탑의 Leg를 종방향으로 분리하여 주탑의 강성을 극대화시킨 경우라고 볼 수 있다.

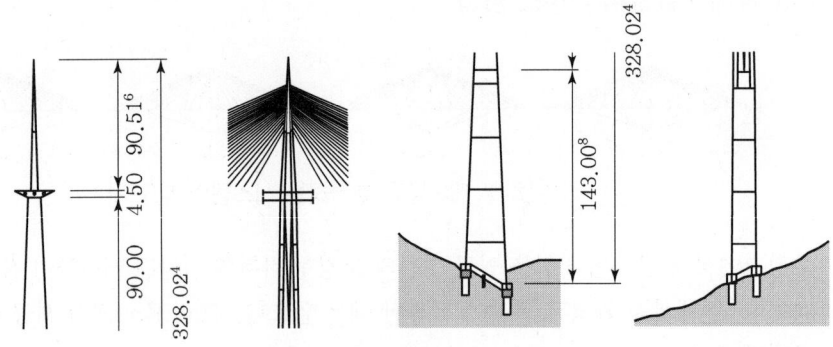

[프랑스 Millau교의 주탑 개요도]

(3) 받침을 2열로 하여 라멘 효과를 부여하는 방법

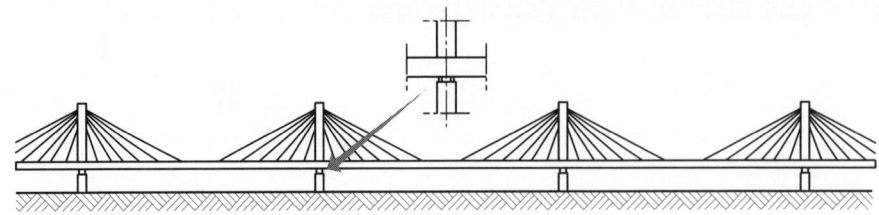

① 위의 그림에서처럼 주탑의 받침 배열을 2열로 하여 보강형에 대하여 라멘 효과를 유발시켜 처짐을 제어하는 방법이다.
② 단점으로는 불균형 하중이 작용할 때 처짐을 제어하는 효과도 있지만 더불어 받침에 작용하는 정반력도 커져 큰 용량의 받침을 필요로 하게 된다. 또한 반대편의 받침에는 부반력을 유발할 수 있으므로 이에 대한 충분한 검토가 이루어져야 한다.

③ 대표적인 교량으로 그리스의 Rion-Antrion교가 있다. 이 교량은 주탑의 모양을 종방향으로 다이아몬드형으로 하여 자체 강성을 증가시키면서, 한 개의 주탑에서 받침의 배열을 2열로 하여 보강형에 라멘 효과를 도입한 사례라고 할 수 있다.

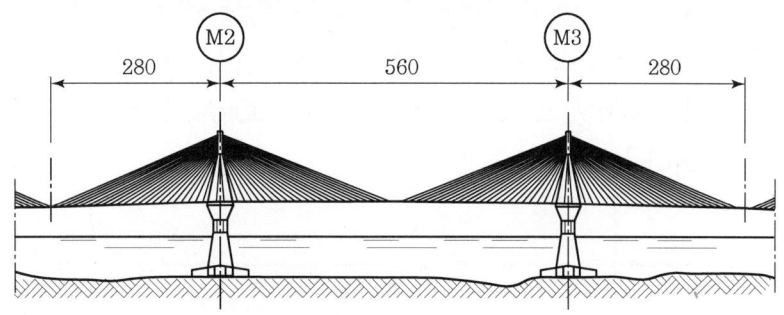

[Rion-Antrion교의 내측 주탑]

5. 결론

다경간 사장교의 경우에는 일반적인 사장교와는 달리 내부 지간의 처짐을 해결하는 것이 큰 과제로 남게 된다. 이를 해결하는 방법으로는 추가적인 케이블을 설치하거나 보강형과 주탑의 강성을 증대시키는 방법 등이 있으며, 현장 상황과 경제적인 면을 충분히 고려하여 교량의 시스템을 결정하여야 할 것이다.

2교시

03 아래 그림과 같이 한 경간의 길이가 20m인 3경간 PSC 연속보에서 보의 자중을 고려하여 각 지점의 반력을 구하고, PSC 연속보의 전단력도와 휨모멘트도를 작성하시오.[단, 콘크리트 단위중량(γ)은 25kN/m³, 도입긴장력(P)은 2,000kN, 편심거리(e)는 500mm 이다.]

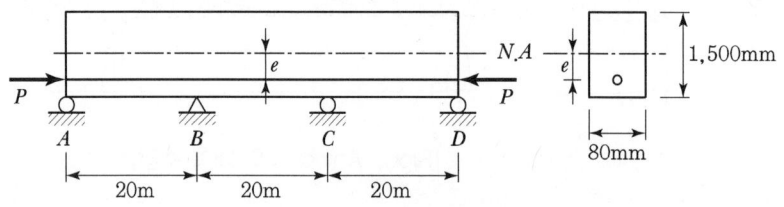

1. 강도 산정

$$K_{AB} = K_{BA} = K_{BC} = K_{CB} = K_{CD} = K_{DC} = \frac{I}{20} = K$$

2. 하중항 산정

전 구간 긴강재의 균등 편심으로 인한 휨모멘트 하중이 작용하므로 이를 구하면,
$$C_{AB} = C_{BC} = C_{CD} = +P \times e = +1,000 \times 0.5 = +500 \text{kN} \cdot \text{m}$$
$$C_{BA} = C_{CB} = C_{DC} = -P \times e = -1,000 \times 0.5 = -500 \text{kN} \cdot \text{m}$$

3. 부재각 산정

지점 침하가 없으므로 구조물의 부재각 = 0
$$R_{AB} = R_{BA} = R_{Bc} = R_{CB} = R_{CD} = R_{DC} = 0$$

4. 처짐 방정식 적용

대칭 구조물 $\theta_A = -\theta_D$, $\theta_B = -\theta_C$
$$M_{AB} = 2EK(2\theta_A + \theta_B) + 500 = 0$$
$$\therefore 2EK\theta_A = -EK\theta_B - 250$$

$$M_{BA} = 2EK(\theta_A + 2\theta_B) - 500$$
$$= 2EK\theta_A + 4EK\theta_B - 500$$
$$= [-EK\theta_B - 250] + 4EK\theta_B - 500$$
$$= 3EK\theta_B - 750$$
$$M_{BC} = 2EK(2\theta_B + \theta_C) + 500$$
$$= 2EK(2\theta_B - \theta_C) + 500$$
$$= 2EK\theta_B + 500$$
$$M_{CB} = -M_{BC},\ M_{CD} = -M_{BA},\ M_{DC} = -M_{AB} = 0$$

5. 절점 방정식 적용 및 미지수 결정

좌우 대칭이므로 B점에 대해 절점 방정식을 적용하여 미지수를 결정한다.
$$\therefore \Sigma M_B = 0$$
$$M_{BA} + M_{BC} = [3EK\theta_B - 750] + [2EK\theta_B + 500] = 5EK\theta_B - 250 = 0$$
$$\therefore EK\theta_B = +50$$

6. 재단 모멘트 결정

결정된 미지수를 처짐각 방정식에 대입하여 재단 모멘트를 구한다.
$$M_{AB} = 0 = -M_{DC}$$
$$M_{BA} = 3EK\theta_B - 750 = 3 \times 50 - 750 = -600\text{kN} \cdot \text{m} = -M_{CD}$$
$$M_{BC} = 2EK\theta_B + 500 = 2 \times 50 + 500 = +600\text{kN} \cdot \text{m} = -M_{CB}$$

7. 단면력도 작성

자유물체도로부터 반력을 구하고, 반력에 의한 휨모멘트를 구하면 2차모멘트가 구해진다.

$$R_A = R_d = \frac{M_{BA}}{L} = \frac{600}{20} = 30\text{kN} = -R_{Ba} = -R_{c2}$$

$AB\ \&\ CD$구간 : $M_B = R_A L = 30 \times 20 = +600\text{kN} \cdot \text{m}$

BC구간 : $M = M_{BC} = M_{CD} = +600\text{kN} \cdot \text{m}$

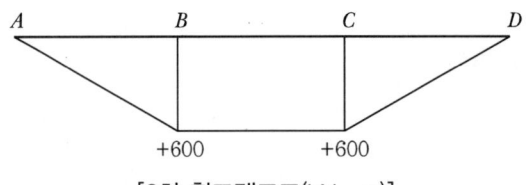

[2차 휨모멘트도(kN·m)]

8. 1차모멘트 및 2차모멘트 산정

(1) 1차모멘트 산정

$$M_1 = -P \times e = -1,000 \times 0.5 = -500 \text{kN} \cdot \text{m}$$

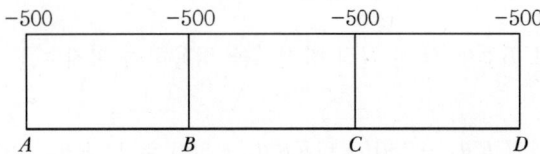

(2) 2차모멘트 산정

1차모멘트의 반력에 의해 발생된 휨모멘트

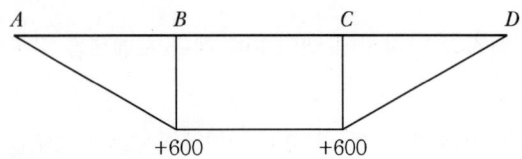

(3) 최종모멘트 산정

1차모멘트 + 2차모멘트

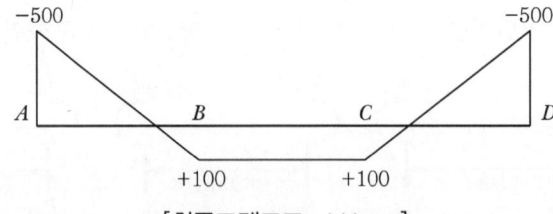

[최종모멘트도 : kN·m]

2교시
04. 콘크리트 구조물에 설치되는 강재 앵커의 종류와 파괴모드에 대하여 설명하시오.

1. Anchor의 종류

(1) 부착식 앵커

경화된 콘크리트에 앵커 지름의 1.5배 이하로 구멍을 천공하고, 앵커와 접착제 그리고 접착제와 콘크리트 사이의 부착으로 하중을 전달하는 후설치 앵커

(2) 신설치 앵커

콘크리트 치기 이전에 설치되는 헤드볼트, 헤드스터드 또는 갈고리 볼트

(3) 수평 또는 상향으로 경사진 앵커

수평 또는 그 이상으로 천공된 구멍에 설치된 앵커

(4) 확장 앵커

굳은 콘크리트에 삽입되어 직접적인 지압 또는 마찰 혹은 지압과 마찰에 의하여 콘크리트에 힘을 전달하거나 전달받는 후설치 앵커

(5) 후설치 앵커

굳은 콘크리트에 설치하는 앵커, 부착식, 확장 앵커 및 언더컷 앵커가 후설치 앵커의 종류임

2. 파괴모드

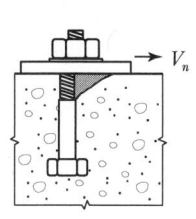
(a) 강재 파괴

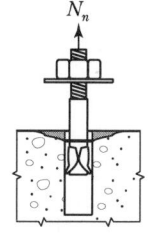
(b) 뽑힘 파괴

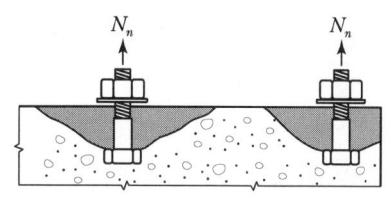
(c) 콘크리트 파괴

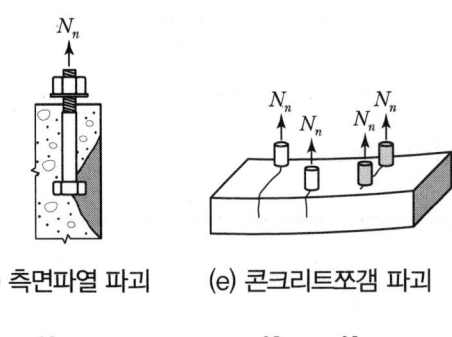

(d) 측면파열 파괴 (e) 콘크리트쪼갬 파괴

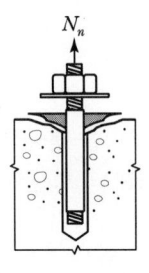 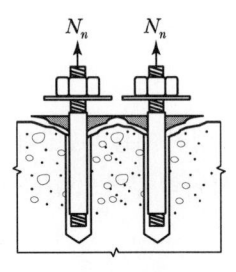

단일 앵커   앵커 그룹

(ㄱ) 인장하중

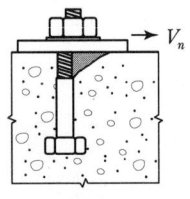 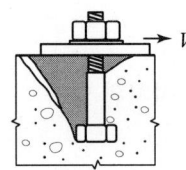 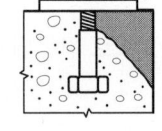 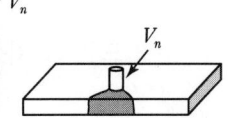

강재 파괴   프라이아웃 파괴

(ㄴ) 전단하중

(f) 부착파괴

3. 작용하중별 설계원칙

파괴 유형	단일 앵커	앵커 그룹[1]	
		개별 앵커	그룹 앵커
인장을 받는 앵커의 강재강도	$\phi N_{sa} \geq N_{ua}$	$\phi N_{sa} \geq N_{ua,i}$	
인장을 받는 앵커의 콘크리트 브레이크아웃강도	$\phi N_{cb} \geq N_{ua}$		$\phi N_{cbg} \geq N_{ua,g}$
인장을 받는 앵커의 뽑힘강도	$\phi N_{pn} \geq N_{ua}$	$\phi N_{pn} \geq N_{ua,i}$	
인장을 받는 앵커의 콘크리트 측면파열강도	$\phi N_{sb} \geq N_{ua}$		$\phi N_{sbg} \geq N_{ua,g}$
인장을 받는 앵커의 부착강도	$\phi N_a \geq N_{ua}$		$\phi N_{ag} \geq N_{ua,g}$
전단을 받는 앵커의 강재강도	$\phi V_{sa} \geq V_{ua}$	$\phi V_{sa} \geq V_{ua,i}$	
전단을 받는 앵커의 콘크리트 브레이크아웃강도	$\phi V_{cb} \geq V_{ua}$		$\phi V_{cbg} \geq V_{ua,g}$
전단을 받는 앵커의 콘크리트 프라이아웃강도	$\phi V_{cp} \geq V_{ua}$		$\phi V_{cpg} \geq V_{ua,g}$

1) 강재 파괴와 뽑힘 파괴에 대한 요구강도는 앵커 그룹에서 가장 큰 하중이 작용하는 앵커에 대해 검토한다.

2교시

05 아래 그림과 같이 강종 SM355 강재의 L형강(L-150×150×12) 부재가 M22(F10T) 고장력볼트로 연결된 경우, L형강의 파단한계상태와 설계강도를 검토하시오.[단, 유효 순단면적은 순단면적의 85%, 구멍의 지름은 25mm, SM355의 항복응력(F_y)은 355MPa, 인장응력(F_u)은 490MPa, L형강 단면적(A_g)은 3,477mm²이다.]

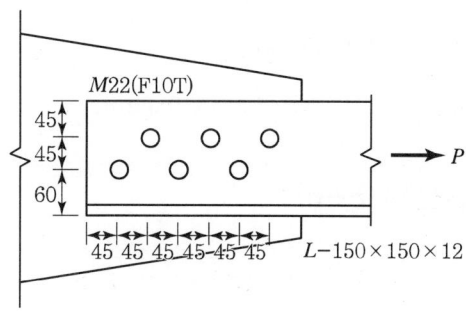

1. 단면 제원

SM355, L형강 L-150×150×12, M22(F10T) 고장력볼트,
A_g= 3,477mm², F_y= 355MPa, F_u= 490MPa

2. A_n, A_e

$$A_n = A_g - 2 \times 24 \times 12 + \frac{45^2}{4 \times 45} \times 12 = 3,477 - 2 \times 24 \times 12 + \frac{45^2}{4 \times 45} \times 12 = 3,036 \text{mm}^2$$

$$A_e = 0.85 A_n = 0.85 \times 3,036 = 2,580.6 \text{mm}^2$$

3. 설계 블록 전단파단강도

(1) 전단강도(파단선 a-b)

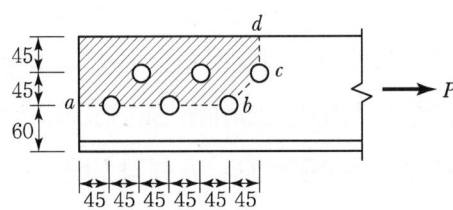

$$A_{gv} = (45 \times 5) \times 12 = 2,700 \text{mm}^2$$
$$A_{nv} = \{(45 \times 5) - 24 \times 2.5\} \times 12 = 1,980 \text{mm}^2$$

(2) 인장영역(파단선 b-c-d)

$$A_{nt} = \left(45 \times 2 + \frac{45^2}{4 \times 45} - 24 \times 1.5\right) \times 12 = 783 \text{mm}^2$$

(3) 블록 전단파단강도

$$R_n = \{0.6F_u A_{nv} + U_{bs} F_u A_{nt}\} \leq \{0.6F_y A_{gv} + U_{bs} F_u A_{nt}\}$$
$$0.6F_u A_{nv} + U_{bs} F_u A_{nt} = 0.6 \times 490 \times 1,980 + 1.0 \times 490 \times 783 = 965,790 \text{N}$$
$$0.6F_y A_{gv} + U_{bs} F_u A_{nt} = 0.6 \times 355 \times 2,700 + 1.0 \times 490 \times 783 = 958,770 \text{N}$$
$$\therefore \phi R_n = 0.75 \times 958.77 \text{kN} = 719.08 \text{kN}$$

4. 설계강도의 계산

(1) 총단면의 항복

$$\phi_t P_n = \phi_t F_y A_g = 0.9 \times 355 \times 3,477 = 1,110,901.5 = 1,110.9 \text{kN}$$

(2) 유효 순단면의 파단

$$\phi_t P_n = \phi_t F_u A_e = 0.75 \times 490 \times 2,580.6 = 948,370.5 = 948.37 \text{kN}$$

5. 설계강도

위의 세 값 중 가장 작은 값인 719.08kN

3교시
02 성능중심설계법(Performance-based Design)에 대하여 설명하시오.

1. 서론

성능기반 설계는 부재의 고강도화, 경량화 및 연성능력의 확보에 따른 경제적인 구조물의 설계를 유도할 수 있으므로 국내 건설기술의 발전과 합리적인 국가 예산의 운용을 위해서도 반드시 필요하다.

2. 성능중심설계법

성능중심설계는 설계된 구조물이 보유하는 성능이 요구 성능을 만족하고 있다면 어떠한 구조형식이나 구조재료, 구조해석 기법, 가설공법을 사용하여도 좋은 설계법으로, 건설된 시설물에서의 성능으로는 내화, 피로, 처짐, 내풍, 내진, 내구 등 다양하게 나타난다. 구조물이 소정의 기능을 갖추고 있는지 아닌지를 직접 조사하는 대신에 성능을 조사하는 설계법, 곧 성능중심설계법(Performance-based Design)이 제시되었다. 성능중심설계는 구조물의 목적과 그것에 적합한 기능을 명시하고 기능을 갖추기 위해 필요한 성능을 규정하여 규정된 성능을 구조물의 공용기간 중 확보하는 것으로서 기능을 만족시키는 설계방법이라고 할 수 있다. 성능중심설계에서 제시하는 적합한 기능과 성능은 구조물의 기능, 경제적 가치, 역사적 가치, 천재지변 등으로 인한 갑작스런 구조물의 기능 정지 시 손실발생 정도 등에 의해 제안되고 규정되게 된다.

3. 성능중심설계법의 장점

성능중심설계는 설계된 구조물이 보유하는 성능이 요구 성능만 만족한다면, 어떠한 구조 형식이나 구조재료, 구조해석기법, 가설공법을 사용하여도 좋은 설계법이며, 이 설계기준의 장점은 다음과 같이 정리할 수 있다.

① 신재료나 신공법, 신구조해석기법의 도입 등 설계자의 창의성을 발휘할 수 있다.
② 공기를 단축할 수 있어, 최적건설비용을 창출할 수 있다.
③ 실제로 설계되어 가설된 구조물이 어떠한 성능을 보유하고 있는가를 설계자는 물론이고 발주자 측에서도 쉽게 인지할 수 있다.

④ 구조물의 생애주기(Life-cycle)를 통해 어떠한 성능을 확보하는 것이 최적인가를 비용이나 환경부하 등의 관점에서부터 고려하면서 선택이 가능하다. 성능중심설계는 기준의 작성과 적용이 어려운 단점이 있지만, 단순히 붕괴 방지에만 국한되어 있었던 사양중심설계와는 달리 하중의 가해지는 상태와 각 구조물, 그리고 구조물의 구성성분에 등급을 정의하여, 인명피해, 붕괴 방지는 물론, 구조물의 기능, 가치, 중요성에 따라 설계방식을 달리함으로써 보다 안정적이고, 최적의 설계를 할 수 있는 장점이 있다. 또한 과거의 강성에만 치중했던 설계와는 달리 구조물의 사용성, 편리성 그리고 극한하중 사건 발생 후에 대한 거동양상 등 기능에 따른 수준이 결정되므로 사용자가 신뢰할 수 있으며 발주자는 요구하고자 하는 성능에 맞추어 구조물을 건설관리할 수 있다.

4. 결론

이와 같은 성능중심설계의 장점 때문에 많은 국가들이 성능중심설계 및 평가 표준을 도입하고 있는 실정이다. 따라서 성능중심설계 및 평가기법 개발은 국내의 건설기술이 한 단계 더 도약할 수 있는 미래지향적 연구사업이며, 국제 기준의 흐름에 부합하는 기준 개발 사업이므로 성능중심설계 기준 및 성능평가기법 개발을 위한 연구가 지속적으로 수행되어야 할 것이다.

3교시

03 교량받침이 지점당 2개소인 2경간 연속 곡선 강상자형 거더 교량을 정밀점검한 결과 일부 교량받침에서 들뜸현상이 발견되었다. 이 들뜸현상의 발생원인 및 대책에 대하여 설명하시오.

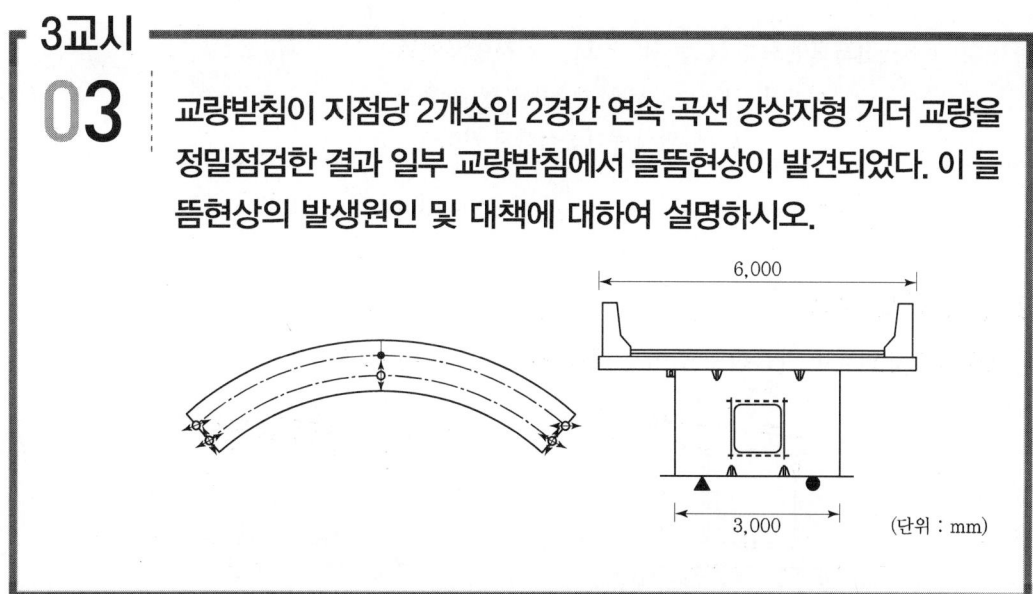

1. 개요

일반적으로 단순 곡선교에서는 교량받침 배치방법에 따라 곡선 내측 받침에 부반력(Up Lift Reaction)이 발생하는데, 부반력은 아주 특수한 상황이 아니면 발생하지 않도록 하는 것이 바람직하다. 폭이 좁은 교량에서는 이와 같은 부반력이 교량의 상부구조의 전도를 유발하므로 구조해석단계에서 확인이 필요하다.

2. 교량 상부구조 전도 검토

① 교량 상부구조의 전도에 대한 검토는 교량의 평면 곡선 외측에 설치한 교량받침 중심선을 기준축으로 하여 무게중심을 계산하여 전도에 대한 안전성을 확인

② 안전율
- 고정하중 작용 시 : $F_s = 1.5$ 이상
- 활하중 작용 시 : $F_s = 1.2$ 이상

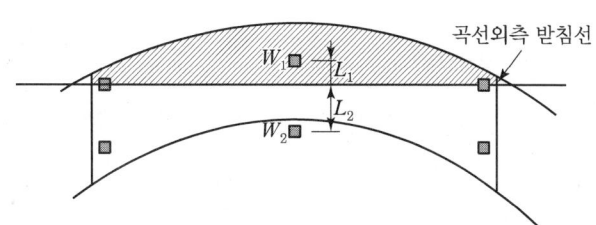

전도모멘트 : $M_t = W_1 \times L_1$,   저항모멘트 : $M_c = W_2 \times L_2$

여기서, W : 중심선을 기준으로 한 중량
L : 단면의 무게중심까지 거리

전도에 대한 안전율 : $F_s = \dfrac{M_c}{M_t} \geq 1.2 \sim 1.5$

3. 전도 방지 대책

① 외측 캔틸레버 바닥판의 길이를 내측보다 짧게 하는 방안

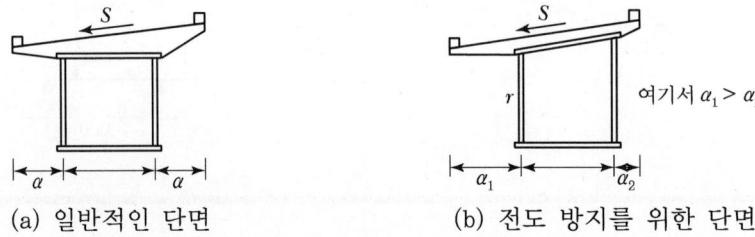

(a) 일반적인 단면   (b) 전도 방지를 위한 단면

② 외측 캔틸레버 길이를 내측보다 짧게 하고 내측 바닥판에 Counterweight를 설치하는 방안

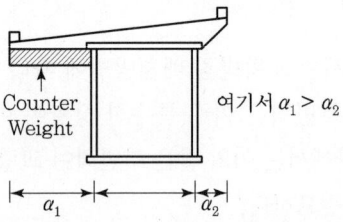

③ 2-Cell Box Girder로 계획 시 내측 Box 거더 내의 일부분을 콘크리트로 채움을 하여 Counterweight 역할을 하게 하는 방안
④ 평면곡선 외측에 Bracket를 설치하여 받침의 위치를 이동시켜 전도에 대한 저항모멘트를 크게 하여 안전성 확보(Out Rigger)

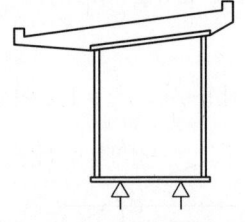 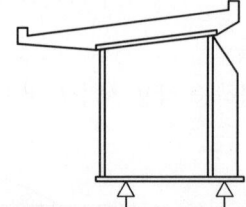

(a) 일반적인 받침 설치 방법   (b) 외측에 Bracket(Out Rigger) 설치 받침 이동 방법

4. 결론

위에서 설명한 전도 방지 방안 중 한 가지만을 적용해야 하는 것은 아니며 서로 복합적으로 검토하여 두 가지 방안을 적용하여 확실한 안전성을 확보할 수도 있다.

4교시
02. 큰 직경(직경 32mm 초과)의 철근과 다발철근에 대한 구조적 적용 기준에 대하여 설명하시오.

1. 지름이 큰 철근에 대한 추가 규정

① 지름이 32mm를 초과하는 철근의 경우는 주어진 규정 외에 다음 규정이 적용된다.
② 지름이 큰 철근을 사용하는 경우, 표피철근을 사용하거나 해석을 수행하는 균열을 제어할 수 있다.
③ 지름이 큰 철근으로 인해 쪼갬 힘은 더욱 커지고 다월 작용도 더욱 커진다. 이러한 철근에는 기계적 정착이 필요하다. 직선 철근으로 정착하는 경우에는 구속철근으로서 갈고리를 가진 횡방향 철근을 사용하여야 한다.
④ 일반적으로 지름이 큰 철근은 겹침이음을 하지 않지만, 단면 치수가 1.0m 이상이거나 철근응력이 설계강도의 80%를 넘지 않는 단면에서는 예외로 한다.
⑤ 횡방향 압축응력이 존재하지 않는 정착구역에는 전단철근 외에 압축용 횡방향 철근을 추가로 배치하여야 한다.
⑥ 직선의 정착길이에 대한 경우 위의 ⑤에 기술된 추가적인 보강철근의 단면적은 다음의 값 이상이어야 한다.
- 인장면에 평행한 방향으로 $A_{Sh} = 0.25 A_s n_1$
- 인장면에 수직인 방향으로 $A_{sv} = 0.25 A_s n_2$

여기서, A_s : 정착철근의 단면적
n_1 : 부재 내의 같은 위치에 정착된 철근 층의 수
n_2 : 각 층에서 정착된 철근의 수

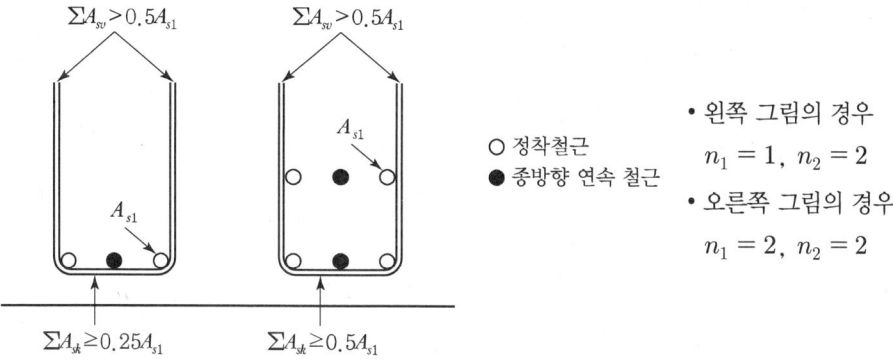

[횡방향 압축력이 작용하지 않는 구역에서 지름이 큰 철근을 정착]

⑦ 추가된 횡방향 철근은 정착구역에서 균일하게 분포되어야 하고 철근의 간격은 주철근 지름의 5배를 넘어서는 안 된다.
⑧ 지름이 큰 철근에 대한 표피철근 단면적은 큰 지름 철근의 직각방향으로 $0.01A_{ct,ext}$, 평행한 방향으로는 $0.02A_{ct,ext}$ 이상이어야 한다.

2. 다발철근에 대한 추가 규정

(1) 일반사항

① 여러 개의 철근을 묶어서 단일 철근의 기능을 발휘하게 하는 것을 다발철근이라 한다. 다발로 사용하는 경우 철근의 수는 4개 이하이어야 하며, 휨부재에서 D35를 초과하는 철근은 2개까지 다발로 사용할 수 있다.
② 다른 언급이 없다면, 개별 철근에 대한 규정은 다발철근에도 적용된다. 다발철근에서 철근은 동일한 형태 및 등급을 지녀야 한다. 지름의 비가 1.7을 넘지 않는 경우에는 다른 크기의 철근으로 묶을 수 있다.
③ 설계에서 다발철근은 동일한 면적과 동일한 무게중심을 가지는 가상의 철근으로 대체한다. 이 가상 철근의 등가지름은 다음과 같다.

$$d_{b,n} = d_b\sqrt{n_b} \le 55\text{mm}$$

여기서, n_b : 다발에서 철근의 수로 제한 값은 다음과 같다.
$n_b \le 4$: 압축영역의 수직철근과 겹침이음 연결부의 철근
$n_b \le 3$: 그 외의 경우

④ 다발철근에서 철근의 간격은 도로교설계기준 5.11.3의 규정을 따른다. 이때 다발 사이의 순 거리는 실제적인 철근 다발의 외곽선으로부터 측정값을 사용한다.
⑤ 두 개의 철근이 아래 위로 접촉되는 경우와 부착조건이 양호한 경우에는, 이들 철근을 다발철근으로 취급할 필요는 없다.
⑥ 다발철근은 스터럽이나 띠철근으로 둘러싸여야 한다. 다발철근 내의 각 철근이 지간 내에서 끝날 때에는 적어도 철근 지름의 40배 이상 길이로 서로 엇갈리게 끝내야 한다. 철근 사이의 간격제한이 철근 크기를 기준으로 적용될 경우 다발의 지름은 등가 단면적으로 환산되는 한 개의 철근 지름으로 계산하여야 한다.

(2) 다발철근의 정착

① 인장영역의 다발철근은 단부 지점부와 중간 지점부를 넘어 자를 수 있다. 등가 지름이 32mm 미만인 다발은 엇갈리지 않고 지점부 근처에서 자를 수 있다. 지점부 근처에서 정착된 등가 지름이 32mm 이상의 다발철근은 아래 그림에 나타낸 것과 같이 종방향으로 서로 엇갈리게 배치되어야 한다.

② 개별 철근이 $1.3l_b$(여기서 l_b는 개별 철근의 지름에 따른 값이다)보다 큰 엇갈림 거리로 정착되는 경우, l_{bc}(그림 참조)를 산정할 때 철근의 지름을 사용할 수 있다. 그 외의 경우에는 다발철근의 지름 $d_{b,n}$을 사용하여야 한다.

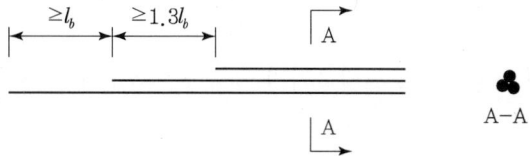

[넓은 폭에 걸쳐 엇갈린 다발철근의 정착]

③ 압축영역에 정착되는 다발철근은 엇갈리게 배치할 필요가 없다. 등가 지름이 32mm 이상인 다발철근은 단부에 지름이 12mm 이상인 횡철근을 4개 이상 배치하여야 한다. 단락된 철근 단부를 바로 넘어서는 영역에는 또 다른 횡철근을 배치하여야 한다.

(3) 다발철근의 겹침이음

① 겹침이음 길이는 등가 지름 $d_{b,n}$을 사용하여 도로교설계기준 5.11.5.3을 따라 계산하여야 한다.

② 등가 지름이 32mm 이하인 2개의 철근으로 구성된 다발철근은 개별 철근을 엇갈리지 않고 겹쳐 이을 수 있다.

③ 등가 지름이 32mm 보다 큰 2개의 철근으로 구성되거나 또는 3개의 철근으로 구성된 다발철근의 경우, 개별 철근은 아래 그림에 나타낸 것과 같이 종방향으로 최소한 $1.3l_0$ 정도 엇갈리게 배치되어야 한다. 이런 경우 철근 1개의 지름을 l_0의 계산에 사용할 수 있다. 어떠한 겹침이음 단면에서도 4개 이상의 철근이 배치되지 않도록 주의하여야 한다.

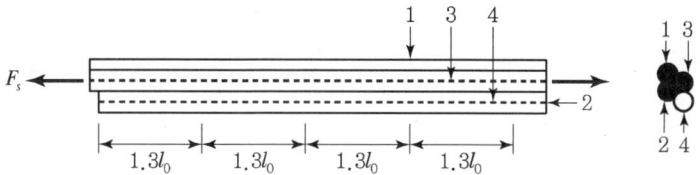

[4개의 철근을 포함하는 인장영역의 겹침이음 연결부]

4교시

03. 도로교설계기준(한계상태설계법, 2016)에서 규정하는 한계상태별 하중조합에 대하여 설명하시오.

1. 극한한계상태 하중조합

① 극한한계상태 하중조합 Ⅰ - 일반적인 차량통행을 고려한 기본하중조합, 이때 풍하중은 고려하지 않는다.
② 극한한계상태 하중조합 Ⅱ - 발주자가 규정하는 특수차량이나 통행허가차량을 고려한 하중조합, 풍하중은 고려하지 않는다.
③ 극한한계상태 하중조합 Ⅲ - 거더 높이에서의 풍속 25m/s를 초과하는 설계 풍하중을 고려하는 하중조합
④ 극한한계상태 하중조합 Ⅳ - 활하중에 비하여 고정하중이 매우 큰 경우에 적용하는 하중조합
⑤ 극한한계상태 하중조합 Ⅴ - 차량통행이 가능한 최대 풍속과 일상적인 차량통행에 의한 하중효과를 고려한 하중조합
⑥ 극단상황한계상태 하중조합 Ⅰ - 지진하중을 고려하는 하중조합
⑦ 극단상황한계상태 하중조합 Ⅱ - 빙하중, 선박 또는 차량의 충돌하중 및 감소된 활하중을 포함한 수리학적 사건에 관계된 하중조합, 이때 차량충돌하중 CT의 일부분인 활하중은 제외된다.

2. 사용한계상태 하중조합

① 사용한계상태 하중조합 Ⅰ - 교량의 정상 운용 상태에서 발생 가능한 모든 하중의 표준값과 25m/s의 풍하중을 조합한 하중상태이며, 교량의 설계 수명 동안 발생 확률이 매우 적은 하중조합이다. 이 하중조합은 철근콘크리트의 사용성 검증에 사용할 수 있다. 또한 옹벽과 사면의 안정성 검증, 매설된 금속 구조물, 터널라이닝판과 열가소성 파이프에서의 변형제어에도 적용한다.
② 사용한계상태 하중조합 Ⅱ - 차량하중에 의한 강구조물의 항복과 마찰이음부의 미끄러짐에 대한 하중조합
③ 사용한계상태 하중조합 Ⅲ - 교량의 정상 운용 상태에서 설계 수명 동안 종종 발생 가능한 하중조합이다. 이 조합은 부착된 프리스트레스 강재가 배치된 상부구조의 균열폭과 인장응력 크기를 검증하는 데 사용한다.

④ 사용한계상태 하중조합 Ⅳ – 설계수명 동안 종종 발생 가능한 하중조합으로 교량 특성상 하부구조는 연직하중보다 수평하중에 노출될 때 더 위험하기 때문에 연직 활하중 대신에 수평풍하중을 고려한 하중조합이다. 따라서 이 조합은 부착된 프리스트레스 강재가 배치된 하부구조의 사용성 검증에 사용해야 한다. 물론 하부구조는 사용하중조합 Ⅲ에서의 사용성 요구조건도 동시에 만족하도록 설계하여야 한다.

⑤ 사용한계상태 하중조합 Ⅴ – 설계수명 동안 작용하는 고정하중과 수명의 약 50% 기간 동안 지속하여 작용하는 하중을 고려한 하중조합

⑥ 피로한계상태 하중조합 – 도로교한계상태 설계기준 3.6.2에 규정되어 있는 피로설계트럭하중을 이용하여 반복적인 차량하중과 동적 응답에 의한 피로파괴를 검토하기 위한 하중조합

4교시

06 아래 그림과 같이 배치된 브래킷의 볼트 직경을 결정하시오.[단, 작용하중(P)은 10kN이고, 허용전단응력(τ_a)은 200MPa이다.]

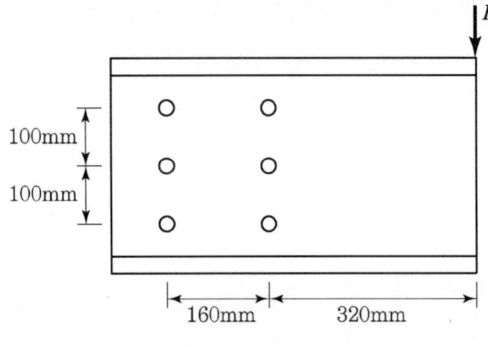

1. Bolt의 단면2차모멘트 및 비틀림 상수

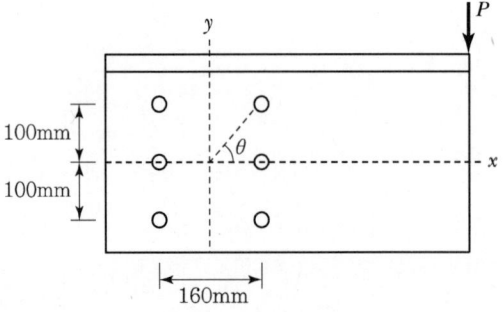

(1) Bolt의 단면적을 a라 하면

$$I_x = 2 \times 2^{ea} \times a \times 100^2 = 40,000a \, \text{mm}^4$$

$$I_y = 2 \times 3^{ea} \times a \times 80^2 = 38,400a \, \text{mm}^4$$

(2) 비틀림 상수

$$J = I_x + I_y = 40,000a + 38,400a = 78,400a \, \text{mm}^4$$

2. 단면력

$P = 10\text{kN} = 10,000\text{N}$

$T = 10 \times 10^3 \times 400 = 4,000,000\text{N} \cdot \text{mm}$

3. 작용응력

(1) 전단응력

$$\nu_s = \frac{1,000}{6 \times a} = \frac{1,666.7}{a}\text{N/mm}^2$$

(2) 비틀림응력

$$r_{\max} = \sqrt{80^2 + 100^2} = 128.06\text{mm}$$

$$\nu_r = \frac{T}{J}r_{\max} = \frac{4 \times 10^6}{78,400a} \times 128.06 = \frac{6,533.67}{a}\text{N/mm}^2$$

(3) 최대합성응력

$$\begin{aligned}
\nu_R &= \sqrt{\nu_s^2 + \nu_r^2 + 2\nu_s\nu_r\cos\theta} \\
&= \sqrt{\left(\frac{1,666.7}{a}\right)^2 + \left(\frac{6,533.67}{a}\right)^2 + \frac{2 \times 1,666.7}{a} \times \frac{6,533.67}{a} \times \frac{80}{128.06}} \leq 200 \\
&\quad \left(\frac{1,666.7}{a}\right)^2 + \frac{6,533.67^2}{a^2} + \frac{13,605,707}{a^2} \\
&= 200^2
\end{aligned}$$

$59,072,439.6 = 40,000a^2$

$a^2 = 1,476.82$

$a = 38.43\text{mm}^2$

4. Bolt 지름

$\dfrac{\pi}{4}d^2 = 38.43$

$d^2 = 48.93$

$d = 6.9\text{mm} \approx 7\text{mm}$

CHAPTER 11

제124회
토목구조기술사

CHAPTER 11 124회 토목구조기술사

■ 1교시 다음 문제 중 10문제를 선택하여 설명하시오.(각 10점)

1. 한계상태설계법에서 여용성에 관련된 계수, 구조물의 중요도에 관련된 계수와 이 계수들의 설계 적용 방법에 대하여 설명하시오.
2. 프리스트레스트 콘크리트(PSC) 구조에서 부착(Bonded)강선, 비부착(Unbonded)강선의 단면 응력에 대한 구조적 거동 특성을 설명하시오.
3. 철근콘크리트 구조물의 열화원인에 대하여 설명하시오.
4. 프리스트레스트 콘크리트(PSC) 구조물에서 프리스트레스 손실에 대하여 설명하시오.
5. 연속 휨 부재의 부모멘트 재분배에 대하여 설명하시오.
6. 휨균열 제어를 위해 콘크리트 인장연단에 가장 가까이 배치되는 철근의 중심 간격에 대하여 설명하시오.
7. 강재취성파괴의 정의 및 강재취성파괴 방지를 위해 설계 시 고려해야 할 사항을 설명하시오.
8. 강합성판형교에서 비보강 복부판과 보강된 복부판에 대한 후좌굴강도에 대하여 설명하시오.
9. 콘크리트 교량의 전단설계 시 강도설계법과 한계상태설계법의 차이점을 설명하시오.
10. 도로교설계기준(한계상태설계법, 2016)의 피로하중에 대하여 설명하시오.
11. 비행장시설 설치기준(국토교통부, 2018.12)에서 규정하는 유도로 교량의 최소 직선거리와 최소 폭에 대하여 설명하시오.
12. 공항시설물 중 교량 및 지중구조물에 대한 내진등급의 분류기준에 대하여 설명하시오.
13. 구조물 계획 시 지진에 대비하여 지진력에 저항하는 구조 개념에 대하여 설명하시오.

■ 2교시 다음 문제 중 4문제를 선택하여 설명하시오.(각 25점)

1. 강교에서 붕괴유발부재(Fracture Critical Members)와 여유도에 대하여 설명하고, 붕괴유발부재에 대하여 예시를 들어 설명하시오.
2. 교량 재하시험의 주요 목적, 재하시험 계획에 포함되어야 하는 내용 및 동적재하시험에 대하여 설명하시오.
3. 기존 지하구조물(개착터널)의 기둥연성보강에 대하여 설명하시오.
4. 축방향 인장을 받는 보의 부재 축에 대하여 수직인 U형 전단철근의 간격을 구하시오.
  여기서, f_{ck} : 24MPa(모래 경량 콘크리트) f_{yt} : 500MPa
  M_d : 60.0kN·m M_l : 45.0kN·m

V_d : 55.0kN V_l : 40.0kN
N_d : -10.0kN(인장) N_l : -70.0kN(인장)
고정하중계수 : 1.2   활하중계수 : 1.6
철근 단면적 : D10 = 71.33mm^2

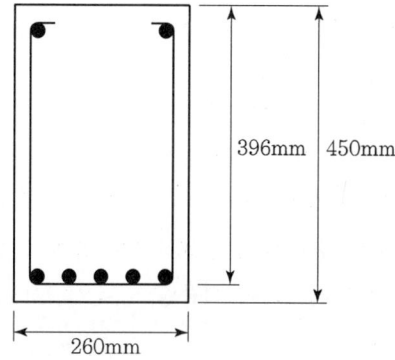

5. 그림과 같이 집중하중(10kN)을 받고 있는 3경간 연속보에 지점침하가 A에서 20mm, B에서 30mm, C에서 50mm, D에서 40mm 발생하였다. 지점 B에서의 모멘트(M_b)와 반력(R_b)을 구하시오.(단, $E = 200$GPa, $I = 500 \times 10^6$mm^4)

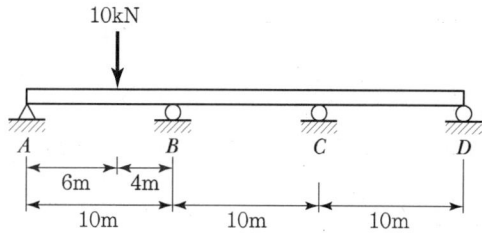

6. 다음 그림과 같은 구조물에서 온도 상승(ΔT) 시 부재의 변형률과 부재 내 응력을 구하시오. [단, 부재의 단면적(A), 탄성계수(E) 및 선팽창계수(α)는 일정하며, 스프링상수는 k이다.]

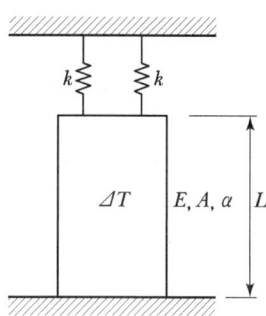

3교시 다음 문제 중 4문제를 선택하여 설명하시오. (각 25점)

1. 교량의 경관설계에서 검토해야 할 기본적인 미적 조형원리에 대하여 설명하시오.
2. 지진해석을 위해 응답스펙트럼법을 사용할 때 모드별 최대응답을 조합하는 모드 조합방법의 종류를 나열하고 설명하시오.
3. 광폭 강박스거더 사장교에서 보강거더 검토를 위한 설계기준(하중저항계수설계법) 내용과 계산과정에 대하여 설명하시오.
4. 아래 그림과 같이 긴장재를 포물선 형상으로 배치한 단순지지된 프리스트레스트 콘크리트 (PSC) 보의 경간 중앙에서 콘크리트의 상연응력과 하연응력을 응력 개념, 강도 개념, 하중평형 개념 3가지 방법으로 구하시오. [단, 유효 프리스트레스 힘 $P_e = 3,300$kN, 보 중앙에서 편심량 $e_{(중앙)} = 250$mm, 보의 자중(w_d)과 등분포 활하중($w_l = 17.58$kN/m)이 작용하고, 경간 $l = 20$m, 프리스트레스트 콘크리트의 단위중량 $\gamma_e = 24.525$kN/m³으로 고려한다.]

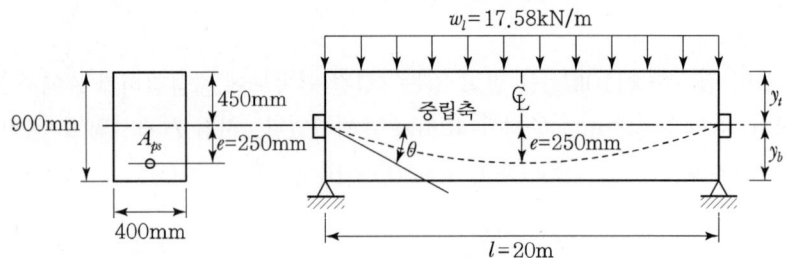

5. 아래 그림과 같은 2개의 수평변위 자유도를 갖는 2층 건물의 자유진동 응답을 모드 중첩법으로 구하시오. (단, 변위와 속도에 관한 초기조건은 다음 그림과 같으며, 감쇠는 무시한다.)

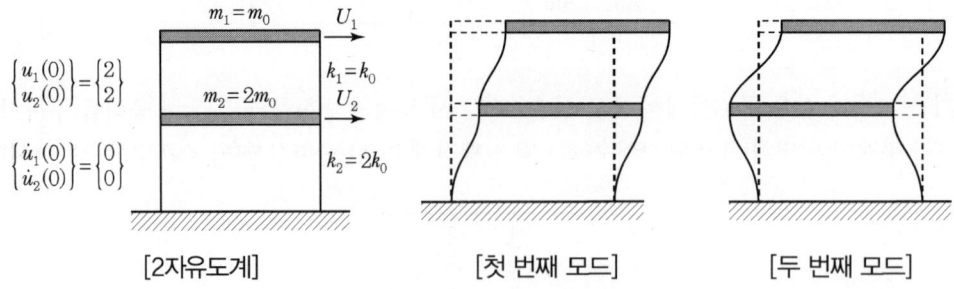

[2자유도계]   [첫 번째 모드]   [두 번째 모드]

6. 50kN의 고정하중(DL), 300kN의 활하중(LL)이 작용하는 인장부재에 대하여 맞대기 용접 시에 필요한 강재의 두께를 항복상태와 파단상태를 모두 고려하여 결정하시오. (단, 사용강재의 강도는 $F_y = 235$MPa, $F_u = 400$MPa, 고정하중계수 1.2, 활하중계수 1.6, 항복 시 강재 강도감소계수 0.9, 파단 시 강재 강도감소계수 0.75이다.)

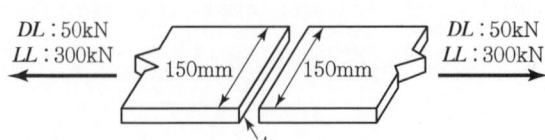

∎∎ 4교시   다음 문제 중 4문제를 선택하여 설명하시오.(각 25점)

1. 설계안전성(Design For Safety) 검토에서 설계 시행단계별 설계자의 안전관리 업무에 대하여 설명하시오.
2. 시설별 내진설계기준의 일관성을 위하여 상위기준인 "내진설계일반(KDS 17 10 00)"이 제정되었다. 도로교의 경우 기존 설계기준과 비교하여 변경된 주요내용에 대하여 설명하시오.
3. 콘크리트의 최소 피복두께를 산정할 때 고려해야 하는 사항을 모두 기술하고, 다음과 같은 조건에서 직경 32mm 이형철근이 배근된 노출 콘크리트 바닥판(슬래브)의 공칭피복두께를 구하시오.

   〈조건〉
   - 노출등급 EC3(노출등급에 대한 콘크리트의 최소피복두께 35mm, 기준 최소 압축강도 30MPa)
   - 사용된 콘크리트 강도 50MPa
   - 콘크리트에 표면처리 및 피복에 대한 품질보증 시스템 미적용

4. 아래 캔틸레버보에 집중하중 100kN이 작용했을 때 BC(Cable) 부재의 인장력을 구하시오.
   BC부재 : $A_1 = 6.83\text{cm}^2$, AB부재 : $A_2 = 683\text{cm}^2$, $I_2 = 12,800\text{m}^4$

   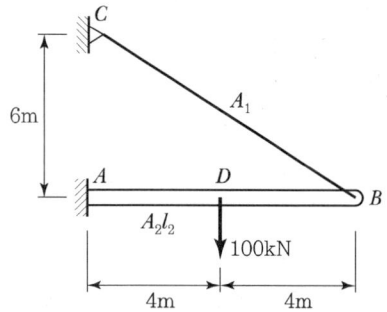

5. 아래 그림과 같은 광폭 프리스트레스트 콘크리트(PSC) 박스거더교에 대해서 다음 사항을 계산하시오.
   1) B점의 극한한계상태 시 전단력을 구하시오.(단, 프리스트레스트 콘크리트 박스거더 단면을 제외한 기타 부재의 자중 및 비틀림의 영향은 무시한다.)
   2) B점의 극한한계상태 전단에 대해서 설계하시오.[단, ① 복부트러스 각도는 45°로 가정, ② 전단철근 검토 시 횡방향 해석의 복부 휨강도에 필요한 주철근은 고려하지 않음, ③ 철근단면적(A_v) : D25 = 506.7mm², ④ 철근배치간격(S) : 150mm]

   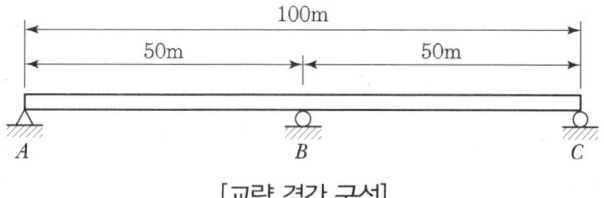

   [교량 경간 구성]

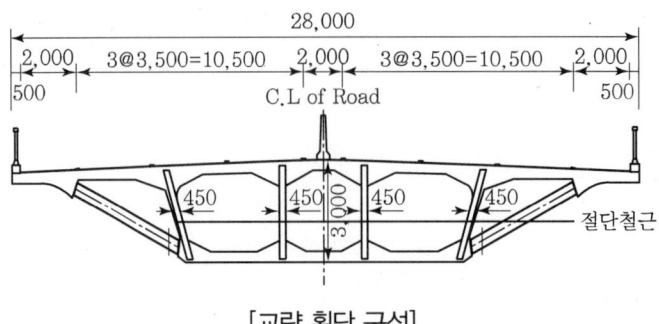

[교량 횡단 구성]

[설계조건]

광폭 PSC 박스거더	• 단면적 : 21,856,00mm² • 형고 : 3,000mm • 단면2차모멘트 : 2.9×10^{13}mm⁴ • 철근콘크리트 단위중량 : 25kN/m³ • $f_y(=f_{vy})$: 400MPa • f_{ck} : MPa
활하중	KL-510의 표준차로 하중만 교량 전 구간에 걸쳐 만재하한다.(단, 왕복 6차로 횡단 구성을 가지고 있다.)
하중계수	• 고정하중계수 : 1.25 • 활하중계수 : 1.8

6. 아래 그림과 같은 지형에 1) 슬래브교, 2) 라멘교 형식 적용성을 검토하고자 한다. 각각의 형식에 대하여 하부구조 단위폭(1.0m)당 고유진동수를 구하고, 동적거동 측면에서의 특징을 설명하시오.(단, 철근콘크리트 단위중량 $\gamma_e = 24$kN/m³, 콘크리트 탄성계수 $E_c = 2.3 \times 10^4$MPa, 받침물설치, 토압, 기초, 하부구조의 자중, 헌치의 영향은 무시한다.)

1) 슬래브교

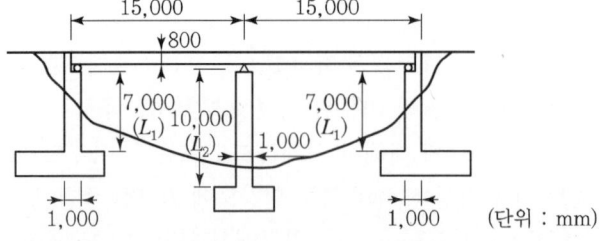

2) 라멘교

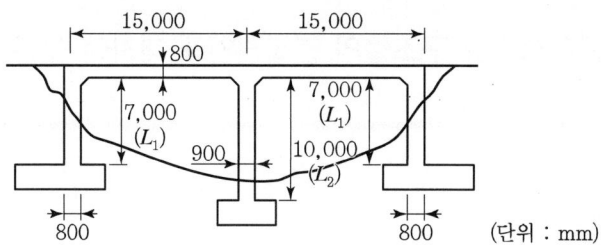

1교시
03 철근콘크리트 구조물의 열화원인에 대하여 설명하시오.

1. 열화원인 분류

콘크리트 열화원인을 화학적인 현상과 물리적인 현상으로 분류해 본다.

열화원인	열화현상 종류
화학적 현상	화학물질, 화학작용, 해수 및 해양환경, 제설제, 알칼리 골재반응, 중성화
물리적 현상	기상작용(동해), 누수, 침식, 마모, 균열
유지관리 미비	직류전압 노출, 화재, 과적차량, 피로하중, 충돌, 보수보강 미비

2. 화학적 열화현상 원인 및 대책

(1) 해수 및 해염

열화원인	열화대책
염화물 존재 시 염소이온이 강재 피막의 부동태 피막을 파괴하고 물과 결합해 철근 부식 반응이 진행된다. $Fe + 2Cl^- \rightarrow FeCl_2 + 2e^-$	• 잔골재에서 염화물은 절대 건조중량의 0.04% 이하로 규제 • 콘크리트 내 염화물은 $0.3 kgf/m^3$ 이하 사용 • 에폭시 철근 사용 • 해수 사용 금지

(2) 알칼리 골재반응

열화원인	열화대책
• 알칼리 반응성 골재(화산암, 규질암, 미소석영, 변형된 석영) 사용 시 • 시멘트 내 충분한 수산화 알칼리 용액 존재 시 • 다습/습윤상태 타설 시	• 부순돌, 자갈 골재 반응성 조사 • 반응성 골재 사용 시 전알칼리성을 0.6% 이하 적용 • 콘크리트 $1m^3$당의 알칼리 총량은 Na_2O당량으로 3kg 이하 사용

(3) 중성화 현상

열화원인	열화대책
콘크리트의 탄산화현상(산성비, 산성토양과 접촉 시, 화재)으로 발생	• 내구성이 큰 골재 사용 • 조강, 보통포틀랜드시멘트 사용 • 고비중의 양질 골재 사용 • 물-시멘트 비, 공기량은 가능한 한 낮게 할 것 (AE제, 유동화제 사용) • 충분한 초기 양생 실시 • 충분한 피복두께 확보 및 다짐 철저 • 콘크리트 표면라이닝 실시 • 에폭시, 모르타르, 페인트, 타일과 같은 표면 마감재 사용

3. 물리적 열화현상 원인 및 대책

(1) 동해

열화원인	열화대책
• 비중이 작은 골재 사용(기공이 많은 골재 사용, 흡수율이 큰 경우) • 초기 동해 시(굳지 않은 콘크리트) • 콘크리트 내 수분 함유 시 • 동결온도 지속 시	• 재료 선정 시 비중이 크고 강도가 높은 골재 사용, 다공질의 골재 사용 금지, 혼화제(AE)제 사용 • W/C비는 가능한 낮게, 단위수량은 필요범위 내에서 최솟값 적용 • 치기 및 다지기 시 골재 분리 방지 진동다짐 및 구석다짐 실시

(2) 침식 및 마모작용

열화원인	열화대책
물의 침식작용 및 마모에 대한 내구성 • 물 속의 모래 및 자갈에 의한 표면 마모 • 차량하중과 같은 반복하중에 의한 표면 마모 • 공동현상에 의한 콘크리트 파손	• 내구성이 큰 골재 사용 • 조강, 보통포틀랜드시멘트 사용 • 고비중의 양질 골재 사용 • 물-시멘트 비, 공기량은 가능한 한 낮게 할 것 (AE제, 유동화제 사용) • 충분한 초기 양생 실시 • 충분한 피복두께 확보 및 다짐 철저 • 콘크리트 표면라이닝 실시 • 에폭시, 모르타르, 페인트, 타일과 같은 표면 마감재 사용

(3) 균열

열화원인	열화대책
외력으로 발생되는 구조적 균열	설계하중 및 초과하중에 의한 구조적 균열(인장균열, 휨균열, 전단균열, 비틀림균열, 지압균열
시공, 환경상의 원인으로 발생되는 비구조적 균열 ① 시공상 경화 전 발생되는 균열 • 소성수축균열, 침하균열 • 타설 순서 미준수에 의한 균열 • 경화 전 진동에 의한 균열 • 시멘트 이상 응결/팽창 균열 • 혼화재료 불균일분산 균열 • 지보공 처짐에 의한 균열 • 초기 동해, 침하에 의한 균열 ② 경화 중에 발생되는 균열 • 수화열에 의한 온도 균열 • 건조 수축에 의한 균열 • 시공하중에 의한 균열 • 시공이음부 처리 미숙 균열 • 거푸집의 조기 해체 균열	• 내구성이 큰 골재 사용 • 재료 선정 시 비중이 크고 강도가 높은 골재 사용, 다공질의 골재 사용 금지, 혼화제(AE)제 사용 • W/C비는 가능한 한 낮게, 단위수량은 필요범위 내에서 최솟값 적용 • 치기 및 다지기 시 골재분리 방지 진동다짐 및 구석다짐 실시 • 고비중의 양질 골재 사용 • 물-시멘트 비, 공기량은 가능한 한 낮게 할 것 • 충분한 초기 양생 실시 • 충분한 피복두께 확보 및 다짐 철저
③ 환경상의 영향 • 기상조건(동결)에 의한 균열 • 환경조건에 따른 균열(염해, 중성화) • 화학적 반응에 의한 균열(알칼리 골재 반응, 염해, 화학물질에 노출) • 고압전류에 의한 균열(전식 및 철근과 콘크리트 사이에 발생되는 균열) • 화재에 의한 균열 • 침식, 마모에 의한 균열	해당 열화원인 및 대책 참조

4. 유지관리 측면 열화현상 원인 및 대책(화재)

열화 피해	열화 대책
① 강도 저하 　• 가열로 시멘트 수화물 결정수 방출 　• 500℃ 전후 $Ca(OH)_2$가 분해하여 CaO 발생 　• 750℃ 전후에서 $CaCO_3$ 분해 시작 　• $Ca(OH)_2$ 분해로 콘크리트 강도 급격히 감소 ② 탄성계수 저하 ③ 철근과의 부착력 저하	철저한 화재예방교육 시행

1교시
04. 프리스트레스트 콘크리트(PSC) 구조물에서 프리스트레스 손실에 대하여 설명하시오.

1. 개요

프리스트레스는 초기에 PS 강재를 긴장할 때 긴장장치에서 측정된 인장응력과 같지 않은데 이는 PS 강재의 긴장작업 중이나 긴장작업 후에도 여러 원인에 의해 인장응력이 손실되기 때문이다. 프리스트레스 손실을 살펴본다.

2. 프리스트레스의 손실

(1) PS 강재 긴장 시 발생하는 단기손실

① 정착단 활동에 의한 손실
② 콘크리트 탄성 수축에 의한 손실
③ 마찰에 의한 손실

(2) PS 강재 긴장 후 발생하는 장기손실

① 콘크리트 크리프에 의한 손실
② 콘크리트의 건조 수축에 의한 손실
③ PS 강재 릴랙세이션에 의한 손실

3. 손실저감대책

(1) 재료 측면 대책

① 쉬스는 마찰 손실을 줄이기 위해 파상마찰을 이용한다.
② PS 강재는 신축성이 좋고, 릴랙세이션이 작으며 항복비가 큰 것을 사용한다.
③ 콘크리트는 건조 수축이 작고 크리프가 작은 고강도 콘크리트를 사용한다.

(2) 시공 측면 대책

① 긴장 시 콘크리트 응력 확인
- Pre-tension : 도입 압축응력의 1.7배 또는 30MPa 이상

- Post-tension : 도입 압축응력의 1.7배 이상
② 긴장력 도입순서 준수
- 도심에서 편심이 큰 순서로 중심에서 대칭으로 도입한다.
- 콘크리트에 균등한 응력이 작용하도록 시공한다.

4. 고찰

PS 강재의 손실량 추정은 시공조건, 재료 특성 및 PS 강재의 특징 등을 자세히 파악한 후 손실량을 산정하며 구조물의 내하력 손실이나 과대변위가 발생하지 않도록 설계와 시공을 해야 한다.

1교시

06. 휨균열 제어를 위해 콘크리트 인장연단에 가장 가까이 배치되는 철근의 중심 간격에 대하여 설명하시오.

보 및 1방향 슬래브에 있어서 휨균열을 제어하기 위하여 휨철근을 배치한다. 인장연단에 가장 가까이 배치되는 철근의 중심간격 s는 다음 두 식으로 계산되는 값 중에서 작은 값 이하이어야 한다.

$$s = 375 \left(\frac{\kappa_{cr}}{f_s}\right) - 2.5\,c_c \quad \cdots\cdots\cdots\cdots\cdots\cdots\cdots\cdots\cdots (1)$$

$$s = 300 \left(\frac{\kappa_{cr}}{f_s}\right) \quad \cdots\cdots\cdots\cdots\cdots\cdots\cdots\cdots\cdots (2)$$

여기서, κ_{cr} : 건조환경 = 280, 그 외의 환경 = 210

c_c : 인장철근의 피복두께, 즉 인장철근 표면과 인장연단 사이의 최소두께(mm)

f_s : 인장철근의 응력, 즉 사용하중 모멘트로 계산한, 인장연단에 가장 가까이 위치한 철근의 응력(MPa)(근삿값으로 $f_s = \frac{2}{3} f_y$를 사용해도 좋다.)

위의 식 (1) 및 식 (2)는 균열폭 0.3mm를 기본으로 하여 철근의 간격으로 나타낸 것이다.

1교시

07. 강재취성파괴의 정의 및 강재취성파괴 방지를 위해 설계 시 고려해야 할 사항을 설명하시오.

1. 정의

Notch, 볼트 구멍 및 용접부와 같이 응력집중부가 많은 강재나, 저온으로 강재가 냉각되거나, 급작스런 충격하중 등의 여러 가지 요인이 강재에 중복되어 작용할 때 강재의 인장강도나 항복강도 이하에서 소성변형을 일으키지 않고 갑작스럽게 파괴되는 현상을 취성파괴라 한다.

2. 피해사례

① 파괴의 진행속도가 빠르다.
② 비교적 저온에서 발생한다.
③ 강재의 절취부나 용접결함부에 유발되기 쉽다.
④ 낮은 평균응력에서 파괴된다.

3. 발생원인

(1) 강재의 인성 부족

① 재료의 화학성분 불량으로 금속조직에 결함이 있을 때
② 과도한 잔류응력이 있을 때
③ 설계응력 이상의 인장응력이 발생할 때
④ 취성파괴에 저항이 낮은 강재를 사용했을 때
⑤ 온도 저하로 인한 인성이 감소됐을 때
⑥ 경도가 너무 큰 고강도 강재를 사용했을 때

(2) 강재 결함에 따른 응력집중

① 용접열 영향으로 재료의 이상경화 시
② 용접 결함으로 응력이 집중될 때
③ 응력 부식이 진행될 때
④ 강재 단면의 급격한 변화가 있을 때
⑤ 볼트 및 리벳 구멍, Notch와 같은 응력집중부가 있을 때

(3) 반복하중에 의한 피로현상

4. 취성감소 대책

① 부재설계 시 응력집중계수 최소화
② 고강도 강재선택 시 충격흡수에너지 점검
③ 동절기 강재용접 시 예열 등의 열처리 실시
④ 구조물 설치 시 과도한 외력작용 방지

5. 고찰

강재의 취성파괴는 소성변형을 동반하지 않고 갑자기 파괴되는 매우 불안정한 파괴 형태이므로 파괴원인이 되는 재료의 인성 부족과, 강재결함에 의한 응력집중 및 반복하중에 의한 피로현상 등이 발생하지 않도록 설계, 부재 제작 및 설치에 기술자의 보다 세심한 배려가 필요하다.

1교시
08 강합성판형교에서 비보강 복부판과 보강된 복부판에 대한 후좌굴 강도에 대하여 설명하시오.

1. 정의

축압축부재는 좌굴 후 즉시 붕괴하나 평판에 면내력(面內力)이 작용할 때 좌굴 후에도 계속 저항력을 나타내 바로 극한상태에 도달하지 않는 경우가 있는데 이를 후좌굴(Post Buckling) 현상이라 하며 발생면을 인장력장(Tension Field)이라고 한다.

2. 발생위치

후좌굴이 발생하는 경우는

① 판형 거더의 상·하 플랜지와 복부판의 수직보강재로 둘러싸인 Panel 부분에 큰 전단력이 작용하는 경우에 발생한다. 즉, 복부판에 전단응력이 크게 발생되어 전단좌굴 후에도 바로 파괴되지 않는데 판형의 상, 하 Flange와 복부판의 수직보강재는 각각 Pratt Truss의 현재와 수직재로 작용하여 약 45° 방향으로 주름이 생기면서 인장응력이 작용하는 인장력장 (Tenion Field)이 발생되기 때문이다. 인장력장은 Truss의 사재로 작용하며 보작용의 전단력 이외 추가적인 전단력을 저항할 수 있다.

[복부판에 인장력장이 발생한 모습]

② 복부판의 전단응력이 작아 보, 이론에 의한 응력상태로 있는 경우도 후좌굴이 발생한다.

3. 인장력장(Tension Field) 해석 개념

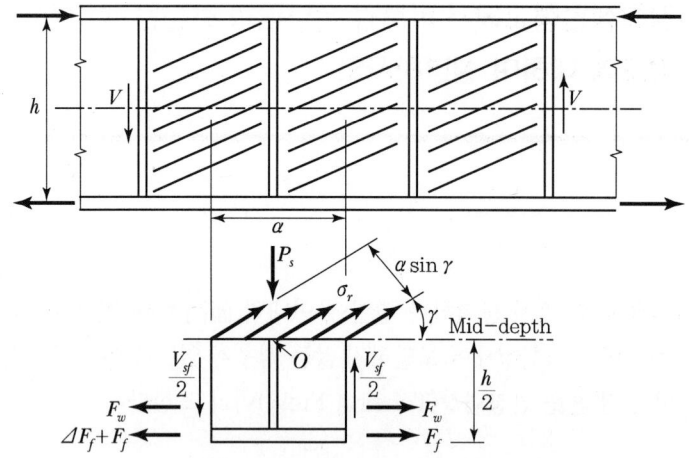

[보강재를 고려한 복부판 단면력 해석개념]

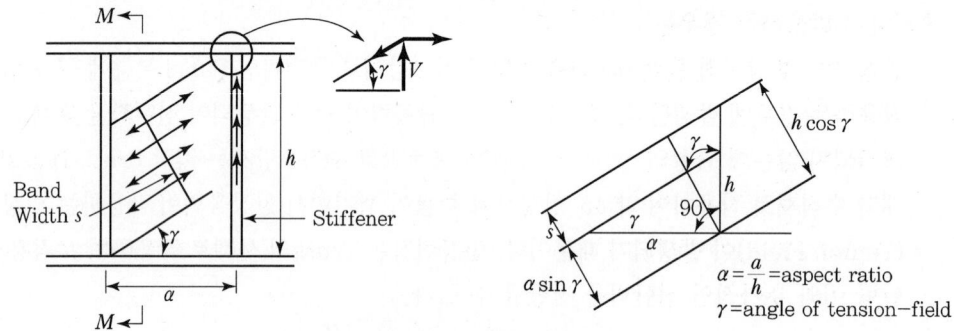

[보강재 부담하중 해석]

> **1교시**
> **10** 도로교설계기준(한계상태설계법, 2016)의 피로하중에 대하여 설명하시오.

1. 피로설계 트럭하중

- 표준트럭하중의 80% 적용
- 충격하중을 피로하중에 적용

2. 빈도

- 피로하중의 빈도 : 단일 차로 일평균 트럭교통량($ADTT_{SL}$)을 사용
- 이 빈도는 교량의 모든 부재에 적용하며 통행차량 수가 적은 차로에도 적용
- 단일 차로의 일평균 트럭교통량에 대한 확실한 정보가 없을 경우 : 차로당 통행 비율을 적용

$$ADTT_{SL} = \rho \times ADTT$$

여기서, $ADTT$: 한 방향 일일 트럭교통량의 설계수명 기간동안 평균값
$ADTT_{SL}$: 한 방향 한 차로의 일일 트럭교통량의 설계수명 기간동안 평균값
ρ : 한 차로에서의 트럭교통량 비율

트럭이 통행 가능한 차로 수	ρ
1차로	1.00
2차로	0.85
3차로 이상	0.8

3. 피로설계에서 하중분배

(1) 정밀한 방법

교량을 정밀한 방법으로 해석하는 경우 상세부위에 최대응력이 발생하도록 바닥판의 통행 위치나 설계차로의 위치에 관계없이 횡방향, 종방향으로 하나의 설계트럭을 배치한다.

(2) 근사적 방법

교량을 근사적 하중 분배로 해석하는 경우 한 차선의 분배계수를 사용해야 한다.

1교시
13. 구조물 계획 시 지진에 대비하여 지진력에 저항하는 구조 개념에 대하여 설명하시오.

1. 개요

지진에 대한 구조물의 안전성 확보를 위한 내지진 구조방식으로는 면진구조방식, 제진구조방식, 내진구조방식이 있다. 이들 구조방식의 개념을 살펴본다.

2. 면진구조방식(Avoided Seismic)

면진구조는 구조물을 격리 베어링(Isolation Bearing) 등으로 기초지반과 절연하여 지진 발생 시 구조물에 지진력이 가해지지 않도록 설계하는 구조방식을 말한다.

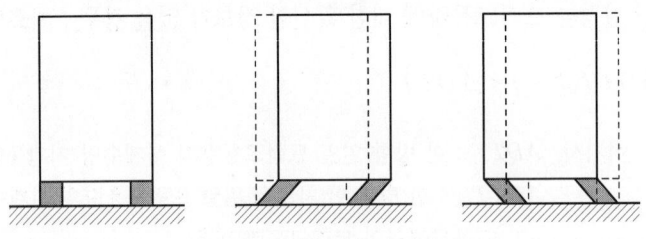

[지진 시 면진구조 거동]

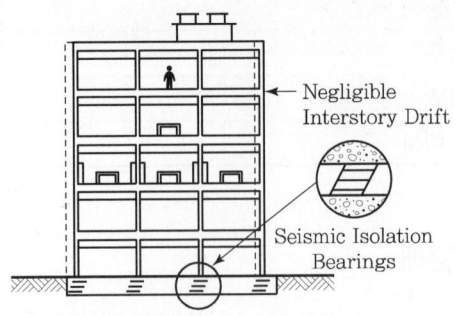

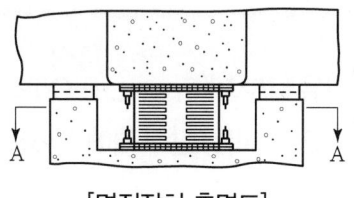

[면진장치 측면도]

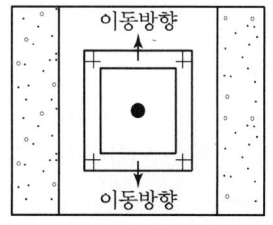

A-A단면

[면진장치 설치 위치와 상세도]

3. 제진구조방식(Controlled Seismic)

제진구조는 Oil Damper 등의 감쇠기구 등을 구조물 기초에 설치하여 지진 시 지진하중을 제어하는 구조방식을 말한다. 제진구조방식에는 능동제진과 수동제진이 있다.

4. 내진구조방식(Seismic Design)

내진구조는 지진 에너지에 대하여 구조물이 파괴되지 않도록 강성과 탄성을 확보하는 설계방식을 말하며 가장 널리 쓰인다.
철근콘크리트는 전단벽을 보강하며, 철골구조는 브레이싱을 설치하여 주로 보강한다.

2교시

01. 강교에서 붕괴유발부재(Fracture Critical Members)와 여유도에 대하여 설명하고, 붕괴유발부재에 대하여 예시를 들어 설명하시오.

1. 구조물의 여유도

(1) 하중경로 여유도

1개 혹은 2개 박스로 구성된 교량은 여유도가 없다.

(2) 구조적 여유도

단순경간, 2경간 연속, 3경간 이상 연속 구조물에서는 측경간은 여유가 없다.

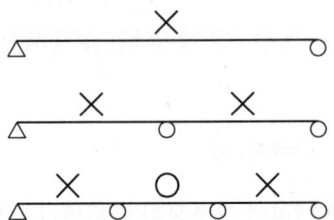

(3) 내적 여유도

상부구조의 구조 형식을 이루는 부재 개수를 말한다.

① 볼트식 이음 : 내적 여유도 있음
② 용접식 이음 : 내적 여유도 없음

2. 붕괴유발부재

(1) 정의

파손 발생 시 구조물 전체가 붕괴될 수 있는 부재를 말한다.

(2) 붕괴유발부재 예

① 단재하 구조
　㉠ 2개 이하의 주형이나 트러스를 갖는 구조
　㉡ 단순경간 구조물의 주형
　　• 콘크리트교 : Beam 구조
　　• 강교 : 하부 플랜지 및 복부판
　　• 트러스교 : 하현재
　㉢ 연속경간
　　• 콘크리트교 : 지간 중앙 Beam 구조 및 지점부 슬래브
　　• 강교　: 인장응력을 받는 플랜지 및 복부판
　　• 곡선교 : 인장응력을 받는 플랜지, 격벽연결부

② 단실구조와 다실 상자형 구조
　1개 박스 형식의 상부 구조

3. 도로교 설계기준 허용 피로 응력 범위 정하는 기준 용어

① 단재하 경로 구조물 : 한 부재의 파괴만으로 전체 구조가 붕괴되는 구조물
② 다재하 경로 구조물 : 한 부재의 파괴로 인해 전체적인 파괴가 일어나지 않도록 한 구조물
③ 피로 검토 시 반복응력을 받는 부재와 이음부의 설계 시 최대응력이 허용 피로 응력 범위를 초과하지 않아야 하는데 단재하 경로 구조물이냐 다재하 경로 구조물이냐에 따라 허용 피로 응력 범위를 달리 규정하고 있다.

2교시

04 축방향 인장을 받는 보의 부재 축에 대하여 수직인 U형 전단철근의 간격을 구하시오.

여기서, f_{ck} : 24MPa(모래 경량 콘크리트) f_{yt} : 500MPa
M_d : 60.0kN·m M_l : 45.0kN·m
V_d : 55.0kN V_l : 40.0kN
N_d : -10.0kN(인장) N_l : -70.0kN(인장)
고정하중계수 : 1.2 활하중계수 : 1.6
철근 단면적 : D10 = 71.33mm^2

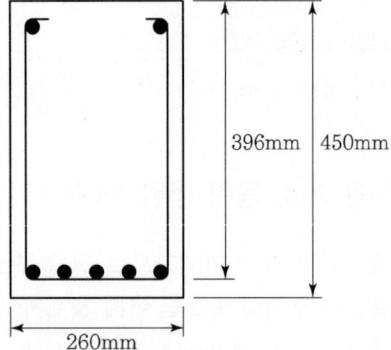

1. 계수하중 결정

$M_u = 1.2(60.0) + 1.6(45.0) = 144.0$kN·m
$V_u = 1.2(55.0) + 1.6(40.0) = 130.0$kN
$N_u = 1.2(-10.0) + 1.6(-70.0) = -124.0$kN(인장)

2. 콘크리트의 설계전단강도 결정

$$V_c = \frac{1}{6}\left[1 + \frac{N_u}{3.5A_g}\right]\lambda\sqrt{f_{ck}}\,b_w d$$

$\phi = 0.75$, $A_g = 450 \times 260 = 11.7 \times 10^4 \text{mm}^2$

$\phi V_c = (0.75)\dfrac{1}{6}\left[1 + \dfrac{(-124\times 10^3)}{3.5(11.7\times 10^4)}\right]0.85\sqrt{24}\,(260)396\times 10^{-3} = 37.36$kN

3. 단면의 적절성 검토

$$V_s \leq \frac{2}{3} \lambda \sqrt{f_{ck}} \, b_w d$$

* 0.85 : 경량 골재 콘크리트 계수

$(V_u - \phi V_c) = 130.0 - 37.36 = 92.4\text{kN}$

$\phi \frac{2}{3}(0.85)\sqrt{f_{ck}}\, b_w d = 0.75 \times \frac{2}{3} \times 0.85 \sqrt{24} \times 260 \times 396 \times 10^{-3}$

$\qquad\qquad\qquad = 211.4\text{kN} > 92.4\text{kN} \qquad (\text{O.K})$

4. U형 전단철근의 간격 결정

D10 U형 전단철근으로 가정($A_v = 143\text{mm}^2$)

$$s = \frac{\phi A_v f_{yt} d}{(V_u - \phi V_c)} = \frac{0.75 \times 143 \times 500 \times 396}{92.4 \times 10^3} = 172\text{mm}$$

5. 전단철근의 최대 허용간격 결정

$V_u - \phi V_c = 92.4\text{kN}$

$\phi \frac{1}{3}(0.85)\sqrt{f_{ck}}\, b_w d = 105.7\text{kN} > 92.4\text{kN}$

① 전단철근의 최대간격 : $s_{(\max)} \leq d/2 = 198\text{mm} \approx 200\text{mm}$ or $\leq 600\text{mm}$

② 최소 전단철근이 요구되는 구간에서 D10 U형 전단철근의 $s_{(\max)}$

$$A_{v,\min} = 0.0625 \sqrt{f_{ck}} \frac{b_w s}{f_{yt}}$$

단, $A_{v,\min} \geq 0.35 \dfrac{b_w s}{f_{yt}}$

$$s_{(\max)} = \frac{A_v f_{yt}}{0.0625(0.85)\sqrt{f_{ck}}\, b_w} = \frac{143 \times 500}{0.0625(0.85)\sqrt{24} \times 260} = 1{,}056\text{mm}$$

$$s_{(\max)} = \frac{A_v f_{yt}}{0.35\, b_w} = \frac{143 \times 500}{0.35 \times 260} = 786\text{mm}$$

∴ 최솟값 $s_{(\max)} = 200\text{mm}$

6. 전단설계

D10 U형 전단철근을 200mm 간격으로 배치

3교시

02 지진해석을 위해 응답스펙트럼법을 사용할 때 모드별 최대응답을 조합하는 모드 조합방법의 종류를 나열하고 설명하시오.

1. 개요

산정된 모드별 응답에 대해서는 모드중첩법(Mode Superposition Method)이라는 방법이 적용되는데, 응답스펙트럼해석법에서는 이 모드별 응답을 SRSS, ABS, CQC 등의 방법을 이용하여 중첩을 하게 된다. 각각의 특성을 살펴보면 다음과 같다.

① 제곱의 합의 제곱근 방법(Square Root of Sum of Square : SRSS)

제 j번째 자유도에 관련된 변위와 부재력은 아래와 같이 구한다.

$$X_{j,\max} \cong [X_{j(1),\max}^2 + X_{j(2),\max}^2 + X_{j(3),\max}^2 + \Lambda]^{1/2}$$

$$f_{j,\max}^{(e)} \cong [f_{j(1),\max}^{(e)2} + f_{j(2),\max}^{(e)2} + f_{j(3),\max}^{(e)2} + \Lambda]^{1/2}$$

② 절댓값의 합성방법(Absolute Sum : ABS)

제 i번째 자유도에 대한 변위와 부재력은 아래와 같이 구한다.

$$X_{j,\max} \cong |X_{j(1),\max}| + |X_{j(2),\max}| + |X_{j(3),\max}| + \Lambda$$

$$f_{j,\max}^{(e)} \cong |f_{j(1),\max}^{(e)}| + |f_{j(2),\max}^{(e)}| + |f_{j(3),\max}^{(e)}| + \Lambda$$

③ 근접 모드의 영향을 고려한 SRSS 방법

인접한 모드의 고유진동수가 비슷할 경우에는 해당되는 모드들에 관련된 구조응답성분이 비슷한 시점에서 최댓값을 갖게 된다. 따라서 모드들의 영향에 관하여는 절댓값의 합성방법을 사용하고, 그 결과를 나머지 모드들의 영향과 SRSS 방법으로 조합한다. 예로 제 2번째와 3번째 모드의 진동수의 차이가 10% 이내일 경우, 아래와 같이 조합한다.

$$X_{j,\max} \cong [X_{j(1),\max}^2 (|X_{j(2),\max}| + |X_{j(3),\max}|)^2 + X_{j(4),\max}^2 + \Lambda]^{1/2}$$

$$f_{j,\max}^{(e)} \cong [f_{j(1),\max}^{(e)2} + (|f_{j(2),\max}^{(e)}| + |f_{j(3),\max}^{(e)}|)^2 + \Lambda]^{1/2}$$

또는

$$X_{j,\max} \cong [X_{j(1),\max}^2 + 2 \mid X_{j(2),\max} \cdot X_{j(3),\max} \mid + \mid X_{j(4),\max}^2 \mid + \Lambda]^{1/2}$$

④ 모드 간 상관도를 고려한 합성법(Complete Quadratic Combination, CQC)

앞의 세 가지 방법은 특정한 경우에만 합리적인 결과를 얻을 수 있는 방법으로서 일반적인 경우에 합리적인 결과를 얻을 수 없다. 반면에 CQC 방법은 모드 간의 확률적인 상관도를 고려하기 위한 방법 중의 하나로서, Der Kiureghian(1981)과 Wilson(1981) 등에 의해 제안된 방법이다. 이 방법에서는 다음과 같이 최대값을 구한다.

$$X_{j,\max} = \left\{ \sum_{p=1}^{N} \sum_{q=1}^{N} X_{j(p),\max} \rho_{pq} X_{j(q),\max} \right\}^{1/2}$$

이때 ρ_{pq}는 p번째 모드와 q번째 모드의 확률적인 상관도로서 근사적으로 다음과 같이 식이 많이 사용된다.

$$\rho_{pq} = \frac{8\sqrt{\xi_p \xi_q}(\xi_p + \beta_{pq}^{3/2})}{(1-\beta_{pq}^2)^2 + 4\xi_p \xi_q \beta_{pq}(1+\beta_{pq}^2) + 4(4\xi_p^2 + \xi_q^2)\beta_{pq}^2} k$$

여기에서 $\beta pq = \omega q/\omega p$로서 p번째와 q번째 모드의 자유진동수 비율이고, ξp는 p번째 모드의 감쇠비이다. 모든 모드에 대하여 균일한 감쇠비를 사용할 경우, 위의 식은 다음과 같이 간단하게 된다.

$$\rho_{pq} = \frac{8\xi^2(1+\beta_{pq})\beta_{pq}^{3/2}}{(1-\beta_{pq}^2)^2 + 4\xi^2(1+\beta_{pq})^2 \beta_{pq}}$$

2. 결론

위에서 제시된 방법들 중에서 절댓값의 합성분이 가장 큰 결과를 주며, CQC 방법이 가장 합리적이다.

3교시

05 아래 그림과 같은 2개의 수평변위 자유도를 갖는 2층 건물의 자유진동 응답을 모드 중첩법으로 구하시오. (단, 변위와 속도에 관한 초기 조건은 다음 그림과 같으며, 감쇠는 무시한다.)

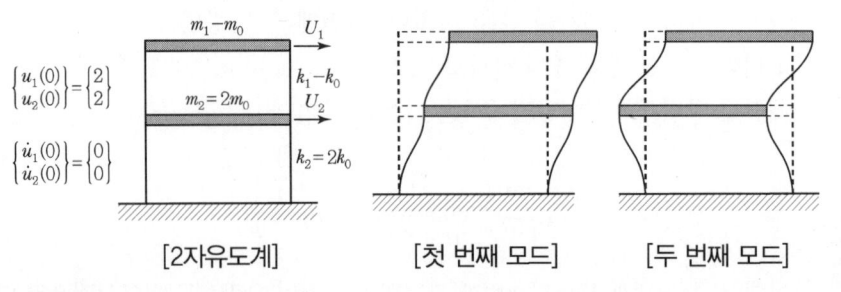

[2자유도계]　　　[첫 번째 모드]　　　[두 번째 모드]

1. 운동방정식 유도(자유진동 시)

$$m_0 \ddot{u}_1 + k_0(u_1 - u_2) = 0$$

$$2m_0 \ddot{u}_2 + 2k_0 u_2 + k_0(u_2 - u_1) = 0$$

따라서,

$$\begin{bmatrix} m_0 & 0 \\ 0 & 2m_0 \end{bmatrix} \begin{Bmatrix} \ddot{u}_1 \\ \ddot{u}_2 \end{Bmatrix} + \begin{bmatrix} k_0 & -k_0 \\ -k_0 & 3k_0 \end{bmatrix} \begin{Bmatrix} u_1 \\ u_2 \end{Bmatrix} = \begin{Bmatrix} 0 \\ 0 \end{Bmatrix}$$

2. 고유진동 해석

$$\left[\begin{bmatrix} k_0 & -k_0 \\ -k_0 & 3k_0 \end{bmatrix} - \omega^2 \begin{bmatrix} m_0 & 0 \\ 0 & 2m_0 \end{bmatrix} \right] \{\phi\} = 0$$

$$\det \begin{bmatrix} k_0 - \omega^2 m_0 & -k_0 \\ -k_0 & 3k_0 - \omega^2 2m_0 \end{bmatrix} = 0$$

$$(k_0 - \omega^2 m_0)(3k_0 - \omega^2 2m_0) - k_0^2 = 0$$

$$\therefore 2m_0^2 \omega^4 - 5k_0 m_0 \omega^2 + 2k_0^2 = 0$$

$$(m_0 \omega^4 - 2k_0)(2m_0 \omega^2 - k_0) = 0$$

$$\therefore \omega_1^2 = \frac{k_0}{2m_0}, \ \omega_2^2 = \frac{2k_0}{m_0}$$

① $\omega_1^2 = \dfrac{k_0}{2m_0}$

$$\left[\begin{bmatrix} k_0 & -k_0 \\ -k_0 & 3k_0 \end{bmatrix} - \dfrac{k_0}{2m_0}\begin{bmatrix} m_0 & 0 \\ 0 & 2m_0 \end{bmatrix} \right] \begin{Bmatrix} \phi_{11} \\ \phi_{21} \end{Bmatrix} = \begin{Bmatrix} 0 \\ 0 \end{Bmatrix}$$

$$\begin{bmatrix} \dfrac{k_0}{2} & -k_0 \\ -k_0 & 2k_0 \end{bmatrix} \begin{Bmatrix} \phi_{11} \\ \phi_{21} \end{Bmatrix} = \begin{Bmatrix} 0 \\ 0 \end{Bmatrix}$$

$\therefore \begin{Bmatrix} \phi_{11} \\ \phi_{21} \end{Bmatrix} = \begin{Bmatrix} 2 \\ 1 \end{Bmatrix}$

② $\omega_2^2 = \dfrac{2k_0}{m_0}$

$$\begin{bmatrix} -k_0 & -k_0 \\ -k_0 & -k_0 \end{bmatrix} \begin{Bmatrix} \phi_{12} \\ \phi_{22} \end{Bmatrix} = \begin{Bmatrix} 0 \\ 0 \end{Bmatrix}$$

$\therefore \begin{Bmatrix} \phi_{12} \\ \phi_{22} \end{Bmatrix} = \begin{Bmatrix} 1 \\ -1 \end{Bmatrix}$

3. 자유진동응답

$u(t) = \sum\limits_{n+1}^{N} \phi_n q_n(t)$

$u_1(t) = \phi_{11} q_1(t) + \phi_{12} q_2(t)$

$u_2(t) = \phi_{21} q_1(t) + \phi_{22} q_2(t)$

$u_1(t) = 2 q_1(t) + q_2(t)$

$u_2(t) = q_1(t) - q_2(t)$

$\ddot{q}_1(t) + \dfrac{k_0}{2m_0} q_1(t) = 0 \qquad q_1(t) = A_1 \cos\sqrt{\dfrac{k_0}{2m_0}}\, t + A_2 \sin\sqrt{\dfrac{k_0}{2m_0}}\, t$

$\ddot{q}_2(t) + \dfrac{2k_0}{m_0} q_2(t) = 0 \qquad q_2(t) = B_1 \cos\sqrt{\dfrac{2k_0}{m_0}}\, t + B_2 \sin\sqrt{\dfrac{2k_0}{m_0}}\, t$

$u_1(0) = 2 = 2A_1 + B_1$

$u_2(0) = 2 = A_1 - B_1$

$\therefore A_1 = \dfrac{4}{3},\ B_1 = -\dfrac{2}{3}$

$\dot{u}_1(0) = 0 = 2A_2 \sqrt{\dfrac{k_0}{2m_0}} + B_2 \sqrt{\dfrac{2k_0}{m_0}}$

$$\dot{u}_2(0) = 0 = A_2\sqrt{\frac{k_0}{2m_0}} - B_2\sqrt{\frac{2k_0}{m_0}}$$

$$\therefore A_2 = 0,\ B_2 = 0$$

$$\therefore q_1(t) = \frac{4}{3}\cos\sqrt{\frac{k_0}{2m_0}}\ t,\quad q_2(t) = -\frac{2}{3}\cos\sqrt{\frac{2k_0}{m_0}}\ t$$

$$\therefore u_1(t) = \frac{8}{3}\cos\sqrt{\frac{k_0}{2m_0}}\ t - \frac{2}{3}\cos\sqrt{\frac{2k_0}{m_0}}\ t,$$

$$u_2(t) = \frac{4}{3}\cos\sqrt{\frac{k_0}{2m_0}}\ t + \frac{2}{3}\cos\sqrt{\frac{2k_0}{m_0}}\ t$$

4교시
03

콘크리트의 최소 피복두께를 산정할 때 고려해야 하는 사항을 모두 기술하고, 다음과 같은 조건에서 직경 32mm 이형철근이 배근된 노출 콘크리트 바닥판(슬래브)의 공칭피복두께를 구하시오.

[설계조건]
- 노출등급 EC3(노출등급에 대한 콘크리트의 최소 피복두께 35mm, 기준 최소 압축강도 30MPa)
- 사용된 콘크리트 강도 50MPa
- 콘크리트에 표면처리 및 피복에 대한 품질보증 시스템 미적용

1. 일반사항

① 콘크리트 피복두께는 철근(횡방향 철근, 표피철근 포함)의 표면과 그와 가장 가까운 콘크리트 표면 사이의 거리이다.

② 공칭피복두께, $t_{c,nom}$는 도면에 명시하여야 하며, 최소피복두께 $t_{c,\min}$(도로교설계기준 5.10.4.2 참조)와 설계 편차 허용량 $\Delta t_{c,dev}$(도로교설계기준 5.10.4.3 참조)의 합으로 구한다.

$$t_{c,nom} = t_{c,\min} + \Delta t_{c,dev} \quad \cdots\cdots (1)$$

2. 최소피복두께

① 콘크리트 최소피복두께 $t_{c,\min}$는 아래 사항을 고려하여 규정하여야 한다.
- 부착력의 안전한 전달
- 철근의 부식 방지(내구성)
- 내화성

② 부착과 환경조건에 대한 요구사항을 만족하는 $t_{c,\min}$ 중 큰 값을 설계에 사용하여야 한다.

$$t_{c,\min} = \max\{t_{c,\min,b}\,;\,t_{c,\min,dur} + \Delta t_{c,dur,\gamma} - \Delta t_{c,dur,st} - \Delta t_{c,dur,add}\,;\,10\mathrm{mm}\} \quad \cdots\cdots (2)$$

여기서, $t_{c,\min,b}$: 부착에 대한 요구사항을 만족하는 최소피복두께(mm)

$t_{c,\min,dur}$: 환경조건에 대한 요구사항을 만족하는 최소피복두께(mm)

$\Delta t_{c,dur,\gamma}$: 고부식성 노출환경에서 ⑤에 의한 피복두께 증가값(mm)

$\Delta t_{c,dur,st}$: 스테인리스 철근을 사용할 때 ⑦에 의한 피복두께 감소값(mm)

$\Delta t_{c,dur,add}$: 코팅과 같은 추가 보호 조치를 취한 경우 ⑧에 의한 피복두께 감소값(mm)

③ 부착력을 안전하게 전달하고 충분한 다짐을 위하여 최소피복두께는 [표 1]에 주어진 $t_{c,\min b}$ 값보다 더 큰 값을 사용하여야 한다.

④ 철근과 프리스트레싱 강재의 내구성을 고려한 최소피복두께 $t_{c,\min,dur}$는 환경노출등급에 따라 다음 [표 2]에 제시되어 있다.

⑤ 염화물 또는 해수에 노출되는 고부식성 환경에 대한 추가적인 안전을 확보하기 위하여 최소피복두께를 $\Delta t_{c,dur,\gamma}$ 만큼 증가시켜야 한다. $\Delta t_{c,dur,\gamma}$는 아래 값을 적용하되, 실험 데이터와 신뢰할 수 있는 내구성 예측을 통해 타당한 근거를 제시할 경우 이보다 작은 값을 적용할 수 있다.

$$\Delta t_{c,dur,\gamma} = 5\text{mm}(\text{ED1/ES1}),\ 10\text{mm}(\text{ED2/ES2}),\ 15\text{mm}(\text{ED3/ES3})$$

⑥ 도로교설계기준 표 5.10.1에서 요구하는 최소 강도보다 아래에서 정하는 값 이상 큰 강도를 사용하는 경우, 시공과정에서 철근 위치의 변동이 없는 슬래브 형상의 부재인 경우, 콘크리트를 제조할 때 특별한 품질관리방안이 확보되었다고 승인받은 경우에는 최소피복두께를 각각 5mm 감소시킬 수 있다.
- E0 등급이나 탄산화에 노출된 경우(EC 등급) : 5MPa
- 염화물이나 해수에 노출된 경우(ED, ES 등급) : 10MPa

⑦ 스테인리스 철근을 사용하거나 다른 특별한 조치를 취한 경우에는 $\Delta t_{c,dur,st}$ 만큼 최소피복두께를 감소시킬 수 있다. 다만 이러한 경우 부착강도를 비롯한 모든 관련된 재료적 특성에 의한 영향을 고려하여야 한다. $\Delta t_{c,dur,st}$는 일반적으로 0mm을 적용하되, 실험 데이터와 신뢰할 수 있는 내구성 예측 기법에 따른 타당한 근거를 제시한 경우에는 0mm보다 큰 값을 적용할 수 있다.

⑧ 코팅과 같은 추가 표면처리를 한 콘크리트의 경우 $\Delta t_{c,dur,add}$ 만큼 최소피복두께를 감소시킬 수 있다. $\Delta t_{c,dur,add}$는 일반적으로 0mm을 적용하되, 실험 데이터와 신뢰할 수 있는 내구성 예측 기법에 따른 타당한 근거를 제시한 경우에는 0mm보다 큰 값을 적용할 수 있다.

⑨ 프리캐스트나 현장 타설 콘크리트와 같은 다른 콘크리트 부재에 접하여 콘크리트를 타설할 경우 철근에서 표면까지의 최소피복두께는 다음 요구조건을 만족하면 [표 1]의 부착에 대한 최소피복두께 값으로 감소시킬 수 있다.
- 콘크리트 강도가 25MPa 이상이다.
- 콘크리트 표면이 외기에 노출된 시간이 짧다(28일 미만).
- 접촉면이 거칠게 처리되어 있다.

⑩ 노출 골재 등과 같은 요철 표면의 경우 최소피복두께는 적어도 5mm를 증가시켜야 한다.

⑪ 일반적으로 EF와 EA 등급에 대하여서는 도로교설계기준 5.10.4절의 규정에 따라 정한 피복두께로 충분하다. 동결융해 작용(EF 등급)에 대해서는 연행 공기량의 확보가 중요하며, 제빙화학제를 사용하는 경우에는 혼화재료의 사용에 주의할 필요가 있다. 또한, 화학적 침식(EA 등급)의 경우는 시멘트의 화학 조성이 큰 영향을 미치므로 결합재의 선정에 주의를 기울여야 한다.

⑫ 방수처리나 표면처리를 하지 않은 노출 콘크리트 바닥판의 피복두께는 마모에 대비하여 최소 10mm만큼 증가시켜야 한다.
⑬ 내화를 필요로 하는 구조물의 피복두께는 화열의 온도, 지속시간, 사용 골재의 성질 등을 고려하여 정하여야 한다.

[표 1] 부착에 대한 요구사항을 고려한 최소피복두께 $t_{c,\min,b}$

강재의 종류	최소피복두께 *($t_{c,\min,b}$)
일반	철근 지름
다발	등가 지름
포스트텐션부재	• 원형 덕트 경우 : 덕트의 지름 • 직사각형 덕트 경우 : 작은 치수 혹은 큰 치수의 1/2배 중 큰 값으로서 50mm 이상인 값 단, 두 종류의 덕트에 대하여 피복두께가 80mm 보다 큰 경우는 없음
프리텐션부재	• 강연선 및 원형 강선 경우 : 지름의 2배 • 이형 강선 경우 : 지름의 3배

[표 2] 철근 및 프리스트레싱 강재의 내구성을 고려한 최소피복두께, $t_{c,\min,dur}$(mm)

강재의 종류	노출등급						
	E0	EC1	EC2/EC3	EC4	ED1/ES1	ED2/ES2	ED3/ES3
철근	20	25	35	40	45	50	55
프리스트레싱 강재	20	35	45	50	55	60	65

제125회 토목구조기술사

CHAPTER 12 125회 토목구조기술사

1교시 다음 문제 중 10문제를 선택하여 설명하시오.(각 10점)

1. 교량 내진설계기준(한계상태설계법)(KDS 24 17 11 : 2021)에서 명시하고 있는 지진격리설계를 적용하지 않는 조건 3가지를 제시하고, 그 이유를 설명하시오.
2. "시설물의 안전 및 유지관리에 관한 특별법"에 제시된 시설물의 안전등급 결정 시 유의사항 및 각 등급에 따른 시설물의 상태에 대하여 설명하시오.
3. 가시설 구조물 설계에서 재료의 허용응력 할증계수에 대한 적용사유 및 각 경우별 적용값에 대하여 설명하시오.
4. 도로교에서 바닥판의 경험적 설계법이 가능한 구조적 근거 및 적용조건에 대하여 설명하시오.
5. FCM 공법으로 가설되는 다경간 PSC BOX GIRDER 교량에서 세그먼트 가설 시 발생하는 불균형 모멘트에 저항하기 위한 임시고정장치의 종류에 대하여 설명하시오.
6. 프리스트레스트 콘크리트 부재 중 포스트텐션 부재에서 설계를 위한 정착구역의 의미와 국소구역 및 일반구역에 대하여 개념도를 그려서 설명하시오.
7. 강재의 인성(Toughness)과 연성(Ductility)에 대하여 설명하시오.
8. 교량 설계하중(한계상태설계법)(KDS 24 12 21 : 2021)의 피로하중 크기와 형태 그리고 빈도 산정에 대하여 설명하시오.
9. 하천교량(KDS 51 90 10 : 2018)에서 제시된 하천교량의 경간장과 여유고에 대하여 설명하시오.
10. 공항시설물 중 유도로 교량에 대하여 설명하시오.
11. 그림과 같은 2련 암거에 대한 구조해석 및 단면검토 결과 각 부재의 설계철근량이 다음 표와 같이 계산되었다. 암거의 주철근조립도를 그리시오.

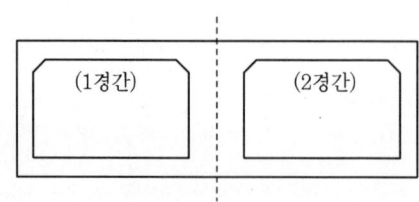

부재 위치		설계철근량
상부 슬래브	좌측 단부	H29−8EA
	1경간 중앙부	H29−4EA+H25−4EA
	중간지점부	H32−8EA
	2경간 중앙부	H29−4EA+H25−4EA
	우측 단부	H29−8EA
좌·우측 벽체	상부	H29−8EA
	중간부	H19 − 8EA
	하부	H29−8EA
하부 슬래브	좌측 단부	H29−8EA
	1경간 중앙부	H29−4EA+H25−4EA
	중간지점부	H29−8EA
	2경간 중앙부	H29−4EA+H25−4EA
	우측 단부	H29−8EA
중간 벽체 지점부		H19−8EA
중간 벽체 중앙부		H19−8EA

12. 그림과 같은 양단 고정보 중앙에 집중하중이 작용할 때 붕괴메커니즘을 작도하여 붕괴하중을 구하고, 이때의 휨모멘트도를 그리시오.(단, 보의 소성모멘트는 M_p)

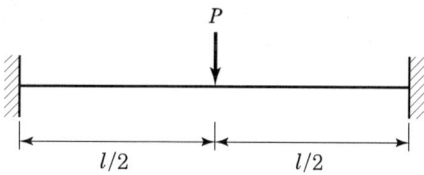

13. 다음과 같은 비감쇠 1자유도계 구조의 횡방향 고유진동수를 구하시오.(단, $E = 200,000\text{MPa}$, $I = 5.0 \times 10^6 \text{mm}^4$)

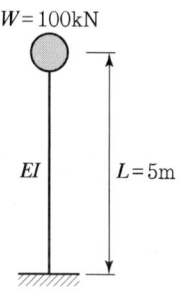

· 2교시 다음 문제 중 4문제를 선택하여 설명하시오.(각 25점)

1. 지하암거 구조물의 부력에 대한 안전성 검토방법 및 안전성 확보 대책에 대하여 설명하시오.
2. 건설사업관리 업무수행 시 기술지원기술인의 임무와 설계 변경 요건 및 설계 변경 절차 시에 따른 건설사업관리기술인의 임무에 대하여 설명하시오.
3. 강구조물 용접부에 발생하는 잔류응력의 발생원인과 영향, 저감대책에 대하여 설명하시오.
4. 단경간 곡선 강박스 거더교(단일박스)에서 교량받침이 단부의 양단에 각각 2개씩 설치되어 있을 때 아래의 내용에 대하여 설명하시오.
    1) 곡선 강박스 거더교의 설계 시 하중재하, 구조해석모델, 교량받침설계, 격벽설계에 대하여 설명하시오.
    2) 곡선 강박스 거더교 설치 시 주의사항에 대하여 설명하시오.
5. 그림과 같은 대칭단면을 갖는 사각기둥(단주)이 축하중과 휨모멘트를 동시에 받을 때 주어진 조건에 따라 균형 파괴 시의 ϕP_n, ϕM_n을 구하시오.

    〈조건〉
    - ϕP_n : 설계축력
    - ϕM_n : 설계휨모멘트
    - $\phi = 0.65$
    - $f_{ck} = 30\text{MPa}$
    - $f_y = 400\text{MPa}$
    - $E_s = 200{,}000\text{MPa}$
    - $A_s = 506.7\text{mm}^2$(H25 철근 1개)
    - $\varepsilon_{cu} = 0.0033$
    - 포물선 – 직선형 등가응력분포 적용 시
      $\alpha = 0.8,\ \beta = 0.4$

    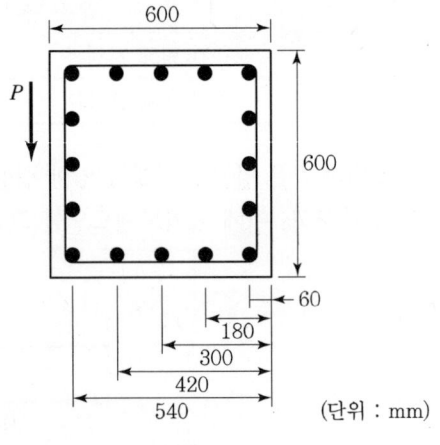

6. 아래 그림과 같은 타정식 대칭형 1주탑 현수교에 등분포 하중 w가 작용할 때 주케이블의 최대인장력 $T_{\max}$, $L/2$ 위치에서의 처짐(Sag) h, 주탑에 작용하는 축력 P를 주어진 조건에 따라 구하시오.

    〈조건〉
    - 지점 a와 b에서 주케이블의 형상은 수평선에 접한다고 가정하여 수직반력은 무시한다.
    - 케이블의 자중은 무시한다.
    - 보강형은 무응력 상태로 가정한다.

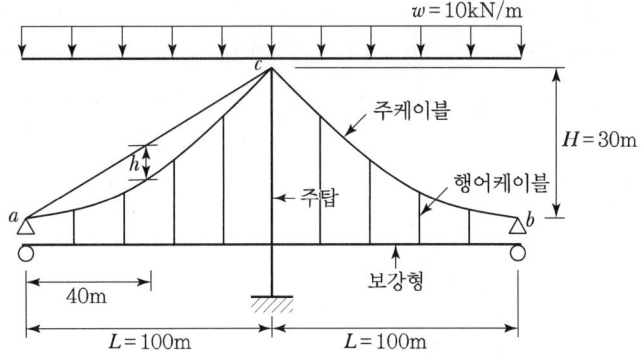

3교시 다음 문제 중 4문제를 선택하여 설명하시오.(각 25점)

1. 비틀림 하중을 받는 강재보에서 발생하는 순수비틀림(Pure Torsion)과 뒴비틀림(Warping Torsion)에 대하여 설명하시오.
2. 콘크리트교 설계기준(한계상태설계법)(KDS 24 14 21 : 2021)의 구조해석에서 고려해야 할 일반사항과 구조물 이상화의 전체 해석을 위한 구조 모델에 대하여 설명하시오.
3. 강재의 휨부재에서 국부좌굴 거동 특성에 따른 단면의 구분방법과 각각의 단면에 대한 저항모멘트강도(M_n)를 산정하는 방법을 설명하고, 횡좌굴 거동에 따라 부재의 저항모멘트강도(M_n)를 산정하는 방법에 대하여 개념적(수식을 사용할 필요 없음)으로 설명하시오.(단, 잔류응력의 영향은 무시하는 것으로 간주함)
4. 도로교 계획 시 하부횡단조건(도로, 철도, 하천, 해상)에 따른 교량하부의 형하공간 확보 시 고려사항에 대하여 설명하시오.
5. 그림과 같이 기둥의 A지점은 힌지로 C지점은 고정단으로 지지된 뼈대구조의 탄성좌굴하중(P_{cr})을 구하시오.(단, 모든 부재의 길이 : L, 모든 부재의 휨강성 : EI, 축방향 변형과 전단변형 효과는 무시)

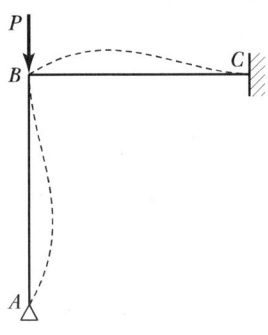

6. 구조물의 임의 지점에 45° 스트레인 로제트를 사용하여 변형률을 측정한 결과 $\varepsilon_a = 70 \times 10^{-6}$, $\varepsilon_b = 40 \times 10^{-6}$, $\varepsilon_c = -20 \times 10^{-6}$로 계측되었다. 재료의 탄성계수 $E = 30,000$ MPa, 푸아송비 $\mu = 0.167$일 때 스트레인 로제트를 설치한 계측지점의 최대 주변형률 및 주응력을 구하시오.

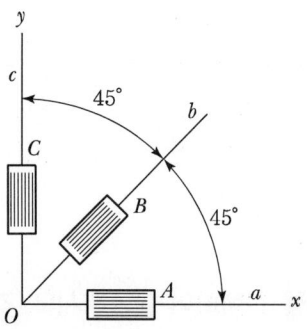

4교시 다음 문제 중 4문제를 선택하여 설명하시오.(각 25점)

1. 기존 교량의 RC 교각에 대한 내진성능 평가 시 교각의 휨 성능과 전단 성능을 고려하여 파괴모드별로 내진 보유성능(공급역량)을 산정함에 따른 파괴모드에 대하여 기술하고 파괴모드별 보유성능에 대하여 설명하시오.
2. 교량 형식 중 현수교, 트러스교, 거더교, 아치교, 사장교의 형식이 휨모멘트에 대하여 저항하는 기구(Mechanism)를 각각 설명하고, 상대적으로 보다 긴 경간장을 확보하는 데 유리한 점과 불리한 점을 비교하여 설명하시오.
3. 사장교 구조계획 시 주탑과 보강거더 사이의 경계조건인 부양지지(Floating) 시스템, 받침지지(Bearing) 시스템 및 라멘(Rahman) 시스템에 대하여 개념을 설명하고, 각 시스템의 장단점에 대하여 설명하시오.
4. 건설산업 BIM 기본지침(국토교통부, 2020.12.)에서 BIM의 활용이 건설산업에 미치는 기대효과에 대하여 건설단계별로 설명하시오.

5. 그림의 a지점에서 편측 긴장된 포스트텐션 콘크리트 단순보의 양단부 a, c와 중앙부 b지점에서 정착장치의 활동과 마찰을 고려하여 주어진 조건에 따라 PS 강재의 응력손실을 구하고, 부재길이(x축)에 대한 긴장재의 응력(y축) 변화를 그림으로 나타내시오.

⟨조건⟩
- 정착장치의 활동 $\Delta l_{AS} = 3\text{mm}$
- 긴장재의 곡률마찰계수 $\mu_p = 0.25/\text{rad}$, 파상마찰계수 $k = 0.005/\text{m}$

  응력손실 $\Delta f_{px} = f_{pj}(\mu_p \cdot \alpha_{px} + k \cdot l_{px})$

- PS 강재 : 7연선 9.3mm(단면적 $A_{ps} = 51.61\text{mm}^2$) 12가닥(긴장후 덕트 내부 그라우팅)

  탄성계수 $E_{ps} = 200,000 MPa$
  인장강도 $f_{pu} = 1,780 MPa$
  항복강도 $f_{py} = 1,500 MPa$
  긴장응력 $f_{pj} = 0.94 f_{py}$

- 정착장치에 의한 응력손실 발생길이 : $l_{set} = \sqrt{\dfrac{\Delta l_{AS} \cdot E_{ps}}{f_f}}$

  f_f : 단위길이당 마찰손실 응력

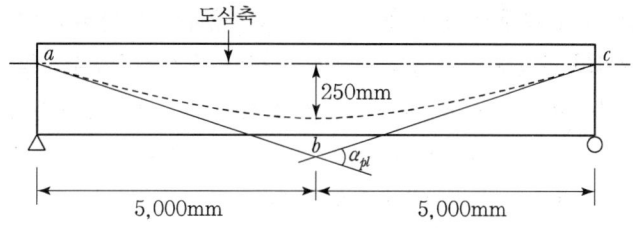

6. 압축력 P와 지간 중앙점에 횡하중 Q를 받는 단순 지지된 보-기둥에서 외력과 지간 중앙점의 변위(δ)와의 관계식을 유도하고, 힘-변위 거동에 대하여 설명하시오.(단, 부재의 휨강성 EI는 일정하다.)

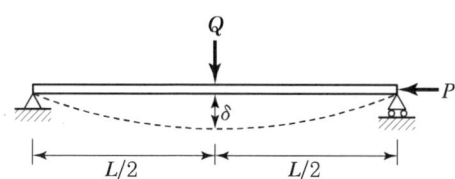

1교시

01 교량 내진설계기준(한계상태설계법)(KDS 24 17 11 : 2021)에서 명시하고 있는 지진격리설계를 적용하지 않는 조건 3가지를 제시하고, 그 이유를 설명하시오.

지진격리설계의 적용은 교량의 장주기화 혹은 지진에너지 흡수성능 향상 효과를 상시와 지진 시의 양측면에서 검토한 후에 판단하여야 한다. 특히 다음 조건에 해당하는 경우에는 지진격리설계를 적용하지 않는 것으로 한다.

① 하부구조가 유연하고 고유주기가 긴 교량
② 기초 주변의 지반이 연약하고 지진격리설계의 적용에 따른 교량 고유주기의 증가로 지반과 교량의 공진 가능성이 있는 경우
③ 받침에 부반력이 발생하는 경우

위의 세 가지 조건은 공진에 의한 교량 응답의 증폭으로 인한 지진 피해의 확대를 예방하기 위한 규정이다. 지진격리설계에 의하여 길어진 교량의 고유주기가 하부구조의 주기와 근접하거나 기초 지반의 주기와 근접하여 응답의 증폭이 발생할 가능성이 있는 경우에는 상세한 해석과 세밀한 검토에 의하여 지진격리설계 주기를 변화시키거나 감쇠비를 증가시키는 방법 혹은 다른 장치의 추가적 도입이나 구조의 개선 등의 방법으로 내진성능의 향상을 도모하여야 한다. 또한, 주된 복원력 제공 장치인 고무받침의 경우 그 특성상 인장력에 대단히 취약하므로 부반력이 발생하는 경우에는 안전성의 검토가 필요하다.

04 도로교에서 바닥판의 경험적 설계법이 가능한 구조적 근거 및 적용 조건에 대하여 설명하시오.

1교시

1. 정의

윤하중을 지지하는 교량 바닥판의 주요한 구조적 거동이 휨이 아닌 아치 작용이라는 사실에 근거한 설계법을 바닥판의 경험적 설계방법이라 한다.

2. 적용조건

① 3개 이상의 콘크리트 지지보와 합성으로 거동하고 바닥판의 경간 방향이 차량 진행방향에 직각인 경우의 콘크리트 바닥판에 적용한다.

② 바닥판의 설계 두께는 바닥판의 홈집, 마모면, 그리고 보호피복두께를 제외한 수치로 하며 다음 조건을 만족시킬 경우에만 적용할 수 있다.
  - 지지부재가 강재 혹은 콘크리트일 것
  - 콘크리트는 현장 타설과 습윤양생일 것
  - 바닥판의 전체 두께가 일정할 것
  - 바닥판 두께에 대한 유효경간의 비가 6 이상 15 이하일 것
  - 바닥판 상하부에 배근된 철근의 외측면 간격이 150mm 이상일 것
  - 바닥판의 유효경간이 표준차선폭 3.6m 이하일 것
  - 홈집, 마모, 보호피복두께를 제외한 최소두께가 240mm 이하일 것
  - 캔틸레버 길이가 내측 바닥판 두께의 5배 이상이거나 3배 이상이고 구조적으로 연속적인 콘크리트 방호책과 합성될 것
  - 콘크리트의 28일 압축강도는 27MPa 이상일 것
  - 콘크리트 바닥판은 바닥판 지지 구조부재와 완전 합성거동을 할 것

③ 거더교인 경우 상기 조항을 만족시키기 위하여 바닥판과 콘크리트 주 거더를 합성시키는 전단연결재가 충분히 배치되어야 한다.

④ 경험적 설계방법을 적용할 수 없는 바닥판
  - 캔틸레버 바닥판
  - 연속구조물의 내부받침점

1교시

05
FCM 공법으로 가설되는 다경간 PSC BOX GIRDER 교량에서 세그먼트 가설 시 발생하는 불균형 모멘트에 저항하기 위한 임시고정장치의 종류에 대하여 설명하시오.

1. 가설 중 불균형 모멘트

(1) 가설 중 발생하는 불균형 모멘트에 저항하기 위한 가설고정장치 설치

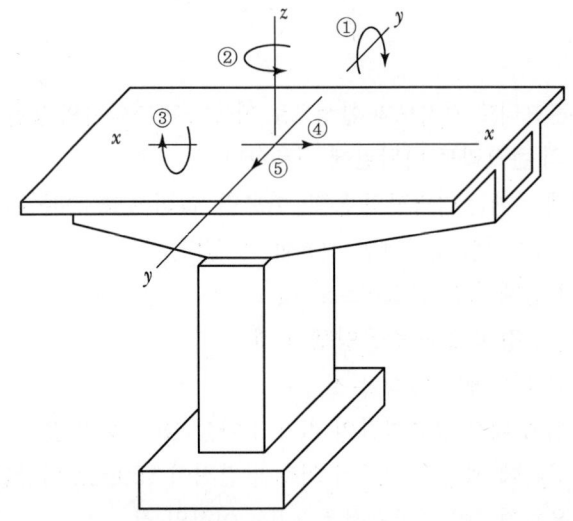

(2) 가설고정장치 종류

① 교각 강성이 충분한 경우
주두부와 교각 사이의 가설고정장치를 설치하여 주두부와 교각을 일체화시킴으로써 모든 불균형 및 변형을 교각의 강성으로 저항
  ㉠ 가받침 : 본받침의 양측에 콘크리트 또는 유압잭 등으로 가받침을 설치하여 불균형 모멘트(M_{yy})에 의한 압축력과 박스거더 자중에 의한 압축력에 저항한다.
  ㉡ PS강봉 : 교각 가설 시 미리 매입된 PS강봉을 주두부 상단에서 긴장하여 정착시킴으로써 불균형 모멘트(M_{yy}, M_{zz})에 의한 인장력에 저항한다.
  ㉢ H형강 : 지진하중, 온도하중에 의한 교축방향변위(D_x), 교축직각방향의 변위(D_y) 및 교각축방향에 대한 비틂모멘트(M_{zz})에 저항한다.

ⓔ X형 철근 : 지진하중이 큰 경우에는 ⓒ의 방법이 효과적이나 풍하중이 지배적인 경우에는 X형 철근을 설치하여 교축직각방향의 변위(D_y) 및 교각축방향에 대한 비틂모멘트(M_{zz})에 저항한다.

ⓜ 한편, 콘크리트 가받침의 전단마찰력과 H형강 또는 X형 철근의 전단력은 교축방향, 교축직각방향의 변위에 저항한다.

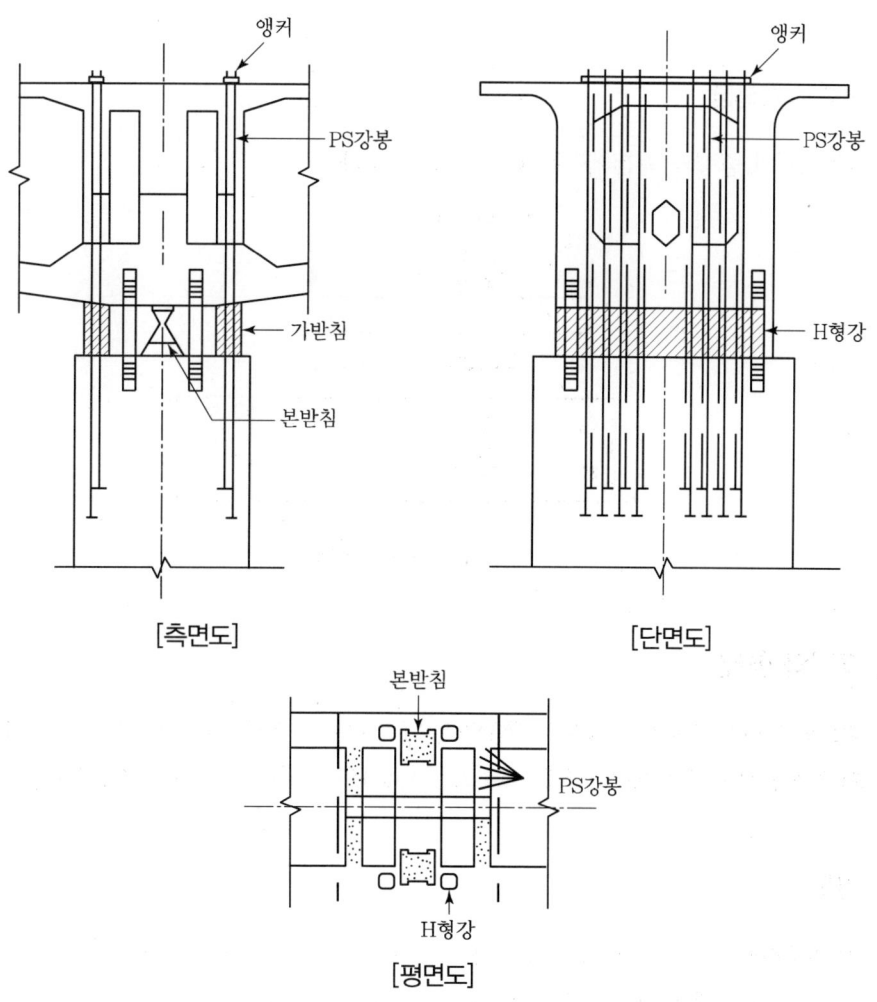

[측면도]   [단면도]

[평면도]

1교시

08. 교량 설계하중(한계상태설계법)(KDS 24 12 21 : 2021)의 피로하중 크기와 형태 그리고 빈도 산정에 대하여 설명하시오.

1. 표준트럭하중

표준트럭의 중량과 축간거리는 다음 그림과 같다.

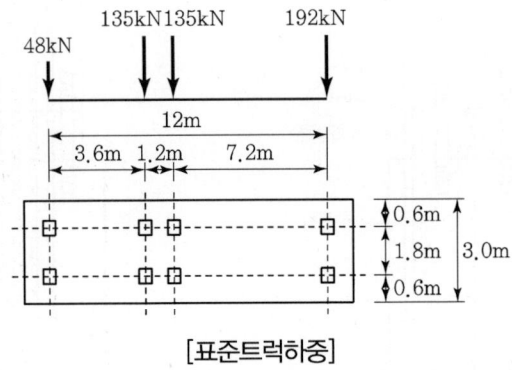

[표준트럭하중]

2. 크기와 형태

피로의 영향을 검토하는 경우의 활하중은 위 그림에 규정된 표준트럭하중의 80%를 적용한다. 이때 적용하는 충격계수는 KDS 24 12 21 4.4의 충격하중 조항을 적용한다.

3. 빈도

① 피로하중의 빈도는 단일 차로 일평균 트럭교통량($ADTT_{SL}$)을 사용한다. 이 빈도는 교량의 모든 부재에 적용하며 통행차량 수가 적은 차로에도 적용한다.

② 단일 차로의 일평균 트럭교통량에 대한 확실한 정보가 없을 때는 식 (1)의 차로당 통행비율을 적용하여 산정할 수 있다. 즉,

$$ADTT_{SL} = \rho \times ADTT \quad \cdots\cdots\cdots\cdots\cdots\cdots\cdots (1)$$

여기서, $ADTT$: 한 방향 일일 트럭교통량의 설계수명 기간 동안 평균값
$ADTT_{SL}$: 한 방향 한 차로의 일일 트럭교통량의 설계수명 기간 동안 평균값
ρ : 아래 표의 값

[한 차로에서의 트럭교통량 비율, ρ]

트럭이 통행 가능한 차로 수	ρ
1차로	1.00
2차로	0.85
3차로 이상	0.80

1교시

09 하천교량(KDS 51 90 10 : 2018)에서 제시된 하천교량의 경간장과 여유고에 대하여 설명하시오.

1. 하천교량 경간장

① 교량의 길이는 하천폭 이상이어야 한다.
② 경간장은 산간 협착부라든지 그 외 하천의 상황, 지형의 상황 등에 따라 치수상 지장이 없다고 인정되는 경우를 제외하고는 다음 식으로 얻어지는 값 이상으로 한다. 단, 그 값이 50m를 넘는 경우에는 50m로 할 수 있으나 인접교량의 교각과 연계하여 수리적 특성(통수단면 축소, 수위상승량, 세굴반경 등)의 검토와 교량 설치에 따른 공사비 등을 종합적으로 분석해야 한다. 만약 최소경간장이 50m일 때 부정적인 수리 영향이 예상될 때에는 경간장을 70m로 한다.

$$L = 20 + 0.005Q \quad \cdots\cdots (1)$$

여기서, L은 경간장(m)이고 Q는 계획홍수량(m^3/s)이다.

③ 다음의 각 항목에 해당하는 교량의 경간장은 하천관리상 큰 지장을 줄 우려가 없다고 인정될 때는 ②의 규정에 관계없이 다음 각 호에서 제시하는 값 이상으로 할 수 있다.
- 계획홍수량이 500m^3/s 미만이고 하천폭이 30m 미만인 하천일 경우 12.5m 이상
- 계획홍수량이 500m^3/s 미만이고 하천폭이 30m 이상인 하천일 경우 15m 이상
- 계획홍수량이 500m^3/s~2,000m^3/s인 하천일 경우 20m 이상
- 주운을 고려해야 할 경우는 주운에 필요한 최소 경간장 이상

④ 단, 하천의 상황 및 지형학적 특성상 ②, ③에서 제시된 경간장 확보가 어려운 경우, 치수에 지장이 없다면 교각 설치에 따른 하천폭 감소율(설치된 교각폭의 합계/설계홍수위에 있어서의 수면의 폭)이 5%를 초과하지 않는 범위 내에서 경간장을 조정할 수 있다.
⑤ ②에서 산정된 경간장이 25m를 넘는 경우에는 유심부 이외의 부분은 25m 이상으로 할 수 있다. 단, 이 경우에는 교량의 경간장 평균값은 규정된 경간장보다 길어야 한다.
⑥ 일반적인 형식의 교량이 아닌 아치형, 경사 지주형 라멘교(Diagonal Brace Rahmen) 등의 경간장은 해당 교량의 교대 및 교각에 의해 잠식된 하도의 점유 단면적(a')은 계획홍수량을 통과시키는 하도 단면적(A) 대비 잠식된 점유 비율($a'/A \times 100$)은 5% 이내로 한다.

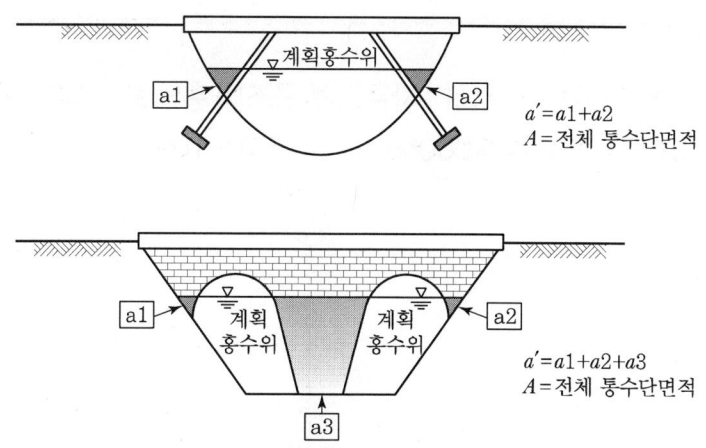

[교량 형식에 따른 전체 통수단면적]

2. 하천교량 여유고

① 교대나 교각에 교좌장치가 있는 교량의 여유고는 계획홍수위로부터 가장 낮은 교각 또는 교대의 교좌장치 하단부까지의 높이이다.
② 교좌장치가 없는 라멘(Rahmen)형 교량의 여유고는 계획홍수위로부터 교량 상부 슬래브(Slab) 헌치 상단까지의 높이이다.
③ 아치형 교량의 여유고는 통수단면적을 등가환산하여 여유고를 만족시키는 높이로 한다.
④ 상류에서 다수의 이송잡물이 떠내려올 가능성이 있는 하천에서 교량의 계획고는 제방고보다 충분히 높게 결정해야 하며, 교량에 유지관리 통로를 비롯한 교량 점검시설이 있을 경우 이에 대한 여유고도 확보하여야 한다.
⑤ 주운수로에 설치된 교량의 다리 밑 공간 높이 결정은 KDS 51 40 20(하천 주운시설)의 규정을 따른다.

1교시

13 다음과 같은 비감쇠 1자유도계 구조의 횡방향 고유진동수를 구하시오. (단, E = 200,000MPa, I = 5.0×10⁶mm⁴)

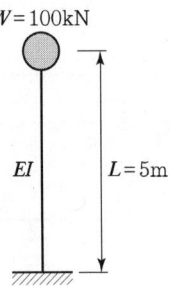

$$k = \frac{3EI}{l^3} = \frac{3 \times 2 \times 10^5 \times 5 \times 10^6}{5,000^3} = 24\,\text{N/mm}$$

$$f = \frac{1}{2\pi}\sqrt{\frac{k}{m}} = \frac{1}{2\pi}\sqrt{\frac{kg}{W}} = \frac{1}{2\pi}\sqrt{\frac{24 \times 9.81 \times 1,000}{100 \times 10^3}} = 0.244\,\text{Hz}$$

2교시

01. 지하암거 구조물의 부력에 대한 안전성 검토방법 및 안전성 확보 대책에 대하여 설명하시오.

1. 개요

지하암거 구조물의 부력에 대한 안전성 검토방법 및 안전성을 확보하는 방안에 대해서 설명한다.

2. 부력에 대한 안전성 검토

(1) 부력(U)

$$u = \gamma_w \cdot h_w$$

$$U = \gamma_w \cdot h_w \cdot B$$

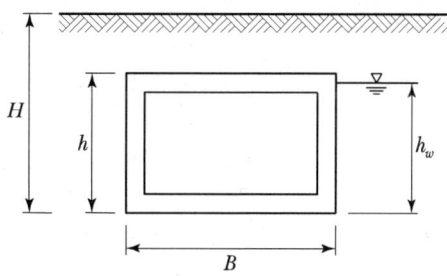

(2) 저항력

$$R = W + P_s$$

여기서, W : 구조물 자중
P_s : 구체 측면 마찰저항력 $[= 2(Ch + \frac{1}{2}k_0 \gamma' h \tan\delta)]$
c : 흙의 점착력
γ' : 흙의 수중단위중량
h : Box의 높이
k_0 : 정지토압계수 ($= 1 - \sin\phi$)
$\tan\delta$: 구조물과 지반의 상대마찰각 $\delta = \frac{2}{3}\phi$

(3) 안전성 검토

$$F_s = \frac{R}{U} \geq 1.1 : 공사 중$$

$$\frac{R}{U} \geq 1.2 : 공사 후$$

3. 부력 방지대책

구분	부력방지 Anchor 사용	무근 콘크리트 사용	구조물에 부력 방지 Key 설치
단면도	부력 방지 Anchor	무근 콘크리트 자중 증가	부력 방지 Key
공법 개요	인장부재를 써서 부력을 흙지반 또는 암반에 전달하는 부력 방지 공법	무근 콘크리트를 채움으로써 자중을 증가시켜 부력에 저항하는 공법	구조물 외측 하부에 Shear Key를 설치하여 측면 마찰력으로 부력에 저항하는 공법
특징	• 저항효과가 큼 • 공사비 저렴 • 지지층이 필요 • 유지보수가 어려움 • 시공성 보통	• 시공성 양호 • 공사비 다소 고가 • 하중과 발생응력의 흐름이 단순 • 부력 저항구조에 대한 유지보수 불필요	• 시공성 양호 • 공사비 고가 • 유지관리 측면에서 유리 • 지하수위가 높은 경우 Key 길이 증가효과 감소

2교시
03. 강구조물 용접부에 발생하는 잔류응력의 발생원인과 영향, 저감대책에 대하여 설명하시오.

1. 정의

잔류응력이란 하중을 받았다가 하중을 제거한 후에도 구조물에 응력이 남는 현상을 말한다.

2. 잔류응력의 종류

(1) 소성변형에 의한 잔류응력

과다하중으로 탄성한계를 초과하여 소성상태에 있는 보의 하중을 제거하면 잔류변형으로 전류응력이 발생한다.

(2) 용접에 의한 잔류응력

용접에 의한 가열 또는 급속한 냉각으로 인한 열응력을 받았을 때 하중을 제거하여도 영구변형이 존재하여 구조물에 응력이 남는 경우이다.

3. 잔류응력에 의한 파괴

잔류응력이 가장 큰 부분에서 균열이 시작되면 잔류응력이 상대적으로 적은 다른 곳도 점차 붕괴의 위험성에 노출된다. 플레이트거더의 웨브와 플랜지의 연결부에는 길이방향의 높은 구속인장응력이 존재하는데 이와 같은 용접 또는 용접부 부근의 잔류응력이 균열 파괴를 유발시킬 가능성이 있다.

4. 잔류응력 해결책

잔류응력을 제거하기 위한 해결책을 정리하면 다음과 같다.
① 반복하중은 잔류응력을 감소시키므로 반복하중을 재하시킨다.
② 열처리로 잔류응력을 감소시킨다.

2교시

05 그림과 같은 대칭단면을 갖는 사각기둥(단주)이 축하중과 휨모멘트를 동시에 받을 때 주어진 조건에 따라 균형 파괴 시의 ϕP_n, ϕM_n을 구하시오.

[설계조건]
- ϕP_n : 설계축력
- ϕM_n : 설계휨모멘트
- $\phi = 0.65$
- $f_{ck} = 30\text{MPa}$
- $f_y = 400\text{MPa}$
- $E_s = 200{,}000\text{MPa}$,
- $A_s = 506.7\text{mm}^2$ (H25 철근 1개)
- $\varepsilon_{cu} = 0.0033$
- 포물선 – 직선형 등가응력분포 적용 시 $\alpha = 0.8$, $\beta = 0.4$

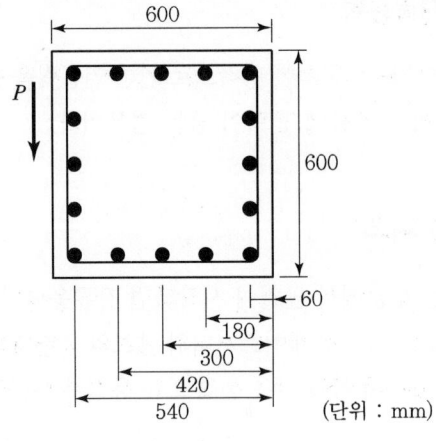

(단위 : mm)

1. 설계조건

$\phi = 0.65$, $f_{ck} = 30\text{MPa}$, $f_y = 400\text{MPa}$, $E_s = 2 \times 10^5 \text{MPa}$,

$A_s = 506.7\text{mm}^2$, $\varepsilon_{cu} = 0.0033$, $\alpha = 0.8$, $\beta = 0.4$

2. 단면의 성질

$f_{cd} = \phi(0.85 f_{ck}) = 0.65 \times 0.85 \times 30 = 16.58 \mathrm{MPa}$

$f_{yd} = \phi f_y = 0.65 \times 400 = 260 \mathrm{MPa}$

$\varepsilon_{yd} = \dfrac{f_{yd}}{E_s} = \dfrac{260}{2 \times 10^5} = 0.0013$

$d' = 60\mathrm{mm},\ d = 540\mathrm{mm}$

3. 균형상태 중립축 c_b와 압축철근, 인장철근 항복여부 검토

$c_b = \dfrac{\varepsilon_{cu}}{\varepsilon_{cu} + \varepsilon_{yd}} \cdot d = \dfrac{0.0033}{0.0033 + 0.0013} \times 540 = 387.4 \mathrm{mm}$

$\varepsilon_s' = \varepsilon_{cu}\left(\dfrac{c_b - d'}{c_b}\right) = 0.0033 \times \dfrac{387.4 - 60}{387.4} = 0.00279 > \varepsilon_{yd} = 0.0013$

∴ 압축철근 항복

$\varepsilon_{s1}' = \varepsilon_{cu} \cdot \dfrac{c_b - 180}{c_b} = 0.0033 \times \dfrac{387.4 - 180}{387.4} = 0.00177 > \varepsilon_{yd} = 0.0013$

∴ 압축철근 항복

$\varepsilon_{s2}' = \varepsilon_{cu} \cdot \dfrac{c_b - 300}{c_b} = 0.0033 \times \dfrac{387.4 - 300}{387.4} = 0.000744 < \varepsilon_{yd} = 0.0013$

∴ 압축철근 항복안함

$\varepsilon_{s1} = \varepsilon_{cu} \cdot \dfrac{420 - c_b}{c_b} = 0.0033 \times \dfrac{420 - 387.4}{387.4} = 0.00028 < \varepsilon_{yd} = 0.0013$

∴ 인장철근 항복안함

$\varepsilon_s = \varepsilon_{cu} \cdot \left(\dfrac{d - c_b}{c_b}\right) = 0.0033 \times \left(\dfrac{540 - 387.4}{387.4}\right) = 0.0013 \geq 0.0013 = \varepsilon_{yd}$

∴ 인장철근 항복

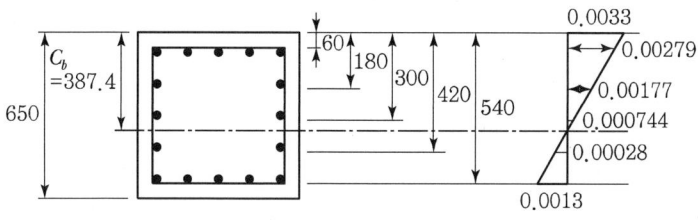

4. 단면력 산정

$C_c = \alpha \cdot f_{cd} \cdot b \cdot c_b = 0.8 \times 16.58 \times 600 \times 387.4 \times 10^{-3} = 3,083 \text{kN}$

$C_{s1} = f_{yd} \cdot A_{s1} = 5 \times 260 \times 506.7 \times 10^{-3} = 658.7 \text{kN}$

$C_{s2} = f_{yd} \cdot A_{s2} = 2 \times 260 \times 506.7 \times 10^{-3} = 263.5 \text{kN}$

$C_{s3} = f_s' \cdot A_{s3} = E_s \cdot \varepsilon_{s3} \cdot A_{s3} = 2 \times 10^5 \times 0.000744 \times 506.7 \times 10^{-3} = 150.8 \text{kN}$

$T_1 = f_s \cdot A_s = E_s \cdot \varepsilon_s \cdot A_s = 2 \times 2 \times 10^5 \times 0.00028 \times 506.7 \times 10^{-3} = 56.8 \text{kN}$

$T = f_{yd} \cdot A_s = 5 \times 260 \times 506.7 \times 10^{-3} = 658.7 \text{kN}$

5. 균형축하중 P_b과 균형휨모멘트 M_b

$P_b = C_c + C_{s1} + C_{s2} - T_1 - T_2 = 3,083.1 + 658.7 + 263.5 + 150.8 - 56.8 - 658.7$
$\quad = 3,438.7 \text{kN}$

$M_b = C_c \cdot \left(\dfrac{h}{2} - \beta \cdot c_b\right) + C_{s1} \cdot \left(\dfrac{h}{2} - d'\right) + C_{s2} \cdot \left(\dfrac{h}{2} - 180\right) + C_{s3} \cdot \left(\dfrac{h}{2} - 300\right)$
$\quad + T_1 \cdot \left(\dfrac{h}{2} - 180\right) + T \cdot \left(\dfrac{h}{2} - d'\right)$
$\quad = 3,083 \times (300 - 0.4 \times 387.4) + 658.7 \times (300 - 60) + 263.5 \times (300 - 180)$
$\quad\quad + 150.8 \times (300 - 300) + 56.8 \times (300 - 180) + 658.7 \times (300 - 60)$
$\quad = 788,080,000 \text{N} \cdot \text{mm} = 788.08 \text{kN} \cdot \text{m}$

$\therefore e_b = \dfrac{M_b}{P_b} = \dfrac{788.08 \times 10^3}{3,438.75} = 229.2 \text{mm}$

3교시

02. 콘크리트교 설계기준(한계상태설계법)(KDS 24 14 21 : 2021)의 구조해석에서 고려해야 할 일반사항과 구조물 이상화의 전체 해석을 위한 구조 모델에 대하여 설명하시오.

1. 일반사항

① 콘크리트 설계기준 1.5의 규정 이외의 사항은 KDS 24 10 11(4)의 규정을 적용하여야 한다.

② 보, 슬래브, 또는 이와 유사한 휨부재와 기둥과 같이 축력과 휨모멘트가 동시에 작용하는 부재는 일반적으로 평면유지의 가정이 유효하다고 간주할 수 있다. 다만, 평면유지의 가정이 유효하지 않은 깊은 보, 브래킷, 내민받침, 벽체 등과 같은 부재와 응력교란영역에 대해서는 콘크리트 설계기준 1.5.4.4의 스트럿 – 타이 모델과 같은 추가적인 국부해석이 필요하다.

③ 기하학적인 오차 그리고 하중재하 위치에서 발생 가능한 오차는 주요 허용오차와 관계된 기하학적 결함으로써 부재와 구조물의 해석에 포함하여야 한다. 콘크리트 설계기준 4.1.1.2(5)에 규정된 최소 편심량은 단면 설계에 대한 것으로서 이를 구조해석에 포함하여서는 안 된다. 하중이 재하되지 않은 구조물에서의 기하 형상 오차는 구조물에 불리하게 영향을 미치는 경우 극한한계상태에서 고려하여야 하며, 사용한계상태에서는 고려할 필요가 없다.

④ 변형 또는 내부 단면력의 변동과 같은 콘크리트의 시간 의존적 거동에 의한 하중 영향은 일반적으로 사용한계상태에서 고려하면 되지만, 2차 효과에 민감하거나 내부 단면력의 재분배가 불가능한 구조물 또는 요소 부재와 같은 특수한 경우에는 극한한계상태에서도 이들의 영향을 고려하여야 한다.

⑤ 프리캐스트 구조물의 해석에서는 다음을 고려하여야 한다.
- 각 시공 단계에서 적절한 기하조건과 역학적 성질
- 연결부의 실제 변형 및 강도

⑥ 지지된 요소의 자중에 의한 마찰로 인해 발생하는 유리한 수평 구속 효과는 아래의 조건을 모두 만족하는 경우 고려할 수 있다.
- 마찰에 의해 구조의 전체 안전성이 좌우되지 않을 때
- 받침의 배치가 요소의 교번 하중하에서 불균등하여 반대방향 미끄러짐이 중첩되는 것을 방해할 때(예를 들어 단순지지 요소의 접촉 단부의 교번 온도 영향 작용)
- 심각한 충격하중의 가능성이 없을 때
- 비내진 구조 요소

⑦ 구조물의 강도와 접합부의 일체성에 관련하여 설계할 때 수평 이동의 영향을 고려하여야 한다.

2. 구조물의 이상화

(1) 전체 해석을 위한 구조 모델

구조의 요소들은 그들의 특성과 기능을 고려하여 보, 기둥, 슬래브, 판, 아치, 쉘 등으로 분류할 수 있으며, 이러한 요소들의 조합으로 이루어진 구조물의 해석을 위해서 아래의 규칙을 따라야 한다.

① 전체 단면 깊이에 대하여 4배보다 큰 경간을 갖는 부재는 보로 해석하여야 하며 그렇지 않은 경우에는 깊은 보로 해석하여야 한다.

② 전체 단면 깊이에 대하여 5배 이상의 폭을 갖는 부재는 슬래브로 해석하여야 하며, 등분포 하중이 지배적인 슬래브는 다음의 경우 일방향 슬래브로 해석할 수 있다.
   - 두 개의 자유단과 평행한 변을 갖는 경우
   - 변장비가 2.0 이상인 4변 지지 직사각형 슬래브의 중심 부분

③ 리브 슬래브 또는 와플 슬래브는 플랜지와 횡방향 리브가 다음의 조건을 만족하는 충분한 비틀림 강성을 갖는다면, 분리된 요소로 해석할 필요가 없다.
   - 리브 간격이 1,500mm 이하
   - 플랜지 아래의 리브 깊이가 리브 폭의 4배 이하
   - 횡방향 리브의 순간격은 슬래브 전체 깊이의 10배 이하
   - 최소 플랜지 두께가 리브 순간격의 1/10 이상
   - 최소 플랜지 두께가 일반적인 경우에는 50mm 이상. 단, 리브 사이를 영구 블록으로 채운 경우에는 40mm 이상

④ 단면 깊이가 폭의 4배 이하이며 높이가 단면 깊이의 3배 이상인 부재로서 축압축력을 주로 받는 부재는 기둥으로 해석하여야 하며, 그렇지 않은 경우에는 벽체로 해석하여야 한다.

4교시

01 기존 교량의 RC 교각에 대한 내진성능 평가 시 교각의 휨 성능과 전단 성능을 고려하여 파괴모드별로 내진 보유성능(공급역량)을 산정함에 따른 파괴모드에 대하여 기술하고 파괴모드별 보유성능에 대하여 설명하시오.

1. 구성요소의 내진성능평가

(1) 교각

① 교각의 파괴모드
- 교각의 내진성능 평가절차는 우선적으로 교각의 성능곡선을 산정하여 지배적인 파괴모드를 결정한 후, 이에 해당하는 보유성능과 소요성능을 산정하고, 이를 비교함으로써 구할 수 있다. 이때, 휨성능곡선은 단면해석을 통해 구한 이상화된 모멘트-곡률 관계곡선을 경험식 등을 통해 변환하여 얻을 수 있으며, 전단성능곡선은 「교량내진설계기준」에 제시된 전단강도 산정식을 통해 구할 수 있다.

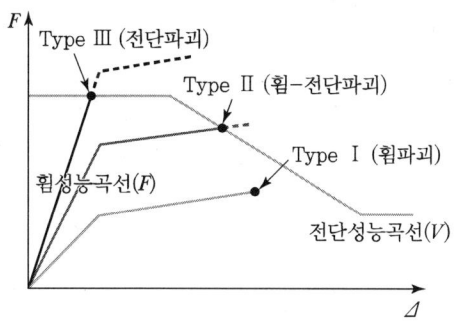

[일반적인 RC 교각의 파괴모드]

- 일반적인 RC 교각의 파괴모드는 위의 그림과 같이 휨성능과 전단성능을 비교함으로써 세 가지 모드로 구분할 수 있다.

CHAPTER 13

제126회
토목구조기술사

13 126회 토목구조기술사

1교시 다음 문제 중 10문제를 선택하여 설명하시오.(각 10점)

1. 슈퍼콘크리트의 개념과 특성에 대하여 설명하시오.
2. CM(Construction Management)에 대한 개념과 필요성에 대하여 설명하시오.
3. 보수·보강이 요구되는 구조물에서 일어나는 구조결함의 주요 요인을 내적 및 외적 조건으로 구분하여 설명하시오.
4. 교량설계의 경제성 검토에서 설계 VE와 시공 VE의 차이점에 대하여 설명하시오.
5. 강구조물의 비탄성 좌굴 이론에 대하여 설명하시오.
6. 공항시설 중 교량의 내진성능 목표에 따른 설계거동한계에 대하여 설명하시오.
7. 하중에 의한 PS 강연선의 발생응력을 PS 강연선과 콘크리트 간의 부착/비부착의 경우로 구분하여 설명하시오.
8. 전단중심(Shear Center)의 정의와 단면의 대칭성에 따른 전단중심의 위치에 대하여 설명하시오.
9. 전단설계 시 유효 전단철근의 개념을 설명하고, 현행 전단강도식의 개선방안에 대하여 설명하시오.
10. 등간격의 2경간 연속보에서 연속지점부 반력의 영향선을 그리시오.(단, 부재 단면 E와 I는 일정하다.)
11. 전단흐름(Shear Flow)에 대하여 설명하시오.
12. 교량을 설계할 때 고려하여야 할 하중의 종류(고정하중, 활하중 포함)를 도로교설계기준에 의거하여 12개를 쓰시오.
13. 플랜지의 두께가 얇고 폭이 큰 강I형 단면이나 강박스 단면에서의 전단지연(Shear Lag)에 대하여 설명하시오.

■■ 2교시 다음 문제 중 4문제를 선택하여 설명하시오.(각 25점)

1. 강재의 품질관리를 위한 비파괴시험 방법의 종류에 대하여 주요 대상 결함사항, 시험방법 및 특성을 설명하시오.
2. 교량의 생애주기비용(Life Cycle Cost, LCC) 산정 시 확정론적 방법과 확률론적 방법 및 교량의 경제성 검토방법에 대하여 설명하시오.
3. BIM(Building Information Modeling)의 모델상세수준(Level of Development)에 대하여 설명하시오.
4. 아래 그림과 같이 슬리브 내에 볼트를 삽입하고, 슬리브가 볼트 주위를 둘러싼 양단에 볼트의 머리와 너트로 꼭 끼도록 조여져 있는 일체의 조립체를 보강부재로 사용하고자 한다. 이 보강부재에 온도가 $\Delta T = 30℃$만큼 상승하는 경우에 슬리브와 볼트에 발생하는 응력(f_S와 f_B)과 보강부재의 신장량(δ)을 구하시오.(단, 전체 조립체를 구성하고 있는 재료상수는 아래 조건과 같고, 조립체 길이 L=500mm이다.)

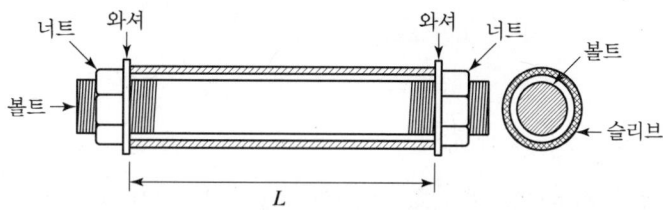

〈조건〉
1) 볼트의 열팽창계수, 단면적, 탄성계수 $\alpha_B = 1.0 \times 10^{-5}/℃$, $A_B = 300\text{mm}^2$, $E_B = 150,000\text{MPa}$
2) 슬리브의 열팽창계수, 단면적, 탄성계수 $\alpha_S = 1.2 \times 10^{-5}/℃$, $A_S = 400\text{mm}^2$, $E_S = 200,000\text{MPa}$

5. 아래 그림과 같은 포스트텐션 I형 보의 정착구역에서 각 긴장재는 인장강도 $f_{pu} = 1,820\text{MPa}$ 인 저릴랙세이션 PS 강연선 4개($\phi 12.7 \times 4$, $A_p = 98.71 \times 4 = 394.84\text{mm}^2$)로 이루어져 있고, 긴장재는 $0.75 f_{pu} (= 1,365\text{MPa})$로 긴장(Jacking)하는 경우 정착부의 보강철근을 설계하시오.

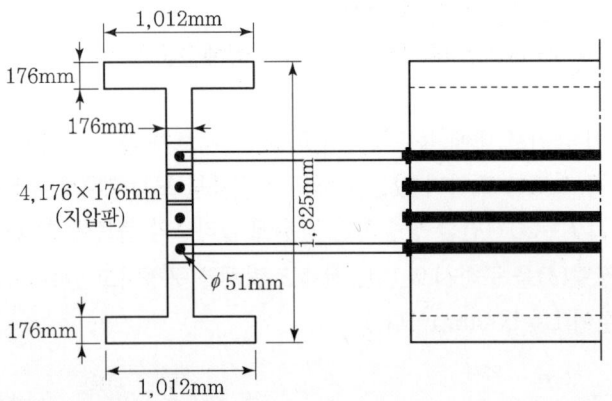

〈조건〉
- 철근의 항복강도 $f_y = 400\text{MPa}$
- D13 스터럽 사용(D13의 개당 철근 단면적 $A_s = 126.7\text{mm}^2$)
- 긴장 작업 시의 콘크리트 강도 $f_{ci} = 36.5\text{MPa}$
- I형 보의 단면적은 $616,000\text{mm}^2$
- $\phi 51\text{mm}$는 지압판의 홀(Hole) 직경임

6. 거더에 바닥판이 합성된 지간장이 30.0m인 합성거더교에서 아래 조건인 경우 지간 중앙부 하연에서 인장응력이 발생하지 않을 최소 초기 프리스트레스 힘(P)을 구하시오.(단, 충격계수는 0.25, 유효율은 0.85, 긴장은 바닥판 합성 이전에 하는 것으로 가정한다.)

〈조건〉

① 합성 전 단면의 제원
- 단면적(A) = 670,000mm^2
- 도심에서 단면하연까지의 거리(y_b) = 950mm
- 단면2차모멘트(I) = 330×10^{9}mm^4
- 단면하연에서 긴장재 도심까지의 거리(e_p) = 100mm

② 합성 후 단면의 제원
- 단면적(A_c) = 1,200,000mm^2
- 도심에서 단면하연까지의 거리(y_{cb}) = 1,450mm
- 단면2차모멘트(I_c) = 770×10^{9}mm^4

③ 하중
- 합성 전 고정하중(w_d) = 15.0kN/m
- 거더자중에 의한 등분포하중(w_{sw}) = 15.0kN/m
- 합성 후 고정하중(w_{cd}) = 5.0kN/m
- 활하중에 의한 지간 중앙부에서의 최대휨모멘트는 1,600kN·m라 가정

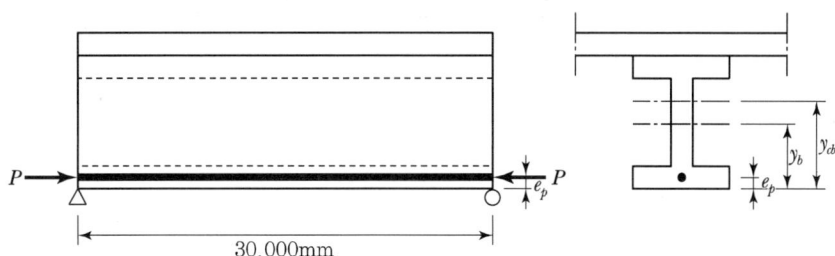

3교시 다음 문제 중 4문제를 선택하여 설명하시오.(각 25점)

1. 구조설계에 대한 개념 및 구비요소에 대하여 설명하고, 붕괴유발부재(FCM)에 대한 정의와 판정방법에 대하여 설명하시오.
2. 동바리공법 및 프리캐스트공법을 포함한 PSC(프리스트레스트 콘크리트) 박스거더교의 가설공법에 대하여 5가지를 열거하고 개요 및 특징을 설명하시오.
3. 설계기준, 설계지침 및 설계편람을 구분하여 설명하고, 2021년도에 개정된 콘크리트 구조설계기준(KDS 14 20 00)의 주요 변경사항에 대하여 설명하시오.
4. 다음 그림과 같이 슬래브 구조에 포함된 직사각형 단면의 보에 계수 전단력 V_u = 180kN이 위험 단면에 작용하고, 계수 비틀림 모멘트 T_u = 30kN·m가 작용할 때 필요한 철근 배근 상세를 설계하시오.[단, f_{ck} = 27MPa의 보통 중량콘크리트, 철근의 항복강도 f_y = 400MPa이며, 휨 설계로부터 산정된 종방향 휨철근량 A_s = 2,400mm², 외측 스터럽의 피복두께는 40mm, 주철근은 D29(A_s = 642.4mm²), 종방향 비틀림 철근은 D13(A_s = 126.7mm²), 스터럽은 D10(A_s = 71.3mm²)을 사용한다고 가정한다.]

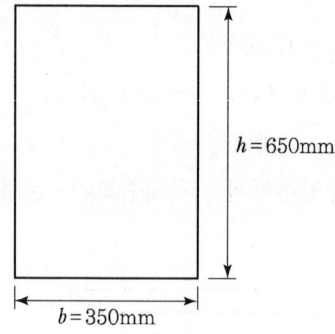

5. 아래 그림과 같은 플레이트거더 합성형교의 연속 바닥판 하면에 다음 설계조건과 같이 교축직각방향으로 두께 0.143mm의 탄소섬유 시트를 보강한 경우 보강 전과 보강 후의 휨응력을 검토하시오. [단, 휨모멘트 산정은 고정하중에 대해서는 $\dfrac{w_d \times L^2}{10}$ 적용, 활하중에 대해서는 $\dfrac{(L+0.6) \times P_{24} \times (1+I)}{9.6}$ 식에 연속보 효과를 적용하고, 압축철근 효과는 무시한다.]

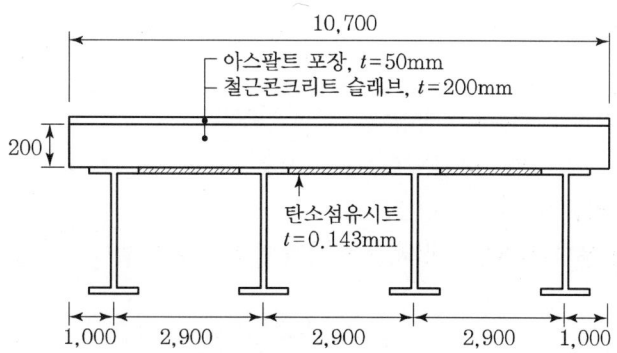

〈조건〉

1) 작용하중
   (1) 자중
      - 포장 단위중량 : 23kN/m³
      - 철근콘크리트 슬래브 단위중량 : 25kN/m³
   (2) 활하중 : DB24 후륜하중, 충격계수 $I = 0.3$

2) 재료상수 및 허용응력
   (1) 콘크리트
      - 설계기준압축강도 : $f_{ck} = 24\text{MPa}$
      - 허용휨압축응력 : $f_{ca} = 9.8\text{MPa}$
      - 탄성계수 : $E_c = 20,000\text{MPa}$
   (2) 철근(SD30)
      - 주철근 직경 및 간격 : $D16(A_s = 198\text{mm}^2)$@100mm
      - 허용인장응력 : $f_{sa} = 150\text{MPa}$
      - 탄성계수 : $E_s = 200,000\text{MPa}$
      - 사용피복 : 40mm(주철근 도심부터 콘크리트 최외측까지 거리)
   (3) 탄소섬유
      - 인장강도 : $f_{pu} = 1,900\text{MPa}$
      - 탄성계수 : $E_p = 640,000\text{MPa}$
      - 허용인장응력 : $f_{pa} = 633\text{MPa}$
   (4) 탄성계수비 : 재료별 탄성계수 적용

6. 아래 그림과 같이 뒷채움 토사가 옹벽 상단과 수평으로 형성된 역T형 옹벽에 대한 다음 사항을 설명하시오.
   1) 옹벽의 외적 안정성에 대한 안전율 계산 및 허용안전율과 비교
   2) 외적 안정성 검토항목 중 허용 안전율을 만족하지 않는 경우에 대한 설계상의 대책
   3) 옹벽구조 시공 상세

   〈조건〉
   - 뒷채움 토사의 내부마찰각 : $\phi = 30°$
   - 흙의 단위중량 : $18 kN/m^3$
   - 철근콘크리트의 단위중량 : $25 kN/m^3$
   - 콘크리트와 기초지반의 마찰계수 : $\mu = 0.4$
   - 기초지반의 허용지지력 : $200 kN/m^2$
   - 안정계산 시 옹벽 전면부의 상재토 영향과 수동토압은 무시

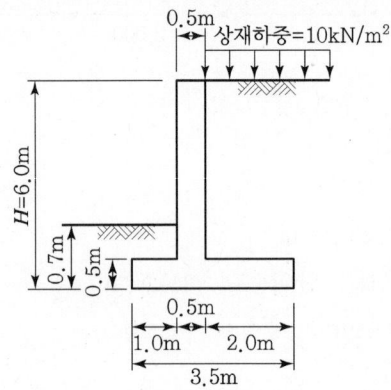

4교시 다음 문제 중 4문제를 선택하여 설명하시오.(각 25점)

1. 강구조물에서 취성파괴의 개요, 원인 및 대책에 대하여 설명하시오.
2. 콘크리트 타설에 따른 일반과 특수 거푸집 및 동바리 설계 시 고려하는 하중들에 대하여 설명하고, 콘크리트 측압에 미치는 영향 요인 및 거푸집 설계 시 일반적인 고려사항에 대하여 설명하시오.
3. 지하차도의 U-Type 구조물에 부력 방지 앵커 적용 시 아래 사항에 대하여 설명하시오.
   1) 부력 방지 앵커공법 중 정착방식에 따른 인장마찰식, 압축마찰식, 지압식의 구조적 특성
   2) 부력 방지 앵커의 자유장 산정방법
   3) 부력 방지 앵커 설계 시 고려사항
4. 등분포하중(w)이 전체 경간(L)에 재하되어 있는 강재로 된 양단 고정보의 단면 ($b \times h$)이 있다. 이 보에서 경간 중앙부에 소성힌지가 형성될 때의 하중은 탄성하중의 몇 배가 되는가를 구하시오.

5. 인장강도(F_u)가 410MPa인 기둥에 브래킷을 양면 필릿용접으로 이음하려고 한다. 기둥 플랜지와 브래킷의 단면적은 충분히 크다고 가정한 상태에서 고정하중 P_D= 120kN, 활하중 P_L= 30kN이 그림과 같이 작용할 때, 이음부의 안전성을 검토하시오.(단, 고정하중의 하중계수는 1.25, 활하중의 하중계수는 1.8이며, 필릿용접의 전단응력 저항계수는 0.75, 공칭강도는 $0.6F_u$이다. 필릿용접의 유효길이는 필릿용접의 총길이에서 용접치수의 2배를 공제한 값으로 한다.)

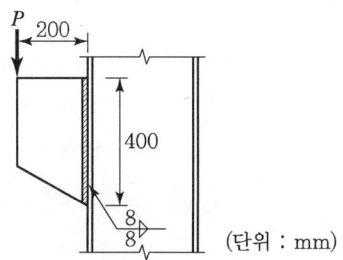

(단위 : mm)

6. 아래 그림과 같은 3경간 연속보에 포스트텐션 방식을 적용하는 경우 아래 사항에 대하여 설명하시오.
   1) 긴장력 도입에 의한 신장량을 구하시오.
   2) 정착 후 긴장력 변화를 비교하시오.

〈조건〉
PS 강재는 15mm의 직경을 가지는 20가닥의 강연선으로 구성되며, f_{pu}= 1,960MPa, A_{ps}= 2,800mm², E_p= 200,000MPa의 재료 특성을 갖는다. 또한, $0.75f_{pu}$의 긴장력을 가지도록 양쪽 단부에서 동시에 긴장하며, 곡률마찰계수 μ= 0.28, 파상마찰계수 k= 0.0024/m, 정착장치 활동량 Δ_{set}= 6mm로 가정한다.

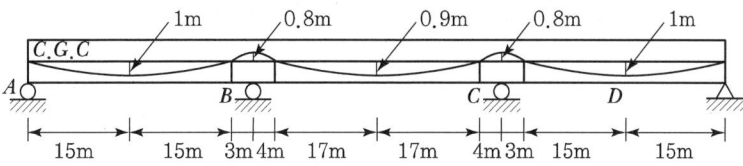

1교시
01. 슈퍼 콘크리트의 개념과 특성에 대하여 설명하시오.

1. 슈퍼 콘크리트 개념

일반 콘크리트에 비해 5배 이상의 압축강도와 4배 이상의 내구수명을 가지며, 국외 대비 제조비용은 50% 이상 절감하는 초고성능 콘크리트(UHPC)이다.
UHPC는 Ultra High Performance Concrete의 약자로 초고성능 콘크리트는 압축강도가 80MPa 이상인 콘크리트를 말하며, 일반 콘크리트보다 동결융해 저항성 등 여러 방면에서 뛰어난 성능을 보유하고 있다.

2. 슈퍼 콘크리트 특성

① 장대교량에 180MPa 이상의 슈퍼 콘크리트를 적용하여 난이도가 높은 교량 시공이 가능
② 일반 콘크리트로 구현하기 어려운 비정형의 쉘구조물의 건축물 시공 가능
③ UHPC의 가격은 국외 대비 최소 50% 저렴함

1교시

02. CM(Construction Management)에 대한 개념과 필요성에 대하여 설명하시오.

1. CM의 개념

Construction Management(건설사업관리)의 약자. 건설공사에 대한 기획, 타당성 조사, 분석, 설계를 비롯해 조달, 계약, 시공관리, 감리, 평가, 사후관리를 일괄적으로 수행하는 과정이다.

2. CM의 필요성

건설공사의 적정 요구 품질 조건을 만족시키며, 최소의 비용과 최단의 공기로 공사를 효율적이며 최단의 공기로 완수함으로써 발주자의 이익 증대를 위해 필요하다.

1교시
12. 교량을 설계할 때 고려하여야 할 하중의 종류(고정하중, 활하중 포함)를 도로교설계기준에 의거하여 12개를 쓰시오.

1. 지속하는 하중

    (1) 고정하중

    ① 구조부재와 비구조적 부착물의 중량(DC)
    ② 포장과 설비의 고정하중(DW)

    (2) 프리스트레스힘(PS)

    포스트텐션에 의한 2차 하중 효과를 포함한, 시공과정 중 발생한 누적 하중 효과

    (3) 시공 중 발생하는 구속응력(EL)

    (4) 콘크리트 크리프의 영향(CR)

    (5) 콘크리트 건조 수축의 영향(SH)

    (6) 토압

① 수평토압(EH)	② 상재토하중(ES)
③ 수직토압(EV)	④ 말뚝부마찰력(DD)

2. 변동하는 하중

    (1) 활하중

    ① 차량활하중(LL)
    ② 상재활하중(LS)
    ③ 보도하중(PL)

    (2) 충격(IM)

(3) 풍하중

  ① 차량에 작용하는 풍하중(WL) ② 구조물에 작용하는 풍하중(WS)

(4) 온도 변화의 영향

  ① 단면평균온도(TU) ② 온도 경사(TG)

(5) 지진의 영향(EQ)

(6) 정수압과 유수압(WA)

(7) 부력 또는 양압력(BP)

(8) 설하중 및 빙하중(IC)

(9) 지반변동의 영향(GD)

(10) 지점이동의 영향(SD)

(11) 파압(WP)

(12) 원심하중(CF)

(13) 제동하중(BR)

(14) 가설 시 하중(ER)

(15) 충돌하중

  ① 차량충돌하중(CT) ② 선박충돌하중(CV)

(16) 마찰력(FR)

1교시

13. 플랜지의 두께가 얇고 폭이 큰 강형 단면이나 강박스 단면에서의 전단지연(Shear Lag)에 대하여 설명하시오.

1. 정의

강구조는 두께가 얇고 플랜지 폭이 큰 I형 단면이나 박스(Box) 단면에서 플랜지 길이 방향으로 인접단면에 전단변형차가 있을 경우 그 내적 구속에 의해 축방향 응력의 분포상태가 일정하지 않고 거의 포물선으로 나타나는 현상 또는 부재연결부의 응력을 말한다.

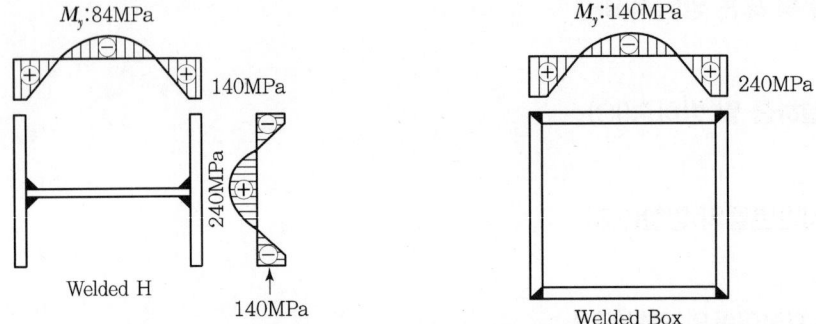

[전단지연현상을 나타낸 I형 단면 & Box 단면]

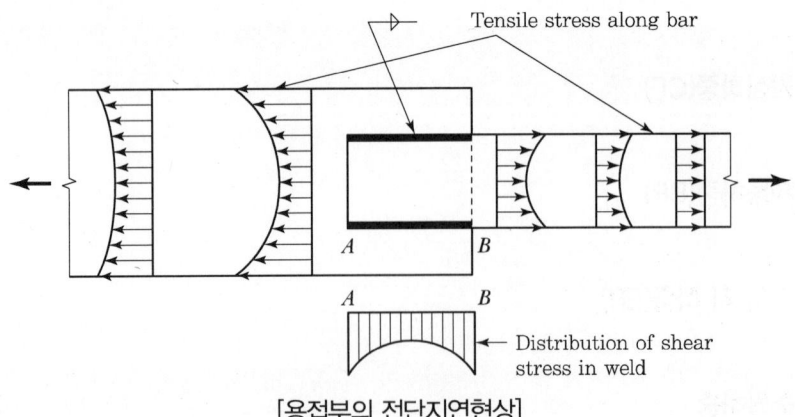

[용접부의 전단지연현상]

2. 발생 위치

① 전단 변형의 차가 큰 곳
② 집중하중이 작용하는 곳(연속형의 중간지점, 라멘교각의 우각부)

3. 대책

① 최대 축응력이 작용하는 웨브 바로 위 또는 아래의 응력을 플랜지 유효폭에 균일하게 작용하는 것으로 가정하는 방안
② 유효폭 범위 외의 플랜지부에 좌굴안전상 필요한 판두께를 확보하거나 보강재로 보강하는 방안

2교시

01. 강재의 품질관리를 위한 비파괴시험 방법의 종류에 대하여 주요 대상 결함사항, 시험방법 및 특성을 설명하시오.

검사방법	적용부분	검사내용	장단점	비고
육안검사	전 용접부	• 균열 • 오버랩 • 언더컷 • 용접 부족 • 비드 불량 • 뒤틀림 • 용접 누락	• 비용이 거의 들지 않는다. • 즉시 수정할 수 있다. • 표면 결함에만 한정한다. • 기록으로 남기기 어렵다.	• 확대경 • 각장게이지 • 휴대용 자
방사선 검사	• V용접 • X용접 • 홈용접	• 내부 균열 • 기포, 슬래그 용입 • 용입 부족 • 언더컷	• 증거를 보존할 수 있다. • 즉석에서 결과를 알 수 없다. • 결과분석에 많은 경험이 필요하다. • 취급상 위험하다.	검사비가 비싸다.
자분탐상 검사	• 홈용접 • 필릿용접	• 표면의 갈라짐 • 용입 부족 • 표면 가까이에 있는 균열	• 표면의 결함조사를 쉽게 할 수 있다. • 신속하다. • 즉석에서 판단 가능하다. • 자성을 띠는 철 개통에만 가능하다. • 현장, 해석경험이 필요하다.	전원이 필요하다.
약액 침투검사	• 홈용접 • 필릿용접	눈으로 판별할 수 없는 미세 표면 균열	• 상용이 간편하다. • 비용이 저렴하다. • 표면 결함만을 조사할 수 있다.	• 세척액 • 침투액 • 현상액
초음파 검사	• 홈용접 • 필릿용접	• 표면 및 깊은 곳의 결함 탐사 • 미세한 내부 결함 및 부식상태 검사	정밀하고 신속한 결과를 현장에서 얻을 수 있고 고도의 기술과 숙련이 필요하다.	초음파 탐사기

2교시

03 BIM(Building Information Modeling)의 모델상세수준(Level of Development)에 대하여 설명하시오.

1. LOD의 정의

Geometry Data의 작성수준은 3D 형상의 상세표현으로 'LOD'라는 용어를 사용한다. LOD는 "Level Of Development)"의 약어로서 AIA)에서 빌딩정보 모델링 프로토콜 양식의 작성을 위해 개발되었다.

2. LOD의 내용

일반적인 LOD의 표현수준은 100~500단계로 구분하여 사용되고 있으며, 국내에서는 BIL (BIM Information Level)이라고 정의하고 표현수준을 10~60단계로 구분하였다.
LOD는 국내 기준의 BIL과 함께 표현되었으며, LOD 단계에 따라 설계단계에서부터 시공, 유지관리단계까지 적용할 수 있는 기준을 제시하였다. 적용단계별로 하나의 LOD로만 BIM Data가 구성되는 것이 아니라 BIM 적용의 목적에 따라 LOD를 혼용할 수도 있다.

3. 토목분야 BIM LOD

[LOD(Leve Of Development]

구분	형상	모델 구분	내용	기획설계단계	기본설계단계	설치설계단계	시공단계	유지관리단계
LOD100 (BIL 10)		개념형상 모델 (Concept Design)	개념 형태의 단순표현 수준으로 그래픽 표현만 가능한 수준	●	○	○	○	○
LOD200 (BIL 20)		일반형상 모델 (Schematic Design)	개략적인 수량, 위치, 크기 등의 형상 모델로만 구성된 수준	●	●	○	○	○
LOD300 (BIL 30)		상세형상 모델 (Detailed Design)	그래픽 정보에 주요 치수와 속성 등 일반적인 속성정보가 포함된 수준		●	●	○	○

구분	형상	모델구분	내용	기획설계단계	기본설계단계	설치설계단계	시공단계	유지관리단계
LOD350 (BIL 40)		정밀형상 모델 (Construction Documentation)	철근 형상의 표현 또는 타 솔루션과의 연계가 가능한 수준			●	●	○
LOD400 (BIL 50)		제작 모델 (Fabrication & Assembly)	제작을 위한 세부 형상, 분할 및 조립 등 설치 정보가 포함되어 제작이 가능한 수준				●	●
LOD500 (BIL 50)		최종 준공모델 (As-Built)	시공 상황과 일치된 모델로 설계 및 시공 정보가 포함된 유지보수 연계 가능 수준					●

3교시

01. 구조설계에 대한 개념 및 구비요소에 대하여 설명하고, 붕괴유발부재(FCM)에 대한 정의와 판정방법에 대하여 설명하시오.

1. 구조물의 여유도

(1) 하중경로 여유도

1개 혹은 2개 박스로 구성된 교량은 여유도가 없다.

(2) 구조적 여유도

단순경간, 2경간 연속, 3경간 이상 연속 구조물에서는 측경간은 여유가 없다.

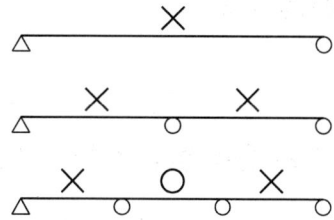

(3) 내적 여유도

상부구조의 구조 형식을 이루는 부재 개수를 말한다.

① 볼트식 이음 : 내적 여유도 있음
② 용접식 이음 : 내적 여유도 없음

2. 붕괴유발부재

(1) 정의

파손 발생 시 구조물 전체가 붕괴될 수 있는 부재를 말한다.

(2) 붕괴유발부재 예

① 단재하 구조
  ㉠ 2개 이하의 주형이나 트러스를 갖는 구조
  ㉡ 단순경간 구조물의 주형
   • 콘크리트교 : Beam구조
   • 강교 : 하부 플랜지 및 복부판
   • 트러스교 : 하현재
  ㉢ 연속경간
   • 콘크리트교 : 지간 중앙 Beam 구조 및 지점부 슬래브
   • 강교 : 인장응력을 받는 플랜지 및 복부판
   • 곡선교 : 인장응력을 받는 플랜지, 격벽연결부

② 단실구조와 다실 상자형 구조
  1개 박스 형식의 상부 구조

3. 도로교 설계기준 허용 피로 응력 범위 정하는 기준 용어

① 단재하 경로 구조물 : 한 부재의 파괴만으로 전체 구조가 붕괴되는 구조물이다.
② 다재하 경로 구조물 : 한 부재의 파괴로 인해 전체적인 파괴가 일어나지 않도록 한 구조물
③ 피로 검토 시 반복 응력을 받는 부재와 이음부의 설계 시 최대 응력이 허용 피로 응력 범위를 초과하지 않아야 하는데 단재하 경로 구조물이냐 다재하 경로 구조물이냐에 따라 허용 피로 응력 범위를 달리 규정하고 있다.

3교시

02. 동바리공법 및 프리캐스트공법을 포함한 PSC(프리스트레스트 콘크리트) 박스거더교의 가설공법에 대하여 5가지를 열거하고 개요 및 특징을 설명하시오.

1. Bent 공법

(1) 개요

구조물을 가설하는 위치에 거푸집 및 동바리를 설치하고 강재를 배치한 후 콘크리트를 타설, 양생하여 구조물을 가설하는 공법이다.

(2) 종류

① 전체 지지식
- 교량의 하중을 지주로 직접 전달하는 방식
- 지반이 평탄하고 교각높이가 10m 이하, 교하공간 이용 불가

② 지주 지지식
- 하중을 거더에서 받아 어느 정도 간격으로 설치된 가벤트에 전달
- 지반이 불량하여 지주수를 줄여야 하는 경우, 교량 하부공간 이용

③ 거더 지지식 : (가설보 공법)
- 하중을 경간 사이에 설치된 조립 거더를 통해 교각에 설치된 브래킷으로 전달
- 하천이나 하부공간을 이용해야 하는 경우

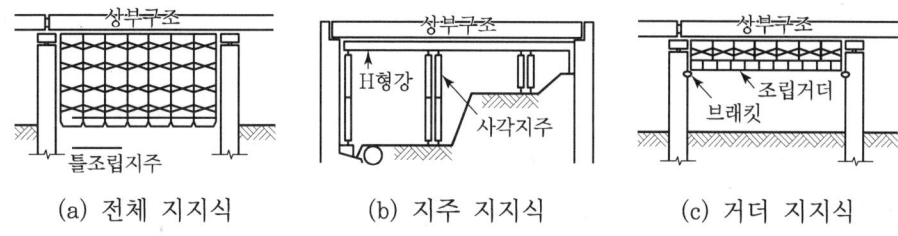

(a) 전체 지지식   (b) 지주 지지식   (c) 거더 지지식

(3) 특징

① 적용성
- 행하공간 30m까지
- 교각높이 10~20m
- 하부로 진입 가능한 장소
- 지지력을 확보 가능한 곳

② 시공성
- 특별한 설비 불필요 – 고도기술이 요구되지 않는다.
- 조립 및 Camber 관리가 쉽다.
- 곡선교나 사교에도 작용이 가능하다.
- 구조물이 응력을 받지 않은 상태로 시공 가능하다.
- 소형 장비를 이용하여 가설할 수 있다.
- 교하공간의 이용이 어렵다.

③ 경제성 및 급속성
- 자재가 많이 소요된다.
- 시공기간이 길어진다.
- 노동인력 구입이 어렵다.

2. MSS 공법

(1) 개요

완성된 교각 및 교면상에 설치된 이동지지대에 가설용 거더를 설치하고 이 거더에서 직각방향으로 설치된 횡형과 횡형에 매달린 비계와 거푸집을 이용하여 한 경간씩 거더를 가설하는 공법이다.

(2) 종류

① 상부거더방식
② 하부거더방식

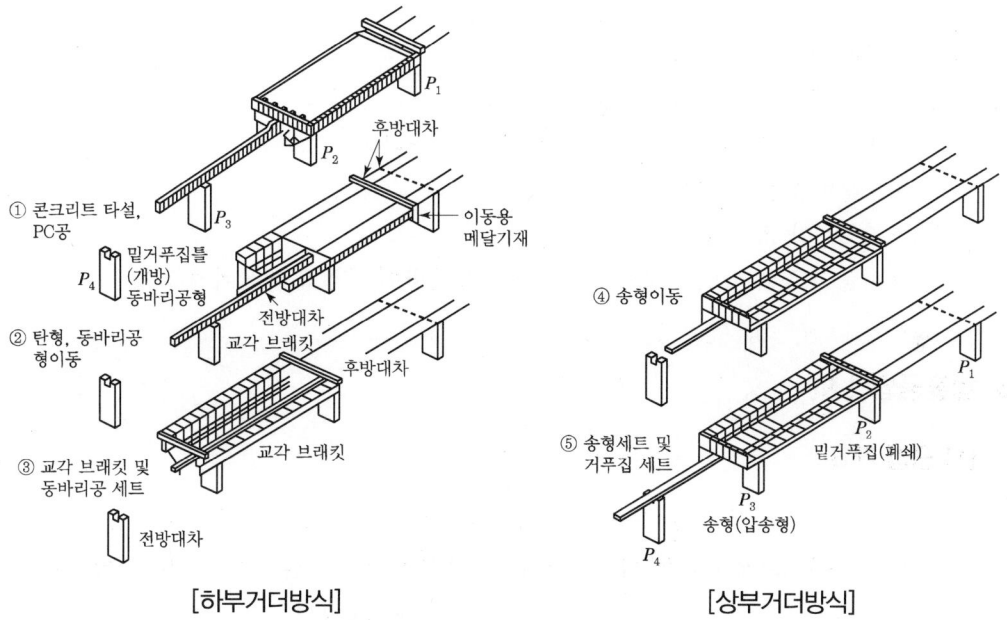

[하부거더방식] [상부거더방식]

[상부거더방식]

(3) 특징

① 적용성
- 벤트 설비를 할 수 없는 장소
- 크레인을 설치할 수 없는 장소
- 교하공간이 높은 경우, 수심이 깊은 경우
- 등간격의 지간
- 도심지 고가교량에 많이 적용
- 다경간 교량 건설에 적합
- 최적경간장 40~80m

② 시공성
- 기계화된 비계와 거푸집을 이용하므로 확실하고 안전함
- 한 경간에 3주일 정도 소요, 시공속도가 빠름
- 하부조건에 거의 제약을 받지 않음

③ 경제성 및 급속성
- 비계 및 거푸집의 전용사용으로 경제적
- 소수의 숙련된 기능공만으로 반복작업이 가능
- 노무비 절감이 가능
- 가설비가 많이 듦
- 이동식 작업차 및 이동식 가설트러스의 중량이 무겁고 제작비가 고가

3. 압출공법(ILM)

(1) 공법 개요

이 공법은 PC Box Girder 교대 뒤에 있는 제작장에서 1 Segment(15~30m)씩 Con'c를 타설하여 추진코에 의해서 상·하판과 PC 강선을 긴장 압출하여 가설하는 방법이다.

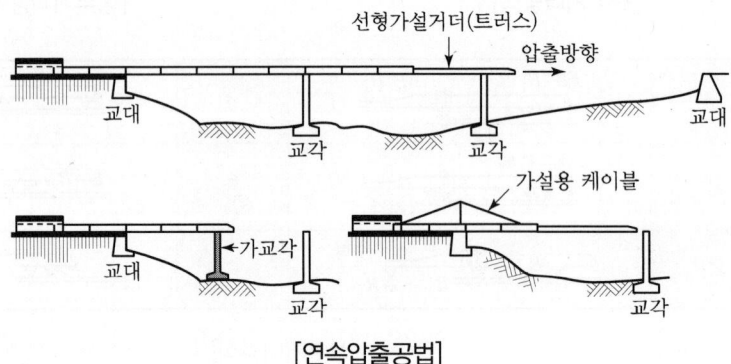

[연속압출공법]

(2) 압출공법의 종류

① 연속압출공법
② 선행가설거더식 압출공법
③ 가설거더식 압출공법
④ 이동가교각식 압출공법
⑤ 바아지를 이용한 압출공법

(3) 특징

① 적용성
- 조립장소가 필요
- 교량 밑의 장애물(도로, 철도, 강, 건물보호지역, 깊은 계곡) 지역에 적합
- 장대교, 고가교에 적합(경간장 30~60m)
- 교량선형의 제한성(직선 및 동일 곡선 선형일 것)

② 시공성
- 비계, 동바리 없이 시공할 수 있음
- 대형 크레인 등 거치장비가 필요없음
- 증기양생과 덮개설치로 비, 눈 등으로부터 보호(전천후 시공 가능)
- Camber 조종과 기타 기하학적 조정이 쉬움
- Con'c 타설 시 엄격한 품질관리가 필요
- 상부 구조물의 횡단면과 두께가 일정하여야 함
- 하부공간에 피해를 주지 않고 시공 가능
- 타 공법에 비해 안전성이 높음
- 계획적인 공정관리가 가능하여 안정시공을 기대할 수 있음

③ 경제성 및 급속성
- 작업장 설치비 등이 있으나 교각이 높은 경우 경제적
- 공사규모에 따라 거푸집에 대한 공사비 절감
- 제작장에서 콘크리트를 타설하기 때문에 대량생산의 경제성
- 운송비용 절감(동바리용 가설재의 운송비)
- 교량 연장이 긴 경우에는 공사기간 단축
- 상당한 면적의 작업장 필요
- 시공속도가 빠름(1segment당 1주일)

(4) 설계 시 유의사항

① 선형 결정
- 클로소이드 곡선을 피할 것
- 지나친 종단구배는 피할 것(압출력의 과다로 비경제적이며 고정단의 Bearing 및 하부구조를 특수 설계해야 함)
- 종단곡선을 피할 것

② 구조 검토
- 가설 시 구조계와 설계상의 구조계가 다름

- 가설 중 지지점이 완성 후와 다르므로 가설 중 응력, 변형, 국부응력을 검토해야 함
- 가설 구조물에 대한 검토 필요
- 압출 시 소요강도를 확보하기 위해 상부 단면 보강에 유의

③ 가설장비
- Nose의 길이는 경간장의 2/3 정도가 적당함
- Lift and Pushing 방식이 Pulling 방식보다 유리(압출 시 문제가 발생하면 후진이 가능하다)
- 1 seg의 길이는 15m 내외가 적당(콘크리트 타설시간의 지연과 압출이 어렵다)
- 압출 시 마찰 감소를 위한 유동받침에 유의

4. 캔틸레버 공법(FCM)

(1) 개요

주두부를 시공하고 주부두에서부터 좌우 대칭으로 시공하는 방법이다.

(2) 구조 형식의 종류

① 구조 형식에 의한 분류
- 힌지 형식
- 연속교 형식
- 라멘 형식

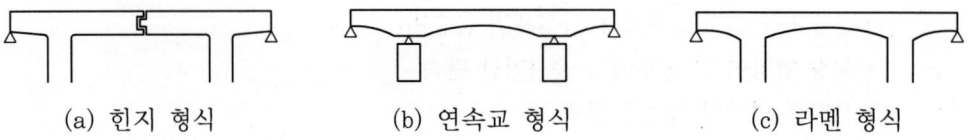

(a) 힌지 형식　　　　(b) 연속교 형식　　　　(c) 라멘 형식

② 시공방법에 따른 분류
- 현장타설방법(Cast-in-situ Method) : 3~5m의 Segment를 캔틸레버 양단에서 이동가설차(Form Traveller)를 이용하여 좌우 교대로 현장 Concrete를 타설하여 인장작업 후 순차적으로 반복하여 진행시켜 나가는 방법
- Precast 조립방법 : 기제작된 Segment를 현장에서 순서에 따라 Launching Girder나 Truss를 이용하여 조립·설치하는 방법

(3) 특징

① 적용성
- 하부조건에 제약을 받지 않음
- Girder 하부공간이 높아 Bent 공법을 채택하지 못할 때 사용
- 연속 Girder, 평행편속 Truss에 많이 적용
- 장대교량 및 높은 교각의 교량시공에 적합
- 적용경간의 범위는 100~150m
- 주형의 높이 변화 가능

② 시공성
- 전천후 시공 가능
- 반복작업이므로 품질관리 용이
- 동일공정을 반복시행함으로써 작업능률이 향상됨
- 시공 정도가 높음
- 동바리를 설치하지 않음
- 교하공간을 확보할 수 있음

③ 경제성 및 급속성
- 작업이 대부분 이동식 작업차 안에서 이루어지므로 시공속도가 빠름
- 작업차의 수를 늘려 더욱 빨리 할 수 있음
- 교각의 높이가 높은 경우 경제성이 있음
- 장대교량에 유리

4. 시공순서

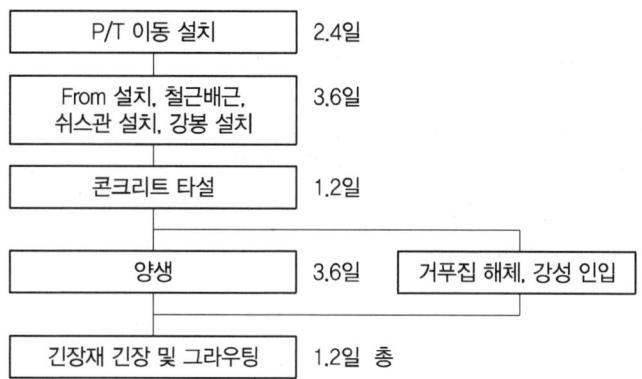

5. PSM 공법(Pre-cast prestressed concrete Segmental Method)

(1) 개요
제작장에서 제작된 Segment를 이용하여 프리스트레스에 의해 가설하는 공법이다.

(2) 특징

① 적용성
- 대형 구조물에 적합하다.
- 복잡한 구조물에 적합하다.

② 구조적 특성
- 크리프, 건조 수축에 의한 처짐이 작다.
- 탄성 변형이 감소한다.
- 결합부에 결함이 발생할 가능성이 크므로 강재량을 추가 배치하여야 한다.

③ 시공성
- 공기 단축이 가능하다(Segment 제작과 하부공을 동시에 시공 가능하다).
- 기계화 시공이 가능하다.
- 제작장 제작으로 인해 콘크리트의 품질관리가 양호하다.
- 인력관리가 용이하다.
- 거푸집 활용이 용이하다.
- 별도의 제작장이 필요하다.
- Segment 운반에 대한 계획을 별도로 수립하여야 한다.
- 별도의 가설장비가 필요하다.
- 접합부 처리가 곤란하다.

(3) Segment 제작방법

① 거푸집이동방식
- Segment를 수평으로 이동하면서 연속 제작하는 방법이다(방경간 혹은 1경간을 제작).
- Camber 조정 및 형상관리가 용이하다(주형형상과 동일한 형상으로 제작).
- 넓은 제작장이 필요하다.

② 거푸집 고정식
  ㉠ 수평방식
  - Segment 제작 후 Matching 위치로 이동하고 완성된 Segment에 경화면에 접촉하여 다음 Segment를 제작하는 방법이다.

- 제작장 소요부지면적이 적고 형상관리가 어렵다.

ⓛ 수직방식 : 1 Segment를 제작한 후 2 Segment를 1 Segment 위에 제작하는 방법
ⓒ 조립식 Segment : 대형 Segment를 독립된 여러 개의 Pannel로 나누어 제작한 후 1개의 Segment로 조립

6. 결론

PC BOX 거더교는 각 공법에 따라 적용 경간, 구조계 등이 달라지므로 이에 따른 설계 및 시공 시의 유의사항을 감안하여 임하여야 할 것으로 사료된다.

3교시

04 다음 그림과 같이 슬래브 구조에 포함된 직사각형 단면의 보에 계수 전단력 $V_u = 180\text{kN}$이 위험 단면에 작용하고, 계수 비틀림 모멘트 $T_u = 30\text{kN} \cdot \text{m}$가 작용할 때 필요한 철근배근 상세를 설계하시오. [단, $f_{ck} = 27\text{MPa}$의 보통 중량콘크리트, 철근의 항복강도 $f_y = 400\text{MPa}$이며, 휨설계로부터 산정된 종방향 휨철근량 $A_s = 2,400 \text{mm}^2$, 외측 스터럽의 피복두께는 40mm, 주철근은 D29($A_s = 642.4\text{mm}^2$), 종방향 비틀림 철근은 D13($A_s = 126.7\text{mm}^2$), 스터럽은 D10($A_s = 71.3\text{mm}^2$)을 사용한다고 가정한다.]

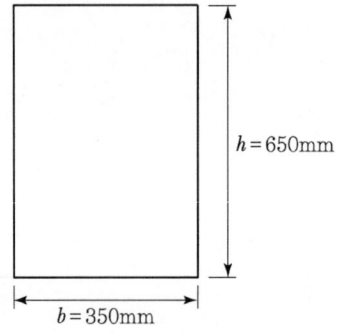

1. 설계조건

- $T_u = 30\text{kN} \cdot \text{m}$
- $V_u = 180\text{kN}$
- $f_{ck} = 27\text{MPa}$
- $f_y = 400\text{MPa}$
- 휨철근량 $A_s = 2,400\text{mm}^2$
- 외측 스터럽의 피복두께 : 40mm
- 주철근 D29($A_s = 642.4\text{mm}^2$)
- 종방향 비틀림 철근 D13($A_s = 126.7\text{mm}^2$)
- 스터럽 D10($A_s = 71.3\text{mm}^2$)

2. 전단에 대한 스터럽 소요면적 산정

$$V_c = \frac{1}{6} \lambda \sqrt{f_{ck}} \, b_w \, d = \frac{1}{6} \times \sqrt{27} \times 350 \times 595.5 \times 10^{-3} = 180.5 \text{kN}$$

$$d = 650 - 40 - \frac{29}{2} = 595.5 \text{mm}$$

$$V_u = \phi(V_c + V_s)$$

$$V_s = A_s f_y \frac{d}{s}$$

$$\frac{A_v}{s} = \frac{V_s}{f_y d} = \frac{59.5 \times 10^3}{400 \times 595.5} = 0.2498 \text{mm}^2/\text{mm}/2 - \text{legs}$$

3. 비틀림에 의한 스터럽 소요면적 산정

$$T_n = \frac{2 A_o A_t f_y}{s} \cot\theta$$

$$T_u = \phi T_n = \phi \frac{2 A_o A_t f_y}{s} \cot\theta$$

$$\frac{A_t}{s} = \frac{T_u}{\phi 2 A_o f_y \cot\theta} = \frac{30 \times 10^6}{0.75 \times 2 \times 130{,}815 \times 400 \times 1} = 0.3822 \text{mm}^2/\text{mm}/1 - \text{leg}$$

여기서, $A_o = 0.85 A_o h = 0.85 \times 270 \times 570 = 130{,}815 \text{mm}^2$

$\theta = 45°$

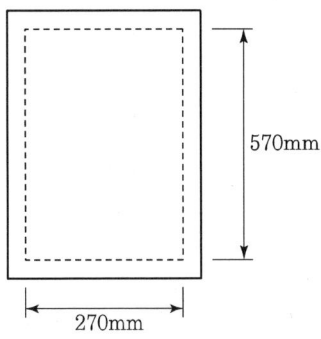

4. 전단+비틀림에 의한 스터럽 소요면적 산정

$$\frac{A_{v+t}}{s} = \frac{A_v}{s} + \frac{2A_t}{s} = 0.2498 + 2 \times 0.3822 = 1.0142 \text{mm}^2/\text{mm}/2-legs$$

D10 사용, $A_s = 71.3\text{mm}^2$

$$s = \frac{2 \times 71.3}{1.042} = 136.85\text{mm}$$

$\therefore \ Use \ s = 125\text{mm}$

5. 종방향 철근 A_l

$$A_l = \left(\frac{A_t}{s}\right)\rho_h \left(\frac{f_{vy}}{f_{yl}}\right)\cot^2\theta = \left(\frac{A_t}{s}\right)\rho_h$$

$\rho_h = 2 \times (270 + 570) = 1{,}680\text{mm}$

$A_l = 0.3822 \times 1{,}680 = 642.1\text{mm}^2$

종방향 철근 D13, $A_s = 126.7\text{mm}^2$

3등분 배치 : $\dfrac{A_l}{3} = \dfrac{642.1}{3} = 214.032\text{mm}^2$

철근개수 $n = \dfrac{214.032}{126.7} = 1.69 \approx 2$개 사용

6. 종방향 휨철근량 개수

$$n = \frac{2{,}400}{642.4} = 3.74 \approx 4\text{개}$$

7. 배근 상세도

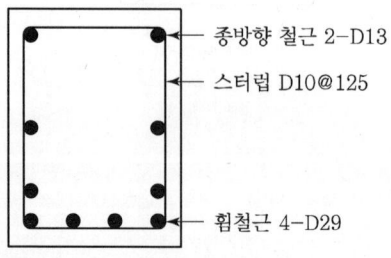

3교시

06 아래 그림과 같이 뒷채움 토사가 옹벽 상단과 수평으로 형성된 역T형 옹벽에 대한 다음 사항을 설명하시오.
1) 옹벽의 외적 안정성에 대한 안전율 계산 및 허용안전율과 비교
2) 외적 안정성 검토항목 중 허용 안전율을 만족하지 않는 경우에 대한 설계상의 대책
3) 옹벽구조 시공 상세

> **설계조건**
> - 뒷채움 토사의 내부마찰각 : $\phi = 30°$
> - 흙의 단위중량 : 18kN/m^3
> - 철근콘크리트의 단위중량 : 25kN/m^3
> - 콘크리트와 기초지반의 마찰계수 : $\mu = 0.4$
> - 기초지반의 허용지지력 : 200kN/m^2
> - 안정계산 시 옹벽 전면부의 상재토 영향과 수동토압은 무시

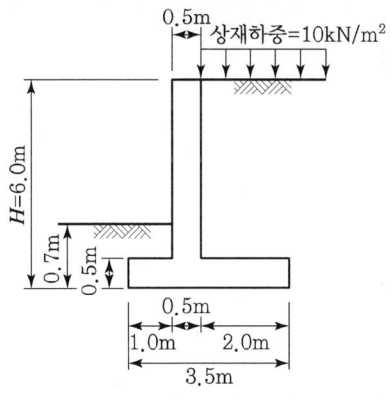

1. 주동토압 산정

(1) 흙의 토압

$$C_a = \frac{1-\sin\phi}{1+\sin\phi} = \frac{1-\sin 34}{1+\sin 34} = 0.283$$

$$p = C_a \gamma_s h = 0.283 \times 18 \times 4.5 = 22.923 \text{kN/m}$$

$$P_a = \frac{1}{2} p h = \frac{1}{2} \times 22.923 \times 4.5 = 51.6 \text{kN}$$

(2) 상재하중

$$p_s = C_a\, q = 0.283 \times 15 = 4.245 \text{kN/m}$$

$$P_s = p_s\, h = 4.245 \times 4.5 = 19.1 \text{kN}$$

2. 전도에 대한 안정 검토

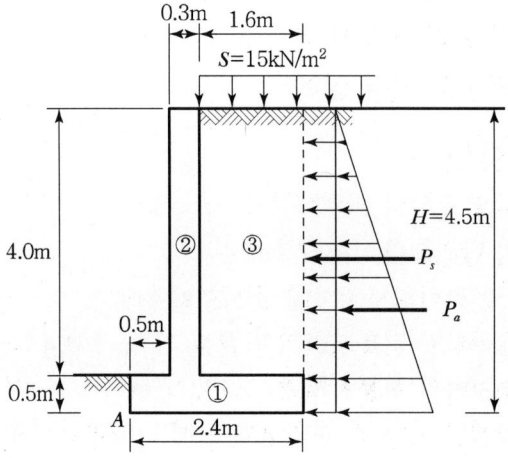

(1) 전도모멘트(M_o)

$$\sum M_o = P_a \times \frac{h}{3} + P_s \times \frac{h}{2} = 51.6 \times \frac{4.5}{3} + 19.1 \times \frac{4.5}{2}$$

$$= 120.375 \text{kN} \cdot \text{m/m}$$

(2) 저항모멘트(M_r)

$$M_r = m \times \sum W$$

옹벽의 단위중량은 25kN/m³로 가정하여 안전을 검토한다.

구분	면적 $b \times h$	(m²)	단위중량 (kN/m³)	중량(a) (kN/m)	팔길이(b) (m)	저항모멘트 =(a)(b)
1	2.4×0.5	1.2	25.0	30.0	1.20	36.0
2	0.3×4.0	1.2	25.0	30.0	0.65	19.5
3	1.6×4.0	6.4	18.0	115.2	1.6	184.32
상재하중	1.6×1.0	1.6	15.0	24.0	1.6	38.4
합계				$\sum W$ = 199.2		$\sum M_r$ = 278.22

저항모멘트는 앞굽판의 A에 대해서 구한다.

$$\sum M_r = 278.22 \text{kN} \cdot \text{m/m}$$

(3) 전도에 대한 안정 검토

$$S.F = \frac{\sum M_r}{\sum M_o} = \frac{278.22}{120.375} = 2.31 \geq 2.0 \qquad \therefore \text{O.K}$$

따라서 전도에 대하여 안전하다.

3. 활동에 대한 안정 검토

(1) 활동수평력

$$H_o = \sum H = P_a + P_s = 51.6 + 19.1 = 70.7 \text{kN/m}$$

(2) 활동저항력

$$H_r = \mu \times \sum W = 0.6 \times 199.2 = 119.52 \text{kN/m}$$

(3) 활동에 대한 안전 검토

$$S.F = \frac{H_r}{H_o} = \frac{\mu \sum W}{\sum H} = \frac{119.52}{70.7} = 1.69 \geq 1.5 \qquad \therefore \text{O.K}$$

4. 지지력에 대한 안정 검토

(1) 편심 산정

$$x = \frac{\sum M_r - \sum M_o}{\sum W} = \frac{278.22 - 120.375}{199.2} = 0.792 \text{m}$$

$$e = \frac{B}{2} - x = \frac{2.4}{2} - 0.792 = 0.408 \text{m}$$

$$e = 0.408 > \frac{B}{6} = \frac{2.4}{6} = 0.4 \text{m} \qquad \therefore \text{삼각형 분포임}$$

(2) 지압 산정

바닥면의 작용폭 $3x = 3\left(\dfrac{B}{2} - e\right) = 3 \times \left(\dfrac{2.4}{2} - 0.408\right) = 2.376 \text{m}$

$$p_{\max} = \frac{2\sum W}{L \cdot 3x} = \frac{2 \times 199.2}{2.376} = 167.68 \text{kN/m}^2 \ < \ \text{허용지지력} = 250.0 \text{kN/m}^2$$

따라서 허용지지력 이내에 있으므로 안전하다.

4교시

01 강구조물에서 취성파괴의 개요, 원인 및 대책에 대하여 설명하시오.

1. 정의

Notch, 볼트 구멍 및 용접부와 같이 응력집중부가 많은 강재나 저온으로 강재가 냉각되거나, 급작스런 충격하중 등의 여러 가지 요인이 강재에 중복되어 작용할 때 강재의 인장강도나 항복강도 이하에서 소성 변형을 일으키지 않고 갑작스럽게 파괴되는 현상을 취성파괴라 한다.

2. 피해사례

① 파괴의 진행속도가 빠르다.
② 비교적 저온에서 발생한다.
③ 강재의 절취부나 용접결함부에 유발되기 쉽다.
④ 낮은 평균응력에서 파괴된다.

3. 발생원인

(1) 강재의 인성 부족

① 재료의 화학성분 불량으로 금속조직에 결함이 있을 때
② 과도한 잔류응력이 있을 때
③ 설계응력 이상의 인장응력이 발생할 때
④ 취성파괴에 저항이 낮은 강재를 사용했을 때
⑤ 온도 저하로 인한 인성이 감소됐을 때
⑥ 경도가 너무 큰 고강도 강재를 사용했을 때

(2) 강재 결함에 따른 응력집중

① 용접열 영향으로 재료의 이상경화 시
② 용접 결함으로 응력이 집중될 때
③ 응력 부식이 진행될 때
④ 강재 단면의 급격한 변화가 있을 때
⑤ 볼트 및 리벳 구멍, Notch와 같은 응력집중부가 있을 때

(3) 반복하중에 의한 피로현상

4. 취성감소 대책

   ① 부재설계 시 응력집중계수 최소화
   ② 고강도 강재선택 시 충격흡수에너지 점검
   ③ 동절기 강재용접 시 예열 등의 열처리 실시
   ④ 구조물 설치 시 과도한 외력작용 방지

5. 고찰

   강재의 취성파괴는 소성 변형을 동반하지 않고 갑자기 파괴되는 매우 불안정한 파괴형태이므로 파괴원인이 되는 재료의 인성 부족과, 강재결함에 의한 응력집중 및 반복하중에 의한 피로현상 등이 발생하지 않도록 설계, 부재제작 및 설치에 기술자의 보다 세심한 배려가 필요하다.

4교시

02 콘크리트 타설에 따른 일반과 특수 거푸집 및 동바리 설계 시 고려하는 하중들에 대하여 설명하고, 콘크리트 측압에 미치는 영향 요인 및 거푸집 설계 시 일반적인 고려사항에 대하여 설명하시오.

1. 일반사항

거푸집 및 동바리는 콘크리트 시공 시에 작용하는 연직하중, 수평하중, 콘크리트 측압 및 풍하중, 편심하중 등에 대해 그 안전성을 검토하여야 한다.

(1) 연직하중

① 거푸집 및 동바리 설계에 사용하는 연직하중은 고정하중(D) 및 공사 중 발생하는 작업하중(L_i)으로 아래 ②, ③을 적용한다.

② 고정하중은 철근콘크리트와 거푸집의 무게를 합한 하중이며, 콘크리트의 단위중량은 철근의 중량을 포함하여 보통 콘크리트 24kN/㎥, 제1종 경량 콘크리트 20kN/m³, 그리고 제2종 경량 콘크리트 17kN/m³를 적용한다. 거푸집의 무게는 최소 0.4 kN/m² 이상을 적용하여야 한다. 다만, 특수 거푸집의 경우에는 그 실제 거푸집 및 철근의 무게를 적용하여야 한다.

③ 작업하중은 작업원, 경량의 장비하중, 기타 콘크리트 타설에 필요한 자재 및 공구 등의 시공하중, 그리고 충격하중을 포함한다. 작업하중은 콘크리트 타설 높이가 0.5m 미만일 경우에는 구조물의 수평투영면적당 최소 2.5kN/m² 이상으로 설계하며, 콘크리트 타설 높이가 0.5m 이상 1.0m 미만일 경우에는 3.5kN/m², 1.0m 이상인 경우에는 5.0kN/m²를 적용한다. 다만, 콘크리트 분배기 등의 특수장비를 이용할 경우에는 실제 장비하중을 적용하고, 거푸집 및 동바리에 대한 안전 여부를 확인하여야 한다.

④ 적설하중이 작업하중을 초과하는 경우에는 적설하중을 적용하여야 하며, 구조물 특성에 적합하도록 KDS 41 10 15 및 KDS 24 12 20에 따른다.

⑤ 상기 고정하중과 작업하중을 합한 연직하중은 콘크리트 타설 높이와 관계없이 최소 5.0 kN/m² 이상으로 거푸집 및 동바리를 설계한다.

(2) 콘크리트 측압

① 거푸집 설계에서는 굳지 않은 콘크리트의 측압을 고려하여야 한다. 콘크리트의 측압은 사용재료, 배합, 타설속도, 타설높이, 다짐방법 및 타설할 때의 콘크리트 온도, 사용하는 혼화제의 종류, 부재의 단면 치수, 철근량 등에 의한 영향을 고려하여 산정하여야 한다.

② 콘크리트의 측압은 거푸집의 수직면에 직각방향으로 작용하는 것으로 하며, 일반 콘크리트용 측압, 슬립 폼용 측압, 수중 콘크리트용 측압, 역타설용 측압 그리고 프리플레이스트 콘크리트(Preplaced Concrete)용 측압으로 구분할 수 있다.

③ 일반 콘크리트용 측압은 ④의 경우를 제외하고는 다음 식에 의해 산정한다.

$$P = W \cdot H \quad \cdots\cdots\cdots\cdots\cdots\cdots\cdots\cdots\cdots\cdots\cdots\cdots\cdots (1)$$

여기서, P : 콘크리트의 측압(kN/m^2)
W : 굳지 않은 콘크리트의 단위중량(kN/m^3)
H : 콘크리트의 타설높이(m)

④ 콘크리트 슬럼프가 175mm 이하이고, 1.2 m 깊이 이하의 일반적인 내부진동다짐으로 타설되는 기둥 및 벽체의 콘크리트 측압은 다음과 같다.

㉠ 기둥의 측압은 다음 식으로 산정할 수 있다. 다만, 이 경우 측압의 최솟값은 30 C_w kN/m^2 이상이고, 최댓값은 $W \cdot H$ 값 이하이다.

$$P = C_w \cdot C_c \left[7.2 + \frac{790R}{T+18} \right] \quad \cdots\cdots\cdots\cdots\cdots\cdots\cdots (2)$$

여기서, P : 콘크리트 측압(kN/m^2)
C_w : [표 1]의 단위중량 계수
C_c : [표 2]의 첨가물 계수
R : 콘크리트 타설속도(m/hr)
T : 타설되는 콘크리트의 온도(℃)

㉡ 벽체의 측압은 콘크리트 타설속도에 따라 다음과 같이 구분하며, 이 경우에 측압의 최솟값은 30 C_w kN/m^2 이상이고, 최댓값은 $W \cdot H$ 값 이하이다.

• 타설속도가 2.1m/hr 이하이고, 타설높이가 4.2m 미만인 벽체

$$P = C_w \cdot C_c \left[7.2 + \frac{790R}{T+18} \right] \quad \cdots\cdots\cdots\cdots\cdots\cdots\cdots (3)$$

• 타설속도가 2.1m/hr 이하이면서 타설높이가 4.2m 초과하는 벽체 및 타설속도가 2.1~4.5m/hr인 모든 벽체

$$P = C_w \cdot C_c \left[7.2 + \frac{1160 + 240R}{T + 18} \right] \quad \cdots\cdots\cdots\cdots\cdots\cdots (4)$$

[표 1] 단위중량 계수(C_w)

콘크리트의 단위중량	C_w
22.5 kN/㎥ 이하인 경우	$C_w = 0.5\,[1 + (W/23\,\text{kN/㎥})]$ 다만, 0.8 이상이어야 한다.
22.5 초과 ~24 kN/㎥ 이하인 경우	$C_w = 1.0$
24 kN/㎥ 초과인 경우	$C_w = W/23\,\text{kN/㎥}$

[표 2] 첨가물 계수(C_c)

시멘트 타입 및 첨가물	C_c
지연제를 사용하지 않은 KS L 5201의 1, 2, 3종 시멘트	1.0
지연제를 사용한 KS L 5201의 1, 2, 3종 시멘트	1.2
다른 타입의 시멘트 또는 지연제 없이 40% 이하의 플라이 애시 또는 70% 이하의 슬래그가 혼합된 시멘트	1.2
다른 타입의 시멘트 또는 지연제를 사용한 40% 이하의 플라이 애시 또는 70% 이하의 슬래그가 혼합된 시멘트	1.4
70% 이상의 슬래그 또는 40% 이상의 플라이 애쉬가 혼합된 시멘트	1.4

주) 여기서 지연제란 콘크리트의 경화를 지연시키는 모든 첨가물로서, 감수제, 중간단계의 감수제, 고성능 감수제(유동화제)를 포함한다.

⑤ 재진동을 하거나 거푸집 진동기를 사용할 경우, 묽은 반죽의 콘크리트를 타설하는 경우 또는 응결이 지연되는 콘크리트를 사용할 경우에는 전문가의 권장값에 따라 측압을 증가시켜야 한다.

⑥ ④의 측압 공식을 적용하기 위해 기둥은 수직 부재로서 장변의 치수가 2m 미만이어야 하며, 벽체는 수직 부재로서 한쪽 장변의 치수가 2m 이상이어야 한다.

⑦ 슬립 폼에는 다음의 측압을 적용할 수 있다.

$$P = 4.8 + \frac{520R}{T + 18} \quad \cdots\cdots\cdots\cdots\cdots\cdots (5)$$

다만, 압력용기나 차수용 구조물과 같이 콘크리트의 밀실도를 높이기 위하여 추가로 진동다짐을 할 경우에는 다음의 측압을 적용한다.

$$P = 7.2 + \frac{520R}{T + 18} \quad \cdots\cdots\cdots\cdots\cdots\cdots (6)$$

⑧ 수중에 타설하는 콘크리트는 수압에 의해 측압이 감소되는 효과를 고려하여 적용할 수 있다.
⑨ 콘크리트를 거푸집 하부에서 주입하는 역타설의 경우에는 주입하는 압력이 추가로 고려되어야 하며, 최소한 식 (1)에 의해 계산된 측압의 최소 25% 이상을 추가로 고려하여야 한다.
⑩ 프리플레이스트 콘크리트용 거푸집의 측압은 골재 투입 시에 거푸집에 작용하는 측압과 주입 모르타르의 측압을 고려하여야 한다.
⑪ 콘크리트 다짐을 외부 진동다짐으로 할 경우에는 이에 대한 영향을 고려하여야 한다.

4교시

05 인장강도(F_u)가 410MPa인 기둥에 브래킷을 양면 필릿용접으로 이음하려고 한다. 기둥 플랜지와 브래킷의 단면적은 충분히 크다고 가정한 상태에서 고정하중 P_D = 120kN, 활하중 P_L = 30kN이 그림과 같이 작용할 때, 이음부의 안전성을 검토하시오.(단, 고정하중의 하중계수는 1.25, 활하중의 하중계수는 1.80이며, 필릿용접의 전단응력 저항계수는 0.75, 공칭강도는 $0.6F_u$이다. 필릿용접의 유효길이는 필릿용접의 총길이에서 용접치수의 2배를 공제한 값으로 한다.)

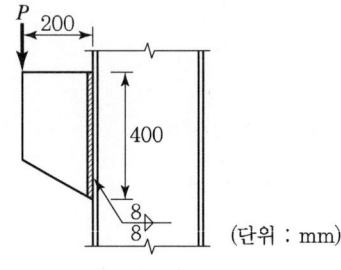

(단위 : mm)

1. 필릿용접 이음부에 작용하는 응력

(1) 계수하중

$$P_U = 1.25 P_D + 1.8 P_L = 1.25 \times 120 + 1.8 \times 30 = 204 \text{kN}$$

(2) 필릿이음 이음부에 작용하는 부재력

$$V_U = P_U = 204 \text{kN}$$
$$M_U = P_U \times e = 204 \times 200 = 40,800 \text{kN} \cdot \text{mm}$$

2. 필릿용접의 유효목두께 및 유효용접길이

$$a = 0.7s = 0.7 \times 8 = 5.6 \text{mm}$$
$$l_e = l - 2s = 400 - 2 \times 8 = 384 \text{mm}$$

양면 필릿용접의 유효면적 및 단면계수

$$A_w = (a \cdot l_e) \times 2\text{면} = 5.6 \times 384 \times 2 = 4,300.8 \text{mm}^2$$

$$S_w = \frac{a \cdot l_e^2}{6} \times 2면 = \frac{5.6 \times 384^2}{6} \times 2 = 275,251.2 \text{mm}^3$$

3. 전단응력 및 휨응력

$$\nu_u = \frac{V}{A_w} = \frac{204 \times 10^3}{4,300.8} = 47.43 \text{N/mm}^2$$

$$\sigma_u = \frac{M}{S_w} = \frac{40,800 \times 10^3}{275,251.2} = 148.23 \text{N/mm}^2$$

4. 필릿용접 이음부의 안전성 검토

$$\text{조합응력} : \sqrt{\sigma_u^2 + \nu_u^2} = \sqrt{148.23^2 + 47.43^2} = 155.63 \text{N/mm}^2 < \phi F_w = \phi(0.6 F_{uw})$$
$$= 0.75 \times 0.6 \times 410 = 184.5 \text{N/mm}^2 \quad \therefore \text{O.K}$$

CHAPTER 14

제127회 토목구조기술사

CHAPTER 14 127회 토목구조기술사

·· 1교시 다음 문제 중 10문제를 선택하여 설명하시오.(각 10점)

1. 화학적 프리스트레스트 콘크리트(Chemical Prestressed Concrete)
2. 소요 연성도(Required Ductility)
3. 분기 좌굴(Bifurcation Buckling)
4. 포스트텐션 프리스트레싱 시 발생하는 즉시 손실
5. 안전진단 시 콘크리트의 강도 추정 방법
6. 강교량 안전진단 시 실시할 수 있는 비파괴 시험의 종류 및 특징
7. 강재의 피로파괴(疲勞破壞)와 S-N 곡선
8. 프랫(Pratt), 하우(Howe), 와렌(Warren) 트러스의 차이점
9. 포스트텐션 보의 정착부 응력상태
10. 사각(Skew)으로 설계된 암거 슬래브의 사각부 보강
11. 공항시설물 중 지중구조물의 내진성능 목표에 따른 설계 거동 한계
12. 도로교설계기준(한계상태설계법)에서 공칭압축강도는 다음 식을 이용해 산정한다.

    $\lambda \leq 2.25$인 경우 : $P_n = 0.658^\lambda F_y A_s$

    $\lambda > 2.25$인 경우 : $P_n = \dfrac{0.877 F_y A_s}{\lambda}$

    단, $\lambda = (\dfrac{KL}{r\pi})^2 \dfrac{F_y}{E}$

    여기서, A_s : 부재의 총단면적(mm²)
    F_y : 항복강도(MPa)
    E : 강재의 탄성계수(MPa)
    K : 유효좌굴길이계수
    L : 비지지길이(mm)
    r : 회전반경(mm)

    위 식을 이용하여 압축부재의 탄성좌굴과 비탄성좌굴을 양분하는 한계세장비 $\left(\dfrac{KL}{r}\right)_{cr}$ 는 다음의 식으로 표현할 수 있다.

    $\left(\dfrac{KL}{r}\right)_{cr} = C\sqrt{\dfrac{E}{F_y}}$

    위 식을 유도하고 C값을 구하시오.

13. 아래 그림과 같이 평면응력상태에 있는 요소의 주응력과 주응력면을 모어(Mohr)의 원을 이용하여 구하시오.

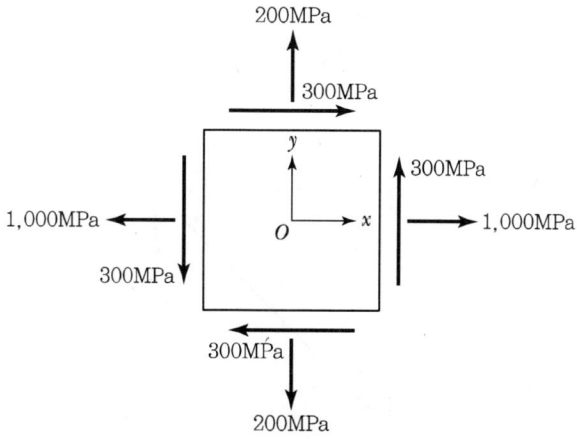

▪▪ 2교시 다음 문제 중 4문제를 선택하여 설명하시오.(각 25점)

1. 현행 하천 설계기준에 의한 하천 횡단 교량 계획 시 교대와 교각의 위치 선정, 교량의 계획고, 길이 및 경간장 결정 방법에 대하여 설명하시오.
2. 강박스교량에서 안전진단 및 점검의 전 과정에 대하여 설명하시오.
3. 내진설계 시 지상구조물과 지중구조물의 거동 특성 차이점과 지중구조물의 내진설계 시 고려사항에 대하여 설명하시오.
4. 그림과 같이 완전탄소성 재료인 양단고정보에 부분등분포하중 w가 작용할 때 최초 항복하중 w_Y를 구하시오.

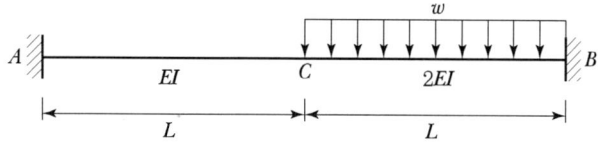

5. 아래 그림과 같은 트러스 구조의 부재력을 매트릭스(Matrix) 변위법(變位法)에 의해 구하고, 그 전개과정을 설명하시오.(단, 부재의 EA는 일정하다.)

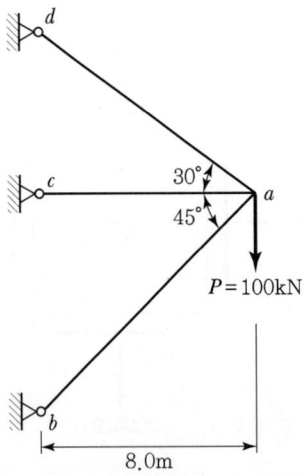

6. 아래 그림과 같이 자유단 A를 직경 d인 원형 강봉으로 매단 강재보의 중앙에 집중하중 P를 재하시키고자 한다. 강재보의 규격은 $I-200\times100\times7\times10$이며, 보와 강봉의 항복응력 $f_y = 280\mathrm{MPa}$, 탄성계수 $E = 210{,}000\mathrm{MPa}$일 때 이 강재보가 극한하중 P_L을 지지할 수 있는 강봉의 최소 직경 d를 결정하시오.

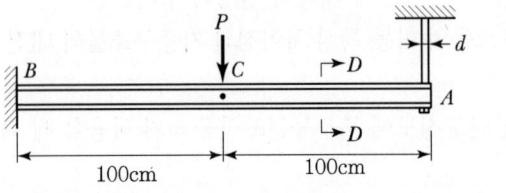 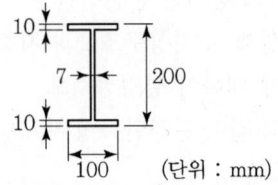

3교시 다음 문제 중 4문제를 선택하여 설명하시오.(각 25점)

1. 신설 교량에 적용하는 일체식 교대 교량(Integral Abutment Bridge)의 종류와 적용조건 및 거동 특성에 대하여 설명하시오.

2. 아래 그림과 같이 흙막이 시설을 계획하여 깊이 10m까지 굴착하고자 한다. 이때 흙막이 시설의 개략공사비와 설계용역비를 산정하시오.(단, 사용강재의 규격은 H−300×300×10×15이다.)

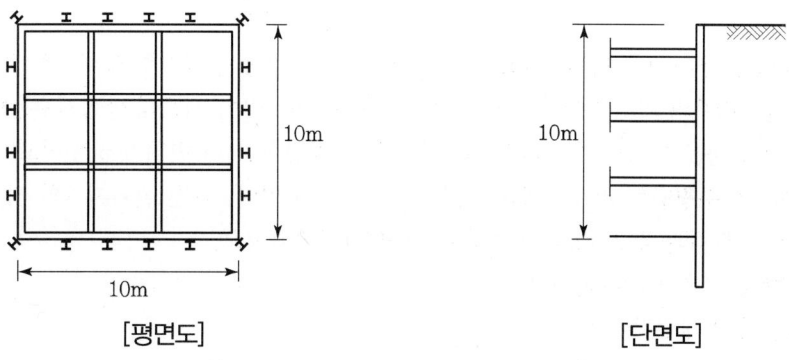

[평면도]　　　　　　　　[단면도]

3. 옹벽설계 시 활동, 전도, 지지력의 설계조건(안전율)을 설명하고, 설계조건이 만족되지 못하는 경우 대책방안에 대하여 설명하시오.

4. 아래 그림과 같은 하중 M_{AB}가 작용하는 부정정보의 A점에서 B점으로의 전달률 C_{AB}와 C점에서의 수직처짐 δ_{CV}를 구하시오.

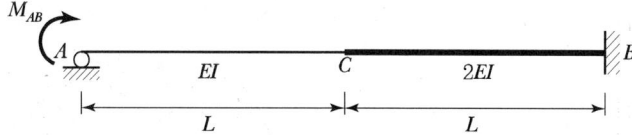

5. 아래 그림과 같이 수평방향으로 30° 꺾인 캔틸레버 끝에 연직하중 P가 작용할 때 끝점의 연직방향(하중 P방향) 처짐 Δ를 구하시오. 캔틸레버는 외경(外徑)과 내경(內徑)의 중심선(中心線)을 기준으로 직경이 d, 두께가 t인 강관(鋼管)이고 전단탄성계수 G는 종탄성계수 E의 0.4배이다.(단, 전단력에 의한 처짐은 고려하지 않는다.)

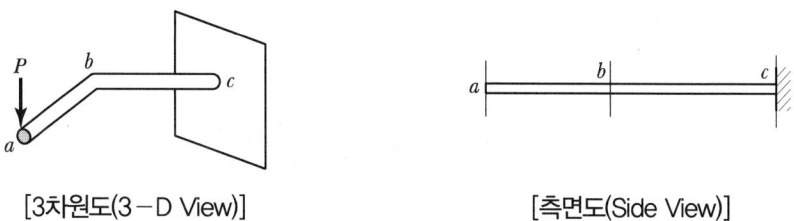

[3차원도(3−D View)]　　　　　　　　[측면도(Side View)]

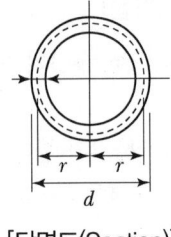

[단면도(Section)]

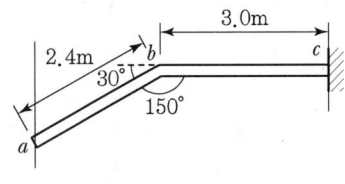

[평면도(Top View)]

6. 2,000kg의 질량을 갖는 터빈을 기초에서 10m 높이의 중공 원형지주에 설치하고자 한다. 이때 중공 원형지주의 외경은 60cm이고, 부재두께는 2cm이며, 재료의 탄성계수는 200GPa이다. 터빈의 진동을 계측했더니 임의 시점에서의 수평방향 최대 변위가 5cm이고, 그 다음 진동주기에서의 수평방향 최대 변위는 4.41cm로 측정되었다. 터빈 설치지역의 지진응답스펙트럼이 아래 그림과 같을 때 다음 물음에 대하여 설명하시오.
   (1) 수평방향 고유진동수 및 고유주기
   (2) 수평방향의 대수감수율 및 감쇠비
   (3) 수평방향 지진력(지진응답스펙트럼 이용)

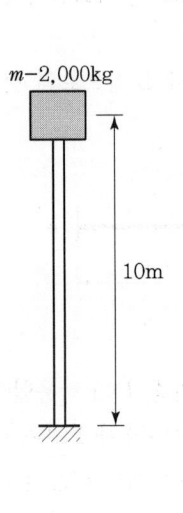

[그림 1]

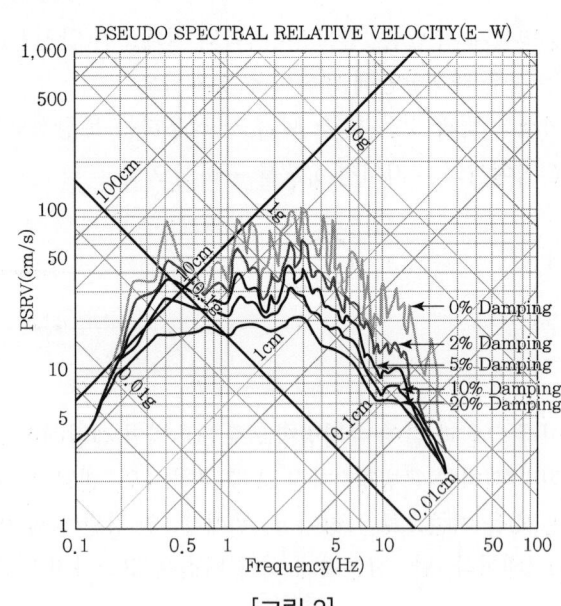

[그림 2]

■■ 4교시 다음 문제 중 4문제를 선택하여 설명하시오.(각 25점)

1. 철근콘크리트의 피로강도 특성과 피로강도의 저하요인에 대하여 설명하시오.
2. 외부 긴장재를 설치한 프리스트레스트 콘크리트 구조물에 도입되는 프리스트레스 힘의 평가 방법과 설계할 때의 유의사항에 대하여 설명하시오.
3. 스마트건설기술 중 설계, 시공, 유지관리 단계에 대하여 설명하시오.
4. 말뚝기초와 라멘구조가 결합된 구조물을 기초와 구조물을 분리하여 설계할 때 지반-구조물 상호작용(Soil-Structure Interaction) 개념을 적용한 설계방법에 대하여 설명하시오.
5. 강구조물 설계 시 적용하는 강판의 용접 접합 방법들의 구조적 특징과 개략적인 용접 Schedule을 작성하고, 그 이유를 설명하시오.
6. 아래 그림과 같이 거더 중앙에 힌지(Hinge)가 설치된 정정(靜定) 현수교에서 D'점에 집중하중 $P=80\text{kN}$이 작용할 때 전체 지점(A, B, A', B')의 반력을 구하고 거더에 대한 전단력도와 휨모멘트도를 작성하시오.(단, 자중은 고려하지 않는다.)

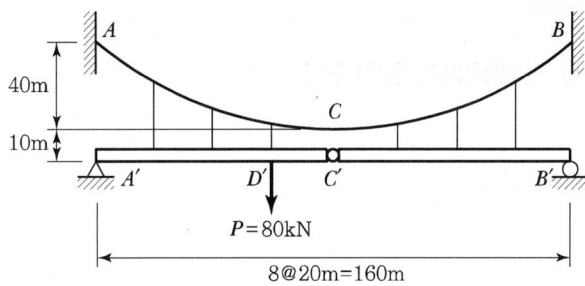

1교시
04. 포스트텐션 프리스트레싱 시 발생하는 즉시 손실

1. 개요

프리스트레스는 초기에 PC 강재를 긴장할 때 긴장장치에서 측정된 인장응력과 같지 않은데 이는 PC 강재의 긴장작업 중이나 긴장작업 후에도 여러 원인에 의해 인장응력이 손실되기 때문이다. 프리스트레스 손실을 살펴본다.

2. 프리스트레스 손실

(1) PC 강재 긴장 시 발생하는 단기손실

① 정착단 활동
② 콘크리트 탄성 수축
③ 마찰

(2) PC 강재 긴장 후 발생하는 장기손실

① 크리프
② 건조 수축
③ 릴랙세이션

3. 정착단 활동에 의한 손실

$$\triangle f_{ps} = E_p \frac{\triangle l}{l} \text{(긴장재와 쉬스 사이에 마찰이 없는 경우)}$$

여기서, E_p : PS 강선 탄성계수
$\triangle l$: 정착장치 활동량

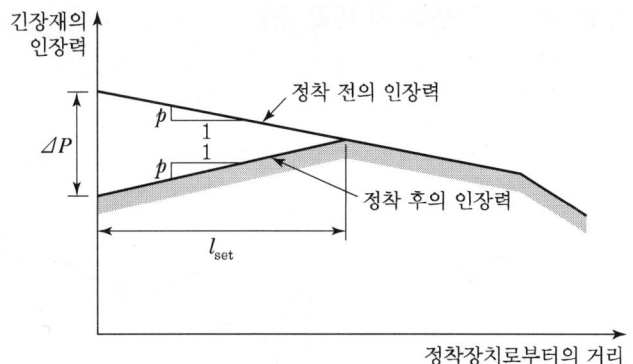

[정착단 활동에 의한 손실곡선 분포도]

4. 탄성 변형에 의한 손실

$$\triangle f_{pel} = \frac{E_p}{E_{ci}} f_{cir} \text{ (프리텐션 방식에서 발생)}$$

여기서, E_{ci} : 콘크리트 탄성계수

5. 마찰에 의한 손실

(1) 곡률마찰(긴장재의 각도 변화)에 의한 손실

$$P_x = P_o e^{-\mu\alpha}$$

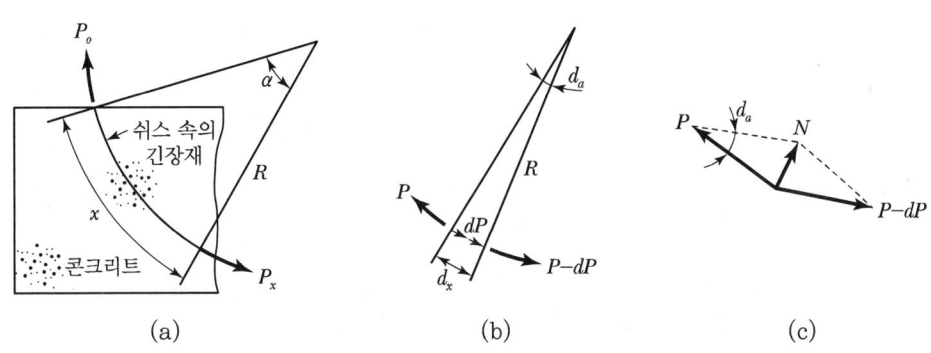

(2) 파상마찰(긴장재의 길이 영향)에 의한 손실)

$$P_x = P_o e^{-kx}$$

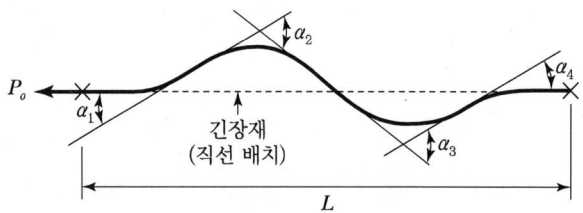

(3) 곡률마찰과 파상마찰을 동시작용하는 경우 손실량

① $(\mu\alpha + kx) > 0.3$인 경우 : $P_x = P_o e^{-(\mu\alpha + kx)}$

② $(\mu\alpha + kx) < 0.3$인 경우 : $P_x = P_o(1 - kx - \mu\alpha)$

여기서, P_o : 정착단에서 긴장력
μ : 마찰계수
α : 정착단에서 임의점까지의 총 각변화량(Radian)
k : 파상마찰계수
x : 정착단에서 임의점까지의 강선 길이

1교시
06. 강교량 안전진단 시 실시할 수 있는 비파괴 시험의 종류 및 특징

1. 비파괴 검사방법

용접부에 대한 비파괴 검사방법은 다음과 같으며 특징은 아래 표와 같다.
① 육안검사법(VT : Visual Test)
② 방사선검사법(RT : Radiation Test)
③ 자분탐상검사법(MT : Magnetic Test)
④ 약액침투검사법(PT : Penetration Test)
⑤ 초음파검사법(UT : Ultrasonic Test)

검사방법	적용부분	검사내용	장단점	비고
육안검사	전용접부	• 균열 • 오버랩 • 언더컷 • 용접 부족 • 비드 불량 • 뒤틀림 • 용접 누락	• 비용이 적게 듦 • 즉시 수정 가능 • 표면 결함에 한정 • 기록이 어려움	• 확대경 • 각장게이지 • 휴대용 자
방사선검사	• V용접 • X용접 • 홈용접	• 내부 균열 • 기포 • 슬래그 용입 • 용입 부족 • 언더컷	• 증거를 보존 가능 • 즉석 결과 파악 가능 • 결과분석에 많은 경험 필요 • 취급상 위험	검사비가 비쌈
자분탐상검사	• 홈용접 • 필릿용접	• 표면의 갈라짐 • 용입 부족 • 표면 가까이에 있는 균열	• 표면 결함 조사 가능 • 신속 • 즉석판단 가능 • 자성물체만 적용 가능 • 현장, 해석경험 필요	전원 필요
약액침투검사	• 홈용접 • 필릿용접	눈으로 판별할 수 없는 미세 표면 균열	• 사용 간편 • 비용 저렴 • 표면 결함만 조사 가능	• 세척액 • 침투액 • 현상액
초음파검사	• 홈용접 • 필릿용접	• 표면 및 깊은 곳의 결함 탐사 • 미세한 내부결함 및 부식상태 검사	• 정밀검사 가능 • 신속한 결과 도출 • 현장 파악 가능 • 고도의 기술과 숙련 필요	초음파 탐사기

1교시
07 강재의 피로파괴(疲勞破壞)와 S-N 곡선

1. 정의

정정 구조물에 반복하중이 작용할 경우 구조물의 응력집중부에 소성 변형의 발생으로 균열이 발생하여, 진전, 파괴되는 현상을 피로파괴라 하며, S-N 선도는 재료의 피로에 대한 저항능력을 나타내기 위해 작용응력과 파괴 때까지의 하중의 반복 횟수의 관계를 직교좌표면에 표시한 곡선을 S-N 선도(Wohbor 곡선)라 한다.

2. 조건

상대적으로 매우 작은 하중에서 파괴되며, 피로 발생에는 반복응력, 인장응력, 소성 변형이 동시에 존재하는 것이 필요조건이 된다.

3. 의미

① 종축은 재료에 가해진 최대응력(S) 표시
② 횡축은 파괴에 도달하는 하중의 반복 횟수(N) 표시
③ S-N을 대수의 눈금으로 표시하고 파괴확률까지 포함시켜 피로의 상·하한을 나타낸 곡선을 S-N 선도라 한다.

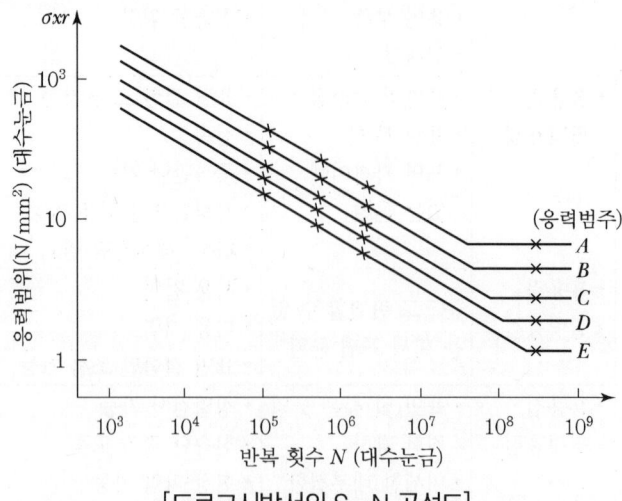

[도로교시방서의 S-N 곡선도]

1교시
08 프랫(Pratt), 하우(Howe), 와렌(Warren) 트러스의 차이점

1. Pratt Truss

사재가 만재하중에 의하여 인장력을 받도록 배치한 트러스이다. 상대적으로 부재 길이가 짧은 수직재가 압축력을 받는 장점이 있으며, 지간 45~60m에 적용한다.

2. Howe Truss

사재가 만재하중에 의하여 압축력을 받도록 배치한 트러스이다.

3. Warren Truss

상로의 단지간에 사용하며, 지간 60m에 적용한다.

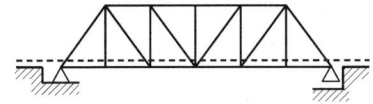

(a) Pratt 트러스(하로)

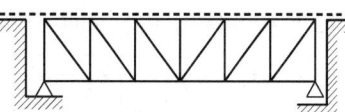

(b) Pratt(상로)

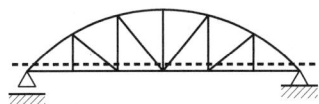

(c) 곡현 Pratt 트러스

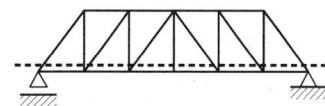

(d) Howe 트러스

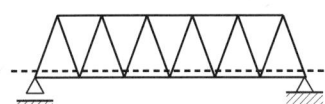

(e) Warren 트러스

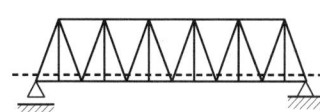

(f) 수직재가 있는 Warren 트러스

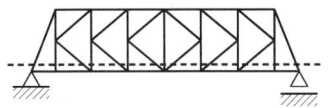

(g) K-트러스

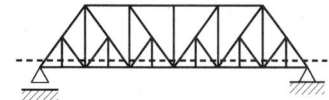

(h) Batimore 트러스

1교시

13. 아래 그림과 같이 평면응력상태에 있는 요소의 주응력과 주응력면을 모어(Mohr)의 원을 이용하여 구하시오.

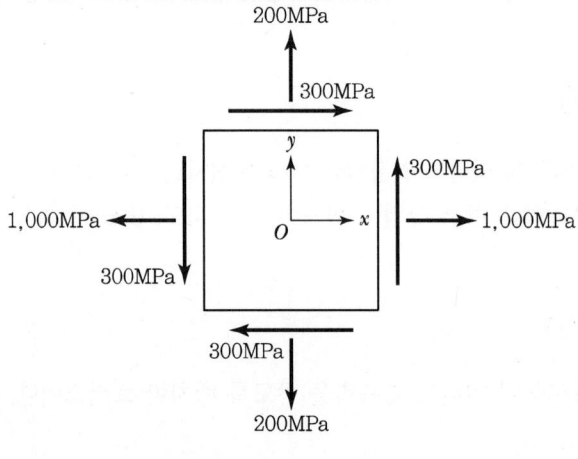

$\sigma_x = 100\text{MPa}, \ \sigma_y = 200\text{MPa}, \ z_{xy} = 300\text{MPa}$

$\sigma_{1.2} = \dfrac{\sigma_x + \sigma_y}{2} \pm \sqrt{\left(\dfrac{\sigma_x - \sigma_y}{2}\right)^2 + \tau xy^2}$

$\phantom{\sigma_{1.2}} = \dfrac{1,000 + 200}{2} \pm \sqrt{\left(\dfrac{1,000 - 200}{2}\right)^2 + 300^2}$

$\phantom{\sigma_{1.2}} = 600 \pm 500$

$\sigma_1 = 1,100\text{MPa}, \ \sigma_2 = 100\text{MPa}$

$\tan 2\theta_p = \dfrac{2\tau_{xy}}{\sigma_x - \sigma_y} = \dfrac{2 \times 300}{1,000 - 200} = 0.75$

$\theta_p = (\tan^{-1}(0.75))/2 = 18.435°$

2교시

03 내진설계 시 지상구조물과 지중구조물의 거동 특성 차이점과 지중구조물의 내진설계 시 고려사항에 대하여 설명하시오.

1. 지상구조물과 지중구조물의 거동 특성 차이점

일반적으로 지상구조물은 구조물의 무게에 의한 관성력이 지진력에 지배적이지만 지중구조물은 관성력에 의해 지배적이지 않고 관성력의 영향은 적고, 주변 지반의 변형에 따라 그 거동이 지배되기 때문에 내진설계에 있어서는 지진 시 지반 변위의 영향을 적절히 고려하여야 한다.

2. 지중구조물의 내진설계 방법

(1) 일반사항

① 공동구 구조물의 내진설계는 지진 시 지반 변위의 영향을 고려하여 구조물에 요구되는 내진성능을 만족하도록 하는 것이다.
② 공동구 구조물은 관성력의 영향을 크게 받는 지상의 일반 구조물과 달라서 관성력의 영향은 적고, 주변 지반의 변형에 따라 그 거동이 지배되기 때문에 내진설계에 있어서는 지진 시 지반 변위의 영향을 적절히 고려하여야 한다.

(2) 지진해석 방법

① 공동구 구조물의 지진해석은 지반조건, 구조조건 등을 고려하여 응답변위법 혹은 응답이력해석법을 사용하여 수행할 수 있다.
② 개착식 공동구인 경우 응답변위법을 공동구 구조물의 지진해석을 위한 표준해석법으로 사용하고, 응답이력해석법은 상세한 검토를 필요로 하는 경우나 구조조건, 지반조건이 복잡한 경우, 지반과 구조물의 상호작용을 고려하는 경우에 사용한다.
③ 비개착식 공동구의 지진해석 방법은 KDS 27 17 00(4.2)를 따른다.
④ 공동구 구조물의 지진해석은 2차원 횡단면해석을 원칙으로 하되 지반상태가 급격히 변화하는 구간 통과 등의 경우에는 종방향에 대한 내진구조해석을 추가로 수행하여야 한다.

(3) 응답수정계수

① 지진에 의한 대상구조물에 발생하는 변형이 탄성한도를 초과하여 소성거동을 하는 붕괴방지수준의 지진에서는 구조물이 비탄성거동을 하게 되며 탄성거동을 하는 경우보다 부재력이 작아진다.

② 일반 구조물의 경우 이를 고려하기 위하여 부재 설계 시 탄성해석으로 구한 탄성부재력을 표의 응답수정계수(R, 연성 계수)를 사용하여 보정하게 된다. 즉, 지진에 의한 탄성부재력을 응답수정계수로 나눈 값이 지진에 대한 설계부재력이 되며 이 설계부재력을 다른 하중에 의한 부재력과 조합하여 부재의 안전성을 검토하여야 한다. 설계부재력 중 전단력과 압축력에 대하여는 적용하지 않는다.

[붕괴방지수준에서의 응답수정계수(R)]

구분	기둥	보	비고
철근콘크리트 부재	3	3	
강 부재 또는 합성부재	5	5	

③ 기능수행수준의 내진성능을 갖도록 설계하는 경우에는 탄성해석을 수행하게 되며, 응답수정계수(R)는 고려하지 않는다.

④ 붕괴방지수준의 내진성능을 갖도록 설계하는 경우에는 탄성해석과 탄소성해석을 필요에 따라 선택할 수 있다.
- 탄성해석을 수행하는 경우에는 계산 결과를 응답수정계수로 나눠줌으로써 탄성해석만으로 소성 변형까지도 고려할 수 있다.
- 탄소성해석을 수행하는 경우에는 계산 결과를 그대로 사용하고 응답수정계수는 고려하지 않는다.

(4) 응답변위법

① 지진 시에 생기는 지반 변위에 의한 지진 하중과 지하구조물과 주변지반 관계에서의 경계조건을 적절히 모델링하여 정적으로 계산하는 방법을 응답변위법이라 한다.

② 응답변위법에 의한 횡단방향의 지진해석 시 지진하중은 아래 그림에 나타낸 바와 같이 지반변위에 의한 하중, 주면전단력 및 관성력을 고려한다.

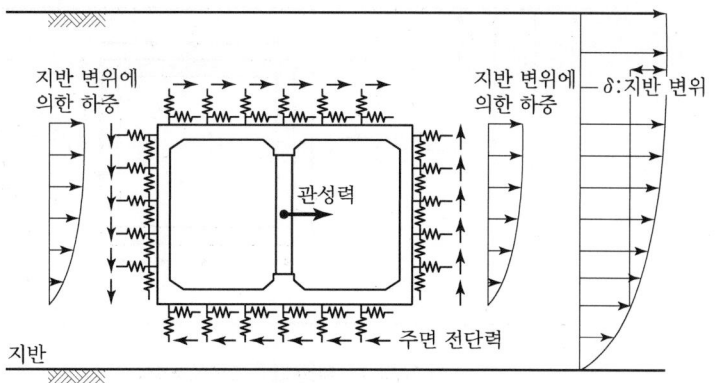

[응답변위법의 개념도(개착식)]

① 지반반력계수 산정
  ㉠ 공동구 구조물의 지진해석에 이용하는 지반반력계수는 공동구 구조물 측벽의 수평방향지반반력계수 및 전단지반반력계수, 공동구 구조물 바닥면의 연직방향지반반력계수 및 전단지반반력계수로 하고, 지진의 세기와 관련하여 내진성능수준별 적합한 특성치를 적용한다.
  ㉡ 지반반력계수는 다음에 제시된 방법 등을 이용하여 산정할 수 있다.
    • 각종 조사, 시험 결과에 의해 얻어진 변형계수에 기초의 재하폭 등의 영향을 고려하여 정하는 방법
    • 전단파 속도를 이용하여 변형계수를 산정하고 기초의 재하폭의 영향을 고려하여 정하는 방법
    • 유한요소법에 의한 방법으로 산정하는 경우 지진 시 지반반력계수를 구하기 위하여 공동구와 지반의 2차원 유한요소 모델을 작성하고, 지반탄성의 방향에 단위하중 1을 구조물에 작용시켜 그 방향의 하중과 변위의 관계에서 지반반력계수 값을 산출한다. 이때 지하 구조물은 상판 및 저판의 강성을 고려하거나 강체로 간주한다.

② 구조물에 적용하는 지진 하중
  ㉠ 지진 하중은 기반면에서의 설계속도응답스펙트럼을 이용하는 방법 또는 지반응답해석에 의한 방법을 적용하여 산정할 수 있다.
  ㉡ 기반면에서의 설계속도응답스펙트럼을 이용하는 방법
    • 지진 하중으로서 측벽토압, 주면전단력, 관성력을 아래 [그림 1], [그림 2]와 같이 작용시킨다. 각 하중은 다음과 같이 구한다.

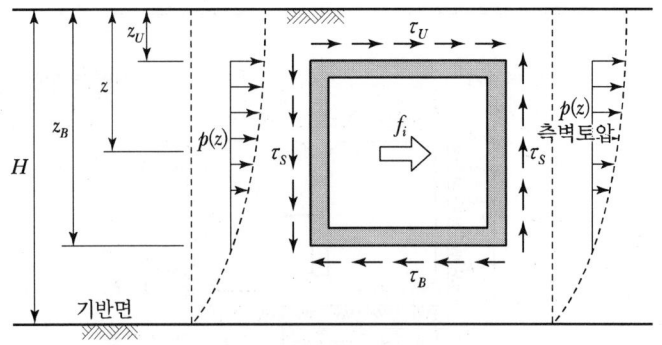

[그림 1] 지진하중 산정(개착식)

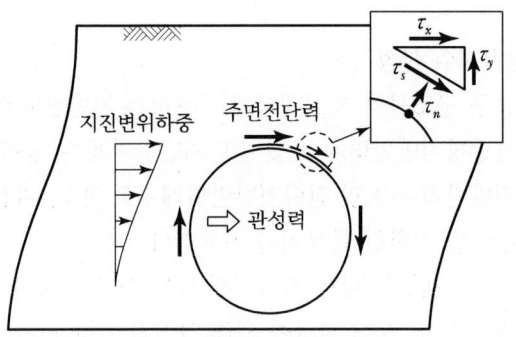

[그림 2] 지진하중 산정(비개착식)

$p(z)$: 지진 시 측벽토압 $= K_H \cdot \{u(z) - u(z_B)\}$

τ_U : 지진 시 상판에 작용하는 주면전단력 $= G_D/(\pi H) \cdot S_v \cdot T_S \cdot \sin(\pi z_U / 2H)$

τ_B : 지진 시 저판에 작용하는 주면전단력 $= G_D/(\pi H) \cdot S_v \cdot T_S \cdot \sin(\pi z_B / 2H)$

τ_S : 지진 시 측벽에 작용하는 주면전단력 $= (\tau_U + \tau_B)/2$

τ_n : 지진 시 터널 곡면에 작용하는 법선방향 주면전단력

τ_s : 지진 시 터널 곡면에 작용하는 접선방향 주면전단력

f_i : 관성력 $= m_i \cdot a_i = (w_i/g) \cdot a_i$

여기서, $u(z)$: 지진 시 깊이 z에서의 수평방향지반변위(m)

$= 2/\pi^2 \cdot S_v \cdot T_S \cdot \cos(\pi z / 2H)$

z : 지표면으로부터의 깊이(m)

z_U : 지표면으로부터 구조물 상판 상부까지의 깊이(m)

z_B : 지표면으로부터 구조물 저판 아랫면까지의 깊이(m)

K_H : 측벽에 대한 지반의 수평방향지반반력계수(kN/m^3)

G_D : 지반의 동적전단탄성계수(kN/m^2)

(성능수준별 지반변형률 크기에 대하여 보정한 값)

g : 중력가속도(m/s²)

a_i : 해당 깊이에 대해 보정한 수평방향가속도(m/s²)

　　　(기반면에서 S, 지표면에서 $F_a \cdot S$를 적용하여 깊이에 따라 직선보간한 값)

S : 유효수평지반가속도(g)

F_a : 단주기 지반증폭계수(KDS 17 10 00 표 4.2-8로부터 구한 값)

S_v : 스펙트럼속도(m/s)

　　　(기반면에서의 설계속도응답스펙트럼에서 주기 T_S에 해당하는 값)

T_S : 표층지반의 고유주기$(s) = 1.25 \cdot T_G$

T_G : 표층지반의 특성값$(s) = \Sigma(4H_i/V_{si})$

H_i : 제 i 번째 토층의 두께(m)

V_{si} : 제 i 번째 토층의 전단파속도(m/s)

H : 기반면의 깊이(m)

ⓒ 지반응답해석에 의한 방법
- 지반응답해석을 수행하여 표층지반의 깊이별 수평 변위, 주면전단력, 깊이별 가속도를 구하고 ⓒ을 참조하여 지진하중을 산정한다.
- 지반응답해석 시 설계지반운동의 시간이력은 KCS 2900의 4.2(5)③에 따라 결정한다.

2교시

04 그림과 같이 완전탄소성 재료인 양단고정보에 부분등분포하중 w가 작용할 때 최초 항복하중 w_Y를 구하시오.

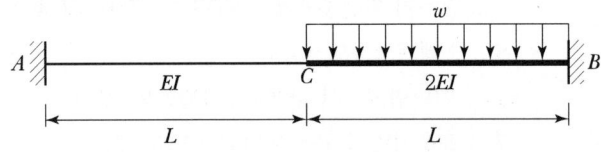

1. 유사기둥에 작용시킬 하중

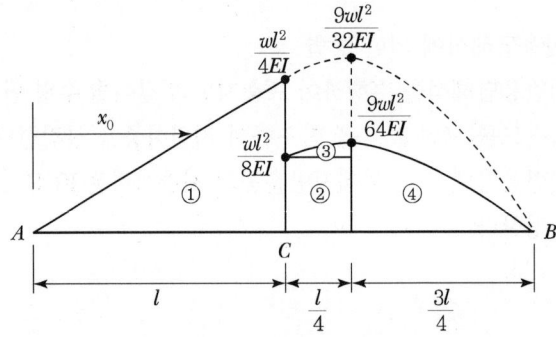

$A_① = \dfrac{1}{2} \times \dfrac{wl^2}{4EI} \times l = \dfrac{wl^3}{8EI}$

$A_② = \dfrac{wl^2}{8EI} \times \dfrac{l}{4} = \dfrac{wl^3}{32EI}$

$A_③ = \dfrac{2}{3} \times \dfrac{wl^2}{64EI} \times \dfrac{l}{4} = \dfrac{wl^3}{384EI}$

$A_④ = \dfrac{2}{3} \times \dfrac{9wl^2}{64EI} \times \dfrac{3l}{4} = \dfrac{9wl^3}{128EI}$

$A = A_① + A_② + A_③ + A_④ = \dfrac{wl^3}{8EI} + \dfrac{wl^3}{32EI} + \dfrac{wl^3}{384EI} + \dfrac{9wl^2}{128EI} = \dfrac{11wl^3}{48EI}$

$x_0 = \dfrac{48EI}{11wl^3} \left\{ \dfrac{wl^3}{8EI}\left(l \cdot \dfrac{2}{3}\right) + \dfrac{wl^3}{32EI}\left(l + \dfrac{l}{4} \cdot \dfrac{1}{2}\right) + \dfrac{wl^3}{384EI}\left(l + \dfrac{l}{4} \cdot \dfrac{5}{8}\right) \right.$

$\left. + \dfrac{9wl^3}{128EI}\left(\dfrac{5l}{4} + \dfrac{3l}{4} \cdot \dfrac{3}{8}\right) \right\} = l$

$N = A = \dfrac{11wl^3}{48EI}$

$x_0 (\text{from } A) = l$

2. 지점모멘트

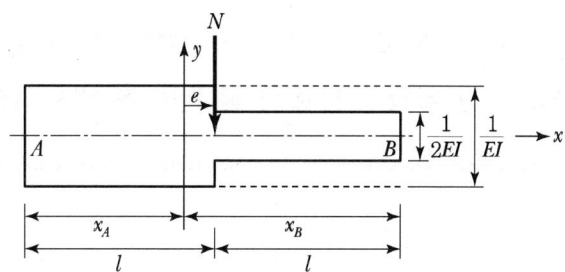

$$A = \left(\frac{1}{EI} \times l\right) + \left(\frac{1}{2E2} \times l\right) = \frac{3l}{2EI}$$

$$x_A = \frac{\left(\frac{l}{EI}\right)\left(\frac{l}{2}\right) + \left(\frac{l}{2EI}\right)\left(l + \frac{l}{2}\right)}{\left(\frac{3l}{2EI}\right)} = \frac{5l}{6}$$

$$x_B = 2l - 2_A = 2l - \frac{5l}{6} = \frac{7l}{6}$$

$$e = l - x_A = l - \frac{5l}{6} = \frac{l}{6}$$

$$I_y = \left\{\frac{1}{12}\left(\frac{1}{EI}\right)(l)^3 + \frac{l}{EI}\left(\frac{5l}{6} - \frac{l}{2}\right)^2\right\} + \left\{\frac{1}{12}\left(\frac{1}{2EI}\right)(l)^3 + \frac{l}{2EI}\left(\frac{7l}{6} - \frac{l}{2}\right)^2\right\} = \frac{11l^3}{24EI}$$

$$M_A = -\frac{N}{A} + \frac{N \cdot e}{I_y}x_A = -\frac{\left(\frac{11wl^3}{48EI}\right)}{\left(\frac{3l}{2EI}\right)} + \frac{\left(\frac{11wl^3}{48EI}\right)\left(\frac{l}{6}\right)}{\left(\frac{11l^3}{24EI}\right)} \times \left(\frac{5l}{6}\right) = -\frac{wl^2}{12}$$

$$M_B = -\frac{N}{A} - \frac{N \cdot e}{I_y}x_B = -\frac{\left(\frac{11wl^3}{48EI}\right)}{\left(\frac{3l}{2EI}\right)} + \frac{\left(\frac{11wl^3}{48EI}\right)\left(\frac{l}{6}\right)}{\left(\frac{11l^3}{24EI}\right)} \times \left(\frac{7l}{6}\right) = -\frac{wl^2}{4}$$

3. 항복하중

$$M_{\max} = \frac{wl^2}{4} (M_{\max} \to M_y, \ w \to w_y)$$

$$w_{y=} = \frac{4M_y}{l^2}$$

3교시

01. 신설 교량에 적용하는 일체식 교대 교량(Integral Abutment Bridge)의 종류와 적용조건 및 거동 특성에 대하여 설명하시오.

1. 개요

무조인트교량이란 중소형 교량 전체에 신축이음장치를 설치하지 않고 상부구조를 교대와 일체시킨 일체식 교대(Integral Abutment) 형식의 교량을 일반적으로 지칭하는데, 온도 변화에 의한 신축의 변화량을 교대부의 말뚝과 배면토가 흡수하는 교량구조 시스템이다.

2. 일체식 교대 교량의 특징

(1) 일체식 교대 교량 개요

아래 [그림 1]은 일체식 교대 교량의 대표적인 구조형식을 나타낸 것으로서 [그림 2]의 일반 조인트 교량과 구조형식상의 큰 차이점은 교대부와 파일기초부이다.

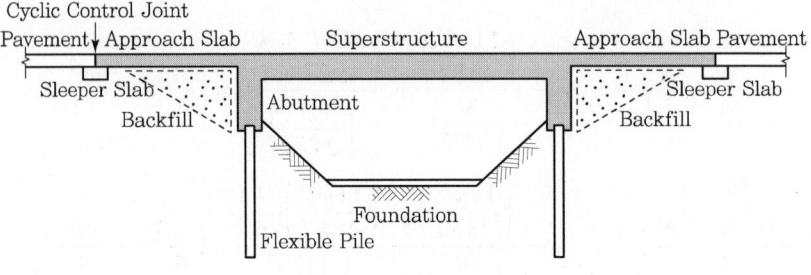

[그림 1] 일체식교대 교량

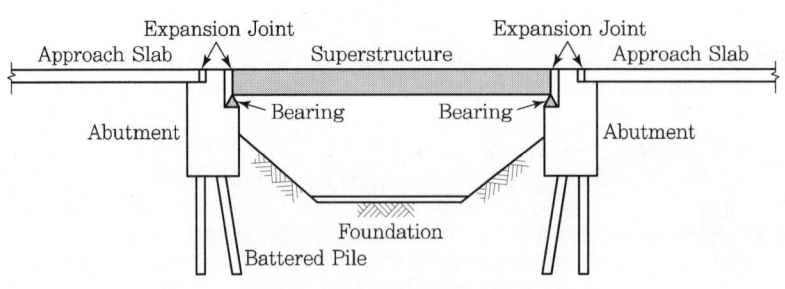

[그림 2] 일반 조인트 교량

(2) 일체식 교대 교량의 구조 형식

일체식 교대 교량의 기존 조인트 교량과의 가장 큰 차이점은 상부구조와 교대의 일체구조화에 있다. 아래 그림은 일체식 교대 교량의 상부구조-교대 접합부를 나타낸 것이며, 주요 구조요소는 다음과 같다.

① 난쟁이 교대(Stub-Type Abutment)
② 무다짐 뒤채움(Non-Compacted Backfill)
③ 전이구간(Transition Zone)
④ 배수관(Drainage Pipe)
⑤ 일렬 파일 기초
⑥ 접속슬래브(Approach Slab)
⑦ 받침콘크리트(Sleeper Slab)
⑧ Cyclic Control Joint(Pressure Relief Joint)
⑨ 교대 앞사면

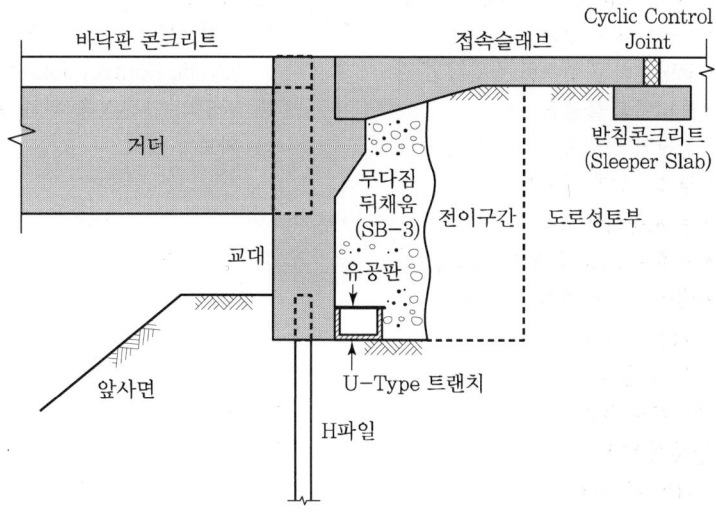

[일체식 교대의 중요 구조요소]

(3) 일체식 교대 교량의 장단점

일체식 교대 교량은 상부구조와 교대가 일체로 연결되어 상부구조의 온도 변화에 의한 신축을 일렬로 시공된 파일이 유연한 거동으로 흡수, 처리함으로써 신축변위를 조절하는 교량 형식이다. 교각은 파일기초 혹은 직접기초의 형식을 취하며 상부구조가 이동베어링으로 교각과 분리된 단순 또는 연속교량 형식을 취한다. 이러한 구조적인 특징으로 인해 일체식 교대 교량은 교대지점에 신축이음장치가 존재하고 고정지점 혹은 이동지점을 사용한 단순 또는 연속교량의 형식을 취하는 일반 조인트 교량에 비해서 여러 가지 장단점을 가지며, 그 내용을 정리하면 다음 표와 같다.

[일체식 교대 교량의 일반적인 장단점]

장점	단점
① 설계의 단순화 ② 신축이음장치 및 교대부 교량받침 불필요 ③ 종방향 하중 저항력 ④ 시공성 향상 및 시공기간의 단축 　• 시공이음부 감소 　• 교량받침 미설치로 정밀작업 감소 　• 물막이공 불필요 　• 굴착의 최소화 　• 부재요소의 최소화 　• 큰 시공허용오차 　• 기존 구조물 제거 불필요 　• 베어링과 앵커바의 제거 ⑤ 폭넓은 스팬비율(Le/Lc) ⑥ 내진성 유리 ⑦ 하중분배 유리 ⑧ 경제성 향상 　• 파일 본수의 감소 　• 신축이음, 교좌장치 제거	① 교대파일의 고응력 ② 한정된 교량 적용조건 ③ 침수 시 부력 발생 ④ 생소한 시공지침 ⑤ 포장 신축조인트 존재 　(Cyclic Control Joint) ⑥ 파일의 안전성을 위해 교대 전면에 앞성토 확보가 필요

3. 활용 및 실적

무조인트 교량은 1930년대부터 미국, 캐나다, 호주 등을 중심으로 활발히 사용되어 왔으며, 최근에는 유럽에서도 많은 중소 교량이 무조인트 교량 형식으로 건설되고 있다. 공법 개발 초기에는 주로 30m 이하의 짧은 교량에만 적용되었으나 축적된 경험에 의해 그 사용성과 구조적 안전성이 인정되어 공법의 적용범위가 증가되고 있는 추세이다. 건설된 대부분의 교량은 총 연장길이가 120m 이하이지만 교량 연장이 358.4m인 프리캐스트 교량이 일체식 교대 교량의 형식으로 시공되기도 하였다.

3교시

03. 옹벽설계 시 활동, 전도, 지지력의 설계조건(안전율)을 설명하고, 설계조건이 만족되지 못하는 경우 대책방안에 대하여 설명하시오.

1. 정의

옹벽(Retaining Wall)이란 배후의 토사 붕괴를 방지할 목적으로 만들어지는 구조물이며, 토압에 대하여 옹벽자중으로 안정을 유지하는 구조물이다.

캔틸레버 옹벽은 수직벽체(Stem), 뒤판(Heel) 및 앞판(Toe)으로 이루어진 구조물로 모든 부재가 캔틸레버로 거동하기 때문에 붙여진 이름이다.

철근콘크리트로 구성되며 역T형 옹벽으로 불리고 3~7.5m 높이에 사용된다.

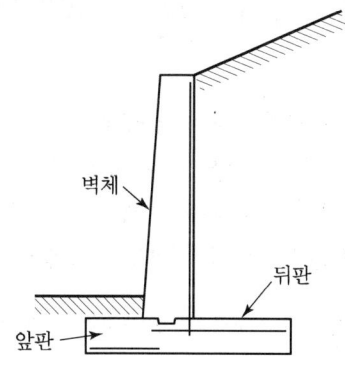

2. 주동토압 산정

옹벽은 보수적으로 설계하기 위해 옹벽 전면에 작용하는 수동토압은 고려하지 않으며 옹벽 배후에 작용하는 주동토압만 고려한다. 토압은 Coulomb, Rankine, Terzaghi 등의 공식을 적용하며 Coulomb 공식이 많이 사용된다.

토압강도 : $p = C \gamma_s h$

주동토압 : $P_a = \dfrac{1}{2} C_a \gamma_s h^2$

여기서, γ_s : 흙의 단위중량
  h : 옹벽높이
  C : 토압계수(0.3~1)
  C_a : 주동토압계수

(1) Coulomb 주동토압계수

Coulomb의 주동토압계수는 다음과 같다.

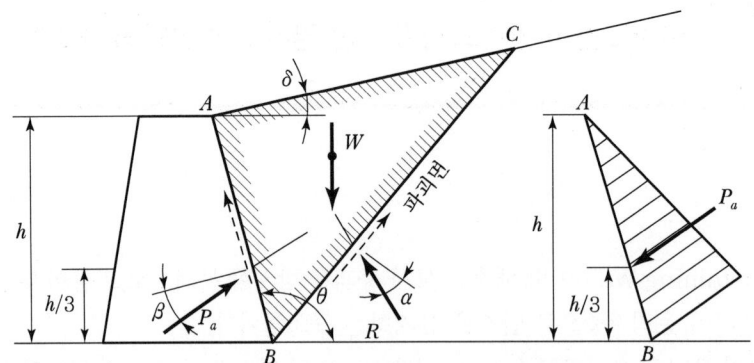

$$C_a = \frac{\sin^2(\theta - \alpha)}{\sin^2\theta \sin(\theta + \alpha)\left[1 + \sqrt{\dfrac{\sin(\alpha + \beta)\sin(\alpha - \delta)}{\sin(\theta + \beta)\sin(\theta - \delta)}}\right]^2} = \frac{1 - \sin\alpha}{1 + \sin\alpha}$$

여기서, θ : 옹벽배면이 수평면과 이루는 각
α : 뒤채움 흙의 내부 마찰각
β : 벽면마찰각(옹벽 배면과 뒤채움 흙 사이의 마찰각)
δ : 옹벽 배후의 지표면이 수평면과 이루는 각

만일, 옹벽배면이 수직이고 $\theta = 90°$, 벽면마찰각이 $\beta = \alpha$ 이고, $\delta = 0$ 이면 주동토압계수는 마지막 항과 같다.

(2) Rankine 주동토압계수

Rankine 주동토압계수는 Coulomb의 공식에서 $\theta = 90°$, $\beta = \alpha$, $\delta = 0$ 일 때의 주동토압계수와 동일하다.

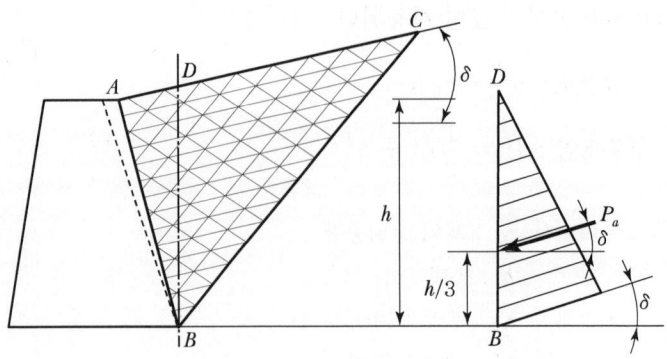

$$C_a = \frac{1-\sin\alpha}{1+\sin\alpha}$$

3. 옹벽 안정 검토

옹벽이 외력에 대해 안정하기 위해서는 전도(Overturning)하지 않아야 하고, 활동(Sliding)하지 않아야 하며, 침하(Settlement)되지 않아야 한다.

(1) 전도에 대한 안정

토압과 같은 모든 수평력을 ΣH, 옹벽자중 등 모든 연직력을 ΣW라 할 때 전도에 대한 안전 검토는 다음과 같다.

① 전도모멘트(M_o)

$$M_o = n \times \Sigma H$$

② 저항모멘트(M_r)

$$M_r = m \times \Sigma W$$

③ 전도 안전조건

$$S.F = \frac{M_r}{M_o} \geq 2.0$$

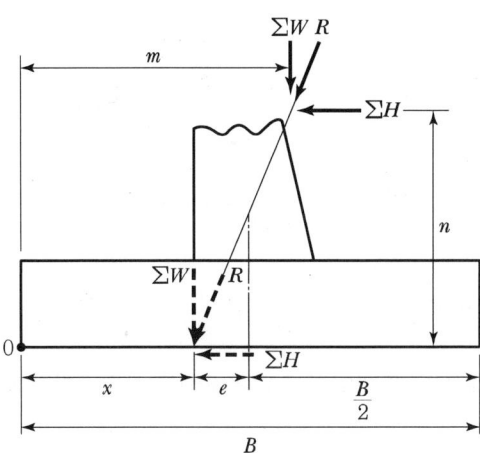

(2) 활동에 대한 안정

모든 수평토압(ΣH)은 옹벽의 기초저면을 활동시키려고 한다. 이 활동에 저항하는 힘은 기초저면의 마찰력과 앞판 전면의 수동토압이다. 그러나 수동토압은 무시하므로 활동에 저항하는 힘은 마찰력뿐이다. 기초저면에서의 마찰력은 다음과 같다.

① 활동수평력(H_o) : $H_o = \Sigma H$
② 활동저항력(H_r) : $H_r = \mu \times \Sigma W$
③ 활동에 대한 안전율 및 안전조건

$$S.F = \frac{H_r}{H_o} = \frac{\mu \Sigma W}{\Sigma H} \geqq 2.0$$

여기서, μ : 마찰계수

활동에 대한 안전율이 2.0을 만족하지 않을 경우에는 활동방지벽(Base Shear Key)을 설치하여 안전을 확보한다.

(3) 침하에 대한 안정

자중을 포함하여 옹벽에 작용하는 모든 외력의 합력을 R이라 하고, 편심거리 e인 연직력을 ΣW라 할 때 저판바닥에 작용하는 압력은 다음과 같다.

$$p_{\max, \min} = \frac{P}{A} \pm \frac{M}{I} y = \frac{\Sigma W}{B} \left(1 \pm \frac{6e}{B}\right) < q_{allowable}$$

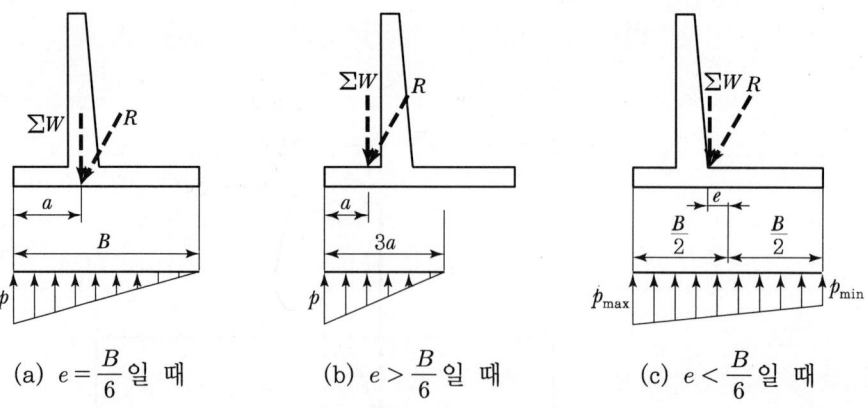

(a) $e = \dfrac{B}{6}$ 일 때   (b) $e > \dfrac{B}{6}$ 일 때   (c) $e < \dfrac{B}{6}$ 일 때

기초저판에 작용하는 최대압력이 기초지반의 허용지지력을 넘지 않아야 기초는 침하하지 않는다.

3교시

04
아래 그림과 같은 하중 M_{AB}가 작용하는 부정정보의 A점에서 B점으로의 전달률 C_{AB}와 C점에서의 수직처짐 δ_{CV}를 구하시오.

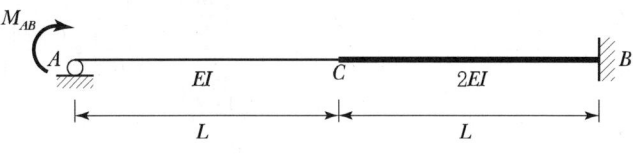

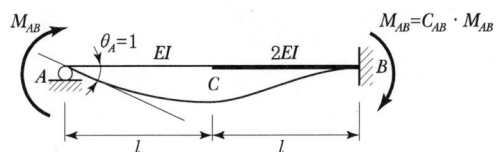

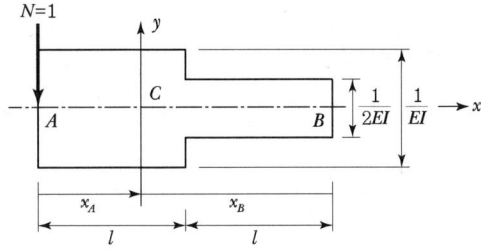

$$A = \left(\frac{1}{EI} \times l\right) + \left(\frac{1}{2EI} \times l\right) = \frac{3l}{2EI}$$

$$x_A = \frac{\left(\frac{l}{EI}\right)\left(\frac{l}{2}\right) + \left(\frac{l}{2EI}\right)\left(1 + \frac{l}{2}\right)}{\left(\frac{3l}{2EI}\right)} = \frac{\left(\frac{5l^2}{4EI}\right)}{\left(\frac{3l}{2EI}\right)} = \frac{5l}{6}$$

$$x_B = 2l - \frac{5l}{6} = \frac{7l}{6}$$

$$I_y = \left\{\frac{1}{12}\left(\frac{1}{EI}\right)(l)^3 + \frac{l}{EI}\left(\frac{5l}{6}-\frac{l}{2}\right)^2\right\} + \left\{\frac{1}{12}\left(\frac{1}{2EI}\right)(l)^3 + \frac{l}{2EI}\left(\frac{7l}{6}-\frac{l}{2}\right)^2\right\}$$
$$= \frac{11l^3}{24EI}$$

$$M_{AB} = \frac{N}{A} + \frac{N \cdot e}{I_y} \cdot x_A = \frac{1}{\left(\frac{3l}{2EI}\right)} + \frac{1 \times \left(\frac{5l}{6}\right)}{\left(\frac{11l^3}{24EI}\right)} \times \left(\frac{5l}{6}\right) = -\frac{24EI}{11l}$$

$$M_{BA} = \frac{N}{A} - \frac{N \cdot e}{I_y} x_B = \frac{1}{\left(\frac{3l}{2EI}\right)} - \frac{1 \times \left(\frac{5l}{6}\right)}{\left(\frac{11l^3}{24EI}\right)} \times \left(\frac{7l}{6}\right) = -\frac{16EI}{11l}$$

$$C_{AB} = \frac{M_{BA}}{M_{AB}} = \frac{\left(-\frac{16EI}{11l}\right)}{\left(\frac{24EI}{11l}\right)} = -\frac{2}{3}$$

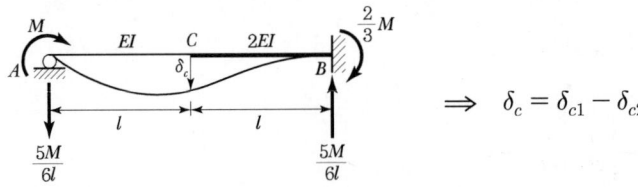

$\Rightarrow \quad \delta_c = \delta_{c1} - \delta_{c2}$

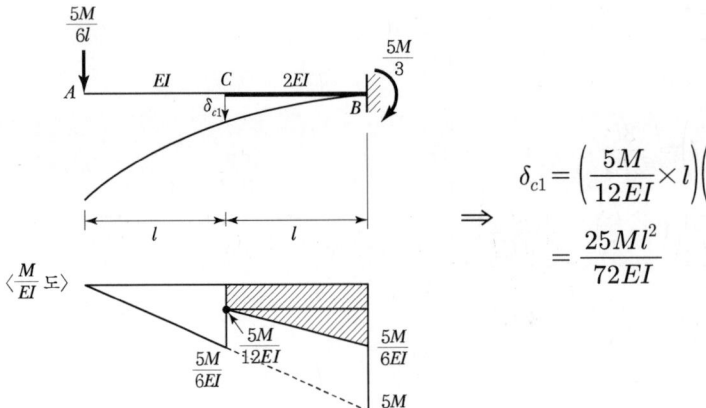

$\Rightarrow \quad \delta_{c1} = \left(\frac{5M}{12EI} \times l\right)\left(\frac{l}{2}\right) + \left(\frac{1}{2} \times \frac{5M}{12EI} \times l\right)\left(\frac{2l}{3}\right)$
$= \frac{25Ml^2}{72EI}$

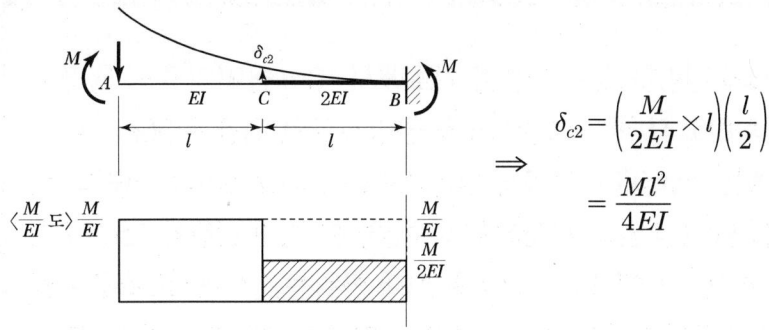

$$\delta_{c2} = \left(\frac{M}{2EI} \times l\right)\left(\frac{l}{2}\right)$$
$$= \frac{Ml^2}{4EI}$$

$$\delta_c = \delta_{c1} - \delta_{c2} = \frac{25Ml^2}{72EI} - \frac{Ml^2}{4EI} = \frac{7Ml^2}{72EI}$$

3교시 06

2,000kg의 질량을 갖는 터빈을 기초에서 10m 높이의 중공 원형지주에 설치하고자 한다. 이때 중공 원형지주의 외경은 60cm이고, 부재두께는 2cm이며, 재료의 탄성계수는 200GPa이다. 터빈의 진동을 계측했더니 임의 시점에서의 수평방향 최대 변위가 5cm이고, 그 다음 진동주기에서의 수평방향 최대 변위는 4.41cm로 측정되었다. 터빈 설치지역의 지진응답스펙트럼이 아래 그림과 같을 때 다음 물음에 대하여 설명하시오.

(1) 수평방향 고유진동수 및 고유주기
(2) 수평방향의 대수감수율 및 감쇠비
(3) 수평방향 지진력(지진응답스펙트럼 이용)

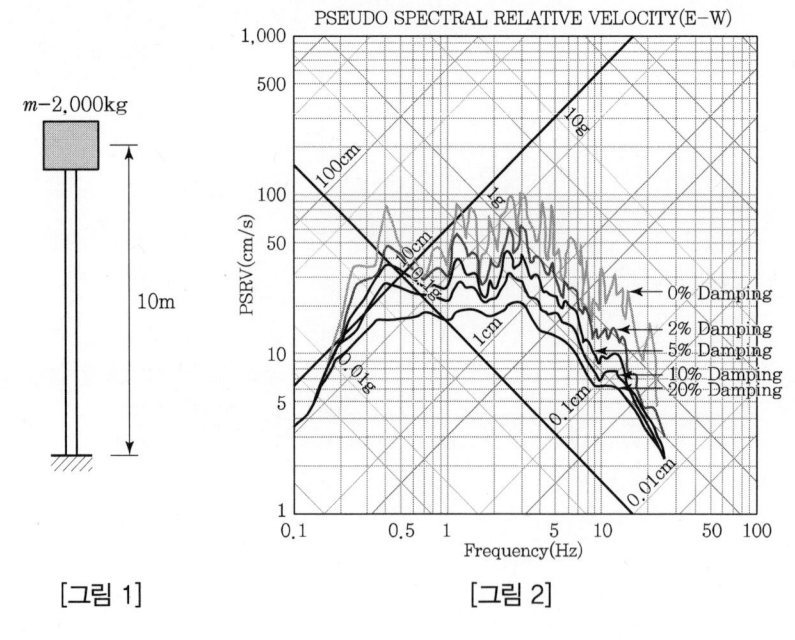

[그림 1]　　　　　[그림 2]

1. 수평방향 고유진동수 및 고유주기

$$K = \frac{3EI}{l^3} = \frac{3 \times 200 \times 10^9 \times 0.001534228}{10^3} = 920,537 \text{N/m}$$

$$\text{여기서, } I = \frac{\pi(D^4 - d^4)}{64} = \frac{\pi \times (0.60^4 - 0.56^4)}{64} = 0.001534228 \text{m}^4$$

$$f = \frac{1}{2\pi}\sqrt{\frac{K}{m}} = \frac{1}{2\pi}\sqrt{\frac{920,537}{2,000}} = 3.414 \text{Hz}$$

$$T = \frac{1}{f} = \frac{1}{3.414} = 0.293 \text{sec}$$

2. 수평방향의 대수감수율 및 감쇠비

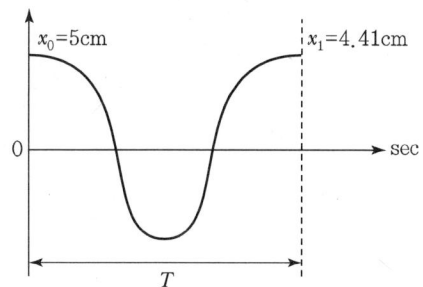

$$\text{대수감수율}(\delta) = l_n\left(\frac{x_0}{x_1}\right) = l_n\left(\frac{5}{4.41}\right) = 0.126$$

$$\text{감쇠비}(\xi) = \frac{\delta}{2\pi} = \frac{0.126}{2\pi} = 0.0199 \approx 2\%$$

3. 수평방향 지진력

감쇠비 2%, 고유진동수 3.414Hz에 해당되는 설계응답스펙트럼에서 가속도를 읽는다.
① 수평방향 가속도 : $1g = 9.8 \text{m/s}^2$
② 수평방향 지진력$(F) = ma = 2,000 \times 9.8 = 19,620 \text{N}$

CHAPTER 15

제128회 토목구조기술사

CHAPTER 15 128회 토목구조기술사

1교시 다음 문제 중 10문제를 선택하여 설명하시오.(각 10점)

1. 교량받침의 지진보호장치 중 감쇠시스템에 대한 필수요건과 특징에 대하여 설명하시오.
2. 성능저하 한계상태에 대하여 설명하시오.
3. FRP(Fiber Reinforced Polymer) 보강근의 특성에 대하여 설명하시오.
4. 현수교 케이블 부속구조물 중 스플레이(Splay)에 대하여 설명하시오.
5. 단경간 곡선교 계획 시 부반력 대처방안에 대하여 설명하시오.
6. 블록전단파괴(Block Shear Rupture)강도에 대하여 설명하시오.
7. 강교설계 시 붕괴유발부재(Fracture Critical Member)에 대하여 설명하시오.
8. 옹벽설계 시 내진설계를 수행해야 하는 경우와 내진해석방법에 대하여 설명하시오.
9. 건설기술진흥법 시행령(제98조 제1항)에 따른 안전관리계획상 가설구조물의 수립기준에 대하여 설명하시오.
10. 부정정구조물의 처짐계산방법에 대하여 설명하시오.
11. 강재의 항복강도, 연신율, 연성 및 연성지수에 대하여 설명하시오.
12. 도로설계편람(2012, 지하차도편)에서 제시하는 일반도로 지하차도 시설한계 a, b, c, d 및 H에 대하여 설명하시오.

[지하차도의 시설한계]

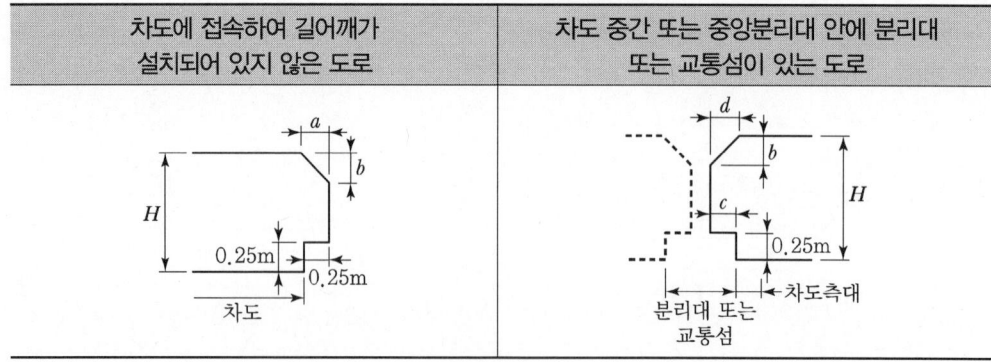

13. 아래 그림과 같이 목재 상자형 보가 두 개의 플랜지(40×180mm)와 두 개의 합판(15×280 mm)으로 만들어졌다. 합판은 허용전단력 $F=1.4$kN을 갖는 나사에 의해 플랜지에 고정되어 있다. 이 단면에 작용하는 전단력 $V=12$kN일 때 나사의 최소간격 s를 산정하시오.

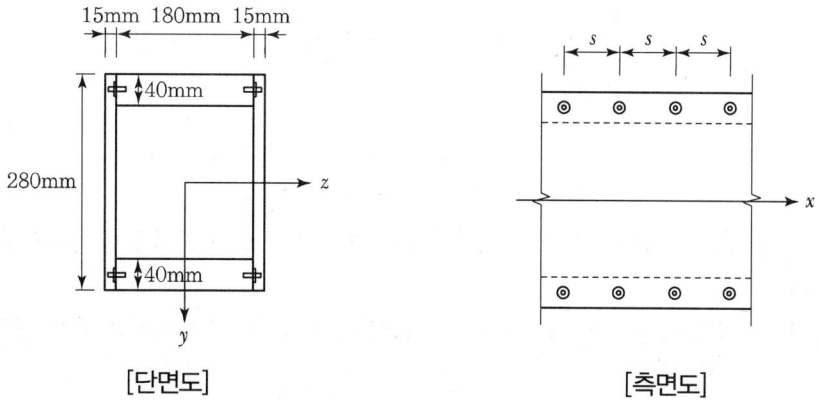

[단면도]　　　　　　　[측면도]

2교시 다음 문제 중 4문제를 선택하여 설명하시오.(각 25점)

1. 중·소교량의 교량받침 설계 시 탄성받침 쐐기 제거에 따른 장단점을 기존 교량 탄성받침과 비교하여 설명하시오.
2. 두께 $t=10$mm, 길이 $L=1.0$m인 고강도 강재가 중심각도에 따라 원호 모양으로 구부러져 있다. 원호의 중심각 $\alpha=30°$이며, 탄성계수 $E=200$GPa이다. 이때 강재의 굽힘모멘트를 고려한 최대휨응력을 구하고, 중심각도와 휨응력의 관계를 설명하시오.

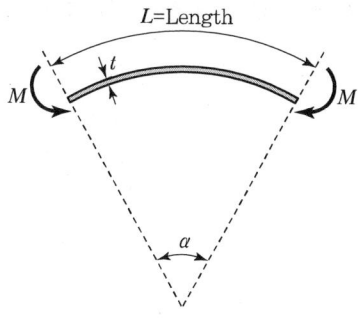

3. 하중 P가 그림과 같이 수직으로 작용할 때 A점의 수직처짐(δ)을 구하시오.(단, 스프링 계수 k, ABC보의 EI는 일정)

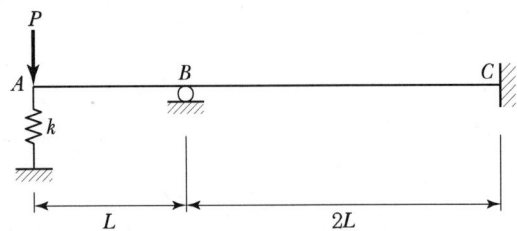

4. 아치교의 종류를 형식별로 분류하여 설명하고, 아치의 구조적 장점을 단순보와 비교하여 설명하시오.
5. PS 강재의 응력부식 및 지연파괴에 대하여 설명하고 발생원인 및 방지대책에 대하여 설명하시오.
6. 지하차도 설계 시 적용되는 하중의 종류 및 적용방법을 서술하고, 한계상태설계법 하중조합(KDS 14 00 00) 시 하중의 구성(하중계수는 제외)에 대하여 설명하시오.(단, 토피고는 1.0m 이고, 지하수위가 있는 경우)

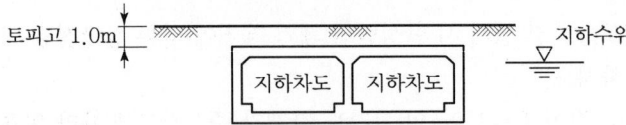

3교시 다음 문제 중 4문제를 선택하여 설명하시오.(각 25점)

1. 사장교 상부 형식 중 콘크리트 엣지거더(Edge Girder)교의 특징 및 F/T(Form Traveler) 시공공법과 유지관리를 위한 구조물 계획에 대하여 설명하시오.
2. 교량의 유지관리 문제점과 개선대책을 제시하고, 이에 대해 BIM(Building Information Modeling) 활용방안을 설명하시오.
3. 폭 150mm, 높이 240mm의 단면을 갖는 보가 그림과 같은 응력−변형률 곡선을 가지고 있다. (1) 탄성범위에서 보의 중립축 위치, (2) 비탄성거동이 시작할 때의 휨모멘트, (3) 보의 파괴가 발생할 때의 휨모멘트를 구하시오.

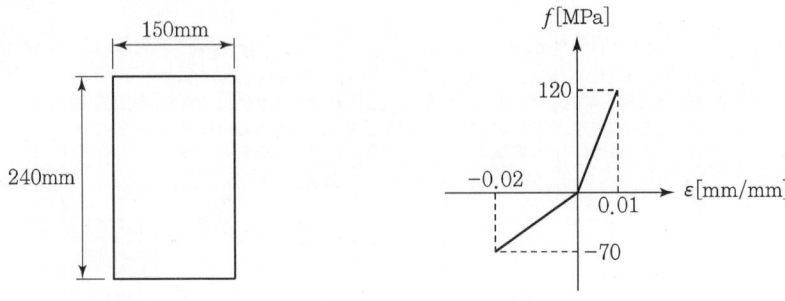

4. 넓은 면적의 철근콘크리트 타설 시 발생할 수 있는 콘크리트의 균열과 그 관리방안에 대하여 설명하시오.(단, 운반시간 지연, 타설 불량 등의 시공적 요인은 제외)
5. 다음 그림과 같이 캔틸레버보에 강축방향으로 활하중이 작용하고 있고, 보의 횡변위는 구속되어 있지 않다. H-단면(SM490)을 사용할 때, 한계상태설계법(KDS 24 14 31)을 적용하여 공칭휨강도와 좌굴안전성을 구하시오.(단, 강재의 단위중량은 78.5kN/m³으로 함)

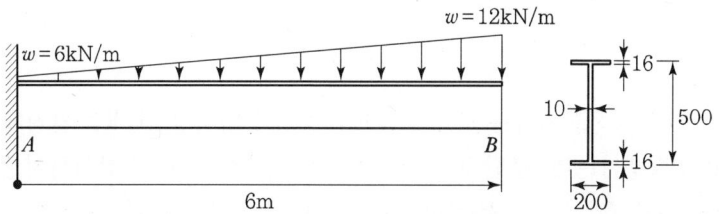

6. 케이블 교량의 케이블 교체 및 파단 시 해석방법을 한계상태설계법(KDS 24 00 00)에 준하여 설명하시오.

4교시 다음 문제 중 4문제를 선택하여 설명하시오.(각 25점)

1. 기존 교량의 교통량 증가로 4차로에서 6차로 확장설계 시 상·하부 구조물의 확장방법과 문제점에 대하여 설명하시오.
2. '건설기술진흥법 시행규칙'에 규정된 건설사업관리기술인(기술지원기술인)이 수행하는 업무와 시공 전 설계적정성 검토내용에 대하여 설명하시오.
3. 설계의 경제성(Value Engineering)의 VE 산정식을 포함하여 정의하고, 실시대상, 실시시기 및 횟수에 대하여 설명하시오.
4. 국토교통부 도로터널 내화지침에서 콘크리트 부재, 고강도 프리캐스트 세그먼트 콘크리트 부재, 철근의 한계온도와 도로터널 손상 방지를 위한 내화공법을 제시하고 내화재의 성능 및 시공에 대하여 설명하시오.
5. 콘크리트 구조물의 내구성 평가 적용 범위 및 평가 항목에 대하여 설명하시오.
6. 3경간 연속보에서 하중 외에 B점에서 40mm, C점에서 30mm 만큼의 지점침하가 일어난 보의 휨모멘트를 구하시오.(단, $E = 150 \times 10^4 \text{MPa}$, $I = 160 \times 10^{-6} \text{m}^4$)

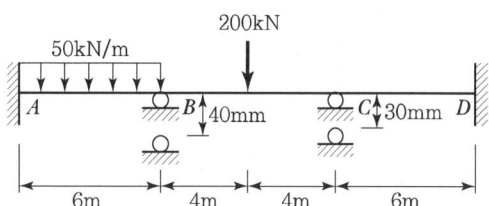

1교시
05. 단경간 곡선교 계획 시 부반력 대처방안에 대하여 설명하시오.

1. 개요

일반적으로 단순 곡선교에서는 교량 받침 배치방법에 따라 곡선 내측 받침에 부반력(Up Lift Reaction)이 발생하는데, 부반력은 아주 특수한 상황이 아니면 발생하지 않도록 하는 것이 바람직하다. 폭이 좁은 교량에서는 이와 같은 부반력이 교량의 상부구조의 전도를 유발하므로 구조 해석단계에서 확인이 필요하다.

2. 교량 상부구조 전도 검토

① 교량 상부구조의 전도에 대한 검토는 교량의 평면곡선 외측에 설치한 교량 받침 중심선을 기준축으로 하여 무게중심을 계산하여 전도에 대한 안전성을 확인한다.

② 안전율
- 고정하중 작용 시 : $F_s = 1.5$ 이상
- 활하중 작용 시 : $F_s = 1.2$ 이상

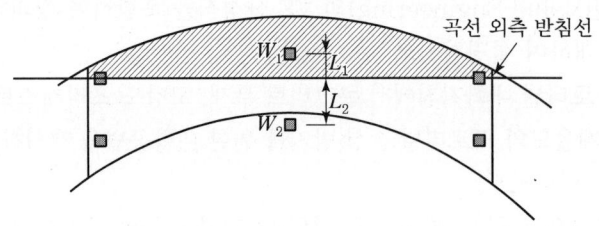

전도모멘트 : $M_t = W_1 \times L_1$

저항모멘트 : $M_c = W_2 \times L_2$

여기서, W : 중심선을 기준으로 한 중량
L : 단면의 무게중심까지 거리

전도에 대한 안전율 : $F_s = \dfrac{M_c}{M_t} \geq 12 \sim 15$

3. 전도 방지대책

① 외측 캔틸레버 바닥판의 길이를 내측보다 짧게 하는 방안

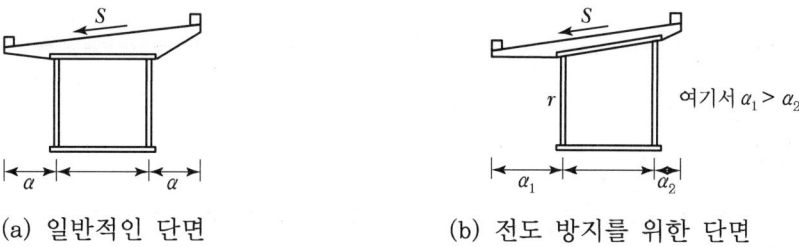

(a) 일반적인 단면   (b) 전도 방지를 위한 단면

② 외측 캔틸레버 길이를 내측보다 짧게 하고 내측 바닥판에 Counterweight를 설치하는 방안

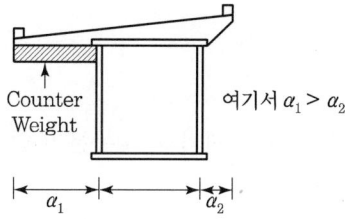

③ 2-cell Box Girder로 계획 시 내측 Box 거더 내의 일부분을 콘크리트로 채움을 하여 Counterweight 역할을 하게 하는 방안
④ 평면곡선 외측에 Bracket를 설치하여 받침의 위치를 이동시켜 전도에 대한 저항모멘트를 크게 하여 안전성 확보(Out Rigger)

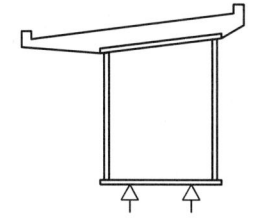 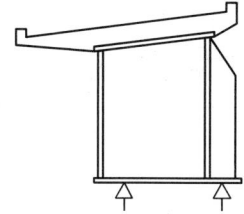

(a) 일반적인 받침설치 방법   (b) 외측에 Bracket(Out Rigger) 설치 받침 이동 방법

4. 결론

위에서 설명한 전도 방지 방안 중 한 가지만을 적용해야 하는 것은 아니며 서로 복합적으로 검토하여 2가지 방안을 적용하여 확실한 안전성을 확보할 수도 있다.

1교시

06 블록전단파괴(Block Shear Rupture)강도에 대하여 설명하시오.

1. 개요

고장력볼트의 사용이 증가함에 따라 접합부의 설계는 보다 적은 개수의 그리고 보다 큰 직경의 볼트를 사용하는 경향으로 되었다.
이러한 경향은 접합부에서 블록전단파괴하는 파괴양상을 일으킨다.

2. 블록전단파괴

아래 그림과 같이 $a-b$부분의 전단파괴와 $b-c$부분의 인장파단에 의해 접합부의 일부분이 찢어져 나가는 파괴 형태이다.

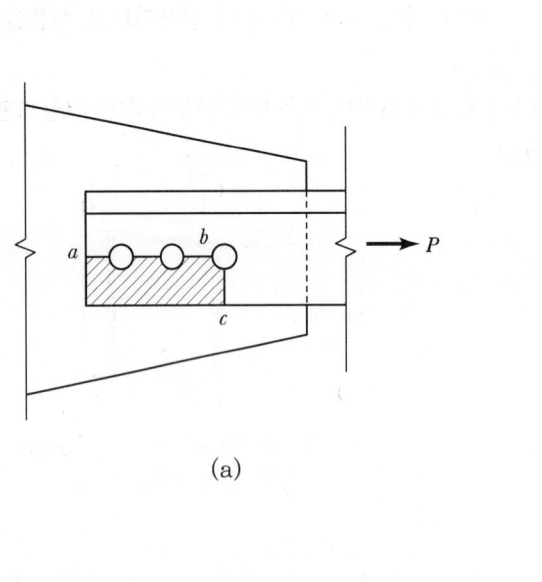

(a)

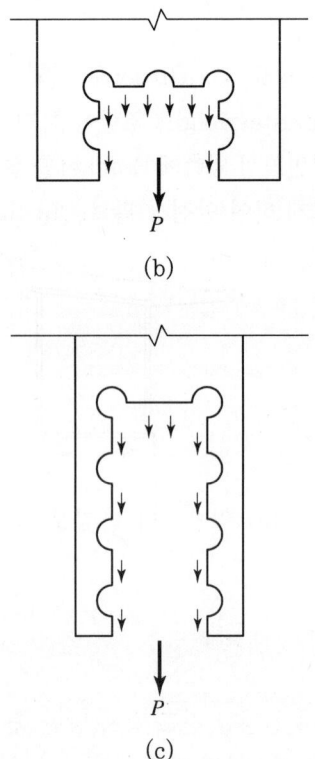

(b)

(c)

3. 설계 블록전단파단강도

$R_n = [0.6F_u A_{nv} + U_{bs} F_u A_{nt}] < [0.6F_y A_{gv} + U_{bs} F_u A_{nt}]$

ϕR_n : 설계 블록전단파단강도

$\phi = 0.75$

07 강교설계 시 붕괴유발부재(Fracture Critical Member)에 대하여 설명하시오.

1교시

1. 붕괴유발부재

(1) 정의

파손 발생 시 구조물 전체가 붕괴될 수 있는 부재

(2) 붕괴유발부재 예

① 단재하 구조
- 2개 이하의 주형이나 트러스를 갖는 구조
- 단순경간 구조물의 주형
  강교 : 하부 플랜지 및 복부판
- 연속경간
  강교 : 인장응력을 받는 플랜지 및 복부판

② 단실구조와 다실 상자형 구조
  1개 박스 형식의 상부 구조

2. 도로교 설계 기준 허용 피로 응력 범위를 정하는 기준 용어

① 단재하 경로 구조물 : 한 부재의 파괴만으로 전체 구조가 붕괴되는 구조물
② 다재하 경로 구조물 : 한 부재의 파괴로 인해 전체적인 파괴가 일어나지 않도록 한 구조물
③ 피로 검토 시 반복 응력을 받는 부재와 이음부의 설계 시 최대응력이 허용 피로 응력 범위를 초과하지 않아야 하는데 단재하 경로 구조물이냐 다재하 경로 구조물이냐에 따라 허용 피로 응력 범위를 달리 규정하고 있다.

1교시

10. 부정정구조물의 처짐계산방법에 대하여 설명하시오.

1. 연성법(Flexibility Method)

(1) 연성법의 정의

부정정력을 유발하는 힘(지점반력이나 부재력)을 미지수로 두고 미지의 힘에 의해 발생하는 변위에 대한 적합조건을 적용하여 부정정력을 계산하는 방법이다. 이 방법은 힘을 미지수로 놓아 계산하므로 하중법(Force Method)이라고도 한다.

(2) 연성법의 종류

① 변형일치법

부정정력을 유발하는 지점이나 부재를 제거하여 정정구조물로 변환시켰을 때 제거시킨 지점이나 부재에서 발생하는 부정정력을 잉여력(Redundant Force)이라 정의하고 변환시킨 정정구조물(Primary Structure)이라 정의한다. 기본구조물에 잉여력 및 실하중을 작용시켜 실하중에 대해 이미 변위를 알고 있는 점(부정정력을 유발하는 지점 등)의 변위를 잉여력과 실하중 각각에 대하여 계산한 후 그 변위에 대한 적합조건을 적용하여 부정정력을 계산하는 방법을 변형일치법이라 한다.

② 3연 모멘트법

연석보에서 각 경간의 부재 양단에 발생하는 휨모멘트를 잉여력으로 두고 각 경간을 단순보로 간주하였을 때 인접한 두 경간의 내부 지점에서 잉여력 및 실하중에 의한 처짐각은 연속이어야 한다는 적합조건으로부터 인접한 두 경간마다 3연 모멘트식을 유도하고, 각 지점의 힘의 경계조건을 적용하여 각 부재 양단의 휨모멘트를 구하는 방법이다.

2. 강성법(Stiffness Method)

(1) 강성법의 정의

변위를 미지수로 두고 각 힘에 대한 힘과 변위와의 관계식을 세운 후 힘의 평형방정식을 적용하여 미지의 변위를 계산하며, 계산된 변위를 힘과 변위와의 관계에 대입하여 부정정력을 구하는 방법이다. 이 방법은 변위를 미지수로 놓아 계산하므로 변위법(Displacement Method)이라고도 한다.

(2) 강성법의 종류

① 처짐각법

처짐각법은 연속보 또는 라멘에서 각 절점(지점 또는 강절점) 사이에 있는 부재의 재단 모멘트(부재 양단의 회전 모멘트)는 각 절점을 고정단으로 가정하였을 때 실하중에 의하여 발생되는 고정단 모멘트와 절점의 회전 및 처짐에 의하여 발생되는 재단 모멘트의 합이 된다는 중첩의 원리를 적용한 방법이다. 처짐각법은 절점의 처짐 및 처짐각을 미지수로 놓고 해석하는 대표적인 강성법의 하나이다.

② 모멘트분배법

모멘트분배법은 처짐각법과 함께 대표적인 강성법의 하나로서 기본원리는 처짐각법과 같으나, 경계조건 및 절점에서의 평형방정식을 적용하여 전개된 연립방정식을 풀지 않고 반복계산을 수행하여 절점(지점 또는 강절점) 사이에 있는 부재의 재단 모멘트를 구하는 방법이다. 즉, 모멘트분배법은 강절점에 연결된 각 부재의 연결점에서의 고정단 모멘트의 차이를 불균형 모멘트라고 정의하고, 고정지지를 다시 원상태로 변환시켰을 때 불균형 모멘트에 의해 절점이 회전하여, 절점에 연결된 각 부재가 부담하는 모멘트는 각 부재의 강비(Stiffness Ratio)에 비례한다는 원리와 전달 모멘트의 개념을 적용하여 반복계산을 수행하는 방법이다.

2교시
02

두께 $t = 10mm$, 길이 $L = 1.0m$인 고강도 강재가 중심각도에 따라 원호 모양으로 구부러져 있다. 원호의 중심각 $\alpha = 30°$이며, 탄성계수 $E = 200GPa$이다. 이때 강재의 굽힘모멘트를 고려한 최대휨응력을 구하고, 중심각도와 휨응력의 관계를 설명하시오.

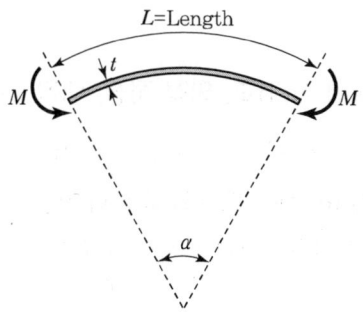

1. 곡률 – 모멘트의 관계

$$\frac{1}{\rho} = \frac{M}{EI}$$

$$M = \frac{EI}{\rho} = \frac{EI}{\left(\frac{l}{\alpha}\right)} = \frac{EI\alpha}{l}$$

2. 최대휨응력(σ_{max})

$$\sigma_{max} = \frac{M}{I} y_{max} = \frac{1}{I}\left(\frac{EI\alpha}{l}\right)\left(\frac{t}{2}\right)$$

$$= \frac{Et\alpha}{2l} = \frac{(200 \times 10^3)(10)\left(\frac{\pi}{6}\right)}{2 \times (1 \times 10^3)}$$

$$= 523.6 MPa$$

2교시

04 아치교의 종류를 형식별로 분류하여 설명하고, 아치의 구조적 장점을 단순보와 비교하여 설명하시오.

1. 형식별 분류

(1) 타이드 아치교(Tied Arch교, 외적 정정, 내적 1차 부정정)

아치의 양단을 Tie로 연결하여 1단 고정단 타단 가동단으로 지지하여 수평반력을 Tie로 받게 한 형식. 아치 Rib에는 모멘트 및 축력 작용, Tie에는 축력만 작용하며, 구조물은 외적으로는 정정이고 내적으로는 부정정 구조이므로 정역학적 평형방정식만으로는 풀 수 없는 구조물이다.

① 지점에서 일어나는 수평반력을 Tie가 받으므로 지점 수평반력이 생기지 않음
② 외적으로 정정구조이므로 반력은 단순보로 해석
③ 지반상태가 양호하지 않은 곳에서 채택 가능
④ 가설 시 어려움으로 비경제적

(2) 랭거 아치교(Langer Arch교, 1차 부정정)

Langer교는 비교적 가는 Arch 부재와 보강형을 수직재(평형재)로 힌지 연결하여 Arch 부재는 압축력만 받게 하고, 휨모멘트와 전단력은 별도 설치한 보강형(형 또는 트러스)이 받게 한 형식이다. 지간장 80~200m에 적용하며, 동작대교전철교(1개교)가 있다.

① 아치 Rib는 압축력만 받고 보강형이 휨모멘트 및 전단력을 받으므로 경제적
② 아치 Rib의 강성이 작으므로 설계 시 주의 요함
③ 내적으로는 부정정 구조임
④ 미관이 좋고 교량 전체의 중심이 낮음

(3) 로제 아치교(Lohse Arch교, 고차 부정정)

랭거 아치교 아치 단면을 크게 하고 접합점을 강결로 하여 Arch 부재도 휨모멘트, 전단력을 부담할 수 있게 한 형식으로 타이드 아치교와 랭거 아치교를 결합한 형식이다.

① 아치 Rib와 보강형의 강성이 같으므로 모멘트 분배를 효과적으로 할 수 있기 때문에 구조적으로 안정감이 있음
② 상·하현재의 구조가 동일하므로 연결부 설계가 용이

③ 아치 Rib와 보강형의 강성이 크므로 수직재(Tie)의 간격을 Langer교에 비해 넓게 배치 가능함
④ 비경제적임

(4) 밸런스드 아치교(Balanced Arch교)

교량이 3경간일 때 중앙경간을 아치로 설치하고 측경간에 캔틸레버를 연장해서 그 선단과 교대 사이에 보강형(형 또는 트러스)을 설치하여 만든 교량이다.

(5) 닐센 아치교(Nilsen Arch교)

Nilsen Arch교는 로제형교의 수직재 대신에 사재를 사용하여 Arch Rib와 보강형의 휨 모멘트를 대폭 감소시킴으로써 축방향력을 지배적으로 한 경제적 단면의 교량이다.

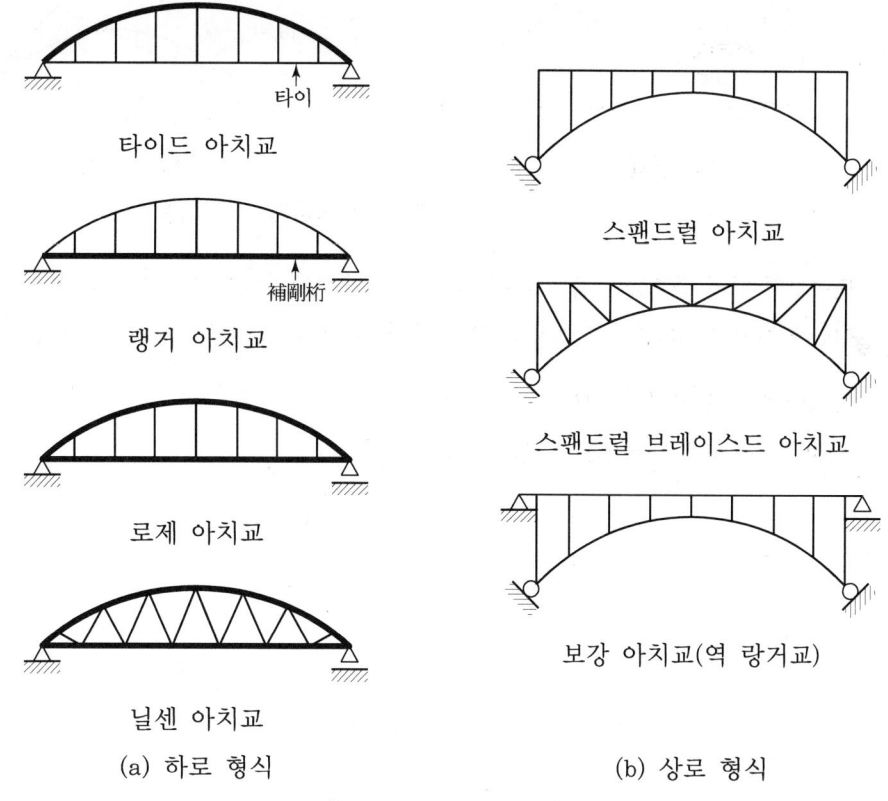

[아치교의 형식별 종류]

2. 아치구조물의 장점

아치는 수직외력으로 발생한 지점 수평력이 각 단면에서 휨모멘트를 감소키고 축방향력과 전단력의 부재력을 유발하는 특성이 있다.

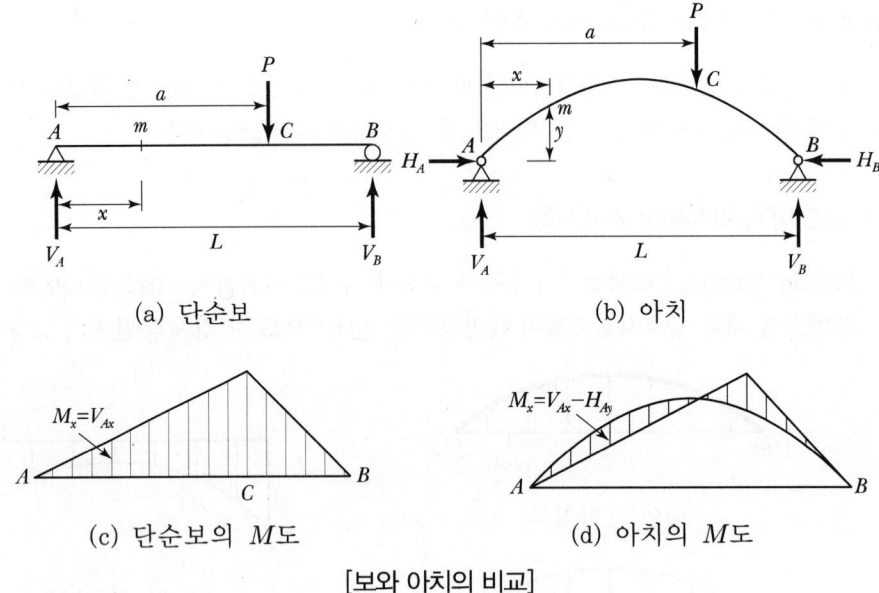

[보와 아치의 비교]

단순보와 아치 구조물의 휨모멘트도를 비교하면 휨모멘트와 같이 단순보는 집중하중이 작용하는 위치까지 휨모멘트가 계속 증가하나 아치구조물은 수평력으로 인해 휨모멘트가 감소한다.

① 단순보의 휨모멘트 : $M_x = V_A \times x$

② 아치구조물의 휨모멘트 : $M_x = V_A \times x - H_A \times y$

> **2교시**
>
> **05** PS 강재의 응력 부식 및 지연파괴에 대하여 설명하고 발생원인 및 방지대책에 대하여 설명하시오.

1. 응력 부식

(1) 정의

높은 응력에서는 무응력 상태보다 일반적으로 재료의 응력손실이 빨라지고 부재 표면에도 녹이 빨리 진행되는 현상을 말한다.

(2) 발생원인

① 고응력 상태에서는 강재의 조직이 취약해진다.
② 점식과 같은 녹이나 작은 홈이 응력집중을 유발시킨다.
③ 지름이 작은 원형 디스크에 강재를 감아 놓은 경우 휨응력이 작용된 상태로 방치되므로 응력 부식의 원인이 된다.
④ 오일 템퍼션이 주원인이다.

(3) 피해사례

① 재긴장을 위해 그라우팅 작업을 지연시키면 쉬스 내부의 PS 강선이 부식된다.
② 그라우팅이 충분하지 않으면 부식이 발생된다. 이때는 PS 강선을 교체해야 한다.
③ 지연파괴로 PS 강선이 갑자기 파단된다.

(4) 방지대책

① PS 강재를 방청한다.
② 긴장 후 즉시 그라우팅을 실시한다.
③ 쉬스관(Sheath Pipe)이 충분히 충진되도록 그라우팅을 실시한다.

2. 지연파괴

(1) 정의

허용응력 이하로 긴장해 놓은 PS 강재가 긴장 후 몇 시간 혹은 수십시간 이내에 갑자기 끊어지는 현상을 지연파괴라고 한다.

(2) 원인

① 분명히 밝혀진 것은 없다.
② 취급 중 부식이 원인인 것으로 추정하고 있다.

(3) 대책

① 운반 중 부식 방지
② 저장 중 부식 방지
③ PS 강재 긴장 후 즉시 그라우팅 실시

3교시

03 폭 150mm, 높이 240mm의 단면을 갖는 보가 그림과 같은 응력-변형률 곡선을 가지고 있다. (1) 탄성범위에서 보의 중립축 위치, (2) 비탄성거동이 시작할 때의 휨모멘트, (3) 보의 파괴가 발생할 때의 휨모멘트를 구하시오.

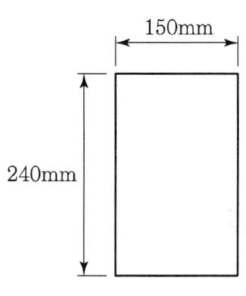
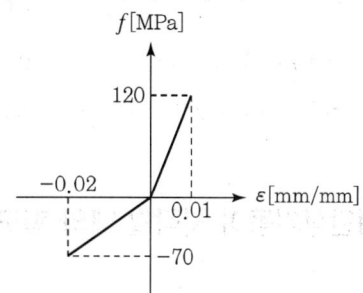

1. 탄성계수비(n)

$$E_t = \frac{f_{y.t}}{\varepsilon_{y.t}} = \frac{120}{0.01} = 12,000 \text{MPa}$$

$$E_c = \frac{f_{y.c}}{\varepsilon_{y.c}} = \frac{70}{0.02} = 3,500 \text{MPa}$$

$$n = \frac{E_t}{E_c} = \frac{12,000}{3,500} = 3.43$$

2. 탄성상태에서 중립축의 위치(y_{e1})

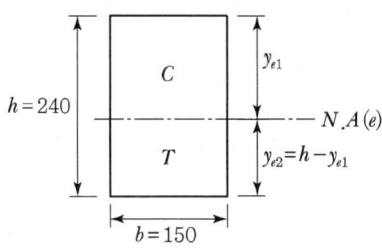

$$G_{NA(e)} = (b \cdot y_{e1})\frac{y_{e1}}{2} - nb(h-y_{e1})\frac{(h-y_{e1})}{2}$$

$$= \frac{b}{2}\{(1-n)y_{e1}^2 + 2nhy_{e1} - nh^2\} = 0$$

$$y_{e1} = \frac{-nh \pm \sqrt{(nh)^2 - (1-n)(-nh^2)}}{(1-n)} = \frac{-nh \pm \sqrt{nh^2}}{(1-n)}$$

$$= \frac{-3.43 \times 240 \pm \sqrt{3.43 \times 240^2}}{(1-3.43)}$$

$$y_{e1} = 155.85\text{mm} \, (0 \leq y_{e1} \leq 240)$$

$$y_{e2} = h - y_{e1} = 240 - 155.85 = 84.15\text{mm}$$

3. 비탄성거동이 시작할 때의 휨모멘트(M_y)

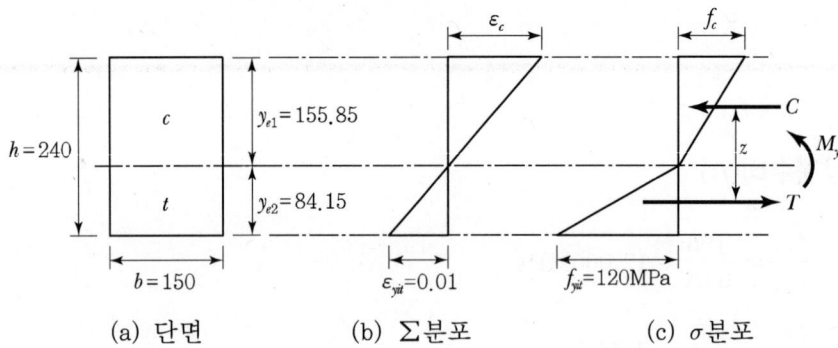

(a) 단면　　(b) Σ분포　　(c) σ분포

$$\varepsilon_c = \frac{y_{e1}}{y_{e2}}\varepsilon_y \cdot t = \frac{155.85}{84.15} \times 0.01 = 0.0185 < \varepsilon_{yc} = 0.0200$$

$$f_c = E_s \cdot \varepsilon_c = 3,500 \times 0.0185 = 64.75\text{MPa} < f_{y.c} = 70\text{MPa}$$

$$C = \frac{1}{2}f_c \cdot b \cdot y_{e1} = \frac{1}{2} \times 64.75 \times 150 \times 155.85 = 757 \times 10^3 \text{N}$$

$$T = \frac{1}{2}f_{yt} \cdot b \cdot y_{e2} = \frac{1}{2} \times 120 \times 150 \times 84.15 = 757 \times 10^3 \text{N}$$

$$z = \frac{2}{3}(y_{e1} + y_{e2}) = \frac{2h}{3} = \frac{2 \times 240}{3} = 160\text{mm}$$

$$M_y = C \cdot z = T \cdot z = (757 \times 10^3) \times 160 = 121.12 \times 10^6 \text{N} \cdot \text{mm} = 121.12\text{kN} \cdot \text{m}$$

4. 보의 파괴가 발생할 때의 휨모멘트(M_p)

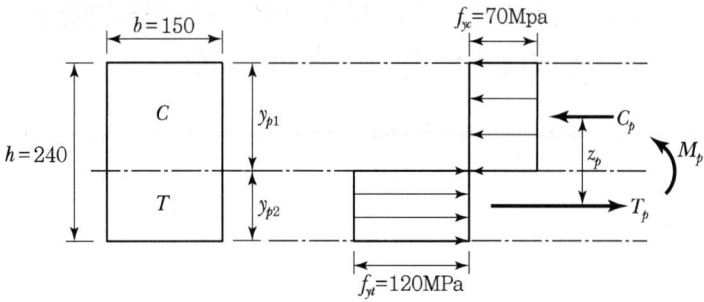

$$C_p = T_p \rightarrow y_{p1} = \frac{f_{yt}}{f_{yc} + f_{yt}} h = \frac{120}{70+120} \times 240 = 151.58\text{mm}$$

$$y_{p2} = h - y_{p1} = 240 - 151.58 = 88.42\text{mm}$$

$$C_p = f_{yc} \cdot by_{p1} = 70 \times 150 \times 151.58 = 1{,}591.6 \times 10^3 \text{N}$$

$$T_p = f_{yt} \cdot by_{p2} = 120 \times 150 \times 88.42 = 1{,}591.6 \times 10^3 \text{N}$$

$$z_p = \frac{1}{2}(y_{p1} + y_{p2}) = \frac{h}{2} = \frac{240}{2} = 120\text{mm}$$

$$M_p = C_p \cdot z_p = T_p \cdot z_p = (1{,}591.6 \times 10^3) \times 120 = 190.99 \times 10^6 \text{N} \cdot \text{mm} = 190.99\text{kN} \cdot \text{m}$$

3교시

06 케이블 교량의 케이블 교체 및 파단 시 해석방법을 한계상태설계법 (KDS 24 00 00)에 준하여 설명하시오.

1. 케이블 교체

(1) 개요

사장재 및 행거 교체 시 적용한다.

(2) 검토조건

해당 케이블 인접 최소 1개 설계차로 통제조건으로 검토
• 중앙 1면 케이블 배치 경우 한편에서만 통제

(3) 검토방법

① 하중조합에 따른 케이블 장력을 구하고, 케이블을 제거하고 앞에서 구한 장력을 반대로 주탑 및 거더 등의 구조계에 작용시키는 등의 합리적 방법으로 그에 따른 영향 검토
② 케이블 교체 시 잔여 케이블의 장력 : 하중조합에 따른 장력 + 교체되는 케이블이 제거되어 추가된 장력 = 최종 장력
③ 케이블 교체 시의 허용응력 : 25% 증가

2. 케이블 파단

(1) 개요

사장재 및 행거 파단 시 적용

(2) 검토조건

케이블 파단 검토는 전체 차로에 활하중을 재하

(3) 검토방법

① 케이블을 제거하고 고정하중과 활하중이 만재된 상태에서 구한 정적 장력의 2.0배를 반대로 구조계에 작용

② 동적 해석을 수행하여 그에 따른 영향 검토
　정적 장력의 1.5배 이상의 동적 효과 적용

③ 선형해석에 의한 중첩 원리
- 고정하중과 활하중의 영향은 케이블이 제거되기 전의 원 구조계 ┐ 중첩
- 파단에 의한 효과는 케이블이 제거된 상태의 변형구조계 ┘
- 동적해석 수행은 고정하중과 활하중이 만재된 상태에서 초기화된 동적 모델 사용

④ 케이블 파단 시의 허용응력 : 50% 증가

4교시

01 기존 교량의 교통량 증가로 4차로에서 6차로 확장설계 시 상·하부 구조물의 확장방법과 문제점에 대하여 설명하시오.

구분	제1안 분리 시공	제2안 중간 콘크리트에 의한 접합 시공	제3안 직접 접합 시공
개요	두 교량 사이에 종방향의 강 조인트를 설치하여 두 교량이 구조적으로 완전히 독립된 교량으로 작용	두 교량을 서로 띄워서 독립적으로 완료한 후 두 교량 사이의 상·하부 접합부를 중간 콘크리트에 의해서 접합하는 것으로 차량의 고속주행, 안전성 및 공용중의 유지관리에 유리하며 고속도로 교량의 확폭시공에 적합함	기설부와 신설부 교량을 직접 맞대어 시공하여 일체구조로 작용
구조성	• 콘크리트 타설 시 동바리의 처짐, 솟음량의 제작오차, 차량하중에 의한 부등처짐, 장기처짐의 영향으로 두 교량 사이에 필연적으로 단차 발생 • 제설작업에 의한 염화물 유입으로 조인트 부식 및 주형과 하부 구조에 손상 가중	• 상부 슬래브 시공 시 신설부 교량의 동바리를 제거하여도 신설부 교량의 사하중이 기설부 교량의 추가처짐 및 응력을 발생시키지 않음 • 신설부 교량의 상부구조가 완성된 뒤 두 교량의 상·하부구조의 접합부를 중간 콘크리트로 접합시공하면 신설부 교량의 상부하중은 기설부 교량의 하부구조에 추가처짐 및 응력을 발생시키지 않음 • 돌보교의 경우 두 교량 사이에 발생한 처짐 단차는 중간 콘크리트로 쉽게 조정하여 급격한 단차를 완만한 경사가 되도록 해줌 • 신설부 교량의 방치기간 동안 신설부 콘크리트의 건조 수축 및 크리프 변형에 의해서 기설부 교량에는 추가처짐 및 응력을 발생시키지 않음	• 신설부의 상부구조를 시공하기 전에 두 교량의 하부구조를 접합 후 시공되는 상부하중은 기설부의 하부구조에 추가하중으로 작용됨 • 기설 교량에 차량통행 시 신설 교량과의 접합부가 차량진동으로 인해 강도 저하 우려

구분	제1안 분리시공	제2안 중간콘크리트에 의한 접한 시공	제3안 직접접합 시공
시공성	신·기설 교량이 분리 시공되므로 시공성이 양호	시공을 2차에 걸쳐 실시하므로 시공이 다소 번잡스러움	시공이 양호
사용성	• 조인트부 단차 발생으로 승차감 및 교통사고 유발 • 조인트 보수 시 사고 위험성과 교통지체 유발	• 구조물이 일체가 되어 주행성이 양호 • 유지관리에 대한 우려가 없음	• 구조물이 일체가 되어 주행성이 양호 • 유지관리에 대한 우려가 없음
경제성	조인트 시공 및 보수 유지 과다	시공은 2차로 나눠지므로 공사비 다소 증가	공사비 저렴
검토안	기설 교량에 붙여 신설 교량을 시공할 때 구조성, 경제성 및 사용성 측면에서 검토해 본 결과 중간 콘크리트에 의한 접합시공이 유리하다고 판담됨. 특히 중간 콘크리트에 의한 접합시공 시 철근의 이음 또는 용접 시 시방규정에 맞는 이음장 및 용접길이가 필요하리라 사료됨		

> **4교시**
> **03** 설계의 경제성(Value Engineering)의 VE 산정식을 포함하여 정의하고, 실시대상, 실시시기 및 횟수에 대하여 설명하시오.

1. VE(Value Engineering)

(1) 정의

최저의 생애주기비용(LCC)으로서 필요한 기능을 달성하기 위하여 제품이나 서비스의 기능분석에 쏟는 조직적 노력

$$가치(Value) = \frac{기능(Function) + 품질(Quality)}{비용(Cost)}$$

(2) 목적

VE는 필수기능인 주기능과 2차 기능인 법적·제도적 필요 기능 그리고 고객이 필요한 기능은 유지하면서, 불필요한 기능을 제거하고 설계자 착상에 의한 기능을 대상으로 창조적 아이디어를 발상하여 대체안을 제시하는 데 목적이 있다.

(3) VE 실시시기

① 기본설계 VE

기본설계 $\frac{2}{3}$ 정도 진행 시

② 실시설계 VE

실시설계 $\frac{1}{2} \sim \frac{1}{3}$ 정도 진행된 시점

2. LCC(Life Cycle Cost)의 정의

LCC(Life-Cycle Cost)란 시설물의 공용수명기간 전체에 걸쳐 발생하는 계획/설계, 시공, 유지관리, 폐기처분 등에 소요되는 전체 비용의 총계를 말한다. 즉, 건설을 위한 초기공사비 외에 시설물의 수명기간 전체에 걸친 유지관리 비용까지를 포괄하는 개념이다. LCC라는 용어가 사용된 배경에는 비용 감축이라는 주목적이 있다. LCC의 관점에서 본다면 구조물이 원래의 구실을 하지 못해 재건설되거나, 공용수명을 다하지 못한 채 교체되는 점 등에 대해서 재건설을 위하여 소요되는 직접공사비뿐만 아니라 교통차단 등으로 인한 간접비, 건설기술 수준에 대한 대외 신뢰도 하락까지 종합적으로 고려하기 때문에 구조물의 공용년수 동안 소요되는 실질적인 총비용(Total Life Cycle)을 막대한 것으로 본다. 그러므로 LCC를 최소화하는 방향으로 구조물의 설계·시공·유지관리하는 것은 사회적인 비용절감 차원에서 필요하다.

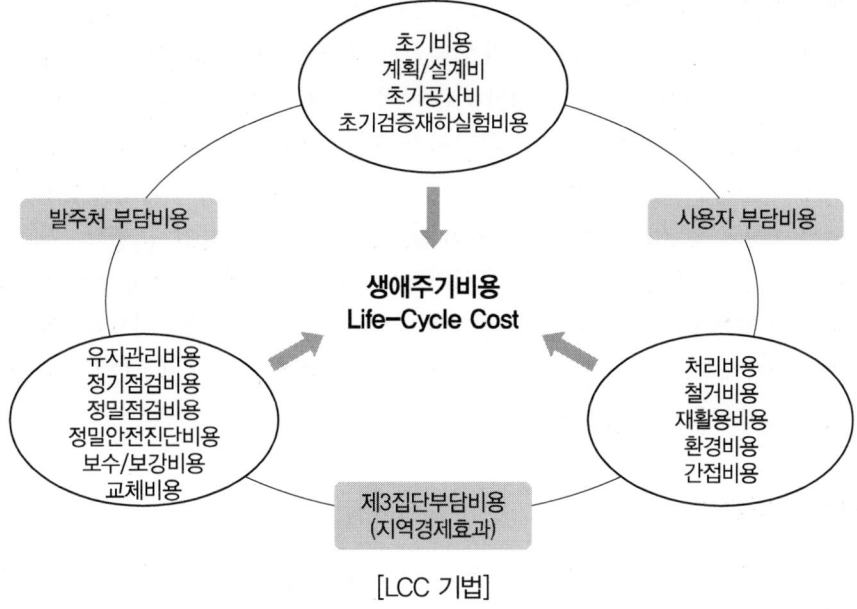

[LCC 기법]

3. LCC 분석기법

LCC(Life-Cycle Cost) 분석기법은 계획/설계, 시공, 보수/보강, 성능개선 및 철거, 재활용, 사용자비용 및 편익, 지역경제효과 등을 종합적으로 고려하여 최적대안을 선정하는 공학적 의사결정 과정이다. 구조물 설계 대안에 대한 경제성을 정확하게 분석하기 위해서는 설계, 제작 및 시공, 유지관리, 보수·보강, 철거 후 재활용, 재건설에 따른 간접비용의 효과, 구조물의 파손/붕괴에 의한 손상비용 등의 산정에 이르기까지 제반비용을 모두 고려하여 구조물의 수명기간 동안의 총 LCC를 산출하여야만 가능하다. 즉, 종합적인 비용요소에 대한 분류와 평가가 있어야만 LCC 분석을 적용할 수 있는 것이다.

(1) 설계수명(Desing Life)

LCC 분석을 수행하는 데 있어서 반드시 수반되어야 할 첫 번째 작업은 구조물 사용 동안에 축적되는 발생비용을 분석하기 위한 구조물의 구성요소에 대한 수명의 결정이라고 할 수 있다. 이러한 구성요소의 수명은 해당 요소에 대해 유지관리, 보수·보강 라이프사이클(Life Cycle), 유지관리 비용 및 보수·보강비용이 각각 합리적으로 반영되어야 하는데, 이는 장기간에 걸친 유지관리 데이터의 축적과 전문가의 판단에 기초할 수밖에 없다. 즉, 전체 시설물의 구성요소별 수명을 실질적으로 고려하여야 한다는 것이다. 예를 들어 고속도로 구조물의 경우, 교량의 거더와 같은 주부재의 수명은 50년 이상으로 고려될 것이나, 덱(Deck) 포장의 경우는 상대적으로 그것보다 짧은 10~15년 정도에 그칠 것이다.

(2) 할인율(Disount Rate)

화폐의 가치는 시간의 흐름에 따라 달라지기 때문에 경제성을 분석하기 위해 수입과 지출에서 발생되는 모든 금액을 일정한 기준 시점의 화폐가치로 환산하여야 한다. 일정 시점의 금액을 기준 시점의 화폐가치로 환산하기 위해서 할인율을 사용하게 된다. 즉, 할인율은 미래의 화폐가치를 현재의 통화가치로 변환시키기 위한 방법이다. 도로설계 시 도로시스템의 중요도 및 기대 공용년수에 따라 할인율을 다르게 적용할 수 있다. 즉, 공용기간이 짧은 시설물은 높은 할인율을 적용시키고, 긴 기대 공용기간이 필요한 주요 도로는 LCC 평가 시 낮은 할인율을 적용하는 것이 일반적이다. 즉, 국가 공공시설물이라 해서 일률적으로 적용해서는 안 되며 주요 구조물이고 기대고용수명이 긴 구조물일수록 낮은 할인율을 적용하는 것이 바람직하다.

(3) LCC 비용항목

건설분야에서 공사에 소요되는 비용은 공사의 규모와 특성에 의존하므로 그 영향요소를 보다 합리적으로 고려하여야 하는데, Pringer(1993)는 건설공사에서 고려될 수 있는 비용요소를 개략적으로 다음과 같이 요약하였다.

비용항목	비용요소	비고
초기비용	• 제작비 • 운송비 • 가설비	건설기간 동안의 비용
정기안전점검비용	• 연간소요비용(정기점검비용) • 5~7년 간격으로 발생되는 비용 • 부식 방지 재설비 비용	• 소규모 보수 • 보수작업을 포함하는 주요 정밀 검사 비용 • 15~20년 간격

비용항목	비용요소	비고
비정기 보수 및 보강비용	• 노면 파손 및 노후에 따른 재포장 • 재료 파손 • 내구성 저하 • 피로손상의 보수 및 보강 • 부식 및 동결융해 • 완공 후 발생하는 사고	
수정된 요구에 따른 비용요소	• 보작 • 확폭 • 감소	
해체비용	• 해체 및 운송비 • 해체 후 최종 처리비	환경처리비 등
간접비용	• 시간지연에 따른 시간지연 손실비용 • 시간지연에 따른 차량운행 손실비용	
재활용비용	재료의 재활용비용	

4. 결론

우리나라는 시설물의 설계, 유지관리에 있어 현재까지는 유지관리비가 포함된 Cost를 감안하여 설계 시 의사결정에 반영하고 있기는 하지만 아직까지 체계적인 LCC 분석을 시도하는 일은 거의 없었다.

도로건설사업에서 합리적 의사결정을 위해서는 분야별, 공종별 LCC 평가기법의 정립과 보급, 확대가 무엇보다 필요하다. 우선, 발추처별로 LCC 평가기법 및 모델을 개발하는 것이 시급하다. 도로분야에서도 도로건설 시의 다양한 대안선택 중 LCC로 분석해야 하는 항목을 기준으로 정하고 이러한 기준에 근거하여 LCC 분석을 토대로 합리적인 의사결정을 수행하는 것이 중요하다. 그러나 현재 국내에서는 이러한 LCC 분석기법은 실무뿐만 아니라 연구분야에서도 상당히 생소한 것이 현실이다. 그만큼 아직 이러한 건설대안의 합리적인 의사결정을 위해 LCC 분석이 필요한 것은 분명하지만 그것을 실무에 사용하기 위해서는 앞으로 해결해야 할 많은 과제를 가지고 있다. 우리 정부뿐만 아니라 산업체, 기업체, 연구소 및 대학연구소 등에서 이러한 LCC 분석에 관심을 가지고 분야별·공종별 세부 적용 기준 정립이 시급하며 실제적인 응용뿐만 아니라 연구의 활성화에 힘을 쏟아야 할 시기가 되었다고 사료된다.

4교시

06 3경간 연속보에서 하중 외에 B점에서 40mm, C점에서 30mm 만큼의 지점침하가 일어난 보의 휨모멘트를 구하시오.(단, $E = 150 \times 10^4$MPa, $I = 160 \times 10^{-6}$m^4)

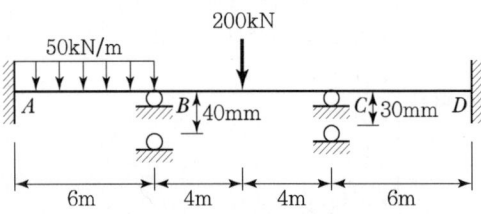

- $EI = (150 \times 10^4 \times 10^3 \text{kN/m}^2) \times (160 \times 10^{-6} \text{m}^4) = 24 \times 10^4 \text{kN} \cdot \text{m}^2$
- $w = 50$kN/m, $P = 200$kN
- $l_{AB} = 6$m, $l_{BC} = 8$m, $l_{CD} = 6$m
- $\delta_B = 4 \times 10^{-2}$m, $\delta_e = 3 \times 10^{-2}$m
- $\Delta_{AB} = \delta_B - \delta_A = (4 \times 10^{-2}) - 0 = 4 \times 10^{-2}$m
- $\Delta_{BC} = \delta_C - \delta_B = (3-4) \times 10^{-2} = -1 \times 10^{-2}$m
- $\Delta_{CD} = \delta_D - \delta_C = 0 - (3 - 10^{-2}) = -3 \times 10^{-2}$m
- $R_{AB} = \dfrac{\Delta_{AB}}{l_{AB}} = \dfrac{4 \times 10^{-2}}{6} = 6.7 \times 10^{-3}$
- $R_{BC} = \dfrac{\Delta_{BC}}{l_{BC}} = \dfrac{-1 \times 10^{-2}}{8} = -1.25 \times 10^{-3}$
- $R_{CD} = \dfrac{\Delta_{CD}}{l_{CD}} = \dfrac{-3 \times 10^{-2}}{6} = -5 \times 10^{-3}$
- $M_{FAB} = -\dfrac{wl_{AB}^2}{12} = -\dfrac{50 \times 6^2}{12} = -150$kN · m, $M_{FAB} = 150$KN · m
- $M_{FBC} = -\dfrac{Pl_{BC}}{8} = -\dfrac{200 \times 8}{8} = -200$kN · m, $M_{FCB} = 200$KN · m
- $M_{AB} = M_{FAB} + \dfrac{2EI}{l_{AB}}(2\theta_A + \theta_B - 3R_{AB})$

  $= -150 + \dfrac{2 \times (24 \times 10^4)}{6}\{\theta_B - 3(6.7 \times 10^{-3})\}$

  $= -150 + (80 \times 10^3)(\theta_B - 20 \times 10^{-3})$

- $M_{BA} = M_{FBA} + \dfrac{2EI}{l_{AB}}(2\theta_B + \theta_A - 3R_{AB})$

  $= 150 + \dfrac{2\times(24\times10^4)}{6}\{2\theta_B - 3(6.7\times10^{-3})\}$

  $= 150 + (80\times10^3)(2\theta_B - 20\times10^{-3})$

- $M_{BC} = M_{FBC} + \dfrac{2EI}{l_{BC}}(2\theta_B + \theta_C - 3R_{BC})$

  $= -200 + \dfrac{2\times(24\times10^4)}{8}\{2\theta_B + \theta_C - 3(-1.25\times10^3)\}$

  $= -200 + (60\times10^3)(2\theta_B + \theta_C + 3.75\times10^3)$

- $M_{CB} = M_{FCB} + \dfrac{2EI}{l_{BC}}(2\theta_C + \theta_B - 3R_{BC})$

  $= 200 + \dfrac{2\times(24\times10^{6)}}{8}\{2\theta_C + \theta_B - 3(-1.25\times10^3)\}$

  $= 200 + (60\times10^3)(\theta_B + 2\theta_C + 3.75\times10^3)$

- $M_{CD} = M_{FCD} + \dfrac{2EI}{l_{CD}}(2\theta_C + \theta_D - 3R_{CD})$

  $= 0 + \dfrac{2\times(24\times10^4)}{6}\{2\theta_C - 3(-5\times10^{-3})\}$

  $= (80\times10^3)(2\theta_C + 15\times10^{-3})$

- $M_{DC} = M_{FDC} + \dfrac{2EI}{l_{CD}}(2\theta_D + \theta_C - 3R_{CD})$

  $= 0 + \dfrac{2\times(24\times10^4)}{6}\{\theta_C - 3(-5\times10^{-3})\}$

  $= (80\times10^3)(\theta_C + 15\times10^{-3})$

- $\sum M_B = M_{BA} + M_{BC}$

  $= \{150 + (80\times10^3)(2\theta_B - 20\times10^{-3}\}$

  $\quad + \{-200 + (60\times10^3)(2\theta_B + \theta_C + 3.75\times10^{-3})\}$

  $= -50 + (20\times10^3)(14\theta_B + 3\theta_C - 68.75\times10^{-3}) = 0$

  $14\theta_B + 3\theta_C - 71.25\times10^{-3} = 0$ ··· (1)

- $\sum M_C = M_{CB} + M_{CD}$

  $= \{200 + (60\times10^3)(\theta_B + 2\theta_C + 3.75\times10^{-3})\}$

  $\quad + \{(80\times10^3)(2\theta_C + 15\times10^{-3})\}$

  $= 200 + (20\times10^3)(3\theta_B + 14\theta_C + 71.25\times10^{-3}) = 0$

$$3\theta_B + 14\theta_C + 81.25 \times 10^{-3} = 0 \quad \cdots\cdots\cdots\cdots (2)$$

식 (1)과 (2)를 연립하여 풀면

- $\theta_B = 6.6377 \times 10^{-3}$, $\theta_C = -7.2559 \times 10^{-3}$
- $M_{AB} = -150 + (80 \times 10^3)\{(6.6377 \times 10^{-3}) - (20 \times 10^{-3})\}$
  $= -1,218.984 \text{kN} \cdot \text{m}$
- $M_{BA} = 150 + (80 \times 10^3)\{2(6.6377 \times 10^{-3}) - (20 \times 10^{-3})\}$
  $= -387.968 \text{kN} \cdot \text{m}$
- $M_{BC} = -200 + (60 \times 10^3)\{2(6.6377 \times 10^{-3})$
  $+ (-7.2259 \times 10^{-3}) + (3.75 \times 10^{-3})\}$
  $= 387.97 \text{kN} \cdot \text{m}$
- $M_{CB} = 200 + (60 \times 10^3)\{(6.6377 \times 10^{-3}) + 2(-7.2259 \times 10^{-3}) + (3.75 \times 10^{-3})\}$
  $= -43.846 \text{kN} \cdot \text{m}$
- $M_{CD} = (80 \times 10^3)\{2(-7.2259) + (15 \times 10^{-3})\}$
  $= 43.856 \text{kN} \cdot \text{m}$
- $M_{DC} = (80 \times 10^3)\{(-7.2259) + (15 \times 10^{-3})\}$
  $= 621.928 \text{kN} \cdot \text{m}$

CHAPTER 16

제129회 토목구조기술사

CHAPTER 16 129회 토목구조기술사

1교시 다음 문제 중 10문제를 선택하여 설명하시오.(각 10점)

1. 지하차도 계획 시 부력 방지대책의 종류와 특징에 대하여 설명하시오.
2. 강교량 설계에서 강종의 선정 시 고려해야 할 사항에 대하여 설명하시오.
3. 그림과 같은 구조물에서 케이블 부재 BC에 의하여 지지된 AB부재의 축방향 좌굴에 대한 안전율이 3.0인 경우, 재하 가능한 최대하중 W를 구하시오.[단, B점의 수직처짐과 부재의 압축파괴는 무시하고, AB부재의 탄성계수$(E) = 2.1 \times 10^5 \text{MPa}$, 유효좌굴길이계수$(K) = 1.0$으로 가정한다.]

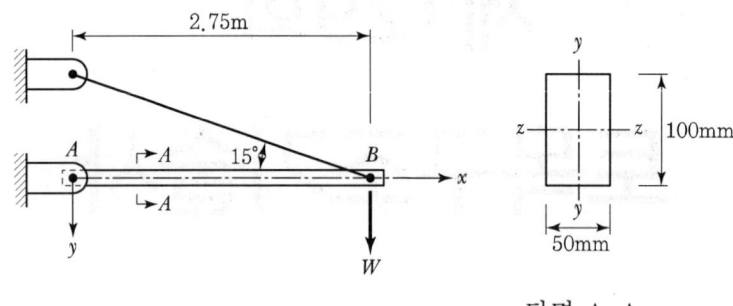

단면 A-A

4. 현행 교량내진설계기준(한계상태설계법)에 제시된 내진설계기준의 기본개념에 대하여 설명하시오.
5. 프리스트레싱 강재에 요구되는 재료성능과 역학적 특징에 대하여 설명하시오.
6. 여유도(Redundancy)를 중심으로 교량의 붕괴유발부재에 대하여 설명하시오.
7. 토목구조물 설계와 시공단계에서 적용할 수 있는 탄소저감방안에 대하여 설명하시오.
8. 케이블에 의하여 지지되는 교량에서 보강형에 발생되는 동적 진동의 종류에 대하여 설명하시오.
9. 기존 교량 주형에서 강성 부족으로 진동이 발생되는 경우 저감방안에 대하여 설명하시오.
10. 매입형 강합성 기둥과 충전형 강합성 기둥의 구조적 특성에 대하여 설명하시오.
11. 정적 상태의 구조물에서 발생할 수 있는 비선형 거동의 종류와 사례에 대하여 설명하시오.
12. 다음과 같은 그림 (a)에서 현장타설 콘크리트 바닥판의 강합성교가 노후화되어 그림 (b)와 같이 폭 4m, 길이 2m의 프리캐스트 콘크리트 분절(Segment) 바닥판의 강합성교로 교체하고자 할 때 구조설계와 시공 시 검토사항에 대하여 설명하시오.

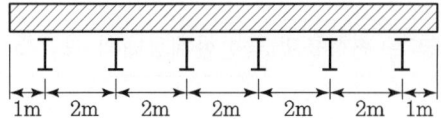

(a) 현장타설 콘크리트 바닥판 강합성교

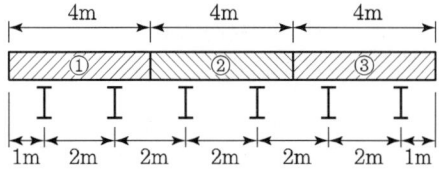

(b) 프리캐스트 콘크리트 분절 바닥판 강합성교

13. 2022. 01. 27부터 시행된 "중대재해 처벌 등에 관한 법률(약칭 : 중대재해처벌법)"의 시행 목적 및 중대재해 종류에 대하여 설명하시오.

2교시 다음 문제 중 4문제를 선택하여 설명하시오.(각 25점)

1. 다음과 같은 그림에서 두께가 얇고 플랜지가 넓은 개량형 PSC 거더에 지지된 캔틸레버부에 고정하중과 활하중(P_r)이 작용하고 있다. 현행 한계상태설계법으로 제정된 교량설계기준에 근거하여 콘크리트 바닥판에 대하여 다음의 항목을 검토하시오.(단, $f_{ck} = 35\text{MPa}$, $f_y = 400\text{MPa}$이다.)
   1) 극한한계상태 I, 사용한계상태 I, 사용한계상태 V에 대한 휨모멘트
   2) 극한한계상태 I에 대한 안전성

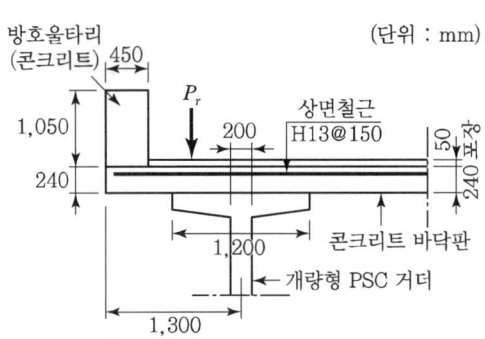

바닥판두께 : 240mm	
포장두께 : 50mm	
바닥판 상면에서 상면 철근 중심까지 거리 : 60mm	
바닥판 단부에서 외측거더 중심까지 거리 : 1,300mm	
PSC 거더	플랜지 폭 : 1,200mm
	복부 폭 : 200mm
H13철근 1EA 단면적 : 126.7mm²	

※ 검토조건

극한한계상태 : 콘크리트 변형률과 극한한계상태의 휨압축 합력의 계수

구분		계수값
n	상승 곡선부 형상지수	2.000
ε_{co}	최대응력에 처음 도달할 때의 변형률	0.0020
ε_{cu}	극한변형률	0.0033
α	압축합력 크기 계수	0.800
β	작용점 위치 계수	0.400
η	응력블록의 크기 계수	1.000

2. 특수교량에서 주로 사용되는 영구 계측기기의 설치목적과 종류별 설치위치에 대하여 설명하시오.

3. 그림과 같은 구조물의 고유진동수와 주기를 구하시오.(단, 부재 AC는 질량이 무시되는 강체이고, A는 힌지이며, m은 스프링에 매달린 질량이다.)

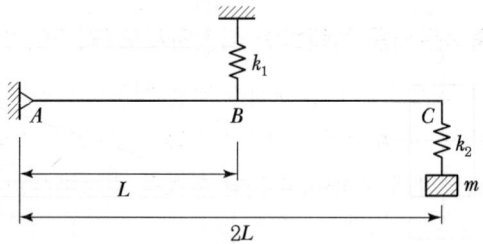

4. 고장력볼트의 접합 종류별 하중전달체계, 특징 그리고 조임방법에 대하여 설명하시오.

5. 교량의 내민받침[전단경간(a_v)/깊이(d)가 1.0 이하]에서 발생되는 파괴유형을 제시하고, 스트럿-타이모델과 철근배근 개념도를 제시하시오.

6. 다음과 같은 게르버보에서 최대처짐과 그 위치를 구하시오.(단, 휨강성 EI는 일정하다.)

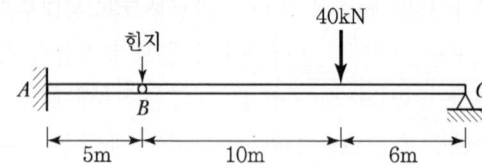

3교시 다음 문제 중 4문제를 선택하여 설명하시오.(각 25점)

1. 그림과 같이 기둥 상단부에서 압축력 P를 받고 하단부가 고정단으로 지지된 뼈대 구조가 있다. 기둥 상부에 횡방향 변위가 발생하면서 좌굴이 되는 경우, 좌굴하중을 구하시오.(단, 모든 부재의 길이와 휨강성은 각각 L과 EI로 일정하며, 부재의 축방향 변형과 전단변형 효과는 무시한다.)

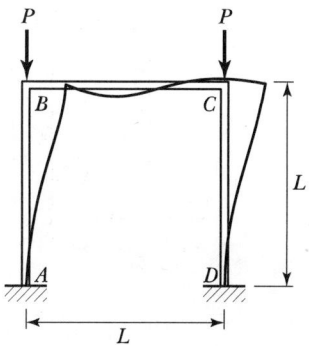

2. BIM(Building Information Modeling)을 활용한 교량계획 시 고려할 내용을 BIM 데이터의 상세수준(LOD : Level of Detail)별 적용단계와 연계하여 설명하시오.

3. 그림과 같이 편심 600mm인 긴장재(그림에서 점선 표시)에 1차 긴장력 $P_1 = 1,000$kN을 도입하여 제작한 길이 30m의 PSC 빔 2개를 연결하여 2경간 연속보를 시공하였다. 이 연속보에 추가 긴장재(그림에서 실선 표시)를 배치하고, $P_2 = 3,000$kN의 긴장력을 도입하였을 때 긴장력에 의한 중간지점 B와 경간중앙부의 최종모멘트를 구하시오.(단, 보에 작용하는 사하중과 손실의 영향은 무시한다.)

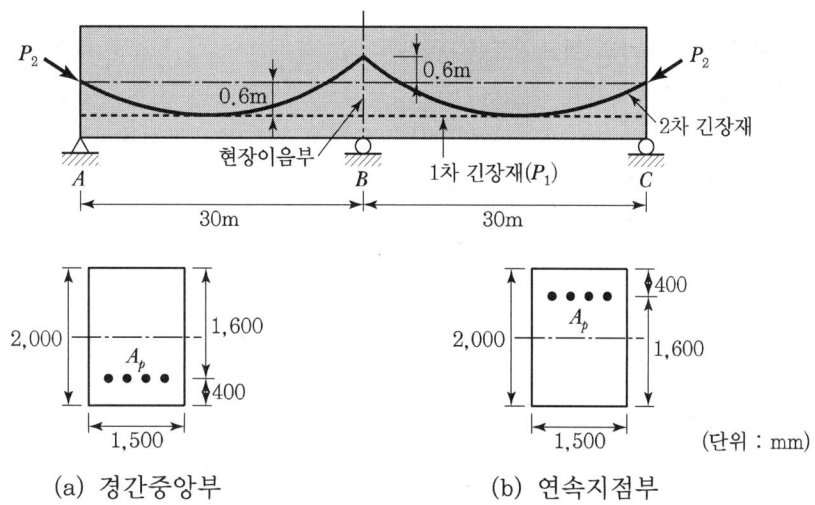

(a) 경간중앙부   (b) 연속지점부

4. 교량안전진단 시 사용하는 재하시험의 종류와 활용목적에 대하여 설명하시오.
5. 강구조물에서 발생할 수 있는 취성파괴 원인과 대책에 대하여 설명하시오.
6. 다음과 같은 그림에서 상부 플랜지의 폭(b_1)과 하부 플랜지의 폭(b_2)이 상이하고 상·하 플랜지 두께 중심선의 간격이 h인 I-형 단면의 전단중심(e)의 위치를 구하시오.

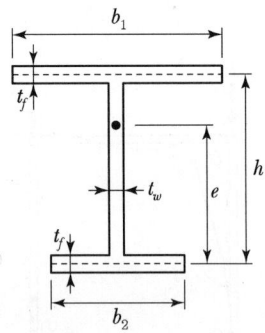

■■ 4교시 다음 문제 중 4문제를 선택하여 설명하시오.(각 25점)

1. 다음과 같은 연속보의 지점 B에서 지점침하(Δ)가 발생하였다. 이 연속보를 해석하여 전단력도와 휨모멘트도를 작성하시오.(단, 휨강성 EI는 일정하다.)

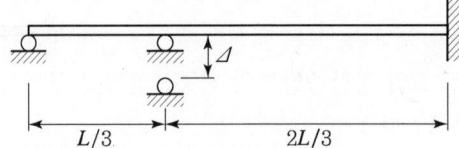

2. 강구조물에서 압축력과 휨모멘트를 동시에 받는 부재의 설계에 대하여 설명하시오.
3. 다음과 같은 그림에서 원형 구조물이 서로 직각으로 이루어진 두 개의 접촉면 사이에 놓여 있다. 구조물의 상단에 장력 T를 수평방향으로 작용시켜 이 구조물을 시계방향으로 회전시키려고 할 때 필요한 최소장력 T를 구하고, 그때 A, B면에 작용하는 반력 R_A, R_B와 마찰력 F_A, F_B를 구하시오.(단, 구조물과 접촉면의 마찰계수는 0.25이며, 자중 W = 280kN이다.)

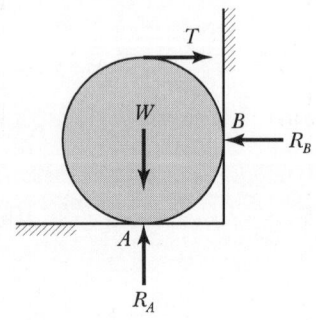

4. 탄성이론을 사용하여 프리스트레스트 콘크리트의 전단거동 특징을 철근콘크리트와 비교하여 설명하시오.
5. 하수, 오수 및 폐수처리장과 같이 지중에 설치되어 각종 오염된 물을 저장하며 처리하는 수처리 지중구조물 설계 시 주요 고려사항에 대하여 설명하시오.
6. 다음과 같은 그림에서 2경간 교량을 서울지역에 설치하기 위하여 내진설계를 진행하고자 한다. 내진설계는 붕괴 방지 수준만을 고려하고 내진 I 등급으로 건설하고자 한다. 교각부에 설치된 교량받침은 포트받침 고정단으로 연직용량 4,000kN의 2개로 수평방향 거동에 대한 구속효과를 부여하는 경우, 교축방향 지진에 대하여 아래 사항을 검토하시오.(단, 연직용량 4,000kN의 지진 시 허용수평력은 400kN이다.)
   1) 교축방향 고유진동수 및 고유주기(1차 모드 질량 참여율을 100%로 가정)
   2) 유효수평지반가속도(S) 및 지반증폭계수
   3) 설계스펙트럼가속도(S_a, g) 및 수평방향 지진력
   4) 적용된 받침 용량의 적정성

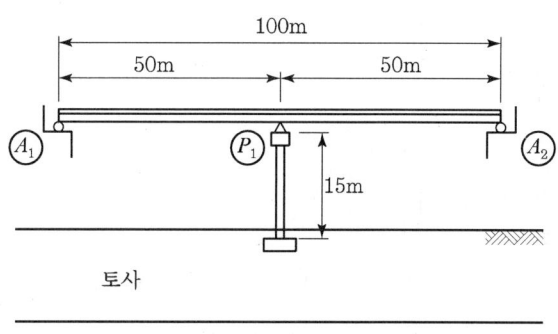

- 교각직경 = 2.0m
- 교각높이 = 15.0m
- 상부 고정하중은 전 연장에 걸쳐 균등하게 $w = 200$kN/m 작용
- 중력가속도 = 9.81m/s^2
- 토층 평균전단파속도, $V_{s,soil} = 500$m/s로 가정
- 교각의 질량은 무시함
- 교각의 전체 단면이 유효한 것으로 가정
- 교각의 콘크리트 압축강도 $f_{ck} = 40$MPa
- 확대기초로부터 기반암 상단까지 거리 15m
- 지진구역계수 0.11
- 위험도계수 1.4

※ 검토조건

1) 지반의 분류

지반 종류	지반 종류의 호칭	분류기준	
		기반암 깊이, H(m)	토층평균전단파속도, $V_{s,soil}$(m/s)
S_1	암반 지반	1 미만	–
S_2	얕고 단단한 지반	1~20 이하	260 이상
S_3	얕고 연약한 지반		260 미만
S_4	깊고 단단한 지반	20 초과	180 이상
S_5	깊고 연약한 지반		180 미만
S_6	부지 고유의 특성 평가 및 지반응답해석이 필요한 지반		

2) 가속도표준설계응답스펙트럼

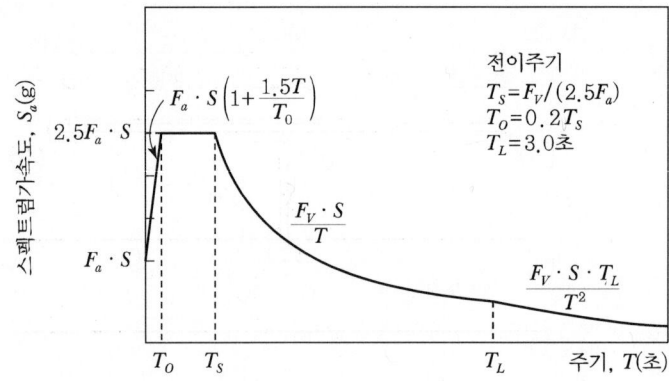

3) 지반증폭계수(F_a 및 F_v)

지반 종류	단주기 지반증폭계수, F_a			장주기 지반증폭계수, F_v		
	$S \leq 0.1$	$S = 0.2$	$S = 0.3$	$S \leq 0.1$	$S = 0.2$	$S = 0.3$
S_2	1.4	1.4	1.3	1.5	1.4	1.3
S_3	1.7	1.5	1.3	1.7	1.6	1.5
S_4	1.6	1.4	1.2	2.2	2.0	1.8
S_5	1.8	1.3	1.3	3.0	2.7	2.4

1교시

01 지하차도 계획 시 부력 방지대책의 종류와 특징에 대하여 설명하시오.

구분	부력방지 Anchor 사용	무근 콘크리트 사용	구조물에 부력방지 Key 설치
단면도	부력 방지 Anchor	무근 콘크리트 자중 증가	부력 방지 Key
공법 개요	인장부재를 써서 부력을 흙지반 또는 암지반에 전달하는 부력 방지공법	무근 콘크리트를 채움으로써 자중을 증가시켜 부력에 저항하는 공법	구조물 외측 하부에 Shera Key를 설치하여 측면마찰력으로 부력에 저항하는 공법
특징	• 저항효과가 큼 • 공사비 저렴 • 지지층이 필요함 • 유지보수가 어려움 • 시공성 보통	• 시공성 양호 • 공사비 다소 고가 • 하중과 발생응력의 흐름이 단순 • 부력 저항구조에 대한 유지보수 필요	• 시공성 양호 • 공사비 고가 • 유지관리 측면에서 유리 • 지하수위가 높은 경우 Key 길이 증가효과 감소

1교시

03

그림과 같은 구조물에서 케이블 부재 BC에 의하여 지지된 AB부재의 축방향 좌굴에 대한 안전율이 3.0인 경우, 재하 가능한 최대하중 W를 구하시오.[단, B점의 수직처짐과 부재의 압축파괴는 무시하고, AB부재의 탄성계수(E) = 2.1×10^5MPa, 유효좌굴길이계수(K) = 1.0으로 가정한다.]

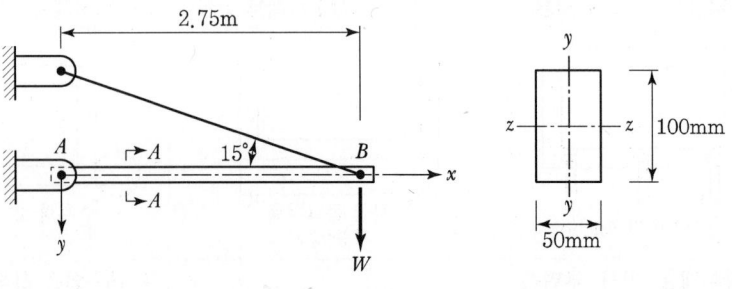

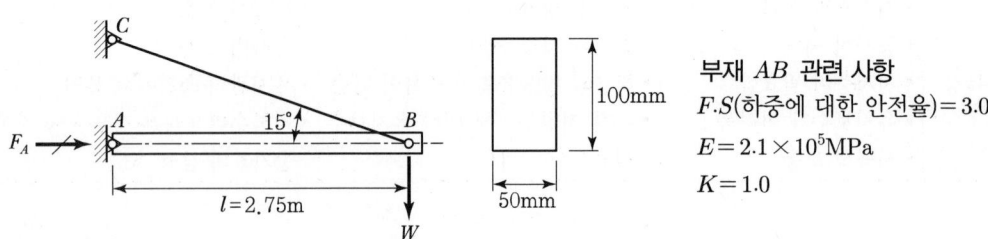

부재 AB 관련 사항
$F.S$(하중에 대한 안전율) = 3.0
$E = 2.1 \times 10^5$MPa
$K = 1.0$

1. $I_{\min}$(AB 부재)

$$I_{\min} = \frac{100 \times 50^3}{12} = 1,041,667 \text{mm}^4$$

2. P_a

$$P_a = \frac{P_{cr}}{F.S} = \frac{\pi^2 E I_{\min}}{F.S(kl)^2} = \frac{\pi^2 \times (2.1 \times 10^5) \times (1,041,667)}{3 \times (1 \times 2.75 \times 10^3)^2}$$
$$= 95.161 \times 10^3 \text{N} = 95.161 \text{kN}$$

3. F_A

   $\sum M_c = 0 (\downarrow \oplus)$
   $W \times 2.75 - F_A \times 2.75 \times \tan 15° = 0$
   $\therefore F_A = 2.732 W$

4. W

   $F_A = P_a$
   $3.732 W = 95.161$
   $\therefore W = 25.5 \text{kN}$

1교시
04. 현행 교량내진설계기준(한계상태설계법)에 제시된 내진설계기준의 기본개념에 대하여 설명하시오.

① 이 기준은 국토교통부의 내진설계일반(KDS 17 10 00, 2018. 12) 및 기타 연구결과 중 현재 수준에서 인정할 수 있는 일부 규정을 기존 설계기준의 체계에 맞도록 채택하여 개정되었다. 이 기준을 따르지 않더라도 창의력을 발휘하여 보다 발전된 설계를 할 경우에는 이를 인정한다.
② 현재의 설계기준은 다음의 붕괴방지 기본개념에 기초를 두고 있다.
- 인명피해를 최소화한다.
- 교량 부재들의 부분적인 피해는 허용하나 전체적인 붕괴는 방지한다. 또한 가능한 한 교량의 기본기능은 발휘할 수 있게 한다.
- 이러한 기본개념을 구현하기 위해서는 강도와 연성을 확보하여야 하며, 낙교 방지를 확보하여야 한다. 낙교 방지는 가능하면 특별한 장치 없이 교각의 연성거동을 수용할 수 있도록 하여 확보하고, 그렇지 않은 경우 낙교 방지 장치(전단키, 변위구속장치 등)를 설치하여 확보하여야 한다. 또한, 필요한 경우 지진격리시스템을 설치할 수 있다.

1교시
05. 프리스트레싱 강재에 요구되는 재료성능과 역학적 특징에 대하여 설명하시오.

1. PSC 강재에 요구되는 일반적 성질

① PSC 강재는 인장강도가 높아야 한다.
② 릴랙세이션이 작아야 한다. 릴랙세이션이 크면 응력손실이 크다.
③ PSC 강재는 응력 부식에 대한 저항성이 커야 한다.
④ 콘크리트와 부착이 좋아야 한다.

2. 강재 규정

① PSC에 사용되는 강선은 KSD 7002[PC 강선 및 PC 강연선 규정]에 따라야 한다.
② 강봉에 대한 것은 KSD 3505[PC 강봉 규정]에 따라야 한다.

3. PSC 강재 응력변형률 특성

(1) PSC 강재의 특성

① PSC 강재 인장강도는 고강도철근의 약 4배이다.
② PSC 강재 인장강도 크기는 강연선, 강선, 강봉 순서이다.
③ PSC 강재는 뚜렷한 항복점이 없다.

(2) PSC 강재의 탄성계수

$E_p = 2.0 \times 10^5 \mathrm{MPa}$

(3) PSC 강재의 릴랙세이션

① PSC 강재 릴랙세이션은 프리스트레스 힘이 도입된 시간부터 발생하므로 크리프보다 릴랙세이션으로 취급하는 것이 타당하다.
② 순 릴랙세이션이란 일정변형률하에서 일어나는 인장응력의 감소량을 말한다. 초기 인장응력과 현재 인장응력의 차를 초기 인장응력으로 나눈 값을 백분율로 표시한 것이다.
③ 겉보기 릴랙세이션이란 콘크리트 크리프, 건조 수축 등으로 초기 PSC 강재의 인장변형률이 시간 경과에 따라 감소하는 것을 말한다.

1교시

06. 여유도(Redundancy)를 중심으로 교량의 붕괴유발부재에 대하여 설명하시오.

1. 구조물의 여유도

(1) 하중경로 여유도

1개 혹은 2개 박스로 구성된 교량은 여유도가 없다.

(2) 구조적 여유도

단순경간, 2경간 연속, 3경간 이상 연속 구조물에서는 측경간은 여유가 없다.

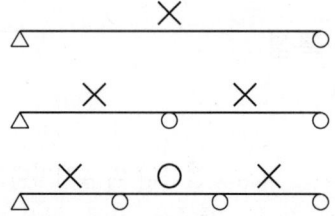

(3) 내적 여유도

상부구조의 구조형식을 이루는 부재 개수
① 볼트식 이음 : 내적 여유도 있음
② 용접식 이음 : 내적 여유도 없음

2. 붕괴유발부재

(1) 정의

파손 발생 시 구조물 전체가 붕괴될 수 있는 부재

(2) 붕괴유발부재 예

① 단재하 구조
  ㉠ 2개 이하의 주형이나 트러스를 갖는 구조
  ㉡ 단순경간 구조물의 주형
   - 콘크리트교 : Beam 구조
   - 강교 : 하부 플랜지 및 복부판
   - 트러스교 : 하현재
  ㉢ 연속경간
   - 콘크리트교 : 지간중앙 Beam 구조 및 지점부 슬래브
   - 강교 : 인장응력을 받는 플랜지 및 복부판
   - 곡선교 : 인장응력을 받는 플랜지, 격벽연결부

② 단실 구조와 다실 상자형 구조
  1개 박스형식의 상부 구조

1교시

08 케이블에 의하여 지지되는 교량에서 보강형에 발생되는 동적 진동의 종류에 대하여 설명하시오.

1. 개요

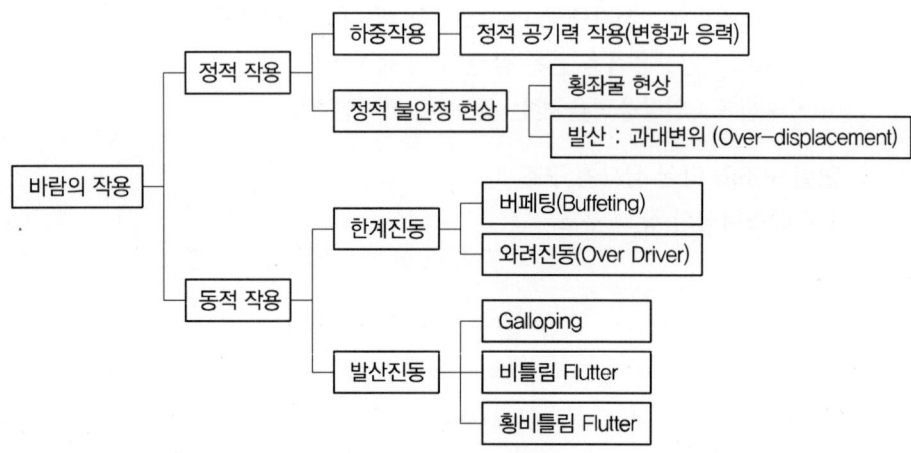

2. 각 현상의 특징

(1) 버페팅

바람의 교란에 의해 구조물에 불규칙한 진동이 생기고, 이 진폭은 풍속이 빨라지면 증가한다.

(2) 와려진동

비교적 저풍속 영역에서 발생하고, 풍속 및 진폭 모두 한정적이다.

(3) Galloping

유체 속의 물체가 흐름에 직각방향으로 진동하는 것에 의한 겉보기 앙각이 생겨 흐름에 비대칭성으로 발생하는 공기력이 가진력으로 되면서 생기는 발산진동이다

(4) 비틀림 Flutter

물체의 전폭에서 박리된 경계층이 물체에 재부착할 때, 진동과의 위상차로 생기는 비틂의 발산진동이다.

3. 동적 내풍설계 필요성 판정기준

구분	동적 내풍설계 필요한 조건	비고
비틀림 발산진동 (Torsional Flutter)	$L \times V_d/B > 350$	
연직 발산진동 (Vertical Flutter)	$L \times V_d/B > 350$, $B/d < 5$ $I_u < 0.15$	
와려 진동 (Vortex Shedding)	$L \times V_d/B > 200$ $I_u < 0.2$	

L : 최대경간장, V_d : 설계풍속, B : 폭원, d : 형고, I_u : 난류강도

1교시

09 기존 교량 주형에서 강성 부족으로 진동이 발생되는 경우 저감방안에 대하여 설명하시오.

진동저감 공법	휨 제어장치 설치	TMD 설치	주형강성 증대
공법 개요	주형 내의 두 지점 사이에서 발생하는 상태변위의 차를 이용하여 진동에너지를 흡수하여 수직진동을 감소시키는 방법	구조물의 고유진동수와 거의 같은 고유진동수를 가지고 진동에너지를 흡수, 소산하여 공진현상을 제거하는 방법	주형에 추가적인 부재를 설치 또는 콘크리트로 중량을 키워서 주형 전체의 강성을 키워 진동에 저항하는 방법
구조적 영향	거더 내부에 설치할 수 있어 공간 제약이 없음	거더 내부에의 설치가 곤란하므로 외부에 설치할 경우 공간 제약이 큼	내부에의 강성증대효과보다 외부에서의 증대효과가 크나 외부에의 설치가 곤란
저감 효과	온도에 의한 신축문제의 해결 및 미비한 진동에 대해서도 작동할 수 있는 구조로 차량의 이동하중과 같은 강제진동에 대한 진동저감 효과는 탁월	구조물의 자유진동 제어에는 효과가 크나 저감이 가능한 진동수 폭이 크지 않아 다양한 이동 하중에 의한 강제진동에는 효과가 미비	강성을 증대하여 진동저감 효과는 기대할 수 있으나 부가적으로 발생하는 중량 증대 등으로 인하여 내진에 대해서는 불리
시공 사례	중리육교, Wgtn Police Station(뉴질랜드)	건물이나 타워 등의 수평진동 제어용으로의 실적은 많으나 수직진동에 대한 사례는 적음 • 영국 : Millennium Bridge • 일본 : 우메다교	신간선 철도 교량 일부(일본), 응봉교(DB-18에서 DB-24로 성능개선을 통하여 진동저감을 기대함)

1교시
13. 2022. 01. 27부터 시행된 "중대재해 처벌 등에 관한 법률(약칭 : 중대재해처벌법)"의 시행목적 및 중대재해 종류에 대하여 설명하시오.

1. 목적

이 법은 사업 또는 사업장, 공중이용시설 및 공중교통수단을 운영하거나 인체에 해로운 원료나 제조물을 취급하면서 안전·보건 조치의무를 위반하여 인명피해를 발생하게 한 사업주, 경영책임자, 공무원 및 법인의 처벌 등을 규정함으로써 중대재해를 예방하고 시민과 종사자의 생명과 신체를 보호함을 목적으로 한다.

2. 중대재해 종류

① 사망자가 1명 이상 발생
② 동일한 사고로 6개월 이상 치료가 필요한 부상자가 2명 이상 발생
③ 동일한 유해요인으로 급성중독 등 대통령령으로 정하는 직업성 질병자가 1년 이내에 3명 이상 발생

2교시

02 특수교량에서 주로 사용되는 영구 계측기기의 설치목적과 종류별 설치위치에 대하여 설명하시오.

1. 정의

① 교량의 영구계측 시스템이란 교량의 유지관리에 핵심적인 요소로 교량의 주요 부분에 영구적인 계측센서를 부착하여 이로부터 다양한 정보를 제공받아 유지관리의 중요한 자료들을 확보하고자 설치하는 시스템을 말한다.
② 교량의 완공 이후 체계적인 유지관리가 이루어지지 않아 통행 안전성의 저하 및 교량의 수명 단축이 발생되므로, 교량 영구계측 시스템을 설치하여 각 교량의 유지관리에 필요한 자료를 제공하고 각 교량들을 내구성 및 사용성을 향상시켜야 한다.

2. 교량의 영구계측 시스템 구축의 목적

① **구조물의 유지관리 정보제공** : 각종 제공 자료로 교량의 사용성 및 안전성 평가
② **통행의 안전성 확보 및 교통관리 원활화** : 교량에 이상변형 발생 시 경보시스템 등의 발동 등으로 차량 및 보행자의 안전한 통과를 확보
③ **정보제공 및 자료 축적** : 특수교량 해석 및 설계에 귀중한 정보제공 및 기술개발을 위한 자료 축적

3. 주요 계측사항

① **지진** : 지진 발생 시 큰 피해에 대비하여 지진계 설치
② **바람** : 케이블로 지지된 교량(사장교, 현수교)의 내풍 안전성에 대한 풍향, 풍속 검토
③ **가속도** : 구조물 손상 등 동적 특성을 파악하는 가장 기본적인 계측 자료
④ **처짐** : 구조물의 거동을 파악하는 가장 직접적인 자료로 과다하중 작용 시 그 영향을 파악

4. 계측기기의 종류 및 설치 위치

① 지진계
  - 지진 발생 시 지진의 크기 및 파형을 지속적으로 감시하여 기준치 초과 시 경보를 발생하여 통행의 안전성 확보
  - 기초 상단에 설치

② 풍향, 풍속계(프로펠러형 : 층류 측정, 초임파형, 난류 측정)
- 바람에 대한 계측으로 풍하중의 크기 결정
- 사장교, 현수교의 주탑, 중앙부에 설치

③ 가속도계
- 교량 구조체의 풍향 및 진동에 의한 영향으로 야기되는 동역학적 특성 파악
- 사장교의 주탑, 케이블, 주형, 각 교량의 경간 및 중앙부에 설치

④ 변위계
- 레이저 광학장치포 교량의 수평, 수직 처짐 측정
- 사장교의 주형, 각 교량의 경간 및 중앙부에 설치

⑤ 온도계
- 실제온도를 측정하여 온도변화에 따른 구조물의 거동 및 영향 파악
- 사장교의 주형, 케이블, 각 교량의 경간 중앙 및 지점부에 설치

⑥ 케이블 장력제
- 시공 또는 완료 후에 케이블의 장력을 측정하여 구조해석, 온도변화, 시간에 따른 거동 해석
- 사장교의 각각의 케이블

⑦ 반력측정계
- 지점을 통하여 전달되는 사하중, 활하중의 분포 및 부반력 발생 여부 검토
- 각 교량의 교좌장치

2교시

03 그림과 같은 구조물의 고유진동수와 주기를 구하시오.(단, 부재 AC는 질량이 무시되는 강체이고, A는 힌지이며, m은 스프링에 매달린 질량이다.)

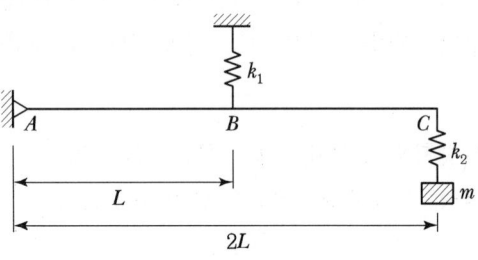

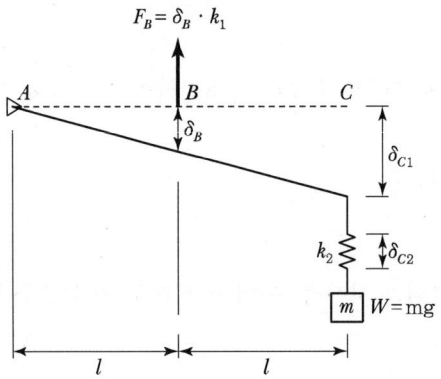

$\sum M_A = 0 (\downarrow \oplus)$

$W \times 2l - (\delta_B k_1)l = 0$

$\delta_B = \dfrac{2W}{k_1}, \quad \delta_{c1} = 2\delta_B = \dfrac{4W}{k_1}, \quad \delta_{c2} = \dfrac{W}{k_2}$

$\delta_c = \delta_{c1} + \delta_{c2} = \dfrac{4W}{k_1} + \dfrac{W}{k_2} = \dfrac{(k_1 + 4k_2)W}{k_1 k_2}$

$k_e = \dfrac{W}{\delta_c} = \dfrac{k_1 k_2}{(k_1 + 4k_2)W} \cdot W = \dfrac{k_1 k_2}{k_1 + 4k_2}$

$f_n = \dfrac{1}{2\pi}\sqrt{\dfrac{k_e}{m}} = \dfrac{1}{2\pi}\sqrt{\dfrac{k_1 k_2}{(k_1 + 4k_2)m}}$

$T = \dfrac{1}{f_n}$

2교시
04. 고장력볼트의 접합 종류별 하중전달체계, 특징 그리고 조임방법에 대하여 설명하시오.

1. 개요

고장력볼트는 볼트에 도입된 높은 인장력이 접합재의 접촉면에서 발생하는 마찰저항력을 유발시켜 소요 전단력에 견디도록 설계된 볼트를 말한다.

접촉면의 마찰력은 볼트 체결력과 마찰계수에 따라 결정되며 마찰면의 전단력이 소요 전단력에 견디지 못하고 미끄러질 경우 파괴된다고 가정하며 미끄럼 발생 후에는 일반볼트가 갖는 파괴형태를 가지게 된다.

2. 연결판의 파괴형태

① **판의 지압파괴** : 볼트와 맞닿는 부분의 지압판의 응력이 허용지압응력을 초과하여 발생하는 파괴형태
② **판의 인장파괴** : 볼트력이 작용하는 방향의 수직방향으로 이음판이 찢어지듯이 발생하는 파괴
③ **판의 전단파괴** : 연단부에 작용하는 전단력이 큰 경우 허용전단력을 초과하는 경우가 발생하며 이음판이 잘리듯이 파괴되는 형태
④ **연단부의 휨파괴** : 주로 이음판의 연단부에서 연단거리가 짧은 경우 단부에 인장응력이 발생하며 허용인장응력을 초과할 경우 균열이 발생하면서 파괴

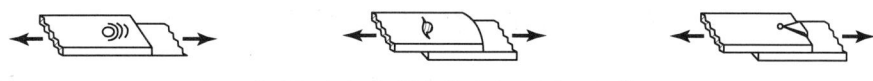

[이음판의 파괴형태(지압, 인장, 전단)]

3. 고장력볼트의 파괴형태

① **인장파괴** : 볼트의 축방향으로 과도한 인장응력이 생기는 경우 발생하는 볼트 파괴
② **전단파괴** : 1면 전단 혹은 2면 전단 연결에서 볼트에 작용하는 전단력이 허용 전단력을 초과하는 경우에 발생하는 파괴
③ **지압파괴** : 볼트면과 이음판의 접합부에서 볼트면에 과도한 지압응력이 작용하는 경우에 발생하는 볼트의 파괴형태
④ **휨파괴** : 이음판 혹은 모재의 두께가 두꺼운 경우 볼트에는 이음판 혹은 모재의 양끝단을 지지점으로 휨이 작용하게 되고, 이 휨응력이 허용응력을 초과할 때 발생하는 파괴

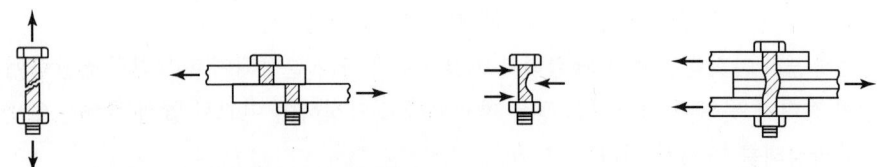

[고장력볼트의 파괴형태(인장, 전단, 지압, 휨)]

4. 토크쉬어형(T/S) 고장력볼트

(1) 볼트 조임에 대한 주의사항

① 볼트의 조임은 표준 장력을 얻을 수 있도록 1차 조임, 금매김, 본조임의 순으로 한다. 조임은 토크 관리법 또는 너트 회전법에 따른다.
  - 토크 관리법 : 축력계를 이용하여 시험볼트가 적정한 조임 토크를 얻도록 미리 보정하고 조정된 볼트 조임기를 이용하여 조이는 방법
  - 너트 회전법 : 실제 접합부에 상응하는 적절한 두께의 철판을 조임 작업에 이용하는 볼트 5개 이상으로 조임하여, 너트 회전량을 육안조사에 따라 모든 볼트에서 거의 같은 회전량이 생기는 것을 확인하여 조이는 방법

② 볼트의 조임은 볼트에 이상이 없는 것을 확인한 후 볼트의 머리 쪽과 너트 쪽에 와셔 1장씩 끼우고 너트를 회전시켜서 조인다.
③ 세트를 구성하는 와셔 및 너트에는 바깥쪽과 안쪽이 있으므로 볼트 접합부에 사용할 때에는 반대로 사용하지 않도록 주의한다.
④ 볼트의 조임 작업은 부재의 밀착에 주의하여 조임 순서대로 조임을 하고, 1차 조임, 금매김 및 본조임의 3단계로 작업한다.
⑤ 볼트의 조임 및 검사에 사용되는 기기 중 토크렌치와 축력계의 정밀도는 ±3% 오차 범위 이내가 되도록 충분히 정비된 것을 사용한다.

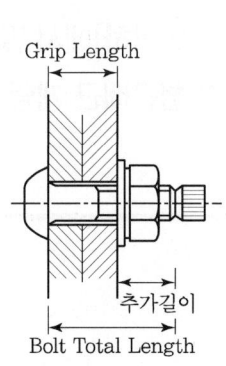
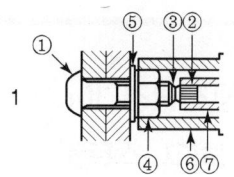
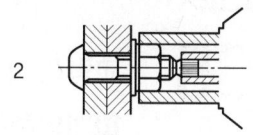
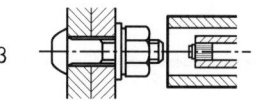
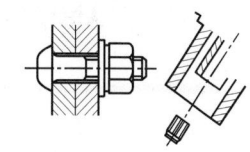

① Bolt ② Bolt Tip
③ Notched Part ④ Nut
⑤ Washer ⑥ Outer Sleeve
⑦ Inner Sleeve

[T/S 볼트의 구조 및 작동원리]

2교시

05 교량의 내민받침[전단경간(a_v)/깊이(d)가 1.0 이하]에서 발생되는 파괴유형을 제시하고, 스트럿 – 타이모델과 철근배근 개념도를 제시하시오.

1. 개요

기둥과 벽체에서 돌출된 형태로 하중을 지지하는 짧은 캔틸레버 보를 각각 Bracket과 Corbel이라 한다.

2. 브래킷의 역학적 거동

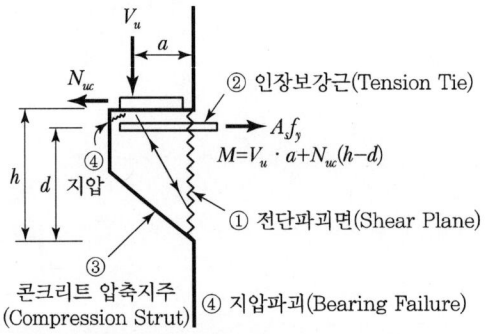

① 브래킷과 코벨의 지지부재와 경계면에 대한 직접 전단
② 직접 인장력과 휨모멘트에 의한 인장보강근의 항복
③ 브래킷 내부 Concrete 압축지주의 압괴 또는 전단파괴
④ 재하 지압과 하부의 지압(Bearing Failure) 또는 전단파괴

3. STM

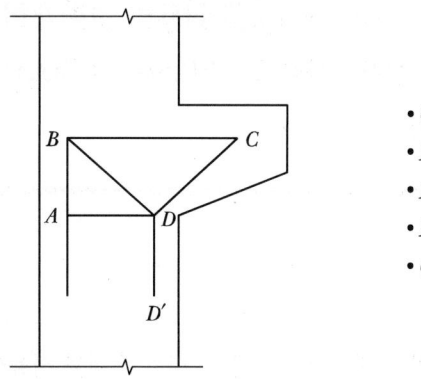

- CB : Tie
- BA : Tie
- DA : Tie
- BD : Strut
- CD : Strut

4. 철근 배근도

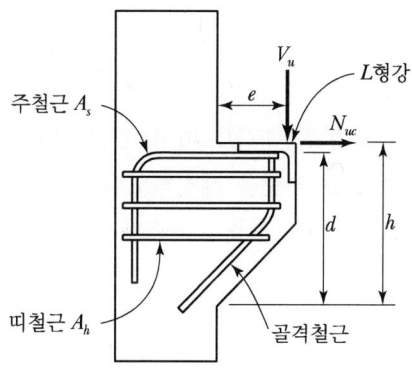

3교시

02. BIM(Building Information Modeling)을 활용한 교량계획 시 고려할 내용을 BIM 데이터의 상세수준(LOD : Level of Detail)별 적용 단계와 연계하여 설명하시오.

1. LOD의 정의

Geometry Data의 작성수준은 3D 형상의 상세표현으로 'LOD'라는 용어를 사용한다. LOD는 "Level Of Development"의 약어로 빌딩정보 모델링 프로토콜 양식의 작성을 위해 개발되었다.

2. LOD의 내용

일반적인 LOD의 표현 수준은 100~500단계로 구분하여 사용되고 있으며, 국내에서는 BIL(BIM Information Level)이라고 정의하고 표현 주준을 10~60단계로 구분하였다. LOD는 국내 기준의 BIL과 함께 표현되었으며, LOD 단계에 따라 설계단계에서부터 시공, 유지관리단계까지 적용할 수 있는 기준을 제시하였다. 적용단계별로 하나의 LOD로만 BIM Data가 구성되는 것이 아니라 BIM 적용의 목적에 따라 LOD를 혼용할 수도 있다.

3. 토목분야 BIM LOD

[LOD(Leve Of Development]

구분	형상	모델구분	내용	기획 설계 단계	기본 설계 단계	설치 설계 단계	시공 단계	유지 관리 단계
LOD100 (BIL 10)		개념형상 모델 (Concept Desing)	개념형태의 단순표현 수준으로 그래픽 표현만 가능한 수준	●	○	○	○	○
LOD200 (BIL 20)		일반형상 모델 (Schematic Design)	개략적인 수량, 위치, 크기 등의 형상 모델로만 구성된 수준	●	●	○	○	○
LOD300 (BIL 30)		상세형상 모델 (Detailed Design)	그래픽 정보에 주요 치수와 속성 등 일반적인 속성정보가 포함된 수준		●	●	○	○

구분	형상	모델구분	내용	기획설계단계	기본설계단계	실시설계단계	시공단계	유지관리단계
LOD350 (BIL 40)		정밀형상 모델 (Construction Documentation)	철근 형상의 표현 또는 타 솔루션과의 연계가 가능한 수준			●	●	○
LOD400 (BIL 50)		제작 모델 (Fabrication & Assembly)	제작을 위한 세부형상, 분할 및 조립 등 설치 정보가 포함되어 제작이 가능한 수준				●	●
LOD500 (BIL 50)		최종 준공모델 (As-Built)	시공 상황과 일치된 모델로 설계 및 시공 정보가 포함된 유지보수 연계 가능 수준					●

4. 교량 적용

분야	BIM 적용 활용방안		적용분야
교량구조	• 복잡부 시공성 검토 • 장비운영 계획 검토 • 2D Drawing revision 신속 변경	• 주요 가시설 계획 • 거푸집 및 철근 조립	Mook-up 모델 시각화

3교시

04 교량안전진단 시 사용하는 재하시험의 종류와 활용목적에 대하여 설명하시오.

1. 일반

재하시험은 실험적인 방법으로 교량의 거동을 해석하는 방법으로서, 정해진 규정에 따라 교량의 탄성거동에 영향을 주지 않는 크기로 결정된 기지의 하중을 교량의 특정 부위에 직접 재하하여 교량을 구성하는 주요 부재들의 실제 거동을 관찰 및 계측하는 시험이다.

재하시험의 목적은 교량의 실제 내하력을 정량화시키기 위함이며, 재하시험의 결과는 이론적인 방법으로 평가된 교량의 내하력을 보완하는 데 적용된다. 재하시험은 정적 및 동적 재하시험으로 구분하여 실시하되 의사정적 재하시험을 실시하는 경우에는 정적 재하시험을 생략할 수 있다. 재하시험을 시행할 경우에는 시험방법, 시험하중, 계측기기의 운영, 시험원의 자격요건 및 안전조치 계획 등을 포함한 신중한 계획이 이루어져야 한다. 내하력 평가에서 재하시험의 세부목적은 다음과 같다.

- 교량의 실제 정적 및 동적 거동 평가
- 처짐, 진동 등에 대한 사용성 검토
- 새로운 해석방법 및 설계기법의 검증
- 교량의 결함원인 분석 및 규명
- 해석에 의한 내하력이 작은 경우 실제 거동을 반영한 내하력을 결정하여 교량 유지관리의 경제성 향상
- 보수, 보강 효과 확인
- 교량의 동특성(진동수, 진동모드 및 감쇠비) 평가
- 설계도서 및 보수, 보강 이력자료가 미비한 교량의 내하력 평가

2. 재하시험 대상 교량 선정

내하력 평가과정에서 재하시험 대상 교량은 내하력 평가목적, 교량상태 평가 및 선행구조해석 결과와 다음에 기술한 사항을 종합적으로 고려하여 선정하여야 한다.

(1) 재하시험이 필요한 경우

① 설계도서가 충분치 않아 교량의 내하력 및 거동을 이론적인 방법으로만 평가할 수 없는 경우

② 교량의 구조계에 변경이 있는 보강을 실시하였거나 일부 부재가 원설계와 다른 부재로 교체되어 교량의 전체적인 거동을 이론적인 방법만으로 해석하기 어려운 사유가 있는 경우
③ 이론적인 방법으로 평가한 교량의 내하력이 관리주체가 정한 관리수준 목표 이하여서 교량의 실계 여유내하력을 평가하고자 하는 경우
④ 교량의 노후화, 구성재료의 전반적인 열화와 주유 부재의 손상 등의 사유로 인하여 이론적인 방법으로만 교량의 정확한 내하력 평가가 불가능하다고 판단되는 경우
⑤ 기타 교량의 동적 특성을 평가하고자 하는 경우

(2) 재하시험이 적합하지 않은 경우

① 상태 평가 결과가 양호하고, 이론적인 방법으로 평가한 내하력이 관리수준 목표를 상당히 초과하는 경우, 단, 초기 점검에서 실시하는 재하시험은 예외로 한다.
② 교량의 심각한 노후화 또는 손상이 진행되어 긴급한 보강이 필요한 경우. 단, 보강 후에는 필요한 경우 재하시험을 실시하여 보강효과를 확인하도록 한다.
③ 평가자가 판단할 때 내하력 평가에서 재하시험이 불필요한 경우

3. 재하시험 계획

(1) 시험경간 선정

① 시험경간은 주형의 손상상태, 신축이음의 상태, 받침상태, 보수 및 보강이력 등을 고려하여 종합적으로 가장 취약하고 최대응답이 발생할 것으로 예측되는 경간을 선택함을 원칙으로 하되 교량 총연장에 따라 시험경간 개소를 증가시킬 수 있다.
② 상부구조가 2개 이상의 형식으로 구성되었거나 연속교와 단순교의 조합으로 구성된 경우, 형식별로 1개 경간을 선정하여 재하시험을 실시하는 것이 바람직하다.
③ 단, 주형식 이외의 나머지 형식이 주형식의 일부로 분류 가능하거나 손상 및 노후상태, 하부구조상태, 구성비율, 보강이력 등을 고려할 때 재하시험의 필요성이 없는 경우는 예외로 한다.
④ 국부적 충돌사고 및 손상, 일부 경간의 보강효과 검증 등 특수한 목적을 위한 재해시험은 예외로 한다.

(2) 계측기 및 센서의 부착

① 대상 교량의 구조형식 및 계측목적에 따라 센서 및 계측기의 종류, 부착 위치 및 개소 수, 재하하중, 시험 횟수 등을 결정한다.
② 계측기와 센서는 압축·인장 휨변형률, 전단변형률, 최대처짐, 진동 및 동적 특성, 균열거동 등을 계측하기 위하여 부착한다.

③ 센서를 부착할 경우 직사광선, 습기, 이물질에 의한 손상 및 간섭을 받지 않도록 방습 및 보호처리를 한다.

(3) 재하하중 선택

재하하중은 교량의 형식과 설계활하중 및 노후 정도를 고려하여 하중재하로 인한 계측효과를 충분히 얻을 수 있도록 재하하중을 정하여야 한다. 교량의 노후 및 손상 정도가 심하여 재하시험으로 추가적인 손상이 우려되는 경우는 선행 구조해석을 통하여 시험차량의 중량을 결정하는 것이 바람직하다.

(4) 재하시험 계획

① 재하시험 시기는 교량의 주변 여건, 교통량, 보행자의 안전 등 경제적, 사회적 손실을 고려하여 교통통제의 영향이 적은 시간대를 선정한다.
② 우천 시나 대기온도가 계측기의 작동 범위를 벗어날 때는 적절한 대책을 마련하지 않는 한 재하시험을 실시하지 않는다.

(5) 안전계획

① 재하시험원 및 교통통제원은 주·야간 모두 육안으로 식별이 가능한 복장을 착용한다.
② 차량의 안전운행을 위하여 각종 교통통제용 안전간판, 비상조명등, 보조장비를 설치하여 운영한다.
③ 재하시험 종료 후 부분적으로 훼손된 교량 표면을 원상 복구한다.

4. 정적 재하시험

정적 재하시험은 센서의 부착, 측정장비와 센서의 연결, 측정장비 및 센서의 점검, 시험차량의 중량 및 제원 확인, 재하위치 표시, 교통통제 등이 완료되면 시작하도록 한다.
정적 재하시험은 다음과 같은 목적에 따라 정적 처짐 또는 정적 변형률을 측정한다.

- 중립축 위치 판단
- 하중의 횡분배
- 부재의 강성
- 응력 및 처짐의 영향선
- 계산응력과 측정응력의 비교

(1) 시험방법

① 재하시험은 재하차량 이외에 하부도로의 일반차량이 완전히 통제된 상태에서 실시한다.

② 재하경우별로 시험경간에 재하차량을 포함한 활하중이 전혀 재하되지 않은 상태에서 매 재하 경우마다 0점조정을 실시하여 시험결과를 정리할 때 반영토록 한다.
③ 상부구조의 진동, 소음, 충격 등이 측정결과에 영향을 미칠 수 있으므로 시험차량은 시동을 끈 후 구조체의 응답시간을 고려하여 약 1분 정도의 측정대기 시간을 가진 후 측정하는 것이 좋다.
④ 재하 경우별로 2회 이상 반복측정을 실시하는 것이 바람직하다.
⑤ 활하중 재하위치는 설계조건, 차량조건을 고려하여 계측 대상부재에 최대응답이 발생하도록 결정하고, 대칭성과 중첩성을 확인할 수 있는 재하조건을 적어도 1회 이상 실시하는 것으로 한다.
⑥ 전면 교통통제에 따른 차량지체가 예상되고, 교통사고의 가능성이 높은 경우에는 재하 횟수를 합리적으로 줄여서 시행할 수 있다.

(2) 정적 처짐

정적 처짐의 측정 위치는 대상 교량의 규모와 재하시험의 목적에 따라 결정한다. 각 주형의 지간 중앙부에는 반드시 측점을 설치하고 필요에 따라 경간의 1/4지점, 3/4지점(또는 1/3지점, 2/3지점) 등 측점수를 증가시킨다.

(3) 정적 변형률

정적 변형률의 측정 위치는 대상 교량의 구조적 특성과 재하시험의 목적에 따라 결정한다.

5. 동적 재하시험

교량의 동적 재하시험은 크게 시험차의 주행에 따른 동적 응답으로부터 실제 교량의 충격계수 및 진동평가를 위한 시험과 교량의 동적 특성을 구하기 위한 시험의 두 가지로 분류할 수 있다.

(1) 차량 주행시험

① 특수한 목적을 제외하고 동적 재하시험은 재하차량 이외에 하부도로의 일반차량이 완전히 통제된 상태에서 실시한다.
② 정적 재하시험용 계측기와 동적 재하시험용 계측기가 상이한 경우 계측기의 측정오차를 검정하기 위하여 동적 재하시험용 계측기를 사용하여 정적 재하시험과 동일한 1개 재하 경우를 선택하여 정적 재하시험을 실시한다.
③ 시험차량의 주행속도는 상행차선과 하행차선에서 각각 최저 10km/h에서부터 현장여건상 가능한 최대 주행속도까지 10km/h 간격으로 속도를 증가시키면서 교량의 동적 응답신호를 측정한다.

④ 측정결과를 이용하여 교량의 충격계수, 동적 변형률, 가속도, 진동주기, 고유진동수에 따라 사용성 측면에서의 교량진동 특성을 분석한다.

(2) 동적 특성 시험

① 교량의 동적 특성, 즉 고유진동수, 감쇠율, 모드형상을 구하는 시험으로서 상시 미진동, 주행차량에 의한 진동, 가진기에 의한 진동 등을 가속도계 및 변위계로 측정하는 시험이다.

② 장대교의 경우 내진안전도, 내풍안전도를 평가함에 있어 대상 교량의 동특성이 기본자료로 활용되며 공용중인 교량에서 기간 경과에 따른 동특성의 차이는 교량의 손상 정도를 평가하는 데 사용될 수 있다.

3교시

05 강구조물에서 발생할 수 있는 취성파괴 원인과 대책에 대하여 설명하시오.

1. 정의

Notch, 볼트 구멍 및 용접부와 같이 응력집중부가 많은 강재나, 저온으로 강재가 냉각되거나, 급작스런 충격하중 등의 여러 가지 요인이 강재에 중복되어 작용할 때 강재의 인장강도나 항복강도 이하에서 소성 변형을 일으키지 않고 갑작스럽게 파괴되는 현상을 취성파괴라 한다.

2. 피해사례

① 파괴의 진행속도가 빠르다.
② 비교적 저온에서 발생한다.
③ 강재의 절취부나 용접결함부에 유발되기 쉽다.
④ 낮은 평균응력에서 파괴된다.

3. 발생원인

(1) 강재의 인성 부족

① 재료의 화학성분 불량으로 금속조직에 결함이 있을 때
② 과도한 잔류응력이 있을 때
③ 설계응력 이상의 인장응력이 발생할 때
④ 취성파괴에 저항이 낮은 강재를 사용했을 때
⑤ 온도 저하로 인한 인성이 감소됐을 때
⑥ 경도가 너무 큰 고강도강재를 사용했을 때

(2) 강재 결함에 따른 응력집중

① 용접열 영향으로 재료의 이상경화 시
② 용접 결함으로 응력이 집중될 때
③ 응력 부식이 진행될 때
④ 강재 단면의 급격한 변화가 있을 때
⑤ 볼트 및 리벳 구멍, Notch와 같은 응력집중부가 있을 때

(3) 반복하중에 의한 피로현상

4. 취성감소 대책

① 부재설계 시 응력집중계수 최소화
② 고강도 강재선택 시 충격흡수에너지 점검
③ 동절기 강재용접 시 예열 등의 열처리 실시
④ 구조물 설치 시 과도한 외력작용 방지

5. 결론

강재의 취성파괴는 소성 변형을 동반하지 않고 갑자기 파괴되는 매우 불안정한 파괴형태이므로 파괴원인이 되는 재료의 인성 부족과 강재 결함에 의한 응력집중 및 반복하중에 의한 피로현상 등이 발생하지 않도록 설계, 부재제작 및 설치에 기술자의 보다 세심한 배려가 필요하다.

3교시

06 다음과 같은 그림에서 상부 플랜지의 폭(b_1)과 하부 플랜지의 폭(b_2)이 상이하고 상·하 플랜지 두께 중심선의 간격이 h인 I-형 단면의 전단중심(e)의 위치를 구하시오.

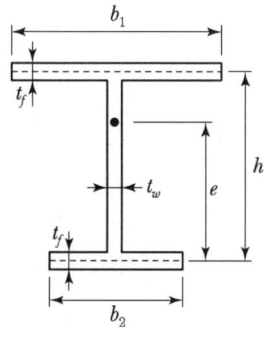

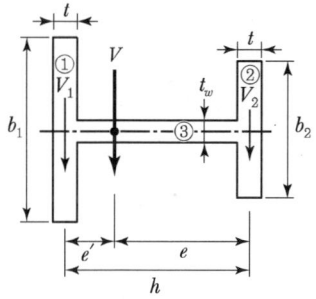

$$\frac{1}{\rho} = \frac{M_1}{EI_1} = \frac{M_2}{EI_2} = \frac{M_3}{EI_3}$$

$(I_1 \gg I_3,\ I_2 \gg I_3,\ M_3 \fallingdotseq 0)$

$$\frac{M_1}{I_1} = \frac{M_2}{I_2}$$

$$M = M_1 + M_2 = M_1 + \frac{I_2}{I_1}M_1 = \frac{I_1 + I_2}{I_1}M_1$$

$$M_1 = \frac{I_1}{I_1 + I_2}M,\quad M_2 = \frac{I_2}{I_1 + I_2}M$$

$$\left(V = \frac{dM}{dx} \rightarrow \frac{V_1}{V_2} = \frac{M_1}{M_2}\right)$$

$$V_1 = \frac{I_1}{I_1 + I_2}V,\quad V_2 = \frac{I_2}{I_1 + I_2}V$$

$$V_1 \cdot e' = V_2 \cdot e$$

$$e = \frac{V_1}{V_2}e' = \frac{I_1}{I_2}(h-e)$$

$$eI_2 = I_1(h-e)$$

$$e = \frac{I_1}{I_1 + I_2}h$$

$$\left(I_1 = \frac{tb_1^{\,3}}{12},\ I_3 = \frac{tb_2^{\,3}}{12}\right)$$

$$e = \frac{b_1^{\,3}h}{b_1^3 + b_2^3}$$

4교시

01
다음과 같은 연속보의 지점 B에서 지점침하(Δ)가 발생하였다. 이 연속보를 해석하여 전단력도와 휨모멘트도를 작성하시오.(단, 휨강성 EI는 일정하다.)

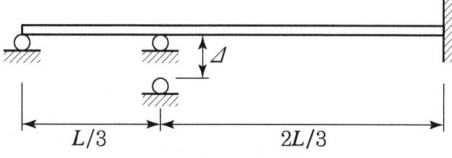

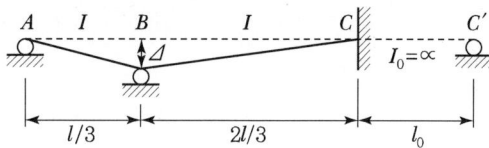

$(A-B-C)$

$$M_A\left(\frac{l/3}{I}\right)+2M_B\left(\frac{l/3}{I}+\frac{2l/3}{I}\right)+M_C\left(\frac{2l/3}{I}\right)=\frac{6E(\Delta)}{l/3}+\frac{6E(\Delta)}{2l/3}$$

$$6M_B+2M_c=\frac{81EI\Delta}{l^2} \quad \cdots\cdots\cdots\cdots\cdots\cdots\cdots\cdots (1)$$

$(B-C-C')$

$$M_B\left(\frac{2l/3}{I}\right)+2M_C\left(\frac{2l/3}{I}+\frac{l_o}{I_o}\right)+M_C{}'\left(\frac{l_o}{I_o}\right)=\frac{6E(-\Delta)}{2l/3}+0$$

$$2M_B+4M_C=-\frac{27EI\Delta}{l^2} \quad \cdots\cdots\cdots\cdots\cdots\cdots\cdots\cdots (2)$$

식 (1)과 (2)를 연립하여 풀면

$$M_B=\frac{18.9EI\Delta}{l^2},\ M_e=-\frac{16.2EI\Delta}{l^2}$$

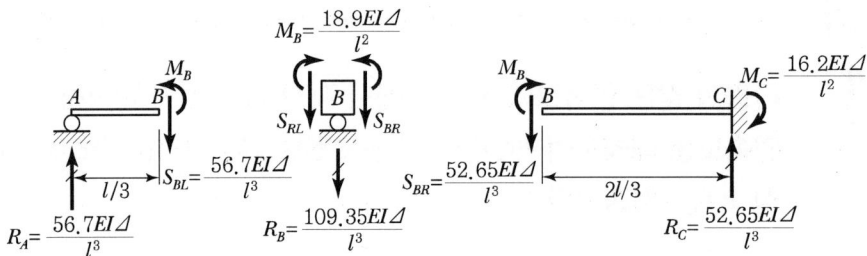

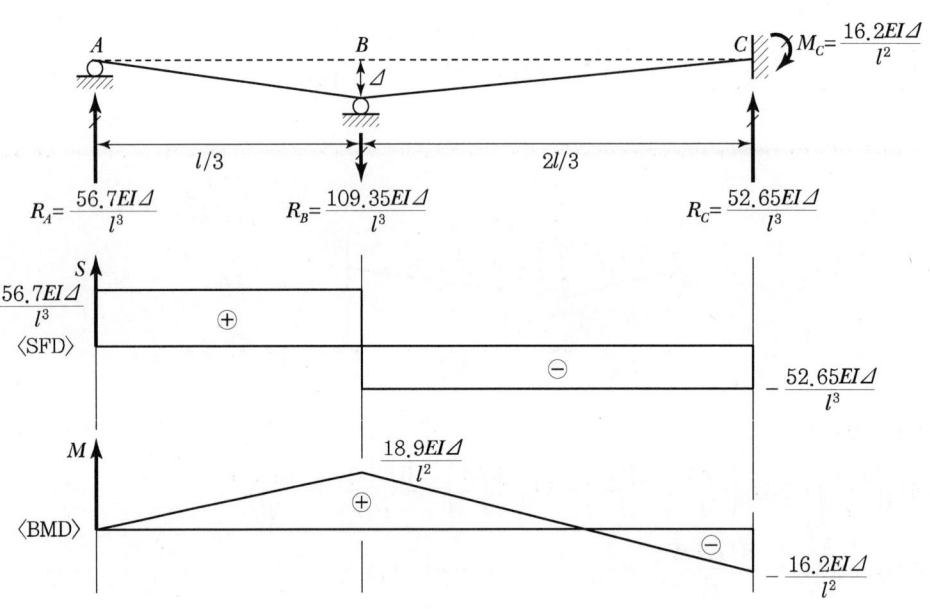

4교시

02 강구조물에서 압축력과 휨모멘트를 동시에 받는 부재의 설계에 대하여 설명하시오.

1. 압축력과 휨을 받는 부재의 설계

① $\dfrac{P_r}{P_c} \geq 0.2$ 인 경우

$$\dfrac{P_r}{P_c} + \dfrac{8}{9}\left(\dfrac{M_{rx}}{M_{cx}}\right) \leq 1.0 \quad \cdots\cdots\cdots\cdots (1)$$

② $\dfrac{P_r}{P_c} < 0.2$ 인 경우

$$\dfrac{P_r}{2P_c} + \left(\dfrac{M_{rx}}{M_{cx}}\right) \leq 1.0 \quad \cdots\cdots\cdots\cdots (2)$$

2. 각 항목을 구하는 방법

① P_r : 소요 압축강도(N)

$P_r = P_u = 1.2 P_D + 1.6 P_L$

② P_c : 설계 압축강도(N)

$P_c = \phi_c P_n \ (\phi_c = 0.9)$

$P_n = F_{cr} A_g$

㉠ $\dfrac{KL}{r} \leq 4.71\sqrt{\dfrac{E}{F_y}}$ 또는 $\dfrac{F_y}{F_e} \leq 2.25$ 인 경우

$$F_{cr} = \left[0.658^{\frac{F_y}{F_e}}\right] F_y$$

㉡ $\dfrac{KL}{r} > 4.71\sqrt{\dfrac{E}{F_y}}$ 또는 $\dfrac{F_y}{F_e} > 2.25$ 인 경우

$$F_{cr} = 0.877 F_e$$

③ M_{rx} : 소요 휨강도(Nmm)

$M_{rx} = B_1 M_{nt}$

$$B_1 = \frac{C_m}{1-\left(\dfrac{P_r}{P_e}\right)} \geq 1.0 \;,\; C_m = 0.6 - 0.4\left(\frac{M_1}{M_2}\right) \geq 0.4$$

$\left(\dfrac{M_1}{M_2}\right)$의 부호는 복곡률 : (+) / 단곡률 : (−)

$$P_e = \frac{\pi^2 EI}{(KL)^2}$$

④ M_{cx} : 설계 휨강도(Nmm)

$M_{cx} = \phi_b M_n \; (\phi_b = 0.9)$

M_n : 소성 Moment, 국부좌굴 강도, 횡 비틀림 좌굴 강도 중 최솟값

㉠ 소성 Moment $M_p = F_y Z_x$

㉡ 국부좌굴 강도

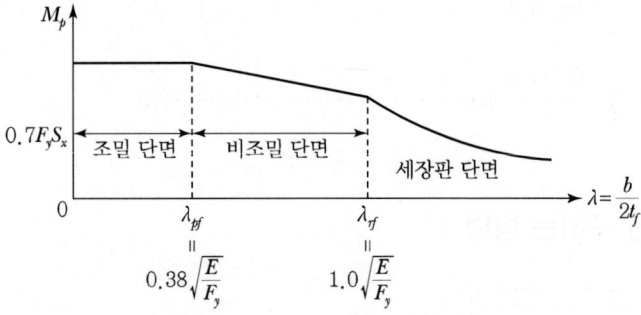

- 조밀 단면($\lambda \leq \lambda_{pf}$)

  $M_n = M_p$

- 비조밀 단면($\lambda_{pf} < \lambda \leq \lambda_{rf}$)

  $M_n = M_p - (M_p - 0.7 F_y S_x)\left(\dfrac{\lambda - \lambda_{pf}}{\lambda_{rf} - \lambda_{pf}}\right)$

- 세장판 단면($\lambda > \lambda_{rf}$)

  $M_n = \dfrac{0.9 E K_c S_x}{\lambda^2}$

ⓒ 횡 비틀림 좌굴 강도

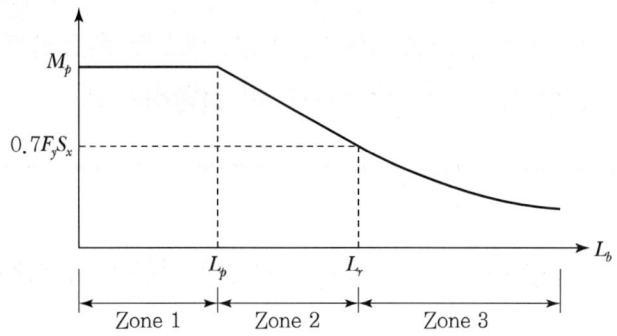

- $L_b \leq L_p$ 인 경우(Zone 1)

  $M_n = M_p = F_y Z_x$

- $L_p < L_b \leq L_r$ (Zone 2)

  $M_n = C_b \left[M_p - (M_p - 0.7 F_y S_x) \left(\dfrac{L_b - L_p}{L_r - L_p} \right) \right] \leq M_p$

- $L_b > L_r$ (Zone 3)

  $M_n = M_{cr} = F_{cr} S_x \leq M_p$

  $F_{cr} = \dfrac{C_b \pi^2 E}{\left(\dfrac{L_b}{r_{ts}} \right)^2} \sqrt{1 + 0.078 \dfrac{Jc}{S_x h_o} \left(\dfrac{L_b}{r_{ts}} \right)^2}$

  여기서, $L_p = 1.76\, r_y \sqrt{\dfrac{E}{F_y}}$

  $L_r = \pi r_{ts} \sqrt{\dfrac{E}{0.7 F_y}}$

  $r_{ts} = \sqrt{\dfrac{I_y h_o}{2 S_x}}$

3. 부재의 안전성 검토

식 (1) or (2)로 검토한다.

4교시

04 탄성이론을 사용하여 프리스트레스트 콘크리트의 전단거동 특징을 철근콘크리트와 비교하여 설명하시오.

1. Mohr원을 이용한 RC보와 PSC보의 지점부 부근의 응력분포

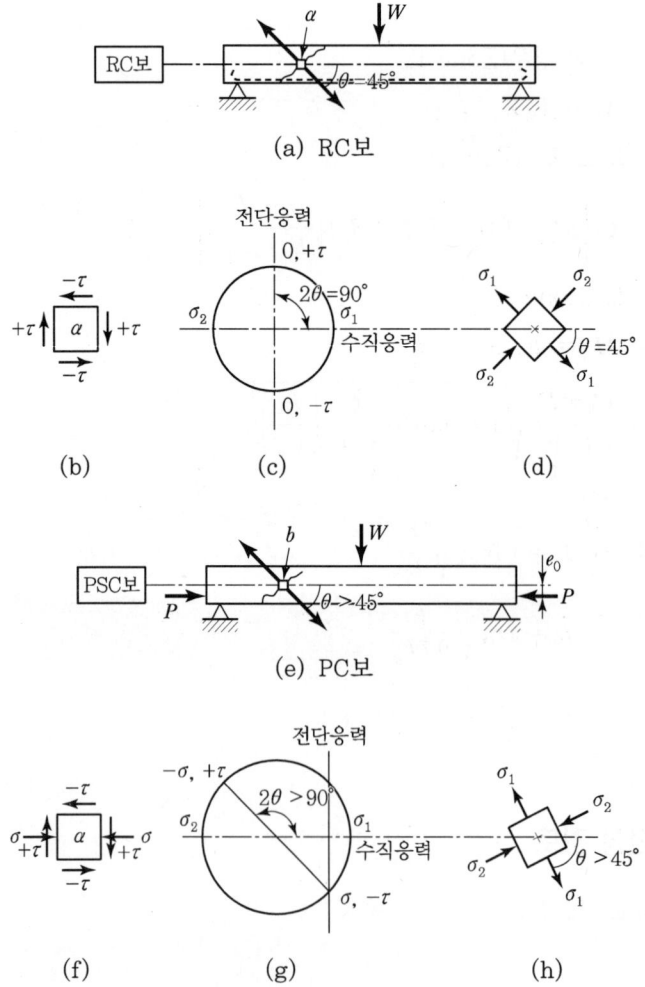

2. PSC보의 전단력

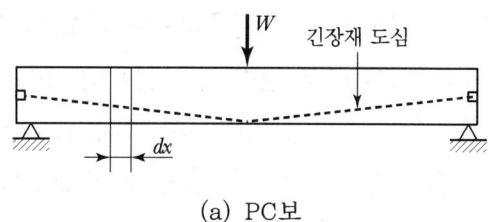

(a) PC보

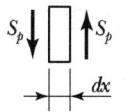　　　　　　　　　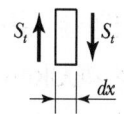

(b) 프리스트레스 힘에 의한 전단력　　　(c) 하중에 의한 전단력

① 긴장재가 곡선 배치되는 경우 상향력이 발생되며 이로 인해 $(-)\ V_p$ 전단력이 발생
② 하중의 한 하향력에 의해 $(+)\ V_l$ 전단력 발생
③ 전단력의 감소
　$V =$ 하향전단력(V_l) – 상향전단력(V_p)

3. PSC보와 RC보의 비교

구분	PSC보	RC보
전단력 크기	V_l	$V_l - V_p$
응력분포	$\tau = \dfrac{(V_l - V_p) \times Q}{I^* b}$, $f_t = -\dfrac{P_i}{A_c} \pm \dfrac{P_i e_p}{Z} \mp \dfrac{M_{d1}}{Z}$	$\tau = \dfrac{V_l \times Q}{I^* b}$
주응력	$f_{1,2} = \dfrac{-f_x}{2} + \sqrt{(\dfrac{f_x}{2})^2 + \tau^2}$	$f_{1,2} = \tau$
주응력 각도	$\tan 2\theta = 2 \times \dfrac{\tau}{f_x}$	$\tan 2\theta = 2 \times \dfrac{\tau}{f_x}$

① 전단력의 크기가 감소하여 복부의 두께가 감소할 수 있다.
② 주인장응력의 크기가 감소하여 전단균열 가능성이 작아진다.
③ PSC보의 사인장 균열 각도 2θ는 RC보의 각도보다 더 큰 각으로 발생된다. 따라서, 수직스트럽을 배치하는 경우 사인장 균열이 더 많은 스트럽과 교차한다.

4교시

06 다음과 같은 그림에서 2경간 교량을 서울지역에 설치하기 위하여 내진설계를 진행하고자 한다. 내진설계는 붕괴 방지 수준만을 고려하고 내진 I 등급으로 건설하고자 한다. 교각부에 설치된 교량받침은 포트받침 고정단으로 연직용량 4,000kN의 2개로 수평방향 거동에 대한 구속효과를 부여하는 경우, 교축방향 지진에 대하여 아래 사항을 검토하시오.(단, 연직용량 4,000kN의 지진 시 허용수평력은 400kN이다.)

1) 교축방향 고유진동수 및 고유주기(1차 모드 질량 참여율을 100%로 가정)
2) 유효수평지반가속도(S) 및 지반증폭계수
3) 설계스펙트럼가속도(S_a, g) 및 수평방향 지진력
4) 적용된 받침 용량의 적정성

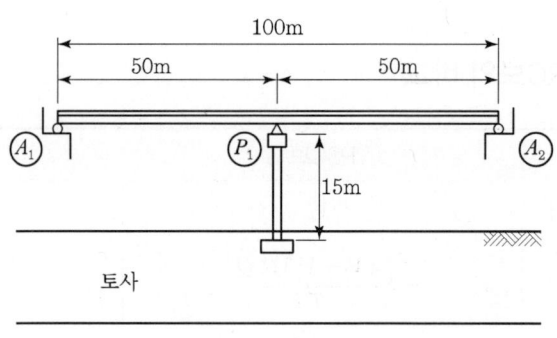

- 교각직경 = 2.0m
- 교각높이 = 15.0m
- 상부 고정하중은 전 연장에 걸쳐 균등하게 $w = 200\text{kN/m}$ 작용
- 중력가속도 = 9.81m/s^2
- 토층 평균전단파속도, $V_{s,soil} = 500\text{m/s}$로 가정
- 교각의 질량은 무시함
- 교각의 전체 단면이 유효한 것으로 가정
- 교각의 콘크리트 압축강도 $f_{ck} = 40\text{MPa}$

- 확대기초로부터 기반암 상단까지 거리 15m
- 지진구역계수 0.11
- 위험도계수 1.4

(검토조건)

1) 지반의 분류

지반 종류	지반 종류의 호칭	분류기준 기반암 깊이, H(m)	분류기준 토층평균전단파속도, $V_{s,soil}$(m/s)
S_1	암반 지반	1 미만	–
S_2	얕고 단단한 지반	1~20 이하	260 이상
S_3	얕고 연약한 지반	1~20 이하	260 미만
S_4	깊고 단단한 지반	20 초과	180 이상
S_5	깊고 연약한 지반	20 초과	180 미만
S_6	부지 고유의 특성 평가 및 지반응답해석이 필요한 지반		

2) 가속도표준설계응답스펙트럼

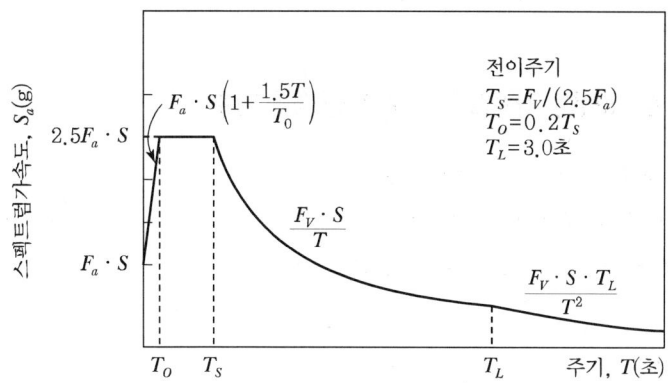

3) 지반증폭계수(F_a 및 F_v)

지반 종류	단주기 지반증폭계수, F_a			장주기 지반증폭계수, F_v		
	$S \leq 0.1$	$S = 0.2$	$S = 0.3$	$S \leq 0.1$	$S = 0.2$	$S = 0.3$
S_2	1.4	1.4	1.3	1.5	1.4	1.3
S_3	1.7	1.5	1.3	1.7	1.6	1.5
S_4	1.6	1.4	1.2	2.2	2.0	1.8
S_5	1.8	1.3	1.3	3.0	2.7	2.4

1. 교축방향 고유진동수 및 고유주기

(1) 교각의 강성

고정받침이지만 회전변위가 있으므로 교각 강성은

$$k = \frac{3EI}{l^3}$$

$$E = 8,500\sqrt[3]{f_{cu}} = 8,500\sqrt[3]{f_{ck}+4} = 8,500\sqrt[3]{40+4} = 30,008\text{N/mm}^2$$

$$I = \frac{\pi d^4}{64} = \frac{\pi(2)^4}{64} = 0.785398\text{m}^4$$

$$k = \frac{3 \times 30,008 \times 10^6 \times 0.785398}{(15)^3} = 20,949,531.7\text{N/m}$$

(2) 고유진동수 및 고유주기

$$W = 200\text{kN/m} \times 100\text{m} = 20,000\text{kN} = 2 \times 10^7\text{N}$$

$$f_n = \frac{1}{2\pi}\sqrt{\frac{k}{m}} = \frac{1}{2\pi}\sqrt{k\left(\frac{g}{w}\right)} = \frac{1}{2\pi}\sqrt{\frac{20,949,531.7 \times 9.8}{2 \times 10^7}} = 0.51\text{Hz}$$

고유진동수 $T = \dfrac{1}{f_n} = \dfrac{1}{0.51} = 1.96\sec$

2. 유효 수평지반 가속도(S) 및 지반증폭계수

$S = A \times I = 0.11 \times 1.4 = 0.154g$

지반 종류 $V_s = 500\text{m/s}$ 이므로 S_2 지반

지반증폭계수 $F_a = 1.4$, $F_v = 1.45$

3. 설계 스펙트럼 가속도(S_a, g) 및 수평방향 지진력

(1) 가속도 표준 설계응답 스펙트럼

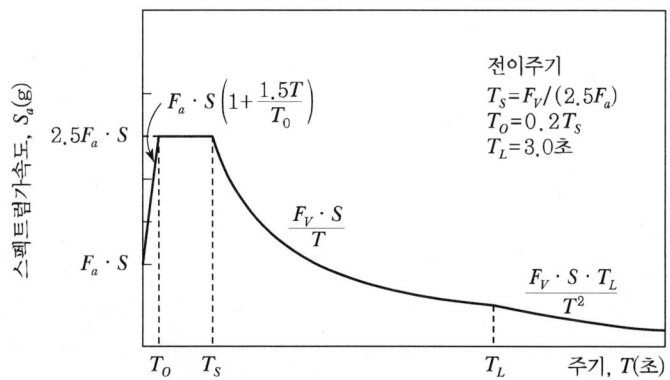

$$S_a = \frac{F_v \cdot S}{T} = \frac{1.45 \times 0.154g}{1.96} = 0.11393g$$

(2) 수평방향 지진력

$$F = m \cdot S_a = \left(\frac{w}{g}\right) \times 0.11393g = 0.11393 \times 20,000\text{kN} = 2,278.6\text{kN}$$

4. 적용된 받침 용량의 적정성

$$F = 2,278\text{kN} > F_a = 400 \times 2 = 800\text{kN} \quad \therefore \text{ N.G}$$

제130회 토목구조기술사

CHAPTER 17

CHAPTER 17 130회 토목구조기술사

1교시 다음 문제 중 10문제를 선택하여 설명하시오.(각 10점)

1. 철근콘크리트 구조물의 성능기반 설계 시 휨모멘트 재분배를 고려한 선형탄성 해석에 대하여 설명하시오.
2. 철근콘크리트 보의 표피철근 배치에 대하여 설명하시오.
3. 콘크리트 구조물에 설치되는 강재 앵커의 인장과 전단에 의한 파괴 모드에 대하여 설명하시오.
4. 한계상태설계법(KDS 24 10 11) 설계원칙에 기술된 연성에 대하여 설명하시오.
5. 철근과 콘크리트의 부착파괴 시 뽑힘파괴와 쪼갬파괴의 파괴양상 및 특성에 대하여 설명하시오.
6. 자기치유 콘크리트의 종류별 기술 개념에 대하여 설명하시오.
7. 사장교 케이블(Cable)의 횡방향 배치방법에 대하여 설명하시오.
8. 경사교대에 작용하는 토압과 설계방법에 대하여 설명하시오.
9. 인장력을 받는 교량 바닥판의 배근에 대하여 설명하시오.
10. 철근콘크리트 압축부재의 최소·최대 철근량 제한사유에 대하여 설명하시오.
11. 비부착긴장재가 배치된 모든 프리스트레스트 콘크리트 휨부재에 최소 부착철근이 배치되도록 규정하고 있는 이유에 대하여 설명하시오.
12. 강구조물의 용접이음 시 용접부 잔류응력의 영향과 그 대책에 대하여 설명하시오.
13. 재료비선형을 고려하여 해석할 수 있는 섬유요소(Fiber Element)에 대하여 설명하시오.

2교시 다음 문제 중 4문제를 선택하여 설명하시오.(각 25점)

1. 정밀점검 및 정밀안전진단의 내용을 비교하여 설명하시오.
2. 트러스교 형식의 대표적인 구조 형상과 해석 시 기본가정이 갖는 구조적 의미에 대하여 설명하시오.
3. 신뢰도 기반 설계기준에 대하여 설명하시오.
4. 아래 그림과 같은 지간 30m 등지간 3경간 연속보에서 지점 B의 휨모멘트(M_B)에 대한 영향선의 종거를 각 지간 중앙점 1, 2, 3 위치에 대하여 구하시오.(단, 보의 EI는 일정하다.)

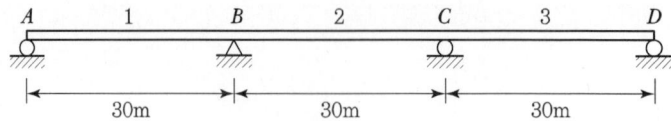

5. 다음은 사장교의 원리를 설명하는 단순 모델이다. 보 중앙에 설치된 케이블의 강성(剛性)을 스프링상수로 치환한 아래 단순보에 등분포하중 $w=10\text{kN/m}$이 재하되고 스프링상수 k값이 아래 조건과 같이 변할 때, 보에 대한 휨모멘트도를 작성하고 k값이 변함에 따라 휨모멘트가 어떻게 변화하는지 설명하시오.(단, 보의 $EI=7\times10^6\text{kN}\cdot\text{m}^2$이며 자중은 고려하지 않는다.)

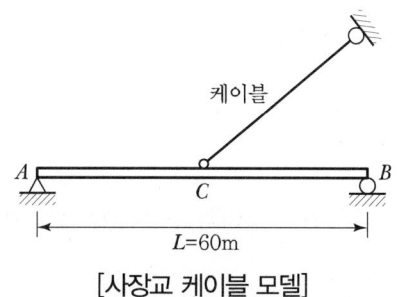

[사장교 케이블 모델]

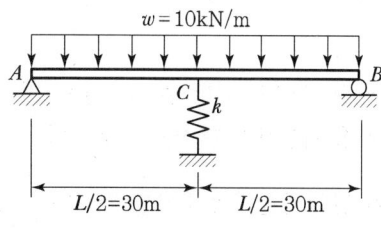

[단순화한 치환 모델]

〈조건〉
① 스프링상수 $k=0$
② 스프링상수 $k=4{,}000\text{kN/m}$
③ 스프링상수 $k=\infty$

6. 다음 그림에 나타낸 강재골조구조물(수평부재 3개, 수직부재 1개)에서 수직부재는 강체로 수평변위는 없으며 수직변위만 발생한다. 모든 보의 자중은 무시하고, 보의 휨강성 $EI=3\times10^3\text{kN}\cdot\text{m}^2$이며 수직재의 총중량 $W=700\text{kN}$이다. 보의 길이는 5m이고 간격은 1m이다.
1) A, B, C 모두 고정단인 경우, 구조물의 수직방향 고유진동수를 구하시오.
2) B 지점만 손상을 받아 힌지로 변한 경우, 구조물의 수직방향 고유진동수를 구하시오.
3) B 지점 손상 시, 손상 전과 동일한 고유진동수를 갖기 위한 수직부재 중량을 구하시오.

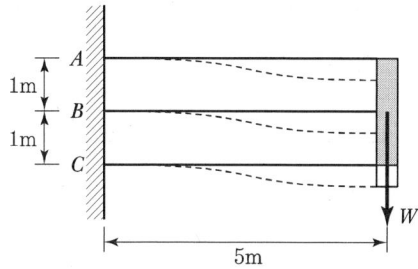

· 3교시 다음 문제 중 4문제를 선택하여 설명하시오.(각 25점)

1. 프리스트레스트 콘크리트 부재는 비균열등급, 부분균열등급, 균열등급으로 구분된다. 이러한 3등급의 프리스트레스트 콘크리트 부재와 철근콘크리트 부재에 대하여 사용성에 관한 설계요구조건을 다음과 같은 항목으로 비교하시오.
   1) 처짐 계산 근거
   2) 사용하중에서 응력을 계산할 때 단면 성질
   3) 허용응력
   4) 균열 제어를 위한 철근의 응력 계산
   5) 사용하중에 의한 연단인장응력

2. 실제 건설기술에서 적용할 수 있는 다양한 스마트 기술들의 정의와 건설분야 활용 예시에 대하여 각각 항목별로 구분하여 설명하시오.

3. 기본 및 실시설계단계에서 건설사업관리인이 수행하는 설계시공성 검토 절차 및 내용에 대하여 설명하시오.

4. 그림과 같이 12m 단순보가 상연측과 하연측에 온도경사 하중을 받고 있다. 보는 폭이 600mm, 높이 1,200mm로 직사각형 형상인 콘크리트 구조이며, 상연측 300mm 깊이에 24℃의 온도경사가, 하연측 200mm 깊이에 10℃의 온도경사가 분포한다. 보의 일단은 힌지로 지지되어 축방향으로 구속되어 있으며, 타단은 롤러로 지지되어 축방향으로 비구속되어 있다. 이때 온도경사 하중에 의해 보 단면에 발생하는 응력을 보의 깊이에 따라 산정하고 도시하시오.(단, 보의 온도선팽창계수 $\alpha = 1.2 \times 10^{-5}$℃, 탄성계수 $E = 35$GPa이다.)

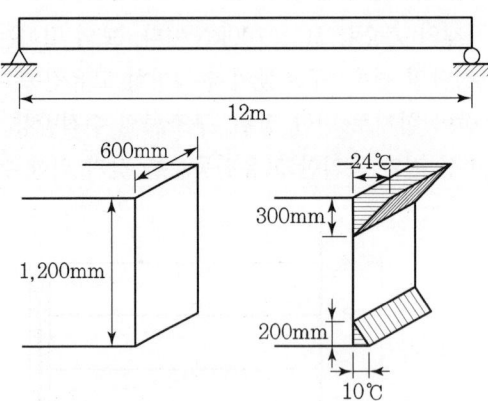

5. 아래 그림과 같이 반지름이 R인 사분원호형(四分圓弧形) 캔틸레버보 자유단 A에 연직하중 P를 작용시킬 때 자유단의 연직변위 δ_v와 수평변위 δ_h의 비(比) δ_v/δ_h를 구하시오.(단, 보의 EI는 동일하며 굽힘변형만을 고려하고, 다음 삼각함수 공식을 참고하시오.)

$$\text{2배각 공식}: \sin 2\theta = 2\sin\theta\cos\theta, \ \cos 2\theta = 1 - 2\sin^2\theta$$

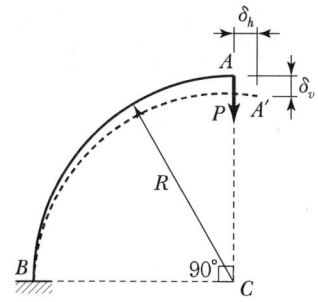

6. 아래 그림과 같은 강재 판형 거더(Steel Plate Girder) 중앙에 $P=1,000\text{kN}$의 집중하중을 재하하였다. 이때 지점 A로부터 우측으로 4m 떨어지고 중립축($N.A$)에서 위쪽으로 10cm 떨어진 점 D의 응력상태에 대한 Mohr의 원을 그리고, 주인장응력 σ_1의 크기와 방향 θ_p를 구하시오.(단, 거더의 자중은 무시한다.)

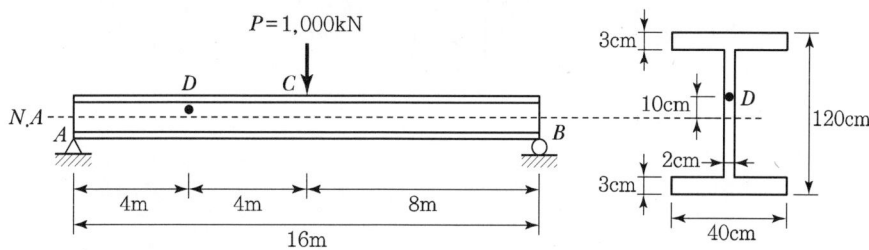

4교시 다음 문제 중 4문제를 선택하여 설명하시오.(각 25점)

1. 교량안전진단 시 동적 재하시험 수행방법과 이를 통해 얻어진 데이터를 활용하여 안전성과 사용성을 평가하는 방법에 대하여 설명하시오.
2. 설계VE 적용 대상 선정 시 "건설기술진흥법 시행령" 제75조에 따른 법적 기준과 일반적 기준에 대하여 설명하시오.
3. 새로운 형태의 프리스트레스트 콘크리트 거더 교량 등 구조물을 개발할 때, 구조성능 실험을 통해 확인해야 하는 주요 성능의 종류와 그 평가방법을 설명하시오.
4. 철골철근(鐵骨鐵筋) 콘크리트(SRC, Steel framed Reinforced Concrete) 구조의 특징을 강구조 및 철근콘크리트 구조와 각각 비교하고 부재의 단면설계방법에 대하여 설명하시오.
5. 아래 그림과 같은 50m 높이의 강체 구조물이 있다. 중량 1kN의 물체를 한쪽이 A지점에 고정된 케이블 끝단에 묶어 A점에서 자유낙하시킨다. 케이블의 길이는 20m이고 케이블의 스프링계수는 200N/m이며, 케이블 자중은 무시한다.
    1) 물체가 지표면에서 가장 가까울 때 지표면까지의 물체의 최소거리를 구하시오.
    2) 케이블에 작용하는 최대작용력을 구하시오.

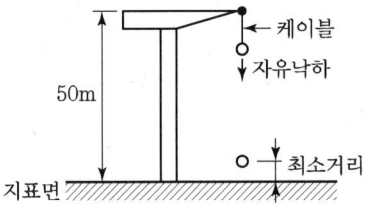

6. 다음 볼트 군(群) 중에서 최대응력을 받는 볼트에 작용하는 힘을 구하시오.

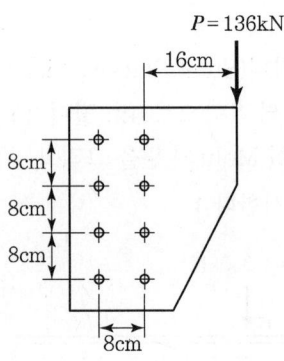

1교시
02 철근콘크리트 보의 표피철근 배치에 대하여 설명하시오.

$$s = 345\left(\frac{k_{cr}}{f_s}\right) - 2.5 C_c \quad \cdots\cdots\cdots\cdots\cdots\cdots\cdots\cdots\cdots\cdots\cdots\cdots\cdots\cdots\cdots\cdots\cdots (1)$$

$$s = 300\left(\frac{k_{cr}}{f_s}\right) \quad \cdots\cdots\cdots\cdots\cdots\cdots\cdots\cdots\cdots\cdots\cdots\cdots\cdots\cdots\cdots\cdots\cdots\cdots\cdots\cdots (2)$$

보의 높이 h가 900mm를 초과할 경우에는 인장 연단으로부터 $\frac{h}{2}$ 의 높이까지, 보의 양쪽 측면을 따라 종방향 표피철근(Longitudinal Skin Reinforcement)을 균일하게 배치해야 한다.
이때 표피철근의 간격 s는 식 (1)과 (2)에 따라야 하고, c_c는 표피철근 표면으로부터 부재 측면까지의 최단거리이다.
여기서 표피철근(Skin Reinforcement)이란 아래 그림에 보인 바와 같이 보의 전체 높이가 900mm를 초과하는 휨부재에서 복부의 양 측면에 부재 축방향으로 배치하는 보조철근을 말한다. 이전에는 이것을 표면철근(Surface Reinforcement)이라고 불리어 왔으나, 표면철근의 양보다는 간격이 균열제어에 주된 영향을 준다는 연구결과에 따른 것이다.

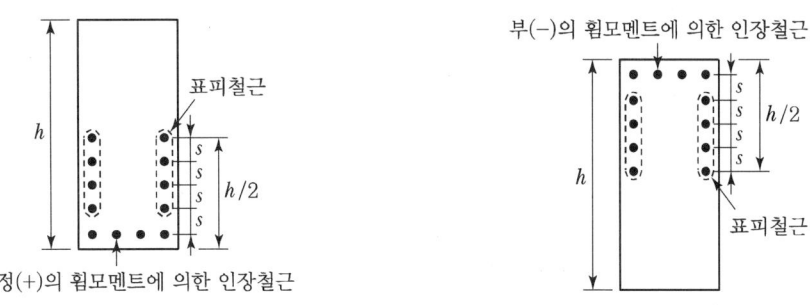

[보 및 장선(Joist)에 있어서의 표피철근]

1교시

04. 한계상태설계법(KDS 24 10 11) 설계원칙에 기술된 연성에 대하여 설명하시오.

① 교량구조계는 극한한계상태 및 극단상황한계상태에서 파괴 이전에 현저하게 육안으로 관찰될 정도의 비탄성 변형이 발생할 수 있도록 형상화 및 상세화되어야 한다.

② 콘크리트 구조의 경우 연결부의 저항이 인접구성요소의 비탄성 거동에 의해 발생하는 최대 하중효과의 1.3배 이상이면 연성요구조건을 만족하는 것으로 간주할 수 있다.

③ 에너지 소산장치는 연성을 제공하는 방법으로 인정될 수 있다.

- 극한한계상태에 대해서는

  $\eta_D \geq 1.05$, 비연성 구성요소 및 연결부

  $\eta_D = 1.00$, 이 코드에 부합하는 통상적인 설계 및 상세

  $\eta_D \geq 0.95$, 이 코드가 요구하는 것 이외의 추가 연성보강장치가 규정되어 있는 구성요소 및 연결부

- 기타 한계상태의 경우

  $\eta_D = 1.00$

1교시
06 자기치유 콘크리트의 종류별 기술 개념에 대하여 설명하시오.

1. 개요

1990년대 후반부터 열화 및 손상에 대해 자기치유 기능을 부여한 인텔리전트 재료나 스마트 재료라는 개념을 도입하기 시작해 토목·건축분야에서도 콘크리트 구조물의 내구성과 관련하여 균열 저감 및 유지·보수 등의 신 영역으로서 많은 관심을 가지고 있지만, 여전히 실용화 수준까지는 도달하지 못한 실정이다. 그러나 최근 들어 미국, 유럽, 일본 등에서 고도성장기에 제작된 콘크리트 구조물의 유지·보수 비용이 나날이 증가함에 따라 콘크리트의 고유 특성인 균열을 저감시키거나, 스스로 치유할 수 있는 스마트 구조물이나 인텔리전트 콘크리트의 개념이 대두되면서 실제 건설현장에서도 적용이 가능할 수 있을지를 검토하기 위한 연구가 구미 선진국을 중심으로 빠르게 진행되고 있는 추세이다.

2. 자기치유 콘크리트의 종류별 특성

① 현재 콘크리트에 자기치유 기능을 부여하는 연구는 콘크리트에 접착제 공급용 파이프의 매설 방법, 콘크리트 내부에 접착제를 갖는 단섬유의 혼입방법, PP 섬유를 혼입하여 부식 환경하에서 균열의 치유방법, 형상 기억합금 철근을 사용한 균열의 복원방법, 균열 내부에 물을 공급하여 균열의 표면부 재수화를 통한 균열의 제어방법, 조립 시멘트, 플라이애시, 팽창재의 이용방법, 전기적 수화역학 방법 및 추가 디바이스의 이용방법 등이 있다. 최근에는 미생물을 이용한 연구가 활발하다.

② 콘크리트 구조물에 발생한 균열의 심각성을 인식하여 콘크리트 구조물의 장기 수명화를 목적으로 번잡한 검사나 보수작업을 필요로 하지 않고, 콘크리트에 발생하는 미세한 균열에도 수시의 점검 등이 필요없이 Sporosarcina Pasteurii 등의 미생물이 탄산칼슘을 석출시키는 생체광물형성작용을 이용하여 콘크리트 그 자체에 자기치유 기능을 부여하는 것이다.

③ 유·무기계 활용한 연구에서는 무기계 치유 소재의 가공기술(조립화, 코팅 등)과 섬유(PVA Fiber, PP Fiber), 스마트폴리머(SAP), 이중층 수산화물(LDH) 등의 유기 소재를 활용한 자기치유 기술을 개발했다. 유·무기계 치유 소재는 콘크리트에 균열이 발생하면 치유물질의 결정화, 치유 생성물의 충진, 수화 반응 결합과 팽창의 과정을 거치며 균열을 치유할 수 있다는 것이 특징이다.

④ 박테리아를 활용한 연구에서는 생체광물을 형성하는 박테리아와 슬라임을 형성하는 박테리아를 활용하는 자기치유 기술을 개발했고, 콘크리트 박테리아의 생존과 치유성 원천 기술을 확보했다. 2종류의 생체광물 형성 박테리아를 혼합 배양하는 기술과 담체화 기술을 개발함으로써 생체광물 형성 박테리아의 콘크리트 내 생존율을 높이고, 치유효과의 지속성을 향상시켰다.

⑤ 또한 슬라임을 활용해 1단계 연구에서 내황산 코팅-보수재가 개발됐고, 실용화에 성공해 현장에서 활용 중이다. 이를 기반으로 2단계 연구에서는 염소금속화학물 저감능 균주와 호염(好鹽) 슬라임 형성 균주를 복합해 염해 열화에 노출된 해양 콘크리트 구조물의 표면을 치유하는 내염해 코팅-보수기술을 개발하고 있다.

⑥ 캡슐 활용 자기치유 기술 연구에서는 캡슐의 형태에 따라 고상캡슐과 마이크로캡슐로 구분해 실용화를 위한 코어와 캡슐 제조기술을 확보하고, 대량생산설비를 통해 시제품을 제조하고 이를 검증했다. 무기계열의 자기치유 소재를 입상화하는 고상캡슐 제조기술을 개발했고, 고상캡슐의 입도에 대한 연구결과를 기반으로 최적 입도의 고상캡슐을 제조해 제품화했다.

⑦ 또한 마이크로 캡슐 기반 자기치유 기술을 응용해 코팅재 형태로 제품화했으며, 코어 소재의 종류에 따라 다양한 용도의 치유소재로 활용될 수 있다. 특히 표면코팅용 도료에 혼합해 콘크리트 표면 균열을 치유할 수 있는 마이크로캡슐을 개발하고, 대량생산해 콘크리트 표면의 균열에 대한 치유효과를 검증했다. 뿐만 아니라 캡슐의 치유재료에 대한 연구개발을 통해, 수용성 규산염($M+SiO_3$)에 기반한 자기치유형 표면보수재를 개발해 현재 Mock-up 시험을 통해 치유성능을 평가 중이다.

1교시
07 사장교 케이블(Cable)의 횡방향 배치방법에 대하여 설명하시오.

교축 직각방향의 케이블 배열방법은 케이블 지지형식을 의미한다. 아래 그림과 같이 1면 지지형식과 2면 지지형식이 있으며 이들 특징은 다음과 같다.

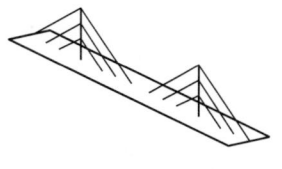
(a) 1면 지지형식

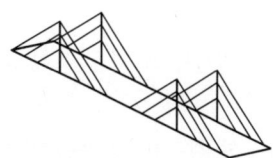
(b) 2면 지지형식

[케이블의 지지면 수]

1. 1면 지지형식

끝으로 중앙 1면 지지형식과 2면 지지형식 선정 시는 주형에 비틀림의 발생 여부를 분석해야 한다. 중앙 1면 지지형식은 케이블 배치구조시스템이 구조가 비틀림력에 대해 저항할 수 없으므로 주형은 비틀림 강성이 높은 단면으로 설계해야 한다. 이 형식은 케이블을 상부구조의 중앙선에 정착시키므로 가설 시에는 비교적 쉽게 정착할 수 있는 장점이 있다.

2. 2면 지지형식

양측 2면 지지형식은 주형에 작용하는 비틂력을 케이블의 축력으로 저항할 수 있도록 만든 구조시스템으로 주형의 비틂 강성이 상대적으로 작아질 수 있다. 실제로 주형의 비틂 강성이 매우 작은 사장교의 가설 실적이 많다(Annacis교, Quincy교 등).

1교시

10 철근콘크리트 압축부재의 최소·최대철근량 제한사유에 대하여 설명하시오.

축방향 철근의 단면적 A_{st}는 $0.01A_g$ 이상, $0.08A_g$ 이하라야 한다. 여기서 A_g는 기둥의 총단면적이다. 즉,

$$0.01A_g \leq A_{st} \leq 0.08A_g$$

$\dfrac{A_{st}}{A_g} = \rho_g$(축방향 철근비)로 놓으면 다음과 같이 된다.

$$0.01 \leq \rho_g \leq 0.08$$

축방향 철근이 겹침이음되는 경우에는 $A_{st} \leq 0.04A_g$, 즉 $\rho_g \leq 0.04$이라야 한다. 이와 같이 축방향 철근 단면적에 최소한도를 두는 이유는 다음과 같다.

① 예상외의 휨에 대비할 필요가 있다.
② 콘크리트의 크리프 및 건조 수축의 영향을 감소시키는 데 효과가 있다.
③ 철근 때문에 콘크리트가 잘 타설되지 못함으로써 저하되기 쉬운 콘크리트 강도를 일정량 이상의 철근을 사용함으로써 보충해야 한다.
④ 콘크리트의 부분적 결함을 철근으로 보충하기 위해서이다.

12. 강구조물의 용접이음 시 용접부 잔류응력의 영향과 그 대책에 대하여 설명하시오.

1. 정의

잔류응력이란 하중을 받았다가 하중을 제거한 후에도 구조물에 응력이 남는 현상을 말한다.

2. 잔류응력의 종류

(1) 소성 변형에 의한 잔류응력

과다하중으로 탄성한계를 초과하여 소성상태에 있는 보의 하중을 제거하면 잔류변형으로 전류응력이 발생한다.

(2) 용접에 의한 잔류응력

용접에 의한 가열 또는 급속한 냉각으로 인한 열응력을 받았을 때 하중을 제거하여도 영구 변형이 존재하여 구조물에 응력이 남는 경우이다.

3. 잔류응력에 의한 파괴

잔류응력이 가장 큰 부분에서 균열이 시작되면 잔류응력이 상대적으로 작은 다른 곳도 점차 붕괴의 위험성에 노출된다. 플레이트거더의 웨브와 플랜지의 연결부에는 길이방향의 높은 구속인장응력이 존재하는데 이와 같은 용접 또는 용접부 부근의 잔류응력이 균열파괴를 유발시킬 가능성이 있다.

4. 잔류응력 해결책

잔류응력을 제거하기 위한 해결책을 정리하면 다음과 같다.
① 반복하중은 잔류응력을 감소시키므로 반복하중을 재하시킨다.
② 열처리로 잔류응력을 감소시킨다.

1교시

13. 재료비선형을 고려하여 해석할 수 있는 섬유요소(Fiber Element)에 대하여 설명하시오.

1. 개요

영어로는 Carbon Fibers, Carbon Fibres로 불린다. 또는 그라파이트 섬유, 탄소 그라파이트, CF는 탄소가 주성분인 0.005~0.01mm 굵기의 매우 가는 섬유이다. 탄소 섬유를 구성하는 탄소 원자들은 섬유의 길이 방향에 따라 육각 고리 결정의 형태로 붙어 있으며, 이러한 분자 배열 구조로 인해 강한 물리적 속성을 띠게 된다. 한 가닥의 실은 수 천 가닥의 탄소 섬유가 꼬여져 만들어진다. 탄소 섬유는 다양한 패턴으로 직조될 수 있으며, 플라스틱 등과 함께 사용되어 탄소 섬유 강화 플라스틱(Carbon – Fiber – Reinforced Polymer)과 같이 가볍고도 강한 복합 재료를 만들어 내기도 한다. 탄소 섬유의 밀도는 철보다 훨씬 낮기 때문에, 경량화가 필수적인 조건일 때 사용하기에 적합하다. 탄소 섬유는 높은 인장강도, 가벼운 무게, 낮은 열팽창률 등의 특성으로 인해 항공우주산업, 토목건축, 군사, 자동차 및 각종 스포츠 분야의 소재로 매우 널리 쓰인다. 이런 장점에 비해, 가격면에서는 유사한 소재인 섬유 유리나 플라스틱보다 상대적으로 비싸고, 당기거나 구부리는 힘에 매우 강하며, 압축하는 힘이나 순간적인 충격에는 약하다. 예를 들어, 탄소 섬유로 만들어진 막대는 구부리기 매우 어렵지만 망치와 같은 도구로 쉽게 깨뜨릴 수 있다.

2. 탄소 섬유의 장단점

(1) 장점

① 탄소 섬유는 금속보다 가볍고, 강도와 탄성이 뛰어나다.
② 내열성, 내충격성이 좋고 부식될 우려가 없다.
③ 좋은 압축 특성이 있다.
④ 단위무게당 감성 특성이 있다.
⑤ 원료인 탄소는 석유에서 비교적 쉽게 구할 수 있는 소재이지만 탄소 섬유를 활용한 제품은 수백 배의 부가가치 효과가 있다.

(2) 단점

① 비싸다.
② 발암물질＝가공 시 방진마스크 및 장갑은 필수이다(이는 유리섬유도 그렇다).
③ 카본 더스트는 전자기기에 안 좋으므로 가공 후 탄소 섬유 가루들을 제거해야 한다.
④ 접촉 시 강철이나 알루미늄 부식의 우려가 있다.
⑤ 인성 특성은 좋지 않다.

(3) 사용 가능한 곳

① 강성 특성이 중요한 부품들
② 무게 절감이 중요한 경우
③ 지속적 충격에 노출되지 않는 부분

2교시

01. 정밀점검 및 정밀안전진단의 내용을 비교하여 설명하시오.

1. 개요

정밀점검 및 정밀안전진단 실시결과 보고서는 시설물 관리주체의 유지관리업무에 효율적이며 체계적으로 활용될 수 있도록 과업내용을 중심으로 작성, 제출하여야 한다. 세부적인 작성방법은 세부지침에서 규정한다.

2. 정밀점검 보고서에 포함되야 할 사항

(1) 서두

보고서의 표지 다음에 정밀점검의 개요를 쉽게 알 수 있도록 다음의 서류를 붙인다.

① 제출문(정밀점검을 실시한 기관의 장)
② 정밀점검 결과표(안전등급)
③ 참여 기술진 명단
④ 시설물의 위치도
⑤ 시설물의 전경 사진, 부위별 사진
⑥ 정밀점검 실시결과 요약문
⑦ 보고서 목차

(2) 정밀점검의 개요

정밀점검의 범위와 과업내용 등 정밀점검계획 및 실시와 관련된 주요사항을 기술한다.

① 점검의 목적
② 시설물의 개요 및 이력사항
③ 점검의 범위 및 과업내용
④ 사용장비 및 기기현황
⑤ 점검 수행일정 사진, 부위별 사진
⑥ 자료 수집 및 분석

(3) 자료 수집 및 분석

정밀점검의 관련자료를 검토·분석하고 그 내용을 기술한다.
① 설계도서, 구조계산서
② 기존 정밀점검정밀안전진단 실시 결과
③ 보수, 보강이력 및 과업내용
④ 시설물의 내진설계 여부 확인
⑤ 기타 관련 자료

(4) 현장조사 및 시험

과업내용에 의거 실시한 현장조사, 시험 및 측정 등의 결과분석 내용을 기술하고 중요한 경우 사진 또는 동영상 등을 첨부한다.

① 기본시설물 또는 주요 부재별 외관 조사 결과 분석
② 주요한 결함(손상)의 발생원인 분석
③ 재료시험 및 측정 결과 분석

(5) 시설물의 상태 평가

과업내용에 따라 실시한 현장조사 및 시험의 분석 결과에 따라서 상태 평가 결과를 작성한다.

① 대상 부재별 상태 평가 및 시설물 전체의 상태 평가 결과 결정
② 콘크리트 또는 강재의 내구성 평가
③ 안전등급 지정

(6) 시설물의 안전성 평가(필요한 경우 추가로 실시)

안전점검 결과 시설물의 보수·보강방법을 제시한 때에는 보수·보강 시 예상되는 임시 고정하중(공사용 장비 및 자재 등)이 시설물에 현저하게 작용하는 경우에 대한 시행방법을 검토한다.

(7) 종합 결론 및 건의

① 정밀점검 실시 결과의 종합 결론
② 정밀안전진단 및 시설물 사용 제한의 필요성 여부
③ 유지관리 시 특별한 관리가 요구되는 사항

(8) 부록

    ① 과업지시서
    ② 외관조사망도
    ③ 측정, 시험 성과표
    ④ 상태 평가 결과 자료
    ⑤ 시설물관리대장 사본
    ⑥ 현황조사 및 외관 조사 사진첩
    ⑦ 사용장비 및 기기의 사진
    ⑧ 사전조사 자료 일체
    ⑨ 기타 참고자료(정밀점검 결과와 관련되는 설계도서, 감리보고서, 이전의 안전점검 및 정밀안전진단 보고서 등 관련 자료 포함)

3. 정밀안전진단 보고서에 포함되어야 할 사항

(1) 서두

보고서의 표지 다음에 정밀안전진단의 개요를 쉽게 알 수 있도록 다음의 서류를 붙인다.

    ① 제출문(정밀안전진단을 실시한 기관의 장)
    ② 정밀안전진단 결과표(안전등급)
    ③ 참여 기술진 명단
    ④ 시설물의 위치도
    ⑤ 시설물의 전경 사진, 부위별 사진
    ⑥ 정밀안전진단 결과 요약문
    ⑦ 보고서 목차

(2) 정밀안전진단의 개요

정밀안전진단의 범위와 과업내용 등 진단 계획 및 실시와 관련된 주요사항을 기술한다.

    ① 진단의 목적
    ② 시설물의 개요 및 이력사항
    ③ 진단의 범위 및 과업내용
    ④ 사용장비 및 기기현황
    ⑤ 진단 수행일정 사진, 부위별 사진
    ⑥ 진단 수행일정
    ⑦ 자료 수집 및 분석

(3) 자료 수집 및 분석

정밀안전진단의 관련 자료를 검토분석하고 그 내용을 기술한다.

① 설계도면, 구조계산서
② 기존 정밀점검정밀안전진단 실시 결과
③ 보수, 보강이력 및 과업내용
④ 시설물의 내진설계 여부 확인
⑤ 기타 관련 자료

(4) 현장조사 및 시험

과업내용에 의거 실시한 현장조사, 시험 및 측정 등의 결과분석 내용을 기술하고, 필요한 경우 사진 또는 동영상 등을 첨부한다.

① 전체 시설물의 외관 조사 결과 분석
② 주요한 결함(손상)의 발생원인 분석
③ 재료시험 및 측정 결과 분석

(5) 시설물의 상태 평가

과업내용에 따라 실시한 현장조사 및 시험의 분석 결과에 따라서 상태 평가 결과를 작성한다.

① 콘크리트 또는 강재의 내구성 평가
② 부재별 상태 평가 및 시설물 전체의 상태 평가 결정

(6) 시설물의 안전성 평가

과업내용에 따라 실시한 현장조사 및 재료시험 등의 결과를 분석하고 이를 바탕으로 구조물의 내(하)력, 사용성 등을 검토하며 시설물의 구조적, 기능적 안전성을 평가한다.

① 현장 재하시험 및 계측 결과 분석
② 지형, 지질, 지반, 토질조사 등의 결과 분석
③ 시설물의 변위, 거동 등의 측정 결과 분석
④ 수문, 수리 등 해석 결과 및 분석(관리주체의 요구 등 필요한 경우)
⑤ 시설물의 내(하)력 평가
⑥ 시설물의 내진성능, 사용성 평가(관리주체의 요구 등 필요한 경우)
⑦ 정밀안전진단 결과 시설물의 보수·보강방법을 제시한 때에는 보수·보강 시 예상되는 임시 공정하중(공사 중 장비 및 자재 등)이 시설물에 현저하게 작용하는 경우에 대한 구조안전성 평가 포함 시행

(7) 종합평가

① 시설물의 상태 평가와 안전성 평가 결과를 종합하여 안전상태 종합평가 결과의 결정
② 시설물의 안전등급 지정

(8) 보수 · 보강방법

시설물의 상태 평가와 안전성 평가 결과에 따라 손상 및 결함이 있는 부위 또는 부재에 대하여 적용할 보수 · 보강방법을 제시함(내진성능 평가 후 내진능력 부족 시의 경우를 포함)

① 보수 · 보강방법에 대한 개요, 시공방법, 시공 시 주의사항 등
② 당해 시설물의 유지관리를 위한 요령, 대책 등

(9) 종합 결론 및 건의사항

① 정밀안전진단 실시 결과의 종합 결론
② 유지관리 시 특별한 관리가 요구되는 사항
③ 기타 필요한 사항

2교시
02 트러스교 형식의 대표적인 구조 형상과 해석 시 기본가정이 갖는 구조적 의미에 대하여 설명하시오.

1. 개요

주구조가 축방향 인장 및 압축부재로 조합된 형식의 교량

2. 트러스교의 구성

① **주트러스** : 수직하중을 지지하고 그 하중을 하부구조로 전달하는 역할. 현재(상하현재), 단주(경사, 수직단주), 복부재(수직재, 사재)로 구성
② **수평브레이싱** : 양측의 주트러스를 연결하여 횡하중에 저항하는 역할
③ **수직브레이싱** : 양측의 주트러스와 상부 수평브레이싱을 연결하는 것
④ **바닥틀** : 횡형과 종형으로 구성되며 바닥판으로부터 전달되는 하중을 주트러스의 격점으로 전달

3. 구조 특성

① 부재의 모든 격점은 마찰이 없는 핀결합으로 가정하므로 부재력은 축방향력만 발생한다. 그러나 실제는 리벳, 볼트, 용접 등 강결구조이므로 2차 응력이 발생하나 그 영향력은 미소하므로 무시할 만하다.
② 트러스교의 높이를 임의로 정할 수 있어 상당히 큰 휨모멘트에 저항할 수 있다.
③ 구성부재를 개별적으로 운반하여 현장에서 조립이 가능하다.
④ 트러스의 상하에 바닥판의 설치가 가능하므로 2층 구조의 교량형식으로 사용할 수 있다.
⑤ 내풍성이 좋고 강성 확보가 용이하여 장대교량의 보강형으로 적합하다.
⑥ 부재 구성이 복잡하고 현장작업량이 많으므로 가설비가 비싸며 유지관리비가 고가이다.

4. 적용 경간

① 단순 트러스 : 60~100M
② 연속 트러스 : 70~200M
③ 게르버 트러스 : 90~200M

5. 종류

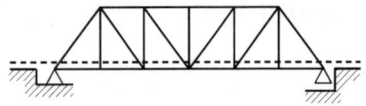

(a) Pratt 트러스(하로)

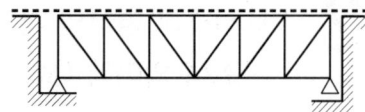

(b) Pratt 트러스(상로)

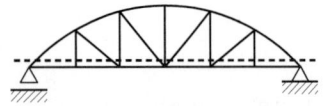

(c) 곡현 Pratt 트러스

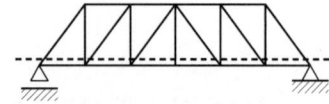

(d) Howe 트러스

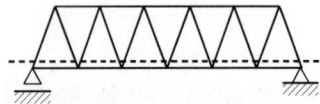

(e) Warren 트러스

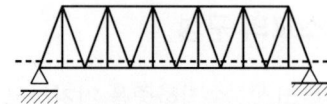

(f) 수직재가 있는 Warren 트러스

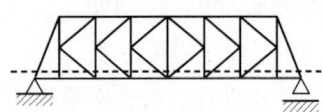

(g) K-트러스

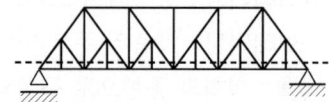

(h) Baltimore 트러스

[트러스교의 종류]

① Pratt Truss : 사재가 만재하중에 의하여 인장력을 받도록 배치한 트러스. 상대적으로 부재 길이가 짧은 수직재가 압축력을 받는 장점. 지간 45~60m에 적용
② Howe Truss : 사재가 만재하중에 의하여 압축력을 받도록 배치한 트러스
③ Warren Truss : 상로의 단지간에 사용. 지간 60m에 적용
④ Parker Truss : 지간 55~110m에 적용
⑤ Baltimore Truss : 분격트러스의 일종. 지간 90m 이상에 적용
⑥ K-Truss : 외관이 좋지 않으므로 주트러스에는 사용하지 않음. 2차 응력이 작은 이점이 있음. 지간 90m 이상에 적용

6. 구조해석상의 기본가정

① 부재의 양단은 마찰 없는 핀으로 연결
② 하중 및 반력은 트러스의 평면에 있고 격점에만 적용
③ 부재는 직선이며 중심축은 격점에서 만남
④ 하중으로 인한 트러스의 변형 무시

2교시

03 신뢰도 기반 설계기준에 대하여 설명하시오.

1. 개요

한계상태설계법(Limit State Design)은 구조물이 파괴될 파괴확률과 구조물이 파괴되지 않을 신뢰성 확률로 나타내어 안전성을 평가하는 설계방법이다. 구조물에 작용하는 실제 하중과 재료의 실제 강도로 하중과 강도의 변동을 고려하여 확률론적으로 구조물의 안전성을 평가하며, 구조물이 그 사용목적에 적합하지 않게 되는 어떤 한계상태에 도달되는 확률이 허용한도 이하가 되도록 하는 설계법이다.

2. 안전도의 개념

구조물의 안전도와 신뢰도는 불확실량들의 통계적인 추정에 기초한 확률모형인 구조 신뢰성 방법에 의해 파손확률 P_f 또는 신뢰성 지수 β를 척도로 하여 해석해야 한다. 따라서 종래에 사용해 오던 공칭 안전율도 신뢰성 지수와 저항과 하중의 통계적 불확실량(평균, 분산)의 함수로 유도되어야 한다.

(1) 구조물의 파괴확률

확률적인 구조 안전도는 구조물의 신뢰도 P_r 또는 한계상태확률, 파괴확률 $P_f(=1-P_r)$에 의해 정의된다.

① 구조부재의 안전도 : 랜덤 변량인 안전여유 $Z = R - S$에 의해 좌우
② $Z \leq 0$일 때 안전성을 상실한 파손 또는 파괴상태
③ 구조부재의 파손확률 P_f
$P_f = P(R \leq S) = P(R - S \leq 0)$
$P_f = P(R/S \leq 1) = P(\ln R - \ln S \leq 0)$

(2) 신뢰성 지수

확률적인 안전도의 정의로 파손확률 대신에 상대적인 안전 마진을 나타내는 신뢰성 지수 즉, 안전도 지수(Safety Index)를 사용

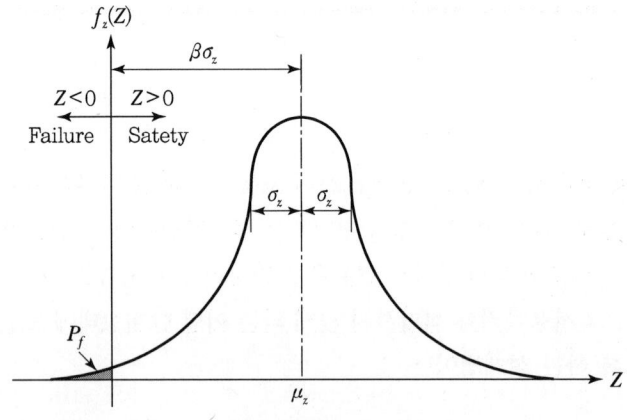

[안전여유의 분포]

여기서, β : 안전도 지수 또는 신뢰성 지수

$$P_f = \phi\left[\frac{-(\mu_R - \mu_S)}{\sqrt{\sigma_S^2 + \sigma_R^2}}\right] = \phi(-\beta)$$

$$\beta = \frac{\mu_Z}{\sigma_Z} = \frac{\mu_R - \mu_S}{\sqrt{\sigma_S^2 + \sigma_R^2}}$$

3. 결론

구조 신뢰도 기반 설계기준은 한계상태 설계기준의 근간이 되는 기준이다.

2교시

05 다음은 사장교의 원리를 설명하는 단순 모델이다. 보 중앙에 설치된 케이블의 강성(剛性)을 스프링상수로 치환한 아래 단순보에 등분포 하중 $w = 10\text{kN/m}$이 재하되고 스프링상수 k값이 아래 조건과 같이 변할 때, 보에 대한 휨모멘트도를 작성하고 k값이 변함에 따라 휨모멘트가 어떻게 변화하는지 설명하시오. (단, 보의 $EI = 7 \times 10^6 \text{kN} \cdot \text{m}^2$이며 자중은 고려하지 않는다.)

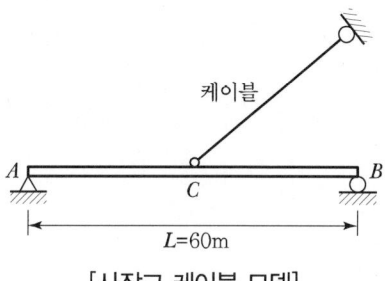

[사장교 케이블 모델]

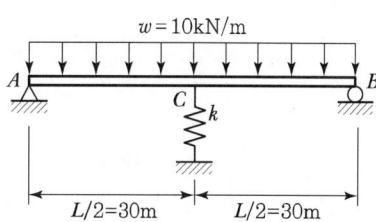

[단순화한 치환 모델]

설계조건
① 스프링상수 $k = 0$
② 스프링상수 $k = 4,000 \text{kN/m}$
③ 스프링상수 $k = \infty$

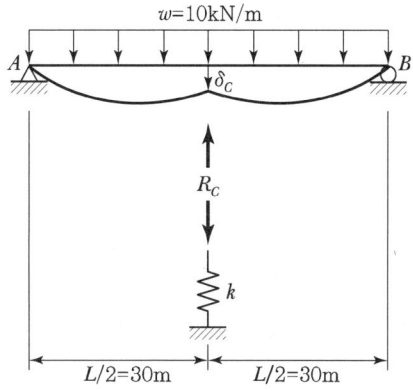

$$EI = 7 \times 10^6 \text{kN} \cdot \text{m}^2$$
$$R_c = k\delta_c \rightarrow \delta_c = \frac{R_c}{k}$$

$$\delta_c = \frac{5wl^4}{348EI} - \frac{R_c l^3}{48EI}$$

$$R_c\left(\frac{48EI + kl^3}{48EIK}\right) = \frac{5wl^4}{384EI}$$

$$R_c = \frac{k}{\dfrac{48EI}{l^3} + k} \cdot \frac{5wl}{8}$$

① $k = 0$

$R_c = 0$

$R_A = R_B = \dfrac{wl}{2} = \dfrac{10 \times 60}{2} = 300\text{kN}(\uparrow)$

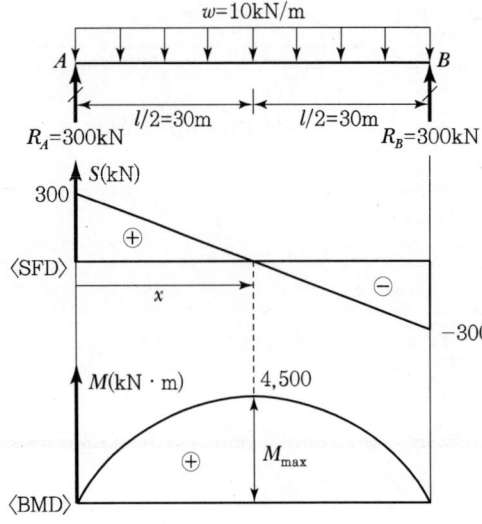

$x = \dfrac{R_A}{w} = \dfrac{300}{10} = 30\text{m}$

$M_{\max} = \dfrac{1}{2} \times R_A \times x$

$\quad = \dfrac{1}{2} \times 300 \times 30$

$\quad = 4{,}500\text{kN} \cdot \text{m}$

② $k = 4{,}000\text{kN/m}$

$$R_c = \frac{K}{\dfrac{48EI}{l^3}+K} \cdot \frac{5wl}{8} = \frac{4{,}000}{\dfrac{48\times(7\times10^6)}{60^3}+4{,}000} \cdot \frac{5\times10\times60}{8} = 270\text{kN}(\uparrow)$$

$$R_A = R_B = \frac{wl - R_c}{2} = \frac{10\times60-270}{2} = 165\text{kN}(\uparrow)$$

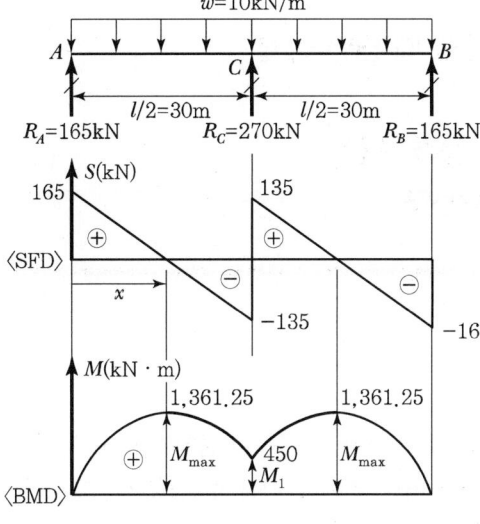

$$x = \frac{R_A}{w} = \frac{165}{10} = 16.5\text{m}$$

$$M_{\max} = \frac{1}{2}\times R_A \times x$$
$$= \frac{1}{2}\times 165 \times 16.5 = 1{,}361.25\text{kN}\cdot\text{m}$$

$$M_1 = 1{,}361.25 - \frac{1}{2}\times 135 \times 13.5$$
$$= 450\text{kN}\cdot\text{m}$$

③ $k = \infty$

$$R_c = \frac{5wl}{8} = \frac{5\times10\times60}{8} = 375\text{kN}(\uparrow)$$

$$R_A = R_B = \frac{wl - R_c}{2} = \frac{10\times60-375}{2} = 112.5\text{kN}(\uparrow)$$

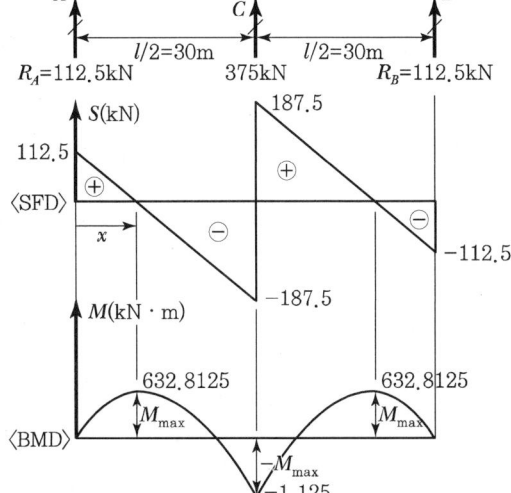

$$x = \frac{R_A}{w} = \frac{112.5}{10} = 11.25\text{m}$$

$$M_{\max} = \frac{1}{2}\times R_A \times x$$
$$= \frac{1}{2}\times 112.5 \times 11.25$$
$$= 632.8125\text{kN}\cdot\text{m}$$

$$-M_{\max} = 632.8125 - \frac{1}{2}\times 187.5$$
$$\times 18.75$$
$$= -1{,}125\text{kN}\cdot\text{m}$$

3교시

01 프리스트레스트 콘크리트 부재는 비균열 등급, 부분균열 등급, 균열 등급으로 구분된다. 이러한 3등급의 프리스트레스트 콘크리트 부재와 철근콘크리트 부재에 대하여 사용성에 관한 설계요구조건을 다음과 같은 항목으로 비교하시오.
1) 처짐 계산 근거
2) 사용하중에서 응력을 계산할 때 단면 성질
3) 허용응력
4) 균열 제어를 위한 철근의 응력 계산
5) 사용하중에 의한 연단인장응력

1. 개요

프리스트레스트 콘크리트 휨부재는 균열 발생 여부에 따라 그 거동이 달라지며, 균열의 정도에 따라 세 가지 등급으로 구분하고 구분된 등급에 따라 응력 및 사용성을 검토하도록 규정하고 있다.

2. 사용성에 대한 설계 요구 조건

구분	프리스트레스트 콘크리트 부재			철근 콘크리트 부재
	비균열 등급	부분 균열 등급	균열 등급	
처짐 계산 근거	비균열 전단면 $Ig = \dfrac{bh^3}{12}$	균열 단면 : 유효 단면2차 moment I_e	균열 단면 : 유효 단면2차 moment I_e	유효 단면2차 모멘트
사용하중에서 응력을 계산할 때 단면 성질	비균열 전단면 : I_g	비균열 전단면 : I_g	균열 단면 : I_{cr}	조건 없음

구분	프리스트레스트 콘크리트 부재			철근 콘크리트 부재
	비균열 등급	부분 균열 등급	균열 등급	
허용 응력	• 휨압축응력 : $0.6f_{ci}$ • 단순지지부재 단부의 휨압축응력 : $0.7f_{ci}$ • 휨인장응력 : $0.25\sqrt{f_{ci}}$ • 단순지지부재단면의 휨인장응력 : $0.5\sqrt{f_{ci}}$	• 휨압축응력 : $0.6f_{ci}$ • 단순지지부재 단부의 휨압축응력 : $0.7f_{ci}$ • 휨인장응력 : $0.25\sqrt{f_{ci}}$ • 단순지지부재단면의 휨인장응력 : $0.5\sqrt{f_{ci}}$	• 휨압축응력 : $0.6f_{ci}$ • 단순지지부재 단부의 휨압축응력 : $0.7f_{ci}$ • 휨인장응력 : $0.25\sqrt{f_{ci}}$ • 단순지지부재단면의 휨인장응력 : $0.5\sqrt{f_{ci}}$	조건 없음
균열제어를 위한 철근의 응력계산	-	-	균열 단면 해석 : I_{cr}	$\dfrac{M}{A_s z}$ or $\dfrac{2}{3}f_y$
사용하중에 의한 연단 인장응력	$\leq 0.63\sqrt{f_{ck}}$	$0.63\sqrt{f_{ck}} < f_t$ $\leq 1.0\sqrt{f_{ck}}$	조건 없음	조건 없음

3교시

02 실제 건설기술에서 적용할 수 있는 다양한 스마트 기술들의 정의와 건설분야 활용 예시에 대하여 각각 항목별로 구분하여 설명하시오.

1. 스마트 건설기술의 개념

스마트 건설기술에 대한 정의는 다양하게 제시되고 있으나, 아직 정형화된 형태로 규정되지 못하고 있는 상황이다.

본 글에서는 스마트 건설기술의 정의를 '전통적인 건설기술에 4차 산업혁명 기술(드론, BIM, Big Data, IoT, 로봇 등)을 융합한 기술'로 규정하였다. 이에 따라 스마트 건설기술은 설계, 시공, 유지관리 등 다양한 건설산업 수행단계별로 4차 산업혁명 기술을 적용하여 건설산업의 전형적인 패러다임을 혁신적으로 변화시키는 기술이다. 이를 통해 건설산업이 설계단계에서는 3D 기반의 가상공간에서 최적설계를 수행함과 동시에 설계단계에서부터 건설과 운영을 고려한 통합적인 계획 및 관리활동이 이루어질 수 있도록 하고자 한다. 시공단계에서는 날씨·민원 등에 영향을 받지 않고 부재를 공장 제작하여 시공하고 비숙련 인력도 다양한 센서 및 장치의 협조를 받아 고도의 작업이 가능하도록 장비 자동화와 지능화를 유도한다. 유지관리단계에서는 시설물 정보를 실시간으로 수집하고 다양한 스마트 기술을 활용하여 과학적이고 객관적인 시설물의 상태와 성능에 대한 분석활동을 수행할 수 있는 환경을 조성한다.

(1) 계획 및 설계단계 : 설계 자동화

설계업무는 현재의 평면도·단면도·입면도 등 2D 도면을 작성함에 따라 설계 오류에 따른 설계 변경이 빈번하게 발생하고, 설계 변경 시 작업이 과다해지는 문제를 해결해야 할 요구가 증대되고 있는 상태이다. 이에 따라 로드맵에서는 2030년까지 BIM 기술을 활용하여 디지털트윈에 기반한 설계가 이루어질 수 있도록 하여 설계 오류를 최소화하고 설계 자동화를 이루며, 설계업무를 통해 도출된 다양한 정보가 시공단계와 유지관리단계에 유통될 수 있는 환경을 조성하는 것을 방향으로 제시하고 있다. 이를 위해 단계적으로 국제수준의 BIM 적용 표준을 구축하고 다양한 라이브러리를 확충하여 단계별로 추진할 수 있도록 하고 있다.

현재	미래
평면도 · 단면도 · 입면도 등 대량의 2D 도면 작성	목적물과 동일한 3차원 모델 구축, 각종 정보 포함
표준도를 활용한 반복 설계	빅데이터 · AI 기반으로 자동으로 설계
• 설계 오류 및 변경 빈번, 작업 과다 • 정보 부족, 유지관리단계 활용 제한적	• 설계 오류로 인한 시행착오 감소, 품질 향상 • 설계 자동화로 생산성 향상 • 건설 全단계 정보플랫폼 구축

(2) 시공단계 : 건설기계 운용

시공단계에 로드맵에서는 현재의 사람에 의한 건설기계의 수동 조작과 인력에 의한 육안 관제 환경을 센서를 활용한 운전 자동화와 AI를 활용한 통합관제 환경으로 조성하는 미래상을 제시하고 있다. 현재는 운전자의 숙련도에 따라 건설기계를 활용한 시공성과의 품질 차이가 크고 장비로 인한 비효율성이 많이 발생하고 있는 상황이기에 건설기계 자동화와 통합관제 기술의 발전은 건설현장의 생산성 향상과 안전 확보에 획기적인 동력이 될 수 있다. 미래 건설기계의 운영은 굴삭기, 도저, 롤러, 크레인, 포장 및 천공기계 등의 기술과 건설기계 작동을 위한 핵심기술인 머신 가이던스 기술(Machine Guidence)을 활용하고자 하고 있다. 또한 건설현장 내 다수의 건설기계를 실시간으로 통합 운용 · 관리할 수 있는 관제기술도 활용될 예정이다.

현재	미래
육안 관측에 따라 건설기계 수동 조작	건설기계 운전 자동화 자율주행 및 시공

현재	미래
장비 인근에서 건설기계 관제	AI가 여러 건설기계를 통합 관제
• 운전자 숙련도 부족, 관제과정에서 사고 우려 • 장비 간 연계 미흡으로 과다투입 · 비효율 발생	• 작업 최적화로 생산성 향상 • 인적 위험요인 최소화로 안전성 향상

(3) 유지관리단계 : 시설물 점검 · 진단

유지관리단계는 최근에 시설물의 노후화에 따라 가장 많은 변화가 예상되는 분야이다. 지금까지 시설물의 상태 및 성능 점검은 점검인력의 육안 점검과 전문가들의 주관적 판단에 의존하는 경우가 많은 상황이다. 이러한 여건들은 국민들에게 시설물 유지관리 및 개량활동에 대한 투자의 필요성을 이끌어 내는 데 한계를 가지는 상황이다. 시설물에 다양한 센서들을 설치하여 실시간 시설물 상태 및 성능 정보 데이터를 수집하고 사람 접근이 어려운 지역에서는 로봇과 드론을 활용하여 시설물 점검과 진단을 용이하게 하는 환경을 조성하는 것을 목표로 하고 있다.

현재	미래
	시설물에 설치된 다양한 센서를 통해 시설물 상태 정보 실시간 수집
현장에서 육안으로 관측하여 점검	로봇과 드론을 활용한 시설물 자율점검 및 진단
• 많은 인력과 시간 소요 • 주관적 판단에 따른 점검의 정확성에 한계	• 실시간 모니터링, 정밀하고 신속한 점검 · 진단 • 접근이 어려운 시설물 점검 · 진단 용이

(4) 유지관리단계 : 시설물 관리 정보시스템

시설물의 유지관리 최적화 활동을 위해서는 설계 및 시공과정에서 발생된 많은 정보들이 활용되어야 한다. 이러한 정보들이 제대로 유지관리단계까지 유통되지 못하는 한계를 극복하기 위해서 현재도 다양한 개별 시스템을 활용하고 있는 상황이다. 또한 유지관리 활동을 전개하는 과정에서도 다양한 정보가 대량으로 발생되고 있는 상황이다. 이를 로드맵에서는 통합적으로 관리할 수 있는 환경을 조성하여 빅데이터에 기반한 다양한 시뮬레이션이 가능한 환경을 조성하고 예방적 유지관리를 통한 시설의 수명 연장, 서비스 향상 등을 꾀하고자 하고 있다.

현재	미래
	다양한 시설물 정보를 수집하여 빅데이터 축적
시설물별·관리주체별로 기능이 제한적인 시스템 개별 운용	3차원 모델을 활용한 시설물 유지관리 활동 최적화
안전검검 진단결과, 유지관리 이력 저장 등 용도로 제한적 사용	• 빅데이터를 기반으로 다양한 시뮬레이션 가능 • 예방적 유지관리를 통해 비용 절감, 시설수명 연장 • 가상도시 국토로 시스템 확장 가능

3. 결론

전통적인 사업수행 주체인 발주자, 설계자, 시공자의 역할 및 위험 부담 방식이 이제는 사업이 성공을 같이 추가하고 위험을 분담하는 건설사업 발주방식으로 변모하고 있다는 점을 인식하고 대응해 나갈 필요가 있다. 이제 글로벌 건설시장에서 경쟁 대상 사업은 매우 복잡하고, 고난이도를 가지는 사업이 주가 되고 있는 상황이다. 이에 따라 발주자는 위험을 분담하는 발주방식으로 프로젝트관리컨설팅(PMC) 방식이나 IPD(Integrated Project Delivery) 방식을 활용하는 추세가 늘어나고 있다. 국내 건설업체들은 생산성 향상에 기반하여 계획, 건설서비스, 요소기술을 갖춘 기술기업 등이 협업을 통해 사업을 수행하는 방식에 익숙해져야 하며, 국내 시장에서 이러한 발주방식을 도입하여 경험을 축적해 나가야 한다.

3교시

06 아래 그림과 같은 강재 판형 거더(Steel Plate Girder) 중앙에 $P = 1,000\text{kN}$의 집중하중을 재하하였다. 이때 지점 A로부터 우측으로 4m 떨어지고 중립축($N.A$)에서 위쪽으로 10cm 떨어진 점 D의 응력상태에 대한 Mohr의 원을 그리고, 주인장응력 σ_1의 크기와 방향 θ_p를 구하시오.(단, 거더의 자중은 무시한다.)

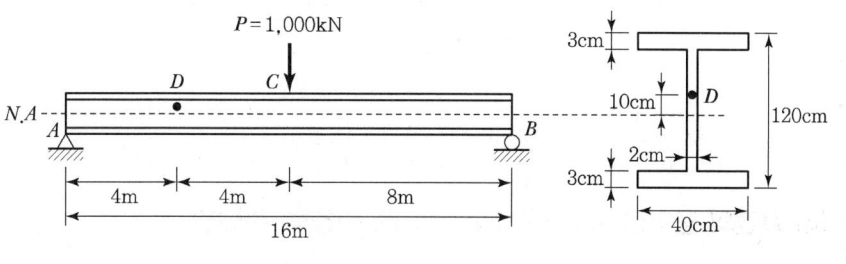

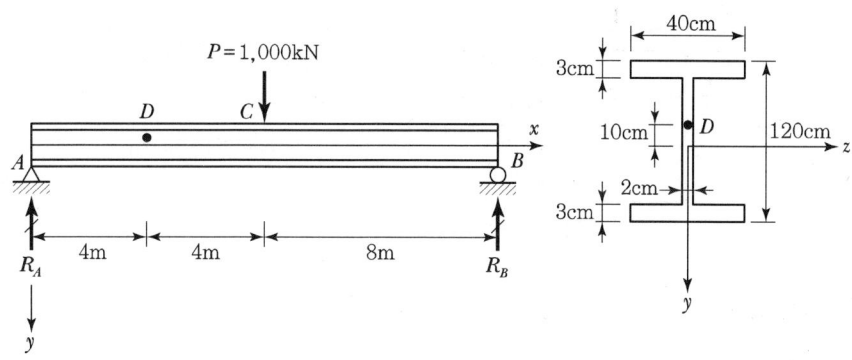

(1) 반력 및 D점의 단면력

$$R_A = \frac{P}{2} = \frac{1,000}{2} = 500\text{kN}(\uparrow)$$

$\sum M_D = 0(\downarrow \oplus)$ $\sum F_y = 0(\uparrow \oplus)$

$500 \times 4 - M_D = 0$ $500 - S_D = 0$

$M_D = 2,000\text{kN} \cdot \text{m}$ $S_D = 500\text{kN}$

(2) 단면의 기하학적 성질

$$I_z = \frac{1}{12}(40 \times 120^3 - 38 \times 114^3) = 1,068,444 \text{cm}^4$$

$$G_D = \left\{(40 \times 3) \times \left(57 + \frac{3}{2}\right)\right\} + \left\{(2 \times 47) \times \left(10 + \frac{47}{2}\right)\right\} = 10,619 \text{cm}^3$$

(3) D점의 휨응력 · 전단응력

$$\sigma_D = \frac{M_D y_D}{I_Z} = \frac{(2,000 \times 10^6) \times (-10 \times 10)}{(1,068,444 \times 10^4)} = -18.7 \text{MPa}$$

$$\tau_D = \frac{S_D \cdot G_D}{I_Z \cdot b_D} = \frac{(500 \times 10^3) \times (10,169 \times 10^3)}{(1,068,444 \times 10^4) \times (2 \times 10)} = 23.8 \text{MPa}$$

(4) D점의 응력상태에 대한 Mohr의 원, 주응력, 주단면

① D점의 응력상태

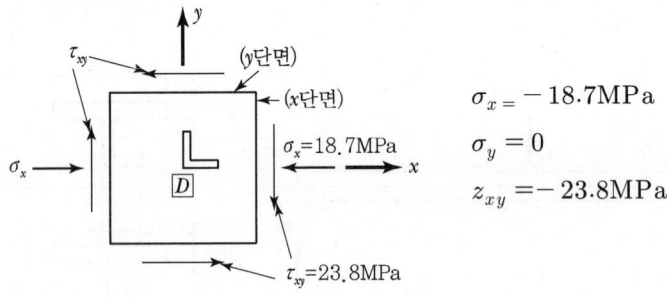

$\sigma_x = -18.7 \text{MPa}$
$\sigma_y = 0$
$z_{xy} = -23.8 \text{MPa}$

② Mohr의 원, 주응력, 주단면

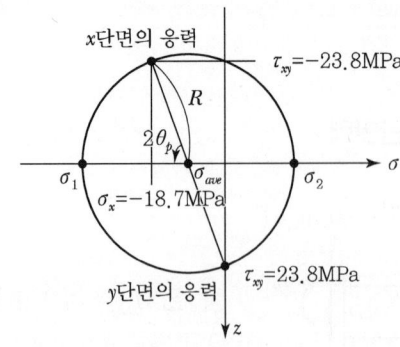

$$\sigma_{1,2} = \sigma_{aue}(\pm)R$$
$$= \frac{\sigma_x + \sigma_y}{2} \pm \sqrt{\left(\frac{\sigma_x - \sigma_y}{2}\right)^2 + \tau_{xy}^2}$$
$$= \frac{(-18.7) + 0}{2} \pm \sqrt{\left(\frac{(-18.7) - 0}{2}\right)^2 + (-23.8)^2} = -9.35 \pm 25.57$$

$\sigma_1 = -34.92\text{MPa}, \ \sigma_2 = 16.22\text{MPa}$

$$\theta_P = \left[\tan^{-1}\left(\frac{2\tau_{xy}}{\sigma_x - \sigma_y}\right)\right]/2 = \left[\tan^{-1}\left(\frac{2\times(-23.8)}{(-18.7)-0}\right)\right]/2 = 34.28$$

4교시

01 교량안전진단 시 동적 재하시험 수행방법과 이를 통해 얻어진 데이터를 활용하여 안전성과 사용성을 평가하는 방법에 대하여 설명하시오.

1. 일반

재하시험은 실험적인 방법으로 교량의 거동을 해석하는 방법으로서, 정해진 규정에 따라 교량의 탄성거동에 영향을 주지 않는 크기로 결정된 기지의 하중을 교량의 특정 부위에 직접 재하하여 교량을 구성하는 주요부재들의 실제 거동을 관찰 및 계측하는 시험이다.

재하시험의 목적은 교량의 실제 내하력을 정량화시키기 위함이며, 재하시험의 결과는 이론적인 방법으로 평가된 교량의 내하력을 보완하는 데 적용된다. 재하시험은 정적 및 동적 재하시험으로 구분하여 실시하되 의사정적 재하시험을 실시하는 경우에는 정적 재하시험을 생략할 수 있다. 재하시험을 시행할 경우에는 시험방법, 시험하중, 계측기기의 운영, 시험원의 자격요건 및 안전조치계획 등을 포함한 신중한 계획이 이루어져야 한다.

내하력 평가에서 재하시험의 세부목적은 다음과 같다.

① 교량의 실제 정적 및 동적 거동 평가
② 처짐, 진동 등에 대한 사용성 검토
③ 새로운 해석방법 및 설계기법의 검증
④ 교량 결함원인의 분석 및 규명
⑤ 해석에 의한 내하력이 작은 경우 실제 거동을 반영한 내하력을 결정하여 교량 유지관리의 경제성 향상
⑥ 보수, 보강 효과 확인
⑦ 교량의 동특성(진동수, 진동모드 및 감쇠비) 평가
⑧ 설계도서 및 보수, 보강 이력자료가 미비한 교량의 내하력 평가

2. 재하시험 대상 교량 선정

내하력 평가과정에서 재하시험 대상 교량은 내하력 평가목적, 교량상태 평가 및 선행구조해석 결과와 다음에 기술한 사항을 종합적으로 고려하여 선정하여야 한다.

(1) 재하시험이 필요한 경우

① 설계도서가 충분치 않아 교량의 내하력 및 거동을 이론적인 방법으로만 평가할 수 없는 경우
② 교량의 구조계에 변경이 있는 보강을 실시하였거나 일부 부재가 원설계와 다른 부재로 교체되어 교량의 전체적인 거동을 이론적인 방법만으로 해석하기 어려운 사유가 있는 경우
③ 이론적인 방법으로 평가한 교량의 내하력이 관리주체가 정한 관리수준 목표 이하여서 교량의 실제 여유내하력을 평가하고자 하는 경우
④ 교량의 노후화, 구성재료의 전반적인 열화와 주요부재의 손상 등을 사유로 인하여 이론적인 방법으로만 교량의 정확한 내하력 평가가 불가능하다고 판단되는 경우
⑤ 기타 교량의 동적 특성을 평가하고자 하는 경우

(2) 재하시험이 적합하지 않은 경우

① 상태 평가 결과가 양호하고, 이론적인 방법으로 평가한 내하력이 관리수준 목표를 상당히 초과하는 경우. 단, 초기 점검에서 실시하는 재하시험은 예외로 한다.
② 교량의 심각한 노후화 또는 손상이 진행되어 긴급한 보강이 필요한 경우. 단, 보강 후에는 필요한 경우 재하시험을 실시하여 보강효과를 확인토록 한다.
③ 평가자가 판단할 때 내하력 평가에서 재하시험이 불필요한 경우

3. 재하시험 계획

(1) 시험경간 선정

① 시험경간은 주형의 손상상태, 신축이음의 상태, 받침상태, 보수 및 보강이력 등을 고려하여 종합적으로 가장 취약하고 최대응답이 발생할 것으로 예측되는 경간을 선택함을 원칙으로 하되 교량 총연장에 따라 시험경간 개소를 증가시킬 수 있다.
② 상부구조가 2개 이상의 형식으로 구성되었거나 연속교와 단순교의 조합으로 구성된 경우, 형식별로 1개 경간을 선정하여 재하시험을 실시하는 것이 바람직하다.
③ 단, 주형식 이외의 나머지 형식이 주형식의 일부로 분류 가능하거나 손상 및 노후상태, 하부구조상태, 구성비율, 보강이력 등을 고려할 때 재하시험의 필요성이 없는 경우는 예외로 한다.
④ 국부적 충돌사고 및 손상, 일부 경간의 보강효과 검증 등 특수한 목적을 위한 재하시험은 예외로 한다.

(2) 계측기 및 센서의 부착

① 대상 교량의 구조형식 및 계측목적에 따라 센서 및 계측기의 종류, 부착위치 및 개소수, 재하하중, 시험횟수 등을 결정한다.
② 계측기와 센서는 압축·인장 휨변형률, 전단변형률, 최대처짐, 진동 및 동적 특성, 균열거동 등을 계측하기 위하여 부착한다.
③ 센서를 부착할 경우 직사광선, 습기, 이물질에 의한 손상 및 간섭을 받지 않도록 방습 및 보호처리를 한다.

(3) 재하하중 선택

재하하중을 교량형식과 설계활하중 및 노후 정도를 고려하여 하중재하로 인한 계측효과를 충분히 얻을 수 있도록 재하하중을 정하여야 한다. 교량의 노후 및 손상 정도가 심하여 재하시험으로 추가적인 손상이 우려되는 경우는 선행 구조해석을 통하여 시험차량의 중량을 결정하는 것이 바람직하다.

(4) 재하시험 계획

① 재하시험 시기는 교량의 주변 여건, 교통량, 보행자의 안전 등 경제적, 사회적 손실을 고려하여 교통통제의 영향이 적은 시간대를 선정하다.
② 우천 시나 대기온도가 계측기의 작동 범위를 벗어날 때는 적절한 대책을 마련하지 않는 한 재하시험을 실시하지 않는다.

(5) 안전계획

① 재하시험원 및 교통통제원은 주·야간 모두 육안으로 식별이 가능한 복장을 착용한다.
② 차량의 안전운행을 위하여 각종 교통통제용 안전간판, 비상조명등, 보조장비를 설치하여 운영한다.
③ 재하시험 종료 후 부분적으로 훼손된 교량 표면을 원상 복구한다.

4. 정적 재하시험

정적 재하시험은 센서의 부착, 측정장비와 센서의 연결, 측정장비 및 센어의 점검, 시험차량의 중량 및 제원 확인, 재하 위치 표시, 교통통제 등이 완료되면 시작하도록 한다.
정적 재하시험은 다음과 같은 목적에 따라 정적 처짐 또는 정적 변형률을 측정한다.

- 중립축 위치 판단
- 하중의 횡분배
- 부재의 강성

- 응력 및 처짐의 영향선
- 계산응력과 측정응력의 비교

(1) 시험방법

① 재하시험은 재하차량 이외에 하부도로의 일반차량이 완전히 통제된 상태에서 실시한다.
② 재하 경우별로 시험경간에 재하차량을 포함한 활하중이 전혀 재하되지 않은 상태에서 매 재하 경우마다 0점 조정을 실시하여 시험결과를 정리할 때 반영토록 한다.
③ 상부구조의 진동, 소음, 충격 등이 측정결과에 영향을 미칠 수 있으므로 시험차량은 시동을 끈 후 구조체의 응답시간을 고려하여 약 1분 정도의 측정대기 시간을 가진 후 측정하는 것이 좋다.
④ 재하 경우별로 2회 이상 반복측정을 실시하는 것이 바람직하다.
⑤ 활하중 재하 위치는 설계조건, 차량조건을 고려하여 계측 대상부재에 최대응답이 발생하도록 결정하고, 대칭성과 중첩성을 확인할 수 있는 재하조건을 적어도 1회 이상 실시하는 것으로 한다.
⑥ 전면 교통통제에 따른 차량지체가 예상되고, 교통사고의 가능성이 높은 경우에는 재하 횟수를 합리적으로 줄여서 시행할 수 있다.

(2) 정적 처짐

정적 처짐의 측정 위치는 대상 교량의 규모와 재하시험의 목적에 따라 결정한다. 각 주형의 지간 중앙부에는 반드시 측점을 설치하고 필요에 따라 경간의 1/4지점, 3/4지점(또는 1/3지점, 2/3지점) 등 측점수를 증가시킨다.

(3) 정적 변형률

정적 변형률의 측정 위치는 대상 교량의 구조적 특성과 재하시험의 목적에 따라 결정한다.

5. 동적 재하시험

교량의 동적 재하시험은 크게 시험차의 주행에 따른 동적 응답으로부터 실제 교량의 충격계수 및 진동평가를 위한 시험과 교량의 동적 특성을 구하기 위한 시험의 두 가지로 분류할 수 있다.

(1) 차량 주행시험

① 특수한 목적을 제외하고 동적 재하시험은 재하차량 이외에 하부도로의 일반차량이 완전히 통제된 상태에서 실시한다.
② 정적 재하시험용 계측기와 동적 재하시험용 계측기가 상이한 경우 계측기의 측정오차를 검정하기 위하여 동적 재하시험용 계측기를 사용하여 정적 재하시험과 동일한 1개 재하 경우를 선택하여 정적 재하시험을 실시한다.
③ 시험차량의 주행속도는 상행차선과 하행차선에서 각각 최저 10km/h에서부터 현장여건상 가능한 최대 주행속도까지 10km/h 간격으로 속도를 증가시키면서 교량의 동적 응답신호를 측정한다.
④ 측정결과를 이용하여 교량의 충격계수, 동적 변형률, 가속도, 진동주기, 고유진동수에 따라 사용성 측면에서의 교량진동 특성을 분석한다.

(2) 동적 특성 시험

① 교량의 동적 특성 즉, 고유진동수, 감쇠율, 모드형상을 구하는 시험으로서 상시 미진동, 주행차량에 의한 진동, 가진기에 의한 진동 등을 가속도계 및 변위계로 측정하는 시험이다.
② 장대교의 경우 내진안전도, 내풍안전도를 평가함에 있어 대상 교량의 동특성이 기본자료로 활용되며 공용중인 교량에서 기간 경과에 따른 동특성의 차이는 교량의 손상 정도를 평가하는 데 사용될 수 있다.

4교시 02

설계VE 적용 대상 선정 시 "건설기술진흥법 시행령" 제75조에 따른 법적 기준과 일반적 기준에 대하여 설명하시오.

1. 「건설기술진흥법 시행령」 제75조(설계의 경제성 등 검토)

① 발주청은 다음 각 호의 어느 하나에 해당하는 경우에는 설계 대상 시설물의 주요 기능별로 설계내용에 대한 대안별 경제성과 현장 적용의 타당성(이하 "설계의 경제성 등"이라 한다)을 직접 검토하거나 건설엔지니어링사업자 등 전문가가 검토하게 해야 한다. 〈개정 2014. 12. 30., 2020. 1. 7., 2021. 9. 14.〉

1. 총공사비 100억 원 이상인 건설공사의 기본설계 및 실시설계를 하는 경우
2. 총공사비 100억 원 이상인 건설공사의 시공 중 총공사비 또는 공종별 공사비를 10퍼센트 이상 조정(단순 물량 증가나 물가 변동으로 인한 변경은 제외한다)하여 설계를 변경하는 경우
3. 총공사비 100억 원 이상인 건설공사를 실시설계의 완료일부터 3년 이상 지난 후에 발주하는 경우. 다만, 실시설계의 완료일부터 건설공사의 발주일까지 특별한 여건 변동이 없었던 경우는 제외한다.
4. 총공사비 100억 원 미만인 건설공사에 대하여 발주청이 필요하다고 인정하는 건설공사의 설계를 하는 경우
5. 건설공사의 시공단계에서 건설공사의 여건 변동 등으로 인하여 발주청이 설계의 경제성 등의 검토가 필요하다고 인정하는 경우

② 시공자는 도급받은 건설공사의 성능개선 및 기능향상 등을 위하여 설계의 경제성 등을 검토할 필요가 있다고 인정하는 경우에는 미리 발주청과 협의하여 설계의 경제성 등을 직접 검토할 수 있다. 이 경우 시공자는 설계의 경제성 등의 검토가 완료되면 그 결과를 발주청에 통보해야 한다. 〈신설 2020. 1. 7.〉

③ 발주청은 제1항 및 제2항에 따라 실시된 설계의 경제성 등 검토의 결과로 제시된 설계의 개선 제안 내용을 적용하는 것이 기술적으로 곤란하거나 비용을 과다하게 증가시키는 등 특별한 사유가 있는 경우를 제외하고는 해당 설계내용에 이를 반영해야 한다. 〈개정 2020. 1. 7.〉

④ 발주청은 제1항 및 제2항에 따라 실시된 설계의 경제성 등 검토의 결과와 해당 설계내용에 대한 반영 결과를 국토교통부장관에게 제출해야 한다. 〈개정 2020. 1. 7.〉

⑤ 제1항부터 제4항까지에서 규정한 사항 외에 설계의 경제성 등 검토의 시기·횟수·대가기준, 구체적인 검토방법 및 절차 등에 관하여 필요한 사항은 국토교통부장관이 정하여 고시한다. 〈개정 2020. 1. 7.〉

4교시

04 철골철근(鐵骨鐵筋) 콘크리트(SRC, Steel framed Reinforced Concrete) 구조의 특징을 강구조 및 철근콘크리트 구조와 각각 비교하고 부재의 단면설계방법에 대하여 설명하시오.

1. 정의

철골 철근콘크리트(Steel Reinfoced Concrete, SRC) 구조물이란 콘크리트 속에 철골을 매설하고 철근을 배근하여 외력에 저항하도록 한 철골과 철근 및 콘크리트가 합성되어 이루어진 구조물을 말한다.

2. SRC 특징

(1) RC 구조물과 비교

① 장점
- 단면치수 감소로 경제적
- 인성이 증가되어 내진성이 우수
- 자중 감소 기대
- 큰 단면설계 시 철골단면 사용으로 다단철근 배근 불필요
- 극한하중 작용 시 철골의 소성저항능력으로 안전성 기대
- 구조체로서 신뢰성 향상
- 철골의 우선 시공으로 시공성 향상

② 단점
- 콘크리트와 부착력이 낮아 분리 가능
- 철골 비율이 큰 경우 콘크리트 균열폭이 증가되는 경향 발생
- 강재비율이 많은 경우 콘크리트 타설의 곤란 발생
- RC 구조에 비해 고가
- 철근설계가 복잡

(2) 강구조물에 비해

① 장점
- 방청, 방화 등의 유지관리 불필요
- 강성이 커 변형량이 작음
- 소음과 진동이 경감
- 공사비 감소

② 단점
- 자중이 증대
- 철골 조립 후 콘크리트 타설로 공사기간이 다소 길어짐

3. SRC 사용처

① RC 구조에서 내진성이 약한 경우
② 강구조물에서 강성이 부족한 경우
③ 장지간 보를 지지하는 기둥구조인 경우
④ RC 구조로는 강도가 부족하고 강구조물에는 진동이 예상되는 경우
⑤ 전단파괴가 예상되는 기둥
⑥ 응력과 변형집중이 예상되는 경우

4. SRC 해석방법

(1) 철골방식

콘크리트를 피복으로 간주하고 철근을 철골단면으로 고려하여 해석하는 방식

(2) 철근콘크리트 방식

철골을 철근으로 간주하여 철근콘크리트 단면으로 고려하여 해석하는 방식으로 철골과 콘크리트의 부착 확보가 문제로 대두되는 해석방법

(3) 누가강도 방식

철근콘크리트의 허용내력과 철골부분의 허용내력을 독립적으로 고려하여 그 합을 합성단면의 허용내력으로 간주하는 해석방법으로 가장 널리 쓰이고 있는 방식

5. SRC 설계 시 유의사항

SRC 구조물의 극한내하력 해석과 설계는 누가강도방식을 적용하여 해결하고 있으나 구조물 변형 문제에 대해서는 다음과 같은 사항이 검토가 요구되므로 SRC 구조물 설계 시 이를 고려해야 한다.

설계 시 고려해야 할 검토사항은 다음과 같다.
① 기둥에 작용하는 축압축력과 변형의 상관관계
② 철골단면과 변형의 상관관계
③ 횡방향 구속철근과 변형의 상관관계

상기와 같이 철골과 콘크리트가 어떤 상호작용을 하는지 정확하게 예측하여 설계에 반영할 필요가 있다.

4교시

05 아래 그림과 같은 50m 높이의 강체구조물이 있다. 중량 1kN의 물체를 한쪽이 A지점에 고정된 케이블 끝단에 묶어 A점에서 자유낙하시킨다. 케이블의 길이는 20m이고 케이블의 스프링계수는 200N/m이며, 케이블 자중은 무시한다.

1) 물체가 지표면에서 가장 가까울 때 지표면까지의 물체의 최소거리를 구하시오.
2) 케이블에 작용하는 최대작용력을 구하시오.

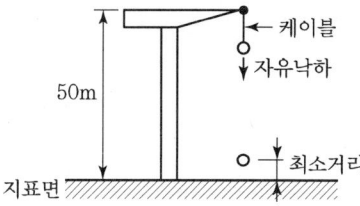

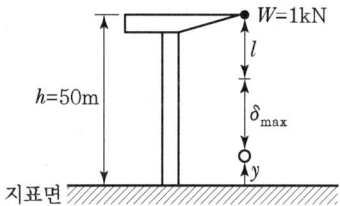

케이블의 길이, $l = 20\text{m}$
케이블의 스프링계수, $k = 200\text{N/m}$

(1) 지표면까지의 물체의 최소거리(y)

① 정적 처짐(δ_{st})

$$\delta_{st} = \frac{W}{k} = \frac{10^3}{200} = 5\text{m}$$

② 충격계수(I_F)

$$I_F = \frac{\delta_{\max}}{\delta_{st}} = 1 + \sqrt{1 + \frac{2h}{\delta_{st}}} = 1 + \sqrt{1 + \frac{2 \times 20}{5}} = 4$$

③ 최대처짐($\delta_{\max}$)

$$\delta_{\max} = I_F \cdot \delta_{st} = 4 \times 5 = 20\text{m}$$

④ 지표면까지의 물체의 최소거리(y)

$$y = h - l - \delta_{\max} = 50 - 20 - 20 = 10\text{m}$$

(2) 케이블에 작용하는 최대작용력($P_{\max}$)

$$P_{\max} = I_F \cdot W = 4 \times 1 = 4\text{kN}$$

4교시

06 다음 볼트 군(群) 중에서 최대응력을 받는 볼트에 작용하는 힘을 구하시오.

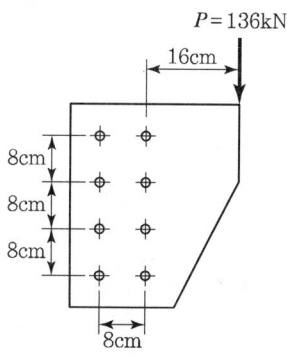

참고

그림과 같이 하중을 받을 때 볼트가 지지할 수 있는 최대하중 P_{max}를 구하시오.(단, 각각의 볼트의 단면적은 40mm²이고, 볼트의 허용 전단응력은 100MPa이다.)

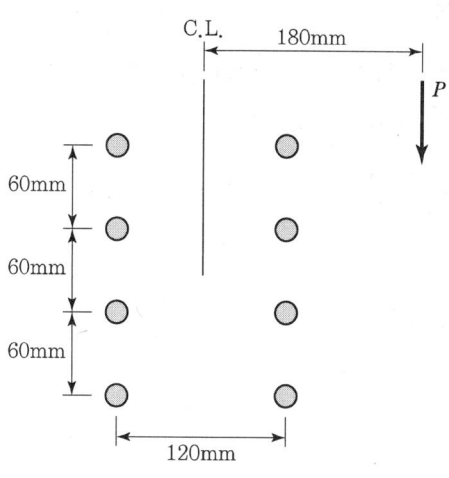

1. 단면 성질 산정

(1) 비틀림 상수 산정

$$I_x = \sum a y_i^2 = 2^{side} \times 2^{ea} \times (30^2 + 90^2) \times 400 = 14,400,000 \text{mm}^4$$

$$I_y = \sum a x_i^2 = 2^{side} \times 4^{ea} \times 60^2 \times 400 = 11,520,000 \text{mm}^4$$

$$J = I_x + I_y = 14,400,000 + 11,520,000 = 25,920,000 \text{mm}^4$$

2. 단면력 산정 및 해석 개념

(1) 작용하중

$P(N)$

(2) 비틀림 모멘트

$e = 180\text{mm}$

$T = P e_x = P \times 180 = 180P(\text{N} \cdot \text{mm})$

3. 전단응력

$$\tau_s = \frac{P}{na} = \frac{P}{8 \times 400} = \frac{P}{3,200}(\text{N/mm}^2) = 0.000313P$$

4. 비틀림 전단응력

비틀림 전단응력은 도심에서 가장 멀리 떨어진 볼트에서 발생

$r_{\max} = \sqrt{60^2 + 90^2} = 108.17\text{mm}$

$$\tau_t = \frac{T}{J} r_{\max} = \frac{180P}{25,920,000} \times 108.17 = 0.000751P$$

5. 최대 전단응력 산정

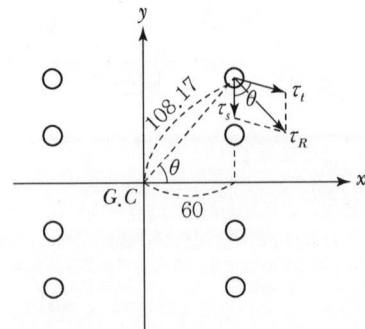

$$\cos\theta = \frac{60}{108.17}$$

$$\begin{aligned}
\tau_R &= \sqrt{\tau_s^2 + \tau_t^2 + 2\tau_s \tau_t \cos\theta} \\
&= \sqrt{(0.000313P)^2 + (0.000751P)^2 + 2 \times 0.000313P \times 0.000751P \times \frac{60}{108.17}} \\
&= 0.000961P
\end{aligned}$$

6. 최대 하중 산정 $P_{\max}$

$\tau_R = 0.000961P \leq \tau_a = 100\mathrm{MPa}$

$\therefore P_{\max} = \dfrac{100}{0.000961} N = 104{,}058.2 N = 104.0582\mathrm{kN}$

CHAPTER 18

제131회 토목구조기술사

CHAPTER 18 131회 토목구조기술사

·· 1교시 다음 문제 중 10문제를 선택하여 설명하시오.(각 10점)

1. 프리텐션공법의 장단점에 대하여 설명하시오.
2. 복철근 직사각형 보의 필요성에 대하여 설명하시오.
3. 크기와 모양의 변화를 고려하여 변형(Deformation)을 두 가지 형태로 분류하고, 특징에 대하여 설명하시오.
4. 강구조물의 변형유발피로에 대하여 설명하시오.
5. 용접구조용 압연강재에 대하여 설명하시오.
6. 교량설계하중(한계상태설계법, KDS 24 12 21)에 규정된 충돌하중에 대하여 설명하시오.
7. PS 강재의 열화에 대하여 설명하시오.
8. 케이블 교량의 가설스트럿(Temporary Strut)과 타이다운케이블(Tie Down Cable)에 대하여 설명하시오.
9. 교량설계 일반사항(한계상태설계법, KDS 24 10 11)에서 규정된 FEM 국부해석법에 대하여 설명하시오.
10. 도로에 건설되는 콘크리트 구조물의 내구성 확보를 위해 고려해야 할 사항에 대하여 설명하시오.
11. 콘크리트 구조 휨 및 압축 설계기준(KDS 14 20 20)에 규정된 휨부재의 최소철근량에 대하여 설명하시오.
12. 설계단계에서 시행되는 설계 안전성 검토(DFS, Design for Safety)에 대하여 설명하시오.
13. 용접 H형강 H-700×300×10×16(SM355)보의 국부좌굴에 의한 단면을 구분하시오.

• 2교시 다음 문제 중 4문제를 선택하여 설명하시오.(각 25점)

1. PSC 거더와 강거더의 횡좌굴에 대하여 비교 설명하시오.
2. 공용 중인 교량의 안전성 평가 시 고려해야 할 사항을 상부구조와 하부구조로 구분하여 설명하시오.
3. 토목 BIM의 특징과 구조분야에서의 BIM 적용방안에 대하여 설명하시오.
4. 다음 그림과 같은 보 ABC가 일정한 휨강성 EI를 가지고 있다. 자유단에 집중하중 P가 작용할 때, 지점 반력과 전단력도(SFD), 휨모멘트도(BMD)를 구하시오.(단, 스프링계수 $k = \dfrac{48EI}{L^3}$이다.)

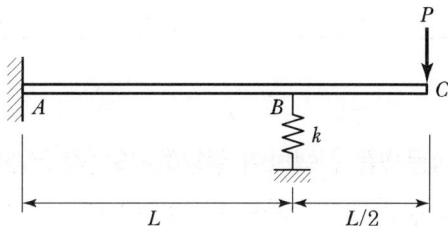

5. 다음 그림 (a)와 같이 지름 $d = 40\text{mm}$인 원형봉에 축력 P와 비틀림 T가 가해지고 있다. 그림 (b)와 같이 C점에 Strain Gage를 부착한 결과 Gage A는 200×10^{-6}, Gage B는 100×10^{-6}, 탄성계수 $E = 240\text{GPa}$, 푸아송비 $\nu = 0.2$일 때 비틀림 $T[\text{kN} \cdot \text{m}]$를 구하시오.

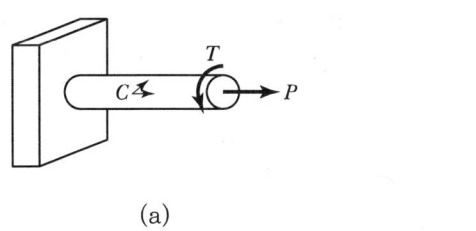 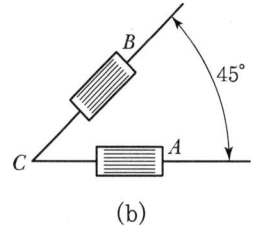

(a)   (b)

6. 다음 그림과 같은 단면을 갖는 교량용 매입합성기둥이 순수 압축력을 받을 경우의 구조제한사항을 검토하고, 설계압축강도를 구하시오.(단, 양단 힌지로 지지된 기둥의 길이는 5m이며, 강도 산정에 필요한 제반 조건은 아래 표와 같다.)

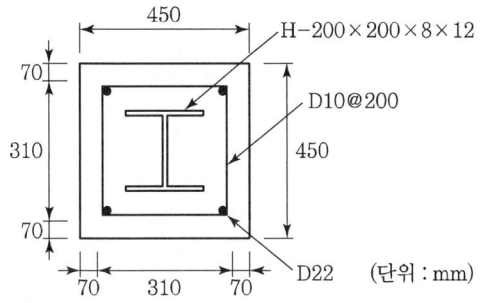

구분	콘크리트($f_{ck}=35MPa$)		강재 (SM355)	철근 (SD400)
	총단면	순단면		
단면적(mm²)	$A_g = 202,500$	$A_c = 194,627$	$A_s = 6,353.0$	$A_{sr} = 1,520.5$
강축의 단면2차모멘트 (mm⁴)	$I_{gx} = 341.7 \times 10^7$	$I_{cx} = 333.3 \times 10^7$	$I_{sx} = 4.72 \times 10^7$	$I_{srx} = 3.66 \times 10^7$
약축의 단면2차모멘트 (mm⁴)	$I_{gz} = 341.7 \times 10^7$	$I_{cz} = 336.4 \times 10^7$	$I_{sz} = 1.60 \times 10^7$	$I_{srz} = 3.66 \times 10^7$
설계기준압축강도(MPa)	35	35	—	—
항복강도(MPa)	—	—	355	400
탄성계수(MPa)	29,800	29,800	210,000	200,000

3교시 다음 문제 중 4문제를 선택하여 설명하시오.(각 25점)

1. 철근콘크리트 보에서 과보강보와 저보강보에 대하여 비교 설명하시오.

2. 다음 그림과 같이 한 변의 길이가 L이고, 각 변의 중앙점에 하중이 작용하는 정사각형 형상으로 배치된 구조물을 해석하여, 구조물의 축력도(AFD), 전단력도(SFD), 휨모멘트도(BMD)를 그리고, 휨에 의한 정성적인 변형도(Deformed Configuration)와 하중 P가 작용하는 점의 변위를 구하시오.(단, 부재의 휨강성은 EI이다.)

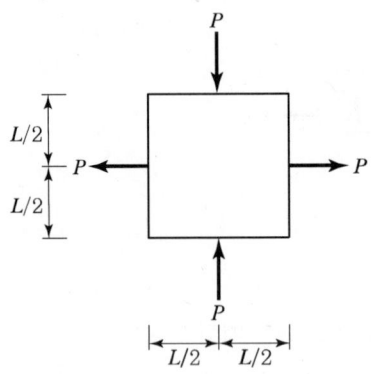

3. 교량기초를 고려한 교량계획 시 설계단계별 조사내용과 말뚝기초 본체(강말뚝, 기성콘크리트 말뚝, 현장타설 콘크리트말뚝)의 허용압축하중 산정 시 고려해야 할 사항에 대하여 설명하시오.

4. 사장교 케이블에서 발생 가능한 바람 진동과 유해 진동 발생 시의 진동 저감방안에 대하여 설명하시오.

5. 다음 그림과 같이 5kN의 무게(W)를 가진 전동기가 외팔보 단부에 설치되어 진동수 $\omega = 16$ rad/sec인 420kN의 상하 운동을 한다. 외팔보의 자중은 무시하고 감쇠계수를 10%로 가정하여 상하 운동으로 발생하는 외팔보의 최대처짐량과 지지부에 전달되는 힘의 크기를 구하시오.(단, 탄성계수 $E = 200$GPa, 단면2차모멘트 $I = 7 \times 10^8$mm⁴)

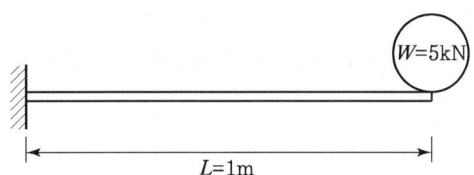

6. 다음 그림과 같이 교축방향으로 0.3g의 수평가속도를 받는 폭 6m, 두께 400mm인 슬래브 형태의 공항주차장을 300kN의 트럭이 일정한 속도로 통과하고 있다. A, E점의 지지조건은 롤러(Roller)이고, B, C, D점의 지지조건은 힌지(Hinge)이며, 기둥 하부는 암반에 고정되어 있다. 강재기둥의 자중과 수직처짐은 무시하고, 허용응력설계법에 의해 기둥의 휨에 대한 안전성을 검토하시오.(단, 트럭과 주차장 사이의 마찰계수는 1.0이다.)

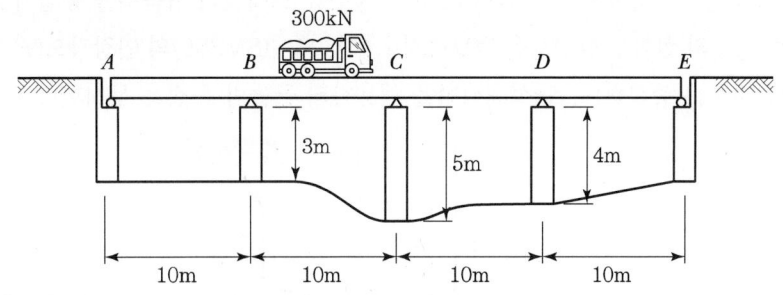

콘크리트 슬래브	• 단위질량(m_c)= 2,500kg/m³ • 탄성계수(E_c)= 2.75×10^4MPa
강재기둥 (①, ②, ③)	• 탄성계수(E_s)= 2.05×10^5MPa • 단면2차모멘트(I_g)= 4.5×10^9mm⁴ • 단면의 중립축에서 연단까지의 거리(y)= ±450mm • 허용응력(f_{sa})= 215MPa

4교시 다음 문제 중 4문제를 선택하여 설명하시오.(각 25점)

1. 교량 유지관리 매뉴얼(국토교통부, 2014)에서의 무여유도 부재(Non-redundant Members) 및 3가지의 여유도(Redundancy)에 대하여 설명하시오.
2. 콘크리트 아치교의 계획 및 설계 시의 주요 검토사항에 대하여 설명하시오.
3. 도심지에 건설되는 지하박스 구조물의 합리적인 단면설계 방안으로 벽체의 휨압축 부재 검토에 대한 적정성에 대하여 설명하시오.
4. 공항 랜드 사이드의 건물 등에 적용되는 무량판 구조의 특징과 설계 시 고려해야 할 사항에 대하여 설명하시오.

5. 다음 그림과 같이 A점은 고정지점, B점은 스프링계수 $k=1,000\text{kN/m}$인 탄성지점인 보의 C점에 $W=50\text{kN}$이 $h=0.4\text{m}$의 높이에서 낙하할 때, 충격에 의한 C점의 순간최대변위 $\delta_{\max}$를 구하시오.(단, 휨강성 $EI=2\times 10^3 \text{kN}\cdot\text{m}^2$이다.)

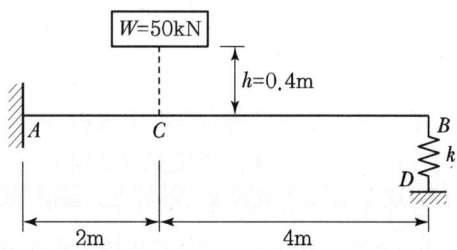

6. 다음 그림과 같이 계수하중 $P_u=200\text{kN}$이 작용하는 브래킷의 이음부를 용접치수 8mm로 필릿용접할 경우의 접합부 안전성을 검토하시오.[단, 모재(SM355)의 인장강도(F_u)는 490MPa로서 전단강도는 충분하며, 탄성해석법을 적용하되 끝돌림 용접은 무시한다.]

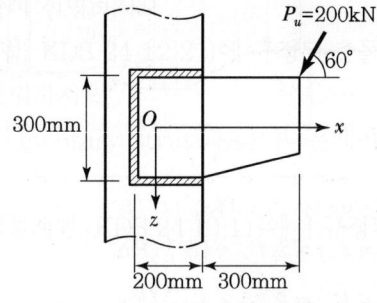

1교시

01. 프리텐션공법의 장단점에 대하여 설명하시오.

1. 개요

프리스트레스트 콘크리트(PSC)란 하중에 의하여 일어나는 응력을 소정의 한도까지 상쇄할 수 있도록 미리 인공적으로 그 응력의 분포와 크기를 정하여 반대로 내력을 준 콘크리트를 말한다. PSC 제작방법에 따라 Pre-tension과 Post-tension 방법으로 분류된다.

2. Pre-tension 방식

(1) 제작방법

① 롱라인(Long Line) 방식 : 연속식
- 인장대에 여러 개 거푸집을 직렬 배치하여 긴장력 도입
- 1회에 여러 개 부재 생산 가능

② 단일몰드(Individual) 방식 : 단일식
- 거푸집 자체를 인장대로 사용하여 긴장력 도입
- 1회에 1개 부재만 생산 가능

(2) 제작순서

① PS 강재에 인장력을 주어 긴장시킨다.
② 콘크리트를 타설한다.
③ PS 강재를 천천히 풀어 콘크리트에 프리스트레스를 준다.

(3) 응력전달방법

PS 강선과 콘크리트 사이의 마찰력에 의하여 응력을 도입한다.

(4) 장점

① 공장제품으로 제품의 신뢰도가 높다.
② 동일 단면의 부재를 대량생산할 수 있다.
③ 쉬스(Sheath) 및 정착장치 등이 필요하지 않다.

(5) 단점

대형 부재의 생산과 수송이 어렵고, PS 강재의 곡선 배치가 쉽지 않다.

1교시
02 복철근 직사각형 보의 필요성에 대하여 설명하시오.

1. 개요
복철근보는 콘크리트가 받을 수 있는 압축응력을 초과하는 경우 압축측에 철근을 배근하여 단면의 강도를 증진시키는 목적보다는 장기처짐을 감소하고 전단보강철근을 원활히 배근하는데 더 큰 목적이 있다.

2. 복철근 보의 특징

(1) 장점
① 강도 증가(콘크리트의 단면적을 감소하고자 하는 경우)
② 장기처짐 감소(크리프 및 건조 수축에 의한 장기처짐 감소)
③ 스트럽의 고정

(2) 단점
① 보의 처짐 증대
② 전단응력이 증가하여 많은 양의 전단철근 요구

3. 복철근보 해석 조건
철근비가 단철근 구형보의 평행철근비보다 큰 경우 복철근으로 해석한다.

$$\rho = \frac{A_s}{bd} > p_b = \frac{0.85 f_{ck}}{f_y} \beta_1 \frac{c}{d} = \frac{0.85 f_{ck}}{f_y} \beta_1 \frac{6,000}{6,000 + f_y}$$

1교시
04 강구조물의 변형유발피로에 대하여 설명하시오.

1. 개요
횡방향 부재를 종방향 부재의 단면을 포함하는 적절한 구조요소에 연결함에 따라 예상하였거나 예상치 못한 하중을 전달하기에 충분한 하중경로를 제공할 수 있어야 한다. 이러한 하중경로는 여러 구조 요소를 용접 또는 볼트로 연결하여 확보할 수 있다.
복부판의 좌굴과 면외변형을 제어하기 위해 KDS 14 31 10(4.3.3.1.5.3) 규정을 만족해야 한다.

2. 변형유발피로

(1) 수직연결판
연결판은 다음과 같은 단면의 압축 및 인장 플랜지 모두에 대해 용접 또는 볼트 연결해야 한다.
① 연결 다이아프램이나 수직브레이싱(Cross-frame)은 횡방향 연결판 또는 연결판으로서의 기능을 갖는 수직보강재에 부착해야 한다.
② 내·외부 다이아프램이나 브레이싱은 횡방향 연결판 또는 연결판으로서의 기능을 갖는 수직보강재에 부착해야 한다.
③ 가로보는 횡방향 연결판 또는 연결판으로서의 기능을 갖는 수직보강재에 부착해야 한다. 특별한 조건이 주어지지 않는 한 용접 및 볼트 연결은 직선교의 경우 90,000N의 횡하중에 저항하도록 설계해야 한다.

(2) 수평연결판
플랜지에 수평연결판을 붙이는 것이 곤란할 경우에는 보강된 복부판에 부착되는 수평연결판은 플랜지에서 플랜지 폭의 1/2 이상 떨어져야 한다. 비보강 복부판에 부착된 수평연결판은 플랜지에서 150mm 이상 및 플랜지 폭의 1/2 이상 떨어져야 한다.
수평연결판으로 연결된 수평브레이싱 부재의 끝은 복부판 및 수직보강재로부터 최소 100mm의 거리를 유지해야만 한다.
보강재가 사용된 복부판의 수평연결판은 보강재의 중심에 있어야 한다. 또한, 수평연결판은 보강재로서 복부판의 같은 면에 위치한다. 수평연결판과 보강재가 복부판의 같은 면에 위치한 경우에는 수평연결판을 보강재에 부착해야 한다.
이 경우에 수직보강재는 압축플랜지로부터 인장플랜지까지 연속된 판으로서 양쪽 플랜지 모두에 부착해야 한다.

(3) 강바닥판
강바닥판에 대한 구조 상세는 강바닥판 조항의 규정을 만족해야 한다.

1교시
05. 용접구조용 압연강재에 대하여 설명하시오.

1. 개요
강재는 타 재료에 비해 고강도로서 우수한 연성으로 극한 내하력이 높고 인성이 커 충격에 강하며 조립이 용이한 우수한 특성을 지닌 재료이다. 구조용으로 사용되는 탄소강은 다음과 같다.
① 일반구조용 압연강재
② 용접구조용 압연강재
③ 용접구조용 내후성 열간 압연강재

2. 강재의 종류
(1) 일반구조용 압연강재(KSD 3503)

종류	기호	인장강도
-	SS400	400-510 MPa

(2) 용접구조용 압연강재(KSD 3515)

종류	기호	인장강도
1종(A, B, C)	SM400(A, B, C)	400-510 MPa
2종(A, B, C)	SM490(A, B, C, YA, YB)	490-610 MPa
3종(B, C)	SM520(B, C)	490-610 MPa
4종(B, C)	SM570	570-720 MPa

3. 강재의 특성
(1) 용접구조용 압연강재(KSD 3515)
① SS재와 같이 널리 사용되는 구조용 강재로서 특히 우수한 용접성이 요구될 때 사용되는 강재이다.
② 화학성분은 S·P 값이 0.04 이하로 규정 C, Si, Mn에 대한 규정치는 강재의 종류별로 정해지며 용접구조용 강재의 특성을 좌우한다. 강도를 높이는 데는 C의 양을 증가시키는 것이 경제적이며, 용접성을 높이는 데는 Mn을 많이 사용한다.
③ 기계적 성질은 SS재와 달리 강도에 의한 분류뿐 아니고 인성치를 A, B, C의 범위로 분류한다.

1교시

06. 교량설계하중(한계상태설계법, KDS 24 12 21)에 규정된 충돌하중에 대하여 설명하시오.

1. 차량충돌하중 : CT

(1) 구조물의 보호

구조물이 아래와 같이 충돌로부터 보호된 경우 차량충돌하중을 적용시킬 필요가 없다.

① 제방
② 구조적으로 독립된, 충돌에 강한 높이 1,370mm가 넘는 방호울타리가 보호받아야 할 구조물로부터 3,000mm 내에 있는 경우
③ 높이 1,070mm인 방호울타리가 보호받아야 할 구조물로부터 3,000mm 이상 떨어져 있는 경우
④ 이러한 경우 방호울타리는 구조적, 기하적으로 「도로안전시설 설치 및 관리 지침」의 규정에 따라야 한다.

(2) 구조물과 차량이나 열차의 충돌

KDS 24 12 12(4.17.1)에서 허용된 경우를 제외하고 도로의 가장자리로부터 9,000mm 내에 위치하거나, 궤도의 중심선으로부터 15,000mm 거리 내에 위치한 교대나 교각은 1,800kN 크기의 등가정적 하중에 대해 설계된다. 이 하중은 노면상 1,200mm 높이에서 수평으로 임의의 방향으로 작용할 수 있다.

2. 선박충돌하중 : CV

(1) 일반사항

① 설계수심이 600mm 이상 되는 곳에 위치하며 배가 통행할 수 있는 수로에 건설된 교량의 모든 구조부재는 설계 시에 선박 충돌의 영향을 고려하여야 한다.
② 하부구조물의 설계를 위한 최소 설계충돌하중은 수로에서의 연평균유속과 같은 속도로 떠내려가는 빈 호퍼바지선을 기준으로 계산하여야 한다. 만일 교량 발주자에 의해서 특별히 승인된 것이 없다면, 설계 바지선은 화물을 싣지 않은 경우 중량이 200톤이고 10,700×60,000mm 크기의 것으로 한다.

③ 교량이 깊은 수로를 가로지르며 놓여 있고 배와 부딪치는 것을 예방할 수 있을 만큼 높이 설치되어 있지 않은 경우에, 상부구조물에 가해지는 충격의 최소설계값은 KDS 24 12 21(4.18.10.3)에 규정된 돛대의 충돌에 의한 충격하중을 사용할 수 있다.

④ 선박에 의한 충돌이 예상되는 하천에 건설되는 구조물은 다음의 사항을 만족하여야 한다.
- 선박에 의한 충돌하중에 견딜 수 있게 설계되거나,
- 방호물, 계선말뚝, 통로 또는 다른 안전을 위한 시설에 의해서 적절히 보호되어야 한다.

⑤ 선박과의 충돌에 의한 충격하중은 교량과 아래 사항과의 관계를 고려하여 결정하여야 한다.
- 수로의 기하학적 형상
- 수로를 이용하는 선박의 크기, 형태, 하중조건, 통과빈도
- 가용 수심
- 선박의 속도와 방향
- 충돌에 의한 교량의 구조적 거동

1교시
09. 교량설계 일반사항(한계상태설계법, KDS 24 10 11)에서 규정된 FEM 국부해석법에 대하여 설명하시오.

1. 일반사항

일반적인 뼈대 구조 해석법에 의하여 정확한 응력을 산정할 수 없는 응력집중부나 부재연결부 등의 정밀 해석에 사용된다.

2. 해석모델 구성

① 정밀해석이 필요한 영역을 포함하도록 해석 영역을 전체 구조물에서 분리하여 정의하고, 전체 구조물과 분리된 해석 영역의 경계면에서 경계조건으로서 뼈대 구조물의 해석에서 구한 변위나 부재력을 적용한다.
② 정밀 해석 대상 영역에서 응력 분포 특성이 충분히 소산되어 일반적인 뼈대 해석법과 상세 해석법의 응력분포가 동일하게 되는 곳으로 상세 해석을 위한 해석 영역의 경계면을 설정한다. 일반적으로 정밀해석이 필요한 관심 영역의 최대 치수의 적어도 2배 이상의 해석 영역을 설정하여야 한다.
③ 변위법에 기초한 해석법에서는 일반적으로 변위가 부재력에 비하여 보다 정확하기 때문에 변위 경계 조건을 적용하는 것이 바람직하다.

> **1교시**
>
> **10** 도로에 건설되는 콘크리트 구조물의 내구성 확보를 위해 고려해야 할 사항에 대하여 설명하시오.

1. 정의

내구성이란 콘크리트 소요 공용기간 중 환경오염에 변하지 않고 저항하는 성질을 말하며, 사용기간 동안 초기의 성능을 그대로 유지할 수 있는 성능을 말한다.

2. 내구성 저하 원인

① 기상작용 : 동결 융해 반복　　② 화학물질 : 황산, 염산 등
③ 물의 침식 작용 및 마모　　　　④ 중성화 및 철근 부식
⑤ 알칼리-골재 반응　　　　　　⑥ 전류 작용
⑦ 염해

3. 대책

(1) 설계단계

① 피복두께　　　　　　　　　② 설계하중 산정 유의

(2) 시공단계

① 재료 선정　　　　　　　　　② 배합설계
③ 수밀 콘크리트　　　　　　　④ 다짐 및 양생 철저

(3) 유지관리단계

① 내구성 저하 최대한 억제　　② 보수 · 보강 실시

1교시
11. 콘크리트 구조 휨 및 압축 설계기준(KDS 14 20 20)에 규정된 휨부재의 최소철근량에 대하여 설명하시오.

① 해석에 의하여 인장철근 보강이 요구되는 휨부재의 모든 단면에 대하여 다음 ②와 ③에 규정된 경우를 제외하고는 설계휨강도가 식 (1)의 조건을 만족하도록 인장철근을 배치하여야 한다.

$$\phi M_n \geq 1.2 M_{cr} \quad \cdots\cdots\cdots\cdots\cdots\cdots\cdots\cdots\cdots\cdots\cdots\cdots\cdots (1)$$

여기서, M_{cr} : 휨부재의 균열휨모멘트로 KDS 14 20 30[식 (2)]에 따라 계산한다.

② 부재의 모든 단면에서 해석에 의해 필요한 철근량보다 1/3 이상 인장철근이 더 배치되어 식 (2)의 조건을 만족하는 경우는 상기 ①의 규정을 적용하지 않을 수 있다.

$$\phi M_n \geq \frac{4}{3} M_u \quad \cdots\cdots\cdots\cdots\cdots\cdots\cdots\cdots\cdots\cdots\cdots\cdots (2)$$

③ 두께가 균일한 구조용 슬래브와 기초판에 대하여 경간방향으로 보강되는 휨철근의 단면적은 KDS 14 20 50(4.6)에 규정한 값 이상이어야 한다. 철근의 최대 간격은 슬래브 또는 기초판 두께의 3배와 450mm 중 작은 값을 초과하지 않도록 하여야 한다.

1교시

12 설계단계에서 시행되는 설계 안전성 검토(DFS, Design for Safety)에 대하여 설명하시오.

1. 설계 안전성 검토(DFS) 목적

건설단계의 위험요소를 설계단계에서 사전에 발굴하여 위험성 평가와 저감대책을 수립하고 설계에 반영함으로써 설계단계에서 위험요소를 제거·저감하는 활동으로, 시공 전의 설계단계부터 건설공사의 안전을 선제적으로 관리하기 위하여 실시설계의 안전성을 검토하도록 하여 건설 전 과정을 아우르는 안전관리체계 구축을 목표로 한다.

2. 설계 안전성 검토 내용

(1) 준비단계

구분	절차	내용
준비단계	설계 안전성 검토대상 목적물 확인 및 목표 설정	• 건설기술진흥법 시행령 98조에 근거 • 건설기술진흥법 시행령 제75조 2의 근거 • 설계 안전성 검토 목표 설정
	검토팀 구성 및 발주자 협의(일정 수립 등)	• 설계 안전 검토 보고서 검토시기 협의 • 대표 설계자 및 공종별 설계자 검토 팀 구성 • 단계별 일정 수리
	설계 도서 및 사례 분석	• 재해사례, 작업 절차서 등 입수 • 설계도서 등(실시설계도면, 시방서, 내역서 등)
	워크숍	• 워크숍 실시 • 설계 안전성 검토 진행에 대한 방향 설정 및 검토 참여자 교육

(2) 실시단계

구분	절차	내용
실시단계	위험요소 인식	• 대표 설계자와 공종별 설계자가 위험요소 파악 • 위험요소 도출 및 기록
	위험성 추정 및 평가	• 위험성 추정 및 평가 • 위험성 허용 여부 결정
	위험성 저감대책 수립	• 위험성 저감대책의 검토 및 계획 수립 • 저감대책을 반영한 위험성 평가
	위험성 저감대책 이행	• 도출된 저감대책 이행 • 잔존 위험요소 파악 • 안전 관리 문서에 기록
	기록, 검토 및 수정	• 실시과정 및 결과를 기록 • 위험성 평가 검토 및 수정, 개선

2교시

03. 토목 BIM의 특징과 구조분야에서의 BIM 적용방안에 대하여 설명하시오.

1. 서론

3차원 설계의 효용성 확대와 함께 BIM(Building Information Modeling)은 빠르게 보급되고 있으며, 국토교통부 등에서는 토목공사에서도 BIM을 적용하는 방안을 추진하고 있다.

2. BIM 적용

(1) 계획단계

토목분야 계획단계 BIM 활용 기능은 주로 타당성 검토, 주변 환경성 평가 및 교통 영향 분석 등의 업무를 지원하는 기능으로 구성된다.

3차원 지형정보 생성에 의한 지형 분석 기능, 3차원 형상모델을 기반으로 하는 개략 일정 시뮬레이션 기능, 구조물 배치 계획 및 경관 계획 시뮬레이션 기능, 대안 검토 및 시뮬레이션 검토 기능과 주변 환경 평가 시뮬레이션 기능 등에 적용된다.

(2) 설계단계

설계단계 BIM 활용의 기본은 구조해석 정보와 공사비 정보 등을 설계 객체 부위별로 관리할 수 있는 기능이다. 이러한 기본적 활용 외에도 지하시설물 시각화 기능 검토, 지형의 표고, 경사 및 수계분석 및 토공 시각화 분석 기능 등을 구현할 수 있다. 또한 객체의 설계 오류, 간섭, 위치 등을 파악하기 위해 횡단면 검토 및 객체 간섭 검증 기능 등이 활용된다. 이와 같이 설계정보의 기하요소를 확인하기 위해 임의의 단면/경사/깊이/표고 분석과 도로/교량 등의 선형 및 타입 대안 검토, 유역 면적 등의 검토 등에 활용된다. 특히 토목공사는 토공과 직접 연관되므로, 토공의 성·절토 상태를 시각적으로 분석할 수 있는 기능과 완성된 3차원 모델의 설계 정합성 분석 기능이 적용될 수 있다. 이와 같이 주변 환경과의 적합성을 판단할 수 있으며, 3차원 모델로부터 요구 단면을 추출하여 상세한 2D 도면을 생성할 수 있는 기능을 구현할 수 있다. 이러한 설계정보가 완성되면 각 공종을 구성하고 WBS 코드와 연계하여 계획공정표를 생성하게 된다.

(3) 성과품 검토단계

BIM은 설계, 시공, 감리, 시설물 유지관리 등 건설 전 단계에 활용 가능하며 물량 산출, 설계 오류 검토, 도면 생성, 공정/공사비 시뮬레이션, 대안 검토, 시공성 검토, 안전 검토, 유지보수 등 다양한 의사결정 과정에 활용이 가능하다.

3. 구조분야 BIM 적용

분야	BIM 적용 활용방안		적용분야
구조/교량	• 복잡부 및 시공성 검토 • 장비 운영 계획 검토 • 2D Drawing Revision 신속 변경	• 주요 가시설 변경 • 거푸집 및 철근 조립 검토	Mook-up 모델 시각화

4. 결론

최근 토목분야의 대형 국책사업에 3D, 4D 시뮬레이션 구성이 의무화되고 있는 사례 등은 BIM 환경 구축에 고무적인 사항이다. 이러한 사례들은 설계 및 시공의 고품질화와 함께 점차 증대될 것으로 기대된다. 특히 최근 프로젝트의 규모가 대형화 및 복잡화됨에 따라 토목분야 BIM의 적용은 더욱 활성화될 것으로 사료된다.

2교시

04 다음 그림과 같은 보 ABC가 일정한 휨강성 EI를 가지고 있다. 자유단에 집중하중 P가 작용할 때, 지점 반력과 전단력도(SFD), 휨모멘트도(BMD)를 구하시오. $\left(\text{단, 스프링계수 } k = \dfrac{48EI}{L^3} \text{이다.}\right)$

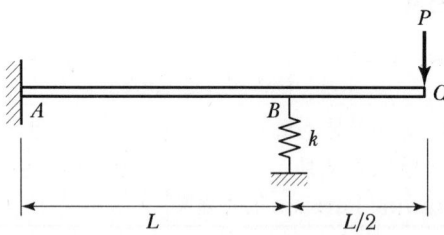

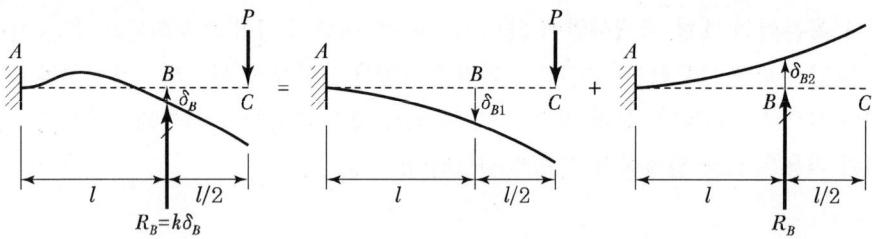

$$\delta_B = \delta_{B1} + \delta_{B2} \rightarrow \dfrac{R_B}{k} = \dfrac{7Pl^3}{12EI} - \dfrac{R_B l^3}{3EI}$$

$$\therefore R_B = \dfrac{28P}{17}(\uparrow)$$

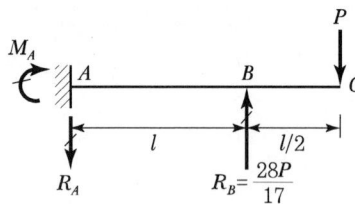

$\sum F_y = 0 (\uparrow \oplus)$

$-R_A + \dfrac{28P}{17} - P = 0$

$\therefore R_A = \dfrac{11P}{17}(\downarrow)$

$\sum M_A = D(\downarrow \oplus)$

$M_A - \dfrac{28P}{17} \times l + P \times \dfrac{3l}{2} = 0$

$\therefore M_A = \dfrac{5Pl}{34}(\curvearrowright)$

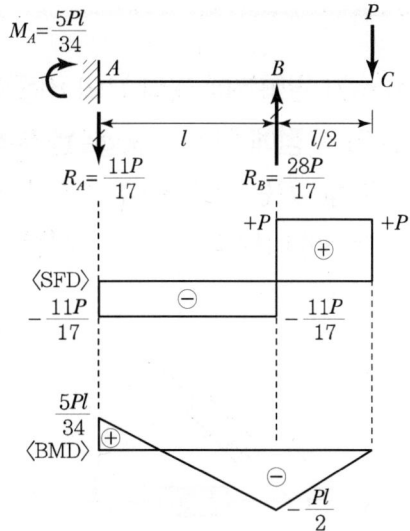

2교시

05

다음 그림 (a)와 같이 지름 $d=40$mm인 원형봉에 축력 P와 비틀림 T가 가해지고 있다. 그림 (b)와 같이 C점에 Strain Gage를 부착한 결과 Gage A는 200×10^{-6}, Gage B는 100×10^{-6}, 탄성계수 $E=240$GPa, 푸아송비 $\nu=0.2$일 때 비틀림 $T[\text{kN}\cdot\text{m}]$를 구하시오.

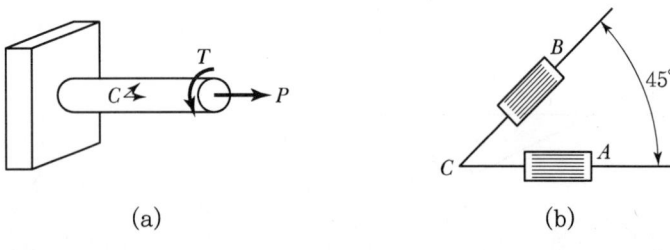

(a)　　　　　　　　　(b)

$\varepsilon_A = \varepsilon_{(x=0°)} = \dfrac{1}{2}(\varepsilon_x+\varepsilon_y)\dfrac{1}{2}(\varepsilon_x-\varepsilon_y)\cdot\cos(2\times 0°+\varepsilon_{xy}\sin(2\times 0°) = \varepsilon_x$

$\varepsilon_x = \varepsilon_A = 200\times 10^{-6}$

$\varepsilon_y = -\nu\varepsilon_x = -0.2\times(200\times 10^{-6}) = -40\times 10^{-6}$

$\varepsilon_B = \varepsilon(\theta=45°) = \dfrac{1}{2}(\varepsilon_x+\varepsilon_y) + \dfrac{1}{2}(\varepsilon_x-\varepsilon_y)\cdot\cos(2\times 45°) + \varepsilon_{xy}\cdot\sin(2\times 45°)$

$= \dfrac{1}{2}(\varepsilon_x+\varepsilon_y) + \varepsilon_{xy}$

$\varepsilon_{xy} = \varepsilon_B - \dfrac{1}{2}(\varepsilon_x+\varepsilon_y) = (100\times 10^{-6}) - \dfrac{1}{2}\{(200\times 10^{-6})+(-40\times 10^{-6})\} = (20\times 10^{-6})$

$\gamma_{xy} = 2\varepsilon_{xy} = 2\times(20\times 10^{-6}) = 40\times 10^{-6}$

$G = \dfrac{E}{2(1+\nu)} = \dfrac{240}{2(1+0.2)} = 100\text{GPa}$

$\tau_{\max} = G r_{xy} = \dfrac{T\cdot r}{I_P}$

$T = \dfrac{Gr_{xy}I_P}{r} = \dfrac{Gr_{xy}\pi D^3}{16} = \dfrac{(100\times 10^3)\times(40\times 10^{-6})\times\pi\times 40^3}{16}$

$= 50,265\text{N}\cdot\text{mm} \cong 0.05\text{kN}\cdot\text{m}$

2교시

06 다음 그림과 같은 단면을 갖는 교량용 매입합성기둥이 순수 압축력을 받을 경우의 구조제한사항을 검토하고, 설계압축강도를 구하시오.(단, 양단 힌지로 지지된 기둥의 길이는 5m이며, 강도 산정에 필요한 제반 조건은 아래 표와 같다.)

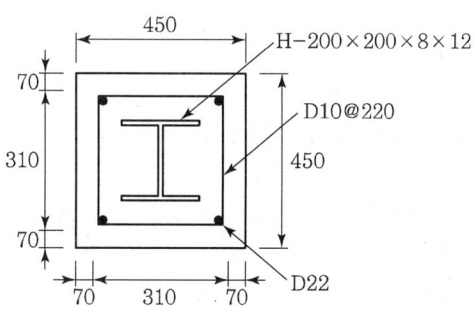

구분	콘크리트($f_{ck} = 35MPa$)	
	총단면	순단면
단면적(mm²)	$A_g = 202,500$	$A_c = 194,627$
강축의 단면2차모멘트(mm⁴)	$I_{gx} = 341.7 \times 10^7$	$I_{cx} = 333.3 \times 10^7$
약축의 단면2차모멘트(mm⁴)	$I_{gz} = 341.7 \times 10^7$	$I_{cz} = 336.4 \times 10^7$
설계기준압축강도(MPa)	35	35
항복강도(MPa)	—	—
탄성계수(MPa)	29,800	29,800

구분	강재 (SM355)	철근 (SD400)
단면적(mm²)	$A_s = 6,353.0$	$A_{sr} = 1,520.5$
강축의 단면2차모멘트(mm⁴)	$I_{sx} = 4.72 \times 10^7$	$I_{srx} = 3.66 \times 10^7$
약축의 단면2차모멘트(mm⁴)	$I_{sz} = 1.60 \times 10^7$	$I_{srz} = 3.66 \times 10^7$
설계기준압축강도(MPa)	—	—
항복강도(MPa)	355	400
탄성계수(MPa)	210,000	200,000

1. 구조 제한 검토

(1) 형강재의 단면적

$$\rho_s = \frac{A_s}{A_g} = \frac{6,353}{202,500} = 0.0314 > 0.01 \quad \therefore \ \text{O.K}$$

(2) 횡방향 철근 중심간격

$$D10\,@\,200 < 300\text{mm} \quad \therefore \ \text{O.K}$$

(3) 길이방향 철근(4 – D22)의 단면적

$$\rho_{sr} = \frac{A_{sr}}{A_g} = \frac{1,520.5}{202,500} = 0.0075 > 0.004 \quad \therefore \ \text{O.K}$$

2. 설계 압축강도

① P_o

$$P_o = A_s F_y + A_{sr} F_{yr} + 0.85 A_c f_{ck}$$
$$= 6,353 \times 355 + 1,520.5 \times 400 + 0.85 \times 194,627 \times 35 = 8.654 \times 10^6 \text{N}$$

② 합성단면의 유효강성

$$C_1 = 0.1 + 2\left(\frac{A_s}{A_c + A_s}\right) = 0.1 + 2\left(\frac{6,353}{194,627 + 6,353}\right) = 0.1632 < 0.3$$

$$EI_{eff} = E_s I_s + 0.5 E_{sr} I_{sr} + C_1 E_c I_c$$
$$= 210,000 \times 1.6 \times 10^7 + 0.5 \times 200,000 \times 3.66 \times 10^7 + 0.1632 \times 29,800 \times 336.4 \times 10^7$$
$$= 23.38 \times 10^{12} \text{N} \cdot \text{mm}^2$$

③ 탄성좌굴강도

$$P_e = \frac{\pi^2 EI_{eff}}{(KL)^2} = \frac{\pi^2 \times 23.38 \times 10^{12}}{5,000^2} = 9,230,054.0\text{N} = 9,230.1\text{kN}$$

④ 공칭압축강도

$$0.44 P_o = 0.44(8.654 \times 10^3) = 3,807.76$$

$P_e \geq 0.44 P_o$ 이므로

$$P_n = P_o \left[0.658^{\left(\frac{P_o}{P_e}\right)}\right] = 8.654 \times 10^3 \left[0.658^{\left(\frac{8,654}{9,230.1}\right)}\right] = 5,845.1\text{kN}$$

3교시

01. 철근콘크리트 보에서 과보강보와 저보강보에 대하여 비교 설명하시오.

1. 정의

① 연성파괴(인장파괴)

균형상태보다 적은 철근량을 사용한 보, 즉 저보강보의 파괴형상을 말한다. 콘크리트의 변형률이 0.003에 도달하기 전에 철근이 먼저 항복한다. 하중이 증가하면 철근은 연성으로 인하여 계속 늘어나면서, 철근이 항복변형률에 넘어서게 되면 인장측 콘크리트에 균열이 진전되게 되어 중립축이 압축측으로 이동하게 되어 압축측 콘크리트의 단면이 감소하게 되어 콘크리트의 파쇄로 이어지는 파괴형태를 말한다.

② 취성파괴(압축파괴)

균형상태보다 많은 철근량을 사용한 보, 즉 과보강보의 파괴형상을 말한다. 철근이 항복하기 전에 콘크리트의 변형률이 0.003에 도달한다.

2. 파괴형태의 특징

① 중립축의 변화
② 모멘트 – 곡률응답비(하중 – 변위관계)

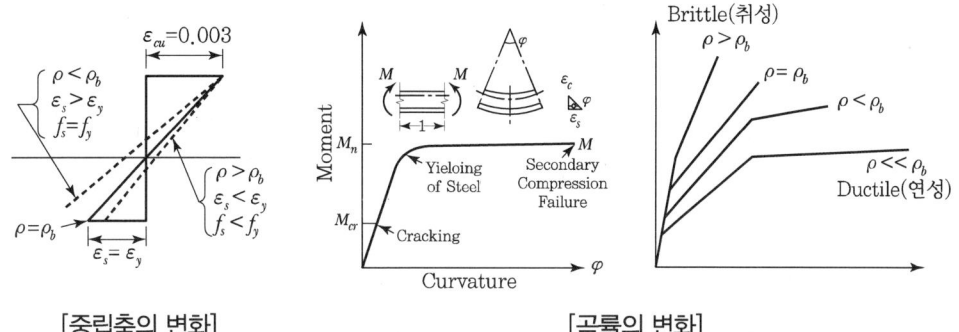

[중립축의 변화]　　　　　　[곡률의 변화]

3. 과보강보, 저보강보, 균형보의 중립축과의 연관성

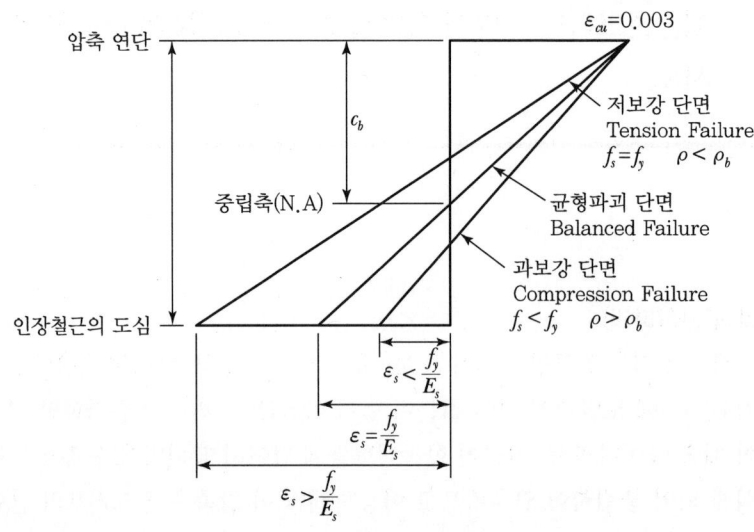

3교시

04. 사장교 케이블에서 발생 가능한 바람 진동과 유해 진동 발생 시의 진동 저감방안에 대하여 설명하시오.

1. 종류

종류	진동현상	제어기준	기호
Rain-Wind Vibration (풍우진동)	비가 오는 상태에서 부는 바람에 의해 Cable 표면에서의 빗물 흐름이 바람에 노출되어 Cable 단면형상을 변화시킴으로 인해 발생되는 진동현상	$S_c = \dfrac{m\xi}{\rho D^2} > 10$	m : 단위길이당 케이블 질량(kg/m) ξ : 구조감쇠계수 $\quad [=0.24-6\times10^{-4}L(\%)]$ ρ : 공기밀도(1.225kg/m³) d : 케이블 직경(m)
Galloping	높은 풍속의 바람에 대해 Cable의 특성(길이, 장력, 직경 등)에 따라 발생되는 진동현상(특히 경사 Cable)	$U_{crt} = CND\left(\dfrac{m\xi}{\rho D^2}\right)^{0.5}$ $> V_d$ → Galloping 발생하지 않음	C : 상수(원형Cable=40) N : 케이블기본고유진동수(Hz) $N = \dfrac{l}{2L}\sqrt{\dfrac{T}{m}}$ L : 케이블 길이(m) T : 케이블 장력(Tonf) V_d : 설계속도(활하중 비재하 시 70 m/s, 활하중 재하 시 33m/s)
Vortex Shedding	저풍속 상태에서 후면와류에 의해 발생되는 진동수-저진폭의 진동현상	$V = \dfrac{ND}{0.22}$	0.22 : Strouhol수 N : 케이블기본고유진동수(Hz) D : 케이블 직경(m)

2. 제어방안

① Rain-Wind Vibration : 케이블 표면처리하여 안정성 확보
② Galloping : 케이블 길이 100m 이상인 경우 Damper 설치하여 안정성 확보
③ Vortex Shedding : 비교적 낮은 풍속대에서 발생(1~2m/sec), 바람의 지속시간이 짧으면 큰 문제 없음

4교시

01 교량 유지관리 매뉴얼(국토교통부, 2014)에서의 무여유도 부재 (Non-redundant Members) 및 3가지의 여유도(Redundancy) 에 대하여 설명하시오.

1. 무여유도 부재

파괴 시 교량의 붕괴를 초래할 수 있는 무여유도 부재(Non-redundant Members)는 붕괴유발부재(Fracture Critical Members, FCMs라고도 함)로 지정하며, 관련 구조계는 비-여용 구조계로 지정해야 한다. 인장파괴-임계부재는 파쇄임계부재로 지정할 수 있다.

여기서 여유도(Redundancy)란 용어는 여러 개의 부재가 있는 구조물에서 한 부재가 붕괴될 때 이 부재가 받고 있던 하중이 다른 부재로 재분배될 수 있는 기능을 말한다. 따라서 구조물이 여유도가 있다는 것은 한 부재가 붕괴될 때 손상되지 않은 다른 부재가 추가하중을 받아줌으로써 구조물의 완전붕괴를 막을 수 있는 것을 말한다.

2. 3가지 여유도

(1) 하중경로 여유도

세 개 이상의 거더 또는 보로 설계된 교량을 "하중경로 여유도"가 있는 구조물 또는 "다재하 구조물"이라고 한다. 한 거더 또는 보가 파손될 경우, 파손된 거더가 받던 하중은 다른 거더로 재분배되어 교량은 붕괴되지 않는다. 거더의 개수가 둘인 박스거더는 붕괴유발부재가 아닌 것으로 취급하기 쉬우나 한 개의 박스거더에서 균열이 발생하여 전단면으로 손상이 진전되면 나머지 한 개 부재에서 전체를 지탱할 수 없으므로 거더가 2개인 박스거더는 붕괴유발부재로 간주한다.

[1개 거더 - 하중경로 여유도 없음]

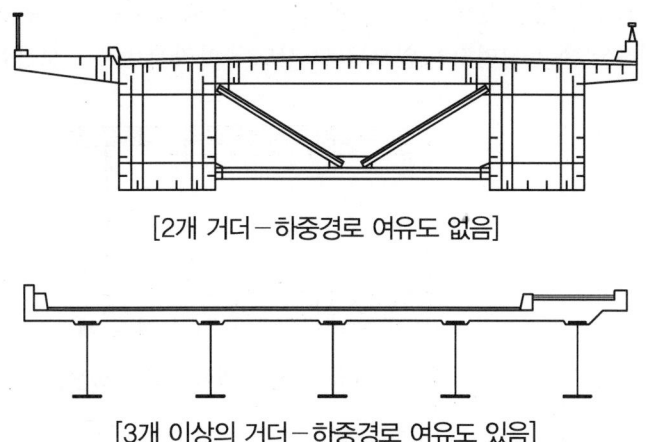

[2개 거더 – 하중경로 여유도 없음]

[3개 이상의 거더 – 하중경로 여유도 있음]

(2) 구조적 여유도

구조적 여유도란 하중이 통과하는 경로와 평행하여 놓인 연속된 경간의 숫자로서 결정된다. 구조적으로 무여유도(Non-redundancy)라 함은 두 개 이하의 경간을 갖고 있는 구조물을 의미한다. 세 개 이상의 경간으로 구성된 연속구조물에서도 끝경간은 무여유도이고, 나머지 중간경간은 여유가 있다고 본다. 왜냐하면 끝경간은 단경간과 마찬가지로 한쪽 교각에 파손이 났을 경우 구조물이 붕괴할 위험소지가 있기 때문이다. 두 개의 거더로 된 구조물도 3경간 연속에서 중앙경간은 구조적으로는 여유가 있다. 즉 구조적 여유도는 거더의 개수로 분류하는 것이 아니라 연속경간의 형식에 따라 분류한다.

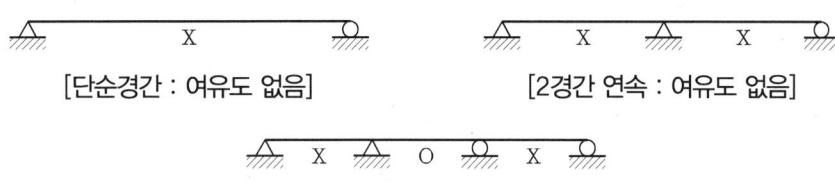

[단순경간 : 여유도 없음] [2경간 연속 : 여유도 없음]

[3경간 연속 : 측경간은 여유도가 없으나 중앙경간은 있음]

(3) 내적 여유도

내적 여유도를 갖고 있다는 뜻은 여러 부재가 복합적으로 구성된 구조물에서 한 부재가 파손되었다 하더라도 그 영향이 다른 부재에 미치지 않는다는 뜻이다. 내적 여유도가 있는 부재와 없는 부재의 가장 큰 차이점은 한 부재의 파손이 다른 부재에 어떠한 영향을 주는가에 달려 있다. 예를 들면 리벳으로 제작된 플레이트거더는 내적 여유도를 갖고 있는데 그 이유는 플레이트와 앵글이 독립된 부재이기 때문에 리벳 하나가 파손된다 하더라도 앵글(Angle)이나 플레이트(Plate)에 영향을 주지 않는다. 또한 앵글에 균열이 발생했다 하더라도 플레이트로 진전하지 않는다. 이와 반대로 용접으로 제작한 플레이트거더는 내적 여유도가 없다. 따라서 일단 균열이 시작되면 강재가 균열을 막을 수 있을 만큼의 충분한 강도를 갖고 있지 않는 플레이트로 전파된다. 보통 내적 여유도는 부재가 붕괴유발부재인가를 결정하는 데는 고려되지 않으나 그 정도에 따라서 보수·보강을 요한다.

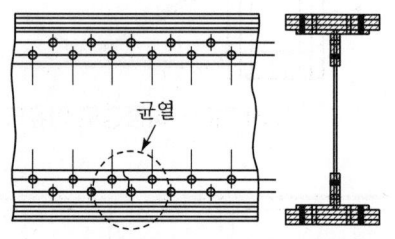

[리벳거더의 균열 - 내적 여유도 있음]

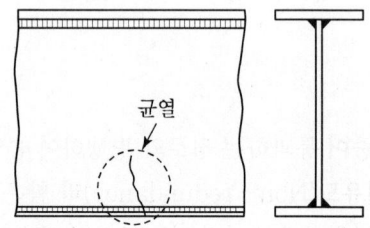

[용접거더의 균열 - 내적 여유도 없음]

4교시
02 콘크리트 아치교의 계획 및 설계 시의 주요 검토사항에 대하여 설명하시오.

1. 아치 교량의 정의와 분류

먼저, 아치(Arch)가 되기 위해선 양 끝단이 고정된 지지점이 있어야 하고, 수평 반경 이상의 곡률을 가져야 하며, 하중이 아치의 양 끝단에 전달돼야 하는 등 다양한 조건을 만족해야 한다. 즉, 아치 교량은 수직 곡선 형태의 구조(아치 리브)를 가지며 축방향 압축을 받는 구조부재로, 교량 전체에 걸쳐 있는 개구부를 통해 이동 하중을 분담한다. 여기서 중요한 점은 이상적인 아치 구조의 경우 축력만 발생하는 점이다. 이러한 아치 교량들은 상부 슬래브가 아치 구조에 지지되거나 매달릴 수 있으며, 아치와 슬래브의 상대적인 위치에 따라 아래의 그림들과 같이 상로 아치교, 하로 아치교, 중로 아치교로 분류될 수 있다.

2. 아치교 설계 고려사항

아치교를 설계할 때 고려해야 하는 사항들은 다양하게 있으며 이러한 요인으로는 교량의 기능, 비용, 안전, 심미성, 교통수요량, 지반조건, 시공절차, 공간 제약사항 등이 있다. 일반적으로 아치교 설계 시에는 주로 아치의 높이와 아치 지간의 비(라이즈비), 아치와 슬래브의 종횡비(Slenderness), 그리고 아치 행거나 교각의 개수 등을 고려해야 한다.

(1) 라이즈비(Rise-to-Span Ratio)

아치교의 라이즈비(Rise to Span Ratio)는 아치의 높이와 아치 지간의 비율이며 라이즈비는 아치의 곡률에 따라 다양한다. 또한 대부분의 아치교는 1 : 4.5에서 1 : 6 범위 내의 라이즈비를 가진다. 아래는 아치교에 사용되는 재료에 따라 구분되는 지간의 특성 예시이다.

① 콘크리트 아치교의 지간은 주로 35m에서 200m까지 적합하며, 200m 이상의 지간을 갖는 교량도 있다.
② 강아치교 및 CFST(콘크리트 충전 강관) 아치교는 재료의 강도가 크기 때문에 위에 언급된 교량들보다 더 긴 지간의 아치교를 시공할 수 있다.

(2) 와류진동(Vortex Shedding)

아치 교량을 설계할 때, 와류진동(Vortex Shedding) 현상을 고려해야 한다. 이때, 와류진동이란 구조물에 바람이 작용하게 되면 공기의 흐름에 의해 박리가 일어나면서 후류역을 발생시킨다. 후류에 주기적으로 회오리가 발생되고 소멸되는 현상을 와류라 하며 이로부터 구조물에 발생하는 진동현상을 의미한다. 특히, I−형 행거를 가진 아치에서 행거 진동 문제가 발생하는 경우가 있다. 이러한 진동 문제는 아래 그림과 같이 행거를 연결하고, 행거 길이를 줄이며, 행거의 고유 주파수를 변경함으로써 해결할 수 있다.

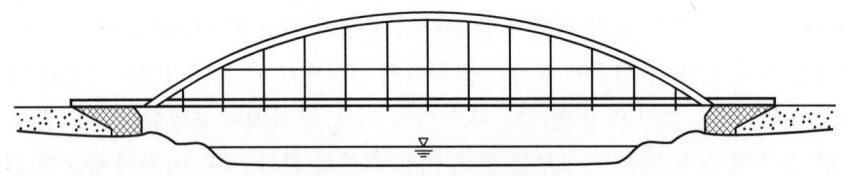

[행거를 연결하는 수평 케이블]
(Wai−Fah Chen, Lian Duan의 "Bridge Engineering Handbook" 참고]

(3) 아치 리브의 좌굴 현상(Buckling of Arch Rib)

아치 리브(Arch Rib)의 좌굴이란 아치 리브의 축력에 의한 좌굴현상을 말한다. 아치 리브는 곡선 형태로 휘어지는 특성 때문에 축력이 커질수록 좌굴에 민감해지는데, 이러한 이유로 아치 리브를 설계할 때는 응력 검토뿐만 아니라 면내 좌굴 및 면외 좌굴을 고려해야 한다.

> **4교시**
> **04** 공항 랜드 사이드의 건물 등에 적용되는 무량판 구조의 특징과 설계 시 고려해야 할 사항에 대하여 설명하시오.

1. 무량판 구조의 정의

무량판 구조는 슬래브를 기둥에 바로 연결된 바닥 구조물이며, 거더(Girder)나 보(Beam)라는 수평 부재가 없다. 이러한 방식은 축하중에 의한 구조 지지방식이다.

처음에는 교량 건설에 사용되었지만 이제는 건물 건설에도 널리 사용된다. 슬래브란 콘크리트 바닥을 말하는데, 이러한 슬래브에 발생하는 하중이 기둥을 통해 지반으로 전달되어 내려가도록 되어 있다.

2. 무량판 구조의 종류

(1) 단순 무량판 구조(Simple Flat Slab)

단순 무량판 구조는 기둥 보강을 포함하지 않고 단순한 기둥으로 지지된다. 시공비가 적게 들며, 공사기간 또한 짧다. 이 단순 무량판 구조는 기둥 간 거리가 6~9m 정도 되는 경간에 적합하다.

(2) 드롭 패널 구조(Drop Panel)

기둥 가장 위쪽 부분의 두께가 증가하는 부분을 드롭 패널이라고 한다. 이러한 드롭 패널의 도움으로 평판 슬래브의 펀칭 전단 저항을 크게 향상시킬 수 있다.

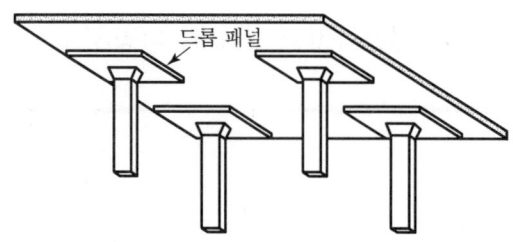

드롭 패널이 추가된 슬래브는 기둥과 슬래브 연결부에 휨모멘트 저항성을 높여 안전성을 향상시킨다. 이러한 드롭패널 구조는 처짐을 크게 줄이면서 슬래브의 전체 강성을 향상시킨다.

(3) 컬럼 헤드 구조(Column Head)

컬럼 헤드는 건축구조물에서 기둥의 상단에 위치한 확장장치이다. 이러한 컬럼 헤드를 구현하기 위해서는 기둥의 양쪽 면에 경사를 준 채 콘크리트를 타설해야 하기 때문에 거푸집 시공이 매우 까다롭다. 컬럼 헤드는 무량판 구조에서 전단파괴를 방지하는 가장 효과적인 구조이다.

3. 무량판 구조의 문제점

무량판 구조를 설계할 때 가장 중요한 고려사항 중 하나는 펀칭 전단파괴이다. 무량판 구조는 극심한 국부 전단응력으로 인해 파손될 수 있다. 이러한 파괴는 일반적으로 기둥의 바닥 또는 기둥과 슬래브가 만나는 지점에서 발생한다.

[펀칭 전단파괴 사례(Punching Shear Failure)]

4. 보강방안

펀칭 전단파괴는 하중이 가해지는 모든 부분에 균열이 발생하여 슬래브가 파손된다. 그렇기 때문에 구조물의 붕괴를 직접적으로 유발하는 주요 원인이 되기 때문에 아래와 같은 설계적 안전조치가 필요하다.

① 기둥에 컬럼 헤드 혹은 드롭 패널을 추가한다.
② 기둥의 직경을 늘려 전단응력을 감소시킬 수 있다.
③ 기둥-슬래브 연결부에 전단 보강(아래 사진)을 제공하여 슬래브의 펀칭 전단 저항을 향상시킨다.

[Shear Band]   [Stud Rail]

4교시

05 다음 그림과 같이 A점은 고정지점, B점은 스프링계수 $k = 1,000$ kN/m인 탄성지점인 보의 C점에 $W = 50$kN이 $h = 0.4$m의 높이에서 낙하할 때, 충격에 의한 C점의 순간최대변위 δ_{max}를 구하시오. (단, 휨강성 $EI = 2 \times 10^3$kN·m²이다.)

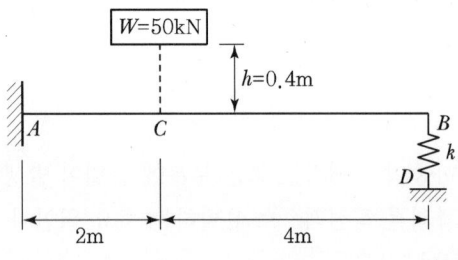

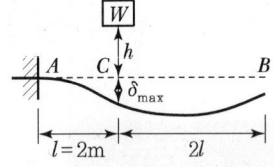

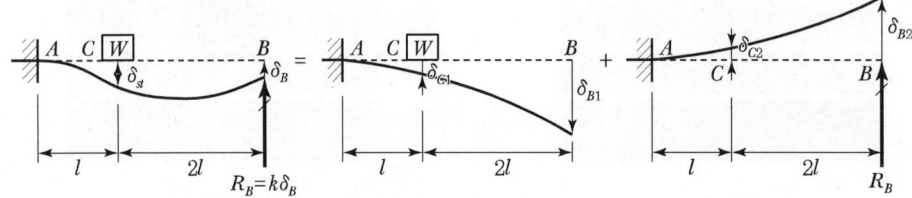

$\delta_B = \delta_{B1} + \delta_{B2}$

$\dfrac{R_B}{k} = \dfrac{4Wl^3}{3EI} - \dfrac{R_B(2l)^3}{3EI}$

$R_B = \dfrac{4kWl^3}{3(EI + 9kl^3)} = \dfrac{4 \times 1,000 \times 50 \times 2^3}{3\{(2 \times 10^3) + 9 \times 1,000 \times 2^3\}} = 7.2$kN($\uparrow$)

$\delta_{st} = \delta_{c1} + \delta_{c2} = \dfrac{Wl^3}{3EI} - \dfrac{4R_B l^3}{3EI} = \dfrac{(W - 4R_B)l^3}{3EI} = \dfrac{(50 - 4 \times 7.2) \times 2^3}{3 \times (2 \times 10^3)}$

$= 28.27 \times 10^{-3}$m $= 28.27$mm

$\delta_{max} = \delta_{st}\left[1 + \sqrt{1 + \dfrac{2h}{\delta_{st}}}\right] = 28.27\left[1 + \sqrt{1 + \dfrac{2 \times 400}{28.27}}\right]$

$= 28.27 \times 6.41 = 181.21$mm

CHAPTER 19

제132회 토목구조기술사

CHAPTER 19 132회 토목구조기술사

1교시 다음 문제 중 10문제를 선택하여 설명하시오.(각 10점)

1. 도로교설계기준(한계상태설계법, 2016)에서 규정하고 있는 한계상태의 종류에 대하여 설명하시오.
2. 교량 기타 시설 설계기준(KDS 24 90 11)에서 받침 저항 성능에 대하여 설명하시오.
3. 강구조의 취성파괴(Brittle Failure)에 대하여 설명하시오.
4. 교량의 지지형식별 분류 및 특징에 대하여 설명하시오.
5. 모듈러 교량(Modular Bridge, 표준모듈을 활용한 조립식 교량, Prefab Bridge)에 대하여 설명하시오.
6. 시설물의 안전등급 기준과 안전점검 및 정밀안전진단의 실시주기에 대하여 설명하시오.
7. 한국산업표준(KS)에서 규정하는 강재의 표준규격 중 토목구조물에 적용하는 다음 강재 기호 ①~④의 의미에 대하여 설명하시오.

$$\begin{pmatrix} ① \\ SS \\ SM \\ SMA \\ HSB \end{pmatrix} \begin{pmatrix} ② \\ 275 \\ 355 \\ 420 \\ 460 \end{pmatrix} \begin{pmatrix} ③ \\ A \\ B \\ C \\ D \end{pmatrix} \begin{pmatrix} ④ \\ W \\ P \end{pmatrix}$$

8. 프리스트레스트 콘크리트의 전단균열에 대하여 설명하시오.
9. 섬유보강 콘크리트의 특성과 섬유의 조건에 대하여 설명하시오.
10. 「건설기술진흥법 시행령」 제75조의 2(설계의 안전성 검토)에 따라 설계 시 건설안전을 고려한 설계가 될 수 있도록 준수해야 하는 사항에 대하여 설명하시오.
11. 강구조에서 잔류응력(Residual Stress)에 대하여 설명하시오.
12. 토피 1m 깊이에 있는 암거를 설계하고자 한다. 항공기 뒷바퀴 1개의 하중에 대한 윤하중의 크기를 다음의 조건을 이용하여 구하시오.

    〈조건〉
    - 뒷바퀴 1개 하중(P) : 356kN
    - 타이어의 접지폭(W) : 0.35m
    - 토피(F.H) 1m일 때 영향바퀴수(N) : 4개
    - 충격계수(i) : 0.3
    - 환산 접지장(L') : 0.6m

13. 아래 그림 (a)와 같은 구조물의 고유진동수를 측정하여 $f_n = 2$Hz를 구하였다. 그림 (a)의 구조물에 추가질량($m_{add} = 25$kg)을 아래 그림 (b)와 같이 부여한 후 다시 고유진동수를 측정하여 $f_{n,add} = 1.5$Hz를 구하였다. 구조물의 질량과 강성을 구하시오.(단, 기둥의 질량은 무시)

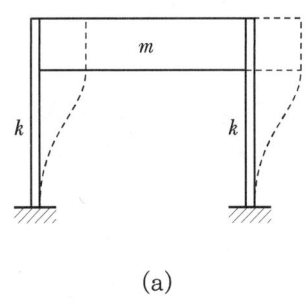

(a)

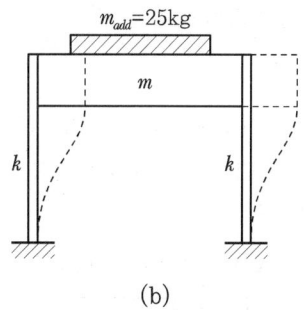

(b)

2교시 다음 문제 중 4문제를 선택하여 설명하시오.(각 25점)

1. 교량 설계단계의 BIM(Building Information Modeling) 검토내용 및 활용방안에 대하여 설명하시오.
2. 프리스트레스트 콘크리트의 해석에 있어서 3가지 기본개념에 대하여 설명하시오.
3. 도로교설계기준(한계상태설계법 해설, 2015)에서 신축이음의 신축량 계산방법에 대하여 설명하시오.
4. 교량의 정밀안전진단을 위한 재하시험의 목적과 방법에 대하여 설명하시오.
5. 다음 그림과 같이 1단 고정, 타단 핀고정의 절점이동이 없는 중심압축재에 2,000kN의 소요 압축강도가 필요할 때 중심압축재의 단면을 주어진 조건으로 강구조 부재 설계기준(KDS 14 31 10, 하중저항계수설계법)에 따라 검토하시오.(단, 압축재의 길이는 8m이고 부재 중간에 약축방향으로 횡지지되어 있으며, 강재는 SM 355, H-300×300×10×15이다.)

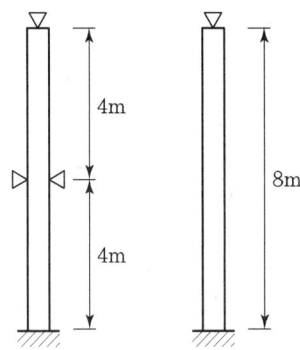

〈조건〉
- $A_g = 119.8 \times 10^2 \text{mm}^2$
- $r_x = 131 \text{mm}$
- $I_x = 20,400 \times 10^4 \text{mm}^4$
- $r = 18 \text{mm}$
- $r_y = 751.1 \text{mm}$
- $I_y = 6,750 \times 10^4 \text{mm}^4$

6. 방음벽(높이 : 8m, 지주간격 : C.T.C 4.0m, 방음판 단위면적당 중량 : 0.3kN/m²)의 지주 및 앵커에 대하여 주어진 조건 1, 2에 따라 단면 검토를 허용응력설계법(KDS 14 30 00)으로 수행하시오.

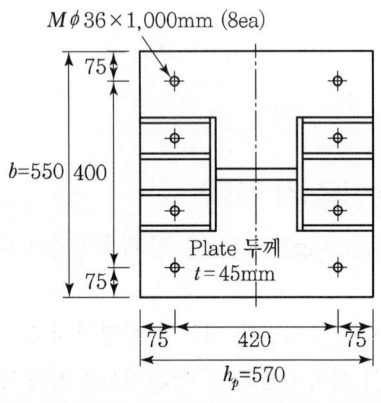
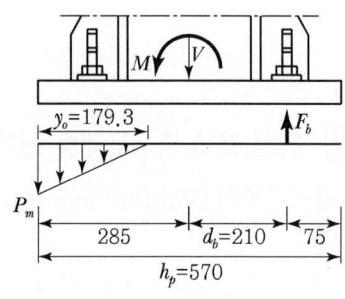

〈조건 1〉
- Base Plate 제원 : 570mm × 550mm × 45mm
- Anchor Bolt 제원 : φ36mm × 1,000mm(유효단면적은 80% 적용)
- 풍하중 : $P_w = 0.9 \text{kN/m}^2$(지역 : 인천, 방음벽 높이 : 8m)
- 사용재료 : 콘크리트 $f_{ck} = 27\text{MPa}$, $E_c = 24,422\text{MPa}$
  강재 $E_s = 210,000\text{MPa}$

〈조건 2〉
- 지주(H-PILE) 제원 : H-300 × 300 × 10 × 15 (SS275)

단면적	전단면적	단면2차모멘트		회전반경		단면계수		단위중량
A (mm²)	A_w (mm²)	I_x (mm⁴)	I_y (mm⁴)	r_x (mm)	r_y (mm)	Z_x (mm³)	Z_y (mm³)	W (N/m)
11,980	2,700	204,000,000	67,500,000	131	75.1	1,360,000	450,000	922.2

• 허용응력기준

구분	허용휨압축응력 (MPa)	허용전단응력 (MPa)	강재 허용응력 할증계수	허용 부착응력 (MPa)
콘크리트	10.8	0.526	–	1.05
강재	140	80	1.25	–
앵커볼트	140	60	1.25	–

3교시 다음 문제 중 4문제를 선택하여 설명하시오.(각 25점)

1. 교량(플레이트 거더교, 강박스 거더교, 트러스교, 아치교, 사장교, 현수교)의 부재 구성을 도식하고, 특징 및 설계 시 고려사항에 대하여 설명하시오.
2. 해협을 횡단하는 연장 1km 이상의 교량을 설계하는 설계 책임자로서 교량형식 선정 시 고려해야 할 사항과 설계 시 반영해야 할 유의사항에 대하여 설명하시오.
3. 교량의 중요도와 크기에 따라 3가지(중소지간, 중대지간, 장대특수교량)로 분류한 풍하중의 특성에 대하여 설명하시오.
4. 공항 유도로 교량의 규모 결정 시 고려사항에 대하여 설명하시오.
5. 다음과 같은 T형보 단면에 대해 주어진 조건으로 아래 물음에 대하여 답하시오.

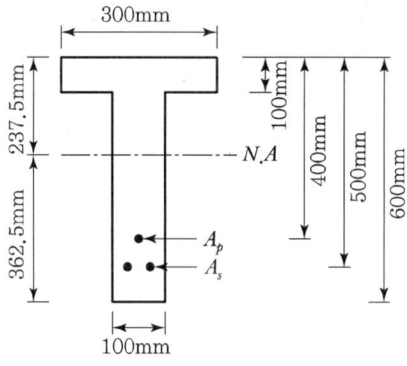

〈조건〉

$$f_{ps} = f_{pu}\left[1 - \frac{r_p}{\beta_1}\left\{\rho_p\frac{f_{pu}}{f_{ck}} + \frac{d}{d_p}w\right\}\right]$$

$f_{ck} = 40\text{MPa}$, $E_c = 28{,}000\text{MPa}$, $A_c = 80{,}000\text{mm}^2$, $I_c = 2.75\times10^9\text{mm}^4$

$A_s = 350\text{mm}^2$, $f_y = 500\text{MPa}$, $A_p = 700\text{mm}^2$, $\beta_1 = 0.84$, $\gamma_p = 0.4$

$f_{pu} = 1{,}850\text{MPa}$, $P_i = 960\text{kN}$, 프리스트레스 감소율 15%

1) 긴장재의 인장응력 f_{ps}를 산정하고, 강재지수에 대하여 검토하시오.
2) 보의 균열모멘트 M_{cr}을 산정하시오.
3) 설계휨강도 ϕM_n을 산정하고, 보의 극한상태에 대한 안전도를 검토하시오.

6. 다음과 같은 L형 옹벽에 대하여 주어진 조건으로 평상시 안전(활동, 전도, 지지력)을 검토하시오.(단, 상재하중이 재하될 때로 검토하되, 옹벽 전면 흙에 대한 수동토압은 고려하지 않음)

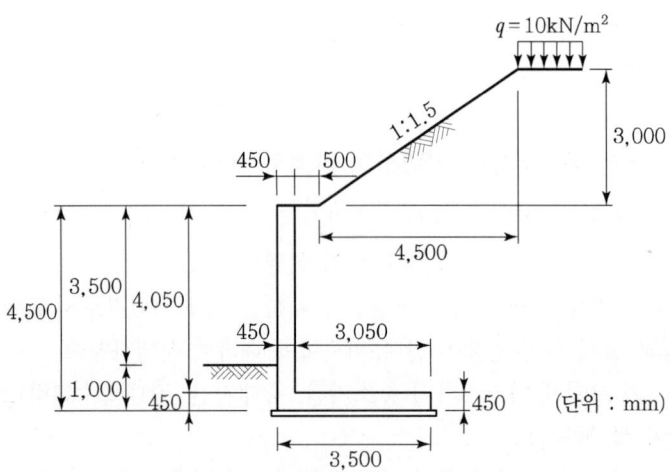

〈조건〉
- 콘크리트의 단위중량(γ_e) : 25.0kN/m^3
- 뒤채움흙의 단위중량(γ_t) : 19.0kN/m^3
- 뒤채움흙의 내부마찰각(Φ) : $30.0°$
- 뒤채움흙의 경사각(α) : $0.0°$
- 지지지반의 마찰각(Φ_b) : $28.0°$
- 지지지반의 점착력(C) : 0.0kN/m^2
- 상재하중(q) : 10.0kN/m^2
- 지반의 극한지지력(q_u) : 700.0 kN/m^2
- 평상시 주동토압계수(K_a) : 0.225

··4교시 다음 문제 중 4문제를 선택하여 설명하시오.(각 25점)

1. PSC 박스 거더교 가설공법의 종류와 특징에 대하여 설명하시오.
2. 「설계공모, 기본설계 등의 시행 및 설계의 경제성 등 검토에 관한 지침」에서 정하는 다음 사항에 대하여 설명하시오.
   1) 설계VE 검토조직
   2) 설계자가 제시해야 할 자료
   3) 설계VE 검토업무 절차 및 내용
3. 콘크리트 교량의 내구성을 저하시키는 건조 수축에 대한 정의, 분류, 영향요인 및 방지대책에 대하여 설명하시오.
4. 용접결함에 의한 균열의 종류와 특성, 용접 후 비파괴검사를 위한 최소지체시간에 대하여 설명하시오.
5. 두께가 250mm인 교량 바닥 슬래브에서 표준하중조합으로 경간 중앙에서 85kN·m/m의 휨모멘트가 발생한다. 이 휨모멘트의 15%는 자중을 포함한 지속하중에 의한 것이고, 나머지 85%는 통행 트럭 하중인 활하중에 의해 유발된 것이다. 극한한계상태 검증에 의해 D16 철근은 100mm 간격($A_s = 1,986\text{mm}^2/\text{m}$)이며, 유효깊이는 192mm로 배치된 상태이다. 사용된 콘크리트의 설계기준 압축강도 $f_{ck} = 30\text{MPa}$이다. 주어진 조건으로 바닥 슬래브의 사용 한계응력 제한을 검토하고, 바닥 슬래브의 균열폭을 구하시오.

〈조건〉
- 최종 크리프계수 $\phi = 2.2$
- 콘크리트 탄성계수 $E_c = 27,500\text{MPa}$
- 중립축 깊이비 $k = \sqrt{(n\rho)^2 + 2n\rho} - n\rho$
- 철근의 응력 $f_s = \dfrac{M}{A_s(1-k/3)d}$
- 압축연단 콘크리트 응력 $f_c = \dfrac{2M}{k(1-k/3)bd^2}$
- 유효탄성계수 $E_{ce} = \dfrac{(M_D + M_L)E_c}{M_L + (1+\phi)M_D}$
- 설계균열간격 $S_k = 3.4t_c + 0.425k_1k_2\dfrac{d_b}{\rho_e}$
- 인장응력 분포 형태에 따른 계수 $k_2 = 0.5$
- 철근표면상태에 따른 계수 $k_1 = 0.8$

6. 그림과 같이 경사버팀보를 45°, 2.5m 간격으로 배치하는 흙막이공을 계획하였다. 띠장에 100kN/m의 하중이 작용하고 온도하중에 의한 경사버팀보의 축력(120kN)을 고려할 때, 허용응력 할증계수의 적용사유를 가설흙막이 설계기준(KDS 21 30 00)에 따라 설명하고, 경사버팀보와 띠장 연결에 필요한 볼트(M22 F8T)의 필요수량을 검토하시오.[단, 계획현장은 단기간(6개월 이내)에 공사 완료되는 현장으로 모든 자재는 재사용 자재를 사용하며, 필요 볼트의 수량은 정수로 구한다.]

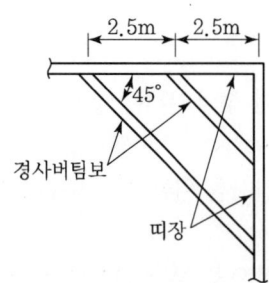 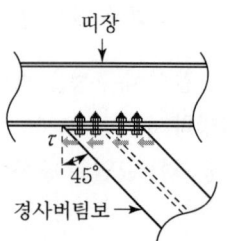

1교시

01 도로교설계기준(한계상태설계법, 2016)에서 규정하고 있는 한계상태의 종류에 대하여 설명하시오

1. 극한한계상태

① 극한한계상태 하중조합 Ⅰ : 일반적인 차량통행을 고려한 기본하중조합. 이때 풍하중은 고려하지 않는다.
② 극한한계상태 하중조합 Ⅱ : 발주자가 규정하는 특수차량이나 통행허가차량을 고려한 하중조합. 풍하중은 고려하지 않는다.
③ 극한한계상태 하중조합 Ⅲ : 거더 높이에서의 풍속 25m/s를 초과하는 설계 풍하중을 고려하는 하중조합
④ 극한한계상태 하중조합 Ⅳ : 활하중에 비하여 고정하중이 매우 큰 경우에 적용하는 하중조합
⑤ 극한한계상태 하중조합 Ⅴ : 차량통행이 가능한 최대풍속과 일상적인 차량통행에 의한 하중효과를 고려한 하중조합
⑥ 극단상황한계상태 하중조합 Ⅰ : 지진하중을 고려하는 하중조합
⑦ 극단상황한계상태 하중조합 Ⅱ : 빙하중, 선박 또는 차량의 충돌하중 및 감소된 활하중을 포함한 수리학적 사건에 관계된 하중조합. 이때 차량충돌하중 CT의 일부분인 활하중은 제외된다.

2. 사용한계상태

① 사용한계상태 하중조합 Ⅰ : 교량의 정상 운용 상태에서 발생 가능한 모든 하중의 표준값과 25m/s의 풍하중을 조합한 하중상태이며, 교량의 설계 수명 동안 발생확률이 매우 적은 하중조합이다. 이 하중조합은 철근콘크리트의 사용성 검증에 사용할 수 있다. 또한 옹벽과 사면의 안전성 검증, 매설된 금속 구조물, 터널라이닝판과 열가소성 파이프에서의 변형제어에도 적용한다.
② 사용한계상태 하중조합 Ⅱ : 차량하중에 의한 강구조물의 항복과 마찰이음부의 미끄러짐에 대한 하중조합
③ 사용한계상태 하중조합 Ⅲ : 교량의 정상 운용 상태에서 설계 수명 동안 종종 발생 가능한 하중조합이다. 이 조합은 부착된 프리스트레스 강재가 배치된 상부구조의 균열폭과 인장응력 크기를 검증하는 데 사용한다.

④ **사용한계상태 하중조합 Ⅳ** : 설계 수명 동안 종종 발생 가능한 하중조합으로 교량 특성상 하부구조는 연직하중보다 수평하중에 노출될 때 더 위험하기 때문에 연직 활하중 대신에 수평풍하중을 고려한 하중조합이다. 따라서 이 조합은 부착된 프리스트레스 강재가 배치된 하부구조의 사용성 검증에 사용해야 한다. 물론 하부구조는 사용하중조합 Ⅲ에서의 사용성 요구조건도 동시에 만족하도록 설계하여야 한다.

⑤ **사용한계상태 하중조합 Ⅴ** : 설계 수명 동안 작용하는 고정하중과 수명의 약 50% 기간 동안 지속하여 작용하는 하중을 고려한 하중조합이다.

3. 피로한계상태

피로한계상태 하중조합 – 3.6.2에 규정되어 있는 피로설계트럭하중을 이용하여 반복적인 차량하중과 동적 응답에 의한 피로파괴를 검토하기 위한 하중조합

1교시
02 교량 기타 시설 설계기준(KDS 24 90 11)에서 받침 저항 성능에 대하여 설명하시오.

1. 받침 저항 성능

① 받침의 이동에 대한 저항 성능은 재료의 불확실성, 제작오차, 부정확한 설치 등을 고려하여 해당 받침편에 기술하였다. 다만, 다음의 경우에는 적용할 수 없다.
- 규정된 최소·최대 온도를 벗어난 경우
- 규정된 제작오차를 초과할 경우
- 활하중에 의하여 평행이동속도나 회전속도가 규정 값을 초과할 경우
- 받침에 이물질이 삽입된 경우
- 유지관리가 충분하지 않은 경우

② 받침 설계에서 받침 저항 성능은 가장 불리한 경우를 고려하여 계산하여야 한다.

③ 다수의 받침이 배치되었을 때 일부 받침에 발생될 수 있는 역반력은 다른 받침들의 반력으로 상쇄된다. 이때 마찰계수 산정 시 정밀한 조사결과가 있는 경우에는 이를 따르고, 일반적인 경우에는 아래 식을 따른다.

$$\mu_a = 0.5\mu_{\max}(1+\alpha) \quad \cdots\cdots\cdots (1)$$

$$\mu_r = 0.5\mu_{\max}(1-\alpha) \quad \cdots\cdots\cdots (2)$$

여기서, μ_a : 역마찰계수(adverse coefficient of friction)
μ_r : 상쇄마찰계수(relieving coefficient of friction)
$\mu_{\max}$: 최대마찰계수
α : 받침 형식 및 수량에 따른 계수로 적절한 α가 제시되지 않은 경우에는 다음 표에 따른다.

[α 계수]

n	α
≤ 4	1
$4 < n < 10$	$(16-n)/12$
≥ 10	0.5

1교시
03 강구조의 취성파괴(Brittle Failure)에 대하여 설명하시오.

1. 정의

강구조물에서 응력집중원(Notch, 리벳 및 볼트 구멍, 용접 등)이 많고, 저온으로 냉각하거나 충격하중이 작용할 경우 여러 요인이 중복되어 작용하중에 의한 응력이 그 강재의 인장강도 또는 항복강도 이하일지라도 변형을 일으키지 않고 갑자기 파괴되는 현상을 취성파괴라 한다.

2. 특징

① 파괴의 진행속도가 빠름(불안정파괴)
② 비교적 저온에서 발생
③ 구조적 절취부, 용접부 결함이 발생원인
④ 비교적 낮은 평균응력에서 파괴

3. 원인

(1) 사용강재의 인성 부족

① 재료의 화학성분 불량, 금속조직 결함
② 열처리 미흡, 용접열 영향으로 인한 이상경화
③ 용접재료 불량, 용접작업 불량
④ 잔류응력의 영향
⑤ 경도가 너무 큰 고강도 강재 사용
⑥ 온도 저하로 인한 인성 감소

(2) 결함에 의한 응력집중

① 용접결함(용접균열)
② 강관두께의 급격한 변화
③ 응력 부식
④ 볼트 구멍, Notch의 마모 및 소성 변형

(3) 반복하중에 의한 피로 현상

4. 대책

① 부재 이음부 설계 시 응력집중계수가 최소가 되도록 한다.
② 고강도 강재 선택 시 충격흡수에너지를 점검(Charpy 충격치)한다.
③ 동절기 용접작업 시 예열 등의 열처리를 실시한다.
④ 가설 시 이음부에 과도한 외력이 작용하지 않도록 한다.

5. 결론

강재의 취성파괴는 소성 변형을 동반하지 않고 갑자기 파괴되는 불안전한 파괴형식이므로 그 원인으로 거론되는 재료의 인성 부족, 결함에 의한 응력집중, 반복하중에 의한 리포현상 등을 고려하는 세심한 배려가 필요하다.

1교시

05. 모듈러 교량(Modular Bridge, 표준모듈을 활용한 조립식 교량, Prefab Bridge)에 대하여 설명하시오.

1. 개요

이미 설계된 프리캐스트 표준 모듈의 조합만으로도 다양한 현장조건에 대응할 수 있도록 가설되는 교량으로 차량통행 차단을 최소화해야 하는 경우와 급속시공이 요구되는 경우에 요긴하게 사용될 수 있는 교량 공법이다.

또한, 이 기술은 다양한 현장조건에 따라 폭과 길이방향으로의 확장과 급속 시공이 가능해 지간장 20m 이하 교량의 경우 슬래브 형식 프리캐스트 모듈러 교량을 적용하고, 지간장 20~40m 교량에는 거더 형식의 프리캐스트 모듈러 교량을 적용할 수 있다.

2. 특징

① 거더 형식 프리캐스트 모듈러 교량의 가장 큰 특징은 급속 시공을 위해 거더 모듈 간의 연결부를 제외한 모든 부재가 미리 제작된 모듈을 조립, 시공하는 점이다. 거더 모듈의 단면은 Bulb Tee 형상을 적용하고, 확폭된 상부 플랜지가 바닥판의 역할을 하도록 구성, 별도의 바닥판 타설 공정 없이 교량이 완성된다. 특히, 기존의 콘크리트 가로보와 격벽 대신 강재 가로보와 격벽을 적용, 현장 타설을 배제시켰다.

② 거더 형식 프리캐스트 모듈러 교량의 시공기간의 상당부분을 차지하는 연결부 시공을 위해 철근의 단순 겹침이음과 120MPa급의 초고강도 콘크리트가 적용되는 형식으로 개발됐다. 따라서 슬림화된 상부 플랜지의 두께를 유지하고, 단순 겹침이음의 적용으로 과도하게 길어지는 연결부 폭을 크게 감소시켜 교량의 효율과 경제성을 향상시킬 수 있다. 특히, 단순한 철근 겹침이음을 적용, 기존 루프철근을 적용한 겹침이음에 비해 철근 조립 공정을 단순화시킬 수 있으며, 초고강도 콘크리트를 적용, 조기에 충분한 강도를 확보할 수 있어 후속 공정 착수시기를 앞당길 수 있다.

1교시

07 한국산업표준(KS)에서 규정하는 강재의 표준규격 중 토목구조물에 적용하는 다음 강재 기호 ①~④의 의미에 대하여 설명하시오.

①	②	③	④
SS	275	A	W
SM	355	B	P
SMA	420	C	
HSB	460	D	

1. 강재의 명칭

① SS(Steel Structure) : 일반구조용 압연강재
② SM(Steel Marine) : 용접구조용 압연강재
③ SMA(Steel Marine Atmosphere) : 용접구조용 내후성 열간 압연강재
④ HSB(High Performance Steel for Bridge) : 교량구조용 압연강재

2. 강재의 항복강도(Mpa)

3. 샤르피 흡수에너지 등급

A에서 D로 갈수록 샤르피 흡수에너지가 커진다.

4. 내후성 등급

① W : 압연 그대로 또는 녹 안정화 처리 후 사용
② P : 일반 도장 처리 후 사용

1교시 09. 섬유보강 콘크리트의 특성과 섬유의 조건에 대하여 설명하시오.

1. 정의

섬유보강 콘크리트란 일반 콘크리트의 단점인 균열에 대한 저항성을 높이고, 취성적 성질 보완을 위하여 각종 섬유를 혼합시킨 콘크리트를 말한다.

2. 섬유보강 콘크리트의 종류별 특성

(1) 강 섬유보강 콘크리트(S.F.R.C)

① 정의
   강 섬유(두께 0.1~0.5mm, 길이 20~30mm)를 콘크리트에 분산 혼입하여 만든 콘크리트

② 특성
   - 압축 및 인장강도 증가
   - 내충격성, 내산, 내알칼리성 증대
   - 동해에 대한 저항성 증대

(2) 유리 섬유보강 콘크리트(G.F.R.C)

① 정의
   고온의 용융 유리에서 만든 알칼리 유리 섬유(길이 25~40mm)를 콘크리트에 분산혼입하여 만든 콘크리트

② 특성
   - 내마모성 및 내충격성이 우수
   - 강도가 큼
   - Design이 자유로움
   - 섬유길이가 길수록 휨강도, 충격강도 증가

(3) 탄소 섬유보강 콘크리트

① 정의
P.A.N계 섬유와 석탄 Pitch를 원료로 한 Pitch계 섬유 등을 혼입한 콘크리트

② 특성
- 인장강도 및 휨강도의 증가
- 동결 융해에 대한 저항성 증대
- 내충격성 향상

(4) 섬유의 조건

강 섬유는 일반적으로 길이가 25~60mm, 지름이 0.3~0.6m, 단면적 0.06~0.3mm^2 정도이고, 지름에 대한 길이의 비(형상비)가 50~100인 것이 많이 이용되며, 콘크리트에 대한 강 섬유의 혼합비율은 용적백분율로 0.5~2.0%이다.

강 섬유보강 콘크리트는 균열에 대한 저항성이 큰 것으로부터 무근 콘크리트에 이용하면 강 섬유 혼입률이 증대할수록 그 인장강도, 휨강도 및 피로강도가 개선되기 때문에 포장의 두께나 터널 라이닝의 두께를 감소시킬 수 있는 장점이 있고 또한 내동해성에 대한 저항성이 개선되어 내구성을 높일 수 있다.

1교시

10 「건설기술진흥법 시행령」 제75조의 2(설계의 안전성 검토)에 따라 설계 시 건설안전을 고려한 설계가 될 수 있도록 준수해야 하는 사항에 대하여 설명하시오

① 발주청은 제98조 제1항에 따라 안전관리계획을 수립해야 하는 건설공사(같은 항 제5호 각 목의 어느 하나에 해당하는 건설기계가 사용되는 건설공사는 제외한다)의 실시설계를 할 때에는 시공과정의 안전성 확보 여부를 확인하기 위해 법 제62조 제18항에 따른 설계의 안전성 검토를 국토안전관리원에 의뢰해야 한다.〈개정 2019. 6. 25., 2020. 12. 1.〉

② 발주청은 제1항에 따라 설계의 안전성 검토를 의뢰할 때 다음 각 호의 사항이 포함된 설계의 안전성에 관한 보고서(이하 "설계안전검토보고서"라 한다)를 국토안전관리원에 제출해야 한다.〈신설 2019. 6. 25., 2020. 12. 1.〉
   1. 시공단계에서 반드시 고려해야 하는 위험요소, 위험성 및 그에 대한 저감대책에 관한 사항
   2. 설계에 포함된 각종 시공법과 절차에 관한 사항
   3. 그 밖에 시공과정의 안전성 확보를 위하여 국토교통부장관이 정하여 고시하는 사항

③ 국토안전관리원은 제1항 및 제2항에 따라 설계의 안전성 검토를 의뢰받은 경우에는 의뢰 받은 날부터 20일 이내에 설계안전검토보고서의 내용을 검토하여 발주청에 그 결과를 통보해야 한다.〈신설 2019. 6. 25., 2020. 12. 1.〉

④ 발주청은 제1항에 따른 검토의 결과 시공과정의 안전성 확보를 위하여 개선이 필요하다고 인정하는 경우에는 설계도서의 보완·변경 등 필요한 조치를 하여야 한다.〈개정 2019. 6. 25.〉

⑤ 발주청은 제1항에 따른 검토결과를 건설공사를 착공하기 전에 국토교통부장관에게 제출하여야 한다.〈개정 2019. 6. 25.〉

⑥ 제1항부터 제5항까지의 규정에 따른 설계의 안전성 검토의 방법 및 절차 등에 관하여 필요한 사항은 국토교통부장관이 정하여 고시한다

1교시
11 강구조에서 잔류응력(Residual Stress)에 대하여 설명하시오

1. 정의

잔류응력이란 하중을 받았다가 하중을 제거한 후에도 구조물에 응력이 남는 현상을 말한다.

2. 잔류응력의 종류

(1) 소성 변형에 의한 잔류응력

과다하중으로 탄성한계를 초과하여 소성상태에 있는 보의 하중을 제거하면 잔류변형으로 전류응력이 발생한다.

(2) 용접에 의한 잔류응력

용접에 의한 가열 또는 급속한 냉각으로 인한 열응력을 받았을 때 하중을 제거하여도 영구 변형이 존재하여 구조물에 응력이 남는 경우이다.

3. 잔류응력에 의한 파괴

잔류응력이 가장 큰 부분에서 균열이 시작되면 잔류응력이 상대적으로 적은 다른 곳도 점차 붕괴의 위험성에 노출된다. 플레이트 거더의 웨브와 플랜지의 연결부에는 길이방향의 높은 구속인장응력이 존재하는데 이와 같은 용접 또는 용접부 부근의 잔류응력이 균열파괴를 유발시킬 가능성이 있다.

4. 잔류응력 해결책

잔류응력을 제거하기 위한 해결책을 정리하면 다음과 같다.

① 반복하중은 잔류응력을 감소시키므로 반복하중을 재하시킨다.
② 열처리로 잔류응력을 감소시킨다.

02 프리스트레스트 콘크리트의 해석에 있어서 3가지 기본개념에 대하여 설명하시오.

1. 개요

PSC 설계 시 기본개념은 다음과 같다.

① 균등질보 개념(응력 개념)
② 내력 개념(강도 개념)
③ 하중평형 개념(등가하중)

2. 균등질보 개념(응력 개념) : Homogenous Beam Concept(Stress Concept)

콘크리트에 Prestress가 가해지면 소성재료인 콘크리트가 탄성재료로 전환된다는 개념으로 프랑스 Freyssinet가 제안한 것으로 가장 널리 통용되는 개념이다. 이 개념에 따르면 콘크리트는 두 종류의 힘을 받게 된다. 하나는 프리스트레싱에 의한 힘이고, 다른 하나는 하중에 의한 힘이다.

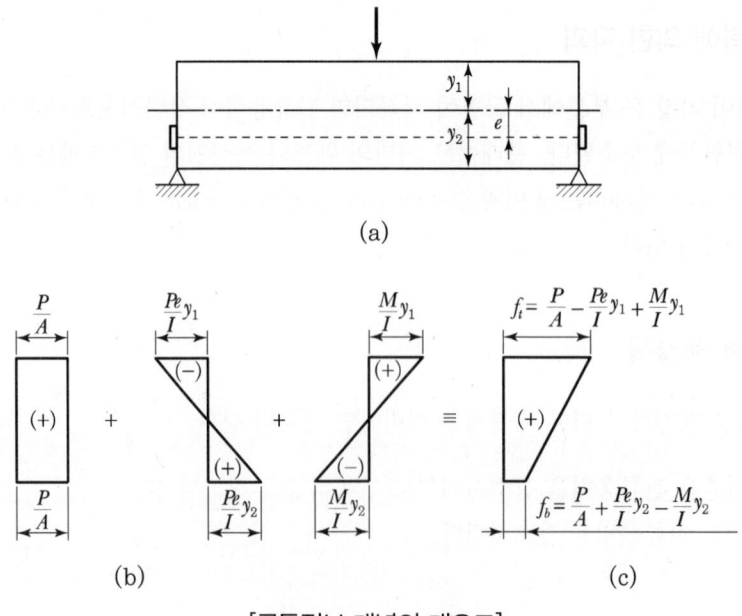

[균등질보 개념의 개요도]

3. 내력 개념(강도 개념) : Internal Force Concept(Strength Concept)

PC를 RC와 같이 생각하여 콘크리트는 압축력을 받고 긴장재는 인장력을 받게 하여 두 힘의 우력모멘트로 외력에 의한 휨모멘트에 저항한다는 개념

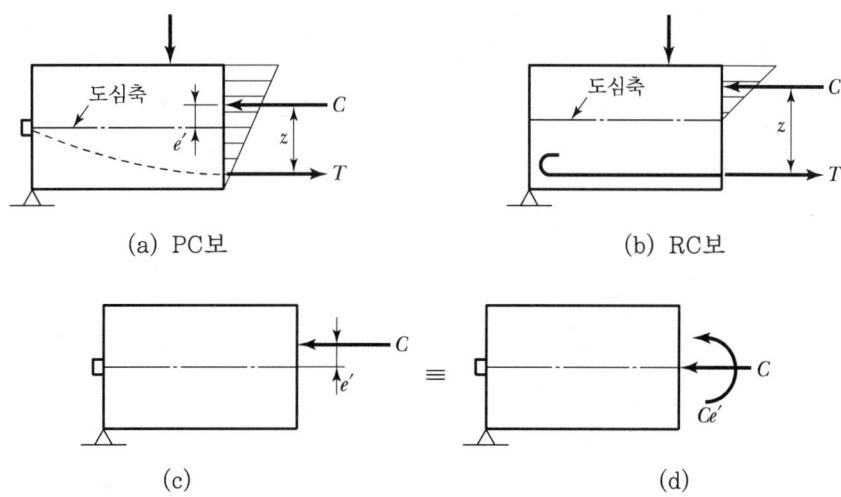

[강도 개념의 PSC와 RC의 차이점]

$C = T = P$

$M = C_Z = T_Z = P_Z$

$f = \dfrac{C}{A} \pm \dfrac{C \cdot e'}{I} y = \dfrac{P}{A} \pm \dfrac{P \cdot e'}{I} y$

4. 하중평형 개념(등가하중) : Load Balancing Concept(Equivalent Transverse Loading)

Prestressing에 의한 작용력과 부재에 작용하는 하중을 비기게 하자는 데 목적을 둔 개념

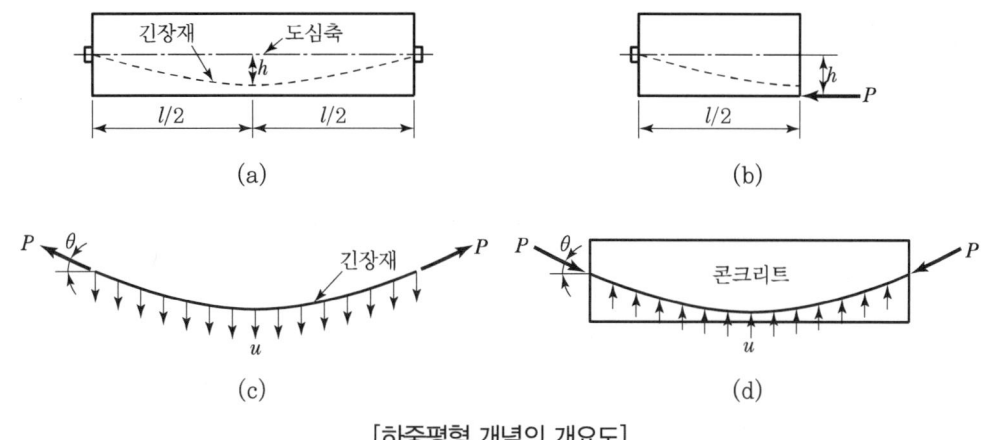

[하중평형 개념의 개요도]

$$Ph = \frac{ul^2}{8}, \ u = \frac{8Ph}{l^2}$$

$$M = \frac{(\omega - u)l^2}{8}$$

$$f = \frac{P\cos\theta}{A} \pm \frac{M}{I}y = \frac{P}{A} \pm \frac{M}{I}y \ (\because \cos\theta = 1)$$

여기서, ω : 부재에 작용하는 하중
u : 상향력

2교시

03. 도로교설계기준(한계상태설계법 해설, 2015)에서 신축이음의 신축량 계산방법에 대하여 설명하시오.

1. 일반사항

신축이음을 선정하고 배치할 때에는 온도 변화 및 시간 의존적 원인에 의한 교량 상하부구조의 각종 변형을 수용하여 교량 기능을 보장하여야 하고 차량 및 이륜 자동차, 원동기, 자전거 등의 통행에 지장이 없도록 하여야 한다.

2. 설계

(1) 설계 이동량 계산 및 허용 틈새 간격

신축이음의 이동량은 발생 가능한 모든 하중들의 조합들 중에서 가장 불리한 경우에 대하여 도로교설계기준 제3장 하중편에서 규정한 극한한계상태 하중조합을 사용하여 계산하여야 한다.

각종 이동량 및 시공 여유량 등을 모두 고려하여 차량 진행방향으로 산정한 신축이음 노면 최대 틈새 간격(W, mm)은 다음을 만족하여야 한다.
① 틈새가 하나인 경우(For Single Gap) : $W \leq 100$mm
② 틈새가 여러 개인 모듈 형식(For Multiple Modular Gaps) : $W \leq 80$mm

강교량인 경우 노면 틈새 간격은 계수하중을 고려한 극한이동상태에서 최소 25mm 이상이어야 한다. 콘크리트 교량인 경우 크리프 및 건조 수축 변형을 감안하여 초기에 일시적으로 최소 틈새 간격이 25mm보다 작을 수 있다.

(2) 설계하중

신축이음의 설계 연직하중은 도로교설계기준 제3장 하중편의 표준트럭의 후륜하중으로 한다. 윤하중 분배 면적 크기는 도로교설계기준 제3장 하중편을 참조하여 산정할 수 있으며, 레일형 및 핑거형 등 개방식 신축이음인 경우에는 트럭 바퀴가 접촉되지 않는 부분이 발생하므로 분포하중 산정 시 이를 고려해야 한다.

신축이음의 설계 수평하중은 설계 연직하중의 20%로 하고 신축이음에서의 바퀴 접촉과 분포를 고려한다. 눈이 많이 오는 지역에서 제설차의 사용이 예상되는 경우에는 신축이음 길이 방향 3,050mm에 20N/mm(충격 포함)로 분포하는 선하중을 사용한다. 여기서 작용방향은 차량 진행방향이며 노면 위치에서 작용하는 것으로 한다.

(3) 구조해석

신축이음의 형상과 구조를 합리적으로 반영하여 해석모델을 설정한다. 최대 신축상태에서 설계하중을 재하하여 가장 불리한 상태가 되도록 한 후 구조해석을 실시하여 최대 단면력을 산출한다.

(4) 설계상세

신축이음은 차량과 포장 유지관리 장비, 그리고 장기적인 다양한 환경적 손상 영향을 수용할 수 있도록 설계되어야 한다. 교대부에서 신축이음 양쪽 부분의 부등 처짐이 예상되는 경우에는 이를 수용할 수 있는 신축이음을 선정해야 한다. 콘크리트 단부 보호용 앵글 등에서는 콘크리트 타설 시 충분한 채움을 위해 중심 간격 460mm 이하, 최소 직경 20mm의 공기 배출 구멍을 가지고 있어야 한다.

신축이음과 채움 콘크리트 사이에 완전 합성거동을 보장할 수 있는 앵커나 전단연결재를 설계하여야 하며, 경계면은 완전 방수 처리하여 누수가 발생하지 않도록 해야 한다.

주행방향으로 300mm 이상 신축이음 표면이 차량에 노출되는 경우에는 미끄럼 방지 처리를 하여야 한다.

2교시
04. 교량의 정밀안전진단을 위한 재하시험의 목적과 방법에 대하여 설명하시오.

1. 개요

재하시험은 교량 또는 부재의 실제 구조거동과 안전성을 평가하는 효과적인 수단이다.

2. 재하시험의 목적

① 교량의 실제 정적 및 동적 거동 평가
② 처짐, 진동 등에 대한 사용성 검토
③ 새로운 해석방법 및 설계기법의 검증
④ 교량의 결함원인의 분석 및 규명
⑤ 해석에 의한 내하력이 작은 경우 실제 거동에 따른 내하력을 결정하여 교량 운영의 경제성 향상
⑥ 보수·보강 이력이 내하력에 미치는 효과 파악
⑦ 지진, 풍하중 및 충격하중에 대한 교량의 동적 특성의 결정
⑧ 교량의 설계도면이 없고 보수·보강자료가 미비한 교량의 내하력 평가

3. 정적 재하시험

재하시험은 재하차량 이외에 일반차량이 완전히 통제된 상태에서 실시한다.
① 재하 경우별로 시험경간에 재하차량을 포함한 활하중이 일체 재하되지 않은 상태에서 초기 값을 설정한다.
② 시험차량 재하 후 상부구조에 진동, 소음, 충격 등 측정결과에 영향을 미칠 수 있는 일체의 영향요소들이 소멸된 다음 측정을 시작한다.
③ 재하 경우별로 2회 이상의 반복측정을 실시함을 원칙으로 한다.
④ 활하중 재하 위치는 설계조건, 차선조건을 고려하여 계측 대상부재에 최대응답이 발생하도록 결정하고, 대칭성과 중첩성을 확인할 수 있는 재하조건을 적어도 1회 이상 실시하는 것으로 한다.
⑤ 교량 슬래브의 경우 차선수와 무관하게 1대 재하만이 허용되나, 라멘교와 슬래브교의 경우는 그렇지 아니하다.

⑥ 전면 교통통제에 따른 차량지체가 예상되고, 교통사고의 가능성이 높은 경우에는 재하 횟수를 합리적으로 줄여서 시행할 수 있으며, 재하차량을 차선별로 주행시켜 시험하는 의사정적 재하시험을 수행할 수 있다. 후자의 경우 데이터의 디지털 필터링 기법을 사용하여 충격계수 및 영향선을 도출해 낼 수 있다.

4. 동적 재하시험

(1) 차량 주행시험

① 특수한 목적을 제외하고 동적 재하시험은 재하차량 이외에 일반차량이 완전히 통제된 상태에서 실시한다.
② 정적 재하시험용 계측기와 동적 재하시험용 계측기가 상이한 경우 계측기의 측정오차를 검정하기 위하여 동적 재하시험용 계측기를 사용하여 정적 재하시험과 동일한 1개 재하 경우를 선택하여 정적 재하시험을 실시한다.
③ 시험차량의 주행속도는 상행차선과 하행차선에서 각각 최저 10km/h에서 최대 60km/h까지로 하되, 접속도로의 선형, 노면상태, 차량통제 현황 등이 허락되지 않을 경우에는 예외로 한다.
④ 차량 주행시험이 끝나면 일정시간 일반통행차량에 대한 측정을 실시하여야 하며, 동적 최대응답치를 얻어서 재하차량에 의한 시험결과와 비교한다.
⑤ 측정결과를 이용하여 교량의 충격계수, 동적 변형률, 가속도, 진동주기, 여진동 등 고유진동수에 따라 사용성 측면에서의 교량진동 특성을 분석한다.

(2) 동적 특성 시험

① 교량의 동적 특성, 즉 고유진동수, 감쇠율, 모드형상을 구하는 시험으로서 상시 미진동, 주행차량에 의한 진동, 가진기에 의한 진동 등을 가속도계 및 변위계로 측정하는 시험이다.
② 장대교의 경우 내진안전도, 내풍안전도를 평가함에 있어 대상 교량의 동특성이 기본자료로 활용되며 공용 중인 교량에서 기간 경과에 따른 동특성의 차이는 교량의 손상 정도를 평가하는 데 사용될 수 있다.

2교시

05 다음 그림과 같이 1단 고정, 타단 핀고정이고 절점이동이 없는 중심압축재에 1,000kN의 소요압축강도가 필요할 때 중심압축재의 단면을 산정하시오.(압축재의 길이는 8m이고 부재 중간에 약축방향으로 횡지지되어 있다. 강재는 SM 490을 사용한다.)

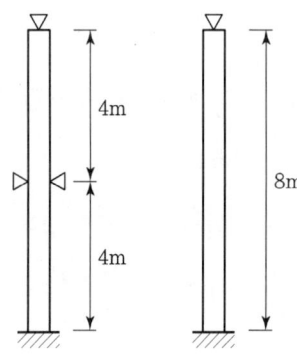

1. 단면 가정

H-200×200×8×12, SM490, SM490, $F_y = 315 \text{N/mm}^2$ 사용

① 단면 성질

$A_g = 63.53 \times 10^2 \text{mm}^2$, $I_x = 4,720 \times 10^4 \text{mm}^4$

$r_x = 86.2 \text{mm}$, $r_y = 50.2 \text{mm}$, $r = 13 \text{mm}$

2. 폭두께비 검토

① 플랜지

$b/t_f = (200/2)/12 = 8.3$

$\lambda_r = 0.56\sqrt{E/F_y} = 0.56\sqrt{205,000/315} = 14.3$

$b/t_f < \lambda_r$

② 웨브

$h/t_w = [200 - 2 \times (12 + 13)]/8 = 18.8$

$\lambda_r = 1.49\sqrt{E/F_y} = 1.49\sqrt{205,000/315} = 38$

$h/t_w < \lambda_r$

∴ 비조밀단면

3. F_{cr}의 산정

① 강축(유효좌굴길이계수 $K = 0.7$, 부재길이 $L = 8,000\,\text{m}$)

$$\left(\frac{KL}{r}\right)_x = \frac{0.7 \times 8,000}{86.2} = 65$$

② 약축(상부)(유효좌굴길이계수 $K = 1.0$, 부재길이 $L = 4,000\,\text{m}$)

$$\left(\frac{KL}{r}\right)_{y1} = \frac{1.0 \times 4,000}{50.2} = 79.7$$

③ 약축(하부)(유효좌굴길이계수 $K = 0.7$, 부재길이 $L = 4,000\,\text{m}$)

$$\left(\frac{KL}{r}\right)_{y2} = \frac{0.7 \times 4,000}{50.2} = 55.8$$

큰 값의 세장비가 좌굴에 취약하므로 약축(상부)세장비 선택

$$\frac{KL}{r} = 79.7 < 4.71\sqrt{\frac{E}{F_y}} = 4.71\sqrt{\frac{205,000}{315}} = 120.2$$

혹은 $F_e = \dfrac{\pi^2 E}{\left(\dfrac{KL}{r}\right)^2} = 318.5\,\text{N/mm}^2 \rightarrow F_y/F_e = 0.99 \leq 2.25$

$$\therefore F_{cr} = \left(0.658^{\frac{F_y}{F_e}}\right) F_y = 208\,\text{N/mm}^2$$

4. 설계압축강도 산정

$\phi_e = 0.9$

$P_n = A_s F_{cr} = 6,353 \times 208 = 1,321,424\,\text{N} = 1,321\,\text{kN}$

$\phi_e P_n = 0.9 \times 1,321 = 1,189\,\text{kN}$

5. 안전성 검토

$P_u = 1,000\,\text{kN} \leq \phi_c P_n = 1,189\,\text{kN}$ $\therefore$ O.K

$\therefore$ 안전함

3교시

02 해협을 횡단하는 연장 1km 이상의 교량을 설계하는 설계 책임자로서 교량형식 선정 시 고려해야 할 사항과 설계 시 반영해야 할 유의사항에 대하여 설명하시오.

1. 교량형식 선정 시 고려사항

(1) 가교 위치 및 경간분할

① 교량의 평면 및 종·횡단과의 조화 여부
② 하상 및 하안의 지질
③ 교량의 사교 설치 여부
④ 하상 지형 상태
⑤ 수심 및 유속, 항로
⑥ 계획고 및 교하공간

(2) 외적 조건

① 염해 조건
② 풍하중 조건
③ 내진 조건
④ 교량의 첨가물
⑤ 활하중 조건

(3) 경제적 조건

상부와 하부의 총공사비

(4) 시공성과 유지관리성

① 시공 가능성, 현장 접근성
② 재료 확보 및 제작
③ 유지관리 용이성

(5) 미관

　① 주변 지형과의 조화 등 미적 요소
　② 교량의 도장색과 주위 환경의 조화

2. 설계 시 반영해야 할 사항

(1) 장래 선박운항을 고려한 경간장 및 형하고

　① 대상 선박의 폭원 조사(폭원 : B)
　② 선박 통행을 반영한 형하고 검토

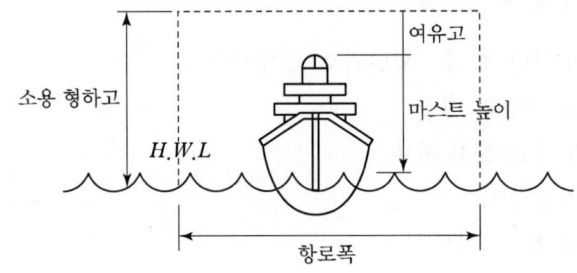

(2) 풍하중에 대한 고려

　① 가설지점의 풍하중 특성 분석 : 설계풍속(m/s) 조사
　② 동적 내풍설계 및 풍동실험(Wind Tunnel Test)의 필요성 검토
　　• 비틀림 발산진동(Torsional Flutter)
　　• 연직 발산진동(Vertical Flutter)
　　• 와류진동(Vortex Shedding)
　③ 풍동실험
　　• 2차원 보강형(단면) 실험
　　• 3차원 전교 실험(완성 시 및 가설단계별)
　④ CFD(Computational Fluid Dynamics) : 전산유체해석
　　보강형 주위의 유속, 압력분포, 난류 운동에너지 분포, 공기력의 시간이력을 예측하기 위함

(3) 구조물의 내구성 확보방안

구조물의 내구성 확보방안은 일반적으로 외적 성능 저하 요인에 대해서 목표 내구수명 기간 동안에 성능 저하상태가 허용값 이하가 되지 않도록 하는 것을 목표로 구조물의 형상 균열제어 방법, 부재단면, 배근·피복두께, 마감재, 콘크리트 재료 및 배합, 시공방법, 품질관리, 유지관리방법을 체계적으로 정한다. 재료의 품질뿐만 아니라 유지관리를 고려한 내구계획을 작성하여 구조물의 목표내구수명을 보증하기 위한 내구성 설계를 실시한다.

(4) 염해 대책

해상횡단 교량임을 고려하여 체계적인 내염 대책 수립

① 설계(피복두께, 균열제어, 강도)
② 콘크리트 재료(시멘트, 혼화재, 염화물 규제)
③ 배합(W/C비, 단위시멘트양, 공기량)
④ 방식 대책 : 에폭시 코팅 철근 사용, 해사 사용 시 제염 대책

(5) 경관설계

① 해양환경에 조화되는 교량경관 설계
② 교량의 조형미 추구
③ 시간에 따라 변화감을 느낄 수 있는 야간 경관 계획

(6) 부대시설 설례

① 선박 충돌로 인한 하부구조의 충돌방지공 대책
② 선박 운항을 고려 관련 규정에 따른 항로높이 등 설치
③ 도로, 조명기준 등에 의한 가로등 간격, 높이, 밝기 등 검토
④ 해양오염을 방지하기 위한 오탁 방지망 등
⑤ 차량 방호책은 충격 완화용 철재 방호책 사용
⑥ 해상교량의 특수성 감안한 계측시스템 설계

3. 결론

해상을 통과하는 연장 1km의 교량은 장대교량으로 계획하며 설계책임자는 장대교량의 특성에 부합하는 종합적인 상항을 고려하여 계획, 설계하여야 할 것으로 판단된다.

3교시

05

다음과 같은 보단면에서 아래 사항에 대해 계산하시오.

단, $f_{ck}=30$MPa, $E_c=25,000$MPa, $A_p=650$mm², $A_c=80,000$ mm², $A_s=300$mm², $I_c=2.75\times10^9$mm⁴, $f_y=400$MPa, $f_{py}=1,500$MPa, $f_{pu}=1,750$MPa, $P_i=760$kN이고 프리스트레스 감소율은 15%로 한다. $\beta_1=0.84$, $\gamma_p=0.4$로 가정.

$$f_{ps}=f_{pu}\left[1-\frac{\gamma_p}{\beta_1}\left\{\rho_p\frac{f_{pu}}{f_{ck}}+\frac{d}{d_p}\omega\right\}\right]$$ 를 사용.

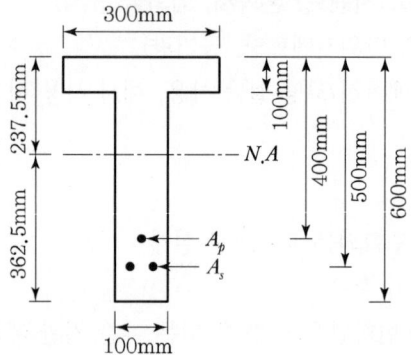

1) f_{ps} 및 강재지수에 대해 검토하시오.
2) 보의 균열모멘트 M_{cr}을 산정하시오.
3) 공칭휨강도 ϕM_n에 대해 산정하고, 보의 극한상태에 대한 안전도를 검토하시오.

---

1. f_{ps} 및 강재지수 검토

    (1) 유효인장력 산정

    ① 긴장재의 유효인장력
    $$P_e=RP_i=(1-0.15)\times760=646\text{kN}$$

② 긴장재의 유효프리스트레스
$$f_{pe} = \frac{P_e}{A_p} = \frac{646 \times 10^3}{650} = 994\,\text{MPa}$$

(2) f_{ps} 산정

① $\dfrac{f_{pe}}{f_{pu}} = \dfrac{994}{1,750} = 0.568 > 0.50$

$\therefore f_{pe} > 0.5 f_{pu}$ 이므로 설계기준 공식에 대하여 f_{ps}를 구한다.

② $\rho_p = \dfrac{A_p}{b\,d_p} = \dfrac{650}{300 \times 400} = 5.417 \times 10^{-3}$

③ $\rho = \dfrac{A_s}{b\,d} = \dfrac{300}{300 \times 500} = 2.0 \times 10^{-3}$

④ $\omega = \rho \dfrac{f_y}{f_{ck}} = 2.0 \times 10^{-3} \times \dfrac{400}{30} = 0.02667$

$$\therefore f_{ps} = f_{pu}\left[1 - \frac{\gamma_p}{\beta_1}\left\{\rho_p \frac{f_{pu}}{f_{ck}} + \frac{d}{d_p}\omega\right\}\right]$$

$$= 1,750 \times \left[1 - \frac{0.4}{0.84}\left\{5.417 \times 10^{-3} \times \frac{1,750}{30} + \frac{500}{400} \times 0.02667\right\}\right]$$

$$= 1,459\,\text{MPa}$$

(3) 강재지수 검토

① $\omega_p = \rho_p \dfrac{f_{pu}}{f_{ck}} + \dfrac{d}{d_p}\omega = 5.417 \times 10^{-3} \times \dfrac{1,750}{30} + \dfrac{500}{400} \times 0.02667$

$\quad = 0.3493$

② $0.36\,\beta_1 = 0.36 \times 0.84 = 0.3024 < 0.3493$

즉, $\omega_p > 0.36\beta_1$ $\quad \therefore$ 취성파괴

2. 보의 균열모멘트 M_{cr} 산정

$$M_{cr} = f_r Z_2 + P_e\left(\frac{r_c^2}{y_2} + e_p\right)$$

① $f_r = 0.63\sqrt{f_{ck}} = 0.63 \times \sqrt{30} = 3.45\,\text{MPa}$

② $Z_2 = \dfrac{I_c}{y_2} = \dfrac{2.75 \times 10^9}{362.5} = 7,586,207\,\text{mm}^3 \fallingdotseq 7.59 \times 10^6\,\text{mm}^3$

③ $r_c^2 = \dfrac{I_c}{A_c} = \dfrac{2.75 \times 10^9}{8 \times 10^4} = 34,375 \text{mm}^2$

$\therefore M_{cr} = 3.45 \times 7.59 \times 10^6 + 646 \times 10^3 \times \left(\dfrac{34,375}{362.5} + 162.5\right)$

$= 192,419,121 \text{N} \cdot \text{mm} = 192,419 \text{N} \cdot \text{m} = 192.4 \text{kN} \cdot \text{m}$

3. 공칭휨강도 ϕM_n 산정 및 보의 극한상태에 대한 안전도 검토

(1) T형보 Check

$a = \dfrac{A_p f_{ps} + A_s f_y}{0.85 f_{ck} b} = \dfrac{650 \times 1,459 + 300 \times 400}{0.85 \times 30 \times 300}$

$= 139.6 \text{mm} > t_f = 100 \text{mm}$

즉, $a > t_f$ 이므로 T형 단면으로 계산

(2) 공칭휨강도 ϕM_n 산정

① $A_{pf} f_{ps} = 0.85 f_{ck} t_f (b - b_w)$
$= 0.85 \times 30 \times 100 \times (300 - 100) = 5.1 \times 10^5 \text{N}$

② $A_{pw} f_{ps} = A_p f_{ps} + A_s f_y - A_{pf} f_{ps}$
$= 650 \times 1,459 + 300 \times 400 - 5.1 \times 10^5 = 558,350 \text{N}$

③ $a = \dfrac{A_{pw} f_{ps}}{0.85 f_{ck} b_w} = \dfrac{558,350}{0.85 \times 30 \times 100} = 219 \text{mm}$

④ $M_n = A_{pw} f_{ps} \left(d_p - \dfrac{a}{2}\right) + A_{pf} f_{ps} \left(d_p - \dfrac{t_f}{2}\right) + A_s f_y (d - d_p)$

$= 558,350 \times \left(400 - \dfrac{219}{2}\right) + 5.1 \times 10^5 \left(400 - \dfrac{100}{2}\right)$

$+ 300 \times 400 \times (500 - 400) = 352,700,675 \text{N} \cdot \text{mm}$

$= 352,700 \text{N} \cdot \text{m} = 352.7 \text{kN} \cdot \text{m}$

(3) ϕ 검토

$a = 219 \text{mm}$

$c = \dfrac{a}{\beta_1} = \dfrac{219}{0.84} = 260.7$

$\varepsilon_t = 0.003 \left(\dfrac{d - c}{c}\right) = 0.003 \left(\dfrac{500 - 260.7}{260.7}\right) = 0.00275 < 0.005$

$\therefore \phi$ 보간 필요

$$\phi = 0.65 + \left(\frac{200}{3}\right)(\varepsilon_t - 0.002) = 0.65 + \left(\frac{200}{3}\right)(0.00275 - 0.002) = 0.7$$

$\therefore M_d = \phi M_n = 0.7 \times 352.7 = 246.89 \text{kN} \cdot \text{m}$

(4) 극한상태 안전도 검토

$$\frac{M_u}{M_{cr}} = \frac{M_d}{M_{cr}} = \frac{\phi M_n}{M_{cr}} = \frac{246.89}{192.4} = 1.283 > 1.2 \quad \therefore \text{O.K}$$

4교시

01. PSC 박스 거더교 가설공법의 종류와 특징에 대하여 설명하시오.

1. 개요

프리스트레스트 박스 거더교는 공법에 따라 지간 50~150m에 적용하는 교량형식인데 가설공법은 벤트식 공법(FSM), MSS, FCM, ILM 공법 등이 주로 적용된다.

2. 각 공법의 종류 및 특징

가설 공법	시공방법	특징			
		하부 조건	급속성	경제성	안전성
동바리 공법	동바리를 설치하고 그 위에 콘크리트를 타설하여 상부구조를 제작하고 프리스트레싱 작업을 실시한다. 동바리는 교량 가설 후 해체한다.	동바리 형식에 따라 약간씩 다르나 하부조건에 지장을 가져온다.	동바리 거푸집의 설치작업 때문에 시공속도가 가장 느리다.	동바리의 높이에 따라 경제성이 좌우되며 교각의 높이가 낮을 경우에 경제성이 높다.	동바리 거푸집의 해체, 조립에 대해서 문제가 있어 주의를 요한다.
이동식 비계 공법	상부구조 제작에 있어 소요되는 대부분의 장비가 교각상에서 그대로 다음 경간으로 이동하여 전 교량을 가설한다.	가설장비가 교각 상으로 이동하므로 하부조건에 지장을 가져오지 않는다.	한 경간 시공에 약 10여 일 소요되므로 시공속도가 매우 빠르다.	다경간 교량의 시공에 유리하다.	모든 작업이 가설장비 안에서 실시되므로 다른 공법에 비해 비교적 안전하다.
압출 공법	교대 후방에 위치한 작업장에서 일정한 길이의 세그먼트를 제작, 압출장치를 이용하여 전 교량을 가설한다.	가설 중 하부조건에 전혀 지장을 가져오지 않는다.	한 세그먼트의 작업 사이클이 7~14일 정도이므로 시공속도가 비교적 빠르다.	작업장 설치에 소요되는 공사비 등이 있으나 교각의 높이가 높을 경우에는 매우 경제성이 높다.	가설 중 하부조건에 전혀 지장을 가져오지 않으므로 다른 공법에 비해 안전성이 가장 우수하다.

가설 공법	시공방법	특징			
		하부 조건	급속성	경제성	안전성
캔틸 레버 공법	교각 시공 후 교각 상에 이동식 작업차에 설치하여 교각을 중심으로 좌우로 상부구조를 가설해 나간다.	가설지점 위쪽은 거더 제작 작업으로 다소간의 지장을 가져온다.	작업을 대부분 이동식 작업차 안에서 실시하므로 시공속도가 빠르며 작업차의 수를 늘려 더욱 빨리 할 수 있다.	교각의 높이가 높을 경우에 경제성이 높다.	가설지점 위쪽은 거더제작 작업으로 도로, 철도 등을 횡단할 경우에는 위치에 따라 약간의 교통규제를 필요로 한다.

3. 각 공법의 설계 및 시공 시 유의사항

(1) FSM공법

① 설계 시 주의사항
- 시공기간을 고려하여 공법 선택
- 부등침하에 의한 벤트반력의 증가 고려
- 벤트 설치 시 교량형식, 현장 지형, 가설공법 등의 조건을 고려하여 벤트 본체의 구조와 기초구조를 선택

② 시공 시 유의사항
- 벤트의 기초처리 및 동바리 기초침하 방지
- 철거 시 처짐에 의한 부가 반력에 의한 벤트의 내력 검토 및 해체순서 결정
- 콘크리트 타설 중의 편심하중

(2) MSS공법

① 설계 시 주의사항
- 선형 : 곡률반경이 가설거더가 회전할 수 있는 곡률반경 확보
- 구조 계산 : 부재의 해체 조립이 용이하도록 부재 이음부 설계에 유의 가설 Girder의 내력 조사

② 시공 시 유의사항
- 가설거더 압출 시 주의 : 거더의 추진방향과 교량의 선형과의 관계 주의

(3) ILM공법

① 설계 시 유의사항
- ㉠ 선형 결정
  - Clothoid 곡선 피할 것
  - 과다한 종단구배 피할 것
  - 종곡선은 피할 것
- ㉡ 구조 검토
  - 가설 시 구조계 및 설계상의 구조계가 다름
  - 가설 중 응력, 변형, 국부응력 검토 필요
  - 압출 시 소요강도 확보 위해 상부 단면 보강에 유의
- ㉢ 가설장비
  - Nose 길이는 경간장의 2/3 정도가 적합
  - Lift and Pushing 방식이 Pulling 방식보다 유리
  - 압출 시 마찰 감소를 위해 유동 받침에 유의

② 시공 시 유의사항
- ㉠ 제작장 설치
  - 지반이 견고한 장소
  - Elevation을 정확히 할 것
  - 제작장 주변 배수처리 잘 할 것
- ㉡ 콘크리트 타설
  - 철제 Mould는 Sand Blasting 한 후 기름칠을 하여 녹 방지
  - 눈, 비를 피할 수 있는 Canopy 설치
- ㉢ 양생 : 증기양생 설비 필요
- ㉣ 압출
  - Sliding Pad에 구리스를 충분히 도료하여 마찰계수를 최대한 줄일 것
  - 압출 중 거더의 가로 이동에 유의

(4) FCM공법

① 설계 시 주의사항
- 시공 중 구조와 완공 후 구조가 틀리므로 이에 대한 검토 필요
- 시공 중 Camber 관리를 위한 구조 계산

② 시공 시 주의사항
- 온도차에 의한 Camber와 휨량을 조사, 조정장치 준비
- 시공하중과 설계하중의 강선배치에 유의

- Camber 관리에 유의
- Key Seg 시공 시 X-bar나 종방향 PC 강선으로 보강

4. 결론

PC BOX 거더교는 각 공법에 따라 적용경간, 구조계 등이 달라지므로 이에 따른 설계 및 시공 시의 유의사항을 감안하여 임하여야 할 것으로 사료된다.

4교시

04. 용접결함에 의한 균열의 종류와 특성, 용접 후 비파괴검사를 위한 최소지체시간에 대하여 설명하시오.

1. 개요

용접에 생기는 결함의 한 종류에 속하며 용접을 할 때 용접부에 생기는 균열을 말한다.

2. 용접균열의 종류 및 특성

① 종(세로) 균열(Longitudinal Crack) : 용접비드에 평행하게 발생한 균열
② 횡(가로) 균열(Transverse Crack) : 용접선 또는 가스 절단선에 대하여 직각방향으로 발생한 균열
③ 루트 균열(Root Crack) : 루트의 노치에 의한 응력집중부에서 발생한 균열. 구속응력 또는 수소에 의해 발생
④ 비드 밑 균열(Underbead Crack) : 비드 아래쪽에 발생한 균열
    고탄소강이나 저합금강 등을 용접할 때 용접열에 의한 열영향부의 경화와 변태응력 및 용착금속의 확산성 수소에 의해 발생하며 또는 아크 분위기 중에서 수소가 너무 많을 때 발생
⑤ 크레이터 균열(Crater Crack) : 용접 비드의 크레이터 부분에 발생한 균열
⑥ 지단 균열(Toe Crack) : 용접부의 지단(모재의 면과 용접비드의 표면이 만나는 점)에서 발생한 균열

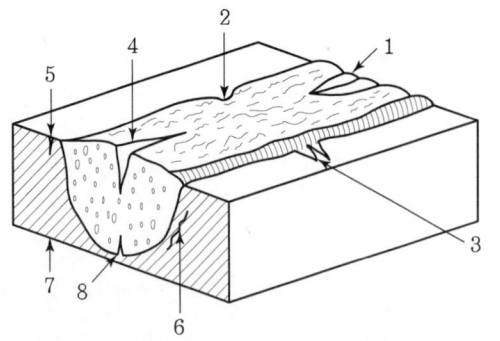

1. 크레이터 균열
2. 용접금속의 횡 균열
3. 횡 균열
4. 용접금속의 종 균열
5. 지단 균열
6. 비드 밑 균열
7. 본드 균열
8. 용접금속의 루트 균열

[용접 균열의 종류]

3. 용접 후 비파괴검사를 위한 최소지체시간

비파괴검사는 Visual 적으로 문제가 없는 용접부위에 대해서 실시하는데, 아래의 표와 같이 용접 후 최소지체시간이 경과한 후에 비파괴검사를 실시해야 한다.

[용접 후 비파괴검사를 위한 최소대기시간]

각목(mm)	용접 입열량(J/mm)	지체시간(h)	
		인장강도(MPa)	
		420 이하	420 초과
$a \leq 6$	모든 경우	냉각시간	24
$6 \leq a \leq 12$	3,000 이하	8	24
	3,000 초과	16	40
$12 \leq a$	3,000 이하	16	40
	3,000 초과	40	48

4교시

06 그림과 같이 경사버팀보를 45°, 2.5m 간격으로 배치하는 흙막이공을 계획하였다. 띠장에 100kN/m의 하중이 작용하고 온도하중에 의한 경사버팀보의 축력(120kN)을 고려할 때, 허용응력 할증계수의 적용사유를 가설흙막이 설계기준(KDS 21 30 00)에 따라 설명하고, 경사버팀보와 띠장 연결에 필요한 볼트(M22 F8T)의 필요수량을 검토하시오.[단, 계획현장은 단기간(6개월 이내)에 공사 완료되는 현장으로 모든 자재는 재사용 자재를 사용하며, 필요 볼트의 수량은 정수로 구한다.]

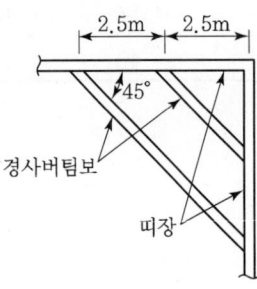
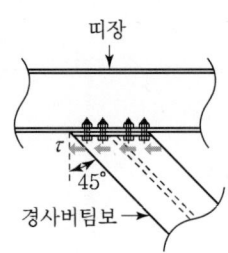

1. 허용응력 할증계수의 적용사유

① 이 기준에서 제시된 허용응력 값들에 다음과 같은 할증계수를 곱하여 적용한다.
  ㉠ 가시설구조물의 경우 : 1.5(철도하중 지지 시 1.3)
  ㉡ 영구구조물로 사용되는 경우
    • 시공 도중 : 1.25
    • 완료 후 : 1.0

② 공사기간이 2년 미만인 경우에는 가설구조물로, 2년 이상인 경우에는 영구구조물로 간주하여 설계한다. 만약, 가설구조물로 설계된 구조물이 2년 이상 경과하면 안전성을 보장할 수 없으므로 안전점검 또는 안전진단을 실시하여 흙막이 벽의 상태를 파악하여야 하며 잔여공사기간을 고려하여 안전성을 확보할 수 있도록 대책을 수립하여야 한다.

③ 중고 강재 사용 시 : 신 강재의 0.9 이하로 하되 시험치를 적용할 수 있으나, 중고 강재의 손상상태가 충분히 반영된 시험결과이어야 한다.

2. 볼트(M22 F8T)의 필요수량

(1) 조건

① 경사버팀보를 45°, 2.5m 간격으로 배치
② 온도하중에 의한 경사버팀보의 축력 120kN
③ 공사기간 : 단기간(6개월 이내)

(2) 허용할증 전단응력

$\tau_a = 1.5 \times 0.9 \times 150$

(3) 볼트 필요수량

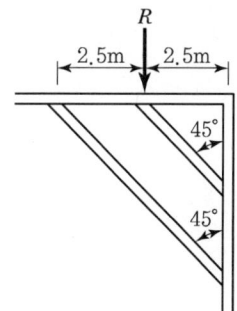

① 작용하중

$$R = \frac{w \cdot l}{2} = \frac{100 \times 2.5}{2} = 125\text{kN}$$

② Strut에 작용하는 축력

$$P = \frac{R}{\sin 45°} + T = \frac{125}{\cos 45°} + 120 = 296.78\text{kN}$$

③ 전단력 S

$$S = P \times \sin 45° = 296.78 \times \sin 45° = 22{,}099\text{kN}$$

④ 사용볼트 : M22 F8T

$1.5 \times 0.9 \times 150 = 202.5\text{MPa}$

⑤ 필요볼트 개수 n

$$n = \frac{s}{\tau_a \times \frac{\pi \times d^2}{4}} = \frac{209.9 \times 10^3}{202.5 \times \frac{\pi \times 22^2}{4}} = 2.7 \simeq 3\text{개}$$

CHAPTER 20

제133회
토목구조기술사

CHAPTER 20 133회 토목구조기술사

■ 1교시 다음 문제 중 10문제를 선택하여 설명하시오.(각 10점)

1. 강거더(Steel Girder) 볼트 연결부의 프라잉 작용(Prying Action)에 대하여 설명하시오.
2. BIM(Building Information Modeling) 협업 개념에 대하여 설명하시오.
3. 강재의 연성파괴와 피로파괴에 대하여 설명하시오.
4. 횡구속 콘크리트(Confined Concrete)에 대하여 설명하시오.
5. 기둥의 좌굴에서 항복응력(F_y)에 대한 탄성휨좌굴응력(F_e)의 비(F_e/F_y)에 대하여 설명하시오.
6. GFRP(Glass Fiber Reinforced Polymer) 보강근의 역학적 특성에 대하여 설명하시오.
7. 프리스트레스트 콘크리트 구조물의 결속 구조계(Tying System)에 대하여 설명하시오.
8. 압축력을 받는 일축 비대칭 단면을 갖는 기둥에서 휨좌굴과 휨-비틀림 좌굴에 대하여 설명하시오.
9. 강구조물에서 부분 강절점(Semi-Rigid Joint)에 대하여 설명하시오.
10. 축하중을 받는 구조에서 발생하는 슬립 밴드(Slip Band) 현상에 대하여 설명하시오.
11. 강압축재의 설계에서 Q계수에 대하여 설명하시오.
12. 설계안전보건대장에 대하여 설명하시오.
13. 철근콘크리트 구조물의 탄산화 속도계수와 탄산화 상태 평가에 대하여 설명하시오.

■ 2교시 다음 문제 중 4문제를 선택하여 설명하시오.(각 25점)

1. 콘크리트 교량의 사용수명 동안 내구성을 확보하기 위한 방법과 노출환경 등급에 따른 콘크리트의 기준압축강도에 대하여 설명하시오.
2. 휨모멘트를 받는 강재보의 횡비틀림좌굴(Lateral-Torsional Buckling) 설계방법에 대하여 설명하시오.
3. 구조물의 공진현상을 정의하고, 구조물 설계 시 공진 점검방법과 방지대책에 대하여 설명하시오.
4. 그림과 같은 공항 구조물의 인장력을 받는 강구조 접합부 설계저항강도를 강구조부재설계기준(KDS 14 31 10, 하중저항계수설계법)의 설계규정에 따라 산정하시오.

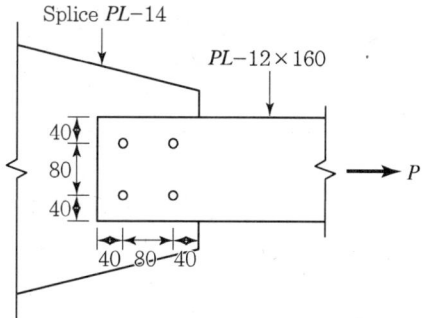

〈조건〉
① 사용강재
  - SM335(F_y = 355MPa, F_u = 490MPa)
  - 유효순단면적 A_e는 순단면적 A_n과 같고, 인장응력은 균일
② 고장력볼트
  - M20(F10T)로 표준구멍(k_h = 1.0) 사용
  - 나사부가 전단면에 포함됨(F_{nv} = 400MPa)
  - 설계볼트장력 T_o = 165kN
  - 사용하중상태에서 볼트 구멍의 변형이 설계에 고려됨
  - 페인트칠하지 않은 블라스트 청소된 마찰면(μ = 0.5)으로 미끄럼이 허용되지 않음
  - 끼움재는 사용되지 않음(k_f = 1.0)
  - 모든 치수는 mm임

5. 그림과 같이 휨강성 EI가 일정하고, 한쪽 단부가 고정인 외팔 기둥의 자유단에 스프링상수가 c인 스프링으로 탄성지지된 기둥의 좌굴하중을 산정하시오.(단, 기둥의 휨강성, 스프링상수, 기둥길이와의 조건식은 $10EI = cL^3$이며, 좌굴조건식을 만족하는 값은 아래 표를 참조하시오.)

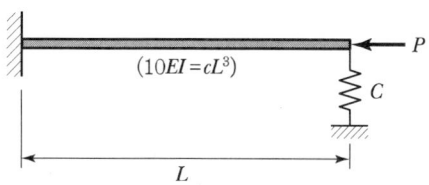

x	x^3	$\tan x$
2.0	8.000	−2.185
2.5	15.625	−0.747
3.0	27.000	−0.143

x	x^3	$\tan x$
3.5	42.875	0.375
4.0	64.000	1.158

6. 그림과 같은 반지름 a인 반원형 아치에서 양단 힌지조건인 경우 원호아치 AB의 중앙 C점에 집중하중 P가 작용할 때, 원호아치 AC구간 임의점(x, y)의 휨모멘트, 전단력, 축력을 산정하여 휨모멘트도, 전단력도 및 축력도를 작도하시오.(단, 원호아치의 휨강성은 EI로 일정함)

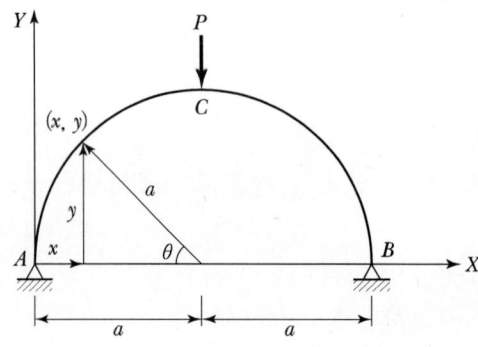

3교시 다음 문제 중 4문제를 선택하여 설명하시오.(각 25점)

1. 통행이 빈번한 도심지 교량의 설계 및 시공 시 고려해야 할 중점사항에 대하여 설명하시오.
2. 교량 상부구조의 하중 횡분배 이론 및 특징에 대하여 설명하시오.
3. 프리스트레스트 콘크리트 보의 하중작용 단계별 응력 변화와 균열 발생 전·후에 대한 보의 거동에 대하여 설명하시오.
4. 그림과 같은 단순 핀 연결 트러스의 압축재 최소좌굴하중 P_{cr}을 구하시오.(단, 모든 부재의 탄성계수는 E이고, 충실원형부재의 단면 직경은 d이다.)

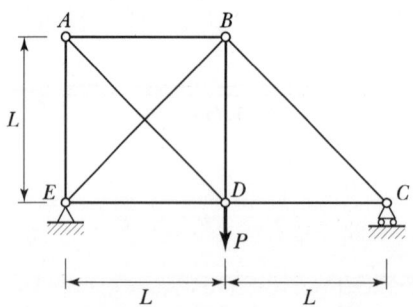

5. 그림과 같이 기둥 플랜지에 브래킷이 양면 필릿용접되어 있다. 모재 SM275의 인장강도 F_u = 410MPa이고 계수하중 P = 300kN일 때, 접합부의 안전성을 검토하시오.(단, 필릿용접부의 저항계수 ϕ = 0.75를 적용한다.)

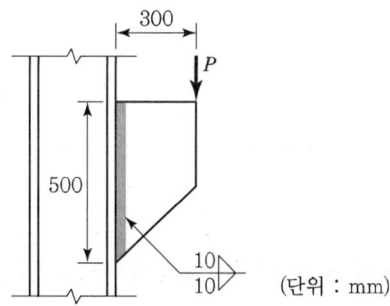

6. 그림의 철근콘크리트 단면에 극한한계상태의 휨모멘트 M_u = 1,709.252kN·m가 작용하는 경우, 콘크리트의 응력-변형률 관계를 나타내는 포물선-사각형 곡선(Parabola-Rectangle Diagram, p-r곡선)으로부터 이 단면의 필요철근량을 산정하고, 최소철근량, 중립축 및 설계휨강도를 검토하시오.

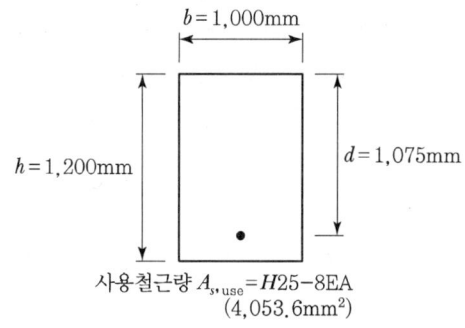

사용철근량 $A_{s,\text{use}}$ = H25-8EA
(4,053.6mm²)

⟨조건⟩

콘크리트 재료상수	기준압축강도	f_{ck} = 35.0MPa
	기준인장강도	f_{ctk} = 2.415MPa
	탄성계수	E_c = 29,747.0MPa
	재료계수	ϕ_c = 0.65
	상승곡선부의 형상지수	n = 2.0
	최대응력에 최초 도달 시 변형률	ε_{co} = 0.0020
	극한변형률	ε_{cu} = 0.0033
	유효계수	α_{cc} = 0.85
	압축합력의 평균 응력계수	α = 0.8

콘크리트 재료상수	압축합력의 작용점 위치계수	$\beta = 0.4$
	등가 직사각형 압축응력블록의 크기계수	$\eta = 1.0$
	등가 직사각형 압축응력블록의 깊이계수	$\beta_1 = 0.8$
철근 재료상수	기준인장강도	$f_y = 500.0 \text{MPa}$
	탄성계수	$E_s = 200,000.0 \text{MPa}$
	재료계수	$\phi_s = 0.9$

4교시 다음 문제 중 4문제를 선택하여 설명하시오.(각 25점)

1. 최근 해외에서 발생한 해상교량(프랜시스 스콧 키 대교, 미국/볼티모어) 붕괴사고의 원인을 분석하고, 선박이 해상교량과 충돌 시의 교량 안전성 확보방안 및 붕괴 방지대책에 대하여 설명하시오.

2. 비용 데이터 적용방법에 따른 교량의 LCC 경제성 분석방법 및 절차에 대하여 설명하시오.

3. 교량 설계하중(KDS 24 12 21, 한계상태설계법)에서의 장대레일 종하중(LR)에 대한 검토사항과 장대레일이 설치되는 교량에 발생되는 문제점 및 대책에 대하여 설명하시오.

4. 그림과 같은 휨강성 EI가 일정한 양단고정보에 대하여 반력 및 부재력 산정 후 전단력도와 휨모멘트도를 작도하고, 붕괴기구(Collapse Mechanism) 발생에 따른 소성모멘트를 산정하시오.

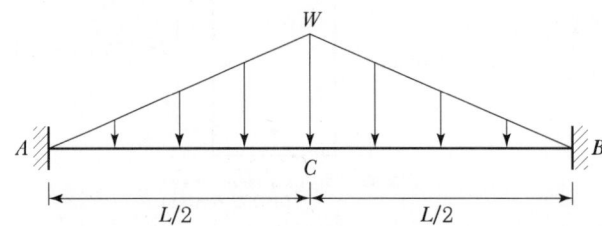

5. 그림과 같은 보 $\overline{ADFB}$는 강체로서, A점에서는 힌지, D점 및 F점에서는 와이어로 핀 지지된 구조이며, $\overline{CD}$ 및 $\overline{EF}$ 와이어는 C점 및 E점에서 고정 지지된다. 아래와 같은 설계조건에서, 와이어 $\overline{CD}$와 $\overline{EF}$의 허용응력을 각각 f_{a1}, f_{a2}이라 할 때, 허용응력을 만족하는 P의 최대하중을 구하시오.(단, 강체보와 와이어의 자중은 무시한다.)

〈조건〉
1) 와이어 $\overline{CD}$ 부재 제원
   $E_1 = 72\text{GPa}$, $d_1 = 4.0\text{mm}$, $L_1 = 0.4\text{m}$, $f_{a1} = 200\text{MPa}$
2) 와이어 $\overline{EF}$ 부재 제원
   $E_2 = 45\text{GPa}$, $d_2 = 3.0\text{mm}$, $L_2 = 0.3\text{m}$, $f_{a2} = 175\text{MPa}$

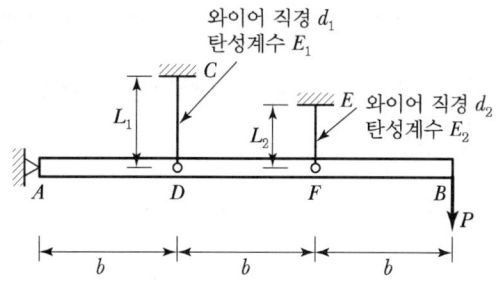

6. 완전 합성거더교 횡단면상의 내측지간이 아래 그림과 같은 단면으로 구성되어 있을 경우 다음 (a), (b)를 산정하시오.
   (a) 정모멘트 500kN·m를 받는 경우 강재 상·하단과 콘크리트 상단의 응력
   (b) 합성보의 공칭휨강도

〈조건〉
1) 상부 콘크리트 슬래브
   - 유효폭 $b=2,400$mm, 두께 $t=150$mm
   - 콘크리트의 단위 질량 $m_c=2,300$kg/m³, 평균압축강도 $f_{cm}=28$MPa
2) 형강 : H$-500\times200\times10\times16$
   - 항복강도 $F_y=355$MPa, 탄성계수 $E_s=210$GPa
   - 단면적 $A=11,420$mm², 강축에 대한 단면2차모멘트 $I_{xo}=4.78\times10^8$mm⁴
3) 탄성계수 비($n=E_s/E_c$)는 정수를 사용(소수점 이하 절사)

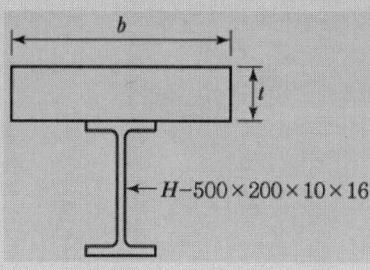

1교시

01 강거더(Steel Girder) 볼트 연결부의 프라잉 작용(Prying Action)에 대하여 설명하시오

1. 인장접합

인장접합은 고장력 볼트를 조일 때의 부재 간 압축력을 이용하여 응력을 전달시키지만, 응력의 전달 메커니즘에 있어서 마찰이 관여하지 않는다는 점에서 마찰접합과 본질적으로 다르다.

2. Prying Action

인장접합부는 하중의 작용축과 고장력볼트의 내력이 작용하는 축과 일치하지 않으므로 고장력볼트는 편심 인장상태로 된다.
따라서, 플랜지에는 굽힘 변형으로 인하여 지레형 반력(Prying Force)이 발생하게 된다. 아래 그림은 지레형 반력이 작용할 때 인장접합부의 응력전달을 나타낸 것이다.

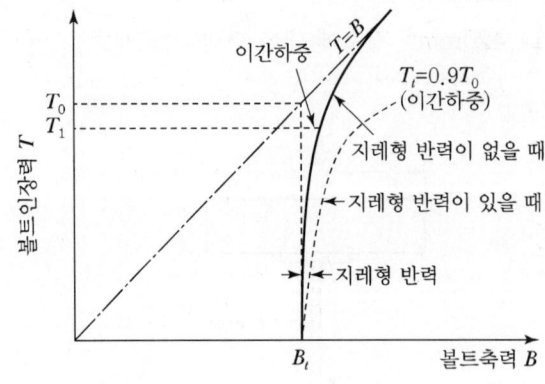

(a) 인장외력 작용 시 고장력볼트의 축력

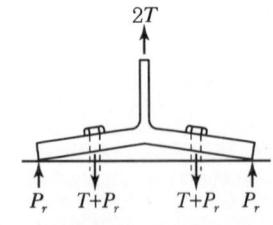

(b) 지레형 반력이 있을 때

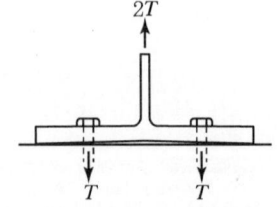

(c) 지레형 반력이 없을 때

[인장접합의 메커니즘]

1교시

02 BIM(Building Information Modeling) 협업 개념에 대하여 설명하시오.

1. BIM 협업 개념

(1) BIM 협업 개요

다양한 주체가 생성하는 정보를 국제표준(ISO16739-1과 2)에 의한 CDE 적용을 통해 정보를 공유하고, 절차에 따라 업무를 수행하는 것을 의미한다. 협업을 통해 정보의 누락, 중복 등의 문제가 없도록 지원한다. 또한 이슈를 확인하고 설계 조정에 반영하는 등 단계 및 주체 간 종합적 업무관리에 활용된다.

(2) BIM 협업의 필요성

전 생애주기 동안 생성된 정보의 연계 활용을 위해서 협업이 중요하다. 또한 BIM을 적용하는 사업에서 모델을 효율적으로 운용하기 위해서는 정보를 공유, 관리, 검토 및 승인 등을 통해 협업을 지원해야 한다.

2. BIM 협업 대상 및 범위

(1) BIM 협업 대상 및 체계

BIM 협업의 대상이 되는 주체는 발주자, 건설사업관리자, 수급인이 되며, 기관 간 협업, 팀 내 구성원 간 협업체계로 구성된다. 이때, 발주자의 요구사항에 따라 참여하는 주체의 구성을 다르게 수립하여 협업 대상을 정할 수 있다.

(2) 기본지침의 BIM 협업 범위

건설단계의 전 생애주기 업무 전반에 협업체계가 구성된다. BIM을 적용하고자 하는 경우 지침을 적용하기 위한 사업의 단계별, 주체별 필요에 따라 협업의 범위를 제시한다. 필요 시 발주처의 요구사항에 따라 BIM 적용단계 등 협업의 범위를 달리하여 정한다. 또한 BIM 협업을 활용하기 위한 시스템 적용 범위도 제시한다.

3. CDE(공통데이터환경) 적용 원칙

(1) 기본원칙

건설사업 수행과정에서 다양한 주체가 생성하는 정보를 관리하고, 단계별 업무를 수행하기 위해 정의된 운영절차를 사용하여 협업방향을 제시한다. 발주처 및 수급인은 이를 참고하여 업무단계 및 주체에 따른 협업체계를 구성하고 시스템을 선정할 수 있는 기준을 개발한다.

(2) 데이터 확보 및 사용

BIM 적용 업무지원 시스템 확보 및 연계'의 '공통정보관리환경(CDE)의 확보 및 사용'을 참고하여 공통정보관리환경을 확보하고 사용하도록 한다.

(3) 정보 접근

CDE는 정보를 관리하는 데 사용해야 하며, 업무 수행에 관련된 주체는 권한에 따라 정보에 접근할 수 있도록 한다.

| 1교시
| 03 | 강재의 연성파괴와 피로파괴에 대하여 설명하시오.

1. 강재의 연성파괴

① 강구조물에서 대표적으로 나타나는 파괴형태이다.
② 강재가 탄성체에서 소성상태를 거쳐 파단에 이르는 과정을 연성파괴라 한다.

2. 강재의 피로파괴

① 강재의 파괴는 극한 강도를 초과하는 하중에 의해서 일어날 뿐만 아니라 극한강도 또는 항복강도 이하인 하중의 반복작용에 의해 파괴된다.
② 계속적인 동하중을 받을 경우 정하중 조건에서 받을 수 있는 하중보다 훨씬 더 작은 하중에서 예고 없이 파괴되며 이러한 현상을 피로파괴(Fatigue Fracture)라 한다.

1교시
04 횡구속 콘크리트(Confined Concrete)에 대하여 설명하시오.

1. 정의

콘크리트는 취성이기 때문에 구조물에서는 소성 변형에 의한 에너지 흡수능력을 충분히 갖게 할 필요가 있다. 이를 위해 콘크리트 주변을 횡 보강함으로써 압축강도의 증진과 변형 특성을 지니게 할 수 있다.
이로 인하여 콘크리트는 취성에서 인성으로 재료적 특성이 바뀌게 되는데 이를 횡구속 콘크리트라 한다.

2. 용도

내진설계에 도입함으로써 내진구조물을 설계하려는 데 그 목적이 있다.

1교시

06 GFRP(Glass Fiber Reinforced Polymer) 보강근의 역학적 특성에 대하여 설명하시오.

1. 정의

부식이 없고 고강도 저중량으로 건축물 및 구조물의 수명 연장과 품질 및 생산성 향상이 가능한 복합유리섬유 소재이다.

2. 특징

① 내식성, 내화학성이 뛰어남
② 인장강도가 철근의 약 3배 이상 강함
③ 중량이 가벼움(150g/m, 철근의 약 15%)
④ 건축비용 절감
⑤ 철근 대비 25% 이상 가격 저렴함
⑥ 열전도성이 없는 부도체(열전도율 0.35W/m℃) 단열 특성으로 열의 전달이 없어 안전함
⑦ 충격 흡수로 지진에 강하고 층간 소음 저감

3. 사용처

건축분야뿐만 아니라 해양 및 해상구조물, 육·해상 풍력, 교량 및 도로공사에 사용된다.

1교시
12. 설계안전보건대장에 대하여 설명하시오.

1. 개요
공사금액 50억 원 이상 공사에서 발주자는 계획, 설계, 공사단계별 안전보건대장을 작성 확인하여야 한다(2020.1.16.부터).

2. 설계안전보건대장 구성
① 안전한 작업을 위한 적정 공사기간 및 공사금액 산출서
② 설계조건을 반영하여 공사 중 발생할 수 있는 주요 유해·위험요인 및 감소대책에 대한 위험성 평가내용
③ 유해·위험 방지 계획서의 작성 계획
④ 안전보건 조정자의 배치 계획
⑤ 산업안전 보건관리비의 산출내역서
⑥ 건설공사의 산업재해 예방지도의 실시 계획

2교시

01. 콘크리트 교량의 사용수명 동안 내구성을 확보하기 위한 방법과 노출 환경 등급에 따른 콘크리트의 기준압축강도에 대하여 설명하시오.

1. 내구성 일반사항

① 콘크리트 교량은 사용수명 기간 동안 각각의 요소에 현저한 손상이 없어야 하며 과도한 유지보수를 하지 않아도 사용성, 강도 및 안전성의 요구조건을 만족하여야 한다.
② 구조물의 손상 방지대책은 기능, 사용수명, 유지관리 계획 및 작용하중을 고려하여 수립하여야 한다.
③ 내구성 설계를 수행할 때 직접하중과 간접하중, 환경조건, 크리프와 수축에 의한 변형 등의 영향을 반영하여야 한다.
④ 철근의 부식 방지를 위해서 피복 콘크리트의 밀도와 품질, 두께를 확보하여야 하며, 도로교설계기준 5.8.3의 균열폭 기준을 만족하여야 한다. 콘크리트의 밀도와 품질을 얻기 위해서는 규정된 최소 콘크리트 기준압축강도 이상의 압축강도(P.735 표 참조)를 적용하여야 한다.
⑤ 영구히 노출된 금속 정착장치는 점검 및 교체가 가능하다면 코팅된 재료를 사용해야 하지만, 그렇지 않은 경우는 방청 재료를 사용하여야 한다.

2. 환경조건에 따른 노출 등급

노출 등급	환경조건	해당 노출 등급이 발생할 수 있는 사례
1. 부식이나 침투 위험 없음		
E0	• 철근이나 매입금속이 없는 콘크리트 : 동결/융해, 마모나 화학적 침투가 있는 곳을 제외한 모든 노출 • 철근이나 매입금속이 있는 콘크리트 : 매우 건조	공기 중 습도가 매우 낮은 건물 내부의 콘크리트
2. 탄산화에 의한 부식		
EC1	건조 또는 영구적으로 습윤한 상태	• 공기 중 습도가 낮은 건물의 내부 콘크리트 • 영구적 수중 콘크리트
EC2	습윤, 드물게 건조한 상태	• 장기간 물과 접촉한 콘크리트 표면 • 대다수의 기초

노출등급	환경조건	해당 노출 등급이 발생할 수 있는 사례
EC3	보통의 습도인 상태	• 공기 중 습도가 보통이거나 높은 건물의 내부 콘크리트 • 비를 맞지 않는 외부 콘크리트
EC4	주기적인 습윤과 건조상태	EC2 노출 등급에 포함되지 않는 물과 접촉한 콘트리트 표면
3. 염화물에 의한 부식		
ED1	보통의 습도	공기 중의 염화물에 노출된 콘크리트 표면
ED2	습윤, 드물게 건조한 상태	• 수영장 • 염화물을 함유한 공업용수에 노출된 콘크리트 부재
ED3	주기적인 습윤과 건조 상태	• 염화물을 함유한 비말대에 노출된 교량 부위 • 포장 • 주차장 슬래브
4. 해수의 염화물에 의한 부식		
ES1	해수의 직접적인 접촉 없이 공기 중의 염분에 노출된 해상대기 중	해안 근처에 있거나 해안가에 있는 구조
ES2	영구적으로 침수된 해중	해양 구조물의 부위
ES3	간만대 혹은 비말대 지역	해양 구조물의 부위
5. 동결/융해 침식		
EF1	제빙화학제가 없는 부분포화상태	비와 동결에 노출된 수직 콘크리트 표면
EF2	제빙화학제가 있는 부분포화상태	동결과 공기 중 제빙화학제에 노출된 도로 구조물의 수직 콘크리트 표면
EF3	제빙화학제가 없는 완전포화상태	비와 동결에 노출된 수평 콘크리트 표면
EF4	제빙화학제나 해수에 접한 완전포화상태	• 제빙화학제에 노출된 도로와 교량 바닥판 • 제빙화학제를 함유한 비말대와 동결에 직접 노출된 콘크리트 표면 • 동결에 노출된 해양 구조물의 물보라 지역
6. 화학적 침투		
EA1	조금 유해한 화학환경	천연 토양과 지하수
EA2	보통의 유해한 화학환경	천연 토양과 지하수
EA3	매우 유해한 화학환경	천연 토양과 지하수

3. 노출환경 등급에 따른 최소 콘크리트기준압축 강도

노출환경	부식									
	탄산화에 의한 부식				염화물에 의한 부식			해수의 염화물에 의한 부식		
	EC1	EC2	EC3	EC4	ED1	ED2	ED3	ES1	ES2	ES3
최소 콘크리트 기준압축강도 (MPa)	21	24	30	30	30	30	35	30	35	35

2교시

03. 구조물의 공진현상을 정의하고, 구조물 설계 시 공진 점검방법과 방지대책에 대하여 설명하시오.

1. 정의

동하중이 구조물에 작용할 때 동하중의 가진진동수와 구조물의 고유진동수가 같을 때 동적 응답이 최대로 발생하는 것을 공진(Resonance)이라 한다.

구조물이 정상상태에 도달했을 때 동적 응답 진폭과 정하중에 의한 최대 정적 응답 비를 나타낸 것을 동적 증폭계수라 한다.

2. 동적 증폭계수 산정

동적 증폭계수(Dynamic Amplification Factor)는 다음과 같다.

$$DAF = \frac{|x_{dyn}|_{\max}}{|x_{static}|_{\max}} = \frac{1}{\sqrt{(1-\beta^2)^2 + (2\xi\beta)^2}}$$

여기서, $|x_{static}|_{\max} = \dfrac{P_0}{k}$, $\beta = \dfrac{w}{w_n}$

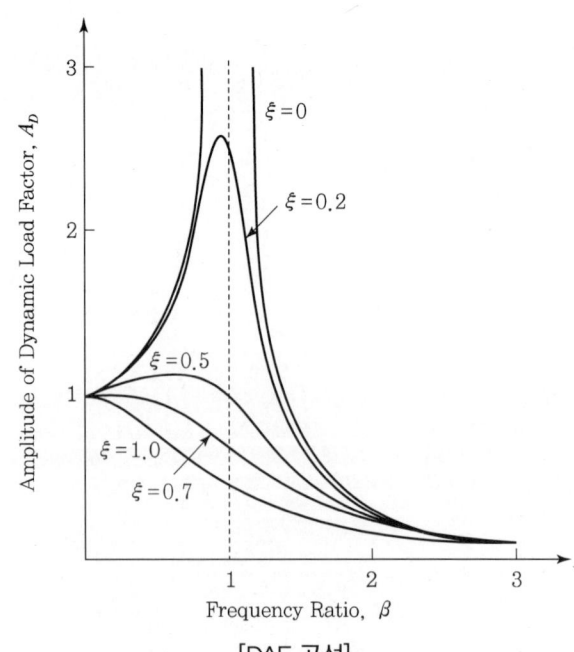

[DAF 곡선]

위 그림과 같이 가진진동수와 구조물의 고유진동수가 같은 $\beta=1$인 경우 응답이 최대가 되며, 이를 공진이라 하고 공진 시 동적 응답계수는 다음과 같다.

$$DAF = \frac{\rho}{|x_{static}|_{\max}} = \frac{1}{\sqrt{(1-\beta^2)^2 + (2\xi\beta)^2}} = \frac{1}{2\xi}$$

3. 진동저감방법

진동을 저감시키는 방법은 다음 두 가지이다.

① 감쇠비를 조정하여 공진을 유발시키지 않게 설계하는 방진설계
② 구조물의 고유진동수를 동하중 진동수와 피하게 설계하는 공진설계

이 중 공진설계방법에 대해 살펴본다.

(1) 공진설계 개념

동적 증폭계수의 최댓값을 발생시키지 않도록 동하중의 고유진동수와 구조물의 고유진동수 비를 조정하는 설계방법이며, 저동조기초와 고동조기초가 있다.

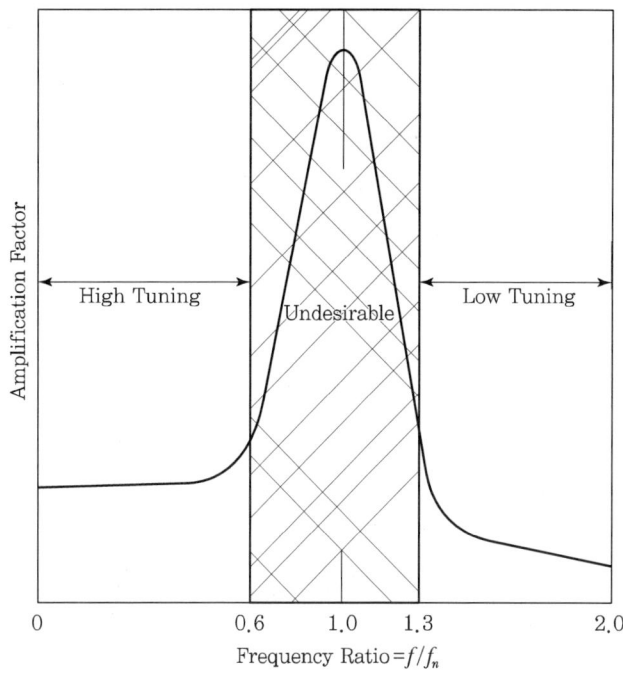

(2) 저동조기초 설계 개념

저동조기초는 동하중의 고유진동수와 구조물의 고유진동수 비가 1.3보다 크게 구조물을 설계하는 개념이다.

$$\beta = \left(\frac{f}{f_n}\right) = \left(\frac{w}{w_n}\right) > 1.3$$

여기서, f : 동하중의 고유진동수
f_n : 구조물의 고유진동수

(3) 고동조기초 설계 개념

고동조기초는 동하중의 고유진동수와 구조물의 고유진동수 비가 0.6보다 작게 구조물을 설계하는 개념이다.

$$\beta = \left(\frac{f}{f_n}\right) = \left(\frac{w}{w_n}\right) < 0.6$$

여기서, f : 동하중의 고유진동수
f_n : 구조물의 고유진동수

2교시

06 그림과 같은 반지름 a인 반원형 아치에서 양단 힌지조건인 경우 원호아치 AB의 중앙 C점에 집중하중 P가 작용할 때, 원호아치 AC 구간 임의점(x, y)의 휨모멘트, 전단력, 축력을 산정하여 휨모멘트도, 전단력도 및 축력도를 작도하시오.(단, 원호아치의 휨강성은 EI로 일정함)

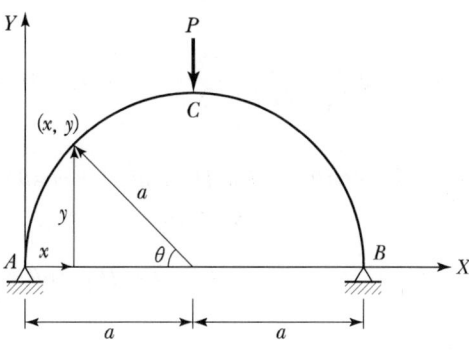

1. 구간별 모멘트

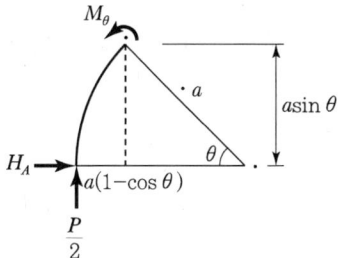

$$M_\theta = \frac{P}{2} \cdot a \cdot (1-\cos\theta) - H_A \cdot a \cdot \sin\theta$$

2. 변형에너지 U

$$U = 2 \times \int_0^{\frac{\pi}{2}} \frac{M_\theta^2}{2 \cdot EI} \cdot a \cdot d\theta$$

3. 부재력

$$\frac{dU}{dH_A} = 0$$

$$U = 2\int_0^{\frac{\pi}{2}} \frac{M_\theta^2}{2EI} a \cdot d\theta = 2\int_0^{\frac{\pi}{2}} \frac{1}{2EI}\left[\frac{Pa}{2}(1-\cos\theta) - H_A a\sin\theta\right]^2 a\, d\theta$$

$$= \frac{1}{EI}\int_0^{\frac{\pi}{2}}\left[\frac{P^2 a^2}{4}(1-\cos\theta)^2 - Pa^2 H_A \sin\theta(1-\cos\theta) + H_A^2 a^2 \sin^2\theta\right] a\, d\theta$$

$$= \frac{1}{EI}\int_0^{\frac{\pi}{2}}\left[\frac{P^2 a^3}{4}(1 - 2\cos\theta + \cos^2\theta) - Pa^3 H_A \sin\theta + Pa^3 H_B \sin\theta \cos\theta + H_A^2 a^3 \sin^2\theta\right] d\theta$$

$$= \frac{1}{EI}\int_0^{\frac{\pi}{2}}\left\{\frac{P^2 a^3}{4}\left(1 - 2\cos\theta + \frac{1+\cos 2\theta}{2} - Pa^3 H_A \sin\theta + Pa^3 H_A\right.\right.$$
$$\left.\left.\times \frac{1}{2}\sin 2\theta + H_A^2 a^3 \frac{1 - \cos 2\theta}{2}\right\} d\theta$$

$$= \frac{1}{EI}\left[\frac{P^2 a^3}{4}\left(\theta - 2\sin\theta + \frac{1}{2}\theta + \frac{1}{4}\sin 2\theta + Pa^3 H_A \cos\theta + \frac{Pa^3 H_A}{2}\right.\right.$$
$$\left.\left.\left(-\frac{1}{2}\cos 2\theta\right) + H_A^2 a^3 \frac{1}{2}\theta - \frac{1}{4}H_A^2 a^3 \sin 2\theta\right)\right]_0^{\frac{\pi}{2}}$$

$$= \frac{1}{EI}\left\{\frac{P^2 a^3}{4}\left(\frac{\pi}{2} - 2 + \frac{\pi}{4} - Pa^3 H_A + \frac{Pa^3 H_A}{4} + \frac{Pa^3 H_A}{4} + H_A^2 a^3 \frac{\pi}{4}\right)\right\}$$

$$= \frac{1}{EI}\left\{\frac{P^2 a^3}{4}\left(\frac{3}{4}\pi - 2 - \frac{Pa^3}{2}H_A + \frac{\pi a^3}{4}H_A^2\right)\right\}$$

$$\frac{\partial U}{\partial H_A} = \frac{P^2 a^3}{4EI}\left(-\frac{1}{2}Pa^3 + \frac{2\pi a^3}{4}H_A\right) = 0$$

$$-\frac{Pa^3}{2} + \frac{\pi a^3}{2}H_A = 0$$

$$\therefore H_A = \frac{P}{\pi}$$

4. 축력, 전단력

(1) 축력

$$N_\theta = -\frac{P}{2} \cdot \cos\theta - \frac{P}{\pi} \cdot \sin\theta$$

$\theta = 45°$, $90°$일 때

$$N(\theta = 45°) : -\frac{P}{2} \cdot \left(\frac{\sqrt{2}}{2}\right) - \frac{P}{\pi} \cdot \left(\frac{\sqrt{2}}{2}\right) = -0.578632P$$

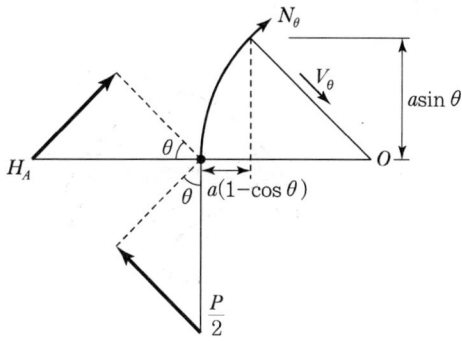

$$N(\theta = 90°) : -\frac{P}{2} \cdot 0 - \frac{P}{\pi} \cdot 1 = -0.3183098P$$

(2) 전단력

$$V_\theta = \frac{P}{2} \cdot \sin\theta - H_A \cdot \cos\theta$$

$\theta = 45°$, $90°$일 때

$$V(\theta = 45°) : \frac{P}{2} \cdot \left(\frac{\sqrt{2}}{2}\right) - \frac{P}{\pi} \cdot \left(\frac{\sqrt{2}}{2}\right) = 0.1284743P$$

$$V(\theta = 90°) : \frac{P}{2} \cdot 1 - \frac{P}{\pi} \cdot 0 = \frac{P}{2}$$

5. 휨모멘트

$$M_\theta = \frac{P}{2}a(1-\cos\theta) - H_A a\sin\theta = \frac{P}{2}a(1-\cos\theta) - \frac{P}{\pi}a\sin\theta$$

$$\frac{dM_\theta}{d\theta} = 0 : \theta = 0.566911504911 \times \frac{180}{\pi} = 32.48°$$

$M(\theta = 32.48°) : M = -0.0927235Pa$

$M\left(\theta = \dfrac{\pi}{2}\right) : M = 0.18169Pa$

6. AFD, SFD, BMD

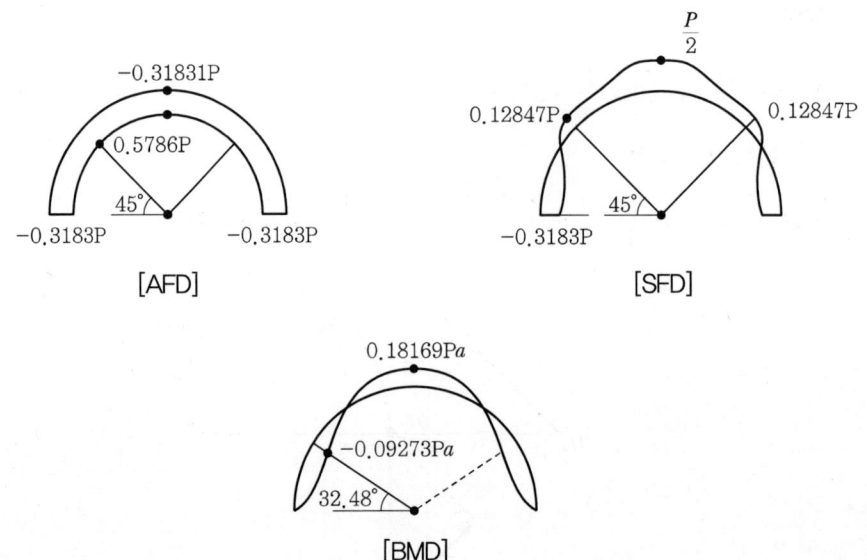

3교시

01. 통행이 빈번한 도심지 교량의 설계 및 시공 시 고려해야 할 중점사항에 대하여 설명하시오.

1. 개요

도시 고가교 계획 시 고려사항에 대해 서술하기로 한다.

2. 계획 시 고려사항

(1) 교차지점의 도로의 폭원 및 폭원 구성 요소

① 도로와 교차하는 지점에서 교차하는 도로의 폭원을 감안하여 경간을 결정한다.
② 교차부 중앙에 교각을 설치하는 것은 바람직하지 않으며, 부득이 중앙에 두는 경우는 좌회전 차량의 안전대책을 검토하여야 한다.

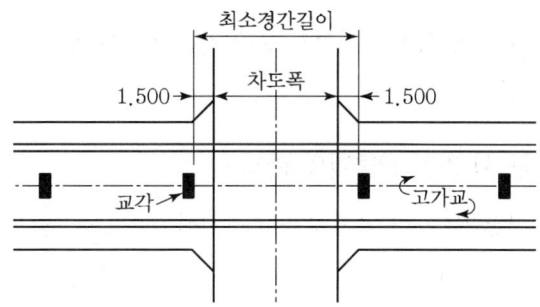

(2) 교차도로의 장래 확장 계획

도시 재정비 계획 등으로 장래 확장 계획 등을 고려하여 교량의 경간을 결정하고 적합한 교량 형식을 선정한다.

(3) 도시철도 육상구간 횡단 구성 및 교각

도시철도를 횡단하는 교량 계획 시는 궤도의 배선상황, 하부 형하공간(철도 7.0m) 여유를 감안하여 교량을 계획하여야 한다.

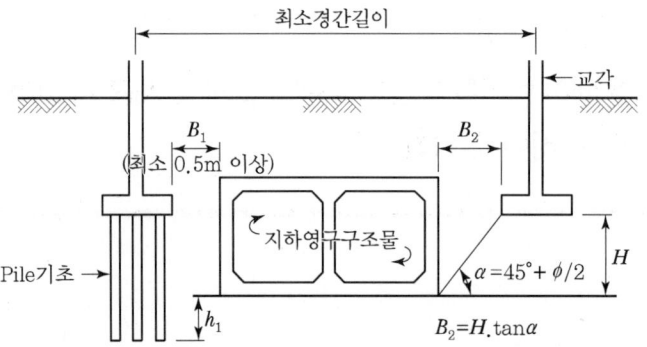

(4) 고가도로 공용 시 교차로부의 교통 처리 계획

좌우 회전, 횡단보도 설치 유무 등을 감안하여 계획한다.

(5) 지하구조물 매설 위치 및 규모

통신구, 전력구, 공동구, 지하차도, 지하상가, 지하보도 등을 감안하여 교량경간 및 적절한 교량형식을 선정한다.

(6) 장래의 지하시설 계획

도시철도, 지하상가, 지하차도 등의 장래 지하시설 계획을 감안하여 교각 위치나 교량경간 등을 계획한다.

(7) 교량기초 시공 시 인접 건물과의 관계

근접 시공 시 인접 건물에 피해가 없도록 가시설 계획 등 근접 시공 영향 등을 검토하여 계획한다.

(8) 도시 소하천 횡단 교량 및 복개교

교대의 위치, 기초형식, Footing 깊이에 대한 조사를 시행한 후 계획한다.

(9) 기존 보도교 위치 및 이설 가능 여부

기존 보도교 위치에 교량 계획 시 이설 가능한지 여부 등을 감안하여 계획한다.

3. 결론

도시 고가교 계획 시는 교차로부, 지하매설 등의 장애물이 많은 편이므로 이러한 것에 의해 경간길이가 결정되며 건설공사비, 하부도로 교통처리방안, 도시미관 등을 종합적으로 고려하여 계획하여야 한다.

3교시 05

그림과 같이 브래킷에 고정하중이 P_D = 100kN, 활하중이 P_L = 50kN 작용할 때, 이음부를 양면 필릿용접으로 할 경우 접합부의 안전성을 검토하시오. 모재는 SM275, 용접재(KS D 7004 연간용 피복아크 용접봉)의 인장강도는 F_{uw} = 420N/mm²이다. 기둥 플랜지와 브래킷의 단면적은 충분히 크다고 가정한다.

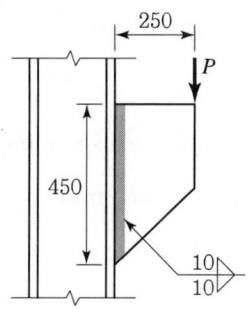

1. 필릿용접 이음부에 작용하는 응력

(1) 계수하중

$$P_u = 1.2P_D + 1.6P_L = 1.2 \times 100 + 1.6 \times 50 = 200\text{kN}$$

(2) 필릿용접 이음부에 작용하는 부재력

$$M = P_u \times e = 200 \times 250 = 50,000\text{kN} \cdot \text{mm}$$
$$V = P_u = 200\text{kN}$$

2. 필릿용접의 유효목두께 및 용접유효길이

$$a = 0.7s = 0.7 \times 10 = 7\text{mm}$$
$$l_e = l - 2s = 450 - 2 \times 10 = 430\text{mm}$$

양면 필릿용접의 유효면적 및 단면계수

$$A_w = (a \cdot l_e) \times 2\text{면} = 7 \times 430 \times 2 = 6,020\text{mm}^2$$
$$S_w = \frac{a \cdot l_e^2}{6} \times 2\text{면} = \frac{7 \times 430^2 \times 2}{6} = 431,433\text{mm}^3$$

3. 휨모멘트에 의한 축방향응력 및 전단력에 의한 전단응력

$$\sigma_u = \frac{M}{S_w} = \frac{50,000 \times 10^3}{431,433} = 116 \text{N/mm}^2$$

$$v_u = \frac{V}{A_w} = \frac{200 \times 10^3}{6,020} = 33 \text{N/mm}^2$$

4. 필릿용접 이음부의 안전성 검토

조합응력을 받는 필릿용접 이음부의 응력

$$\begin{aligned}
\sqrt{\sigma_u^2 + v_u^2} &= \sqrt{116^2 + 33^2} \\
&= 120.6 \text{N/mm}^2 < \phi F_w = 0.75(0.6 F_{uw}) \\
&= 0.75 \times 0.6 \times 420 = 189 \text{N/mm}^2 \qquad \therefore \text{O.K}
\end{aligned}$$

3교시

06 그림의 철근콘크리트 단면에 극한한계상태의 휨모멘트 $M_u =$ 1,709.252kN·m가 작용하는 경우, 콘크리트의 응력–변형률 관계를 나타내는 포물선–사각형 곡선(Parabola–Rectangle Diagram, p–r 곡선)으로부터 이 단면의 필요철근량을 산정하고, 최소철근량, 중립축 및 설계휨강도를 검토하시오.

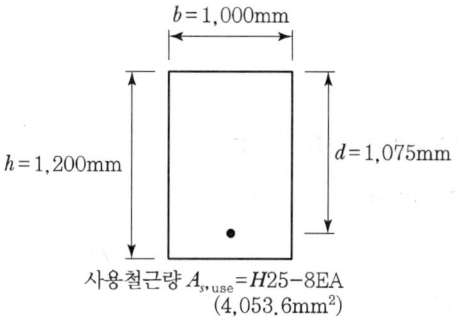

사용철근량 $A_{s,use} = H25-8EA$
$(4,053.6mm^2)$

조건

콘크리트 재료상수	기준압축강도	$f_{ck} = 35.0MPa$
	기준인장강도	$f_{ctk} = 2.415MPa$
	탄성계수	$E_c = 29,747.0MPa$
	재료계수	$\phi_c = 0.65$
	상승곡선부의 형상지수	$n = 2.0$
	최대응력에 최초 도달 시 변형률	$\varepsilon_{co} = 0.0020$
	극한변형률	$\varepsilon_{cu} = 0.0033$
	유효계수	$\alpha_{cc} = 0.85$
	압축합력의 평균 응력계수	$\alpha = 0.8$
	압축합력의 작용점 위치계수	$\beta = 0.4$
	등가 직사각형 압축응력블록의 크기 계수	$\eta = 1.0$
	등가 직사각형 압축응력블록의 깊이계수	$\beta_1 = 0.8$
철근 재료 상수	기준인장강도	$f_y = 500.0MPa$
	탄성계수	$E_s = 200,000.0MPa$
	재료계수	$\phi_s = 0.9$

1. 설계조건

$f_{ck} = 35\text{MPa}, f_y = 500\text{MPa}$

$\phi_c = 0.65, \phi_s = 0.9$

$\alpha_{cc} = 0.85$

$\alpha = 0.8, \beta = 0.4$

$d = 1,075\text{mm}$

$M_u = 1,709.252\text{kN} \cdot \text{m}$

2. 단면의 성질

$f_{cd} = 0.65 \times (0.85 \times 35) = 19.34\text{MPa}$

$f_{yd} = 0.9 \times 500 = 450\text{MPa}$

3. 작용모멘트 세기

$M_u = \alpha f_{cd} bc(1-\beta c) = \alpha f_{cd} bkd(1-\beta kd)$

$\quad = \alpha f_{cd} bd^2 k(1-\beta k)$

$m_u = \dfrac{M_u}{f_{cd} bd^2} = \dfrac{M_u}{f_{cd} bd^2} = \alpha k(1-\beta k)$

$m_u = \dfrac{M_u}{f_{cd} bd^2} = \dfrac{1,709.252 \times 10^6}{19.34 \times 1,000 \times 1,075} = 0.04829$

4. 중립축 C

$m_u = \alpha k(1-\beta k) = -\alpha \beta k^2 + \alpha k$

$\alpha \beta k^2 - \alpha k + m_u = 0$

$0.8 \times 0.4 \times k^2 - 0.8 \times k - 0.04829 = 0$

$k = 0.06189$

$\therefore c = k \cdot d = 0.06189 \times 1,075 = 66.532\text{mm}$

5. 팔길이 z

$z = d - \beta c = 1,075 - 0.4 \times 66.532 = 1,048.387\text{mm}$

6. 필요철근량 A_s

$M_u = A_s f_{yd} z$

$A_s = \dfrac{M_u}{f_{yd} z} = \dfrac{1,709.252 \times 10}{450 \times 1,048.387} = 3,623 \text{mm}^2$

7. 최소철근량

$H - 25 \, (@506.707 \text{mm}^2)$

$3,623 \div 506.707 = 7.15 ≒ 8$개

$506.707 \div 8 = 4,053.6 \text{m}^2$

8. 설계휨강도 M_d

(1) 중립축 C 산정

$C = \alpha f_{cd} \, bc = 0.8 \times 19.34 \times 1,000 \times c = 14,472c$

$T = A_s f_{yd} = 4,053.6 \times 450 = 1,824,120 \text{N}$

$c = \dfrac{1,824,120}{14,472} = 117.9 \text{mm}$

(2) 팔길이 z

$z = d - \beta c = 1,075 - 0.4 \times 117.9 = 1,027.84 \text{mm}$

(3) 설계휨강도 M_d

$M_d = A_s f_{yd} z = 4,053.6 \times 450 \times 1,027.84 \times 10^{-6} = 1,874.9 \text{kN} \cdot \text{m}$

4교시

01 최근 해외에서 발생한 해상교량(프랜시스 스콧 키 대교, 미국/볼티모어) 붕괴사고의 원인을 분석하고, 선박이 해상교량과 충돌 시의 교량 안전성 확보방안 및 붕괴 방지대책에 대하여 설명하시오.

1. 개요

프랜시스 스콧 키 대교, 미국/볼티모어는 연속 트러스교로 최대경간장이 365m이다. 컨테이너선 한 대가 교각과 충돌하며 미국 메릴랜드주 볼티모어 교량 프랜시스 스콧 키가 붕괴되었다.

2. 붕괴사고 원인

교각에 선박 충돌 방지 시설이 없어 컨테이너선이 직접 교각과 충돌하며 교각이 붕괴되면서 교량이 붕괴되는 사고가 발생하였다.

3. 교량 안전성 확보 방안 및 붕괴 방지대책

[충돌방호공의 구분]

설치장소	에너지 흡수형태	종류
직접구조	탄성변형형	Fender 방식
	파괴변형형	강재 다실형 방식
	변위형	중력방식
간접구조	탄성변형형	Dolphin 방식, Pile 방식
	파괴변형형	축도방식, 케이슨 방식
	변위형	Barrier 방식

(1) Fender 방식

① Fender 방식 : 충돌완화재의 개념으로 구조물이 충돌력을 흡수하며, 선박이나 구조물의 부분적인 손상을 방지하는 개념의 충돌방호공이다.

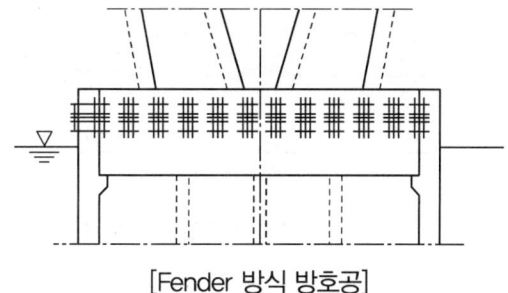

[Fender 방식 방호공]

② **버퍼 방식** : 버퍼는 선박의 충돌에너지를 구조물의 소성에너지의 흡수로 충동력을 저감시키는 구조로, 벌집(Honey Comb) 형태로 제작되어 가능한 한 많은 소성에너지를 흡수할 수 있도록 제작한다(일본의 최장 현수교인 Akashi-kaikyo에서 적용).

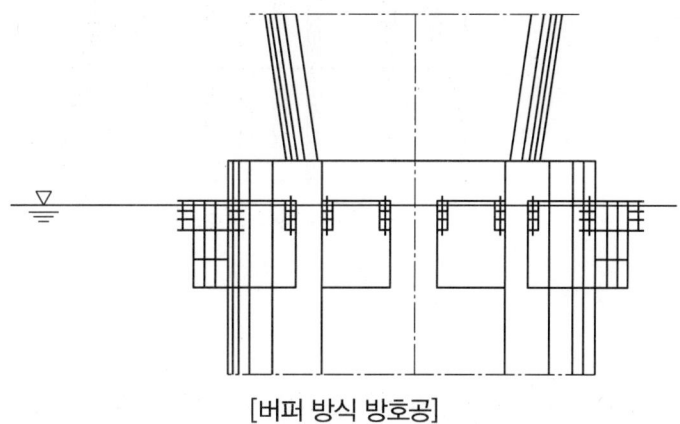

[버퍼 방식 방호공]

③ **Dolphin 방식** : 본 구조물 앞에 별도의 충돌방호공을 설치하여 선박 충돌에 의한 구조물 손상을 원천 봉쇄하는 방법으로, 공사비가 고가이며 말뚝식과 우물통식이 있다[인천대교(사장교)에 적용].

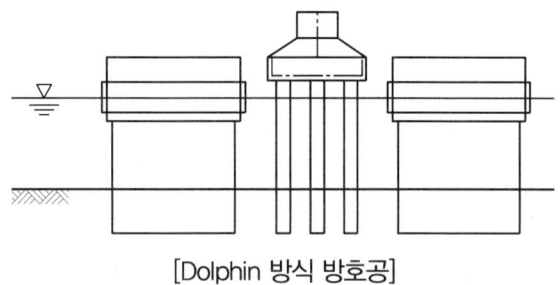

[Dolphin 방식 방호공]

④ **축도방식(인공섬)** : 인공섬을 만들어 선박의 직접 충돌을 방지하고, 기초 육상시공을 통하여 시공성 및 안전성을 확보한다. 공사비는 중간 정도이나 항로 잠식이 큰 형식이다[여수산단 3공구 현수교, 중국의 Tsing Ma(현수교), Ting Kau(사장교), 덴마크의 Great Belt East(현수교), Oresund(사장교) 등에 적용].

[인공섬 방식 방호공]

⑤ Pile 방식(안) : 본 구조물과 선박의 충돌을 완전히 분리함으로써 선박 충돌에 의한 구조물 손상을 원천 봉쇄하는 방식의 충돌방호공으로, 공사비는 중간 정도이다.

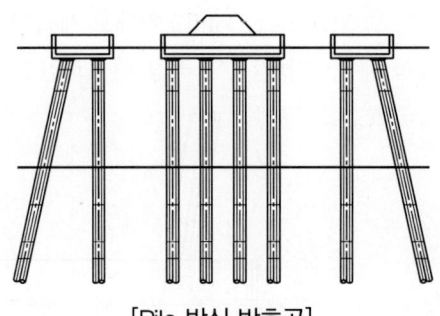

[Pile 방식 방호공]

4. 결론

장대교량의 교각은 선박 충돌 등의 위험이 있으므로 공사비 및 시공성을 감안하여 그 현황에 가장 적절한 충돌 방지공을 설치하여야 한다.

CHAPTER
21

제134회
토목구조기술사

CHAPTER 21 134회 토목구조기술사

■■ 1교시 다음 문제 중 10문제를 선택하여 설명하시오. (각 10점)

1. 소성모멘트 및 소성힌지에 대하여 설명하시오.
2. PSC BEAM이 전단에 강한 이유에 대하여 설명하시오.
3. 콘크리트 구조물의 3D 프린팅을 위한 콘크리트 배합 특성에 대하여 설명하시오.
4. 철근의 부식 방지를 위해 사용되는 FRP(Fiber Reinforced Polymer) 보강근의 재료적 특성과 이를 활용한 보의 휨 설계방법에 대하여 설명하시오.
5. 중력식 옹벽과 기대기 옹벽의 차이점에 대하여 설명하시오.
6. 공항 활주로 하부의 지중구조물 설계 시 항공기 하중 적용조건에 대하여 설명하시오.
7. 자립식 암파쇄 방호시설에서의 적용하중에 대하여 설명하시오.
8. 출렁다리의 기본계획 시 고려해야 할 사항에 대하여 설명하시오.
9. 온도 변화에 따른 강재의 성질에 대하여 설명하시오.
10. 한계상태설계법의 장점과 단점에 대하여 설명하시오.
11. PSC BEAM 전도 방지대책에 대하여 설명하시오.
12. 「건설기술진흥법 시행령(2024. 7.)」 제101조의2(가설구조물의 구조적 안전성 확인)에 규정된 건설사업자 또는 주택건설등록업자가 관계전문가로부터 구조적 안전성을 확인받아야 하는 가설구조물에 대하여 설명하시오.
13. 가설공사 표준시방서(국토교통부) 중 '추락재해 방지시설 표준시방서(KCS 21 70 10)'에 규정된 개구부 수평보호덮개의 시공방법에 대하여 설명하시오.

■■ 2교시 다음 문제 중 4문제를 선택하여 설명하시오. (각 25점)

1. 가시설물 설계기준(국토교통부) 중 '비계 및 안전시설물 설계기준(KDS 21 60 00)'에 따라 비계 및 안전시설물의 설계 시 검토하여야 하는 연직하중, 수평하중, 특수하중 및 하중조합에 대하여 설명하시오.
2. 그림과 같은 양방향 6차로의 지하도로에서 노선 중앙부는 NATM 터널이고, 양단부의 진출입부 300m 구간은 개착구조물로 구성되어 있다. 다음 사항에 대하여 설명하시오.
    1) 개착구조물 계획단계에서 고려할 사항
    2) 계획된 개착구조물 형식이 프리캐스트 아치(PC Arch)일 경우, 설계 및 시공단계에서 중점적으로 고려할 사항

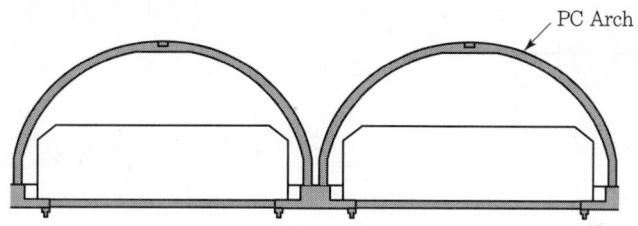

3. 횡만곡 변형이 발생하기 쉬운 장경간 PSC 거더에 전단면 프리캐스트 슬래브가 놓여지는 콘크리트 교량이 있다. 이때 슬래브에는 전단 포켓이라는 블록아웃 공간을 통해 그라우팅이 후타설되고 PSC 거더와 일체화된다. 이러한 구조에서 횡만곡 발생 메커니즘, 슬래브 시공 시 주의사항에 대하여 설명하시오.

4. 그림과 같이 직접기초에 기둥이 지지된 교각의 횡방향(교축 수평직각방향) 변위에 대한 등가강성을 구하시오.(단, 교각에 사용된 콘크리트의 탄성계수 $E_c = 30{,}000$ MPa이며, 코핑과 기초의 휨강성은 기둥부에 비해 매우 커 무한히 큰 것으로 가정한다.)

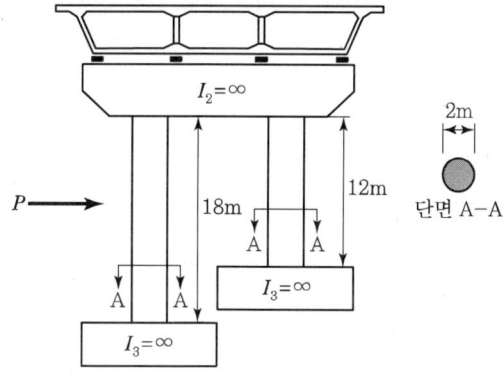

5. 그림과 같이 긴장재를 포물선으로 배치한 보의 중앙 단면에서의 콘크리트 응력을 다음의 세 가지 개념을 사용하여 구하시오.[단, 프리스트레스 힘 $P = 2{,}700$ kN, 지간중앙 단면에서 긴장재의 편심량 $e = 25$ cm이다. 자중 외에 활하중 $w_l = 12.6$ kN/m가 작용하며, 지간 $L = 20$ m, 단면(A) $= 40 \times 90$ cm이고, 콘크리트의 단위중량은 25 kN/m^{3}이다.]
   1) 응력 개념(균등질 보의 개념)
   2) 강도 개념(내력모멘트의 개념)
   3) 하중평형 개념(등가하중의 개념)

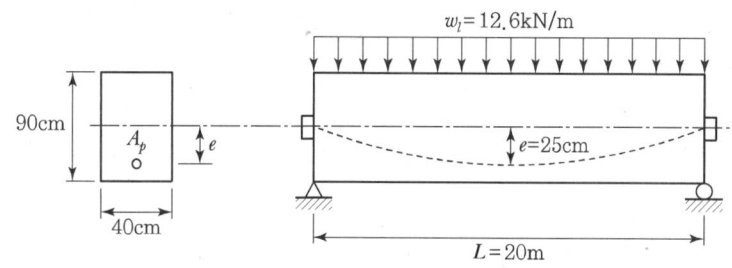

6. 그림의 단순보에서 3개의 종방향 인장철근 중 하나를 절단할 수 있는 위치(지점에서 절단면까지의 거리, x)를 구하시오.

〈조건〉
- $M_x = 116.57\text{kN/m}$
- $f_y = 400\text{MPa}$
- $f_{ck} = 25\text{MPa}$
- 보통중량 콘크리트
- D13 전단철근을 전 구간에 걸쳐 300mm 간격으로 배근
- D25의 $d_b = 25.4\text{mm}$
- 강도감소계수는 휨에 대해 0.85, 전단에 대해 0.75
- 정착길이 산정을 위한 보정계수들은 1로 가정

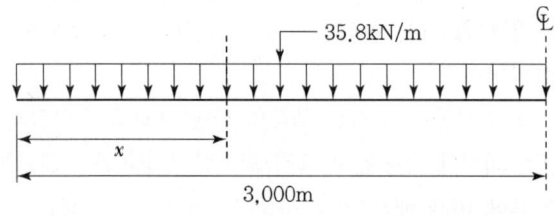

(a) 부재 치수 및 하중 조건

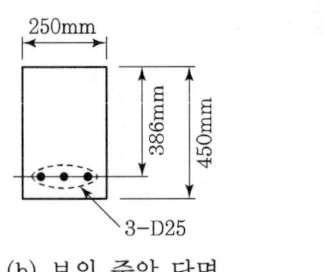

(b) 보의 중앙 단면

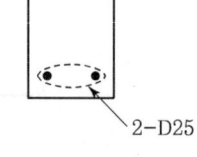

(c) 지점에서의 단면

3교시 다음 문제 중 4문제를 선택하여 설명하시오.(각 25점)

1. 구조재료공사 표준시방서(국토교통부) 중 「매스 콘크리트 표준시방서(KCS 14 20 42)」에 따라 매스 콘크리트 구조물의 시공 시 콘크리트의 온도해석에 사용되는 경계조건, 콘크리트의 인장강도, 콘크리트의 유효탄성계수, 온도응력해석 시 고려사항에 대하여 설명하시오.

2. 고교각 교량의 장경간 PSC 거더 가설에 주로 적용되는 런칭 거더공법은 장비 구동 방식에 따라 왕복형(Shuttle Type)과 추진형(One Way Type)으로 나누어진다. 각 공법의 특징과 가설에 따른 구조적 고려사항에 대하여 설명하시오.

3. 「시설물의 안전 및 유지관리에 관한 특별법 시행령(2024. 7.)」에 규정된 다음의 사항들에 대하여 설명하시오.
   1) 안전점검의 실시 등에서 "대통령령으로 정하는 주요 부분"인 시설물별 주요 부분
   2) 정기안전점검, 정밀안전점검 및 긴급안전점검, 정밀안전진단 결과보고서에 포함되어야 할 사항

3) 시설물의 구조안전에 중대한 영향을 미치는 것으로 인정되는 "시설물기초의 세굴(洗掘), 부등침하(不等沈下) 등 대통령령으로 정하는 중대한 결함"

4. 원형단면(반지름 R) 강재로 된 양단 고정보에 등분포하중(w)이 전지간(L)에 재하되고 있다. 이 보에서 보의 중앙부가 소성힌지로 될 때의 하중은 탄성하중의 몇 배가 되는지를 구하시오.

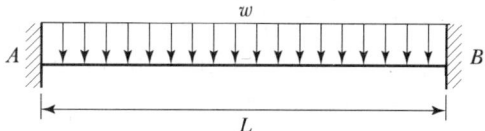

5. 단면이 20×10cm인 보에 무게 W=1 kN인 물체가 높이 35 cm에서 보 위(지점 C)로 떨어질 때 낙하하는 무게 W에 의한 충격계수 및 최대휨응력을 구하시오.(단, 보는 지점 A에서는 힌지로, 지점 B에서는 스프링상수 k=7kN/cm인 스프링으로 지지되어 있고, 보의 탄성계수 E=1,100kN/cm²이다.)

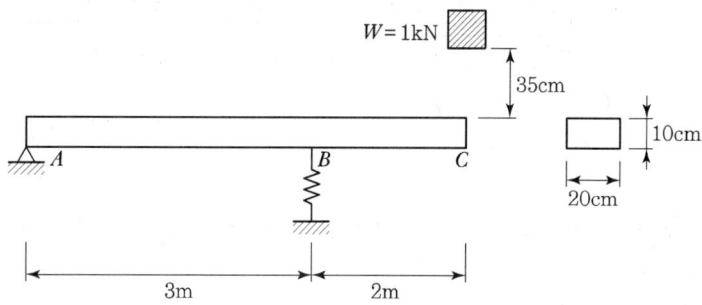

6. 그림과 같은 브레이싱 구조를 설계하고자 한다. 이음판과 기둥의 고장력 볼트이음은 지압접합으로, 브레이싱 부재와 이음판은 용접접합으로 설계한다. 브레이싱 부재에 발생하는 극한하중상태에서의 인장단면력(T_u)은 1,000kN이며 고장력볼트는 F10T-M22를 사용하고 전단면이 나사부에 포함되며, 필릿용접치수는 12mm로 할 때, 소요 고장력볼트 개수와 필릿용접길이(l_w)를 구하시오.(단, 기둥 부재, 브레이싱 부재, 이음판 부재 재질은 모두 SM355이고, 용접재의 인장강도는 490N/mm²이다.)

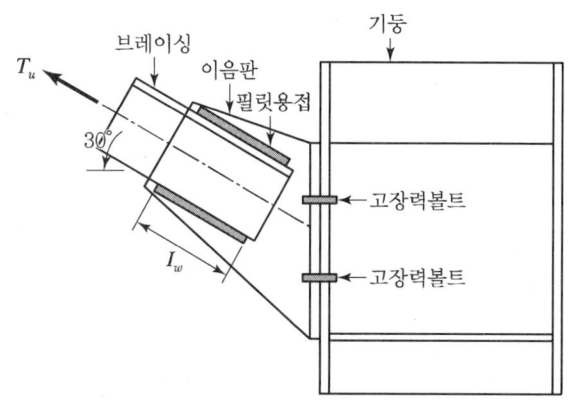

4교시 다음 문제 중 4문제를 선택하여 설명하시오.(각 25점)

1. 섬을 연결하는 연륙교량 기본계획단계에서 수행해야 할 사전조사 업무내용에 대하여 설명하시오.(단, 섬까지의 거리는 1.3km로서 수심이 비교적 깊고 조위차가 큰 지역이며 조류속이 빠른 해상조건이다.)

2. 「건설기술진흥법 시행령(2024. 7.)」에 규정된 발주청이 시공단계의 건설사업관리계획을 착공 전까지 수립해야 하는 건설공사 및 건설사업관리계획을 변경해야 하는 경우와 「건설기술진흥법 시행규칙(2024. 7.)」에 규정된 시공단계의 건설사업관리계획에 포함해야 하는 사항에 대하여 설명하시오.

3. 그림과 같이 보 부재에 휨모멘트를 유발하는 등분포하중 w가 작용할 때, 보 부재의 압축단면력 P에 의한 모멘트 증가계수를 구하시오.(단, 보 부재의 압축단면력은 보 부재 오일러 좌굴하중의 25% 크기로 작용한다.)

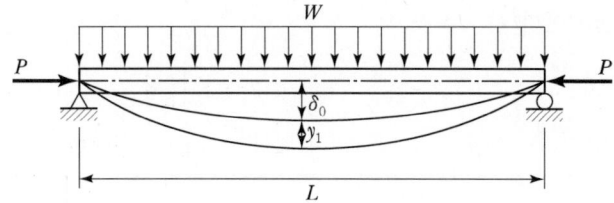

4. 교량 설계기준(국토교통부) 중 교량 설계하중조합(한계상태설계법)(KDS 24 12 11)에서는 다음과 같이 한계상태 하중조합(도로교)을 규정하고 있다. 극한 I ~ 극한 V 하중조합의 각 특성에 대하여 설명하시오.

하중 한계상태 하중조합	DC DD DW EH EV ES EL PS CR SH	LL IM BR PL LS CF	WA BP WP	WS	WL	FR	TU	TG	GD SD	이 하중들은 한 번에 한 가지만 고려			
										EQ	IC	CT	CV
극한 I	γ_P	1.80	1.00	–	–	1.00	0.50/ 1.20	γ_{TG}	γ_{SD}	–	–	–	–
극한 II	γ_P	1.40	1.00	–	–	1.00	0.50/ 1.20	γ_{TG}	γ_{SD}	–	–	–	–
극한 III	γ_P	–	1.00	1.40	–	1.00	0.50/ 1.20	γ_{TG}	γ_{SD}	–	–	–	–
극한 IV EH, EV, ES, DW DC만 고려	γ_P	–	1.00	–	–	1.00	0.50/ 1.20	–	–	–	–	–	–
극한 V	γ_P	1.40	1.00	0.40	1.0	1.00	0.50/ 1.20	γ_{TG}	γ_{SD}	–	–	–	–

5. 그림과 같은 트러스 구조물의 DG 부재력을 구하시오.

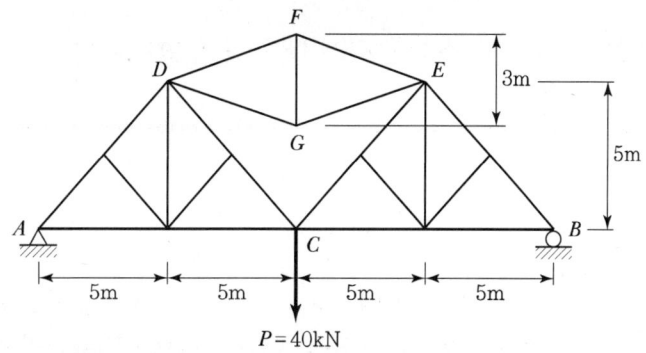

6. 부재의 단면이 일정한 2힌지 원호아치에서 C점의 전단력 및 휨모멘트를 구하고, 휨모멘트도를 작성하시오.

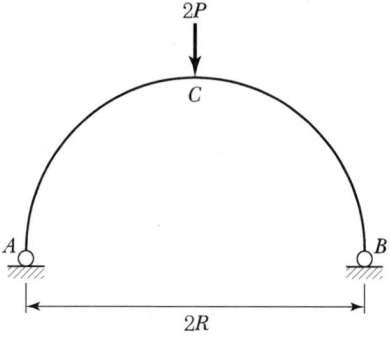

1교시

01 소성모멘트 및 소성힌지에 대하여 설명하시오.

1. 소성힌지

어떤 구조물의 부분이 하중에 의한 큰 휨모멘트를 받아서 기존의 능력을 상실하고, 마치 힌지로 연결되어 거동하는 것처럼 보이는 것을 소성힌지(Plastic Hinge)라 한다.
힌지는 모멘트를 견딜 수 없는 것이 큰 특징인데, 이로 인해 소성힌지 좌우 구조물이 서로 상대적인 회전이 가능하게 된다.

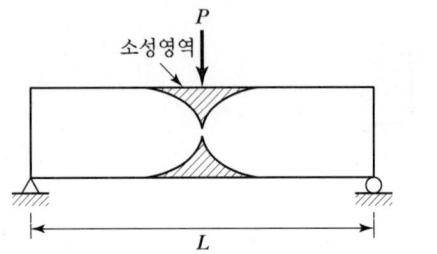
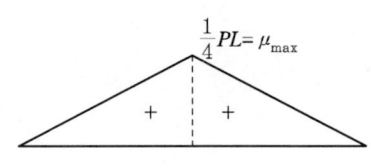

2. 소성모멘트

보 부재에서 휨모멘트를 받을 때, 보 부재 단면 전체가 항복응력에 도달할 때 이때 작용하는 모멘트를 소성모멘트 M_p라 한다. 극한하중 P_u는 최대 휨모멘트의 단면에서 소성힌지가 형성되도록 하는 하중으로 다음과 같다.

$$\frac{P_u L}{4} = M_p, \quad P_u = \frac{4M_p}{L}$$

1교시

02 PSC BEAM이 전단에 강한 이유에 대하여 설명하시오.

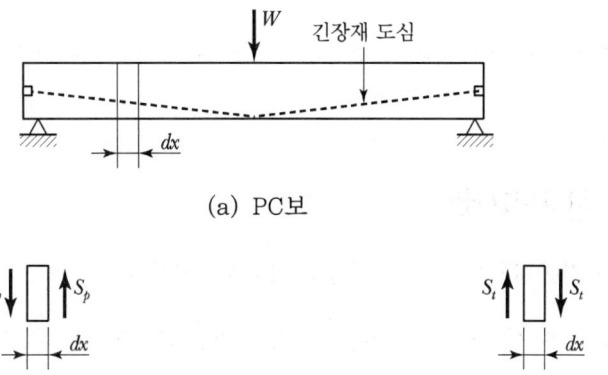

(a) PC보

(b) 프리스트레스 힘에 의한 전단력   (c) 하중에 의한 전단력

① 긴장재가 곡선 배치되는 경우 상향력이 발생되며 이로 인해 $(-)V_p$ 전단력이 발생
② 하중의 한 하향력에 의해 $(+)V_l$ 전단력 발생
③ 전단력의 감소

$$V = 하향전단력(V_l) - 상향전단력(V_p)$$

1교시
08. 출렁다리의 기본계획 시 고려해야 할 사항에 대하여 설명하시오.

1. 출렁다리의 정의

보행자 전용교량의 한 종류로서 케이블에 의해 지지되며 보행 시 흔들림이 발생하는 보행교를 말한다.

2. 기본계획 시 고려사항

출렁다리의 기본계획은 다음 사항을 고려해서 수행한다.

① 도심, 하천 및 산악을 횡단하는 보행자를 위한 안전한 공간의 연속성을 제공할 수 있어야 한다.
② 출렁다리의 입지 선정과 형상 계획은 도로선형과 지형, 지반조건, 환경, 주변 시설물 등 주어진 조건을 고려해서 자연경관 훼손을 최소화하고 주변경관과 조화를 이루도록 위치와 규모 및 교량형식을 선정한다.
③ 교량이 보행 이외의 복합 기능이 있는 경우에는 기본계획 단계에서 다양한 측면이 합리적으로 반영될 수 있도록 구체적인 요구사항을 도출한다.
④ 보행자의 안전망 확보를 위한 추가적인 고려가 필요한지 살펴본다. 이는 난간의 개방감, 가로등의 밝기, 기타 안전장치 확보에 영향을 미친다.
⑤ 출렁다리의 사용성과 유지관리를 위해서 설치하게 될 시설물들을 구조물 계획단계에 반영하도록 한다.
⑥ 공간적인 배치나 지형적인 이유로 출렁다리의 양 끝점의 고저차가 발생하는 경우, 보행자의 편의성과 구조물의 안전성을 동시에 확보할 수 있도록 조치하여 계획한다.

1교시
10. 한계상태설계법의 장점과 단점에 대하여 설명하시오.

1. 정의
신뢰성 이론에 근거한 것으로서 안전성과 사용성을 하나의 개념으로 보고 합리적으로 다루려는 설계법이다. 구조물이 기능을 상실하게 되는 극한한계상태와 정상적인 사용한계상태를 만족하지 못하는 사용한계상태로 되는 확률을 모든 부재에 대해서 일정한 값이 되게 하는 설계방법이다.

2. 한계상태법의 장점
① 설계변수들에 내재된 불확실성을 확률이론에 근거한 합리적인 방법으로 다룬다. 따라서 설계에서의 불확실성이 합리적이고 정확하게 평가된다.
② 설계의 신뢰도 또는 위험도(Risk)가 일관된 방법으로 정량화되고, 일관된 수준의 안전성이 보장될 수 있다.
③ 설계변수들에 대한 추가 정보를 바탕으로 변수들의 불확실성을 다시 측정할 수 있고 또 이를 바탕으로 하중이나 저항계수들도 개정할 수 있다.
④ 합리적인 설계법으로서 더 안전하면서 경제적인 설계를 가능하게 한다.
⑤ 시방서에 포함되어 있지 않거나 흔히 다루지 않는 특별한 하중을 체계적으로 처리할 수 있다.
⑥ 설계 및 시공에서의 지역적인 경험과 특성을 고려하면서도 설계법의 국제적인 표준화가 가능하다.

3. 한계상태 설계법의 단점
① 신뢰도 해석과 하중 및 저항계수 산정을 위해서는 통계해석을 위한 상당한 양의 양질의 데이터와 확률적 설계 알고리즘이 필요하며 이의 확보가 어렵다.
② 데이터의 질이 산정된 하중 및 저항계수에 상당한 영향을 미친다.
③ 실무선에서의 전반적인 적용을 위해서는 일정한 훈련과 교육이 필요하고 또한 새로운 설계법을 수용하려는 의지가 요구된다.

4. 결론
확률이론에 기초한 LSD 설계법은 안전성은 극한상태를 검토함으로써 확보하고, 사용성은 사용한계상태를 검토하여 확보함으로써 강도설계법의 결점을 보완한 일보 진전된 설계법으로 균일한 안전수준을 확보할 수 있다는 장점이 있다.

1교시

11. PSC BEAM 전도 방지대책에 대하여 설명하시오.

1. 전도의 원인

(1) 구조적 원인

① 무게중심이 높은 위치에 있는 단면
② 제작 시 불안정
- 프리스트레싱에 의해 평면 곡률 발생
- 무게중심의 편기로 편심 응력 발생

(2) 가설 시 원인

① 거치 시 시공오차에 의한 편심 응력 발생
② 풍하중, 충격하중 등의 외력 발생

2. 전도 방지대책

전도 방지대책	시공법	유의사항
와이어로프 설치법	• PSC Beam을 둘러싸는 강연선을 긴장하여 고정 • 빔 상부에 전도 방지 철근을 용접하여 고정하는 방법	• 횡방향 충격 시 강연선 파손 • 연쇄 전도 추락사고 위험
삼각프레임 설치법	별도로 제작한 삼각프레임을 Beam에 설치하여 고정	• 교량 받침 설치 시 삼각프레임과 간섭 현상 발생 • 실제적인 방지대책 미흡
브레이싱 설치	강재(브레이싱)를 Beam 사이에 끼워 고정	• 브레이싱으로 가로보 설치에 지장 초래 • 시공성 불량
강봉 설치	상부 전단철근 연결 대신 연결 강봉으로 체결	횡단 편경사에 의한 단차 발생 시 적용성 저하

전도방지 대책	시공법	유의사항
H-Beam 강재틀 공법	• H-Beam 강재틀을 PSC Beam 사이에 고정 • 가로보 콘크리트 타설 후 강재틀 제거	제작 시, 가설 시 모두 활용
가로보 연장 공법	• 지점부 가로보 일부를 일체로 제작 • Beam과 가로보를 같이 지지	가로보 간격이 좁은 경우 전도에 대한 안정성 확보 곤란

3. 결론

PSC Beam교는 빔 간의 가로보 설치 완료 시까지는 항상 전도에 대한 사고 발생의 위험성을 내포하고 있으므로 전도 방지대책을 철저히 수립한 후 시공하여야 한다.

1교시

12 「건설기술진흥법 시행령(2024. 7.)」 제101조의2(가설구조물의 구조적 안전성 확인)에 규정된 건설사업자 또는 주택건설등록업자가 관계전문가로부터 구조적 안전성을 확인받아야 하는 가설구조물에 대하여 설명하시오.

1. 개요

건설사업자 또는 주택건설등록업자가 같은 항에 따른 관계전문가(이하 "관계전문가"라 한다)로부터 구조적 안전성을 확인받아야 하는 가설구조물은 다음과 같다.

2. 가설구조물

① 높이가 31미터 이상인 비계
② 브래킷(Bracket) 비계
③ 작업발판 일체형 거푸집 또는 높이가 5미터 이상인 거푸집 및 동바리
④ 터널의 지보공(支保工) 또는 높이가 2미터 이상인 흙막이 지보공
⑤ 동력을 이용하여 움직이는 가설구조물
⑥ 높이 10미터 이상에서 외부 작업을 하기 위하여 작업발판 및 안전시설물을 일체화하여 설치하는 가설구조물
⑦ 공사현장에서 제작하여 조립·설치하는 복합형 가설구조물
⑧ 그 밖에 발주자 또는 인·허가기관의 장이 필요하다고 인정하는 가설구조물

1교시

13. 가설공사 표준시방서(국토교통부) 중 '추락재해 방지시설 표준시방서(KCS 21 70 10)'에 규정된 개구부 수평보호덮개의 시공방법에 대하여 설명하시오

1. 개구부 수평보호덮개 정의

근로자 또는 장비 등이 바닥 등에 뚫린 부분으로 떨어지는 것을 방지하기 위하여 설치하는 판재 또는 철판망

2. 개구부 수평보호덮개의 시공방법

① 수평개구부에는 12 mm 합판과 45mm×45mm 각재 또는 동등 이상의 자재를 이용하거나, 슬래브 철근을 연장하여 배근하고 개구부 수평보호덮개를 설치하여야 한다.
② 차도 및 운송로 등에 위치한 수평보호덮개는 해당 현장에서 가장 큰 운송수단의 2배 이상의 하중을 견딜 수 있도록 설치하여야 한다.
③ 수평보호덮개는 근로자, 장비 등의 2배 이상의 무게를 견딜 수 있도록 설치하여야 한다.
④ 수평보호덮개는 바람, 장비 및 근로자에 의해 이탈되지 않도록 설치하여야 한다.
⑤ 개구부 단변 크기가 200mm 이상인 곳에는 수평보호덮개를 설치하여야 한다.
⑥ 상부판은 개구부를 덮었을 경우 개구부에 밀착된 스토퍼로부터 100mm 이상을 본 구조체에 걸쳐져 있어야 한다. 다만 벽체와 인접하는 등 걸침 폭을 확보하기 어려운 곳에서는 이에 상당한 조치를 취하여야 한다.
⑦ 철근을 사용하는 경우에는 철근간격을 100 mm 이하의 격자 모양으로 한다.
⑧ 판재를 사용하는 경우 근로자가 개구부 덮개임을 확인할 수 있도록 표지판을 설치하여야 한다.
⑨ 스토퍼는 개구부에 2면 이상을 밀착시켜 미끄러지지 않도록 하여야 한다.
⑩ 위험표지판을 설치하는 경우에는 어두운 곳에서도 눈에 띌 수 있는 형광페인트 등을 사용하여 표시한다.
⑪ 자재 등을 개구부에 덮어놓거나, 자재 등으로 개구부가 가려지지 않도록 하여야 한다.
⑫ 개구부 주변은 정리정돈을 철저히 하여야 하며, 주변에서 작업할 때에는 안전대를 착용하여야 한다.

2교시

01 가시설물 설계기준(국토교통부) 중 '비계 및 안전시설물 설계기준 (KDS 21 60 00)'에 따라 비계 및 안전시설물의 설계 시 검토하여야 하는 연직하중, 수평하중, 특수하중 및 하중조합에 대하여 설명하시오.

1. 일반사항

비계 및 안전시설물의 설계 시에는 연직하중, 풍하중, 수평하중 및 특수하중 등에 대해 검토하여야 한다.

2. 연직하중

① 비계의 설계에 사용하는 연직하중은 비계 및 작업발판의 고정하중(D)과 공사 중 발생하는 작업하중(L_i)으로 ②와 ③의 값을 적용한다.
② 작업발판의 중량은 실제 중량을 반영하여야 하며, $0.2\ kN/m^2$ 이상이어야 한다.
③ 작업하중에는 근로자와 근로자가 사용하는 자재, 공구 등을 포함하며 다음과 같이 구분하여 적용한다.
- 통로의 역할을 하는 비계와 가벼운 공구만을 필요로 하는 경작업에 대해서는 바닥면적에 대해 $1.25\ kN/m^2$ 이상이어야 한다.
- 공사용 자재의 적재를 필요로 하는 중작업에 대해서는 바닥면적에 대해 $2.5\ kN/m^2$ 이상이어야 한다.
- 돌 붙임 공사 등과 같이 자재가 무거운 작업인 경우에는 자재의 중량을 참고로 하여 단위면적당 작용하는 작업하중을 적용하여야 하며 최소 $3.5\ kN/m^2$ 이상이어야 한다.
- 작업하중은 연직방향으로 가장 불리한 층에 1단만 적용한다.
- 철근조립공사 등과 같이 특정 위치의 자재적재로 편측적재하중을 고려하여야 하는 경우에는 공사감독자가 인정하는 구조분야 전문자격을 갖춘 기술인의 판단에 따라 적용할 수 있다. 다만, 적재하중을 충분히 고려한 경우라도 작업동선을 고려한 작업하중은 $1.25\ kN/m^2$ 이상 적용하여야 한다.

3. 수평하중

① 비계의 수평연결재나 가새, 벽 연결재의 안전성 검토는 풍하중에 대한 영향과 연직하중의 5%에 해당하는 수평하중(M)의 영향을 고려하여야 한다. 단 수평하중과 풍하중의 동시작용은 고려하지 않는다.
② 이동식 비계의 전도에 대한 안전성 검토를 위해 최상단 작업발판에 0.3kN의 수평하중을 ③에 따라 적용한다.
③ 수평하중은 비계설치 면에 대하여 X방향 및 Y방향에 대하여 각각 적용한다.

4. 특수하중

① 비계에 선반 브래킷(Bracket), 양중설비, 콘크리트 타설장비 및 낙하물 방지망 등 안전시설에 특수한 설비를 설치한 경우에는 그 영향을 고려하여야 한다.
② 낙하물의 충격하중은 낙하물의 중량과 낙하 시 충격 등의 영향을 고려하여야 한다.

5. 하중조합

① 하중조합은 연직하중과 수평하중을 동시에 고려하는 것을 말하며, 위 3. 수평하중에 규정된 하중을 동시에 고려하는 경우에는 아래 표에 따른다. 다만, 수평하중은 각 방향에 대하여 서로 독립적으로 작용하며, 중첩하여 적용하지 않는다.
② 풍하중의 적용은 작업하중의 영향을 고려하지 않는다.
③ 비계 및 안전시설물에 적용하는 하중조합과 허용응력 증가계수는 아래 표에 따른다.

[거푸집 및 동바리 등의 하중조합 및 허용응력증가계수]

CASE	하중조합	허용응력증가계수
1	$D + L_i + M$	1.00
2	$D + W$	1.25
3	$D + L_i + M + S$	1.50

2교시

03 횡만곡 변형이 발생하기 쉬운 장경간 PSC 거더에 전단면 프리캐스트 슬래브가 놓여지는 콘크리트 교량이 있다. 이때 슬래브에는 전단포켓이라는 블록아웃 공간을 통해 그라우팅이 후타설되고 PSC 거더와 일체화된다. 이러한 구조에서 횡만곡 발생 메커니즘, 슬래브 시공 시 주의사항에 대하여 설명하시오.

1. 개요

횡만곡이 PSC 계열거더에서 이슈가 되는 사유는, 거더 공법이 점점 발전함에 따라 50m 이상의 경간장을 갖는 거더들이 속속 등장하면서 거더에 설치되는 강연선은 많아지고, 거더형고는 높아져 강축방향으로는 큰 강성을 갖게 되었지만, 상대적으로 횡방향 강성은 더 취약하게 되고 횡만곡 발생의 위험성은 더 높아지게 되었기 때문이다.

2. 횡만곡 관련 기준

구분	세부내용	비고
유로코드	$\pm L/500$	-
PCI	3mm per 3m Length(for I beam)	Tolerance Manual
철도공사 전문시방서	$\delta = L/1,000 \leq 8mm$	강교 제작편
도로공사 품질관리실무	3.0m 당 3mm	-

3. 횡만곡 거더 발생원인

(1) PSC 압축 응력 도입과정에서 횡만곡 발생

통상 PSC 거더는 텐던이 좌우가 대칭되게 설계되어 있어, 설계대로만 제작이 완료된다면 거더에 횡만곡은 발생치 않는다. 하지만, 실제 현장시공 시에는 쉬스관의 조립오차, 긴장력 도입순서에 따른 거더의 탄성 변형, 도입 시 강연선의 파단 등의 많은 이유로 인해 도입 긴장력의 비대칭이 발생하고 그 결과로 횡만곡이 발생할 수 있다.

(2) 직사광선에 의한 횡만곡 발생

직사광선이 거더의 한쪽면에 집중적으로 쐬여지게 되면 이로 인해 콘크리트에 온도구배가 발생하게 되고 이로 인해 횡만곡이 발생한다.

(3) 제작 시 거푸집 변형 등에 의한 횡만곡 발생

제작대 설치 오차로 인해 만곡이 발생하는 경우로서, 감리단의 현장 검측과 발주처 품질안전팀의 현장 검측 등의 절차로 인해 발생빈도는 낮아야만 하는 횡만곡 원인이다.

(4) 거더 설치과정 시 무게중심 변동에 따른 횡만곡 발생

PSC 거더는 기본적으로 연직방향 하중에 대항할 수 있는 텐던 프로파일을 가지고 있다. 하지만 인양과정에서 연직방향으로 작용해야 할 자중의 작용방향이 틀어진다면 텐던에 의해 도입되는 압축력과 텐던의 편심에 의해 발생하는 모멘트가 설계방향과 달라지게 되고 이로 인해 미세하게 발생했던 만곡이 심해지거나 신규로 만곡이 발생하게 된다.

(5) 재료 불균질에 따른 횡만곡 발생

압축력을 받아야 하는 콘크리트는 여러 가지 재료로 이루어진 혼합재로서 균질한 품질을 항상 기대할 수 있는 것은 아니다. 설계 시에는 고려하지 못한 콘크리트 결합재나 골재 변형등에 의해 횡만곡이 발생할 수 있다.

(6) 제작장 부등침하 등 지지조건에 따른 횡만곡 발생

긴장력이 도입되는 부재에 지지조건이 상이할 경우에는 이로 인한 긴장력의 편심효과가 발생할 수밖에 없으며 횡만곡의 주요 원인 중 하나이다.

(7) 콘크리트 크리프(장기거동)에 따른 추가 변형 발생

크리프 현상은 콘크리트에 하중이 추가로 재하되지 않았음에도 불구하고 재령의 경과에 따라서 변형이 지속적으로 발생하는 현상을 말하며 횡만곡 현상을 심화시키는 요인이 된다. 일단 초기 횡변위가 발생한 PSC 계열의 거더는 추가하중이 없음에도 횡변위가 증폭되게 된다.

4. 횡만곡 처리방안

(1) 상부 슬래브 타설 전 처리방안

횡만곡에 의한 변위를 보정하는 방법은 크게 Pulling 방식과 Pushing 방식 2가지 형태가 있으며 작업순서는 다음과 같다.

구분	Pulling	Pushing
작업순서	① 거더 세팅 후 단부 가로보 용접 ② 와이어로프 감기(버팀거더 및 보정대상 거더) ③ 체인블록 연결 ④ 텐션 ⑤ 보정량 체크(다이얼게이지) ⑥ 보정 완료 후 거더 상부 플랜지에 횡방향 지지목 설치 ⑦ 가로보 용접	① 거더 세팅 후 단부 가로보 용접 ② 유압잭/스크류잭 설치(버팀거더와 보정대상 거더 사이) ③ 텐션 ④ 보정량 체크(다이얼게이지) ⑤ 보정 완료 후 거더 상부 플랜지에 횡방향 지지목 설치 ⑥ 가로보 용접
사례		

(2) 상부 슬래브 타설 후 처리방안

① 탄성변형량을 예측하고 이에 따른 추가응력을 계산하여 설계 발생응력에 추가로 고려하여 거더안전성을 평가할 수 있다.
② 횡만곡량이 크지 않다면 거더의 주형의 축 변화에 다른 단면 강성 변화, 그리고 횡만곡량에 따른 하중의 변화를 고려하여 구조 검토를 수행해 볼 수 있다

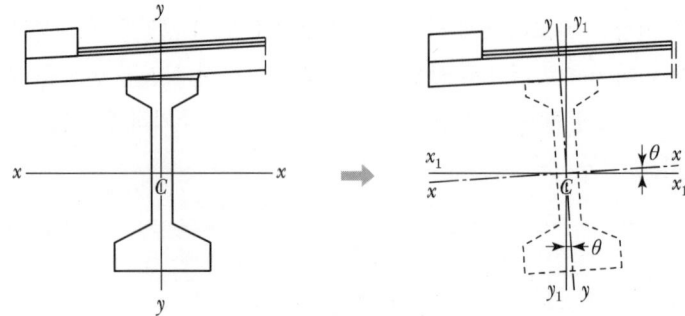

[횡만곡 시 무게중심 이동에 따른 거더 축 변화]

※ 탄성받침 위에 놓여진 거더의 경우 횡만곡에 따른 무게중심차로 인해 거더 회전이 수반되는 경우가 발생함

③ 횡만곡량이 거더의 안전성에 영향을 미친다고 판단된다면 거더 사이에 브레이싱을 추가하여 횡만곡에 대비해 볼 수 있다.

2교시

06 그림의 단순보에서 3개의 종방향 인장철근 중 하나를 절단할 수 있는 위치(지점에서 절단면까지의 거리, x)를 구하시오.

> **조건**
> - $M_x = 116.57 \text{kN} \cdot \text{m}$
> - D13 전단철근을 전 구간에 걸쳐 300mm 간격으로 배근
> - $f_y = 400 \text{MPa}$
> - D25의 $d_b = 25.4 \text{mm}$
> - $f_{ck} = 25 \text{MPa}$
> - 강도감소계수는 휨에 대해 0.85, 전단에 대해 0.75
> - 보통중량 콘크리트
> - 정착길이 산정을 위한 보정계수들은 1로 가정

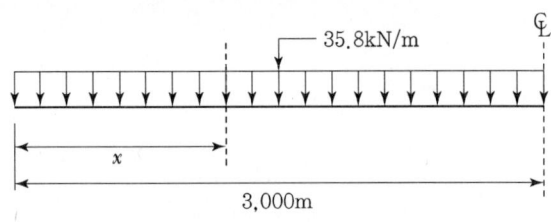

(a) 부재 치수 및 하중 조건

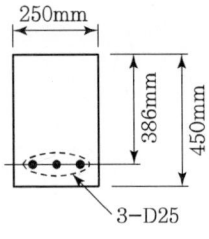

(b) 보의 중앙 단면

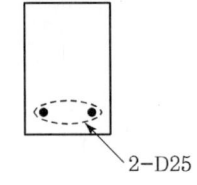

(c) 지점에서의 단면

1. 설계조건(강도설계법)

$M_x = 116.57 \text{kN} \cdot \text{mm}$

$f_{ck} = 25 \text{MPa}, \ f_y = 400 \text{MPa}$

강도감소계수 휨 : 0.85, 전단, 0.75

$d = 386\text{mm}, \ b = 250\text{mm}$

$A_s = 3 \times \dfrac{\pi \times 25.4^2}{4} = 1{,}520\text{mm}^2$

2. 등가블록깊이 a

$M_x = \phi A_s f_y \left(d - \dfrac{a}{2}\right)$

$116.57 \times 10^6 = 0.85 \times 1{,}520 \times 40 \times \left(386 - \dfrac{a}{2}\right)$

$a = 320.88\text{mm}$

3. 인장철근 2개가 있는 부분의 휨모멘트

(1) 인장철근 단면적

$2 \times \dfrac{\pi \times 25.4^2}{4} = 1{,}013.41\text{mm}^2$

(2) 모멘트 산정

$M_d = \phi M_n = \phi A_s f_y \left(d - \dfrac{a}{2}\right)$

$\quad = 0.85 \times 1{,}031.41 \times 400 \times \left(386 - \dfrac{320.88}{2}\right) \times 10^{-6}$

$\quad = 79.099\text{kN} \cdot \text{m}$

4. 지점에서 절단면까지의 거리(x)

$M = \dfrac{w \cdot l}{2} \cdot x - \dfrac{w \cdot x^2}{2}$

$79.099 = \dfrac{38.5 \times 6}{2} \times x - \dfrac{38.5 \times x^2}{2}$

$x = 0.8713\text{m}$

5. 전단강도 검토

$$V_u = \frac{w_u \cdot l}{2} - w_u \cdot x = \frac{35.8 \times 6}{2} - w \times 0.8713 = 76.207\text{kN}$$

$$\begin{aligned}\phi(V_c + V_s) &= \phi\left(\frac{1}{6}\lambda\sqrt{f_{ck}}\,b_w\,d + A_v\,f_y\,\frac{d}{s}\right)\\ &= 0.75 \times \left(\frac{1}{6} \times 1 \times \sqrt{25} \times 250 \times 386 + 254 \times 400 \times \frac{386}{300}\right) \times 10^{-3}\\ &= 158.357\text{kN}\end{aligned}$$

$$\therefore\ V_u = 76.207\text{kN} < \frac{2}{3}\phi(V_c + V_s) = 105.6\text{kN} \quad \therefore\ \text{O.K}$$

3교시

01 구조재료공사 표준시방서(국토교통부) 중 '매스 콘크리트 표준시방서(KCS 14 20 42)'에 따라 매스 콘크리트 구조물의 시공 시 콘크리트의 온도해석에 사용되는 경계조건, 콘크리트의 인장강도, 콘크리트의 유효탄성계수, 온도응력해석 시 고려사항에 대하여 설명하시오.

1. 일반

매스 콘크리트로 다루어야 하는 구조물의 부재치수는 일반적인 표준으로서 넓이가 넓은 평판구조의 경우 두께 0.8m 이상, 하단이 구속된 벽체의 경우 두께 0.5m 이상으로 한다.

2. 온도해석에 사용되는 경계조건

콘크리트의 온도해석에 사용되는 경계조건, 즉, 열전달경계, 단열경계, 고정온도경계는 구조물의 형상, 방열조건 등을 고려하여 적절히 정하여야 한다. 특히, 열전달률(외기대류계수)은 콘크리트 표면부의 온도에 큰 영향을 미치며, 부재두께가 비교적 작은 경우에는 내부 온도 상승에도 영향을 미치므로 거푸집의 유무, 종류, 두께, 존치기간, 양생방법, 주위의 풍속 등을 고려하여 그 값을 정하여야 한다.

3. 온도균열지수와 콘크리트 인장강도

① 온도균열지수

$$I_{cr}(t) = \frac{f_{sp}(t)}{f_t(t)} \quad \cdots\cdots\cdots\cdots\cdots\cdots (1)$$

여기서, $I_{cr}(t)$: 재령 t일에서 온도균열지수

$f_{sp}(t)$: 재령 t일에서 콘크리트의 쪼갬인장강도(MPa)로서 재령 및 양생온도를 고려하여 구하되, 식 (2)를 사용하여 근삿값을 구할 수 있음

$f_t(t)$: 재령 t일에서 수화열에 의하여 생긴 부재 내부의 온도응력 최댓값 (MPa)

t : 재령(일)

$$f_{st}(t) = c\sqrt{f_{cm}(t)} \quad \cdots\cdots\cdots\cdots\cdots\cdots (2)$$

② 온도균열지수의 산정에 필요한 임의 재령에서 온도응력해석은 유한요소법 등과 같은 정밀한 방법을 사용할 수 있다.
③ 온도균열지수는 구조물의 중요도, 기능, 환경조건 등에 대응할 수 있도록 선정하여야 하며, 철근이 배치된 일반적인 구조물의 표준적인 온도균열지수의 값은 다음과 같다.
- 균열 발생을 방지하여야 할 경우 : 1.5 이상
- 균열 발생을 제한할 경우 : 1.2~1.5
- 유해한 균열 발생을 제한할 경우 : 0.7~1.2

4. 콘크리트 유효탄성계수

$$E_e(t) = \psi(t) \times 8,500 \sqrt[3]{f_{cm}(t)} \quad \cdots\cdots\cdots\cdots (3)$$

여기서, $E_e(t)$: 재령 t일에서 유효탄성계수(MPa)
$\psi(t)$: 온도가 상승할 때 크리프 영향이 커짐에 따른 탄성계수의 보정계수

① 재령 3일까지 : $\psi(t) = 0.73$
② 재령 5일 이후 : $\psi(t) = 1.0$
③ 재령 3일에서 5일까지는 직선보간법으로 구함

5. 온도응력해석 시 고려사항

① 온도응력을 구하고자 할 때는 구조물에서의 균열 발생 가능성이 가장 큰 위치 및 재령에서 온도응력을 계산하여야 한다. 계산방법은 그 목적에 따라서 적절한 방법을 선택하여야 한다.
② 온도응력은 새로 타설한 콘크리트 블록 내의 온도 차이만으로 발생하는 내부구속응력과 새로 타설한 콘크리트 블록의 온도에 의한 자유로운 변형이 외부적으로 구속되기 때문에 발생하는 외부구속응력이 있으며, 외부구속체가 경화 콘크리트 또는 암반 등인 경우에는 구속체와 새로 타설한 콘크리트와의 경계면에서는 활동이 발생하지 않는 것으로 간주하여 그 구속효과를 산정하는 것을 원칙으로 한다.
③ 중요한 구조물에 대하여 유한요소법에 의해 계산할 경우에는 필요한 정밀도가 얻어지도록 요소분할의 정도, 해석영역, 경계조건의 설정, 구속체 및 피구속체의 물성값의 선택 등에 충분히 주의하여야 한다. 또한 부재 크기가 매우 큰 부재의 경우 최종안전온도에 도달했을 때의 응력도 고려하여야 한다.
④ 일반적인 구조물에 대하여 더 간편히 온도응력을 계산하고자 할 때에는 근사계산방법도 채택할 수 있다.

> **3교시**
>
> **03** 「시설물의 안전 및 유지관리에 관한 특별법 시행령(2024. 7.)」에 규정된 다음의 사항들에 대하여 설명하시오.
> 1) 안전점검의 실시 등에서 "대통령령으로 정하는 주요 부분"인 시설물별 주요 부분
> 2) 정기안전점검, 정밀안전점검 및 긴급안전점검, 정밀안전진단 결과보고서에 포함되어야 할 사항
> 3) 시설물의 구조안전에 중대한 영향을 미치는 것으로 인정되는 "시설물기초의 세굴(洗掘), 부등침하(不等沈下) 등 대통령령으로 정하는 중대한 결함"

1. 안전점검의 실시 등에서 "대통령령으로 정하는 주요 부분"인 시설물별 주요 부분

① 다음 각 목의 교량
- 도로교량 중 상부구조형식이 현수교(懸垂橋)·사장교(斜張橋)·아치교(Arch橋)·트러스교(Truss橋)인 교량 및 최대 경간장(徑間長) 50미터 이상인 교량(한 경간 교량은 제외한다)
- 철도교량 중 상부구조형식이 아치교·트러스교인 교량
- 고속철도 교량

② 연장 1천미터 이상인 터널
③ 갑문시설
④ 다목적댐·발전용댐·홍수전용댐 및 저수용량 2천만 톤 이상인 용수전용댐
⑤ 하구둑과 특별시에 있는 국가하천의 수문 및 배수펌프장
⑥ 광역상수도 및 그 부대시설과 공업용수도(용수공급능력이 100만 톤 이상인 것만 해당한다) 및 그 부대시설
⑦ 말뚝구조의 계류시설(10만 톤급 이상의 시설만 해당한다)
⑧ 포용조수량 8천만 톤 이상의 방조제
⑨ 다기능 보(높이 5미터 이상인 것만 해당한다)

2. 정기안전점검, 정밀안전점검 및 긴급안전점검, 정밀안전진단 결과보고서에 포함되어야 할 사항

1. 정기안전점검	2. 정밀안전점검 및 긴급안전점검	3. 정밀안전진단
가. 시설물의 개요 및 이력사항, 점검의 범위 및 과업내용 등 정기안전점검의 개요 나. 설계도면 및 보수·보강 이력 등 자료 수집 및 분석 다. 외관조사 결과분석 등 현장조사 라. 종합결론 마. 그 밖에 정기안전점검에 관한 것으로서 국토교통부장관이 정하는 사항	가. 시설물의 개요 및 이력사항, 점검의 범위 및 과업내용 등 정밀안전점검 및 긴급안전점검의 개요 나. 설계도면, 구조계산서 및 보수·보강 이력 등 자료 수집 및 분석 다. 외관조사 결과분석, 재료시험 및 측정 결과분석 등 현장조사 및 시험 라. 콘크리트 또는 강재 등 시설물의 상태 평가 마. 종합결론 및 건의사항 바. 그 밖에 정밀안전점검 및 긴급안전점검에 관한 것으로서 국토교통부장관이 정하는 사항	가. 시설물의 개요 및 이력사항, 진단의 범위 및 과업내용 등 정밀안전진단의 개요 나. 설계도면, 구조계산서 및 보수·보강 이력 등 자료 수립 및 분석 다. 외관조사 결과분석, 재료시험 및 측정 결과분석 등 현장조사 및 시험 라. 콘크리트 또는 강재 등 시설물의 상태 평가 마. 시설물의 구조해석 등 안전성 평가 바. 시설물의 종합평가 사. 보수·보강 방법 아. 종합결론 및 건의사항 자. 그 밖에 정밀안전진단에 관한 것으로서 국토교통부장관이 정하는 사항

3. 시설물의 구조안전에 중대한 영향을 미치는 것으로 인정되는 "시설물기초의 세굴(洗掘), 부등침하(不等沈下) 등 대통령령으로 정하는 중대한 결함"

① 시설물기초의 세굴
② 교량교각의 부등침하
③ 교량받침의 파손
④ 터널지반의 부등침하
⑤ 항만 계류시설 중 강관 또는 철근콘크리트파일의 파손·부식
⑥ 댐의 파이핑(Piping : 흙·모래 등이 깎여 땅속에 관 모양의 물길이 생기는 현상) 및 구조적 균열
⑦ 건축물의 기둥·보 또는 내력벽의 내력(耐力) 손실
⑧ 하천시설물의 본체, 교량 및 수문의 파손·누수·파이핑 또는 세굴
⑨ 시설물의 철근콘크리트의 염해(鹽害 : 염분 피해) 또는 탄산화에 따른 내력 손실
⑩ 절토사면 및 성토사면(쌓기비탈면)의 균열·이완 등에 따른 옹벽의 균열 또는 파손
⑪ 그 밖에 시설물의 구조안전에 영향을 미치는 것으로 인정되는 결함으로서 국토교통부령으로 정하는 결함

3교시

06 그림과 같은 브레이싱 구조를 설계하고자 한다. 이음판과 기둥의 고장력 볼트이음은 지압접합으로, 브레이싱 부재와 이음판은 용접접합으로 설계한다. 브레이싱 부재에 발생하는 극한하중상태에서의 인장단면력(T_u)은 1,000kN이며 고장력볼트는 F10T-M22를 사용하고 전단면이 나사부에 포함되며, 필릿용접치수는 12mm로 할 때, 소요 고장력볼트 개수와 필릿용접길이(l_w)를 구하시오.(단, 기둥 부재, 브레이싱 부재, 이음판 부재 재질은 모두 SM355이고, 용접재의 인장강도는 490N/mm²이다.)

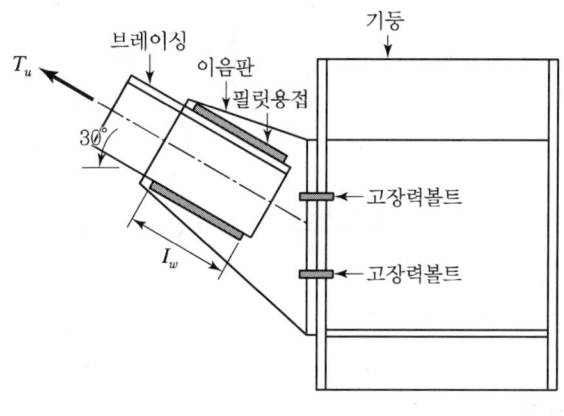

1. 작용하중

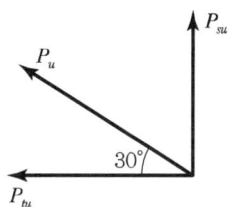

$P_u = 1,000\text{kN} \, (\text{F10T}-\text{M22 사용})$

$P_{tu} = P_u \cdot \cos 30 = 1,000 \times \cos 30 = 866.03\text{kN}$

$P_{su} = P_u \cdot \sin 30 = 1,000 \times \sin 30 = 500.00\text{kN}$

2. 인장력과 전단력을 동시에 받는 M22(F10T) 볼트 1개의 설계인장강도 F'_{nt}

$\phi Rn = \phi F'_{nt} A_b$

$\phi = 0.75, \ A_b = 380 \text{mm}^2$

$F'_{nt} = 1.3 F_{nt} - \dfrac{F_{nt}}{\phi F_{nv}} f_v \leq F_{nt}$ [F'_{nt} : 전단력을 고려한 공칭인장강도(N/mm^2)]

($F_{nt} = 750\text{N/mm}^2, \ F_{nv} = 400\text{N/mm}^2$: 공칭인장강도 및 전단강도, f_v : 소요전단력)

$f_v = \dfrac{P_{su}}{A_b} = \dfrac{500 \times 10^3 / n}{380} = \dfrac{500 \times 10^3}{380n} \text{N/mm}^2$

3. 소요고장력 볼트수

$\phi R_n = \phi F'_{nt} A_b = \phi \left[1.3 F_{nt} - \dfrac{F_{nt}}{\phi F_{nv}} f_v \right] A_b = \dfrac{P_{tu}}{n}$

$\phi \cdot R_n = 0.75 \times \left(1.3 \times 750 - \dfrac{750}{0.75 \times 400} \times \dfrac{500 \times 10^3}{380n} \right) \times 380 = \dfrac{866.03 \times 10^3}{n}$

$277,875 - \dfrac{937,500}{n} = \dfrac{866.03 \times 10^3}{n}$

$\therefore n = 6.5 \approx 7$개

4. 용접길이 산정

(1) 소요용접길이 l_e

$\phi = 0.75$

$F_w = (0.6 \cdot F_{uw}) = 0.6 \times 490 = 294 \text{N/mm}^2$

$a = 0.7 \cdot s = 0.7 \times 12 = 8.4 \text{mm}$

$A_w = a \times 1 (\text{단위길이}) = 8.4 \text{mm}$

$\phi \cdot F_w \cdot A_w = 0.75 \times 294 \times 8.4 = 1,852.2 \text{N/mm}$

소요용접길이 $l_e = \dfrac{P_u}{\phi \cdot F_w \cdot A_w} = \dfrac{1,000 \times 10^3}{1,852.2} = 540 \text{mm}$

(2) 용접길이

$l_e = l_{e1} + l_{e2} = 540 \text{mm}$

$l_{e1} = l_{e2} = 270 \text{mm}$

$\therefore l = l_{e1} + 2 \cdot s = 270 + 2 \times 12 = 294 \text{mm} \rightarrow 300 \text{mm}$ 사용

> **4교시**
> **02** 「건설기술진흥법 시행령(2024. 7.)」에 규정된 발주청이 시공단계의 건설사업관리계획을 착공 전까지 수립해야 하는 건설공사 및 건설사업관리계획을 변경해야 하는 경우와 「건설기술진흥법 시행규칙(2024. 7.)」에 규정된 시공단계의 건설사업관리계획에 포함해야 하는 사항에 대하여 설명하시오.

1. 시공단계의 건설사업관리계획을 착공 전까지 수립해야 하는 건설공사

① 총공사비가 5억 원 이상인 토목공사
② 연면적이 660제곱미터 이상인 건축물의 건축공사
③ 총공사비가 2억 원 이상인 전문공사
④ 그 밖에 건설공사의 부실시공 및 안전사고의 예방 등을 위해 발주청이 건설사업관리계획을 수립할 필요가 있다고 인정하는 건설공사

2. 건설사업관리계획을 변경해야 하는 경우

① 건설공사의 공사규모, 공사기간, 총공사비 등 주요 사업계획이 변경되는 경우. 다만, 주요 사업계획의 변경이 당초 건설사업관리계획이 승인될 당시의 건설공사의 주요 사업계획 대비 100분의 10 이내로 변경된 경우는 제외한다.
② 법 제39조의2 제2항 제1호에 따른 건설사업관리방식이 변경되는 경우
③ 법 제39조의2 제2항 제2호에 따른 배치계획에서 총 건설사업관리기술인의 수가 감소되는 경우
④ 그 밖에 발주청이 건설사업관리계획의 변경이 필요하다고 인정하는 경우

3. 시공단계의 건설사업관리계획에 포함해야 하는 사항

① 시공계획의 검토
② 공정표의 검토
③ 시공이 설계도면 및 시방서의 내용에 적합하게 이루어지고 있는지에 대한 확인(제101조의2 제1항 각 호의 가설구조물이 시공상세도면 및 시방서의 내용에 적합하게 설치되었는지에 대한 확인을 포함한다)

④ 건설사업자나 주택건설등록업자가 수립한 품질관리계획 또는 품질시험계획의 검토·확인·지도 및 이행상태의 확인, 품질시험 및 검사 성과에 관한 검토·확인
⑤ 재해예방대책의 확인, 안전관리계획에 대한 검토·확인, 그 밖에 안전관리 및 환경관리의 지도
⑥ 공사 진척 부분에 대한 조사 및 검사
⑦ 하도급에 대한 타당성 검토
⑧ 설계내용의 현장조건 부합성 및 실제 시공 가능성 등의 사전검토
⑨ 설계 변경에 관한 사항의 검토 및 확인
⑩ 기성부분검사 및 준공검사
⑪ 건설사업자나 주택건설등록업자가 작성한 시공상세도면의 검토 및 확인
⑫ 구조물 규격 및 사용자재의 적합성에 대한 검토 및 확인
⑬ 그 밖에 공사의 질적 향상을 위하여 필요한 사항으로서 국토교통부령으로 정하는 사항

4교시

03
그림과 같이 보 부재에 휨모멘트를 유발하는 등분포하중 w 가 작용할 때, 보 부재의 압축단면력 P 에 의한 모멘트 증가계수를 구하시오.(단, 보 부재의 압축단면력은 보 부재 오일러 좌굴하중의 25% 크기로 작용한다.)

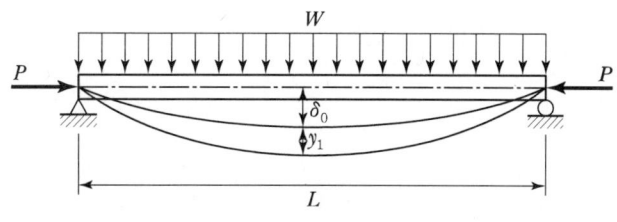

1. 초기 휨

$$y_o = e\sin\frac{\pi x}{L}\ (0 \le x \le L)$$

$$y'' = -\frac{M}{EI}$$

$$M = P_u \cdot (y_o + y)$$

$$y'' = -\frac{P_u}{EI} \cdot (y_o + y)$$

$$\frac{d^2y}{dx^2} + \frac{P_u}{EI} \cdot y = -\frac{P_u e}{EI}\sin\frac{\pi}{L}x \quad \cdots\cdots (1)$$

2. 경계조건

$x = 0$ 에서 $y = 0$

$x = L$ 에서 $y = 0$

이 식의 해는 $y = B\sin\frac{\pi}{L}x$

$$y' = B\cos\frac{\pi}{L}x$$

$$y'' = -B\left(\frac{\pi}{L}\right)\sin\frac{\pi}{L}x$$

(1) 식에 대입하면

$$-\frac{\pi^2}{L^2}B\sin\frac{\pi}{L}x + \frac{P_u}{EI}B\sin\frac{\pi}{L}x = -\frac{P_u e}{EI}\sin\frac{\pi}{L}x$$

$$B = \frac{\dfrac{P_u e}{EI}}{\dfrac{P_u}{EI}-\dfrac{\pi^2}{L}} = \frac{-e}{1-\dfrac{\pi EI}{P_u L^2}} = \frac{e}{\dfrac{P_{cr}}{P_u}-1}$$

$$P_{cr} = \frac{\pi^2 \cdot EI}{L^2} \;:\; \text{Euler 좌굴하중}$$

3. 모멘트

$$y = B\sin\frac{\pi}{L}x = \frac{e}{\left(\dfrac{P_{cr}}{P_u}-1\right)}\sin\frac{\pi}{L}x$$

$$M = P_u(y_o + y) = P\left[e\sin\frac{\pi}{L}x + \left(\frac{e}{\dfrac{P_{cr}}{P_u}-1}\right)\sin\frac{\pi}{L}x\right]$$

4. 최대모멘트는 $x = \dfrac{L}{2}$ 에서 발생

$$M_{\max} = P_u\left(e + \frac{e}{\dfrac{P_{cr}}{P_u}-1}\right) = P_u e\left(\frac{\dfrac{P_{cr}}{P_u}-1+1}{\dfrac{P_{cr}}{P_u}-1}\right) = M_o\left(\frac{1}{1-\dfrac{P_u}{P_{cr}}}\right) = B_1 M_o$$

5. 모멘트확대계수 B_1

$$B = \frac{1}{1-\dfrac{P_u}{P_{cr}}} = \frac{1}{1-0.25} = 1.333$$

4교시

04 교량 설계기준(국토교통부) 중 교량 설계하중조합(한계상태설계법)(KDS 24 12 11)에서는 다음과 같이 한계상태 하중조합(도로교)을 규정하고 있다. 극한 I ~ 극한 V 하중조합의 각 특성에 대하여 설명하시오.

1. 설계 형식

하중계수를 고려한 총 설계하중은 다음과 같이 결정된다.

$$Q = \Sigma \eta_i \gamma_i \, Q_i \quad \cdots\cdots\cdots (1)$$

여기서, η_i : 하중수정계수[KDS 24 10 11(1.3.2) 참조]
Q_i : 하중 또는 하중효과
γ_i : 하중계수

2. 각 하중조합의 특성

① 극한한계상태 하중조합 I : 일반적인 차량통행을 고려한 기본하중조합. 이때 풍하중은 고려하지 않는다.
② 극한한계상태 하중조합 II : 발주자가 규정하는 특수차량이나 통행허가차량을 고려한 하중조합. 풍하중은 고려하지 않는다.
③ 극한한계상태 하중조합 III : 거더 높이에서의 풍속 25m/s를 초과하는 설계. 풍하중을 고려하는 하중조합
④ 극한한계상태 하중조합 IV : 활하중에 비하여 고정하중이 매우 큰 경우에 적용하는 하중조합
⑤ 극한한계상태 하중조합 V : 차량통행이 가능한 최대 풍속과 일상적인 차량통행에 의한 하중효과를 고려한 하중조합

참고문헌

- 「포인트 토목구조기술사 I」, 김경호, 예문사, 2018
- 「포인트 토목구조기술사」, 김경호, 예문사, 2019
- 「철근 콘크리트(제10판)」, 변동균 외, 동명사, 2007
- 「프리스트레스트 콘크리트」, 신현묵, 동명사, 2007
- 「콘크리트 구조 한계상태설계」, 김우, 동화기술, 2015
- 「콘크리트 구조학회 기준」, 한국 콘크리트 학회, 2018
- 「최신 콘크리트 공학」, 한국 콘크리트 학회, 1996
- 「KBC 2016 강구조 설계」, 한국강구조학회, 구미서관, 2016
- 「도로교 설계기준 한계상태설계법」, 국토교통부, 2016
- 「사장교 계획과 설계」, 구미서관, 2003
- 「현대의 현수교」, 건설도서, 1993
- 「포인트 재료 및 구조역학」, 임청권, 예문사, 2012

김 경 호

◉ 약 력
- 서울대학교 공과대학 토목공학과 학사
- KAIST 건설 및 환경공학과 공학석사
- KAIST 건설 및 환경공학과 공학박사
- 토목구조기술사/토질 및 기초기술사/국제기술사
- 방재전문가/ODA전문가
- (전) 우송대학교 겸임교수
- (전) 아주대학교 겸임교수
- (전) 서초수도건축토목학원 강의교수
- (현) 서울기술사학원 강의교수
- (현) Y 엔지니어링 부사장

포인트
토목구조기술사
과년도 문제해설

발행일 | 2025. 2. 10 초판 발행

저 자 | 김경호
발행인 | 정용수
발행처 | 예문사

주 소 | 경기도 파주시 직지길 460(출판도시) 도서출판 예문사
T E L | 031) 955-0550
F A X | 031) 955-0660
등록번호 | 11-76호

- 이 책의 어느 부분도 저작권자나 발행인의 승인 없이 무단 복제하여 이용할 수 없습니다.
- 파본 및 낙장은 구입하신 서점에서 교환하여 드립니다.
- 예문사 홈페이지 http : //www.yeamoonsa.com

정가 : 47,000원

ISBN 978-89-274-5731-2 13530